개정판

합성구조 설계매뉴얼

Design Manual of Composite Structures

2019

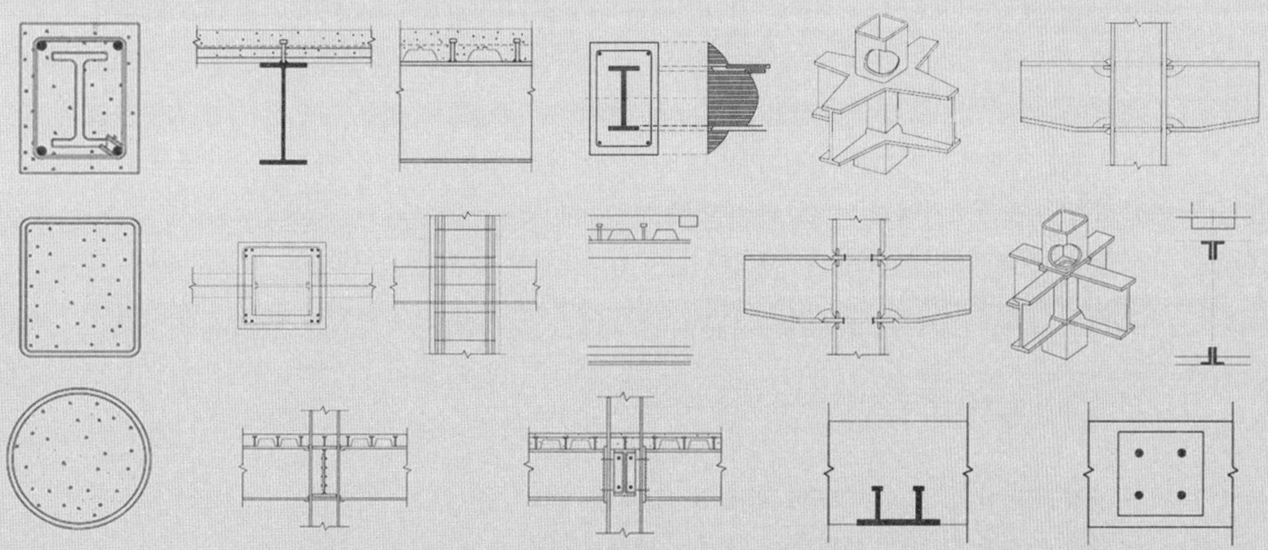

설계도움표 수록

한 국 강 구 조 학 회

한국건축구조기술사회

개정판 머리말

이 책이 2016년에 출판된 후 강재에 관한 KS규격이 표기 및 항복강도 등에 관하여 개정됨에 따라 개정판을 출판하게 되었다. 이 책은 건축구조엔지니어들이 주로 사용할 것으로 예상되어 우리학회와 한국건축구조기술사회가 공동 이름으로 발간하게 되었다.

강재와 철근, 콘크리트를 함께 사용하여 합성효과를 기대하는 합성구조는 경제성 측면에서 효율이 높은 형식으로 개발, 진전되고 있다.

건축구조기준(2016)에서도 제7장 강구조의 0709 합성부재로 그 근거가 되고 있다. 또한 우리 학회에서 정한 하중저항계수설계법에 의한 강구조설계기준(2014)에서도 각 장에 합성부재에 관한 규정을 정해 놓고 있다. 이 두 개의 기준은 기술형식은 다르지만 그 내용에서 동일하다.

대학교육에서 강구조학이 개설되어 있는데 한학기만 개설되어 있는 경우는 시간 부족으로 합성부재를 소개하지 못하는 실정이다. 그리고 실무에서 설계기준만을 가지고 합성구조의 설계를 원만히 수행하기에는 어려움이 많다고 생각된다.

설계기준에는 합성데크슬래브, 합성트러스, 합성접합부 등에서는 원론적인 규정만 있고 정량적인 내용이 미비한 부분이 있다. 이런 경우는 신뢰성 있는 외국의 기준 및 지침을 이용하였다.

이 설계매뉴얼의 담당집필위원은 다음과 같다.

- 개정판 전반 : 이명재, 홍승현, 김희동
- 합성구조 소개 : 이명재, 김희동
- 합성구조 일반사항 : 김철환, 김영길
- 구조해석 : 최준식
- 합성데크슬래브 : 정석재
- 합성보 : 김승원, 이경구
- 합성트러스 : 이강민, 김희동

- 합성기둥 : 박대영, 최성모
- 횡력저항시스템 : 김주우
- 접합부 : 허종완, 황인규, 박병선, 김승원, 이명재
- 합성골조 예제 : 최준식, 오봉환

설계도움표는 1 내지 2 페이지만 이 책에서 보여주고 설계도움표 전체는 CD로 대체하였다.

이 책이 건축구조엔지니어들에게 조금이나마 도움이 되었으면 하는 바람이다. 또한 독자들도 기탄없는 충고와 지적도 있기를 바란다.

출판에 있어서 한국건축구조기술사회의 협찬에 진심으로 감사드린다. 그리고 출판에 동참한 기문사에도 감사드린다.

2019년 5월

집필진 일동

차례

Chapter 01

합성구조 소개

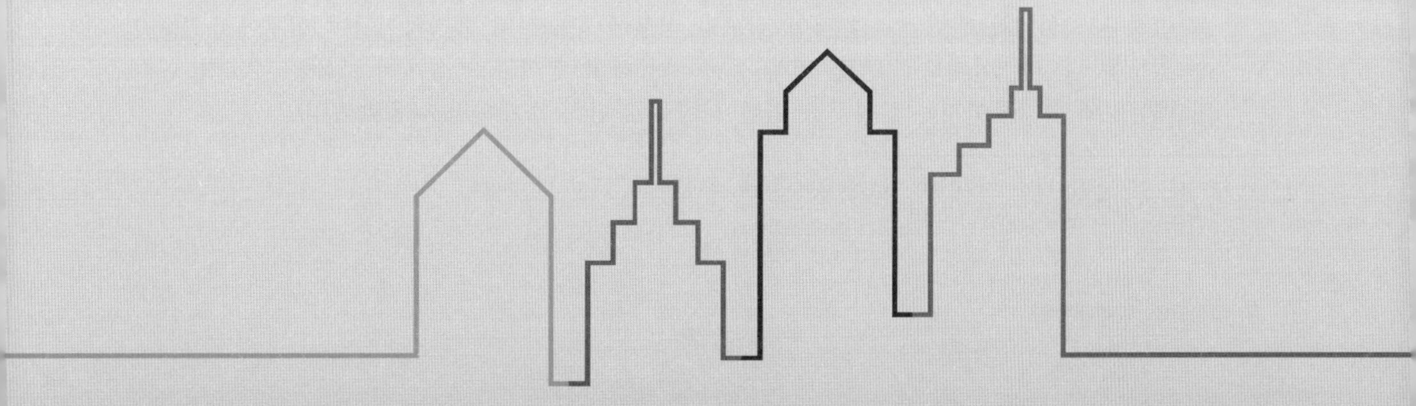

Chapter 01

합성구조 소개

1.1 합성구조의 특성

건축구조용 재료로 가장 많이 사용되는 것은 강(steel)과 철근콘크리트(reinforced concrete)일 것이다. 이 두 구조 재료는 각각 독립적으로 사용될 경우 기대할 수 있는 장점들도 있으나 두 재료가 함께 합성(composite)되어 사용될 경우 각 재료의 장점을 극대화하면서 단점을 상호 보완하는 특징이 있다. 일반적으로 합성구조에서 기대되는 장점과 단점을 요약하면 다음과 같다[1].

1) 장점

동일한 조건일 경우 비합성구조 부재에 비해 합성구조 부재가 더 높은 강성과 강도를 가지며 최종적으로는 더 높은 붕괴하중을 갖는다.

결과적으로 동일 하중 조건하에서 단면을 감소시킬 수 있으며 이는 사용되는 구조재료의 감소 및 자중 감소와 시공상 용이성을 확보할 수 있게 한다.

2) 단점

두 재료의 일체거동을 확보하기 위해 강재앵커 등과 같은 추가적인 고려가 필요하며 이는 부가적인 비용과 인력을 발생시킨다.

최근 들어 건축물 규모의 초고층화, 대형화와 함께 경제성 확보에 대한 요구가 커지면서 다양한 분야에서 다양한 형태의 합성구조 적용되고 있다. 하지만 특성이 다른 두 재료를 동시에 사용해야 하므로 강구조 또는 철근콘크리트구조 설계 시와는 달리 합성효과를 확보하기 위하여 검토해야 하는 다양한 사항들이 있으며, 이러한 사항들은 시공단계 등과 같은 건축물의 설계 및 시공 전반에 걸친 여건과도 긴밀한 관련이 있다. 따라서, 구조실무 실무자 입장에서는 비합성구조 방식에 비해 설계가 까다로운 것이 사실이다. 이러한 상황에도 불구하고 아직 국내에서는 합성구조 설계와 관련하여 건축구조기준 이외에 실무자들이 참고할 만한 설계자료가 상당히 부족한 것이 현실이다. 이에 이 매뉴얼에서는 개정된 건축구조기준[2]을 중심으로 합성구조 설계와 관련된 이론적인 정보와 더불어 구조설계 엔지니어들이 실무에서 활용할 수 있도록 다양한 설계도움표 및 예제 등을 제공하여 합성구조 설계에 도움을 주고자 한다. 이 매뉴얼에서 다루어지는 합성구조 관련 사항을 간단히 소개하면 다음과 같다.

---

1) Design of composite steel concrete structures, Lloyd C.P.Yan, 5 page
2) 건축구조기준, 국토교통부, 2016

1.2 합성바닥 시스템

합성바닥은 보와 슬래브를 모두 포함하는 개념으로 이 매뉴얼에서 사용되었으며, 강재 데크와 철근콘크리트 슬래브로 구성된 합성데크슬래브, 강재보와 콘크리트 슬래브로 구성된 합성보와 더불어 장스팬 구조에서 장점을 가지고 있는 합성트러스와 조이스트에 대한 내용으로 구성되어 있다.

1.2.1 합성데크슬래브

합성데크슬래브는 보통 강재 데크플레이트와 콘크리트 슬래브가 일체로 연결되어 중력하중에 주로 저항하는 슬래브를 말한다. 현재 국내에서는 내화 문제로 인해 합성데크슬래브의 적용이 활발하지 못한 편이나 구조 효율적인 측면에서는 강재 데크와 철근콘크리트 슬래브의 일체화를 통해 얻을 수 있는 장점이 있으므로 이 매뉴얼에서는 국내에서 생산, 판매중인 강재 데크를 대상으로 합성데크슬래브 설계 예제 및 이와 관련된 설계도움표를 제공한다.

[그림 1.2.1] 강재 데크플레이트

1.2.2 합성보

강과 콘크리트로 구성된 합성보는 콘크리트로 강재를 완전히 피복하여 강과 콘크리트 사이의 자연스러운 연결에 의한 합성작용이 일어나거나 혹은 콘크리트 바닥을 강재앵커(전단연결재)로 강재의 상부 플랜지에 연결할 수 있도록 한 경우로 형태에 따라서 크게 매입형 합성보와 노출형 합성보로 나눌 수 있다.

또한 최근 국내에서도 다양한 방식의 합성보 공법이 개발되고 있으며, 순수 강구조에서도 바닥구조와의 합성을 통해 노출형 합성보를 형성할 수 있으므로 다른 구조 부재와 비교하여 합성부재의 사용빈도가 매우 높다고 할 수 있다.

(a) 매입형 합성보　　　　(b) 노출형 합성보

[그림 1.2.2] 합성보의 종류

이에 이 매뉴얼에서는 매입형 및 노출형 합성보에 대한 휨강도 및 전단강도 산정과 합성거동을 위한 강재앵커 설계와 관련된 사항을 기술하며, 실제 합성보의 설계에 활용할 수 있는 설계도움표와 이를 활용한 예제를 소개한다.

1.2.3 합성트러스

합성트러스와 조이스트 같은 오픈 웨브 바닥시스템의 이점은 보 춤의 증가로 인한 스팬 및 강도 증가와 함께 웨브의 공간을 활용한 설비(전기, 난방, 냉난방 배관 등)의 수용이 가능하다는 데에 있다.

일반적으로 합성트러스는 경량성과 장스팬 가능 등의 이유로 인해 고층 사무소 건물에 다수 적용되어 왔으나 아직 국내에서는 그 사용이 미미한 상황이다.

이에 이 매뉴얼에서는 합성트러스의 장점을 실무에 적용할 수 있도록 개정된 건축구조기준의 합성트러스 설계 방법과 관련 예제 및 설계도움표를 소개하고 있다.

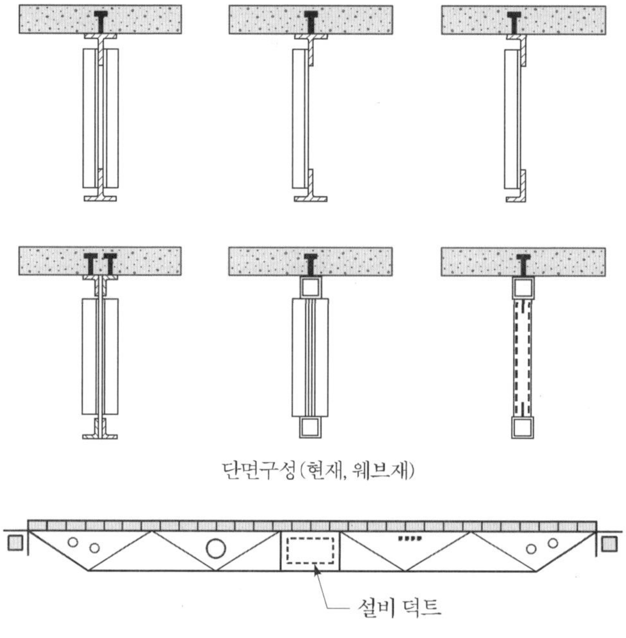

[그림 1.2.3] 합성트러스 예

1.3 합성기둥

최근 건축물의 고층화로 인하여 기둥재가 부담해야 하는 하중의 크기가 증가하고 있는 상황에서 합성기둥은 매우 우수한 선택이 될 수 있으며, 역타공법 등과 같이 시공적인 특수성으로 인하여 합성기둥의 사용이 요구되는 경우도 많이 발생하고 있다. 따라서 합성기둥재의 수요는 향후에도 지속적으로 증가할 것으로 판단된다.

합성기둥은 크게 매입형과 충전형으로 나눌 수 있으며, 이 매뉴얼에서도 이들 합성기둥에 대한 인장, 압축, 전단강도의 산정 및 조합하중을 받는 경우에 대한 검토와 함께 건축구조기준에서 개정된 하중전달 관련된 사항에 대한 설명과 함께 설계도움표와 이를 활용한 설계 예제를 소개하고 있다.

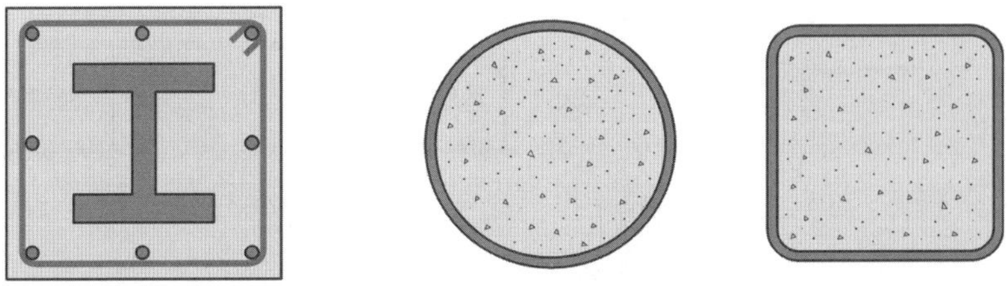

(a) 매입형 합성기둥 (b) 충전형 합성기둥

[그림 1.3.1] 합성기둥의 종류

1.3.1 매입형 합성기둥

매입형 합성기둥은 SRC구조 부재의 하나로 국내에서도 많이 사용되어 왔고, 최근 건축구조기준 개정 시 강재와 콘크리트의 직접부착을 허용함에 따라 설계 및 시공성도 상당히 개선되었다고 판단된다. 이에 이 매뉴얼에서는 열간압연 H형강을 대상으로 설계도움표를 제공하고 있으며, 이를 활용한 설계 예제를 제공하고 있다. 또한, 하중도입부 설계와 관련하여 건축구조기준에서 개정된 사항에 대한 설명과 설계 예제를 소개하고 있다.

1.3.2 충전형 합성기둥

충전형 합성기둥은 공기 단축과 우수한 구조적 성능으로 일본 및 유럽 등에서는 매우 활발하게 적용이 되고 있는 구조방식이며 국내에서도 다양한 현장에 적용된 실적을 가지고 있는 구조 방식이다. 또한 최근에는 역타공법에도 적용되면서 향후 그 사용 빈도는 점점 더 높아질 것으로 기대된다.

충전형 합성기둥은 KS규격의 원형 및 각형강관을 대상으로 설계도움표를 제공하고 있으며, 이를 활용한 설계 예제를 제공하고 있다. 또한, 하중도입부 설계와 관련하여 건축구조기준의 개정된 사항에 대한 설명과 설계 예제를 제공하고 있다.

1.4 합성 지진하중 저항시스템

이 매뉴얼에서는 횡력 저항시스템의 주요 수평하중인 지진하중을 대상으로 건축구조기준에서 합성구조의 횡력 저항시스템으로 제안된 합성내진구조시스템에 대해서 소개한다.

1.5 합성접합부

합성구조의 설계 시 접합부 설계는 기존의 순수 강구조 접합부와는 달리 하중의 연속성이나 시공단계별 영향 및 시공성 등 다양하게 고려해야 할 사항들이 발생하게 된다. 따라서 이 매뉴얼에서는 이러한 합성접합부의 설계 시 주요 고려사항을 기술하고 이들의 접합부 설계 예제 및 설계도움표를 제공한다.

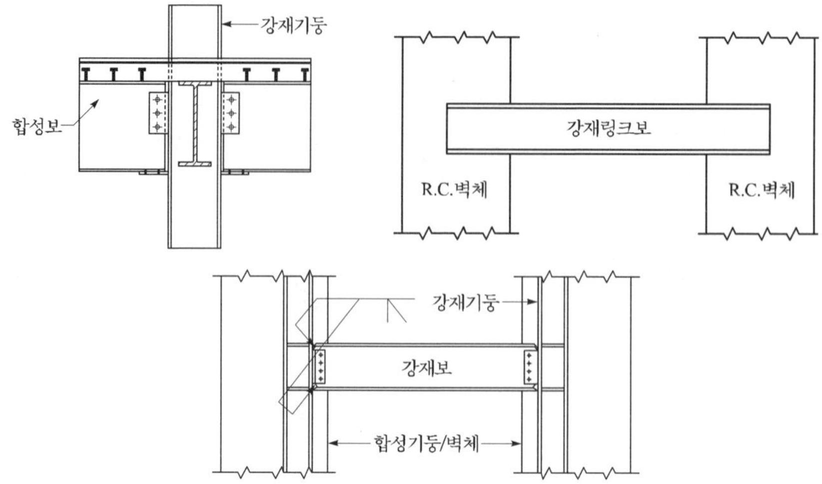

[그림 1.5.1] 합성접합부

1.6 합성구조 계획 시 고려사항

합성구조는 강재와 콘크리트의 합성에 의한 일체거동을 가정하고 있다. 따라서 합성효과 발현과 관련된 시공단계별 검토와 일체 거동을 확보하기 위해 구조계획 시 여러 가지 필요한 고려사항이 발생하게 된다.

1) 일체화

일반적으로 강재와 철근콘크리트의 사용에 전제가 되는 것은 두 구조재료의 일체거동을 확보하는 것이다. 이를 위해 강재앵커의 사용이나 직접 부착의 활용 등 다양한 방법으로 이를 적절히 확보하기 위한 방안의 수립이 필요하다.

2) 하중전달

합성구조 부재가 설계자의 의도와 같이 외력에 저항하기 위해서는 두 구조재료 간의 원활한 하중전달이 필수적으로 요구된다. 이는 건축구조기준 개정과 함께 합성부재 설계 시 주요 검토사항 중 하나로 대두되었다. 따라서 구조계획 단계에서 하중의 도입 순서 및 방식을 명확하게 할 필요가 있으며, 추후 상세 설계 시 이들 하중전달에 대한 별도의 조치가 필요하게 된다. 특히 이는 접합부의 상세와도 관련된 부분이므로 종합적인 검토가 필요하다.

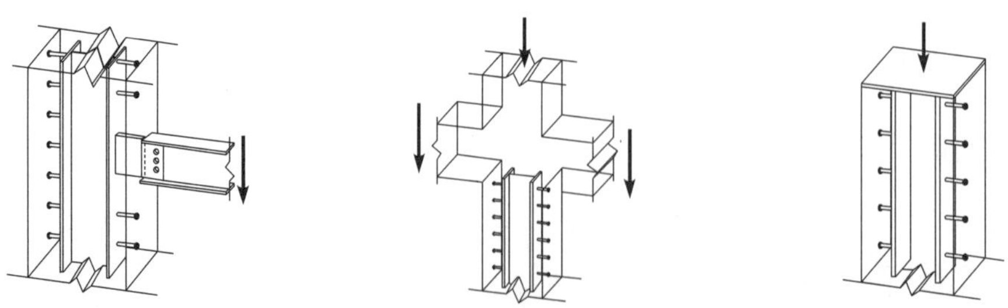

(a) (b) (c)

[그림 1.6.1] 다양한 하중전달 방식

3) 접합부 설계

합성접합부는 일반접합부와는 달리 하중의 흐름 및 연속성이라는 측면에서 다양하게 고려해야 할 부분들이 발생한다. 따라서 구조계획 당시에 이러한 요소들에 대한 검토 및 결정이 필요하며, 이는 최종 시공단계까지 영향을 미친다.

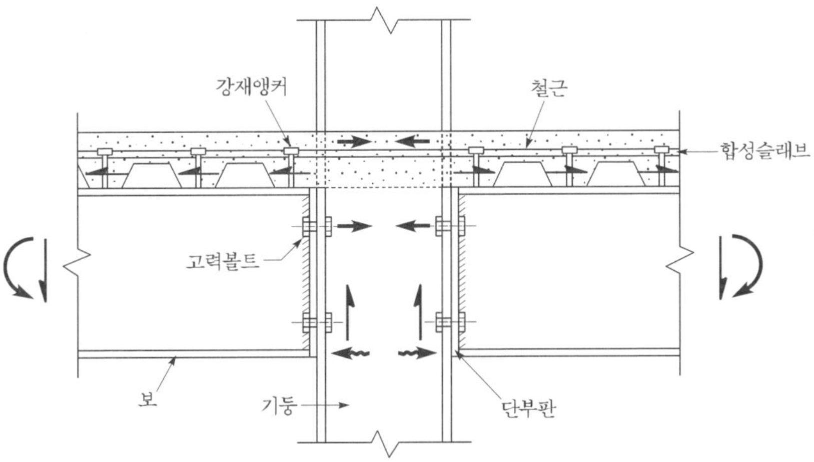

[그림 1.6.2] 합성접합부의 다양한 하중흐름

4) 시공단계

합성구조에 사용되는 콘크리트는 경화 이후에 구조체로서의 역할을 수행하게 되므로 공사 단계에 따라 기대할 수 있는 합성 정도가 다르다. 따라서 각 시공단계별로 발생하는 하중을 담당하게 될 구조 부재 및 재료에 대한 검토가 필요하다.

이에 대한 적절한 검토가 구조계획 및 설계시 이루어지지 않을 경우 자칫 공사 중 안전에 치명적인 영향을 미치는 결과를 초래할 수도 있다.

5) 구조재료

최근 고강도 재료의 사용이 증가하면서 합성구조에도 고강도 강재, 철근 및 콘크리트의 사용에 대한 요구가 증가하고 있다. 이러한 고강도 재료의 사용이 필요한 경우 구조계획 단계에서 재료의 적합성에 대한 면밀한 검토가 필요하다. 개정된 건축구조기준에서는 구조용 강재의 경우 설계공칭항복강도 기준으로 650MPa를 상한선으로 하고 있다.

6) 합성구조 시스템의 조합

첫 번째 단계로서 각 시스템조합이 기본 구조요구사항과 일치할 가능성을 확인하는 것이 가장 중요하다. 건물의 전체 구조시스템은 중력 저항시스템과 횡력 저항시스템의 조합으로 구성된다. 함께 조합된 시스템의 모든 요소들의 일체적인 거동은 시스템의 모든 요구사항들을 만족해야 한다. 고층건물의 경우, 이것은 중력과 횡력을 받는 시스템의 강도, 강성, 안정성 및 연성을 만족하도록 요구하는 것과 같다.

횡력 저항시스템은 일반적으로 중력 저항시스템의 내부나 주변에 두어 건물 전체에 대한 횡력에 의한 변형을 제어한다. 따라서 횡력저항구조는 (1) 자체가 부담하는 중력하중을 지지하여야 하고; (2) 횡력에 의한 층전단력과 전도모멘트에 저항하여야 하고; (3) 횡변형 제한에 필요한 강성을 제공하여야 하고; (4) 중력하중에 대한 전체적인 시스템 안정성확보에 필요한 강성을 제공하여야 한다.

중력 저항구조시스템은 횡력저항에 직접 기여하지 않는, 즉 횡력에 대해 자체 저항능력이 없는 바닥 슬래브, 바닥 골조 그리고 수직구조들을 포함하고 있다. 횡력 저항구조시스템은 일반적으로 중력 저항구조시스템을 포함한 전체 구조시스템의 안정성을 제공할 필요가 있다. 슬래브와 바닥골조에 의해 보강되어 구성된 다이아프램은 이 두 시스템 사이를 연결해 주는 중요한 역할을 한다. 면내 전단력을 시스템에 전달하기 위해서는 다이아프램의 강성과 그 접합부들이 매우 중요하다.

지진력저항을 위한 연성, 강도 및 상세요구사항을 만족시키기 위한 혼합 시스템의 연구는 횡력저항과는 별개로 필수적이다. 특히 강재와 콘크리트 사이에 있는 접합 상세는 지진에 의해 생기는 큰 변형을 흡수할 수 있는 능력에 대한 정밀한 검토가 필요하다.

어떤 특정 조합 형식에 대한 공사 효율성은 (1) 산업화 수준과 공장 및 현장 작업을 최소화하기 위한 선조립된 요소들의 사용; (2) 요소 간 접합 상세의 단순화; (3) 공사순서와 그것이 공사속도에 미치는 영향; 그리고 (4) 큰 용량 양중장비의 사용 가능성 등에 관련되어 있다.

전체공사 절감은 (1) 재료와 노동력의 유효성; (2) 강재와 콘크리트, 강재 또는 콘크리트로 선조립요소들을 생산하기 위한 시설의 유효성과 능력; (3) 조합시스템에 대한 경험과 익숙함; 그리고 (4) 다른 일과 관련된 작업군의 필요성 등과 같은 인자에 의해 결정된다.

어떤 특정 조합을 평가하기 위해서는 상당이 많은 판단을 하여야 한다. 어떤 상황에서는 효율적이고 경제적일 수 있으나, 다른 상황에서는 적합하지 않거나 효율적이지 않을 수 있다.

〈표 1.6.1〉는 여러 가지 가능한 시스템조합의 목록을 보여준다. 범위와 적용에 대한 간략한 설명과 함께 다른 구성 요소의 식별이 포함되어 있다. 이 표는 현재 설계에 고려될 수 있는 합성구조 시스템 형식에 대한 일반지침으로 활용될 수 있다. 많은 다른 형식들도 마찬가지로 특정 조건에서 실현될 수 있다는 것을 주목해야 한다.

<표 1.6.1> 합성구조 시스템의 조합

시스템	횡력저항 구성부분	바닥골조	기둥	범위
코어 횡지지 (Core-braced system)	닫힌 평면형상의 내부 코어전단벽	합성메탈데크슬래브가 있는 전단접합 합성보	외곽에서 코어까지 모두 강재기둥	일반적으로 사용 20~45층 45층 이상은 두꺼운 벽, 인발문제로 비효율적
코어와 외곽철골에 의한 횡지지 (Core-braced exterior steel frame)	닫힌 평면형상의 내부 코어전단벽 외곽 모멘트접합 철골조	합성메탈데크슬래브가 있는 전단접합 합성보	외곽에서 코어까지 모두 강재기둥	코어벽만으로 횡력저항이 부족할 때 사용 35~55층
합성프레임튜브 (Composite framed-tube)	외곽 프레임 튜브	합성메탈데크슬래브가 있는 합성보와 합성트러스	외곽에서 코어까지 모두 강재기둥	일반적으로 사용 20~60층 다양한 평면형상에 적용 고비용 효과 높은 비틀림강성

시스템	횡력저항 구성부분	바닥골조	기둥	범위
콘크리트 이중 튜브 (Tube-in-tube system-concrete)	외곽 콘크리트 프레임 튜브 닫힌 평면형상의 내부 코어전단벽	내부 전단벽에서 외곽 튜브까지 합성보 구성	코어 바깥의 내부 기둥은 강재	45~70층
합성모듈러튜브 (Composite modular tube)	콘크리트 모듈러 프레임 튜브	합성보와 합성메탈 데크슬래브	모듈러 튜브의 모든 기둥은 콘크리트, 이외 기둥은 강재	80층까지
이중 튜브 (Tube-in-tube system-concrete/steel)	외곽 강재 프레임 튜브 닫힌 평면형상의 내부 코어전단벽	합성보와 합성메탈 데크슬래브	외곽에서 코어까지 모두 강재기둥	40~50층
합성철골조 (Composite steel frames)	바닥슬래브와 합성된 모멘트접합 철골조	합성보와 합성메탈 데크슬래브	모든 기둥은 강재	35층까지
패널보강 철골조 (Panel braced steel frames)	내부 또는 외곽에 보강 패널이 있는 모멘트접합 철골조	합성보와 합성메탈 데크슬래브	모든 기둥은 강재	30층까지

7) 공사과정의 고려

합성구조 시스템은 합성 전의 구조 부재요소와 접합요소의 강도, 강성은 합성 후보다 작은 경우가 일반적이다. 예를 들면, 슬래브 인장철근을 사용한 연속합성보에서 합성접합부와 합성보에서 현저한 차이를 갖고 있다. 따라서 합성부재를 포함하는 구조물의 부재 및 접합부의 설계는 공사과정에서 각 증분하중이 가해지는 단계마다 유효단면을 고려하여야 한다.

이외 합성구조의 설계에는 제작 및 공사과정에서 잔류응력, 잔류변형, 시공오차 등 무시할 수 없는 불완전성이 발생하는 경우 설계자는 이들의 영향을 검토하여 합성부재의 강도를 평가해야 하고, 시공자는 이들의 영향을 최소화할 필요가 있다. 예를 들면 사각형 충전강관기둥의 경우, 콘크리트 타설압력에 의한 과도한 강관의 잔류응력과 변형은 합성기둥부재의 압축 및 휨강도에 큰 영향을 주며, 부재의 초기 변형형상은 좌굴강도에 영향을 주고, 골조의 수직도 결함은 건물의 안정성에 영향을 준다.

1.7 합성구조 동향 및 사례

1.7.1 합성구조 동향

최근 국내의 합성구조 관련 주요 동향을 요약하면 아래와 같다.

1) 재료의 고강도화

최근 콘크리트 및 강재, 철근 등의 강도가 증가하면서 합성구조에도 고강도 재료의 사용에 대한 요구가 증가하고 있다. 이에 건축구조기준에서는 강재의 경우 항복강도 650MPa까지 사용가능 하도록 허용하고 있다.

2) 합성방식의 다양화

기존에 현장 타설 방식에서 벗어난 precast concrete를 적용한 합성구조 방식 등의 등장으로 강재와 콘크리트의 다양한 합성방식이 제안되고 있다.

3) 시공성과 경제성 확보

최근 제안되고 있는 합성구조 방식들의 경우 현장 시공성이나 경제성 확보에 초점을 맞춘 방식들이 증가하고 있다.

4) 합성효과를 적극 반영한 구조설계

강재와 콘크리트의 직접부착을 고려한 하중전달 설계라든지, 콘크리트의 구속효과를 고려한 CFT 설계와 같이 합성구조의 장점을 극대화 할 수 있는 다양한 설계 방식이 제안되고 있다.

1.7.2 합성구조 사례

1) Bank of China

- 위치 : 홍콩
- 규모 : 367m(mast 317m), 지하 2층, 지상 70층,
  층고 4.0m, 건축면적 7,230m^2, 연면적 132,895m^2
- 설계 : I.M.Pei, Lesllie E.Robertson
- 주요 시스템 : SRC, 철골(mega column)+
  CFT(mega brace)+Steel(mega truss)
- 준공연도 : 1990년
- 주요 사항 :
  ① 하중을 4m의 mega column이 지지
  ② 대각선 브레이스(brace)는 외주부 바닥하중을 지지하여 기둥에 전달한다.
  ③ 18층, 31층, 57층의 mega truss / transfer truss는 상층부의 코어 중량을 지지하여 기둥에 전달
  ④ mega column과 truss의 원활한 접합을 위해 SRC mega column 선택

2) Jin mao tower

- 위치 : 상하이, 중국
- 규모 : 높이 420.5m(mast 366m), 지하 3층, 지상 88층,
  층고 4m, 건축면적 7,230m^2, 연면적 27,870m^2
- 설계 : S.O.M Chicago/ S.O.M Arch & Engineer
- 주요 시스템 : SRC, 철골(mega column)+RC(core)
  +철골(아웃리거 트러스)
- 준공연도 : 1998년

- 주요 사항 :
  ① 코어(mega core) : RC조, 8각형 모양, 40-60MPa, 벽두께 45-85cm, 직경 27m, 내부 fin wall 보강
  ② 메가 기둥(mega column) : 8개소(1.5m×5m-1m×3.5m, SRC built-up)
  ③ 아웃리거 : 2개 층 높이의 철골 트러스 3개소 설치(24-25층, 51-52층, 86층)
  ④ 외부 8개의 mega column과 8각형 mega core가 3등분한 높이에서 아웃리거 트러스로 일체 연결

3) Landmark tower

- 위치 : 요코하마, 일본
- 규모 : 전체 높이 296m, 지하 4층, 지상 70층, 연면적 119,000m^2
- 설계 : 미쯔비씨지쇼(일본)
- 주요 시스템 : SRC+CFT
- 주요 사항 :
  ① Tube-in-Tube 방식의 구조 시스템+비렌딜 구조
  ② 저층부 : SRC+CFT, 고층부 : Steel

4) Elsa Tower 55

- 위치 : 가와구치, 일본
- 규모 : 높이 185m, 55층, 건축면적 6149.60m^2, 연면적 74,342.42m^2
- 설계 : ㈜타케나카코우무텐
- 준공연도 : 1998년
- 주요 시스템 : CFT구조+SRC구조+S조
- 주요 사항 :
  ① 링스티프너 방식의 원형 CFT 기둥을 이용
  ② 보에는 SC보를 주로 사용

제1장 2장 3장 4장 5장 6장 7장 8장 9장 10장

5) River City 21 개발사업

- 위치 : 도쿄, 일본
- 규모 : 높이 180.0m, 지상 54층, 옥탑층 2층, 지하 3층
- 구조형식 : 기둥에는 CFT구조(원형, 각형), 보에는 용접조립 H형강에 PC로 피복한 철골콘크리트조의 라멘골조. 단변방향 골조코어부에는(10층 이상) 언본드브레이스를 배치하여 강성 및 내력을 조정함.
- 구조계획 :
  ① 수직하중에 대한 구조방식
  골조형식은 1층 이상 : 철골콘크리트 라멘구조
  (기둥 : CFT, 보 : 철골콘크리트조)
  10층 이상 Y방향 : 라멘+언본드브레이스
  지하층 : SRC라멘구조+내진벽
  보와 기둥의 접합부는 강관이음은 용접접합, 보단부 접합부에서는 플랜지는 현장용접, 웨브는 고력볼트 마찰접합(F10T)
  ② 횡하중에 대한 구조방식
  설계풍압력은 풍하중의 지진하중에 대한 비율은 1층에서 최대이며, 지진하중의 57%
  지진력의 부담은 다음과 같이 한다.
  지상 : 장변(X방향)-라멘 100%(1~53층)
  지하 : 내진벽 100% 분담 설계

6) JR Nagoya 빌딩

- 위치 : 나고야, 일본
- 층수 : 업무시설 지상 51층, 지하 4층, 호텔 지상 52층, 지하 4층
- 높이 : 업무시설 245.1m, 호텔 226.0m
- 구조형식 : 고층부는 외주 프레임 튜브와 내진기둥을 포함한 라멘구조이며, 2개의 고층부를 중저층의 최상부에서 강도, 강성이 높은 트러스보 및 집약형 트러스층으로 연결하여 일체화시켰다.
- 구조계획 :
  ① 수직하중에 대한 구조방식
  골조형식은 지상층의 경우, 18층 이상은 외주 프레임 튜브와 내진기둥의 라멘구조, 철골조(일부 콘크리트충전 강관구조 18층, 19층), 1층 이상은 브레이스와 내진기둥의 철골라멘조(일부 콘크리트충전 강관구조)
  ② 횡하중에 대한 구조방식
  설계풍압력은 풍하중의 지진하중에 대한 비율은 2층에서 최대이며, 지진하중의 49% 지진력 부담
  고층부 : 라멘 100%
  지하층 : 라멘 X방향 2~15%, Y방향 5~22%

7) Sinakawa Prince Hotel

- 위치 : 도쿄, 일본
- 층수 : 지상 39층, 옥탑 1층, 지하2층,
- 높이 : 139.77m
- 구조형식 : 장방향의 평면 형태를 가지는 건축물로 외벽골조와 코어골조로 주요골조를 구성하는 단변방향은 내진요소를 가지는 라멘구조이며, 20층과 39층에 골조의 휨변형을 억제하기 위한 밴드트러스를 설치했다. 장변방향은 순라멘골조이다. 코어골조의 6층부터 20층까지의 기둥에는 고강도콘크리트를 충전한 강관콘크리트기둥을 채용하고 있다.
- 구조계획 :

① 수직하중에 대한 구조방식
골조형식은 지상층의 경우
중고층부 : 단변방향은 브레이스를 가지는 라멘구조
장변방향은 철골라멘골조(20, 36층에 브레이스 가구 채용)
저층부 : 양방향 브레이스, 내진벽을 채용(SRC조)

② 횡하중에 대한 구조방식
설계풍압력은 풍하중에 의한 층전단력은 설계용 지진하중의 약 94.6~24.0%임.
지진력 부담은 지상층 : 라멘 X방향 46~100%, Y방향 34~84%

8) Millenium Tower

- 위치 : 빈, 오스트리아
- 규모 : 층수 50층, 높이 202m
- 구조설계자 : Kollitsch, Staneck/Tschemmrernegg, Obholzer-Baumann
- 구조형식 : 수직하중을 CFT 기둥으로 전달하고, 횡하중을 철근콘크리트 코어로 저항하는 이중골조구조 시스템
- 구조계획 :

① 수직하중에 대한 구조방식
슬래브와 일체화된 보로 기둥에 고정된 모멘트 접합
1방향 슬래브, 19cm 슬래브 두께, 6.5m 스팬

② 횡하중에 대한 구조방식
횡하중은 철근콘크리트 코어로 저항

③ 구조부재
CFT 외주(강관+강봉 φ85-200mm+철근)
CFT 내주(강관+H형강+철근)

9) ARAG 본사

- 위치 : 뒤셀도르프, 독일
- 규모 : 층수 32층, 높이 125m
- 구조설계자 : Schüßler Plan
- 구조형식 : 수직하중은 CFT 기둥으로 전달하고, 횡하중은 양단에 위치한 철근콘크리트 코어로 저항하는 이중골조구조 시스템
- 구조계획 :
  ① 연직하중에 대한 구조방식
  기둥 상부에 부모멘트를 받는 연속 슬래브 보와 기둥은 모멘트 접합
  ② 횡하중에 대한 구조방식
  횡하중은 철근콘크리트 코어로 저항
  ③ 구조부재
  외주 : φ711.2×10 한 가지로 통일, 부분적으로 Cross형 철골부재 설치, 몇몇 기둥은 철근배근
  내주 : φ863.6×11 한 가지로 통일, 부분적으로 Cross형 철골부재 설치, 몇몇 기둥은 철근배근

10) POST Tower

- 위치 : 본, 독일
- 규모 : 층수 41층, 높이 163m
- 구조설계자 : Werner Sobek Engineer
- 구조형식 : 수직하중은 CFT기둥이 전달하고, 횡하중은 2개 철근콘크리트 코어의 Coupling 및 가새골조로 저항하는 구조 시스템
- 구조계획 :
  ① 연직하중에 대한 구조방식
  철근콘크리트 슬래브와 CFT기둥을 통해 지지
  ② 횡하중에 대한 구조방식
  2개의 철근콘크리트 코어의 밀접한 Coupling
  1개 층에 4~5개의 가새골조 설치로 Coupling 효과 증대
  ③ 구조부재
  기둥 : 강관+내부철골
  내부철골 : 강관(110~300) 및 각형강관(210~290) 사용

11) Cheung Kong Center

- 위치 : 홍콩
- 층수 : 지상 62층, 지하 6층
- 높이 : 290m(지붕구조물 최고높이)
- 구조형식 : 건물의 내부는 콘크리트 코어, 합성슬래브 바닥, 코어 사이의 강재보로 구성되며, 건물의 외부기둥은 CFT기둥으로 이루어진 구조시스템이다. 횡하중(풍하중)은 코어, 아우트리거, 벨트 트러스에 의해 지지된다.
- 구조계획 :

  ① 수직하중에 대한 구조방식
  주로 외부기둥과 합성슬래브 바닥판에 의해서 지지된다.

  ② 횡하중에 대한 구조방식
  지진하중에 대해서는 고려하지 않는다.
  풍하중은 내부의 코어와 아우트리거, 벨트 트러스에 의해 지지된다.
  코어 내부의 구조는 RC보-슬래브 시스템을 채택하여 가새와 같은 거동을 한다.

  ③ 7.2m 간격의 외부 CFT기둥은 $\phi-965.0\times12.7$ 강관에서부터 $\phi-1422.4\times18.0$ 강관을 사용한다.

  ④ CFT기둥과 합성슬래브는 특별한 화재에 대한 예방조치 없이도 한 시간가량 지탱할 수 있도록 하는 화재극한상태법(Fire Limit State)에 근거하여 설계되었다.

12) Two Union Square

- 위치 : 시애틀, 미국
- 규모 : 층수 지상 56층, 지하 4층, 높이 226m
- 구조형식 : 강구조+CFT 합성기둥
- 구조계획 :

  ① 고강도 CFT 기둥 적용

  ② 상부층에 16개의 점탄성 댐퍼 적용

13) 타워팰리스

- 위치 : 서울, 대한민국
- 규모 : 건축면적 17,085m², 연면적 457,000m²
- 건립기간 : 1999년 6월~2002년 10월
- 설계 : 삼우설계, SIA건축, SOM
- 주요 시스템 : SRC+철골조
- 주요 사항 :

  ① 고강도 SRC구조와 벨트트러스 시스템 적용

  ② 리히터 지진규모 6.0에 견딜 수 있도록 설계

14) 삼성전자 디지털 미디어 연구소 R4

- 위치 : 수원, 대한민국
- 규모 : 연면적 216,150㎡, 건축면적 117,150㎡,
  지하 5층, 지상 37층, 최고높이 183.75m
- 건립기간 : 2003년 9월~2005년 8월(24.5개월)
- 설계 : 삼우설계, H.O.K
- 주요 시스템 : RC코어+CFT 구조
- 주요 사항 :
  ① 복합십자형 다이아프램 개선 공법 적용
  ② 저층부는 다양한 높은 층고와 장스팬의 비정형 모듈로 구성

15) 타임스퀘어

- 위치 : 서울, 대한민국
- 규모 : 지하5층, 지상 20층, 건축면적 $26,329m^2$,
  최고높이 94.75m
- 공사기간 : 2006.6.15~2009.6.30(37개월)
- 설계 : ㈜정림건축
- 주요 시스템 : RC조, 철골조, SRC조
- 주요 사항 :
  ① 기존건물 신축으로 인한 공사 중 편측토압검토
  ② 기존건물 리모델링 안정성 검토

16) SIFC

- 위치 : 서울, 대한민국
- 규모 : 연면적 약 514,800㎡, 최고높이 284m
- 공사기간 : 2008.1.17~2012.8.31
- 설계 : 범건축, Arquitectonica
- 주요 시스템 : RC 코어, SRC 외주부

17) 전국경제인연합회 회관 신축공사

- 위치 : 서울, 대한민국
- 규모 : 건축면적 6,340.68m^2, 연면적 168,681.7m^2,
  지하 6층, 지상 50층
- 공사기간 : 2010.07.29~2013.07.28
- 설계 : Adrian Smith+Gordon Gill, ㈜창조건축
- 주요 시스템 : 철골철근콘크리트조, 아웃리거/벨트트러스
- 주요 사항 :
  ① RC 중앙코어와 SRC기둥의 외주부 슬래브로 구조 형성
  ② 18~19층에 위치한 아웃리거와 벨트트러스를 통해 횡력 저항

18) LG 강남사옥

- 위치 : 서울, 대한민국
- 규모 : 지하 6층, 지상 38층, 옥탑 4층,
  연면적 141,551.7m^2, 건축면적 4,457.1m^2
- 공사기간 : 1994.12~1999.09(58개월)
- 설계 : SOM+㈜창조건축
- 주요 시스템 : 지하 철골철근콘크리트조, 지상 철골조
- 주요 사항 :
  ① AISC의 LRFD 기준으로 설계, 합성슬래브, 합성보, 합성기둥이 사용

19) 부암동 타워베르빌

- 위치 : 부산, 대한민국
- 규모 : 지하 6층, 지상 43층(옥탑 2층), 145.7m
- 구조형식 : Twin Tower 내 각각의 철근콘크리트 코어 및 외주 벽체가 CFT기둥과 조합된 이중골조구조 시스템
- 구조계획 :
  ① 수직하중에 대한 구조방식
  수직하중은 슬래브, 보, 기둥 및 내력벽으로 구성된 골조에 의해 지지된다.
  거더와 기둥의 접합은 외주부는 모멘트 접합을, 코어월과의 연결부는 전단접합을 적용한다.
  ② 횡하중에 대한 구조방식
  풍하중과 지진하중은 다음과 같은 구조요소에 의해 지지된다.
  철근콘크리트 전단벽(코어월)
  Coupling Concrete Wall & Slab(4곳에 설치 : 13, 23, 33, 43층)
  Outrigger Concrete Wall
  외곽 CFT 기둥
  ③ 큰보 및 작은보는 합성보로 설계하고, 기둥은 CFT로 설계

20) 불광 팜스퀘어 빌딩

- 위치 : 서울, 대한민국
- 규모 : 지하 8층, 지상 16층
- 구조형식 : 철골구조 및 SRC구조(지상층),
  철근콘크리트구조 및 CFT구조(지하층)
- 구조계획 :
  ① 고층부 및 저층부 구조
  SRC 기둥(지하층 BOX 기둥의 경우, 시공 중에는CFT 기둥으로 거동)
  바닥구조 시스템 : 강재보와 거더시스템+데크 슬래브 시스템(두께 150mm)
  바닥 보 : 합성보 사용
  전단벽 : Infilled Concrete Shear Wall(THK=200~300mm)
  ② 지하부
  기둥 : SRC 기둥 & CFT
  바닥구조 시스템 : RC Wide Beam & 거더시스템+데크 슬래브 시스템(두께 200mm)
  바닥보 : RC보 사용
  Core : RC Core(두께 200~400mm)습식공법으로 RC Wall이 설치됨

21) 대우조선종합기술센터

- 위치 : 거제, 대한민국
- 규모 : 높이 15m, 지하 1층, 지상 3층(2개 층 증축 고려)
- 구조 형식 : 콘크리트충전 강관기둥이 연직하중과 횡력에 저항하는 강성골조시스템
- 구조계획 :
  ① 수직하중에 대한 구조 방식
  수직하중은 철근트러스형 데크플레이트, 합성보, CFT기둥으로 구성된 골조에 의해 지지된다.
  보와 기둥의 접합부는 모두 모멘트접합(강성골조)을 한다.
  ② 횡하중에 대한 구조방식
  횡력저항구조 시스템을 강성골조로 했으므로 CFT기둥이 수직하중과 수평하중을 지지하도록 한다.
  ③ 저층의 건축물이지만 건축적인 요구로 강관의 직경이 40cm 보다 클 수 없으며, 기존에 생산되는 두께의 강관을 사용하는 것을 원칙으로 했으므로 콘크리트충전 강관을 사용하게 되었다.

22) 삼성 Tower Palace Ⅲ 스포츠 센터

- 위치 : 서울, 대한민국
- 규모 : 지상 8층, 지하 1층, 높이 54.69m
  (지붕구조물 최고높이)
- 구조형식 : 구조계획상 수직하중을 SRC기둥, CFT기둥으로 전달하고, 횡하중(풍하중, 지진하중)을 가새골조로 저항하는 구조시스템이며, 지붕은 트러스구조이다.
- 구조계획
  ① 수직하중에 대한 구조방식
  수직하중은 슬래브, 보, 기둥으로 구성된 골조에 의해 지지된다.
  보와 기둥의 접합부는 모멘트접합으로 설계한다.
  ② 횡하중에 대한 구조방식
  풍하중과 지진하중인 횡하중은 가새골조에 의해 지지된다.
  ③ 큰보 및 작은보는 합성보로 설계하고, 기둥은 CFT기둥과 SRC기둥으로 설계한다.

Chapter

02

합성구조 설계 일반사항

Chapter 02

합성구조 설계 일반사항

2.1 개요

2.1.1 일반사항

합성부재는 일반적으로 구조용 강재와 보통 콘크리트를 사용한다. 기둥부재에는 고강도 콘크리트가 사용될 수 있고 합성바닥판이나 보에서는 냉연강판이 사용될 수 있다. 물론, 새롭게 개발되는 재료들은 합성구조의 일부로 활용될 수 있고 이를 위해서는 표준화된 시험을 통해서 설계에 필요한 재료 성질들이 설계자에게 제시되어야 한다.

이 장에서는 합성구조 설계를 위한 구조용 강재, 콘크리트, 철근 및 강재앵커 등 합성구조에 사용되는 재료와 구조 요소에 대해 다룬다.

2.1.2 합성단면의 공칭강도

건축구조기준에 근거한 합성구조 단면의 공칭강도 산정에는 소성응력분포법(plastic stress distribution method)과 변형률적합법(strain-compatibility method)의 2가지 방법을 적용할 수 있다.

1) 소성응력분포법

소성응력분포법은 단면에 작용하는 변형률이 선형적으로 분포하며 재료가 탄소성적으로 거동한다는 가정을 근거로 한 것이다. 이 방법은 강재가 인장 또는 압축으로 항복변형도(F_y/E_s)에 도달하고 콘크리트가 0.003의 압축변형도에 도달했다고 가정한다. 그리고 콘크리트의 압축응력은 크기가 $0.85f_{ck}$인 사각응력블록을 사용한다.

이러한 가정에 근거하여 일반적인 합성기둥단면의 경우 압축력과 휨모멘트의 조합력에 대한 단면의 강도를 근사적으로 구할 수 있다. 소성응력분포에 기초한 합성단면에 대한 휨모멘트와 압축력의 상호작용곡선은 아래 그림과 같은 철근콘크리트 단면에 대한 상호작용곡선과 유사하다. 매입형 합성단면의 경우, [그림 2.1.1]과 같이 단순화하기 위해 휨의 강축에 따라 네 개의 점 사이에서 직선적으로 변하는 안전측의 상호관계곡선을 사용할 수 있다. 아래 그림의 A, B, C, D는 이러한 점들을 나타낸 것이다.

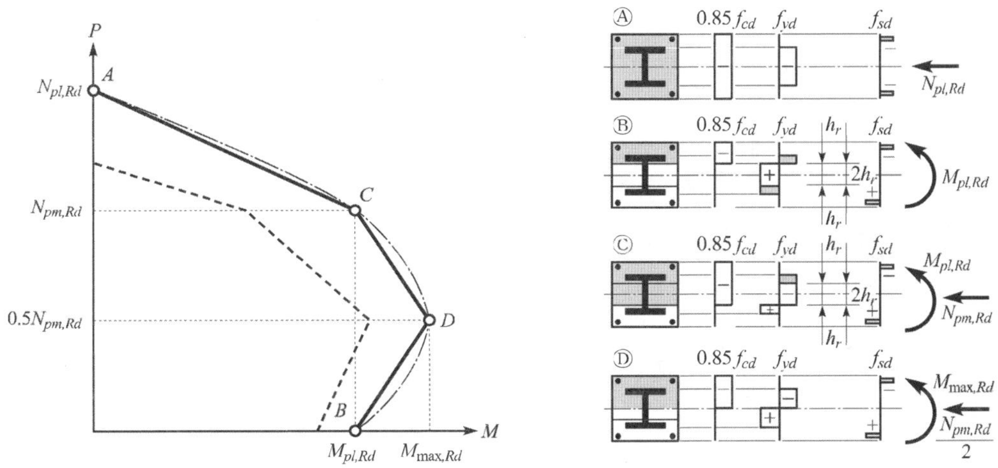

[그림 2.1.1] 소성응력분포법

압축재에 대해 소성응력분포법을 적용하는 경우 강재와 콘크리트 사이에 미끄러짐이 발생하지 않는 것으로 가정하며 폭두께비 제한을 만족하면 강재가 항복하고 콘크리트가 압괴가 일어날 때까지 국부좌굴이 발생하지 않는 것으로 가정한다. 실험과 해석의 결과들은 강재앵커를 설치한 콘크리트 매입형 강재단면과 기준의 규정을 만족하는 충전형 각형강관단면의 극한한계상태 경우 이러한 가정들이 합리적임을 보여주고 있다. 원형강관의 경우 구속효과를 고려하기 위해 콘크리트의 응력을 증가시킬 수 있도록 허용하고 있다.

유사한 가정을 근거로 하되 강재보와 합성슬래브사이의 미끄러짐을 고려하여 일반적인 합성보단면에 대해 단순한 형태의 식을 유도할 수 있다. 엄밀히 말하면 이 때의 응력의 분포는 미끄러짐이 아니라 강재앵커의 강도에 기초한 것이다. 강재앵커의 강도가 다음의 값을 초과하면 완전합성으로 가정한다.

가) 합성보가 정모멘트를 받는 경우 강재단면의 인장항복강도 또는 콘크리트 슬래브의 압축강도

나) 합성보가 부모멘트를 받는 경우 슬래브 내 길이방향철근의 인장항복강도 또는 강재단면의 압축강도

강재앵커(전단연결재)의 수가 이러한 휨강도를 발휘하기에 충분한 경우, 항복이 일어나기 전에 발생할 수 있는 미끄러짐이 거동에 미치는 영향은 무시할 수 있다. 완전한 합성이 일어나지 않는 경우의 보를 부분합성보라 한다. 부분합성보의 탄성거동에 대한 미끄러짐의 영향이 무시할 수 없을 정도로 큰 경우에는 사용하중에 의한 처짐과 응력의 계산에 그 영향이 고려되어야 한다.

2) 변형률적합법

변형률적합법에서는 콘크리트의 최대압축변형률을 0.003으로 하여 변형률이 단면을 따라 선형으로 분포한다고 가정한다. 강재와 콘크리트의 응력-변형률 관계는 유사한 재료에 대한 실험이나 연구 결과를 사용하여야 한다. 비정형적 단면 또는 강재가 탄소성 거동을 하지 않는

경우에는 변형률적합법을 사용하여 공칭강도를 구하여야 한다. 축력과 휨모멘트를 받는 매입형 합성부재에 대한 변형률적합법의 일반적인 적용지침은 콘크리트구조기준과 AISC Design Guide 6에 제시되어 있다.

단면의 강도를 산정하는데 사용하는 소성응력분포법의 원칙은 모든 설계조건이나 단면형태에 적용할 수 있는 것은 아니다. 이에 대한 대안으로, 기준에서는 강재와 콘크리트에 대한 합리적인 응력-변형률 모델을 사용하는 일반화한 변형률적합법을 허용하고 있다.

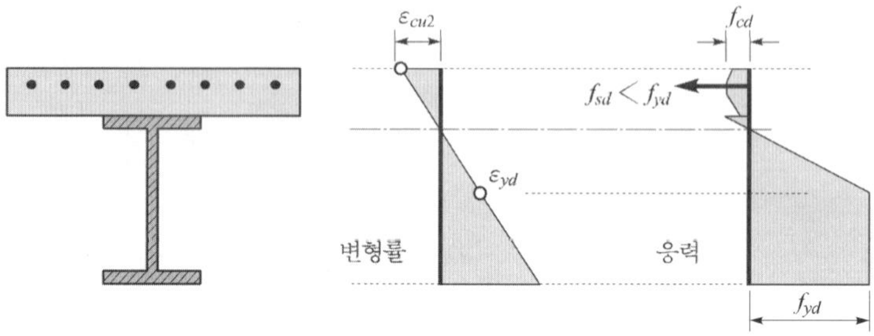

[그림 2.1.2] 합성보 단면에서의 비선형 변형률적합법

2.2 하중

건축물에 작용하는 공칭하중의 종류로는 구조재와 마감재의 자중인 고정하중과 건물의 용도에 따라 적재되는 물품과 사람의 중량 등에 의한 활하중, 지붕의 활하중이 있으며, 이 외에도 풍하중, 적설하중, 지진하중, 빗물하중, 수압, 토압, 초기 변형도에 의한 하중 등이 있다.

2.2.1 고정하중

고정하중은 건축물의 자중과 모든 영구 시공물의 중량에 의한 하중을 의미한다. 고정하중을 산정하는 가장 정확한 방법은 실제 구조물과 영구 시공물의 중량을 측정하는 것인데, 이는 현실적으로 어렵다. 따라서 고정하중을 산정하기 위해서는 건축물의 재료에 따른 고정하중을 수록한 자료나 기준을 이용한다. 이러한 자료나 기준에 의하여 계산된 고정하중과 실제 고정하중 사이에는 어느 정도의 오차가 있을 수 있는데, 이는 다른 하중의 산정 시에 발생하는 오차에 비해 작은 값이므로 무시할 수 있다.

2.2.2 활하중

활하중이란 구조물의 사용과 점유에 의해서 발생하는 하중, 즉 인간이나 물품, 기기, 저장물 등의 중량에 의한 하중을 의미한다. 활하중을 발생시키는 요소 즉, 인간이나 점유물 등은 수시로 이동할 가능성이 있기 때문에 활하중의 정확한 분포를 예측하기 힘들고 시간에 따른 활하중의 변동폭도 비교적 크다. 때에 따라서는 활하중이 거의 없는 경우도 있을 수 있고 고정하중의 몇 배에 해당하는 값을 갖는 경우도 있어서 기준에 의한 활하중과는 상당한 차이를 가질 수도 있다. 활하중은 건물의 용도에 따라 정해지며 보통 단위면적당 등분포하중으로 주어지며 예측 가능한 최대값을 사용한다.

2.2.3 적설하중

적설하중은 눈이 구조물에 쌓여 생기는 하중을 의미한다. 적설하중은 중력에 의한 비영구적 하중이라는 점에서 적재하중과 비슷한 면이 있으나 적재하중과는 다른 특성을 가지므로 구별하여 사용한다. 적설하중은 특정지역의 기후적 상황과 구조물의 형상, 특히 지붕의 형상에 영향을 받는다. 적설하중의 산정에 어려운 점은 실제 적설량과 건축물의 지붕에 가해지는 적설하중과의 상관관계를 정하는 것이다. 설계용 지붕적설하중은 기본 지상적설하중을 기준으로 하여, 기본 지붕적설하중계수, 노출계수, 온도계수, 중요도계수 및 지붕의 경사도 및 형상계수와 기타 재하분포 상태 등을 고려하여 산정한다.

2.2.4 풍하중

풍하중은 바람의 운동에너지가 구조물에 부딪히면서 압력형태의 위치 에너지로 변환되어 생기는 하중으로 파괴력이 매우 큰 동적하중이다. 풍하중은 공기밀도, 속도 및 바람이 불어오는 각도 등의 기류적 특성과 건물의 형태, 강성, 표면상태 등의 구조물 특성에 따라 달라지므로 이를 정량적으로 산정하기는 매우 복잡하다.

풍하중 산정방법은 구조물에 가해지는 바람의 영향 정도에 따라 정적접근법과 동적접근법으로 나뉜다. 일반적으로 중저층 건축물은 고층 건축물에 비해 바람의 영향을 적게 받으므로 바람에 의한 동적 횡하중의 등가인 정적 횡하중으로 치환하여 산정하는 정적접근법이 사용된다. 반면 고층 건축물이나 바람에 민감한 형태의 건축물에서는 동적접근법이 사용된다. 더욱이 최근에는 단스팬·중량 구조물이 주류를 이루던 고층 건축물이 세장하고, 장스팬화·경량화되어감에 따라 풍하중으로 인한 횡변위, 진동의 영향을 더 크게 받고 있다. 동적접근법에서는 앞에서 언급한 풍하중 영향요소들을 최대한으로 고려한 풍동실험을 실시하여 그 결과를 토대로 풍하중을 산정한다. 중저층 건축물에서는 풍하중이 설계를 좌우하는 경우가 드물지만, 고층화가 되면 풍하중을 지지하기 위해 구조부재가 커지고 그 결과 공사비가 증가하므로 적절한 풍하중 산정은 경제성에 직결된 문제이다.

설계용 풍하중은 구조골조용 풍하중, 지붕골조용 풍하중 및 외장재용 풍하중으로 구분하고 각각의 설계풍력, 설계풍압에 유효면적을 곱하여 산정하는 것을 기본으로 한다.

2.2.5 지진하중

지진으로 인한 지반운동은 구조물에 횡변형을 일으키며 이로 말미암아 관성력이 발생한다. 이 관성력은 구조물에 응력을 발생시켜서 하중으로서 작용하게 되는데 이를 지진하중이라 한다. 지진은 자연재해 중 가장 파괴력이 큰 것으로 건축구조물에 대한 영향이 상당히 크다.

지진하중의 산정방법은 정적해석과 동적해석방법이 있다. 동적해석에서는 지진발생 시 일어날 수 있는 구조물의 가속도, 속도, 변위 중에 최대 응답을 나타내는 지진응답스펙트럼(earthquake response spectrum)을 이용하는 스펙트럼 해석법과 실제 지진에 대한 구조물의 응답이력을 계산하는 시간이력 해석법이 있다. 지진에 민감한 고층건물, 핵발전소를 설계할 때 동적해석은 필수적이다.

반면 정적해석은 일반적인 저층건물의 설계에 사용하는 방법으로서 구조물의 관성력을 등가의 횡력으로 평가한 방법이다. 구조물을 하나의 중량체로 가정하여 구한 전체 관성력(밑면전단력)을 일정한 식에 의하여 각 층에 분배(층지진하중)하고, 이를 근간으로 내진해석을 수행한다. 이때, 내진설계를 간략화하기 위해 미국 등 여러 나라에서는 지진위험지역도(seismic map)를 사용하고 있다.

수백 년 주기의 최대 지진하중은 매우 크기 때문에 이 하중에 대하여 건물의 피해를 완전히 방지하기 위한 설계는 경제적이지 않다. 따라서 지진설계 시 지진하중은 기본적으로 다음과 같은 두 가지 설계목적을 달성하도록 구조물의 설계기준에 반영된다. 첫째 최대지진 발생 시 건축물의 손상은 허용하나 건축물의 붕괴와 같은 심각한 손상이나 인명피해를 방지하는 것이고, 둘째는 중·약진 발생 시 구조물의 피해를 줄여 경제적 손실은 최소화하는 것이다.

2.2.6 기타하중

앞에서 정의된 하중이외에 구조물에 영향을 미치는 하중으로는 빗물하중, 수압, 토압, 초기 변형도에 의한 하중 등이 있다. 여기서 수압은 일정한 압력과 높이에 의해 작용하는 하중을 의미하고, 토압은 토압과 지중수압에 의한 수평력을 의미한다.

2.2.7 하중조합

강도 한계상태설계의 구조물과 구조부재의 소요강도는 아래의 하중조합 중에서 가장 불리한 경우에 따라서 결정한다.

$$1.4(D+F) \quad \text{식(2.2.1)}$$

$$1.2(D+F+T)+1.6L+0.5(L_r \text{ 또는 } S \text{ 또는 } R) \quad \text{식(2.2.2)}$$

$$1.2D+1.6(L_r \text{ 또는 } S \text{ 또는 } R)+(1.0L \text{ 또는 } 0.65W) \quad \text{식(2.2.3)}$$

$$1.2D+1.3W+1.0L+0.5(L_r \text{ 또는 } S \text{ 또는 } R) \quad \text{식(2.2.4)}$$

$$1.2D+1.0E+1.0L+0.2S \quad \text{식(2.2.5)}$$

$$0.9D+1.3W \quad \text{식(2.2.6)}$$

$$0.9D+1.0E \quad \text{식(2.2.7)}$$

여기서, D : 고정하중

L : 적재하중

L_r : 지붕의 적재하중

W : 풍하중

S : 적설하중

E : 지진하중

R : 빗물하중

F : 수압

H : 토압

T : 초기 변형도에 의한 하중

위의 식(2.2.3), 식(2.2.4) 및 식(2.2.5)의 L에 대한 하중계수는 차고 및 공공집회장을 제외하고, 활하중이 5.0kN/m^2 이하인 장소에 대하여 0.5를 사용할 수 있다.

지하수압·토압 또는 분말 및 입자형 재료의 횡압력에 의한 하중 H가 존재할 때는 다음의 하중계수를 적용하여 조합하여야 한다.

가) H가 단독으로 작용하거나 H의 하중효과가 다른 하중효과를 증대하는 경우에는 하중계수를 1.6으로 하여야 한다.

나) H의 하중효과가 영구적이면서 다른 하중효과를 상쇄하는 경우에는 하중계수를 0.9로 하여야 한다.

다) H의 하중효과가 영구적이지 않으면서 다른 하중효과를 상쇄하는 경우에는 하중계수를 0으로 하여야 한다.

2.3 구조용 강재

2.3.1 일반사항

일반 구조용 강재의 전형적인 응력-변형률 곡선은 그림과 같다. [그림 2.3.1]는 일방향 하중을 받는 강재 시편의 인장시험에서 구한 것이다. 구조용 강재의 경우 탄성계수는 210,000MPa, 항복강도 F_y는 235MPa부터 650MPa의 범위의 값을 주로 가진다.

현행 건축구조기준에서는 합성구조에 사용가능한 구조용 강재의 설계기준 항복강도 상한값을 650MPa로 하고 있다. 이러한 고강도 강재는 합성기둥의 합성효과에 대한 실험적 연구 등을 통하여 합성구조에 적용가능성을 규명하였다.

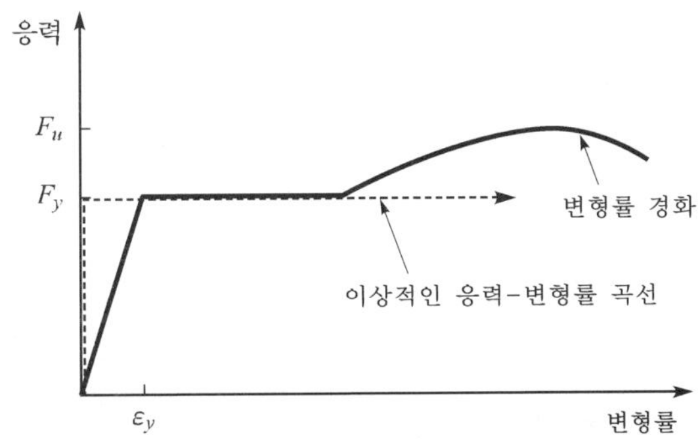

[그림 2.3.1] 강재의 응력-변형률 관계

2.3.2 구조용 강재 규격

구조용 강재는 건축구조기준에 기술된 KS에 적합한 것이라야 한다. 일반 구조용 강재는 0.12~0.2% 정도의 탄소를 함유하는 연강으로서 보통 압연 강재의 대부분을 차지한다. 연강은 전로 또는 평로에서 만들어지며 제강과 가공이 용이하고, 또 동시에 큰 강도와 상당한 연성을 갖는다. 〈표 2.3.1〉은 건축구조물에 사용되는 주요 구조용 강재 및 설계기준강도를 나타낸다.

<표 2.3.1> 구조용 강재

<table>
<tr><th>강도</th><th>강재 기호 / 판 두께</th><th>SS275</th><th>SM275
SMA275</th><th>SM355
SMA355</th><th>SM420</th><th>SM460</th><th>SN275</th><th>SN355</th><th>SHN275</th><th>SHN355</th></tr>
<tr><td rowspan="4">F_y</td><td>16mm 이하</td><td>275</td><td>275</td><td>355</td><td>420</td><td>460</td><td rowspan="2">275</td><td rowspan="2">355</td><td rowspan="3">275</td><td rowspan="3">355</td></tr>
<tr><td>16mm 초과
40mm 이하</td><td>265</td><td>265</td><td>345</td><td>410</td><td>450</td></tr>
<tr><td>40mm 초과
75mm이하</td><td rowspan="2">245</td><td>255</td><td>335</td><td>400</td><td>430</td><td rowspan="2">255</td><td rowspan="2">335</td></tr>
<tr><td>75mm 초과
100mm 이하</td><td>245</td><td>325</td><td>390</td><td>420</td><td>–</td><td>–</td></tr>
<tr><td rowspan="2">F_u</td><td>75mm 이하</td><td rowspan="2">410</td><td rowspan="2">410</td><td rowspan="2">490</td><td rowspan="2">520</td><td rowspan="2">570</td><td rowspan="2">410</td><td rowspan="2">490</td><td>410</td><td>490</td></tr>
<tr><td>75mm 초과
100mm 이하</td><td>–</td><td>–</td></tr>
</table>

강도	강재기호 / 판 두께	HSA650	SM275-TMC	SM355-TMC	SM420-TMC	SM460-TMC
F_y	80mm 이하	650	275	355	420	460
F_u	80mm 이하	800	410	490	520	570

2.3.3 충전형 합성부재 단면 분류

충전형 합성부재의 거동은 순수강관부재의 거동과는 근본적으로 다르다. 충전콘크리트는 합성부재의 강성, 강도, 연성에 중요한 영향을 준다. 강재의 단면적이 감소할수록, 콘크리트의 기여도는 더욱 커진다.

강관의 탄성국부좌굴은 콘크리트의 충전유무에 의해 크게 영향을 받는다. 충전콘크리트는 내부로의 변형을 방지함으로써 (부재의 단면 및 길이방향으로) 강관의 좌굴모드를 변화시킨다 ([그림 2.3.2], [그림 2.3.3] 참조).

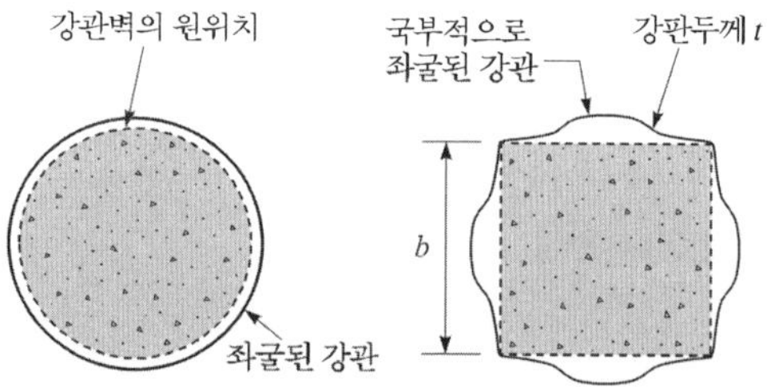

[그림 2.3.2] 콘크리트충전강관 기둥의 단면좌굴

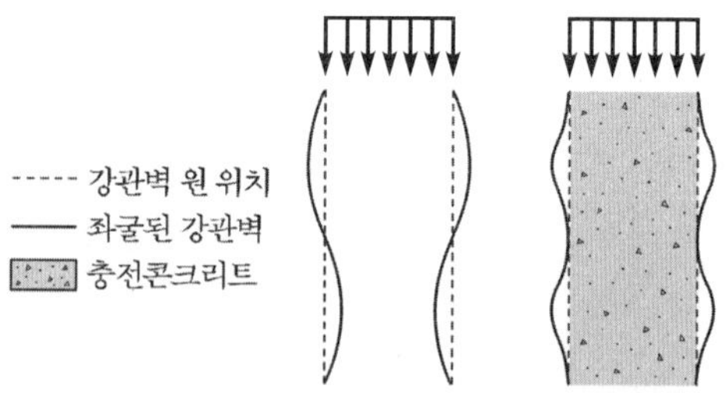

[그림 2.3.3] 콘크리트충전강관 기둥의 길이방향 좌굴

충전형 합성압축부재의 탄성국부좌굴거동을 분석한 연구(Bradford et al., 1998)에서는 각형강관의 탄성플레이트 좌굴식(Ziemian, 2010)의 플레이트 좌굴계수(k-factor)가 4.00(강관의 경우)에서 10.6(충전단면의 경우)로 변화하는 것을 보여준다. 결과적으로, 충전강관단면의 탄성플레이트 좌굴응력은 순수강관단면에 비해 2.65배까지 증가한다. 유사하게 기존 연구(Braford et al. 2002)에서도 충전형 원형단면의 탄성국부좌굴응력은 순수원형강관단면에 비하여 1.73배인 것으로 나타났다.

따라서, 압축력을 받는 충전형 합성부재의 단면은 조밀, 비조밀, 세장으로 분류를 하고 있다. 충전형 합성단면의 압축강재요소 중 최대폭두께비가 λ_p를 초과하지 않는다면 조밀로 분류한다. 하나 또는 그 이상의 압축강재요소의 최대폭두께비가 λ_p를 초과하고 λ_r를 초과하지 않는다면 비조밀로 분류한다. 이 식은 b/t가 비조밀과 세장단면 사이를 구분하는 한계 λ_r를 나타내는 $3.00\sqrt{E_s/F_y}$ 이하인 플레이트에서 항복이 발생하다는 것을 의미한다. 이 한계는 잔류응력이나 기하학적 불완전성의 영향을 고려하지 않는다. 왜냐하면 이보다 큰 b/t비에서 콘크리트의 기여도가 지배적이며, 강재응력을 감소시키는 효과는 작기 때문이다.

압축강재요소 중에서 최대폭두께비가 λ_r를 초과하는 요소가 있으면 세장으로 분류한다. λ_{max}와 관련한 최대 허용 b/t 값은 $5.00\sqrt{E_s/F_y}$ 이상에 대한 실험데이터의 부족과 극도로 세장한 강관단면에서의 콘크리트 타설압력으로 인한 잠재적인 영향(강관의 잔류변형과 잔류응력)을 근거로 한 것이다. 최대허용 폭두께비는 〈표 2.3.2〉를 따른다.

축압축력을 받는 충전형원형단면에 대한 비조밀과 세장 사이의 한계 λ_r은 원형강관단면에 대한 한계($0.11E/F_y$)의 1.73배인 $0.19E/F_y$로 정해졌다. 이는 앞서 언급한 Bradford et al. (2002)의 연구에 근거하고, 이는 실험데이터와 비교하여 잘 맞는다.

$0.31E/F_y$인 최대허용값 D/t는 실험데이터의 부족과 극도로 세장한 충전형 강관단면에서의 콘크리트 타설압력으로 인한 잠재적 영향에 근거한다.

휨에 의해 압축력을 받는 플랜지는 축압축력을 받을 때와 재하와 거동이 유사하기 때문에 b/t 한계는 축압축력을 받는 경우와 같게 정해졌다. 휨을 받는 충전형 원형단면에 대한 〈표 2.3.3〉에 있는 조밀과 비조밀 사이의 한계 λ_p는 보수적으로 원형강관단면에 대한 한계($0.07E/F_y$)의 1.25배인 $0.09E_s/F_y$로 정해졌다. 비조밀과 세장 사이의 한계 λ_r은 원형강관단면의 $0.31E_s/F_y$와 같게 보수적으로 가정되었다. 더 세장한 충전형 콘크리트강관단면에 대한 최대허용치는 실험데이터의 부족과 콘크리트타설을 고려하여 이 한계 λ_r와 같게 정해졌다 (Varma and Zhang, 2009).

각형강관과 원형강관의 폭(b) 또는 직경(D)과 두께(t)에 대한 정의는 〈표 2.3.4〉에 나타낸다.

<표 2.3.2> 압축력을 받는 충전형합성부재의 압축강재요소에 대한 판폭두께비 제한

구분	판폭 두께비	λ_p 조밀/비조밀	λ_r 비조밀/세장	λ_{max} 최대허용
각형강관*	b/t	$2.26\sqrt{\frac{E}{F_y}}$	$3.00\sqrt{\frac{E}{F_y}}$	$5.00\sqrt{\frac{E}{F_y}}$
원형강관	D/t	$\frac{0.15E}{F_y}$	$\frac{0.19E}{F_y}$	$\frac{0.31E}{F_y}$

*은 사각형 강관 및 두께가 일정한 용접사각형강관을 나타냄.

<표 2.3.3> 휨을 받는 충전형합성부재의 압축강재요소에 대한 판폭두께비 제한

구분	판폭 두께비	λ_p 조밀/비조밀	λ_r 비조밀/세장	λ_{max} 최대허용
각형강관*의 플랜지	b/t	$2.26\sqrt{\frac{E}{F_y}}$	$3.00\sqrt{\frac{E}{F_y}}$	$5.00\sqrt{\frac{E}{F_y}}$
각형강관*의 웨브	h/t	$3.00\sqrt{\frac{E}{F_y}}$	$5.70\sqrt{\frac{E}{F_y}}$	$5.70\sqrt{\frac{E}{F_y}}$
원형강관	D/t	$\frac{0.09E}{F_y}$	$\frac{0.31E}{F_y}$	$\frac{0.31E}{F_y}$

*은 사각형 강관 및 두께가 일정한 용접사각형강관을 나타냄.

<표 2.3.4> 압축판요소의 판폭두께비 제한값

구분		판요소에 대한 설명	판폭 두께비	판폭두께비 제한값		예
				λ_p(콤팩트)	λ_r(비콤팩트)	
비구속판요소	1	압연 H형강과 ㄷ형강 휨재의 플랜지	b/t	$0.38\sqrt{E/F_y}$	$1.0\sqrt{E/F_y}$	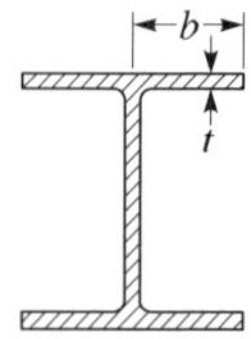
	2	2축 또는 1축 대칭인 용접 H형강 휨재의 플랜지	b/t	$0.38\sqrt{E/F_y}$	$0.95\sqrt{k_cE/F_L}$ 1),2)	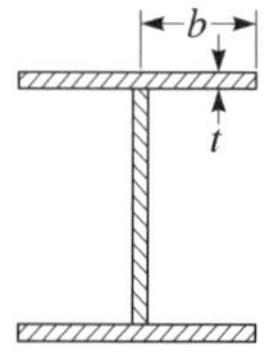
	3	균일 압축을 받는 – 압연 H형강의 플랜지 – 압연 H형강으로부터 돌출된 플레이트 – 서로 접한 쌍ㄱ형강의 돌출된 다리 – ㄷ형강의 플랜지	b/t	–	$0.56\sqrt{E/F_y}$	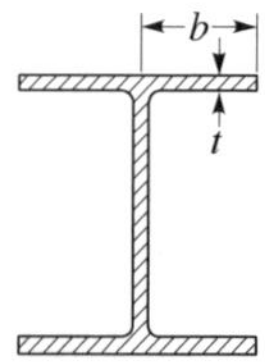
	4	균일 압축을 받는 – 용접 H형강의 플랜지 – 용접 H형강으로부터 돌출된 플레이트와 ㄱ형강 다리	b/t	–	$0.64\sqrt{k_cE/F_y}$ 1)	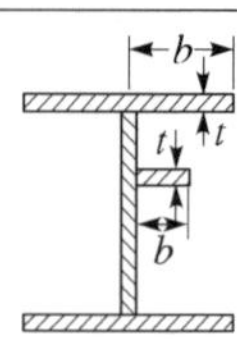
	5	균일 압축을 받는 – ㄱ형강의 다리 – 낄판을 낀 쌍ㄱ형강의 다리 – 그 외 모든 한쪽만 지지된 판요소	b/t	–	$0.45\sqrt{E/F_y}$	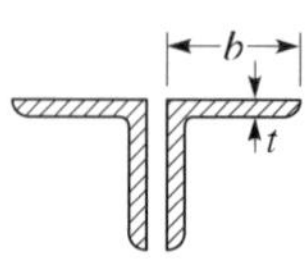

구분		판요소에 대한 설명	판폭두께비	판폭두께비 제한값		예
				λ_p(콤팩트)	λ_r(비콤팩트)	
비구속판요소	6	휨을 받는 ㄱ형강의 다리	b/t	$0.54\sqrt{E/F_y}$	$0.91\sqrt{E/F_y}$	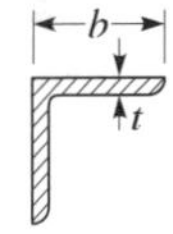
	7	휨을 받는 T형강의 플랜지	b/t	$0.38\sqrt{E/F_y}$	$1.0\sqrt{E/F_y}$	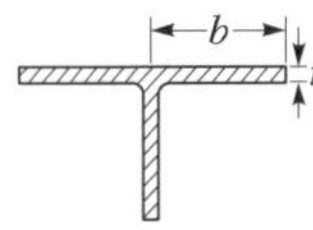
	8	균일압축을 받는 T형강의 스템	d/t	–	$0.75\sqrt{E/F_y}$	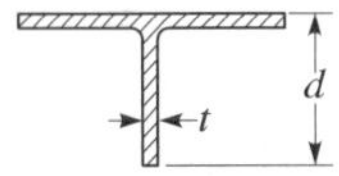
구속판요소	9	휨을 받는 –2축대칭 H형강의 웨브 –ㄷ형강의 웨브	h/t_w	$3.76\sqrt{E/F_y}$	$5.70\sqrt{E/F_y}$	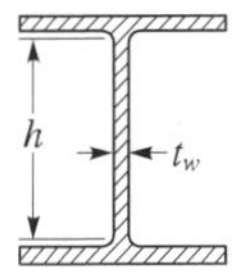
	10	균일압축을 받는 2축대칭 H형강의 웨브	h/t_w	–	$1.49\sqrt{E/F_y}$	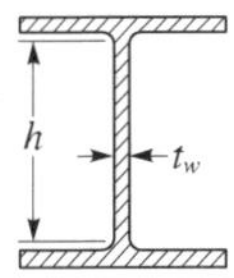
	11	휨을 받는 1축대칭 H형강의 웨브	h_c/t_w	$\dfrac{\dfrac{h_c}{h_p}\sqrt{\dfrac{E}{F_y}}}{(0.54\dfrac{M_p}{M_y}-0.09)^2} \le \lambda$	$5.70\sqrt{E/F_y}$	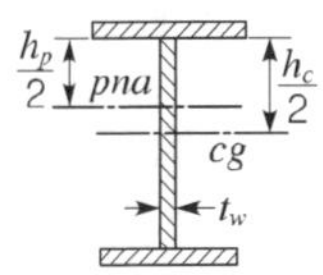
	12	휨 또는 균일압축을 받는 –각형강관의 플랜지 –플랜지 커버플레이트 –파스너 또는 용접선 사이의 다이아프램 플레이트	b/t	$1.12\sqrt{E/F_y}$	$1.40\sqrt{E/F_y}$	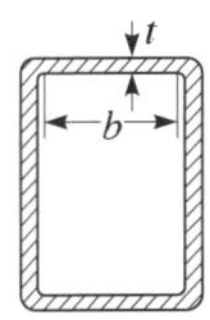
	13	휨을 받는 각형강관의 웨브	h/t	$2.42\sqrt{E/F_y}$	$5.70\sqrt{E/F_y}$	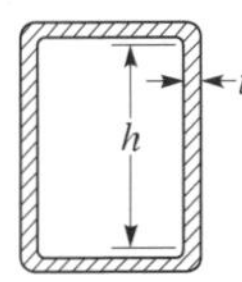
	14	균일압축을 받는 그 외 모든 양쪽이 지지된 판요소	b/t	–	$1.49\sqrt{E/F_y}$	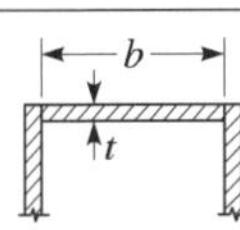
	15	–압축을 받는 원형강관 –휨을 받는 원형강관	D/t D/t	– $0.07E/F_y$	$0.11E/F_y$ $0.31E/F_y$	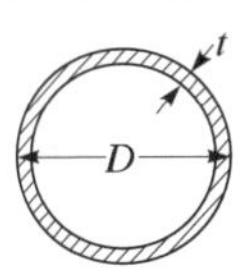

2.4 철근

2.4.1 재료특성

합성구조는 강재, 콘크리트 그리고 철근으로 구성되고 있으며, 대부분의 콘크리트 부분에는 이형철근(deformed bar)이나 기타 보강재를 사용하여 보강된다. 사용되는 철근의 탄성계수는 콘크리트구조기준에 근거하여 200,000MPa이며 부휨모멘트를 받는 슬래브 등에서 인장응력을 부담하게 된다.

2.4.2 구조제한

철근은 일반적으로 항복강도 300MPa에서 600MPa의 제품이 생산되고 있다. 이러한 철근은 강재의 경우와 마찬가지로 고강도일수록 연성이 낮아지는 경향을 가지고 있으며, 연성을 확보하는 것이 중요한 문제 중의 하나이다.

현행 건축구조기준에서는 철근의 항복강도는 강재의 경우와 동일하게 650MPa 이하로 규정하고 있다.

2.5 콘크리트

2.5.1 재료특성

합성구조에서 강도나 강성의 측면에서 중요한 역할을 하는 부분이 철근콘크리트이다. 콘크리트는 시멘트, 굵은 골재, 잔골재, 물을 혼합하여 만들어지고 종종 플라이애쉬와 같은 혼화재료가 첨가된다.

콘크리트의 압축하에서 응력-변형률 곡선은 강재와 매우 다르다. [그림 2.5.1]에 전형적인 콘크리트의 응력-변형률 곡선을 나타내었다. 곡선에서 $0.4f_{ck}$ 정도까지는 탄성계수 E_c를 가지고 선형에 가깝지만 그 후부터 접선탄성계수를 적용하며 최대응력에 도달할 때까지 감소한다. 이상화된 사각형 형태의 응력분포는 사각형응력 블록의 높이를 단순한 평형관계식에서 구할 수 있기 때문에 휨강도의 계산을 매우 단순화시킬 수 있어 해석과 설계에서 이용되고 있다.

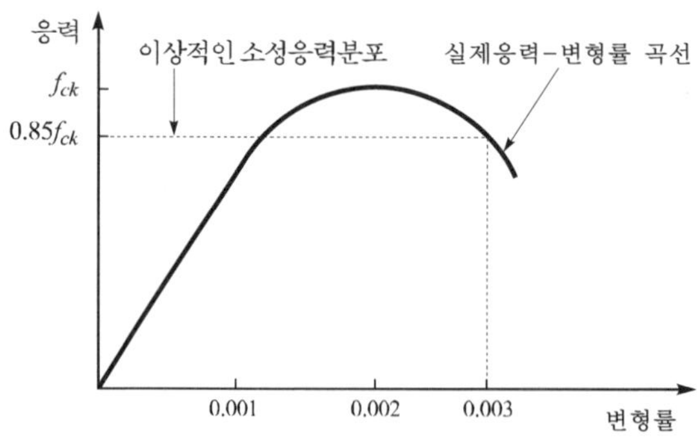

[그림 2.5.1] 콘크리트의 응력-변형률 관계

강재와 달리 콘크리트는 시간에 따라 변하는 재료인데 시간의존적인 변형은 크리프, 건조수축, 그리고 열 변형에 의한 것이다. 이러한 콘크리트의 장기거동은 사용하중하에서 합성부재의 거동에 영향을 미치게 된다. 강재앵커(전단연결재)와 같은 합성작용으로 인해서 콘크리트의 자유로운 변형을 강재가 구속하기 때문에 응력이 발생하고 이로 인해 변형이 유발된다. 합성부재의 극한강도에는 별 영향을 미치지 않지만 합성기둥과 연성이 없는 강재앵커(전단연결재)를 갖는 합성보의 휨강도에는 큰 영향을 미칠 수 있다. 왜냐하면 콘크리트의 수화반응기간 동안의 크리프와 건조수축은 매우 긴 시간에 걸쳐서 일어나고 지속되는 사용하중하에서의 장기변형은 단기변형보다 훨씬 크기 때문이다. 게다가, 온도의 변화는 장기적으로 콘크리트의 재료 특성에 영향을 미치고 결국 합성구조의 거동에도 영향을 미치게 된다.

2.5.2 구조제한

합성 바닥판에 보통 콘크리트 또는 경량 콘크리트가 사용된다. 경량 콘크리트는 중량을 절감할 수 있기 때문에 보의 스팬을 크게 하는 이점이 있지만, 반면에, 탄성계수를 감소시킬 뿐만 아니라, 바닥판의 처짐을 크게 하며 강재앵커(스터드앵커)의 저항 능력도 감소시킨다.

일반 철근콘크리트 설계의 경우 강도계산에는 70MPa를 최대제한값으로 한다. 이 제한값 이상의 경우에는 자료가 충분하지 않고 재료거동에서 변화를 보이기 때문이다(Varma et al., 2002). 또한, 경량콘크리트의 경우 품질이 우수하면서 쉽게 구할 수 있는 콘크리트의 사용을 권장하기 위해 최대제한값으로 42MPa를 사용한다. 탄성계수를 구하는 데에는 더 큰 강도값을 사용할 수 있으며 강도계산의 경우에도 실험 또는 해석을 통해 검증되는 경우에 한 해 더 큰 값을 사용할 수 있다. 일반콘크리트와 경량콘크리트 모두 21MPa를 최저제한값으로 한다.

2.6 강재앵커

2.6.1 강재앵커의 종류

강재앵커는 강과 콘크리트 사이에 작용하는 전단력에 저항하여 강과 콘크리트를 일체화시켜 합성효과를 높이는 역할을 하고 있다. 현행 건축구조기준에서는 스터드앵커와 ㄷ형강 강재앵커를 적용할 수 있도록 하고 있다.

강재앵커 중 스터드(이하 스터드)는 건물의 합성보에 사용되는 가장 일반적인 강재앵커(전단연결재)로서 직경 19mm가 데크플레이트를 통해서 실용적으로 용접에 사용되고 있다.

또한, 용접 후 강재앵커(스터드)의 길이는 최초의 강재앵커(스터드) 길이와 용접방법에 좌우된다. 일반적으로 데크를 통한 용접에 있어서, 용접 후의 강재앵커(스터드)의 높이는 5mm 정도 작아진다.

2.6.2 구조제한

1) 합성보에서의 구조제한

정 또는 부모멘트가 최대가 되는 위치와 모멘트가 0이 되는 위치 사이에 배열되는 강재앵커의 소요개수는 콘크리트 슬래브와 강재보에서 구한 총수평전단력을 강재앵커의 공칭강도로 나눈 값으로 구한다. 집중하중이 작용하는 위치와 이와 가장 가까운 모멘트가 0이 되는 위치 사이에 강재앵커의 소요개수는 집중하중이 작용하는 위치의 최대모멘트를 받을 수 있도록 충분한 수를 사용한다.

(1) 별도의 시방이 없는 한, 정 또는 부모멘트가 최대가 되는 위치에서 양측에 소요되는 강재앵커는 최대 위치점과 모멘트가 0이 되는 위치 사이에 일정한 간격으로 배치한다.

(2) 데크플레이트의 골에 설치되는 강재앵커(전단연결재)를 제외하고, 강재앵커의 측면피복은 25mm 이상이 되어야 한다. 앵커의 중심에서 전단력방향에 있는 가장자리까지의 거리는 보통콘크리트에서는 200mm 이상, 경량콘크리트에서는 250mm 이상으로 한다.

(3) 강재앵커(스터드)의 중심간 간격은 합성보의 길이방향으로는 강재앵커(스터드)직경의 6배 이상이 되어야 하며 직각방향으로는 직경의 4배 이상이 되어야 한다. 다만 골방향이 강재보에 직각인 데크플레이트의 골 내에 설치되는 경우, 중심 간 간격은 모든 방향으로 강재앵커(스터드)직경의 4배 이상이 되어야 한다. 강재앵커의 중심 간 간격은 슬래브 총두께의 8배 또는 900mm를 초과할 수 없다.

2) 합성기둥에서의 구조제한

(1) 보통콘크리트를 사용하는 경우, 전단력만 받는 강재앵커(스터드)의 길이는 몸체직경의 5배 이상으로 한다. 인장 또는 전단과 인장의 조합력을 받는 강재앵커(스터드)의 길이는 몸체직경 8배 이상으로 한다.

(2) 경량콘크리트를 사용하는 경우, 전단력만 받는 강재앵커(스터드)의 길이는 몸체직경의 7배 이상으로 한다. 인장력을 받는 강재앵커(스터드)의 길이는 몸체직경의 10배 이상으로 한다.

(3) 인장 또는 전단과 인장의 조합력을 받는 강재앵커(스터드)의 머리직경은 몸체직경의 1.6배 이상으로 한다.

(4) 강재앵커의 측방향의 콘크리트 순피복두께는 25mm 이상으로 한다. 강재앵커(스터드)의 중심 간 최소간격은 어느 방향이든 몸체직경의 4배로 한다. 강재앵커(스터드)의 중심 간 최대간격은 어느 방향이든 몸체직경의 32배로 한다. ㄷ형강앵커의 중심 간 최대간격은 600mm로 한다.

2.7 시공과정을 고려한 합성구조

합성구조의 시공 시에는 강구조 부분만으로 상당 기간 하중 및 외력을 부담하여야 하고 좌굴, 비틀림, 휨 등이 문제가 되는 경우가 있으므로 시공담당자와 협의하여 시공 시 하중조건을 충분히 파악하고 이에 대한 안전을 확인하여야 한다. 시공 시 하중에 대한 강재 및 접합부의 산정은 원칙적으로 건축구조기준에 따라야 하지만, 특별한 조사 등에 의해서 건축구조기준에 따르지 않는 경우라도 구조물의 안전에 지장이 생기지 않도록 충분히 검토해야 한다.

2.7.1 강도 검토

동바리를 사용하지 않는 경우, 콘크리트의 강도가 설계기준강도의 75%에 도달하기 전에 작용하는 모든 시공하중은 강재단면에 의해서만 지지될 수 있어야 한다.

합성보의 설계는 재하과정을 고려하는데 주의를 기울일 필요가 있다. 콘크리트가 경화하기 전에 동바리를 사용하지 않는 보에 가해진 하중들은 모두 강재단면에 의해서만 지지되며 콘크리트가 경화한 후에 가해진 하중만이 합성보에 의해 지지되는 것으로 고려한다. 일반적으로 설계를 위해 콘크리트의 강도가 설계기준강도의 75%에 도달했을 때 콘크리트가 경화한 것으로 가정한다. 동바리를 사용하지 않는 보의 경화하기 전의 콘크리트에 의한 처짐은 슬래브의 두께를 증가시키며 이는 고정하중 증가의 원인이 된다. 스팬이 긴 경우 이러한 현상은 지붕의 물고임(ponding)과 유사한 문제를 발생시킬 수 있다. 슬래브 두께의 지나친 증가는 보의 치올림(camber)을 통해 방지할 수 있다. 슬래브를 일정한 두께로 타설하는 것은 물고임에 의한 문제를 막을 수 있다. 거푸집이 상부플랜지와 연결되지 않는 경우에는 시공 중 강재 보의 횡방향지지가 연속적으로 이루어지지 않을 수 있으므로 비지지 길이가 휨강도를 결정할 수 있게 된다.

1) 합성데크플레이트의 강도 검토

(1) 시공 시의 하중은 데크플레이트만으로 지지한다고 가정한다. 콘크리트 타설 시의 하중은 데크플레이트, 철근콘크리트 등의 고정하중 외에 시공상황에 맞추어 적절한 시공하중을 고려한다.

(2) 콘크리트의 자중은 데크플레이트에 의해 지지되므로 합성슬래브에 작용하는 하중은 콘크리트 경화 후에 시공되는 마감재 하중과 적재하중이다.

2) 합성보의 강도 검토

합성보 설계에서의 부재응력 검토는 지주사용의 필요성 검토, 콘크리트와 강재의 부재응력 검토 및 처짐 검토를 포함한다.

일반적으로 구조물의 설계는 고정하중과 적재하중을 대상으로 하며, 합성보 구조에서도 이러한 설계규준은 큰 차이가 없으나, 고정하중을 시공과정에 비추어 다시 세분하게 되는 점이 일반구조물의 설계와 다른 점이다. 합성보 구조에서는 하중을 합성작용이 발휘되기 이전에 작용하는 하중으로 나눈다. 합성보의 합성작용은 콘크리트의 강도가 설계강도의 75%가 됨을 기준으로 하고 있다. 강재보 위의 자중과 콘크리트 슬래브 및 슬래브의 콘크리트치기에 따르는 시공하중은 합성작용이 이루어지기 전에 강재보에 의하여 지지되므로 고정하중으로 계산하며 슬래브의 마감이나 천장, 배관 및 칸막이 등의 하중은 고정하중의 범주에 속하는 것이나 슬래브-보의 합성작용이 이루어진 후에 시공되는 것이므로 적재하중의 범주에 넣어 계산한다.

고정하중에 대하여서는 합성작용이 아닌 강재보 단독의 단면성능으로 하중을 지지하여야 하기 때문에 처짐과 과도응력 등으로 시공기간 중 지주 사용을 검토할 필요가 있다.

2.7.2 처짐 검토

합성보의 처짐계산에서는 일반탄성이론에 의한 처짐공식을 사용하나 고정하중과 적재하중으로 나누어 고정하중에는 강재보의 단면2차모멘트 I_s, 적재하중에 대하여서는 합성단면2차모멘트 I_{eff}를 적용한다.

과중한 고정하중에 의한 처짐은 치올림을 하거나 가설지주를 사용하여 처짐을 방지해야 한다. 이러한 받침 지주는 콘크리트 강도가 28일 강도의 75%에 달할 때까지 설치해 두어야 한다.

2.8 시공 고려사항

2.8.1 합성데크 바닥구조

1) 데크플레이트 선정

데크플레이트는 한국산업표준(KS)에 적합한 것으로 한다. 다만, 한국산업표준 이외의 제품은 동등 이상의 품질이 확인된 경우에 사용할 수 있다.

2) 캔틸레버 형식의 돌출

(1) 데크플레이트가 캔틸레버처럼 골 방향으로 돌출될 경우 내측 스팬의 구조재에 연결시켜야 하며, 지지단에서의 부모멘트 처리에도 주의하여야 한다.

(2) 데크플레이트가 폭 방향으로 돌출되는 것은 허용되지 않는다.

3) 슬래브배근 및 콘크리트

(1) 사용한계에 대한 구조안전성만으로는 무근으로도 시공이 가능하다.

(2) 그러나 지지단의 부모멘트 및 건조수축에 의한 균열은 강성저하와 진동장애의 원인이 되므로 보통 용접철망(φ 6-100×100)을 배근하고 타설한다.

(3) 콘크리트 타설 방향에 주의하여 편심으로 인한 데크플레이트 처짐을 방지한다.

4) 데크플레이트 설치

(1) 데크플레이트를 골 방향으로 설치할 때 보에 걸치는 길이는 50mm 이상으로 한다.

(2) 데크플레이트를 폭 방향으로 설치할 때 폭 방향 길이는 30mm 이상으로 하고, 폭 조절용 플레이트를 이용하는 경우는 50mm 이상을 원칙으로 한다.

(3) 데크플레이트가 중첩되는 부분을 이용한 폭 방향의 조정은 합성효과의 측면에서 불리하기 때문에 금지되어 있다.

(4) 지지 부위는 용접관리를 철저히 해야 한다.

5) 데크플레이트는 다른 건설자재와 비교해서 미끄러지기 쉽고 발을 헛디딜 위험성이 있으며 특히 돌풍 등에 의해 날리는 등의 위험에 대해서도 유의해야 한다.

6) 적재 시의 주의사항

(1) 데크플레이트에 자재를 적재할 때에는 충격을 최소화하여 적재하도록 한다.

(2) 자재를 적재할 때에는 가능한 강재보에 걸치도록 하여 적재한다.

(3) 데크플레이트와 강재보의 용접을 완료한 후(시방서 지침 참조)에만 자재를 적재를 할 수 있다. 단, 태그용접 등의 가용접 상태에서는 자재 적재는 절대 불가하다.

7) 균열억제 대책

(1) 보 위(약, 1m 정도의 구간)에 와이어 메시(Wire Mesh)를 설치한다.
(2) 피복두께를 유지하기 위해 콘크리트 두께는 100mm 이상 타설한다.
(3) 물시멘트(W/C) 비가 낮은 콘크리트를 타설한다.
(4) 블리딩(Bleeding)수는 제거한다.
(5) 살수양생으로 급격한 건조를 방지한다.
(6) 표면마감은 가능한 제물마감으로 시공한다.

2.8.2 콘크리트충전 강관기둥

1) 블리딩 및 침하의 영향 : 콘크리트 상부의 강도저하 및 침하에 의한 다이아프램 하부의 공극 발생에 대해 충분히 사전에 대비하여야 한다.
2) 콘크리트 배합의 적절한 선정이 필요하다.
3) 시공계획서에 따라 관리하여야 한다.
4) 강관의 팽창 및 응력 상태를 고려해야 한다.
5) 타설 속도 : 타설 속도가 빠르면 강관 내 에어포켓(Air Pocket) 발생, 막힘 현상 등에 대해 고려해야 한다.
6) 타설 깊이 : 콘크리트 혼합에서 타설 종료 시까지의 시간, 콘크리트 타설 방법 등을 규정하고, 공법별로 다음과 같이 기재한다.
   (1) 상부 압입공법 : 펌프 압송 배관경로, 1회 및 1일 타설량과 시간, 타설속도, 타설 기둥 수, 1일 콘크리트 반입량, 콘크리트의 이어치기 방법, 타설종료 후의 콘크리트 처리 방법
   (2) 하부 압입공법 : 펌프 압송 배관경로, 펌프 카의 부하 산정, 펌프 카의 선정, 압입방법 및 인원, 압입시공 예정일 및 1일 압입 높이, 기둥 1개당 소요 콘크리트량, 압입 속도, 1일 충전 강관의 수, 압입정지 방법 및 역류방지 장치의 상세, 압입 시 확인사항 및 콘크리트 폐쇄 시의 조치
7) 콘크리트충전 강관기둥과 관련된 용접접합은 콘크리트 충전공사보다 먼저 시공되어야 한다.
8) 콘크리트의 타설이음의 위치는 강관의 용접접합에 의한 열영향을 받지 않도록 기둥 이음부 위치보다 30cm 이상 아래쪽으로 한다.
9) 원형강관의 타설 높이 : 강관기둥에 과도한 응력을 주지 않고, 1회에 압입할 수 있는 높이의 한도는 다음의 산정식으로 구한다.

$$h \le \frac{20 \times F_y}{\gamma \times (D/t)} \times \alpha \qquad (\text{단, } h \le 60{,}000\text{mm}) \qquad 식(2.8.1)$$

여기서, h : 최고 타설 높이(mm)
F_y : 강재의 항복강도(MPa)
γ : 콘크리트의 단위용적중량(N/mm^2)
D/t : 강관의 폭두께비
α : 타설조건에 따른 저감계수(1.0~0.8)

10) 각형강관의 콘크리트 타설 압력에 따른 검토사항

(1) 응력 검토

$$\sigma_{\max} = \max\begin{bmatrix} \left(\dfrac{2h_c}{b_c+4h_c}\right)\dfrac{p\cdot h_c^2}{t^2} \\ \dfrac{1}{3}\left(\dfrac{3b_c+4h_c}{b_c+4h_c}\right)\dfrac{p\cdot h_c^2}{t^2} \end{bmatrix} \le \frac{F_y}{\Omega} \qquad \text{식(2.8.2)}$$

(2) 처짐 검토

$$\delta_{\max} = \frac{1}{32}\left(\frac{5b_c+4h_c}{b_c+4h_c}\right)\frac{p\cdot h_c}{E_s\cdot t^3} \le \frac{L}{2000} \qquad \text{식(2.8.3)}$$

여기서, $h_c = h - 2t$

$b_c = b - 2t$

h : 상관의 세로폭, b : 강관의 가로폭, t : 강관의 두께

p : 유압($= \omega_c \cdot L_p$

여기서, ω_c : 습윤 상태의 콘크리트 단위중량, L_p : 선형압력의 높이)

F_y : 강관의 설계강도

Ω : 안전계수(대략 2 정도)

E_s : 강관의 탄성계수

L : 내측 층높이

11) 압입 개구부 등의 단면결손 부 사전(철골가공 공장) 보강 : 철골세우기 전 보강

2.8.3 접합부

1) 설계 시 접합부 형식을 결정함에는 응력전달기구가 명쾌하고, 국부적인 응력집중 국부변형이 생기지 않을 것, 주근의 배근이 잘 되도록 할 것, 콘크리트 타설이 쉽고, 또한 충전성이 좋을 것, 강재의 용접작업이 쉬울 것 등을 고려하여야 한다.

2) 보 주근을 기둥에 정착할 경우 인장력을 받는 것은 반드시 기둥 중심선을 넘어선 부위까지 연장하여 구부린다. 이때 강재에 철근 관통구멍을 관통하게 되는 경우, 배근 및 강재 접합부의 상세를 검토하고 가능한 관통구멍이 작게 되도록 한다. 특히, 원형 강관의 경우 [그림 2.8.1]과 같이 상당히 큰 지름의 구멍이 될 수 있으므로 관통구멍을 두지 않고 배근이 가능한 상태로 하는 것이 바람직하다.

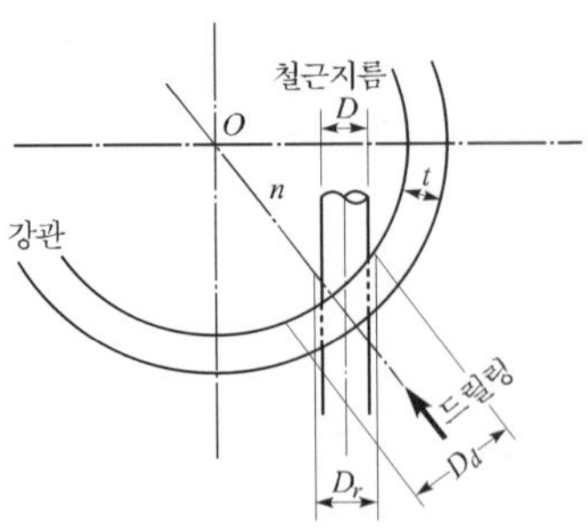

[그림 2.8.1] 강관에 철근 관통용 구멍을 뚫을 경우의 구멍지름

3) 강재이음은 볼트구멍에 의한 단면결손도 있고 부재에 소성힌지가 생기기 전에 파단하면 철골철근콘크리트 구조의 특성인 우수한 인성을 잃을 가능성이 있다. 따라서 응력이 큰 개소를 피해야 한다. 또 부재 안전성의 신뢰도를 높이기 위함과 동시에 스플라이스(Splice) 플레이트, 고력볼트, 철근의 겹침 등이 중복해서 콘크리트의 충전성이 나빠지지 않도록 철근이음과 동일개소로 하지 않는 것이 좋다.

4) 강재주각에서 베이스 플레이트 및 앵커볼트는 계산상 필요 없더라도 시공상 필요한 것을 설치한다.

2.8.4 시공 시 유발되는 초기변형에 따른 영향 검토

1) 수정을 위해 가력할 때는 부재가 손상을 입지 않도록 가력부분을 보호한다. 와이어 부재가 접하는 부분에서 부재의 모서리에서 와이어가 예각으로 조여지면 절단되는 경우가 있어서 매우 위험하다.

2) 일조에 의한 온도의 영향을 피하기 위하여 이른 아침의 일정한 시간에 계측하는 등의 고려를 해야 한다.

3) 장기간에 걸쳐서 철골설치공사가 계속되는 경우에는 기후도 변화하므로 측정기의 온도보정을 해야 한다.

4) 부재의 강성이 작은 경우에는 와이어를 긴장시켜도 부재가 탄성변형하는 것만으로 그치고 수정되지 않는 경우가 있으므로 주의한다. 이와 같은 경우에는 가능한 작은 범위부터 수정하는 것이 좋다.

5) 무리한 변형의 수정은 2차 응력을 발생시켜서 위험할 경우도 있으므로 주의한다.

6) 미리 공장제작 단계에서 수정용의 거셋플레이트를 부착시켜 두고, 설치 시에 와이어 및 버클을 부착시켜서 설치가 끝난 후 즉시 긴장할 수 있도록 하는 방법도 있다.

Chapter

03

구조해석

Chapter 03

구조해석

3.1 안정설계

구조물의 안전(safety)과 관련된 조건들 중 구조물의 안정성(stability) 확보는 매우 중요한 사항이다. 특히 합성구조 시스템의 적용이 고려되는 고층 또는 대공간 구조물의 경우 시스템의 특성상 골조 전체 또는 부재 차원의 불안정 현상에 대한 검토가 반드시 필요하다. 따라서 구조물의 해석에서 이러한 불안정 현상을 적절히 평가해야 하며, 이를 고려한 구조설계가 이루어져야 한다. 이러한 구조물의 안정 해석 및 설계를 위하여 건축구조기준에서는 몇 가지 활용 가능한 해석 및 설계방법을 제시하고 있으나 이를 합성구조에 적용하는 것은 아직 국내 기술자들에게 익숙하지 않은 상황이므로 이 매뉴얼을 통해 간략하게 소개하고자 한다.

3.1.1 합성부재의 유효강성

건축구조기준에 제시된 방법들에 따른 합성구조의 안정해석 시 합성부재의 강성은 다음의 유효강성을 적용하여 수행할 수 있다.

1) 압축력을 받는 합성부재의 유효휨강성은 건축구조기준에 따라 다음 식으로 산정할 수 있다.

매입형 합성부재 : $EI_{eff} = E_s I_s + 0.5 E_{sr} I_{sr} + C_1 E_c I_c$ 식(3.1.1)

$$C_1 = 0.1 + 2\left(\frac{A_s}{A_c + A_s}\right) \le 0.3 \quad \text{식(3.1.2)}$$

충전형 합성부재 : $EI_{eff} = E_s I_s + E_{sr} I_{sr} + C_3 E_c I_c$ 식(3.1.3)

$$C_3 = 0.6 + 2\left[\frac{A_s}{A_c + A_s}\right] \le 0.9 \quad \text{식(3.1.4)}$$

여기서, A_s : 강재단면적(mm^2)

A_c : 콘크리트단면적(mm^2)

E_c : 콘크리트의 탄성계수(MPa)

E_s : 강재의 탄성계수(MPa)

E_{sr} : 철근의 탄성계수(MPa)

I_c : 콘크리트단면의 단면2차모멘트(mm^4)

I_s : 강재단면의 단면2차모멘트(mm^4)

I_{sr} : 철근단면의 단면2차모멘트(mm^4)

2) 합성부재의 유효축방향강성은 다음 식으로 산정할 수 있다.

$$EA_{eff} = E_s A_s + E_s A_{sr} + E_c A_c \qquad \text{식(3.1.5)}$$

3) 합성부재의 전단강성 및 비틀림강성은 강재 또는 콘크리트 단면만의 전단강성 또는 비틀림강성을 적용할 수 있다.

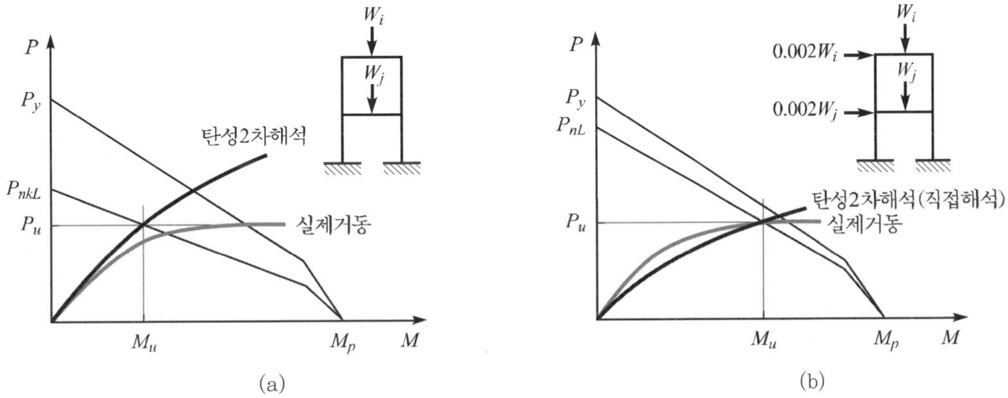

[그림 3.1.1] 직접해석법과 2차 탄성해석 결과 비교

3.1.2 직접해석법(Direct analysis method)

일반적으로 실무에서 안정설계를 위한 해석은 구조해석 프로그램을 활용하여 2차효과(second order effects)를 고려한 탄성2차해석을 수행하게 된다. 하지만 건축물의 안정성에 영향을 미치는 요인 중 초기변형, 단면의 잔류응력, 하중에 의한 단면 유효강성 감소 등은 탄성2차해석을 적용한다고 해서 함께 고려되지 않는다. 따라서 실제 구조물의 거동과 탄성2차해석의 결과는 일반적으로 일치하지 않게 된다([그림 3.1.1] (a) 참조).

직접해석법은 이러한 문제를 해결할 수 있는 방법으로 구조물의 안정설계를 수행하는데 있어 구조물의 종류에 관계없이 거의 모든 구조물에 적용가능하며 초기변형, 단면의 잔류응력, 하중에 의한 단면 유효강성 감소 등 구조물의 안정성에 영향을 미칠 수 있는 다양한 요인들을 고려한 안정설계가 가능하여 실제 거동에 근접한 해석과 이를 고려한 효율적인 설계가 가능한 장점이 있다([그림 3.1.1] (b) 참조).

3.1.2.1 적용 범위

직접해석법에 의한 안정설계는 모든 유형의 구조물에 적용가능하다. 특히, 일부 층이라도 2차횡변위 대 1차횡변위의 비(또는 B_2 계수)가 1.5를 초과하는 구조물의 부재, 접합부 또는 기타 요소의 소요강도 및 설계강도는 반드시 직접해석법에 의해 산정해야 한다([그림 3.1.2] 참조).

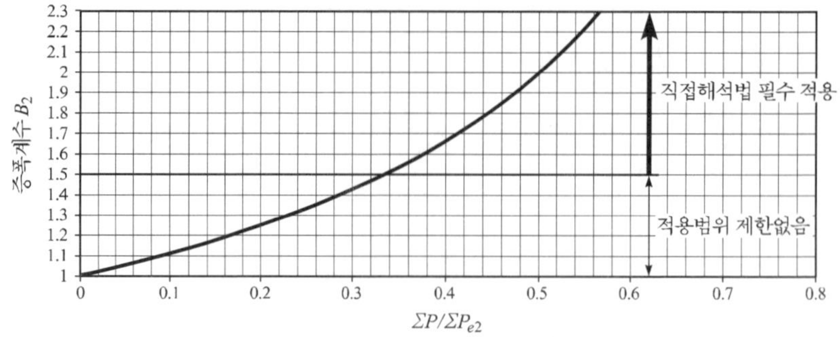

[그림 3.1.2] 직접해석법 적용 범위

3.1.2.2 소요강도 산정

1) 구조해석

직접해석법을 적용한 안정설계 시 구조요소의 소요강도 산정을 위해 수행되는 구조해석은 다음의 내용을 만족하여야 한다.

(1) 해석요구조건

① 구조해석은 휨, 전단 그리고 축력에 의한 변형과 구조물의 변위에 영향을 주는 모든 요소 및 접합부의 변형을 고려해야 하며, 구조물의 안정성에 기여한다고 판단되는 모든 강성의 감소를 포함해야 한다.

② 구조해석은 $P-\Delta$효과([그림 3.1.3](b))뿐 아니라 $P-\delta$효과([그림 3.1.3](a))에 대한 전체구조물의 영향을 고려할 수 있는 2차해석이어야 한다. 단, 구조물이 기본적으로 수직인 기둥과 벽체 또는 골조에 의해 중력하중을 지지하고 한계상태설계법의 하중조합과 강성 조정을 고려한 구조해석 결과에 따른 전층의 2차횡변위 대 1차횡변위의 비(또는 B_2 계수)가 1.7 이하이며, 골조의 이동이 고려되는 방향의 모멘트 골조에 속한 기둥에 의해 구조물의 총 중력하중의 1/3 이하가 지지되는 경우에는 $P-\delta$효과에 대한 전체구조물의 영향을 해석에서 무시할 수 있다. 하지만 어떠한 경우에도 압축과 휨을 받는 개별 부재의 평가 시에는 $P-\delta$효과를 고려해야 한다. 이러한 정밀 2차해석의 대안으로 3.1.5.2에 따른 증폭1차탄성해석에 의한 2차해석을 적용할 수도 있다.

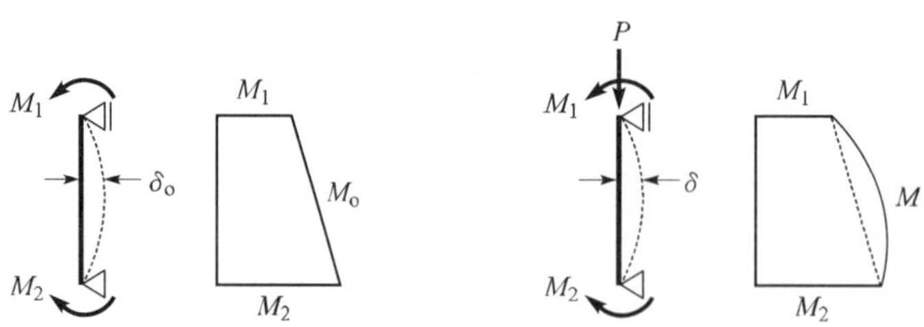

(a) $P-\delta$ 효과

[그림 3.1.3] 2차 효과의 정의(계속)

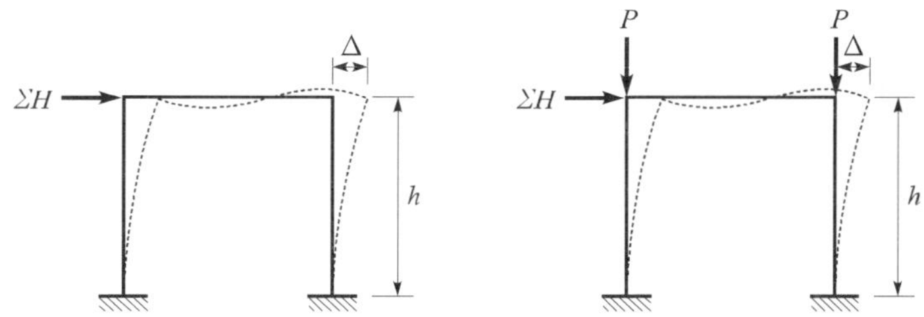

(b) $P-\Delta$ 효과

[그림 3.1.3] 2차 효과의 정의

③ 구조해석 시 횡력저항에는 전혀 기여하지 못하는 횡의존기둥(leaning column, [그림 3.1.4] 참조) 및 횡력저항시스템이 아닌 요소의 하중 등을 포함한 구조물의 안정성에 영향을 미칠 수 있는 모든 중력하중과 기타 작용 하중들을 고려해야 한다.

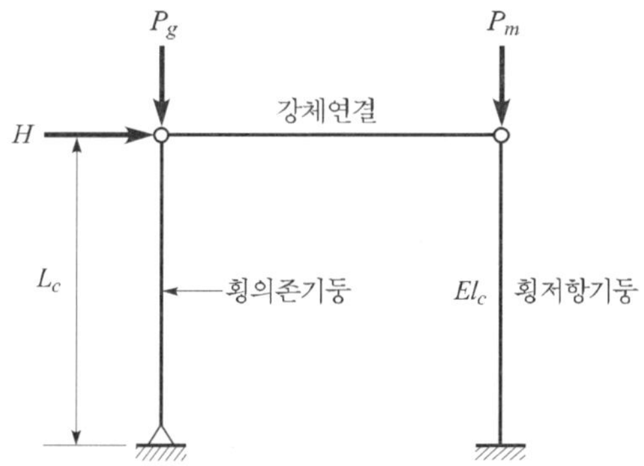

[그림 3.1.4] 횡의존기둥의 예

(2) 초기변형 고려

초기 층수직도 오차와 같은 초기변형이 구조물의 안정성에 미치는 영향은 다음의 3)에 따라, 해석 시 초기변형을 직접 모델링하는 방법 또는 가상하중을 적용한 방법을 통하여 고려하여야 한다.

(3) 강성조정

소요강도 산정을 위한 구조해석시 다음의 2)와 같은 감소된 강성을 적용해야 한다.

2) 구조 부재 강성

(1) 구조물의 안정성에 기여한다고 판단되는 부재의 모든 공칭강성 및 유효강성은 감소계수 0.8을 적용해야 한다. 이 감소계수 0.8은 해석의 편의상 모든 부재의 강성에 적용할 수도 있다.

(2) 휨강성이 구조물의 횡방향안정성에 기여한다고 판단되는 모든 부재의 휨강성에는 축력비에 따른 영향을 고려하기 위한 추가감소계수 τ_b([그림 3.1.5] 참조)를 적용한다.

① $P_r/P_{no} \le 0.5$인 경우 : $\tau_b = 1.0$ 식(3.1.6)

② $P_r/P_{no} > 0.5$인 경우 : $\tau_b = 4(P_r/P_{no})[1-(P_r/P_{no})]$

여기서, P_r : 소요압축강도(N)

P_{no} : 부재의 항복압축강도($= F_y A_s + F_{yr} A_{sr} + 0.85 f_{ck} A_c$)(N)

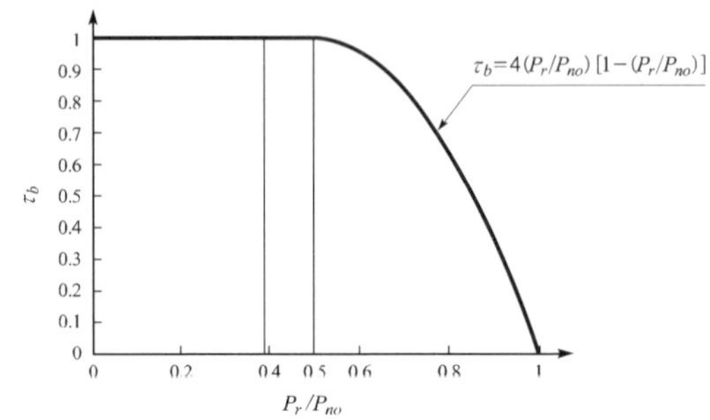

[그림 3.1.5] 축력비에 따른 τ_b

(3) 가상하중이 적용된 구조물에서 $0.001Y_i$의 가상하중을 모든 층과 모든 하중조합에 추가하면, $P_r/P_{no} > 0.5$인 경우에도 모든 부재에 τ_b=1.0을 사용할 수 있다. 추가적인 가상하중 $0.001Y_i$는 2차횡변위 대 1차횡변위의 비와 관계없이 모든 하중조합에 추가되어 적용되어야 한다.

(4) 강구조 외의 기타 구조재료와 관련된 구조기준에서 더 큰 강성감소를 요구할 경우 해당 부재에 이를 적용하여야 한다.

3) 초기변형을 고려하는 방법

(1) 초기변형 직접 모델링

모든 유형의 구조물에 초기변형의 영향을 고려하기 위해 구조해석 시에 초기변형을 직접 모델링에 반영하여 해석할 수 있다([그림 3.1.6] 참조). 구조물은 부재들이 만나는 절점을 공칭위치에서 이동시켜 해석하며, 초기변형의 크기는 허용시공오차를 감안한 설계에서 고려되는 최대값으로 하고 초기변형의 형상은 불안정 효과를 최대화시킬 수 있도록 정한다. 구조해석 시 구조물이 기본적으로 수직기둥, 벽체 또는 골조에 의해 중력하중을 지지하고 한계상태설계법의 하중조합에 따른 설계하중과 강성 조정을 고려한 구조해석의 결과에서 최대1차횡변위에 대한 최대2차횡변위의 비(또는 B_2 계수)가 모든 층에서 1.7 이하일 경우 직접 모델링에 의한 초기변형의 고려는 중력하중만의 하중조합에 적용하고 수평하중이 적용된 하중조합에는 적용하지 않을 수 있다.

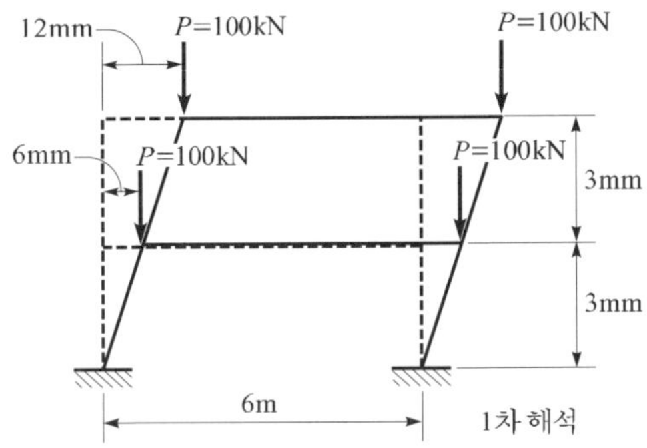

[그림 3.1.6] 초기변형의 직접 모델링

(2) 가상하중 적용

구조물이 기본적으로 수직기둥, 벽체 또는 골조에 의해 중력하중을 지지하는 경우에는 다음의 가상하중을 적용하여 초기변형을 고려할 수 있다([그림 3.1.7] 참조). 가상하중은 공칭형상을 기준으로 한 구조모델에 적용한다. 가상하중은 수평하중 형태로 전층에 적용해야 하며, 다른 수평하중에 추가하여 모든 하중조합에 적용되어야 한다. 단, 한계상태설계법의 하중조합에 따른 설계하중과 강성감소를 고려한 구조해석 결과에 따른 전층의 2차횡변위 대 1차횡변위의 비(또는 B_2 계수)가 1.7 이하인 경우에는 가상하중을 중력하중만의 하중조합에만 적용하고 수평하중이 적용된 하중조합에는 적용하지 않을 수 있다. 가상하중의 크기는 아래와 같이 구한다.

$$N_i = 0.002\,Y_i \qquad \text{식(3.1.7)}$$

여기서, N_i : i 층에 적용된 가상하중(N)

Y_i : i 층에 적용된 하중조합에 의한 중력하중(N)

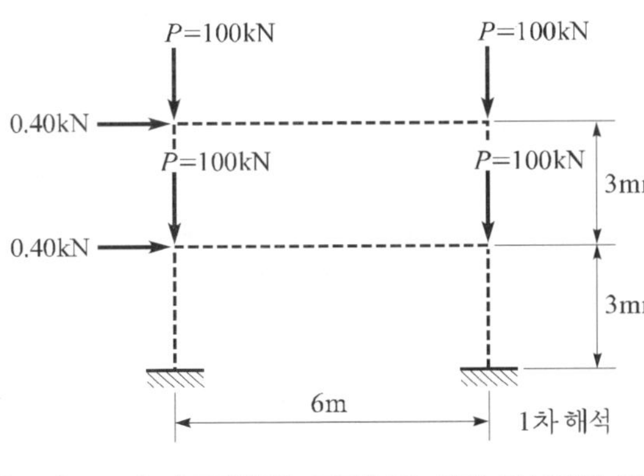

[그림 3.1.7] 초기변형을 고려하기 위한 가상하중 적용

각층에 적용되는 가상하중은 각층의 중력하중분포와 유사한 형태로 적용하여야 하며, 불안정효과를 최대화시키는 방향으로 적용하여야 한다. 가상하중계수 0.002는 초기의 층수직도 차를 1/500로 가정한 값([그림 3.1.8] 참조)이며, 실제 층수직도 오차가 이와 다른

경우 가상하중계수를 그와 비례하여 조정할 수 있다. 국내의 건축공사표준시방서상에서는 층수직도 오차한계를 1/700으로 제한하고 있으며, 이를 따를 경우 가상하중계수는 0.00143이 될 수 있다.

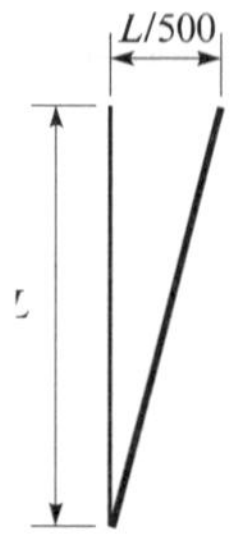

[그림 3.1.8] 초기변형 고려

3.1.2.3 설계강도 산정

모든 부재의 유효길이계수 K는 합리적인 해석에 의해 더 작은 값의 사용이 확인 되지 않는 경우 1.0을 사용하여 설계강도를 산정하여야 한다.

직접해석법의 해석 및 설계의 흐름을 [그림 3.1.9]에 정리하여 나타내었다. 또한 합성구조물의 안정해석 및 설계는 3.4절을 통하여 적용 방법을 확인할 수 있다.

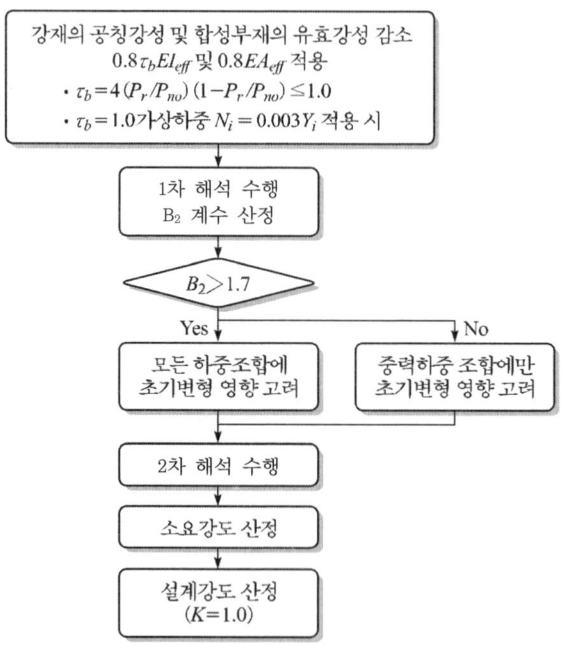

[그림 3.1.9] 직접해석법의 적용 흐름도

3.1.3 유효길이법(Effective length method)

비교적 2차효과의 영향이 크지 않은 경우에 적용할 수 있는 방법으로, 직접해석법과 마찬가지로 가상수평하중을 적용하여 2차 해석으로 소요강도를 구하며 압축재는 유효길이를 구하여 설계강도를 산정하는 방법이다.

3.1.3.1 적용범위

2차 해석에 의한 안정설계는 구조물이 기본적으로 수직기둥, 벽체 또는 골조에 의해 중력하중을 지지하고 전층의 2차 횡변위 대 1차 횡변위의 비(또는 B_2 계수)가 1.5 이하인 모든 유형의 가새골조, 모멘트골조, 혼합골조시스템에 적용가능하다.

3.1.3.2 소요강도 산정

1) 구조해석

직접해석법과 마찬가지로 $P-\delta$ 및 $P-\Delta$효과를 고려할 수 있는 일반 2차 해석 또는 3.1.5.2에 따른 증폭1차탄성해석에 의한 2차 해석을 수행해야 한다. 또한, 압축과 휨을 받는 개별 부재의 평가 시에는 B_1 계수를 적용하여 $P-\delta$효과를 반드시 고려해야 한다.

2) 구조 부재 강성

강재 부재는 공칭강성을 합성부재는 유효강성을 적용한다.

3) 가상하중

2차 해석 시 모든 중력하중조합에는 최소횡하중 $0.002Y_i$를 포함시켜 구조물의 각층에 적용하여야 한다. 여기서, Y_i는 하중조합에 의한 i층에 작용하는 설계중력하중이다. 최소횡하중은 서로 직각인 두 방향에 대해 각각 고려하여야 하며, 불안정효과를 최대화시키는 방향으로 적용되어야 한다.

3.1.3.3 설계강도 산정

1) 유효좌굴길이계수 K 산정

골조의 횡적안정과 횡하중의 저항을 기둥의 휨강성에 의존하지 않는 가새골조나 전단벽시스템 또는 기타의 구조시스템에서 압축부재의 유효좌굴길이계수 K값은 합리적인 해석에 의해서 더 작은 값이 확인되지 않는 한 1.0으로 적용한다.

이에 해당하지 않는 모멘트골조시스템 또는 기타의 구조시스템에서 휨강성이 골조의 횡적안정과 횡력저항에 기여하는 기둥이나 보-기둥의 유효좌굴길이계수 K값 및 탄성좌굴응력 F_e는 구조물의 횡이동을 고려한 좌굴해석에 의해 산정하여야 한다. 또한 K값 산정 시에는 기둥의 비탄성으로 인한 강성감소 조정이 허용된다.

단, 모든 층에서 1차 해석 층간변위에 대한 2차 해석 층간변위의 비가 1.1 이하인 경우에는 모든 기둥의 유효좌굴길이계수 K를 1.0으로 적용할 수 있다. 기둥과 보의 비지지길이를 정의하기 위해 가새로 거동하도록 설계된 부재는 가새절점에서의 부재이동을 제어할 수 있도록 충분한 강성과 강도를 가져야 한다.

2) 층강성법을 적용한 유효좌굴길이계수 산정

층의 횡좌굴과 관련된 기둥재의 유효좌굴길이계수 K값은 아래의 층강성법(story stiffness method)를 통해 산정할 수도 있다.

$$K = \sqrt{\frac{\sum P_r}{(0.85+0.15R_L)P_r}\left(\frac{\pi^2 EI_{eff}}{L^2}\right)\left(\frac{\Delta_H}{\sum HL}\right)} \geq \sqrt{\frac{\pi^2 EI_{eff}}{L^2}\left(\frac{\Delta_H}{1.7HL}\right)} \quad \text{식(3.1.8)}$$

여기서, R_L : 횡의존기둥(leaning column)의 축력합 / 모든 기둥의 축력합

3.1.4 1차 해석법(First order analysis method)

2차 효과의 영향이 그다지 크지 않고 축력이 비교적 작은 경우에 적용 가능한 방법으로, 설계강도 산정 시 유효좌굴길이계수를 1.0으로 할 수 있는 장점이 있다.

3.1.4.1 적용범위

1차 해석에 의한 안정설계는 구조물이 기본적으로 수직기둥, 벽체 또는 골조에 의해 중력하중을 지지하고 전층의 2차 횡변위 대 1차 횡변위의 비(또는 B_2 계수)가 1.5 이하이고 휨강성이 구조물의 횡적안정에 기여하는 모든 부재의 소요압축강도가 다음의 제한조건을 만족하는 모든 유형의 가새골조, 모멘트골조, 혼합골조시스템에 적용가능하다.

$$P_r \leq 0.5P_{no} \quad \text{식(3.1.9)}$$

여기서, P_r : 소요압축강도(N)

P_{no} : 부재의 항복압축강도($= F_y A_s + F_{yr} A_{sr} + 0.85 f_{ck} A_c$)(N)

3.1.4.2 소요강도산정

1) 구조해석

소요강도는 다음 3)의 가상하중을 적용한 1차 탄성해석에 의해 결정할 수 있다. 단, 보-기둥은 3.1.5.2에 따라 횡방향구속 증폭계수 B_1을 사용하여 전체 모멘트를 증폭하여야 한다.

2) 구조 부재 강성

강재 부재는 공칭강성을 합성부재는 유효강성을 적용한다.

3) 가상하중

모든 하중조합은 다음과 같이 구조물의 각 층에 다른 하중과 함께 조합되는 추가적인 횡하중 N_i를 포함하여야 한다.

$$N_i = 2.1(\Delta/L)Y_i \geq 0.0042Y_i \quad \text{식(3.1.10)}$$

여기서, Y_i : 하중조합에 의한 i층에 작용하는 중력하중(N)

Δ/L : 구조물의 모든 층에 대한 L에 대한 Δ의 비 중에서 최대값

Δ : 설계하중조합에 의한 1차 해석 층간변위(mm)

평면상의 위치에 따라 Δ값이 변하는 경우에는 연직하중에 비례하는 가중평균변위로 하거나 최대변위로 한다.

L : 층고(mm)

추가적인 횡하중은 서로 직각인 두 방향에 대해 각각 고려하며, 각층의 중력하중분포와 유사한 형태로 적용하여야 한다. 또한 불안정효과가 가장 커지는 방향으로 적용하여야 한다.

3.1.4.3 설계강도 산정

1차해석법에 의한 설계강도 산정 시 모든 압축부재의 유효좌굴길이계수 K는 1.0으로 하여야 한다. 기둥과 보의 비지지길이를 정의하기 위해 가새로 거동하도록 설계된 부재는 가새절점에서의 부재이동을 제어할 수 있도록 충분한 강성과 강도를 가져야 한다.

3.1.5 2차 효과 고려 방법

2차 효과를 고려하는 방법으로는 $P-\Delta$와 $P-\delta$효과를 모두 고려할 수 있는 해석방법을 활용한 일반 2차 탄성해석과 1차 탄성해석 결과에 하중증폭계수를 활용한 2차 해석이 있다.

3.1.5.1 일반 2차 탄성해석

일반 2차 탄성해석은 $P-\Delta$와 $P-\delta$효과를 모두 고려할 수 있는 엄밀한 해석방법으로, 일반적으로 상용 구조해석 프로그램을 활용하게 된다. 단, 여기서 일부 상용프로그램 중에는 $P-\Delta$해석 옵션을 사용하더라도 $P-\delta$ 효과를 적절하게 해석에 반영하지 못하는 경우도 있으므로, 이에 대해서는 [그림 3.1.10]과 같은 benchmark 해석을 통하여 $P-\delta$ 효과 고려 여부에 대한 확인이 필요하다. 만약 프로그램상에서 $P-\delta$효과를 적절하게 고려하지 못하는 경우에는 압축부재를 여러 요소로 나누어 해석하는 방법도 $P-\delta$효과를 간접적으로 고려할 수 있는 방법 중의 하나가 될 수 있다.

어느 경우이든 개별 압축부재는 하중증폭계수를 활용한 2차 해석의 B_1계수를 산정하여 $P-\delta$ 효과를 고려하여야 한다.

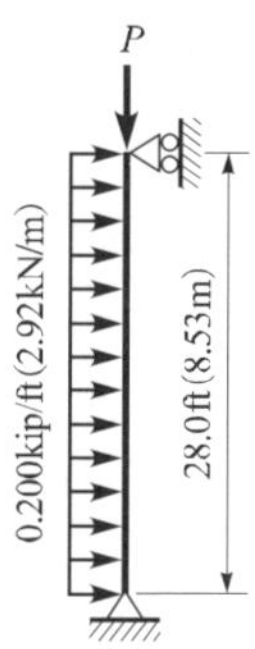

강축휨

축력 P(kips)	0	150	300	450
M_{mid}(kip−in.)	235 [235]	270 [269]	316 [313]	380 [375]
Δ_{mid}(in.)	0.202 [0.197]	0.230 [0.224]	0.269 [0.261]	0.322 [0.311]

축력 P(kN)	0	667	1334	2001
M_{mid}(kN−m)	26.6 [26.6]	30.5 [30.4]	35.7 [35.4]	43.0 [42.4]
Δ_{mid}(mm)	5.13 [5.02]	5.86 [5.71]	6.84 [6.63]	8.21 [7.91]

해설에는 축방향, 휨, 전단변형이 포함됨.
[ ]안 수치는 전단변형제외시 수치

[그림 3.1.10] 2차 해석 프로그램 검증용 benchmark 해석 결과

3.1.5.2 증폭 1차 탄성해석에 의한 2차 해석

엄밀한 2차 해석의 대안으로, 1차 해석으로 구한 소요강도를 증폭하여 구조물의 2차 효과를 고려하는 방법을 기준에서는 다음과 같이 규정하고 있다. 횡하중저항 부재의 소요 2차 휨강도 M_r과 소요 2차 축강도 P_r은 다음과 같이 산정한다.

$$M_r = B_1 M_{nt} + B_2 M_{lt} \qquad \text{식(3.1.11)}$$

$$P_r = P_{nt} + B_2 P_{lt} \qquad \text{식(3.1.12)}$$

여기서, M_r : 소요 2차 휨강도(N·mm)

M_{nt} : 골조의 횡변위가 구속되었을 때의 1차 휨모멘트(N·mm)

M_{lt} : 골조의 횡변위에 의해 유발된 1차 휨모멘트(N·mm)

P_r : 소요 2차 축강도(N)

P_{nt} : 골소의 횡변위가 구속되었을 때의 1차 축력강도(N)

P_{lt} : 골조의 횡변위에 의해 유발된 1차 축력강도(N)

B_1 : $P-\delta$효과를 고려하기 위한 증폭계수

B_2 : $P-\Delta$효과를 고려하기 위한 증폭계수

1) B_1 계수 산정

압축력을 받는 부재의 B_1은 1차 해석에 따라 산정된 $P_r(=P_{nt}+P_{lt})$에 의하여 계산할 수 있다.

$$B_1 = \frac{C_m}{1 - P_r/P_{e1}} \geq 1 \qquad \text{식(3.1.13)}$$

여기서, C_m: 골조의 횡변형이 발생하지 않을 때의 계수이며, 다음과 같이 산정한다.

(1) 평면상의 지지점 사이에 횡하중이 작용하지 않는 보-기둥

$$C_m = 0.6 - 0.4(M_1/M_2) \qquad \text{식(3.1.14)}$$

위 식에서 1차 해석에서 계산된 M_1과 M_2는 각각 절대값이 작은 모멘트와 큰 모멘트이다. 부재가 복곡률로 변형할 때는 M_1/M_2부호는 양(+)이며, 부재가 단곡률로 변형할 때는 음(−)으로 한다.

(2) 지지점 사이에 횡하중이 작용하는 보-기둥 부재에서는 C_m은 해석에 의해 산정하거나 모든 경우에 있어 안전측으로 1.0으로 할 수 있다.

$$P_{e1} = \frac{\pi^2 EI^*}{(K_1 L)^2} \qquad \text{식(3.1.15)}$$

여기서, P_{e1} : 횡방향으로 구속된 부재의 휨평면에 대한 탄성좌굴저항

EI^* : 직접해석법이 사용되는 경우 합성부재는 $0.8\tau_b EI_{eff}$, 비합성부재는 $0.8\tau_b EI$ 적용 그 이외의 경우 합성부재는 EI_{eff}, 비합성부재는 EI 적용

K_1 : 횡방향으로 구속된 골조에 대해 산정한 휨평면에 대한 유효좌굴길이계수로 해석에 의해 더 작은 값의 사용이 확인되지 않은 경우 1.0 적용

L : 부재의 길이(mm)

2) B_2 계수 산정

$$B_2 = \frac{1}{1 - \frac{\Sigma P_{nt}}{\Sigma P_{e2}}} \geq 1 \qquad \text{식(3.1.16)}$$

여기서, ΣP_{nt} : 횡력저항요소가 아닌 기둥재의 하중을 포함한 해당 층의 모든 중력하중의 합(N)

ΣP_{e2} : 횡방향으로 구속되지 않은 골조의 좌굴해석에 의한 부재의 휨면 내 탄성좌굴저항 의해 산정한 해당 층의 탄성좌굴강도의 합

$$\Sigma P_{e2} = R_M \frac{\Sigma HL}{\Delta_H} \qquad \text{식(3.1.17)}$$

여기서, R_M : 1.0(가새골조 시스템)

$1 - 0.15(P_{mf}/\sum P_{nt})$(기타골조 시스템)

P_{mf} : 모멘트 골조에 해당하는 기둥재에 작용하는 해당 층의 모든 수직하중의 합(N)

L : 층고(mm)

Δ_H : 횡하중에 의한 1차 층간변위(mm)

구조물의 평면상의 위치에 따라 Δ_H값이 변하는 경우에는 연직하중에 비례하는 가중평균변위로 하거나 최대변위로 하며, 직접해석법이 적용된 경우 감소된 강성을 적용하여 계산한다.

ΣH : Δ_H를 계산하는데 사용되는 횡하중에 의한 층전단력(N)

3.1.6 안정설계법 요약

상기에 언급된 안정설계법을 요약하여 〈표 3.1.1〉에 나타내었다.

<표 3.1.1> 안정해석법 비교

	직접해석법	유효길이법	1차 해석법
적용 범위	모든 구조물	(1) 수직 부재에 의해 중력하중을 지지하는 구조물 (2) $\Delta_{2차해석}/\Delta_{1차해석}(= B_2) \leq 1.5$	
			$P_r \leq 0.5 P_{no}$

	직접해석법	유효길이법	1차 해석법
전체 구조물의 해석	일반 2차 해석 또는 증폭 1차 탄성해석에 의한 2차 해석 • $P-\Delta$ 및 $P-\delta$ 효과에 대한 전체구조물의 영향 고려 • 다음 조건일 경우 $P-\delta$ 효과 무시 가능 (a) 수직 부재에 의해 중력하중을 지지하는 구조물 (b) $\Delta_{2차\ 해석}/\Delta_{1차\ 해석} \leq 1.7$ (c) 골조의 이동이 고려되는 방향의 모멘트 골조에 속한 기둥에 의해 구조물의 총 중력하중의 1/3 이하가 지지되는 경우	일반 2차 해석 또는 증폭 1차 탄성 해석에 의한 2차 해석	1차 탄성해석
개별 부재의 해석	횡변위가 구속되었을 때의 1차 모멘트에 대하여 증폭 1차 탄성해석에 의한 2차 해석에 따른 B_1 계수를 적용하여 $P-\delta$효과 고려	직접해석법과 동일	전체 1차 모멘트에 대하여 증폭 1차 탄성해석에 의한 2차 해석에 따른 B_1계수를 적용하여 $P-\delta$효과 고려
부재 강성	강재의 공칭강성 및 합성부재의 유효강성 감소 $0.8\tau_b EI_{eff}$ 및 $0.8EA_{eff}$ 적용 · $\tau_b = 4(P_r/P_{no})(1-P_r/P_{no}) \leq 1.0$ · $\tau_b = 1.0$ 가상하중 $N_i = 0.003Y_i$ 적용 시	강재의 공칭강성 및 합성부재의 유효강성	강재의 공칭강성 및 합성부재의 유효강성
가상하중	$N_i = 0.002Y_i$ · 모든 하중 조합에 적용 · 아래의 조건 만족 시 중력하중 조합에만 적용 $\Delta_{2차\ 해석}/\Delta_{1차\ 해석} \leq 1.7$	$N_i = 0.002Y_i$ · 중력하중의 조합에만 적용	$N_i = 2.1(\Delta/L)Y_i \geq 0.0042Y_i$ · 모든 하중조합에 적용
유효좌굴 길이계수	$K = 1.0$	$K \geq 1.0$ 유효좌굴길이계수 산정	$K = 1.0$

3.1.7 직접해석법을 적용한 안정설계를 위한 제안

직접해석법은 아직 국내에 사용 실적이 미미한 상황이여서 구조설계 기술자가 실무에 적용하기에는 여러 가지로 어려움이 따른다. 이러한 어려움을 다소나마 해소하기 위해 직접해석법을 적용한 안정설계 시 다음과 같은 사항을 제안한다.

3.1.7.1 구조해석 프로그램 선정

실무에서 구조물의 형상 및 기타 조건에 따라 각 부재별 B_1계수 및 층별 B_2계수를 사용한 2차 해석을 수행하는 데에 여러 가지 어려움이 있는 경우가 있다. 따라서 2차 해석이 가능한 실무용 구조해석 프로그램을 선택하는 것이 유용할 수 있다. 하지만, $P-\Delta$효과뿐 아니라 $P-\delta$효과까지 구조해석 프로그램에서 적절히 고려됨을 확인하는 절차가 반드시 필요하다. 따라서 2차 해석을 수행할 실무용 구조해석 프로그램의 경우 3.1.5.1의 내용을 참조하여 그 유효성을 반드시 검증해야 하며, 2차 효과를 적절하게 고려하지 못할 경우 적절한 조치를 취할 필요가 있다.

3.1.7.2 구조 모델링 및 구조해석

구조해석 프로그램의 검증이 완료되고 나면 구조 해석을 위한 모델링을 수행하게 된다. 이때 다음의 사항들에 대한 검토가 필요하다.

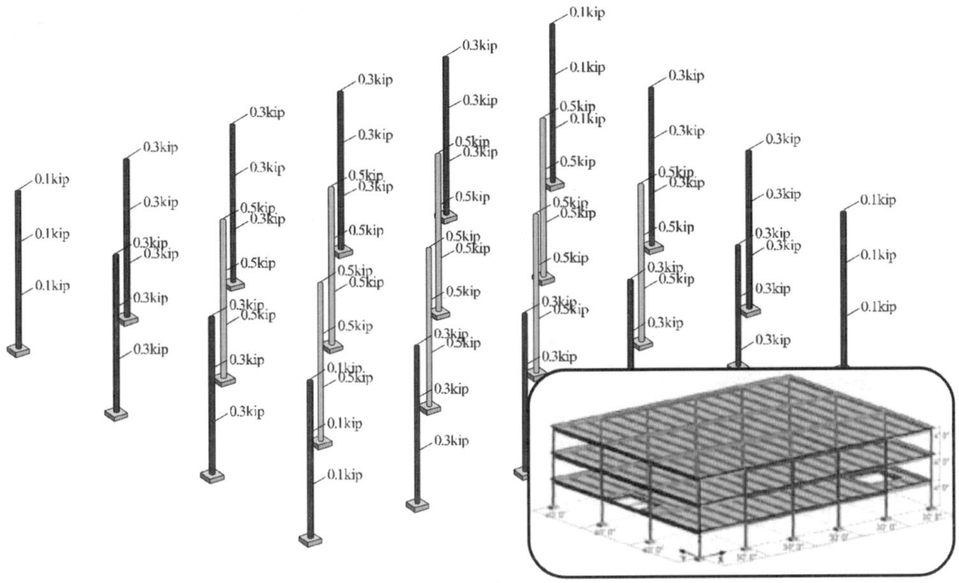

[그림 3.1.11] 가상하중의 적용 예

1) 강성감소

구조해석 모델링의 편의성을 고려하여 모든 부재에 공히 0.8의 강성감소계수를 적용하는 것을 고려해 볼 수 있다.

또한 부재의 항복에 따른 강성감소를 고려하기 위한 τ_b를 산정하기 위해서는 추가적인 해석 및 결과분석의 과정이 필요하므로 대안으로 추가 가상하중($0.001Y_i$)를 모든 하중조합에 적용하고 $\tau_b = 1.0$을 사용하여 해석하는 것을 검토해 볼 수 있다.

2) 1차 해석 수행

초기변형 고려방식을 결정하기 위해 상기의 강성감소를 적용한 상태에서 1차 해석을 수행하고 이 결과를 토대로 모든 층의 B_2계수를 산정하여 초기변형을 중력하중 조합 시에만 고려($B_2 \leq 1.7$)할지 아니면 모든 하중조합에 고려할지를 결정한다.

3) 초기변형 고려

직접해석법에서는 초기변형의 영향을 고려하기 위해 직접 이를 모델링하는 방법과 가상하중을 적용하는 방법 모두를 허용하고 있다. 따라서 층의 개념이 명확한 구조물의 경우 가상하중을 적용하는 것이 유리할 것으로 판단되며, 비정형성이 크거나 층의 개념이 불명확한 경우에는 초기변형을 직접 모델링하는 것이 적절하다고 판단된다.

가상하중을 산정할 때에는 각 층에 작용하는 모든 중력하중을 포함해야 한다. 그리고 층별 가상하중의 가력 지점을 결정할 때 3차원 해석 시에는 가상하중의 가력 지점을 잘못 설정할 경우 불필요한 편심에 의한 비틀림을 유발할 수 있으므로 평면의 비대칭이 큰 경우에는 각 층의 수직재별로 발생하는 축력을 고려하여, 가상하중을 산정하고 이를 각 수직재에 적용하는 것이 필요하다([그림 3.1.11] 참조).

또한, 2차 해석결과는 겹침의 원리 적용이 불가하므로 하중 조합 시 하중조합별로 가상하중을 포함한 하중조합을 별도로 작성해야 한다. 이럴 경우 하중조합의 수가 상당히 증가할 수 있으므로 사전에 해석상 가장 불리할 것으로 예상되는 하중조합을 예측할 수 있을 경우 이를 선별하여 적용하는 것도 고려해 볼 수 있다.

4) 구조해석

2차 해석 능력의 검증이 완료된 구조해석 프로그램을 활용하여 강성감소 및 초기변형의 영향을 고려한 2차 해석을 수행하여 소요강도를 산정한다. 단, 가상하중을 적용한 경우 밑면전단력에 가상하중이 포함되어 있으므로 이는 해석결과 검토 시 고려하여야 한다.

3.1.7.3 부재 설계강도 산정

부재의 설계강도 산정 시에는 유효좌굴길이계수(K)를 1.0으로 하여 설계강도를 산정할 수 있다.

3.1.7.4 사용성 검토

구조물의 사용성 검토를 위해서는 강성을 감소하지 않은 해석 결과를 사용하거나 사용성한계를 적절히 증가시켜 사용해야 한다.

3.2 일반 고려사항

안정해석 및 설계와 함께 합성구조의 구조해석 시 구조물의 내력과 거동을 유효하게 파악하기 위해 다음의 사항들이 적절하게 고려되어야 한다.

3.2.1 시공 단계

합성구조는 종류와 예상 시공순서에 따라 특정 부재와 접합부에 적용하는 최종 하중상황은 다양하게 변화하게 된다. 따라서 이러한 시공 단계별 영향을 구조해석 단계에서 적절히 고려하는 것은 시공 중의 구조물 안전 확보 및 최종 구조물의 완성도 확보에 매우 중요한 의미를 가지게 된다. 또한 선행 공사로 기인한 시공하중 때문에 생긴 변형으로 바닥수평과 수직 부재의 직각도 등 구조물의 완성도에 예기치 못한 변화가 발생할 수 있으므로 이러한 요인들에 대해서도 구조해석 시 적절한 검토를 통하여 사전에 필요한 조치를 해야 한다.

그리고, 강재 부분 선행 시공 시([그림 3.2.1] (a)) 강재부분에 재하된 시공 하중에 의해 강재 기둥의 축소량이 최종 합성구조 부재를 가정하고 산정한 축소량보다 증가할 우려가 있으므로 합성효과가 발현되기 이전에 부재에 작용하는 시공하중과 이에 따른 영향을 면밀하게 검토해야 한다.

이러한 시공 단계에 따른 영향을 구조해석 시 적절하게 고려하기 위해서는 해석단계에서 공법 및 시공 순서 등 공사와 관련된 정확한 정보의 확보가 중요하며, 공사 진행 동안 시공담당자와의 지속적인 협력을 통한 보완이 필요하다. 특히, 공법, 공정 순서 및 재료의 변경 등은 시공단계 해석결과에 큰 영향을 미칠 수 있으므로 이러한 요인이 발생할 경우에는 적절한 조치가 필요하다.

3.2.2 재료의 물성

일반적으로 구조해석 시 가정하는 강재와 콘크리트의 응력-변형도 곡선은 [그림 3.2.2]와 같다. 하지만 최근에는 구조재료의 고강도화 및 고성능화가 빠르게 진행되고 있으므로 각 구조재료가 합성구조의 거동에 미치는 영향을 적절히 고려할 수 있는 재료별 물성치 모델(material model)을 확보하고 이를 해석에 반영하는 것은 구조해석의 신뢰도를 높이는데 매우 중요하다.

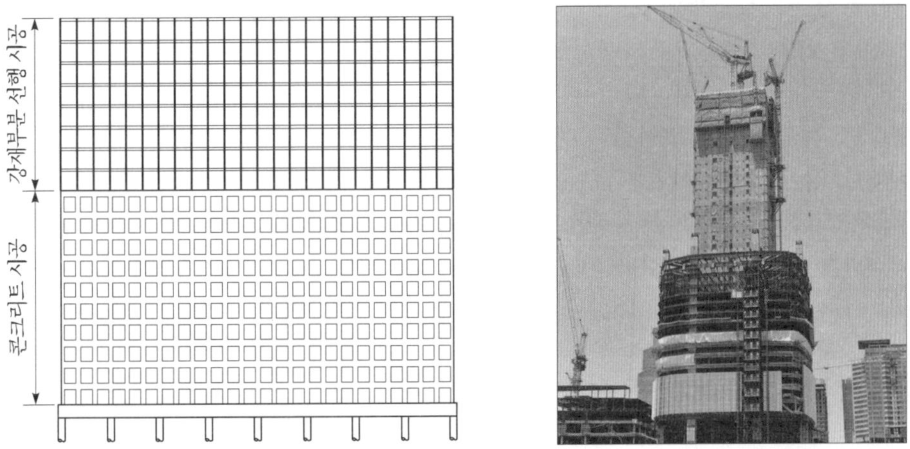

(a) 강재부 선행 시공 (b) RC부 선행 시공

[그림 3.2.1] 합성구조물의 시공 순서

또한, 합성구조시스템에 따라서 강재나 콘크리트 재료의 거동이 외부의 구속이나 기타 다른 영향에 의해 달라질 수 있으므로 이러한 거동이 예상되는 경우 재료 모델에 이를 적절히 고려해야 한다. 그리고 강재와 콘크리트의 접촉면에서 발생하는 현상이 합성구조의 거동에 영향을 미치는 경우 이를 적절히 구현할 수 있는 해석 모델을 적용하는 것이 필요하다.

하지만 건축물의 구조설계 시 주로 사용되는 대부분의 선형 탄성해석의 경우 재료의 탄성계수만 해석에 반영되며, 합성부재를 단일의 선형 부재로 고려하여 해석하게 되므로 상기의 문제는 비선형 비탄성해석 및 상세 해석 수행 시에 중요한 의미를 가지게 된다.

또 하나 합성구조의 해석 시 고려해야 하는 사항은 콘크리트의 시간 의존적인 거동에 대한 고려이다. 일례로, 초고층 또는 장스팬 구조물의 해석 시 장기간 하중으로 인해 발생하는 콘크리트의 크리프와 건조수축 등은 해석 단계에서 적절하게 고려될 필요가 있다. 특히, 고층 합성구조건물에서 생기는 시간 의존적 기둥 축소는 최근까지도 합성구조물의 해석 시 중요한 이슈가 되고 있다.

제1장 제2장 제3장 제4장 제5장 제6장 제7장 제8장 제9장 제10장

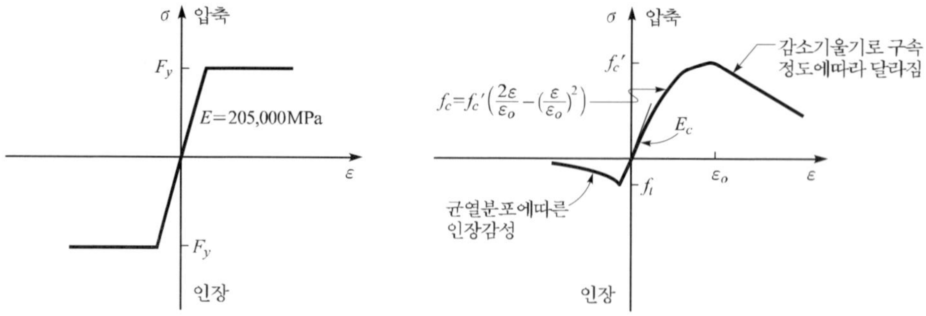

[그림 3.2.2] 강재 및 콘크리트의 응력-변형도 곡선

3.2.3 합성부재의 강성

구조물의 해석 시 합성부재 강성은 콘크리트의 균열 여부, 하중 조건 등에 따라서 달라지게 된다([그림 3.2.3] 참조). 따라서 이러한 콘크리트의 균열에 의한 강성 저하는 필요한 경우 적절하게 구조해석에서 고려되어야 한다. 그리고 필요하다면 강재와 콘크리트의 미끄러짐에 따른 영향도 해석상에서 고려할 필요가 있으나 대부분의 경우 이러한 미끄러짐 효과는 해석상 고려하지 않아도 큰 무리가 없다.

전체 구조시스템의 거동을 해석하는 단계에서 부재의 강성에 대한 콘크리트 균열과 미끄러짐 효과를 정확하게 고려하는 것은 비현실적이다. 따라서 일반적으로 단면의 유효강성을 사용하게 된다. 이러한 합성부재의 강성 평가는 해석의 목적에 따라 적절히 적용되어야 하며, 건축구조기준에 제시된 합성부재의 유효강성을 적용하는 것이 현재로서는 가장 유용한 방법 중의 하나이다.

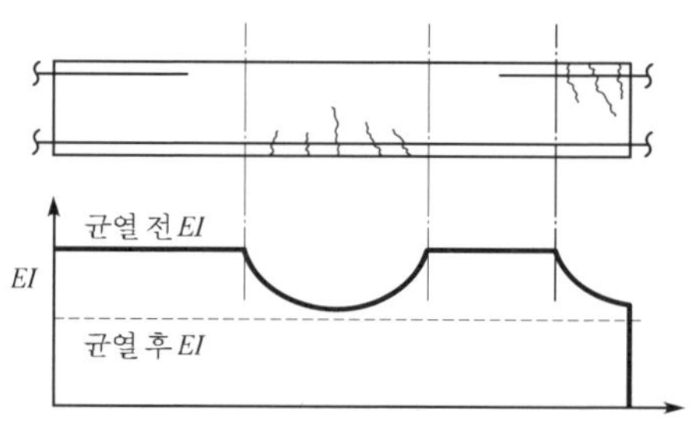

[그림 3.2.3] 균열에 따른 콘크리트의 유효단면 변화

3.2.4 접합

합성구조의 해석 시 접합부 거동을 이상화하여 해석에 반영하기 위해서는 합성구조시스템에 대한 면밀한 검토가 필요하다. 하중 전달 기구 및 가정된 접합부 조건(하중 전달의 연속성 등)에 따라서 해석 시 검토가 필요한 사항이 달라질 수 있기 때문이다.

합성구조에 흔히 사용되는 보-기둥 강접합부는 [그림 3.2.4]와 같다. 그림의 접합부들은 설계 시 강접합으로 취급되나 해석을 위해서는 접합부의 상세에 따른 효과들(크기 효과, 접합부의 강성 및 접합부 패널존 등)을 고려해야 한다([그림 3.2.5] 참조). 일반적으로 합성구조의 접합부 강성은 콘크리트 구조와 순수강구조 사이에 있다고 가정할 수 있다.

합성구조의 가새 접합부([그림 3.2.6] 참조)에서 일반적으로 트러스 또는 골조 접합부의 모형은 비교적 간단하지만 부재의 중심선이 기둥의 중심선과 일치하지 않을 때에는 해석상 복잡한 상황이 발생하게 된다. 따라서 이러한 경우에는 실제 모형 또는 3D 모델 등을 통한 명확한 접합부의 거동에 대한 확인이 필요하게 된다.

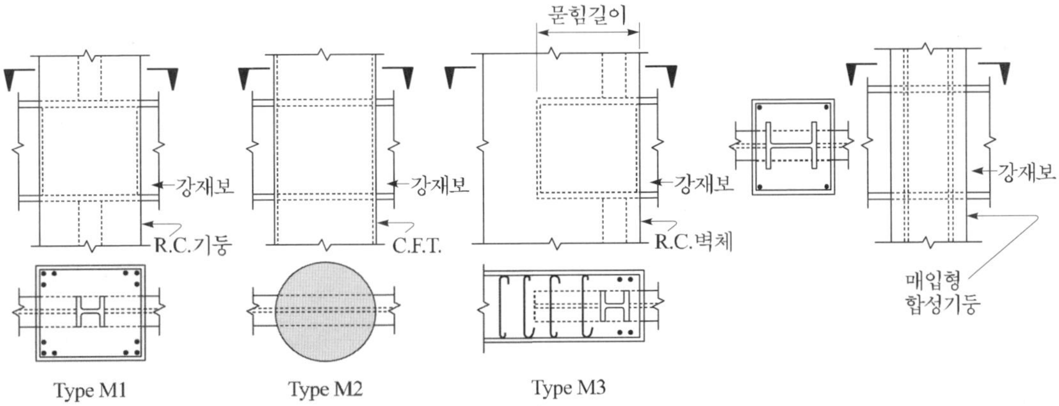

[그림 3.2.4] 합성구조의 접합부(강접합)

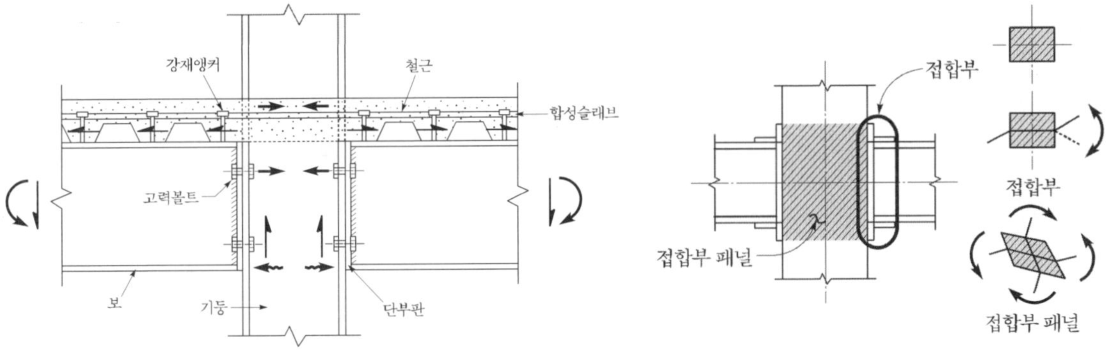

[그림 3.2.5] 보-기둥 접합부 거동

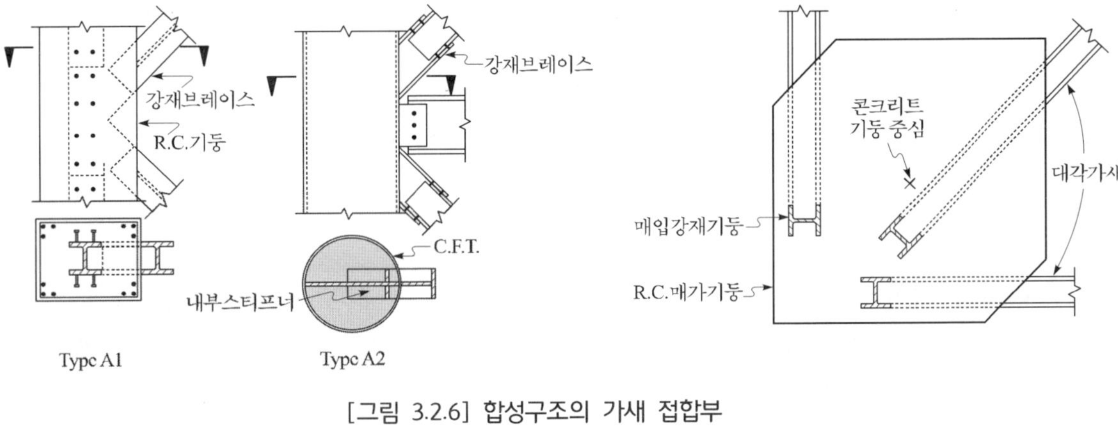

[그림 3.2.6] 합성구조의 가새 접합부

3.2.5 하중

강재 또는 콘크리트 구조물보다 합성구조물의 경우 앞에서 언급한 시공 단계에 따른 하중 변화에 대한 적절한 고려가 반드시 필요하다([그림 3.2.7] 참조). 이러한 하중 변화는 공법에 따라 공사를 하는 동안과 공사 후, 그리고 단기 및 장기하중 등으로 구별하는 것이 중요하며, 공사 순서 및 방법에 따라서 영향을 받게 되므로 구조해석 시 이러한 부분에 대한 면밀한 검토가 필요하다. 또한 단계별 하중을 산정할 때 하중 부하 지속시간을 명확하게 산정하여 이에 대응할 수 있는 적절한 구조설계가 되도록 하여야 한다.

그리고 합성공법에 의해 발생하는 시공 하중이 강재에 변형을 유발할 경우 합성 이후의 구조물의 내력과 거동에 큰 영향을 미칠 수 있으므로 콘크리트 타설 공법에 따른 추가하중 발생 여부 및 발생하중에 대한 적절한 검토 및 고려가 필요하게 된다.

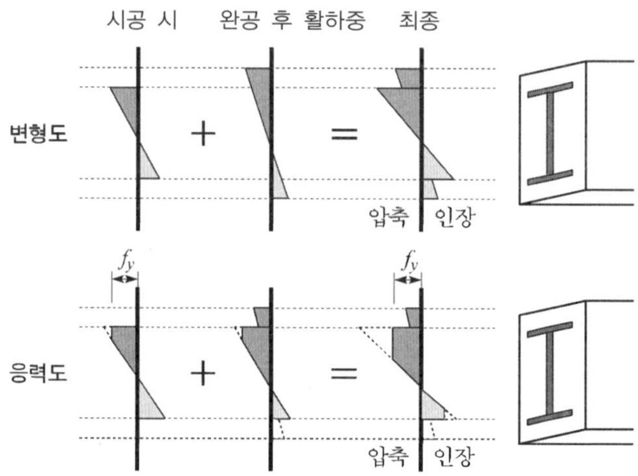

[그림 3.2.7] 시공 단계별 하중에 따른 영향

3.2.6 불확실성

합성구조물 해석 시 적용되는 가정에 의해 피할 수 없는 불확실성이 해석에 포함될 수 있다. 이러한 불확실성은 강구조 및 철근콘크리트구조에서도 발생할 수 있지만 합성구조의 경우에는 두 재료의 합성거동을 위한 가정들과 시공단계 등과 같이 시간 의존적인 불확실성이 추가되므로 이에 의한 영향도 증가하게 된다. 예를 들면 콘크리트의 시간 의존적인 거동의 불확실성에 따른 영향들을 해석 단계에서 적절히 고려해야 하는 것 또는 예상하지 못한 이유로 인한 시공 단계의 변경에 따른 하중 분포의 변화 등을 들 수 있다.

따라서 이러한 불확실성의 증가에 따른 영향을 해석 시 적절히 고려해야 하며, 이는 결국 해석의 신뢰도와 관련되므로 충분한 검토가 필요하게 된다.

3.2.7 비선형 해석

구조물 해석방법의 분류는 [그림 3.2.8]에 나타난 바와 같이 구조물의 기하학적, 재료적 비선형 응답을 고려하는 방법에 따라서 분류할 수 있다. 일반적으로 1차 탄성해석을 제외하고 모든 경우에 있어 구조물의 해석을 위해 적절한 비선형해석 절차가 필요하다.

최근까지 건축구조실무에서 구조해석을 위한 방안으로는 1차 선형탄성해석법을 가장 많이 사용해 왔다. 이는 해석이 간편하며, 겹침의 원리가 적용 가능하여 다양한 하중 조합에 대한 효율적인 해석이 가능하기 때문이다. 하지만 이러한 탄성해석은 구조물이 비선형, 비탄성영역에 들어가게 되면 구조물의 거동을 정확하게 평가할 수 없게 된다.

이에 설계법의 발전으로 인해 구조물의 비선형, 비탄성 거동을 구조물의 설계에 반영하게 되면서 1차 탄성해석 결과로 구조물의 거동을 명확하게 평가하는데 한계를 가지게 되었다. 따라서 이러한 1차 탄성해석을 활용한 해석 결과를 가지고 구조물의 비선형, 비탄성 거동을 평가하기 위하여 하중증폭계수법이나 기타 다양한 방법들이 적용되어 왔다.

하지만 최근 컴퓨터의 급격한 발전으로 실무에서도 2차 효과를 고려한 해석이나 부분적인 상세 해석 시 재료적 비선형 거동을 고려한 해석이 수행되고 있으며([그림 3.2.9] 참조), 이러한 고차 해석의 실무 적용은 설계법의 발전과 함께 앞으로 점점 더 증가할 것으로 판단된다.

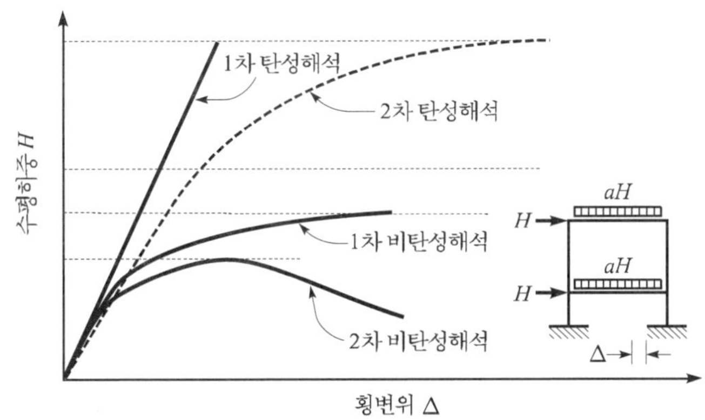

[그림 3.2.8] 구조 해석방법 비교

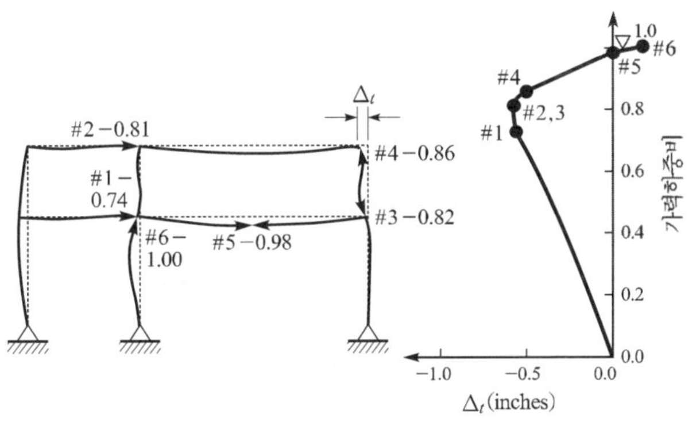

[그림 3.2.9] 저층 골조의 비탄성해석

3.2.7.1 기하학적 비선형

1차 또는 선형해석 시에는 구조물의 변형되지 않은 기하학적 형상을 기본으로 해석을 수행하게 된다. 이러한 방법은 구조 부재 및 골조의 안정성에 영향을 미칠 수 있는 $P-\delta$효과 및 $P-\Delta$효과와 같은 2차 효과를 적절하게 고려할 수 없다. 따라서 이러한 기하학적 비선형성을 고려하는 방법으로 하중증폭계수를 활용하는 방법이 건축구조기준에 제안되어 있으며, 최근 구조해석 프로그램에는 이러한 2차 효과를 해석에 직접 고려할 수 있는 방법이 개발되어 있다.

다만, 해석 프로그램에 따라 $P-\delta$효과를 고려하지 못하는 경우도 있으므로 $P-\delta$효과가 구조물의 안정성에 미치는 영향이 큰 경우에는 해석 프로그램의 적용 한계를 명확하게 파악하는 것이 필요하며, 해석의 유효성을 검증할 필요가 있다.

2차 효과를 고려한 해석을 수행하는 방법은 지속적으로 구조적인 기하학적 배열을 갱신하는 것 외에 기하학적 강성행렬을 적용하는 방법이 있으며, 이는 근본적으로 구조재료에 의존하지 않으며, 공식과 절차는 강구조, 콘크리트구조, 그리고 합성구조시스템에서 동일하다.

3.2.7.2 재료적 비선형

재료의 응력-변형도 곡선에 의해 유발되는 비선형성과 두 재료간의 상호 거동상 발생하는 비선형성 그리고 콘크리트의 균열 등으로 인한 비선형성 등과 같이 합성구조의 경우 재료에 의해서 유발되는 다양한 비선형성이 존재한다. 하지만 이들 모두를 해석상에 고려하는 것은 실무 차원에서 효율적인 방법은 아니며, 필요에 따라서 적용 범위를 적절하게 판단할 필요가 있다.

재료적 비선형을 고려한 해석의 수행을 위해서는 재료 또는 부재 단면의 하중에 대한 거동과 단면 항복조건([그림 3.2.10] 참조)을 파악하는 것이 필요하다. 특히 합성구조물의 경우 합성시스템에 따라서 재료 또는 부재의 하중-변위 거동이 달라질 수 있으므로 이에 대해서는 신중한 결정이 필요하다.

일반적으로 재료적 비선형성을 해석에 고려하는 방법은 부재의 소성화가 일부분에 국한(부재 단부의 소성힌지)되어 있다고 보고 해석을 수행하는 방법 (소성힌지법)과 소성화의 진전을 직접 해석에 고려하는 방법(fiber model 등, [그림 3.2.11] 참조)이 있다. 해석의 정확도는 소성화 진전을 해석에 직접 고려하는 방법이 우수하나 해석 시간 및 모델링에 소요되는 시간을 고려하면 전체 구조물에 이를 적용하는 것은 쉬운 일이 아니다.

따라서 최근 실무에 적용되는 재료적 비선형해석의 경우 소성힌지법에 근거한 해석이 주를 이루고 있다.

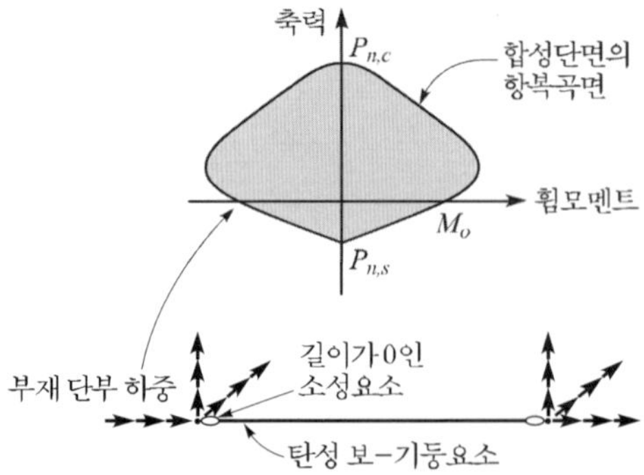

[그림 3.2.10] 재료의 항복 조건

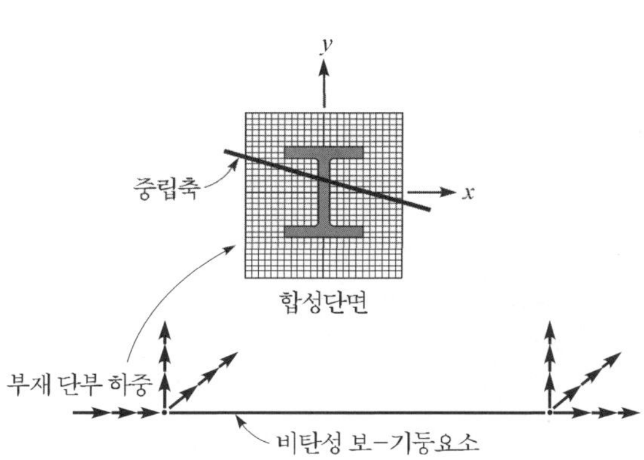

[그림 3.2.11] Fiber 요소를 활용한 비탄성 해석

3.2.8 유한요소해석

건축구조물의 설계 실무 시에 사용되는 구조해석 프로그램은 일반적으로 각 구조부재를 선형 부재(line elements)로 가정하여 해석을 수행하게 된다. 따라서 3차원 형상의 입체구조물의 해석을 위해서는 유한요소해석(finite element analysis)의 적용을 검토할 필요가 있다.

설계실무에서 대다수 유한요소해석은 탄성응답해석이 주를 이루고 있으나, 최근에는 유한요소해석 프로그램의 보급 확대로 인해 비선형, 비탄성 유한요소해석이 필요한 경우 실무에서도 이를 적극 활용하고 있다. 더욱이 최근에는 건축구조물의 형상이 비정형화되면서 접합부 부분에서 3차원 비선형, 비탄성유한요소해석이 필요한 경우들이 종종 발생하고 있다. 하지만, 이럴 경우 많은 시간과 인력이 투입되어야 함에도 불구하고 이에 추가되는 비용에 대한 보상이 없어 사실상 실무 차원에서 이를 확대하여 수행하기는 쉽지 않은 것이 현실이다.

합성구조의 유한요소해석 시 중요한 사항 중 하나는 강재와 콘크리트 두 재료의 합성효과를 해석적으로 어떻게 구현하는가이다. 최근에는 다양한 해석요소들이 개발되어 강재와 콘크리트의 부착 및 이들의 합성거동을 해석적으로 평가할 수 있도록 지원하고 있으나 요소별 장, 단점에 대한 이해가 부족할 경우 신뢰할 수 없는 해석 결과가 도출될 우려도 있으므로 이에 대한 신중한 접근이 필요하다.

3.3 합성구조의 특수해석

합성구조물의 특정 거동을 파악하기 위해서 수행되는 특수해석으로는 다음과 같은 것들이 있다.

3.3.1 기둥축소량 계산

고층 합성구조 건물에서 발생되는 기둥축소(column shortening)에 의한 문제는 강재와 콘크리트의 결합에 따른 상호 작용으로 단순한 철근콘크리트 구조일 경우와는 다른 거동을 나타난다. 만일 설계단계에서 적절한 해석을 통하여 기둥축소에 따른 수직재의 길이 차이를 피하거나 보완하지 않으면 추가적인 하중 발생뿐 아니라 불균형 바닥, 비구조체의 균열 발생 등의 문제가 발생될 수 있다.

일반적으로 합성구조는 철근콘크리트구조에 비해 이러한 기둥축소에 대한 영향이 크지 않은 것으로 나타나고 있어 설계상에는 유리하게 작용할 수 있으나 합성구조일 경우 기둥 축소량을 평가하는 방법에 대한 정보가 많지 않아 계측을 통한 보정이 필수적으로 요구된다.

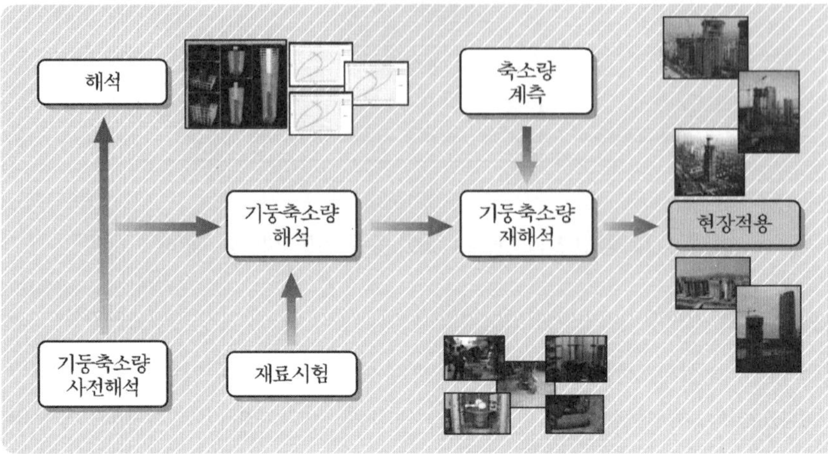

[그림 3.3.1] 기둥축소량 해석 과정

3.3.2 시간 의존형 하중의 재분배

대형 콘크리트 또는 합성보강 기둥과 소형 강재요소가 함께 사용하는 시스템에서 기둥 축소는 강재 부재의 과부하와 좌굴을 일으킨다. 따라서 이러한 문제가 예상될 경우 콘크리트 기둥이 축소할 때 강재 부재의 과부하를 피하기 위한 시스템을 고려하여야 한다. 이를 위해 지연 접합부(delay joint, [그림 3.3.2] 참조)의 적용 등을 적극적으로 고려해야 하며, 이를 해석 과정에서 적절하게 반영해야 한다.

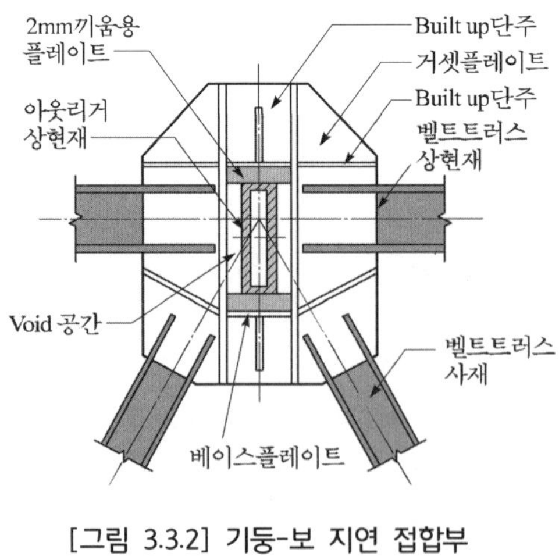

[그림 3.3.2] 기둥-보 지연 접합부

3.3.3 시공단계 해석

시공단계별 조건을 고려한 해석의 수행은 이를 고려할 수 있는 해석프로그램을 적용할 경우에는 비교적 수월하게 진행할 수 있으나([그림 3.3.3] 참조) 그렇지 못할 경우에는 다음의 방법을 사용할 수 있다.

첫 번째 접근법은 공사의 다양한 단계에서 구조를 독립적으로 분석하고 각 단계에서 요구조건을 충족하는지 확인하는 것이다. 이 접근법은 누적하중 또는 공사의 한 단계에서 다음 단계로 넘어가는 비선형적 변형효과를 간파할 수 있게 된다. 두 번째 접근법은 다중 독립분석을 사용하는 것이다. 이 방법은 늘 정확한 답변을 제공하지만 안타깝게도 적용이 번잡하고 시간 소모가 큰 편이다.

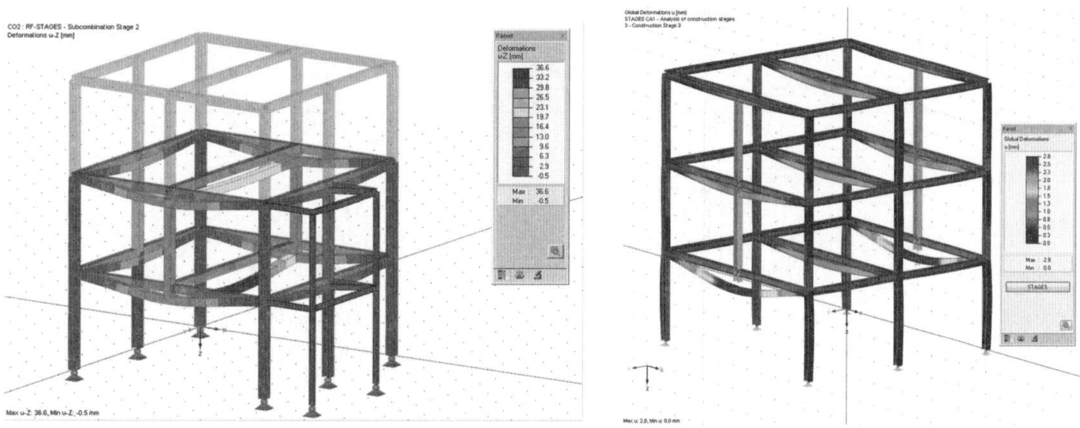

[그림 3.3.3] 시공단계 고려한 해석

3.4 합성구조의 안정설계 예제

3.4.1 직접해석법에 의한 안정설계

> 그림과 같이 고정하중(w_D)과 활하중(w_L)이 작용하는 합성구조 골조가 Ⓑ열과 Ⓒ열 사이는 모멘트골조로, 나머지 열은 단순골조로 이루어져 있다. 이 골조의 직각방향은 단순골조이며 횡이동이 구속되어 있다. Ⓑ열과 Ⓒ열 사이의 모멘트골조에 대하여 안정설계 요구조건을 고려한 소요강도를 직접해석법으로 구하고 강도의 적합성을 검토하시오. 단, 설계과정을 명료하게 보여주기 위하여 보와 기둥의 자중은 고정하중(w_D)에 포함된 것으로 가정한다.

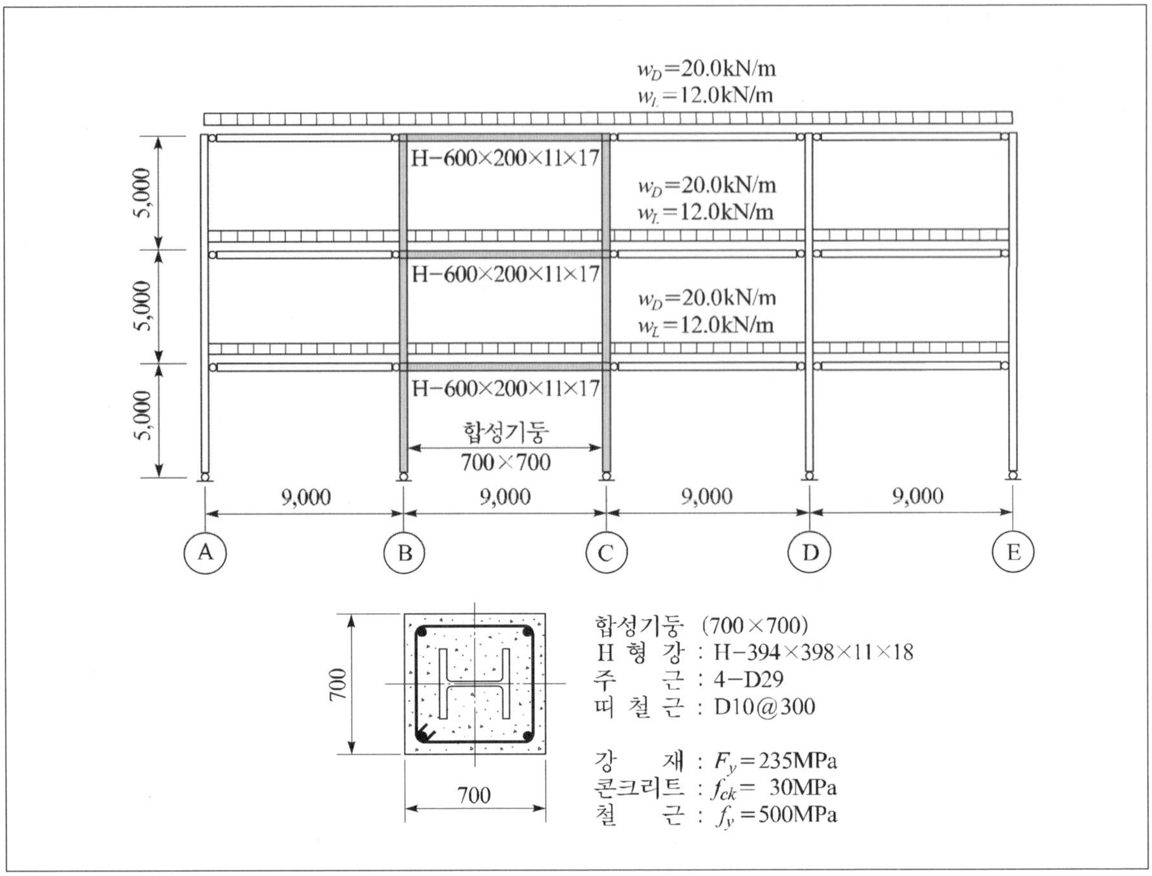

Ⓐ열과 Ⓑ열, Ⓒ열과 Ⓓ열, Ⓓ열과 Ⓔ열 사이의 보는 양단이 핀접합이고, Ⓐ열, Ⓓ열, Ⓔ열의 기둥은 주각이 힌지이므로, 이러한 보와 기둥은 골조의 횡안정에 기여하지 않는다. 따라서 이 부재들은 $P-\Delta$효과를 고려할 필요가 없으며 유효좌굴길이계수 $K=1.0$을 사용하여 설계압축강도를 구하여 설계할 수 있다.

골조의 횡안정에 기여하는 것은 Ⓑ열과 Ⓒ열 사이의 모멘트골조이므로, 이 모멘트골조를 건축구조기준 0703 골조의 안전성과 0721 직접해석법 규정에 따라 설계하여야 한다. 이때, Ⓐ열, Ⓓ열, Ⓔ열의 기둥은 골조의 횡안정에 기여하지 않지만 이 기둥을 안정시키기 위해서는 이 기둥에 작용하는 압축력이 Ⓑ열과 Ⓒ열 사이 모멘트골조의 2차 해석에서 고려되어야 한다.

직접해석법에 의한 안정설계는 모든 유형의 구조물에 적용할 수 있으며 2차 횡변위 대 1차 횡변위의 비가 1.5를 초과할 때는 직접해석법에 의하여 소요강도를 산정하여야 한다.

1) 하중 산정

(1) 계수하중

중력하중에 의한 최대의 하중조합은 $1.2D+1.6L$이므로 계수하중은 다음과 같다.

$$w_u = 1.2(20.0) + 1.6(12.0) = 43.2\text{kN/m}$$

(2) 가상하중

각 층의 횡방향 가상하중 N_i는 다음과 같이 산정한다.

$$N_i = 0.002\,Y_i$$

$$Y_2 = Y_3 = Y_4 = 4(43.2)(9.0) = 1,555\text{kN}$$

$$N_2 = N_3 = N_4 = 0.002(1,555) = 3.11\text{kN}$$

2) 부재의 강성

횡안정에 기여하는 모든 부재는 다음과 같이 저감된 휨강성 EI^*, 저감된 축강성 EA^*, 저감된 전단강성 EA_v^*를 적용하여야 한다.

$$EI^* = 0.8\tau_b\,EI$$

여기서, τ_b : 1.0 ($P_r/P_{no} \le 0.5$인 경우)

$4(P_r/P_{no})[1-(P_r/P_{no})]$ ($P_r/P_{no} > 0.5$인 경우)

P_r : 소요압축강도(N)

P_{no}: 부재의 항복압축강도($= F_yA_s + F_{yr}A_{sr} + 0.85f_{ck}A_c$)(N)

$$EA^* = 0.8EA$$

$$GA_v^* = 0.8\,GA_v$$

(1) 보의 휨강성

보의 휨강성은 저감된 휨강성 $EI^*(=0.8\tau_b\,EI)$를 사용하여야 한다. 바닥을 강체격막으로 가정하면 바닥보의 소요압축강도는 없으므로($P_r \approx 0$) $\tau_b = 1.0$이다. 따라서 강재보의 단면 2차 모멘트 I_s를 다음과 같이 저감하여 사용한다.

$$I_s = 7.76\times10^8\text{mm}^4(\text{H}-600\times200\times11\times17)$$

$$E = 210,000\text{MPa}$$

$$I^* = 0.8\tau_bI_s = 0.8(1.0)(776\times10^6) = 621\times10^6\text{mm}^4$$

(2) 보의 축강성

바닥을 강체격막으로 볼 수 있으므로 이를 고려한 해석 모델을 사용하거나, $EA=\infty$로 한다.

(3) 보의 전단강성

보의 전단강성은 저감된 전단강성 $GA_v^*(=0.8\,GA_v)$를 사용하여야 한다. 강재보의 전단면적 A_v는 웨브의 단면적 A_w이므로 다음과 같이 이를 저감하여 사용한다.

$$G = 81,000\text{MPa}$$

$$A^*_v = 0.8A_w = 0.8(600)(11) = 5,280\text{mm}^2$$

(4) 합성기둥의 휨강성

합성기둥의 휨강성은 저감된 휨강성 $EI^*(=0.8\tau_b\,EI)$를 사용하여야 한다. 합성기둥의 휨강성 EI는 건축구조기준 0709.2의 합성유효휨강성 EI_{eff}를 사용할 수 있으므로 이를 다음과 같이 산정하여 저감한다.

$$EI_{eff} = E_s I_s + 0.5 E_s I_{sr} + C_1 E_c I_c$$

$$C_1 = 0.1 + 2\left(\frac{A_s}{A_c + A_s}\right) \leq 0.3$$

$$E_s = 210{,}000\text{MPa}$$

$$I_s = 561 \times 10^6 \text{mm}^4 \quad (\text{H}-394 \times 398 \times 11 \times 18)$$

$$E_{sr} = 200{,}000\text{MPa}$$

$$I_{sr} = 4(642)\left(\frac{700 - 2(40 + 10 + 29/2)}{2}\right)^2 = 209 \times 10^6 \text{mm}^4 \quad (4-\text{D}29)$$

$$A_o = 18.7 \times 10^3 \text{mm}^2 \quad (\text{H}-394 \times 398 \times 11 \times 18)$$

$$A_{sr} = 4(642) = 2{,}568\text{mm}^2$$

$$A_c = A_g - A_s - A_{sr} = 700^2 - 18.7 \times 10^3 - 2{,}568 = 469 \times 10^3 \text{mm}^2$$

$$C_1 = 0.1 + 2\left(\frac{18.7}{469 + 18.7}\right) = 0.177$$

$$E_c = 8{,}500 \sqrt[3]{30 + 4} = 27{,}500\text{MPa}$$

$$I_c = I_g - I_s - I_{sr} = \frac{700^4}{12} - 561 \times 10^6 - 209 \times 10^6 = 19{,}200 \times 10^6 \text{mm}^4$$

$$EI_{eff} = [210{,}000(561) + 0.5(200{,}000)(209) + (0.177)(27{,}500)(19{,}200)] \times 10^6$$
$$= 232 \times 10^{12} \text{N}\cdot\text{mm}^2$$

여기서 $P_r/P_{no} < 0.5$로 가정하여 $\tau_b = 1.0$을 사용한다. 이 조건은 직접해석법으로 P_r 값을 구한 후 확인해야 한다. 또는 가상하중 $N_i = 0.001 Y_i$를 추가 적용하고, $\tau_b = 1.0$을 사용할 수 있다.

$$EI^* = 0.8\tau_b EI_{eff} = 0.8(1.0)(232 \times 10^{12}) = 185.6 \times 10^{12} \text{N}\cdot\text{mm}^2$$

$$E = 210{,}000\text{MPa}$$

$$I^* = 0.8\tau_b EI_{eff}/E = 185.6 \times 10^{12}/210{,}000 = 883 \times 10^6 \text{mm}^4$$

(5) 합성기둥의 축강성

합성기둥의 축강성은 저감된 축강성 $EA^*(= 0.8EA)$를 사용하여야 한다. 탄성축강성 EA를 다음과 같이 산정하여 저감한다.

$$EA = E_s A_s + E_{sr} A_{sr} + E_c A_c$$
$$= 210{,}000(18.7 \times 10^3) + 200{,}000(2{,}568) + 27{,}500(469 \times 10^3) = 17.3 \times 10^9 \text{N}$$

$$EA^* = 0.8EA = 0.8(17.3 \times 10^9) = 13.8 \times 10^9 \text{N}$$

$$E = 210{,}000\text{MPa}$$

$$A^* = 0.8EA/E = 13.8 \times 10^9/210{,}000 = 65{,}714\text{mm}^2$$

(6) 합성기둥의 전단강성

합성기둥의 전단강성은 저감된 전단강성 $GA_v^*(=0.8GA_v)$를 사용하여야 한다. 합성기둥의 전단강성 GA_v는 강재단면과 콘크리트단면 중 하나의 단면에 대한 전단강성을 사용할 수 있다. 여기서는 콘크리트단면을 사용하여 다음과 같이 전단강성을 산정하여 저감한다.

콘크리트의 전단탄성계수 : $G_c = \dfrac{E_c}{2(1+\nu)} = \dfrac{27,500}{2(1+0.2)} = 11,500\text{MPa}$

콘크리트의 전단면적 : $A_{vc} = 700 \times 700/1.2 = 408 \times 10^3 \text{mm}^2$

$GA_v = G_c A_{vc} = (11,500)(408 \times 10^3) = 4.69 \times 10^9 \text{N}$

$GA_v^* = 0.8GA_v = 0.8(4.69 \times 10^9) = 3.75 \times 10^9 \text{N}$

$G = 81,000\text{MPa}$

$A^*_v = 3.75 \times 10^9/81,000 = 46,296\text{mm}^2$

앞에서 산정한 계수하중, 가상하중, 부재의 강성 등을 정리하면 직접해석법의 해석모델은 다음 그림과 같다.

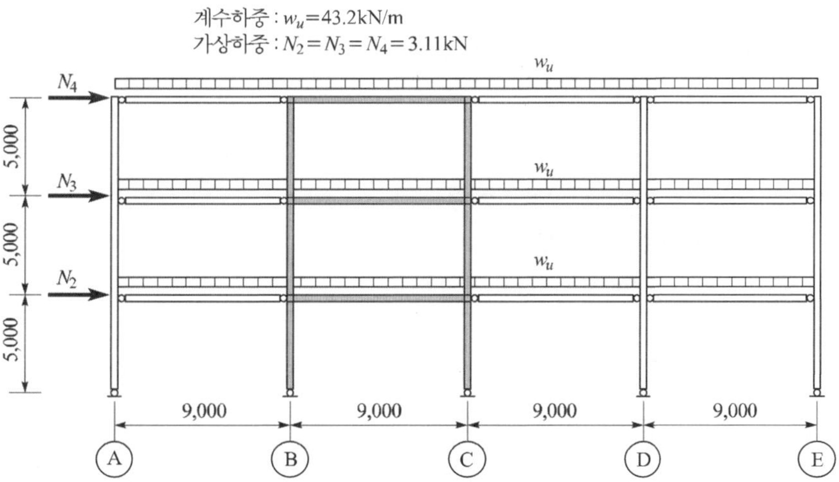

E = 205,000MPa　　G = 79,000MPa
보 : $A = \infty$(강체격막)　　A_v = 5,280mm²　　I = 621×10⁶mm⁴
기둥 : A = 67,300mm²　　A_v = 47,500mm²　　I = 893×10⁶mm⁴

[그림 3.4.1] 직접해석법 해석모델

3) 1차 해석

1차 해석에 의한 부재력과 층간변위는 다음과 같다.

ⓒ열 기둥의 부재력

층	계수하중($1.2D+1.6L$)				가상하중($N_i=0.002Y_i$)			
	축력(kN) P_{nt}	전단력(kN) V_{nt}	휨모멘트(kN·m), M_{nt}		축력(kN) P_{lt}	전단력(kN) V_{lt}	휨모멘트(kN·m), M_{nt}	
			상단	하단			상단	하단
3층	388.8	81.9	−248.0	161.8	1.6	1.6	−7.0	0.8
2층	777.6	56.2	−119.0	161.8	4.6	3.1	−13.1	2.4
1층	1166.4	20.6	−103.1	0.0	10.4	4.7	−23.3	0.0

보의 부재력

층	계수하중($1.2D+1.6L$)				가상하중($N_i=0.002Y_i$)			
	전단력(kN) V_{nt}	휨모멘트(kN·m), M_{nt}			전단력(kN) V_{lt}	휨모멘트(kN·m), M_{lt}		
		좌단	중앙	우단		좌단	중앙	우단
4층	194.4	−248.0	189.5	−248.0	1.6	7.0	0.0	−7.0
3층	194.4	−281.2	156.2	−281.2	3.1	13.9	0.0	−13.9
2층	194.4	−264.9	172.5	−264.9	5.7	25.8	0.0	−25.8

층간변위, Δ_H(mm)

층	계수하중($1.2D+1.6L$)	가상하중($N_i=0.002Y_i$)	계수하중+가상하중
3층	0.0	0.74	0.74
2층	0.0	1.41	1.41
1층	0.0	2.66	2.66

4) 증폭 1차 탄성해석에 의한 2차 해석

다음과 같이 증폭 1차 탄성해석에 의한 2차 해석으로 B_1계수와 B_2계수를 구하여 소요강도를 산정한다.

ⓒ열 기둥의 B_1 계수 산정

층	M_{nt}(kN·m)		C_m	P_r (kN)	EI (N·mm^2)	K_1L (mm)	P_{e1} (kN)	B_1
	상단	하단						
3층	−248.0	161.8	0.339	390.4	185.6×1012	5,000	73,271	1.0
2층	−119.0	161.8	0.306	782.2	185.6×1012	5,000	73,271	1.0
1층	−103.1	0.0	0.600	1176.8	185.6×1012	5,000	73,271	1.0

여기서, $C_m=0.6-0.4(M_1/M_2)$, $P_r=P_{nt}+P_{lt}$, $EI=EI^*=0.8EI_{eff}$, $K_1=1.0$,

$$P_{e1}=\frac{\pi^2 EI}{(K_1L)^2},\quad B_1=\frac{C_m}{1-P_r/P_{e1}}\geq 1.0$$

각 층의 B_2 계수 산정

층	P_{mf} (kN)	ΣP_{nt} (kN)	R_M	ΣH (kN)	L (mm)	Δ_H (mm)	ΣP_{e2} (kN)	B_2
3층	778	1,555	0.925	3.11	5,000	0.74	19,438	1.09
2층	1,555	3,110	0.925	6.22	5,000	1.41	20,402	1.18
1층	2,333	4,666	0.925	9.33	5,000	2.66	16,222	1.40

여기서, $R_M = 1 - 0.15(P_{mf}/\sum P_{nt})$, $\Sigma P_{e2} = R_M \dfrac{\Sigma HL}{\Delta_H}$, $B_2 = \dfrac{1}{1 - \dfrac{\Sigma P_{nt}}{\Sigma P_{e2}}} \geq 1.0$

B_2 계수의 최대값이 1.40이나 되지만 이 하중조합에서는 가상하중에 의한 휨모멘트가 워낙 작기 때문에 휨모멘트의 증폭량이 별로 크지 않다. 그러나 지진하중 또는 풍하중은 가상하중에 비하여 매우 큰 하중이므로 지진하중 또는 풍하중이 포함된 하중조합에서는 그 증폭량이 훨씬 크다는 사실을 유념하여야 한다.

(1) 기둥의 소요축강도

기둥의 소요축강도 P_r은 다음 식으로 산정한다.

$$P_r = P_{nt} + B_2 P_{lt} \qquad \text{식(3.4.1)}$$

기둥의 소요축강도, P_r(kN)

층	P_{nt}	B_2	P_{lt}	P_r
3층	388.8	1.09	1.6	390.5
2층	777.6	1.18	4.6	783.0
1층	1166.4	1.40	10.4	1181.0

(2) 기둥의 소요휨강도

기둥의 소요휨강도 M_r은 다음 식으로 산정한다.

$$M_r = B_1 M_{nt} + B_2 M_{lt} \qquad \text{식(3.4.2)}$$

기둥의 소요휨강도, M_r(kN·m)

층	B_1	M_{nt}		B_2	M_{lt}		M_r	
		상단	하단		상단	하단	상단	하단
3층	1.0	−248.0	161.8	1.09	−7.0	0.8	−255.6	162.7
2층	1.0	−119.0	161.8	1.18	−13.1	2.4	−134.5	164.6
1층	1.0	−103.1	0.0	1.40	−23.3	0.0	−135.7	0.0

(3) 보의 소요휨강도

보의 소요휨강도 M_r은 다음 식으로 산정한다. 보는 축력이 없으므로 B_1 계수는 1.0이다.

$$M_r = B_1 M_{nt} + B_2 M_{lt} \quad \text{식(3.4.2)}$$

보의 소요휨강도, M_r(kN·m)

층	B_1	M_{nt}		B_2	M_{lt}		M_r	
		좌단	우단		좌단	우단	좌단	우단
4층	1.0	−248.0	−248.0	1.09	7.0	−7.0	−240.4	−255.6
3층	1.0	−281.2	−281.2	1.18	13.9	−13.9	−264.8	−297.6
2층	1.0	−264.9	−264.9	1.40	25.8	−25.8	−228.8	−301.0

여기서 τ_b의 값을 1.0으로 하기 위해서는 휨강성이 횡석안성에 기여하는 모든 부재의 소요압축강도가 항복압축강도의 50% 이하이어야 한다는 조건을 검토하기 위하여 항복압축강도를 산정하여야 한다. 매입형 합성기둥의 항복압축강도는 기준 식(0709.2.4)의 P_{n0}를 사용한다.

$$P_{n0} = A_s F_y + A_{sr} F_{yr} + 0.85 A_c f_{ck} \quad \text{식(3.4.3)}$$

$$= (18.7 \times 10^3)(265) + (2{,}568)(500) + 0.85(469 \times 10^3)(30)$$

$$= 18{,}199 \times 10^3 \text{N}$$

$$= 18{,}199 \text{kN}$$

$$0.5 P_{n0} = 0.5(18{,}199) = 9{,}099.5\, N > kP_r = 1{,}181.0 \text{kN} \; (\text{1층 기둥})$$

1층 기둥의 소요압축강도가 항복압축강도의 50% 이하이므로 모든 기둥의 소요압축강도가 항복압축강도의 50% 이하임을 알 수 있다. 따라서 모든 기둥의 τ_b의 값을 1.0으로 사용할 수 있다.

5) 일반 2차 탄성해석

계수하중과 가상하중의 조합하중에 대하여 일반 2차 탄성해석으로 구한 부재력과 층간변위는 다음과 같다. 이 해석에서는 $P-\Delta$와 $P-\delta$효과($P-\Delta$효과에 영향을 미치는)를 모두 고려할 수 있는 2차 탄성해석법을 사용하였다.

일반 2차 탄성해석에 의한 부재력

©열 기둥의 소요강도				보의 소요휨강도		
층	P_r (kN)	M_r(kN·m)		층	M_r(kN·m)	
		상단	하단		좌단	우단
3층	390.6	−255.9	161.5	4층	−239.8	−255.9
2층	783.1	−135.9	163.9	3층	−264.6	−298.0
1층	1179.2	−133.5	0.0	2층	−231.8	−297.6

여기서도 $P-\delta$효과를 고려하기 위하여 B_1계수를 산정하여야 하지만 이는 4)에서 산정한 B_1계수와 동일하므로 생략한다. 4)에서 산정한 B_1계수는 모두 1.0이었으므로 더 이상의 모멘트 증폭은 일어나지 않는다. 따라서 일반 2차 탄성해석으로 구한 부재력이 바로 소요강도가 된다. 1차 해석 층간변위와 2차 해석 층간변위를 비교해 보면 다음과 같다.

층간변위 비교, Δ_H(mm)

층	1차 해석	2차 해석	2차 해석/1차 해석
3층	0.74	0.87	1.18
2층	1.41	1.74	1.23
1층	2.66	3.47	1.30

6) 합성기둥의 강도 검토

(1) 설계압축강도

① 면내(강축) 유효좌굴길이계수 K_x

직접해석법에서는 면내 유효좌굴길이계수 K_x는 1.0을 사용한다.

② 면외(약축) 유효좌굴길이계수 K_y

면외 방향으로는 횡이동이 구속된 단순골조이므로 면외 유효좌굴길이계수 K_y는 1.0이다.

③ 모든 층 기둥

〈도움표 7.1〉에서, $KL=1.0(5.0)=5.0\text{m}$일 때 $\phi_c P_n=12{,}160\text{kN}$을 읽어서,

$P_c=\phi_c P_n=12{,}160\text{kN}$

(2) 강축 설계휨강도

〈도움표 7.2〉에서, $\phi M_{Bx}=1{,}410\text{kN·m}$을 읽어서,

$M_{cx}=\phi M_{Bx}=1{,}410\text{kN·m}$

(3) 압축과 휨의 조합강도 검토

증폭 1차 탄성해석에 의한 2차 해석

층	압축강도(kN)			강축 휨모멘트강도(kN·m)			조합강도	
	P_r	P_c	P_r/P_c	M_{rx}	M_{cx}	M_{rx}/M_{cx}	검토 식*	강도 비
3층	390.5	12,160	0.032	255.6	1,410	0.181	(2)	0.197
2층	783.0	12,160	0.064	164.6	1,410	0.116	(2)	0.148
1층	1181.0	12,160	0.097	135.7	1,410	0.096	(2)	0.145

* 검토 식 : (1) $\dfrac{P_r}{P_c}\geq 0.2$일 때, $\dfrac{P_r}{P_c}+\dfrac{8}{9}\left(\dfrac{M_{rx}}{M_{cx}}\right)\leq 1.0$, (2) $\dfrac{P_r}{P_c}<0.2$일 때, $\dfrac{P_r}{2P_c}+\left(\dfrac{M_{rx}}{M_{cx}}\right)\leq 1.0$

일반 2차 탄성해석

층	압축강도(kN)			강축 휨모멘트강도(kN·m)			조합강도	
	P_r	P_c	P_r/P_c	M_{rx}	M_{cx}	M_{rx}/M_{cx}	검토 식*	강도 비
3층	390.6	12,160	0.032	255.9	1,410	0.181	(2)	0.197
2층	783.1	12,160	0.064	163.9	1,410	0.116	(2)	0.148
1층	1179.2	12,160	0.097	133.5	1,410	0.095	(2)	0.144

* 검토 식 : (1) $\dfrac{P_r}{P_c} \geq 0.2$일 때, $\dfrac{P_r}{P_c} + \dfrac{8}{9}\left(\dfrac{M_{rx}}{M_{cx}}\right) \leq 1.0$, (2) $\dfrac{P_r}{P_c} < 0.2$일 때, $\dfrac{P_r}{2P_c} + \left(\dfrac{M_{rx}}{M_{cx}}\right) \leq 1.0$

3.4.2 유효길이법에 의한 안정설계

그림과 같이 고정하중(w_D)과 활하중(w_L)이 작용하는 합성구조 골조가 Ⓑ열과 Ⓒ열 사이는 모멘트골조로, 나머지 열은 단순골조로 이루어져 있다. 이 골조의 직각방향은 단순골조이며 횡이동이 구속되어 있다. Ⓑ열과 Ⓒ열 사이의 모멘트골조에 대하여 안정설계 요구조건을 고려한 소요강도를 유효길이법으로 구하고 강도의 적합성을 검토하시오. 단, 설계과정을 명료하게 보여주기 위하여 보와 기둥의 자중은 고정하중(w_D)에 포함된 것으로 가정한다.

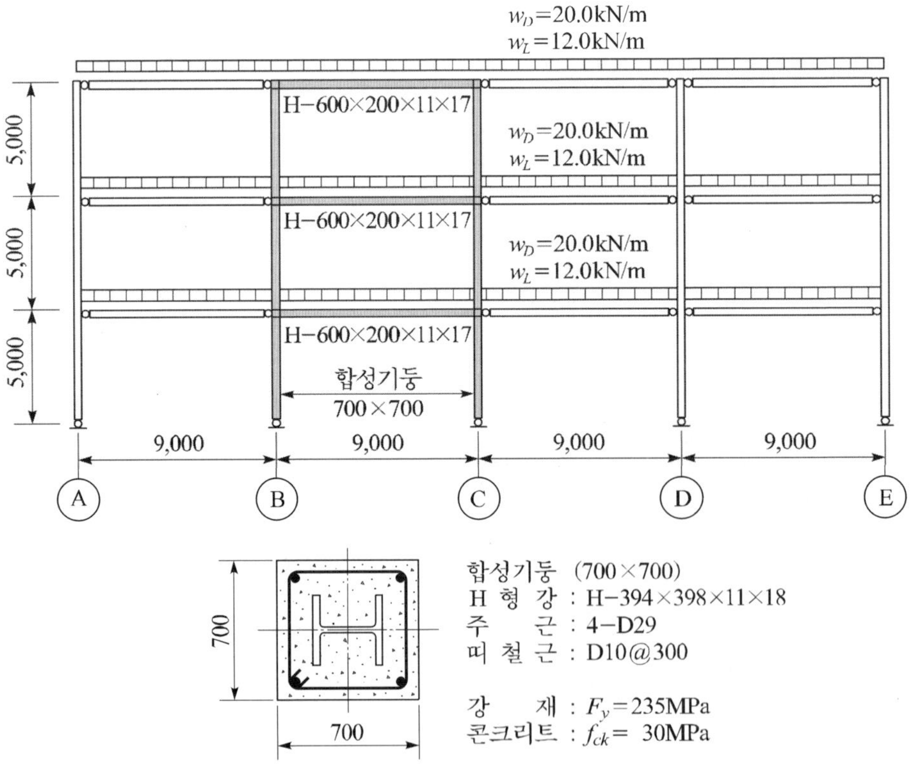

Ⓐ열과 Ⓑ열, Ⓒ열과 Ⓓ열, Ⓓ열과 Ⓔ열 사이의 보는 양단이 핀접합이고, Ⓐ열, Ⓓ열, Ⓔ열의 기둥은 주각이 힌지이므로, 이러한 보와 기둥은 골조의 횡안정에 기여하지 않는다. 따라서 이 부재들은 $P-\Delta$ 효과를 고려할 필요가 없는 중력기둥으로서 유효좌굴길이계수 $K=1.0$을 사용하여 설계압축강도를 구하여 설계할 수 있다.

골조의 횡안정에 기여하는 것은 Ⓑ열과 Ⓒ열 사이의 모멘트골조이므로, 이 모멘트골조를 건축구조기준 0703.2.1 2차 해석법(유효길이법) 규정에 따라 설계하여야 한다. 이때, Ⓐ열, Ⓓ열, Ⓔ열의 기둥은 골조의 횡안정에는 기여하지 않지만 이 기둥들을 안정시키기 위해서는 이 기둥들에 작용하는 압축력이 Ⓑ열과 Ⓒ열 사이 모멘트골조의 2차 해석에서 고려되어야 한다.

건축구조기준 0703.2.1.1 적용범위에 규정된 다음 조건에 따라 유효길이법의 적용가능성을 검토하여야 한다.

① 기본적으로 수직기둥에 의해 중력하중을 지지하여야 한다.

② 모든 층의 2차 횡변위 대 1차 횡변위의 비가 1.5 이하여야 한다.

조건 ①에 대해서는 적합함을 바로 알 수 있으나 조건 ②는 해석을 통하여 1, 2차 횡변위를 구한 뒤에 검토하도록 한다.

1) 하중 산정

(1) 계수하중

중력하중에 의한 최대의 하중조합은 $1.2D+1.6L$이므로 계수하중은 다음과 같다.

$$w_u = 1.2(20.0)+1.6(12.0) = 43.2\text{kN/m}$$

(2) 가상하중

각 층의 횡방향 가상하중 N_i는 다음과 같이 산정한다.

$$N_i = 0.002\,Y_i$$

$$Y_2 = Y_3 = Y_4 = 4(43.2)(9.0) = 1{,}555\text{kN}$$

$$N_2 = N_3 = N_4 = 0.002(1{,}555) = 3.11\text{kN}$$

2) 부재의 강성

보의 강성은 강재 단면만의 단면성능을, 합성기둥의 강성은 합성부재의 유효탄성강성을 사용하여 다음과 같이 산정한다.

(1) 보의 휨강성

강재보의 휨강성 EI를 그대로 적용한다.

$$E = 210{,}000\text{MPa}$$

$$I = I_s = 776\times10^6\text{mm}^4$$

(2) 보의 축강성

바닥을 강체격막으로 볼 수 있으므로 이를 고려한 해석 모델을 사용하거나, $EA=\infty$로 한다.

(3) 보의 전단강성

휨강성과 마찬가지로 강재보의 전단강성 GA_v를 그대로 사용한다. 여기서는 보의 웨브가 전단력에 저항하므로 그 단면적 A_w를 A_v로 한다.

$$G = 81{,}000\text{MPa}$$

$$A_v = A_w = (600)(11) = 6{,}600\text{mm}^2$$

(4) 합성기둥의 휨강성

합성기둥의 휨강성 EI는 건축구조기준 0709.2의 합성유효휨강성 EI_{eff}를 사용할 수 있으므로 이를 다음과 같이 산정하여 사용한다.

$$EI_{eff} = E_s I_s + 0.5 E_s I_{sr} + C_1 E_c I_c$$

$$C_1 = 0.1 + 2\left(\frac{A_s}{A_c + A_s}\right) \le 0.3$$

$$E_s = 210{,}000\text{MPa}$$

$$I_s = 561 \times 10^6 \text{mm}^4 \quad (\text{H}-394 \times 398 \times 11 \times 18)$$

$$E_{sr} = 200{,}000\text{MPa}$$

$$I_{sr} = 4(642)\left(\frac{700 - 2(40 + 10 + 29/2)}{2}\right)^2 = 209 \times 10^6 \text{mm}^4 \quad (4\text{-D}29)$$

$$A_s = 18.7 \times 10^3 \text{mm}^2 \quad (\text{H}-394 \times 398 \times 11 \times 18)$$

$$A_{sr} = 4(642) = 2{,}568\text{mm}^2$$

$$A_c = A_g - A_s - A_{sr} = 700^2 - 18.7 \times 10^3 - 2{,}568 = 469 \times 10^3 \text{mm}^2$$

$$C_1 = 0.1 + 2\left(\frac{18.7}{469 + 18.7}\right) = 0.177$$

$$E_c = 8{,}500\sqrt[3]{30 + 4} = 27{,}500\text{MPa}$$

$$I_c = I_g - I_s - I_{sr} = \frac{700^4}{12} - 561 \times 10^6 - 209 \times 10^6 = 19{,}200 \times 10^6 \text{mm}^4$$

$$EI_{eff} = [210{,}000(561) + 0.5(200{,}000)(209) + (0.177)(27{,}500)(19{,}200)] \times 10^6$$
$$= 232 \times 10^{12} \text{N}\cdot\text{mm}^2$$

$$E = 210{,}000\text{MPa}$$

$$I = EI_{eff}/E = 232 \times 10^{12}/210{,}000 = 1{,}105 \times 10^6 \text{mm}^4$$

(5) 합성기둥의 축강성

합성기둥의 축강성 EA는 다음과 같이 산정한다.

$$EA = E_s A_s + E_{sr} A_{sr} + E_c A_c$$
$$= 210{,}000(18.7 \times 10^3) + 200{,}000(2{,}568) + 27{,}500(469 \times 10^3)$$
$$= 17.3 \times 10^9 \text{N}$$

$$E = 210{,}000\text{MPa}$$

$$A = EA/E = 17.3 \times 10^9/210{,}000 = 82{,}562\text{mm}^2$$

(6) 합성기둥의 전단강성

합성기둥의 전단강성 GA_v는 강재단면과 콘크리트단면 중 하나의 단면에 대한 전단강성을 사용할 수 있다. 여기서는 콘크리트단면을 사용하여 다음과 같이 전단강성을 산정한다.

콘크리트의 전단탄성계수 : $G_c = \dfrac{E_c}{2(1+\nu)} = \dfrac{27,500}{2(1+0.2)} = 11,500\text{MPa}$

콘크리트의 전단면적 : $A_{vc} = 700 \times 700/1.2 = 408 \times 10^3\text{mm}^2$

$GA_v = G_c A_{vc} = (11,500)(408 \times 10^3) = 4.69 \times 10^9\text{N}$

$G = 81,000\text{MPa}$

$A_v = 4.69 \times 10^9 / 81,000 = 57,901\text{mm}^2$

앞에서 산정한 계수하중, 가상하중, 부재강성 등을 정리하면 유효길이법의 해석모델은 다음 그림과 같다.

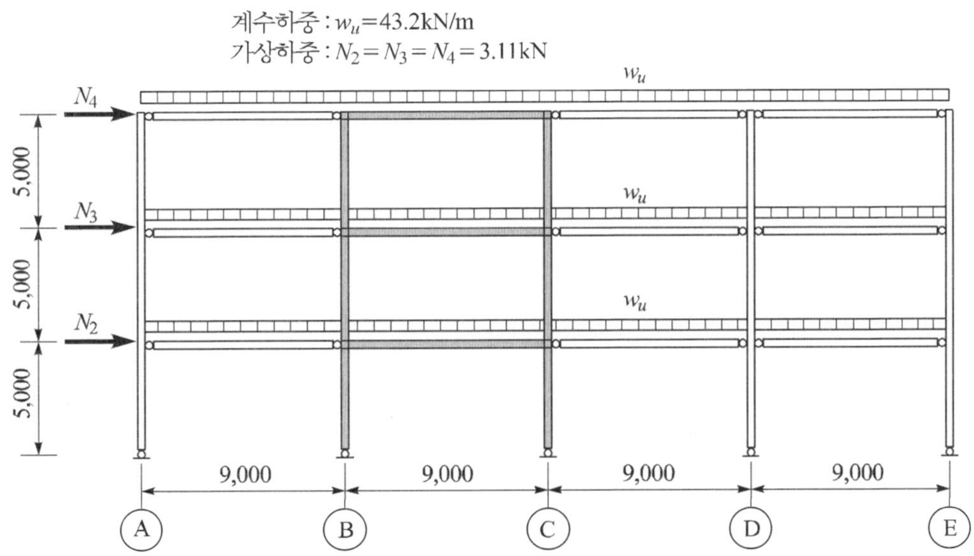

$E = 205,000$MPa　　$G = 79,000$MPa

보 : $A = \infty$(강체격막)　　$A_v = 6,600\text{mm}^2$　　$I = 776 \times 10^6\text{mm}^4$

기둥 : $A = 83,900\text{mm}^2$　　$A_v = 59,400\text{mm}^2$　　$I = 1,120 \times 10^6\text{mm}^4$

[그림 3.4.2] 유효길이법 해석모델

3) 1차 해석

1차 해석에 의한 부재력과 층간변위는 다음과 같다.

ⓒ열 기둥의 부재력

층	계수하중($1.2D+1.6L$)				가상하중($N_i=0.002Y_i$)			
	축력(kN) P_{nt}	전단력(kN) V_{nt}	휨모멘트(kN·m), M_{nt}		축력(kN) P_{lt}	전단력(kN) V_{lt}	휨모멘트(kN·m), M_{lt}	
			상단	하단			상단	하단
3층	388.8	82.0	−248.1	161.8	1.6	1.6	−7.0	0.8
2층	777.6	56.3	−119.0	161.8	4.6	3.1	−13.1	2.4
1층	1166.4	20.6	−103.1	0.0	10.4	4.7	−23.3	0.0

보의 부재력

층	계수하중($1.2D+1.6L$)				가상하중($N_i=0.002Y_i$)			
	전단력(kN) V_{nt}	휨모멘트(kN·m), M_{nt}			전단력(kN) V_{lt}	휨모멘트(kN·m), M_{lt}		
		좌단	중앙	우단		좌단	중앙	우단
4층	194.4	−248.1	189.3	−248.1	1.6	7.0	0.0	−7.0
3층	194.4	−281.3	156.1	−281.3	3.1	13.9	0.0	−13.9
2층	194.4	−265.0	172.4	−265.0	5.7	25.7	0.0	−25.7

층간변위, Δ_H(mm)

층	계수하중($1.2D+1.6L$)	가상하중($N_i=0.002Y_i$)	계수하중+가상하중
3층	0.0	0.59	0.59
2층	0.0	1.13	1.13
1층	0.0	2.12	2.12

4) 증폭 1차 탄성해석에 의한 2차 해석

다음과 같이 증폭 1차 탄성해석에 의한 2차 해석으로 B_1계수와 B_2계수를 구하여 소요강도를 산정한다.

ⓒ열 기둥의 B_1계수 산정

층	M_{nt}(kN·m)		C_m	P_r (kN)	EI (N·mm^2)	K_1L (mm)	P_{e1} (kN)	B_1
	상단	하단						
3층	−248.1	161.8	0.339	390.4	232×1012	5,000	91,589	1.0
2층	−119.0	161.8	0.306	782.2	232×1012	5,000	91,589	1.0
1층	−103.1	0.0	0.600	1176.8	232×1012	5,000	91,589	1.0

여기서, $C_m=0.6-0.4(M_1/M_2)$, $P_r=P_{nt}+P_{lt}$, $EI=EI_{eff}$, $K_1=1.0$,

$$P_{e1}=\frac{\pi^2 EI}{(K_1L)^2},\quad B_1=\frac{C_m}{1-P_r/P_{e1}}\geq 1.0$$

각 층의 B_2계수 산정

층	P_{mf} (kN)	ΣP_{nt} (kN)	R_M	ΣH (kN)	L (mm)	Δ_H (mm)	ΣP_{e2} (kN)	B_2
3층	778	1,555	0.925	3.11	5,000	0.59	24,379	1.07
2층	1,555	3,110	0.925	6.22	5,000	1.13	25,458	1.14
1층	2,333	4,666	0.925	9.33	5,000	2.12	20,354	1.30

여기서, $R_M = 1 - 0.15(P_{mf}/\sum P_{nt})$, $\Sigma P_{e2} = R_M \dfrac{\Sigma HL}{\Delta_H}$, $B_2 = \dfrac{1}{1 - \dfrac{\Sigma P_{nt}}{\Sigma P_{e2}}} \geq 1.0$

여기서 2차 횡변위 대 1차 횡변위의 비(=B_2계수)의 최대값이 1.30이므로 건축구조기준에 규정된 유효길이법의 적용조건 중에서 모든 층의 2차 횡변위 대 1차 횡변위의 비가 1.5 이하여야 한다는 조건을 충족함을 확인할 수 있다.

B_2계수의 최대값이 1.30이나 되지만 이 하중조합에서는 가상하중에 의한 휨모멘트가 워낙 작기 때문에 휨모멘트의 증폭량이 별로 크지 않다. 그러나 지진하중 또는 풍하중은 가상하중에 비하여 매우 큰 하중이므로 지진하중 또는 풍하중이 포함된 하중조합에서는 그 증폭량이 훨씬 크다는 사실을 유념하여야 한다.

(1) 기둥의 소요축강도

기둥의 소요축강도 P_r은 다음 식으로 산정한다.

$$P_r = P_{nt} + B_2 P_{lt} \qquad \text{식(3.4.1)}$$

기둥의 소요축강도, P_r(kN)

층	P_{nt}	B_2	P_{lt}	P_r
3층	388.8	1.07	1.6	390.5
2층	777.6	1.14	4.6	782.8
1층	1166.4	1.30	10.4	1177.9

(2) 기둥의 소요휨강도

기둥의 소요휨강도 M_r은 다음 식으로 산정한다.

$$M_r = B_1 M_{nt} + B_2 M_{lt} \qquad \text{식(3.4.2)}$$

기둥의 소요휨강도, M_r(kN·m)

층	B_1	M_{nt}		B_2	M_{lt}		M_r	
		상단	하단		상단	하단	상단	하단
3층	1.0	−248.1	161.8	1.07	−7.0	0.8	−255.6	170.4
2층	1.0	−119.0	161.8	1.14	−13.1	2.4	−133.9	164.5
1층	1.0	−103.1	0.0	1.30	−23.3	0.0	−133.4	0.0

(3) 보의 소요휨강도

보의 소요휨강도 M_r은 다음 식으로 산정한다. 보는 축력이 없으므로 B_1계수는 1.0이다.

$$M_r = B_1 M_{nt} + B_2 M_{lt} \quad \text{식(3.4.2)}$$

보의 소요휨강도, M_r(kN·m)

층	B_1	M_{nt}		B_2	M_{lt}		M_r	
		좌단	우단		좌단	우단	좌단	우단
4층	1.0	-248.1	-248.1	1.07	7.0	-7.0	-240.6	-255.6
3층	1.0	-281.3	-281.3	1.14	13.9	-13.9	-265.5	-297.1
2층	1.0	-265.0	-265.0	1.30	25.7	-25.7	-231.6	-298.4

5) 일반 2차 탄성해석

계수하중과 가상하중의 조합하중에 대하여 일반 2차 탄성해석으로 구한 부재력과 층간변위는 다음과 같다. 이 해석에서는 $P-\Delta$와 $P-\delta$효과($P-\Delta$효과에 영향을 미치는)를 모두 고려할 수 있는 2차 탄성해석법을 사용하였다.

일반 2차 탄성해석에 의한 부재력

©열 기둥의 소요강도				보의 소요휨강도		
층	P_r (kN)	M_r(kN·m)		층	M_r(kN·m)	
		상단	하단		좌단	우단
3층	390.5	-255.9	162.2	4층	-240.2	-255.9
2층	782.9	-135.1	164.0	3층	-265.3	-297.4
1층	1178.6	-132.0	0.0	2층	-233.6	-296.1

여기서도 $P-\delta$효과를 고려하기 위하여 B_1계수를 산정하여야 하지만 이는 4)에서 산정한 B_1계수와 동일하므로 생략한다. 4)에서 산정한 B_1계수는 모두 1.0이었으므로 더 이상의 모멘트 증폭은 일어나지 않는다. 따라서 일반 2차 탄성해석으로 구한 부재력이 바로 소요강도가 된다. 1차 해석 층간변위와 2차 해석 층간변위를 비교해 보면 다음과 같다.

층간변위 비교, Δ_H(mm)

층	1차 해석	2차 해석	2차 해석/1차 해석
3층	0.59	0.67	1.14
2층	1.13	1.33	1.18
1층	2.12	2.62	1.24

6) 합성기둥의 강도 검토

(1) 설계압축강도

① 면내(강축) 유효좌굴길이계수 K_x

모멘트골조를 이루는 기둥의 유효좌굴길이계수를 산정하기 위해서는 유효좌굴길이계수 산정도표(alignment charts)를 사용하는 것이 가장 일반적인 방법이다. 그러나 이 산정도표는 실제 구조물에서는 거의 찾아볼 수 없는 여러 가지 이상적인 조건을 가정하여 작성한 것으로서 조건에 따라서는 유효좌굴길이계수를 조정하는 과정이 필요하다(AISC Commentary Appen-dix 7, Section 7.2 참조).

여기서는 유효좌굴길이계수 산정도표를 사용하지 않고 AISC Commentary Appendix 7, Section 7.2에서 소개한, 보다 합리적인 방법인 층강성법(story stiffness method)을 사용하여 면내 유효좌굴길이계수를 산정한다. 즉, 다음 식(C-A-7-5)의 K_2를 K_x로 취한다.

$$K_2 = \sqrt{\frac{\Sigma P_r}{(0.85+0.15R_L)P_r}\left(\frac{\pi^2 EI}{L^2}\right)\left(\frac{\Delta_H}{\Sigma HL}\right)} \geq \sqrt{\frac{\pi^2 EI}{L^2}\left(\frac{\Delta_H}{1.7HL}\right)}$$

여기서, $R_L = \dfrac{\Sigma P_{r\text{ 중력기둥}}}{\Sigma P_r}$

$\Sigma P_{r\text{ 중력기둥}} = 43.2(9.0/2+9.0+9.0/2) = 778\text{kN}$

$\Sigma P_r = 43.2\times 4\times 9.0 = 1{,}555\text{kN}$

$R_L = \dfrac{\Sigma P_{r\text{ 중력기둥}}}{\Sigma P_r} = \dfrac{778}{1{,}555} = 0.5$ (전 층 동일)

$0.85+0.15R_L = 0.85+0.15(0.5) = 0.925$ (전 층 동일)

$\dfrac{\pi^2 EI}{L^2} = \dfrac{\pi^2(232\times 10^{12})}{5{,}000^2} = 91{,}589\times 10^3\text{N} = 91{,}589\text{kN}$ (전 층 동일)

$L = 5{,}000\text{mm}$ (전 층 동일)

H : 횡력(가상하중)에 의한 기둥의 전단력

면내 유효좌굴길이계수 K_x 산정

층	ΣP_r (kN)	P_r (kN)	Δ_H (mm)	ΣH (kN)	$\dfrac{\Delta_H}{\Sigma HL}$	H (kN)	K_x	$\sqrt{\frac{\pi^2 EI}{L^2}\left(\frac{\Delta_H}{1.7HL}\right)}$
3	1,555	388.8	0.59	3.11	37.9×10−6	1.56	3.85	2.01
2	3,110	777.6	1.13	6.22	36.3×10−6	3.11	3.77	1.97
1	4,665	1166.4	2.12	9.33	45.4×10−6	4.67	4.21	2.21

② 면외(약축) 유효좌굴길이계수 K_y

면외 방향으로는 횡이동이 구속된 단순골조이므로 면외 유효좌굴길이계수 K_y는 1.0이다.

③ 3층 기둥

〈도움표 7.2〉에서, $P_{ex}(KL)^2 = 2,290 \times 10^3 \text{kN} \cdot \text{m}$, $P_{ey}(KL)^2 = 1,540 \times 10^3 \text{kN} \cdot \text{m}$을 읽어서, 강축에 대한 좌굴길이를 약축에 대한 좌굴길이로 환산하면,

$K = K_x \dfrac{P_{ey}(KL)^2}{P_{ex}(KL)^2} = 3.85 \dfrac{1,540}{2,290} = 2.59 > 1.0$이므로, 강축에 대한 좌굴이 압축강도를 지배한다.

$KL = 2.59(5.0) = 13.0\text{m}$

〈도움표 7.1〉에서, $KL = 10.0\text{m}$일 때 $\phi_c P_n = 8,370\text{kN}$, $KL = 12.0\text{m}$일 때 $\phi_c P_n = 6,720\text{kN}$을 읽어서, 외삽법으로 $KL = 13.0\text{m}$일 때의 설계압축강도 $P_c(= \phi_c P_n)$을 구하면,

$$P_c = \phi_c P_n = 6,720 - \frac{8,370 - 6,720}{12.0 - 10.0}(13.0 - 12.0) = 5,895\text{kN}$$

④ 2층 기둥

〈도움표 7.2〉에서, $P_{ex}(KL)^2 = 2,290 \times 10^3 \text{kN} \cdot \text{m}$, $P_{ey}(KL)^2 = 1,540 \times 10^3 \text{kN} \cdot \text{m}$을 읽어서, 강축에 대한 좌굴길이를 약축에 대한 좌굴길이로 환산하면,

$K = K_x \dfrac{P_{ey}(KL)^2}{P_{ex}(KL)^2} = 3.77 \dfrac{1,540}{2,290} = 2.54 > 1.0$이므로, 강축에 대한 좌굴이 압축강도를 지배한다.

$KL = 2.54(5.0) = 12.7\text{m}$

〈도움표 7.1〉에서, $KL = 10.0\text{m}$일 때 $\phi_c P_n = 8,370\text{kN}$, $KL = 12.0\text{m}$일 때 $\phi_c P_n = 6,720\text{kN}$을 읽어서, 외삽법으로 $KL = 12.7\text{m}$일 때의 설계압축강도 $P_c(= \phi_c P_n)$을 구하면,

$$P_c = \phi_c P_n = 6,720 - \frac{8,370 - 6,720}{12.0 - 10.0}(12.7 - 12.0) = 6,142.5\text{kN}$$

⑤ 1층 기둥

〈도움표 7.2〉에서, $P_{ex}(KL)^2 = 2,290 \times 10^3 \text{kN} \cdot \text{m}$, $P_{ey}(KL)^2 = 1,540 \times 10^3 \text{kN} \cdot \text{m}$을 읽어서, 강축에 대한 좌굴길이를 약축에 대한 좌굴길이로 환산하면,

$K = K_x \dfrac{P_{ey}(KL)^2}{P_{ex}(KL)^2} = 4.21 \dfrac{1,540}{2,290} = 2.83 > 1.0$이므로, 강축에 대한 좌굴이 압축강도를 지배한다.

$KL = 2.83(5.0) = 14.2\text{m}$

〈도움표 7.1〉에서, $KL = 10.0\text{m}$일 때 $\phi_c P_n = 8,370\text{kN}$, $KL = 12.0\text{m}$일 때 $\phi_c P_n = 6,720\text{kN}$을 읽어서, 외삽법으로 $KL = 14.2\text{m}$일 때의 설계압축강도 $P_c(= \phi_c P_n)$을 구하면,

$$P_c = \phi_c P_n = 6,720 - \frac{8,370 - 6,720}{12.0 - 10.0}(14.2 - 12.0) = 4,905\text{kN}$$

(2) 강축 설계휨강도

〈도움표 7.2〉에서, $M_{cx} = \phi M_{Bx} = 1,410\text{kN}\cdot\text{m}$ 읽음.

(3) 압축과 휨의 조합강도 검토

증폭 1차 탄성해석에 의한 2차 해석

층	압축강도(kN)			강축 휨모멘트강도(kN·m)			조합강도	
	P_r	P_c	P_r/P_c	M_{rx}	M_{cx}	M_{rx}/M_{cx}	검토 식*	강도 비
3층	390.5	5,895	0.066	255.6	1,410	0.181	(2)	0.214
2층	782.8	6,142	0.127	164.5	1,410	0.116	(2)	0.180
1층	1177.9	4,905	0.240	133.4	1,410	0.094	(1)	0.324

* 검토 식 : (1) $\frac{P_r}{P_c} \geq 0.2$일 때, $\frac{P_r}{P_c} + \frac{8}{9}\left(\frac{M_{rx}}{M_{cx}}\right) \leq 1.0$, (2) $\frac{P_r}{P_c} < 0.2$일 때, $\frac{P_r}{2P_c} + \left(\frac{M_{rx}}{M_{cx}}\right) \leq 1.0$

일반 2차 탄성해석

층	압축강도(kN)			강축 휨모멘트강도(kN·m)			조합강도	
	P_r	P_c	P_r/P_c	M_{rx}	M_{cx}	M_{rx}/M_{cx}	검토 식*	강도 비
3층	390.5	5,895	0.066	255.9	1,410	0.181	(2)	0.214
2층	782.9	6,142	0.127	164.0	1,410	0.116	(2)	0.180
1층	1178.6	4,905	0.240	132.0	1,410	0.094	(1)	0.324

* 검토 식 : (1) $\frac{P_r}{P_c} \geq 0.2$일 때, $\frac{P_r}{P_c} + \frac{8}{9}\left(\frac{M_{rx}}{M_{cx}}\right) \leq 1.0$, (2) $\frac{P_r}{P_c} < 0.2$일 때, $\frac{P_r}{2P_c} + \left(\frac{M_{rx}}{M_{cx}}\right) \leq 1.0$

3.4.3 1차 해석법에 의한 안정설계

그림과 같이 고정하중(w_D)과 활하중(w_L)이 작용하는 합성구조 골조가 Ⓑ열과 Ⓒ열 사이는 모멘트골조로, 나머지 열은 단순골조로 이루어져 있다. 이 골조의 직각방향은 단순골조이며 횡이동이 구속되어 있다. Ⓑ열과 Ⓒ열 사이의 모멘트골조에 대하여 안정설계 요구조건을 고려한 소요강도를 1차 해석법으로 구하고 강도의 적합성을 검토하시오. 단, 설계과정을 명료하게 보여주기 위하여 보와 기둥의 자중은 고정하중(w_D)에 포함된 것으로 가정한다.

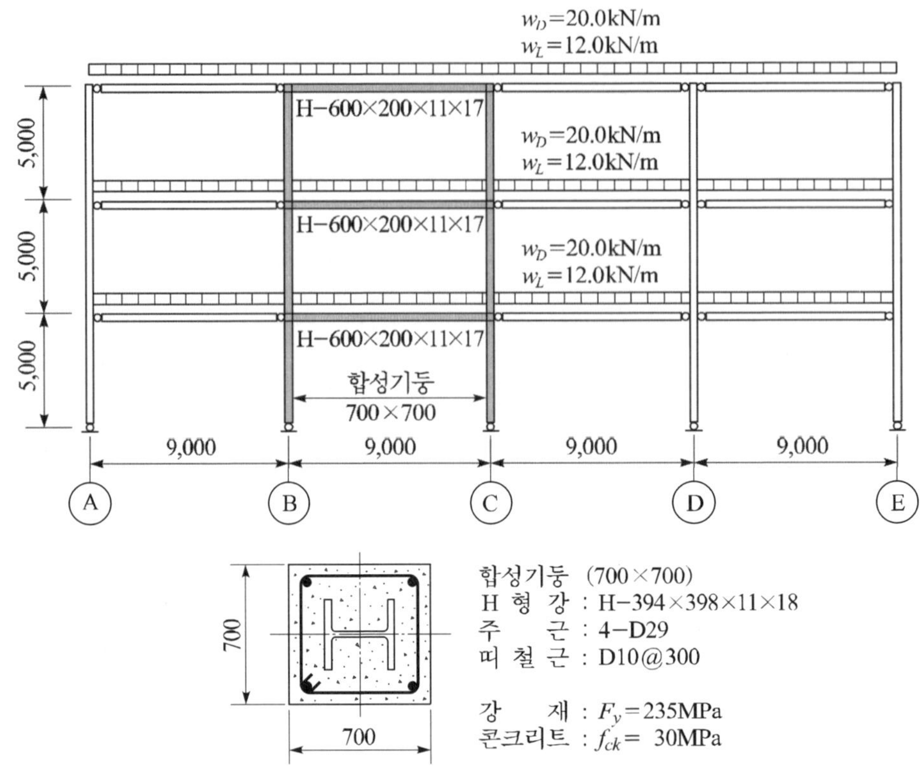

Ⓐ열과 Ⓑ열, Ⓒ열과 Ⓓ열, Ⓓ열과 Ⓔ열 사이의 보는 양단이 핀접합이고, Ⓐ열, Ⓓ열, Ⓔ열의 기둥은 주각이 힌지이므로, 이러한 보와 기둥은 골조의 횡안정에 기여하지 않는다. 따라서 이 부재들은 $P-\Delta$효과를 고려할 필요가 없는 중력기둥으로서 유효좌굴길이계수 $K=1.0$을 사용하여 설계압축강도를 구하여 설계할 수 있다.

골조의 횡안정에 기여하는 것은 Ⓑ열과 Ⓒ열 사이의 모멘트골조이므로, 이 모멘트골조를 건축구조기준 0703.2.2 1차 해석법 규정에 따라 설계하여야 한다. 이때, Ⓐ열, Ⓓ열, Ⓔ열의 기둥은 골조의 횡안정에 기여하지 않지만 이 기둥들을 안정시키기 위해서는 이 기둥들에 작용하는 압축력이 해석에서 고려되어야 한다.

건축구조기준 0703.2.2.1 적용범위에 규정된 다음 조건에 따라 1차 해석법의 적용 가능성을 검토하여야 한다.

① 기본적으로 수직기둥에 의해 중력하중을 지지하여야 한다.
② 모든 층의 2차 횡변위 대 1차 횡변위의 비가 1.5 이하이어야 한다.
③ 휨강성이 횡적안정에 기여하는 모든 부재의 소요압축강도가 항복압축강도의 50% 이하여야 한다.

조건 ①에 대해서는 적합함을 바로 알 수 있으나 조건 ②와 ③은 해석을 통하여 1, 2차 횡변위와 소요압축강도를 구한 뒤에 검토하도록 한다.

1) 하중 산정

(1) 계수하중

중력하중에 의한 최대의 하중조합은 $1.2D+1.6L$이므로 계수하중은 다음과 같다.

$$w_u = 1.2(20.0) + 1.6(12.0) = 43.2\text{kN/m}$$

(2) 가상하중

각 층의 횡방향 가상하중 N_i는 다음과 같이 산정한다.

$$N_i = 2.1(\Delta/L)Y_i \ge 0.0042\,Y_i$$

여기서, 중력하중에 대한 Δ는 0.0이므로 최소값 $N_i = 0.0042\,Y_i$를 적용한다.

$$Y_2 = Y_3 = Y_4 = 4(43.2)(9.0) = 1{,}555\text{kN}$$

$$N_2 = N_3 = N_4 = 0.0042(1{,}555) = 6.53\text{kN}$$

2) 부재의 강성

보의 강성은 강재단면만의 단면성능을, 합성기둥의 강성은 합성부재의 유효탄성강성을 사용하여 다음과 같이 산정한다.

(1) 보의 휨강성

강재보의 휨강성 EI를 그대로 적용한다.

$$E = 210{,}000\text{MPa}$$

$$I = I_s = 776 \times 10^6\text{mm}^4$$

(2) 보의 축강성

바닥을 강체격막으로 볼 수 있으므로 이를 고려한 해석 모델을 사용하거나, $EA = \infty$로 한다.

(3) 보의 전단강성

휨강성과 마찬가지로 강재보의 전단강성 GA_v를 그대로 사용한다. 여기서는 보의 웨브가 전단력에 저항하므로 그 단면적 A_w를 A_v로 한다.

$$G = 81{,}000\text{MPa}$$

$$A_v = A_w = (600)(11) = 6{,}600\text{mm}^2$$

(4) 합성기둥의 휨강성

합성기둥의 휨강성 EI는 건축구조기준 0709.2의 합성유효휨강성 EI_{eff}를 사용할 수 있으므로 이를 다음과 같이 산정하여 사용한다.

$$EI_{eff} = E_sI_s + 0.5E_sI_{sr} + C_1E_cI_c$$

$$C_1 = 0.1 + 2\left(\frac{A_s}{A_c + A_s}\right) \le 0.3$$

$$E_s = 210{,}000\text{MPa}$$

$$I_s = 561 \times 10^6\text{mm}^4 \quad (\text{H}-394\times398\times11\times18)$$

$$E_{sr} = 200{,}000\text{MPa}$$

$$I_{sr} = 4(642)\left(\frac{700-2(40+10+29/2)}{2}\right)^2 = 209\times10^6\text{mm}^4 \quad (4\text{–D29})$$

$$A_s = 18.7\times10^3\text{mm}^2 \ (\text{H–}394\times398\times11\times18)$$

$$A_{sr} = 4(642) = 2{,}568\text{mm}^2$$

$$A_c = A_g - A_s - A_{sr} = 700^2 - 18.7\times10^3 - 2{,}568 = 469\times10^3\text{mm}^2$$

$$C_1 = 0.1 + 2\left(\frac{18.7}{469+18.7}\right) = 0.177$$

$$E_c = 8{,}500\sqrt[3]{30+4} = 27{,}500\text{MPa}$$

$$I_c = I_g - I_s - I_{sr} = \frac{700^4}{12} - 561\times10^6 - 209\times10^6 = 19{,}200\times10^6\text{mm}^4$$

$$EI_{eff} = [210{,}000(561) + 0.5(200{,}000)(209) + (0.177)(27{,}500)(19{,}200)]\times10^6$$

$$= 232\times10^{12}\text{N·mm}^2$$

$$E = 210{,}000\text{MPa}$$

$$I = EI_{eff}/E = 232\times10^{12}/210{,}000 = 1{,}104\times10^6\text{mm}^4$$

(5) 합성기둥의 축강성

합성기둥의 축강성 EA는 다음과 같이 산정한다.

$$EA = E_sA_s + E_{sr}A_{sr} + E_cA_c$$

$$= 210{,}000(18.7\times10^3) + 200{,}000(2{,}568) + 27{,}500(469\times10^3)$$

$$= 17.3\times10^9\text{N}$$

$$E = 210{,}000\text{MPa}$$

$$A = EA/E = 17.3\times10^9/210{,}000 = 82{,}380\text{mm}^2$$

(6) 합성기둥의 전단강성

합성기둥의 전단강성 GA_v는 강재 단면과 콘크리트 단면 중 하나의 단면에 대한 전단강성을 사용할 수 있다. 여기서는 콘크리트 단면을 사용하여 다음과 같이 전단강성을 산정한다.

콘크리트의 전단탄성계수 : $G_c = \dfrac{E_c}{2(1+\nu)} = \dfrac{27{,}500}{2(1+0.2)} = 11{,}500\text{MPa}$

콘크리트의 전단면적 : $A_{vc} = 700\times700/1.2 = 408\times10^3\text{mm}^2$

$$GA_v = G_cA_{vc} = (11{,}500)(408\times10^3) = 4.69\times10^9\text{N}$$

$$G = 81{,}000\text{MPa}$$

$$A_v = 4.69\times10^9/81{,}000 = 57{,}900\text{mm}^2$$

앞에서 산정한 계수하중, 가상하중, 부재의 강성 등을 정리하면 1차 해석법의 해석모델은 다음 그림과 같다.

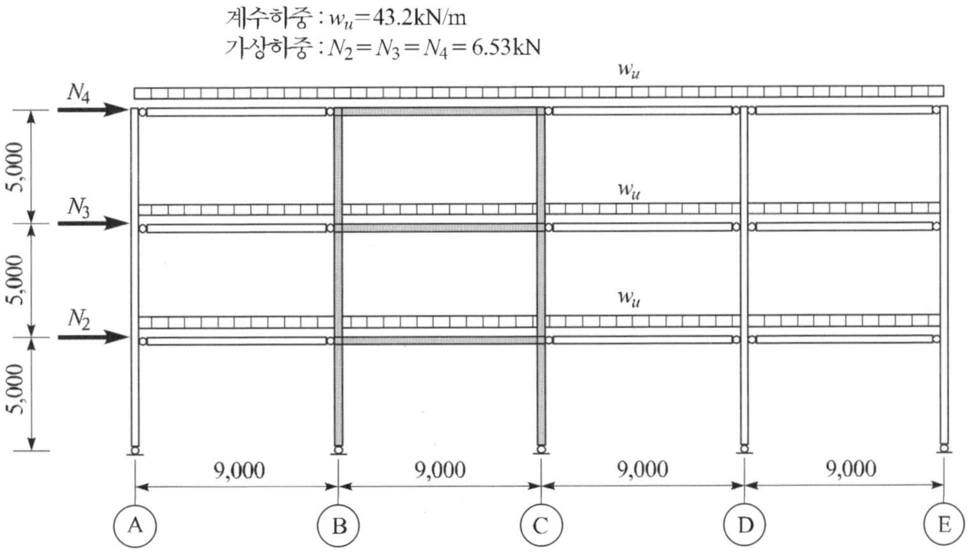

$E=205{,}000$MPa　$G=79{,}000$MPa
보 : $A=\infty$(강체격막)　$A_v=$ 6,600mm²　$I=$ 776×10⁶mm⁴
기둥 : $A=83{,}900$mm²　$A_v=59{,}400$mm²　$I=1{,}120\times10^6$mm⁴

[그림 3.4.3] 1차해석법 해석모델

3) 1차 해석

1차 해석에 의한 부재력과 층간변위는 다음과 같다.

ⓒ열 기둥의 부재력

층	계수하중($1.2D+1.6L$)				가상하중($N_i=0.0042\,Y_i$)			
	축력(kN) P_{nt}	전단력(kN) V_{nt}	휨모멘트(kN·m), M_{nt} 상단	하단	축력(kN) P_{lt}	전단력(kN) V_{lt}	휨모멘트(kN·m), M_{lt} 상단	하단
3층	388.8	82.0	−248.1	161.8	3.3	3.3	−14.7	1.6
2층	777.6	56.3	−119.0	161.8	9.8	6.5	−27.6	5.1
1층	1166.4	20.6	−103.1	0.0	21.8	9.8	−49.0	0.0

보의 부재력

층	계수하중($1.2D+1.6L$)				가상하중($N_i=0.0042\,Y_i$)			
	전단력(kN) V_{nt}	휨모멘트(kN·m), M_{nt} 좌단	중앙	우단	전단력(kN) V_{lt}	휨모멘트(kN·m), M_{lt} 좌단	중앙	우단
4층	194.4	−248.1	189.3	−248.1	3.3	14.7	0.0	−14.7
3층	194.4	−281.3	156.1	−281.3	6.5	29.2	0.0	−29.2
2층	194.4	−265.0	172.4	−265.0	12.0	54.1	0.0	−54.1

층간변위, Δ_H(mm)

층	계수하중($1.2D+1.6L$)	가상하중($N_i=0.0042Y_i$)	계수하중+가상하중
3층	0.0	1.24	1.24
2층	0.0	2.36	2.36
1층	0.0	4.46	4.46

여기서 건축구조기준에 규정된 1차 해석법의 적용 조건 중에서 모든 층의 2차 횡변위 대 1차 횡변위의 비가 1.5 이하여야 한다는 조건을 검토하기 위하여 B_2계수를 산정하여야 한다.

각 층의 B_2계수 산정

층	P_{mf} (kN)	ΣP_{nt} (kN)	R_M	ΣH (kN)	L (mm)	Δ_H (mm)	ΣP_{e2} (kN)	B_2
3층	778	1,555	0.925	6.53	5,000	1.24	24,356	1.07
2층	1,555	3,110	0.925	13.06	5,000	2.36	25,594	1.14
1층	2,333	4,666	0.925	19.59	5,000	4.46	20,315	1.30

여기서, $R_M = 1-0.15(P_{mf}/\sum P_{nt})$, $\Sigma P_{e2} = R_M \dfrac{\Sigma HL}{\Delta_H}$, $B_2 = \dfrac{1}{1-\dfrac{\Sigma P_{nt}}{\Sigma P_{e2}}} \geq 1.0$

2차 횡변위 대 1차 횡변위의 비(=B_2 계수)의 최대값이 1.30이므로 건축구조기준에 규정된 1차 해석법의 적용조건 중에서 모든 층의 2차 횡변위 대 1차 횡변위의 비가 1.5 이하여야 한다는 조건을 충족함을 확인할 수 있다.

다음으로 휨강성이 횡적안정에 기여하는 모든 부재의 소요압축강도가 항복압축강도의 50% 이하여야 한다는 조건을 검토하기 위하여 항복압축강도를 산정하여야 한다. 매입형 합성기둥의 항복압축강도는 기준 식(0709.2.4)의 P_{n0}를 사용한다.

$$
\begin{aligned}
P_{n0} &= A_sF_y + A_{sr}F_{yr} + 0.85A_cf_{ck} \qquad \text{식(3.4.3)}\\
&= (18.7\times10^3)(265) + (2,568)(500) + 0.85(469\times10^3)(30)\\
&= 18,199\times10^3\text{N}\\
&= 18,199\text{kN}
\end{aligned}
$$

$$0.5P_{n0} = 0.5(18,199) = 9,099.5N > kP_r = 1,181.0\text{kN (1층 기둥)}$$

1층 기둥의 소요압축강도가 항복압축강도의 50% 이하이므로 모든 기둥의 소요압축강도가 항복압축강도의 50% 이하임을 알 수 있다.

이렇게 하여 이 모멘트골조는 1차 해석법을 적용하여 안정설계를 할 수 있는 모든 조건을 충족함을 확인하였다.

4) 소요강도 산정

(1) 기둥의 소요축강도

기둥의 소요축강도 P_r은 계수하중에 의한 축력과 가상하중에 의한 축력을 단순 조합한 축력으로 산정한다.

기둥의 소요축강도, P_r(kN)

층	P_{nt}	P_{lt}	P_r
3층	388.8	3.3	392.1
2층	777.6	9.8	787.4
1층	1166.4	21.8	1188.2

(2) 기둥의 소요휨강도

기둥의 소요휨강도 M_r은 계수하중과 가상하중을 조합한 휨모멘트를 증폭 1차 탄성해석에 의한 B_1 계수로 증폭하여 산정한다.

Ⓒ열 기둥의 휨모멘트 조합(kN·m)

층	계수하중($1.2D+1.6L$)		가상하중($N_i=0.0042Y_i$)		계수하중 + 가상하중	
	상단	하단	상단	하단	상단	하단
3층	−248.1	161.8	−14.7	1.6	−262.8	163.4
2층	−119.0	161.8	−27.6	5.1	−146.6	166.9
1층	−103.1	0.0	−49.0	0.0	−152.1	0.0

Ⓒ열 기둥의 B_1 계수 산정

층	M_{nt}(kN·m)		C_m	P_r (kN)	EI (N·mm^2)	K_1L (mm)	P_{e1} (kN)	B_1
	상단	하단						
3층	−262.8	163.4	0.351	392.1	232×10^{12}	5,000	91,589	1.0
2층	−146.6	166.9	0.249	787.4	232×10^{12}	5,000	91,589	1.0
1층	−152.1	0.0	0.600	1188.2	232×10^{12}	5,000	91,589	1.0

여기서, $C_m=0.6-0.4(M_1/M_2)$, $P_r=P_{nt}+P_{lt}$, $EI=EI_{eff}$, $K_1=1.0$,

$$P_{e1}=\frac{\pi^2 EI}{(K_1L)^2},\ B_1=\frac{C_m}{1-P_r/P_{e1}}\geq 1.0$$

여기서 모든 B_1계수가 1.0이므로 기둥의 휨모멘트는 증폭되지 않음을 알 수 있다. 따라서 기둥의 소요휨강도 M_r은 계수하중과 가상하중을 조합한 휨모멘트를 그대로 사용하면 된다.

제1장 제2장 제3장 제4장 제5장 제6장 제7장 제8장 제9장 제10장

(3) 보의 소요휨강도

보의 소요휨강도 M_r은 계수하중에 의한 휨모멘트와 가상하중에 의한 휨모멘트를 단순 조합한 휨모멘트로 산정한다.

보의 소요휨강도, M_r(kN·m)

층	M_{nt}		M_{lt}		M_r	
	좌단	우단	좌단	우단	좌단	우단
4층	−248.1	−248.1	14.7	−14.7	−233.4	−262.8
3층	−281.3	−281.3	29.2	−29.2	−252.1	−310.5
2층	−265.0	−265.0	54.1	−54.1	−210.9	−319.1

5) 합성기둥의 강도 검토

(1) 설계압축강도

① 면내(강축) 유효좌굴길이계수 K_x

1차 해석법에서는 면내 유효좌굴길이계수 K는 1.0을 사용한다.

② 면외(약축) 유효좌굴길이계수 K_y

면외 방향으로는 횡이동이 구속된 단순골조이므로 면외 유효좌굴길이계수 K_y는 1.0이다.

③ 모든 층 기둥

〈도움표 7.1〉에서, $KL = 1.0(5.0) = 5.0\text{m}$ 일 때 $\phi_c P_n = 12,160\text{kN}$을 읽어서,

$$P_c = \phi_c P_n = 12,160\text{kN}$$

(2) 강축 설계휨강도

〈도움표 7.2〉에서, $M_{cx} = \phi M_{Bx} = 1,410\text{kN·m}$ 읽음.

(3) 압축과 휨의 조합강도 검토

층	압축강도(kN)			강축 휨모멘트강도(kN·m)			조합강도	
	P_r	P_c	P_r/P_c	M_{rx}	M_{cx}	M_{rx}/M_{cx}	검토 식*	강도 비
3층	392.1	12,160	0.032	262.8	1,410	0.186	(2)	0.202
2층	787.4	12,160	0.064	166.9	1,410	0.118	(2)	0.150
1층	1188.2	12,160	0.097	152.1	1,410	0.108	(2)	0.156

* 검토 식 : (1) $\dfrac{P_r}{P_c} \geq 0.2$일 때, $\dfrac{P_r}{P_c} + \dfrac{8}{9}\left(\dfrac{M_{rx}}{M_{cx}}\right) \leq 1.0$, (2) $\dfrac{P_r}{P_c} < 0.2$일 때, $\dfrac{P_r}{2P_c} + \left(\dfrac{M_{rx}}{M_{cx}}\right) \leq 1.0$

3.4.4 각 설계법에 따른 결과 비교

직접해석법과 유효길이법 그리고 1차 해석법에 따른 소요강도, 설계강도, 조합강도에 대한 강도비를 정리하면 다음 표와 같다.

(1) 합성기둥

층	강도	직접해석법		유효길이법		1차 해석법
		증폭 1차 탄성해석	일반 2차 탄성해석	증폭 1차 탄성해석	일반 2차 탄성해석	
3층	P_r(kN)	390.5	390.6	390.5	390.5	392.1
	M_{rx}(kN·m)	255.6	255.9	255.6	255.9	262.8
	P_c(kN)	12,160	12,160	5,895	5,895	12,160
	M_{cx}(kN·m)	1,410	1,410	1,410	1,410	1,410
	조합하중 강도비	0.197	0.197	0.214	0.214	0.202
2층	P_r(kN)	783.0	783.1	782.8	782.9	787.4
	M_{rx}(kN·m)	164.6	163.9	164.5	164.0	166.9
	P_c(kN)	12,160	12,160	6,412	6,412	12,160
	M_{cx}(kN·m)	1,410	1,410	1,410	1,410	1,410
	조합하중 강도비	0.148	0.148	0.180	0.180	0.150
1층	P_r(kN)	1,181.0	1,179.2	1,177.9	1,178.6	1,188.2
	M_{rx}(kN·m)	135.7	133.5	133.4	132.0	152.1
	P_c(kN)	12,160	12,160	4,905	4,905	12,160
	M_{cx}(kN·m)	1,410	1,410	1,410	1,410	1,410
	조합하중 강도비	0.145	0.144	0.324	0.324	0.156

(2) 강재 보

층	강도	직접해석법		유효길이법		1차 해석법
		증폭 1차 탄성해석	일반 2차 탄성해석	증폭 1차 탄성해석	일반 2차 탄성해석	
4층	M_r	−255.6	−255.9	−255.6	−255.9	−262.8
	ϕM_n	710.7	710.7	710.7	710.7	710.7
	휨강도비	0.360	0.360	0.360	0.360	0.370
3층	M_r	−297.6	−298	−297.1	−297.4	−310.5
	ϕM_n	710.7	710.7	710.7	710.7	710.7
	휨강도비	0.419	0.419	0.418	0.418	0.437
2층	M_r	−301	−297.6	−298.4	−296.1	−319.1
	ϕM_n	710.7	710.7	710.7	710.7	710.7
	휨강도비	0.424	0.419	0.420	0.417	0.449

이상의 각 안정설계법에 따른 결과를 비교해 보면 다음과 같은 사실을 알 수 있다.

가) 유효길이법에 의한 합성기둥의 조합강도 강도비가 직접해석법 또는 1차 해석법에 의한 강도비에 비하여 상당히 크게 평가되므로 유효길이법에 의한 안정설계가 너무 보수적인 설계가 될 우려가 있다.

나) 이러한 조합강도 강도비의 차이는 축력이 큰 1층 기둥에서 더욱 커지고 있는데, 그 이유는 이 예제의 하중조합에서는 압축력의 비중이 휨모멘트보다 월등히 커서 합성기둥의 설계를 축력이 지배하므로 일어나는 현상으로 보인다. 즉, 소요압축강도의 차이는 거의 없지만, 유효길이계수 K가 크게 평가되는 유효길이법의 설계압축강도는 직접해석법 또는 1차 해석법($K=1.0$)의 설계압축강도에 비하여 상당히 작아서 압축강도에 대한 강도비가 커지기 때문이다.

다) 풍하중이나 지진하중은 이 예제에서 적용한 가상하중보다 훨씬 크기 때문에 이러한 횡력이 포함된 하중조합에서는 조합하중 강도비에 미치는 휨모멘트의 비중이 증대할 것이므로 설계법에 따른 강도비의 차이는 줄어들 것으로 보인다.

라) 직접해석법을 유효길이법과 비교해보면 부재의 강성을 제외한 나머지 해석 과정이 완전히 동일함을 알 수 있다. 즉, 직접해석법은 부재의 강성을 감소하여 적용하는 것만 유효길이법과 다르고 계수하중 및 가상하중의 적용, 1차 해석 및 2차 해석 등의 해석과정은 유효길이법과 동일하게 이루어진다.

마) 직접해석법은 유효길이계수 $K=1.0$으로 설계압축강도를 산정하는데 반하여 유효길이법은 모든 기둥의 유효길이 K를 복잡한 계산을 통하여 산정하여야 한다. 그럼에도 불구하고 유효길이법은 직접설계법에 비하여 부정확하고 비경제적인 설계가 될 우려가 있으므로 안정설계로 보다 정확하고 간편한 직접해석법을 사용하는 것이 바람직하다.

Chapter

04

합성데크슬래브

Chapter 04

합성데크슬래브

4.1 일반사항

4.1.1 적용범위

이 장은 냉간성형 데크플레이트가 콘크리트 슬래브의 영구거푸집과 정모멘트 보강근 역할을 하는 합성데크슬래브의 설계에 적용한다.

합성데크슬래브는 제작업체에 따라 단면형상이 다르므로 이 장에서는 임의의 데크플레이트를 이용하였다. 데크플레이트의 단면성능에 관해서는 제작업체의 단면성능표를 이용해야 한다.

4.1.2 관련기준

- 건축구조기준(KBC2016), 국토교통부
- 냉간성형강 구조설계기준, 1998, 국토교통부
- 합성데크 바닥구조 설계기준(안) 및 해설, 1998, 대한건축학회
- 가설공사표준시방서, 2014, 국토교통부
- 콘크리트표준시방서, 2009, 한국콘크리트학회
- AISI S100-2012, North American Specification for the Design of Cold-Formed Steel Structural Members
- ANSI/SDI, C-2011 Standard for Composite Steel Floor Deck-Slabs, 2012

4.2 재료

4.2.1 데크플레이트

데크플레이트는 〈표 4.2.1〉에 명시한 한국산업표준(KS)에 적합한 것으로 한다. 다만, 한국산업표준 이외의 제품은 동등 이상의 품질이 확인된 경우에 사용할 수 있다.

<표 4.2.1> 데크플레이트의 재질 규격

번호	명칭	강종[1]	판두께[2]	비고
KS D 3602	강제갑판(데크플레이트)	SDP 1, 2, 3	0.8mm 이상, 6mm 이하	
KS D 3506	용융 아연 도금 강판 및 강대	SGHC 295, 335, 365	1.2mm 이상, 6mm 이하	열연원판
		SGC 295, 335, 365	0.25mm 이상, 3.2mm 이하	냉연원판

주기 : 1) 데크플레이트의 항복강도는 최소 206MPa 이상이어야 함.
2) 아연 도금을 한 것의 두께는 원판의 두께를 표시함.

4.2.2 콘크리트

콘크리트 압축강도는 21MPa 이상이어야 하며, 합성데크슬래브의 강도 산정용 최대 압축강도는 42MPa를 초과해서는 안 된다.

4.2.3 철근 및 용접철망

철근 및 용접철망의 품질, 형상, 치수는 KS D 3504(철근콘크리트용 봉강)과 KS D 7017(용접철망)의 각 규격에 적합하여야 한다.

4.3 부재설계

4.3.1 일반사항

합성데크슬래브에서 데크는 콘크리트 타설 시까지는 거푸집 역할과 작업바닥 역할을 하므로 이때의 자중과 시공하중에 대해서 데크의 강도와 처짐을 검토하고, 합성데크슬래브의 완성 후에는 사용하중이 작용할 경우의 합성데크슬래브의 강도와 사용성에 대해서 검토해야 한다. 공기와 공사의 편의성을 고려하여 일반적으로 가설동바리는 설치하지 않는다.

4.3.2 거푸집 역할 데크플레이트

1) 강재 데크플레이트가 거푸집 역할을 할 때의 단면성능 산정 및 설계는 냉간성형강 구조설계기준 또는 AISI S100에 따른다.

2) 하중

강재 데크플레이트가 거푸집 역할을 할 때는 다음의 하중을 고려하여야 한다.

(1) 콘크리트자중(w_{dc})

(2) 데크자중(w_{dd})

(3) 등분포 시공활하중(w_{lc}, w_{cdl})

ANSI/SDI, C-2011 Standard for Composite Steel Floor Deck-Slabs에서는 다음과 같이 시공활하중을 규정하고 있다.

① 콘크리트 자중과 함께 고려하는 등분포 시공활하중 w_{lc}은 1.0kN/m^2 이상을 적용하여야 하며 버킷, 슈트, 핸드카트 등의 장비로 콘크리트를 운송 및 타설하거나 전동 마감장비를 사용하는 경우 2.5kN/m^2 이상의 하중을 적용해야 한다.

② 데크 자중과 함께 고려하는 등분포 시공활하중 w_{cdl}은 최소 2.5kN/m^{2}을 적용하여야 한다.

(4) 집중시공활하중(P_{lc})

ANSI/SDI, C-2011 Standard for Composite Steel Floor Deck-Slabs에서는 데크의 단위폭(1미터)당 최소 2.2kN의 집중시공활하중을 고려하도록 규정하고 있다.

※ 참고로 콘크리트 표준시방서와 가설공사 표준시방서에서는 콘크리트 시공 시에 거푸집 및 동바리에 작용하는 작업 활하중을 다음과 같이 규정하고 있다.

가) 구조물의 수평투영 면적당 2.5kN/m^2 이상의 활하중을 적용하여야 하며 고정하중과 활하중의 합이 5kN/m^2 이상이 되어야 한다.

나) 전동식 카트 장비를 이용하여 콘크리트를 타설할 경우에는 3.75kN/m^2 이상의 활하중을 적용하여야 하며 고정하중과 활하중의 합이 6.25kN/m^2 이상이 되어야 한다.

다) 콘크리트 분배기 등의 특수장비를 이용할 경우에는 실제 장비하중을 적용하여야 한다.

3) 하중조합

(1) 일반스팬의 경우

$$1.6w_{dc} + 1.2w_{dd} + 1.4w_{lc} \qquad \text{식(4.3.1)}$$

$$1.6w_{dc} + 1.2w_{dd} + 1.4P_{lc} \qquad \text{식(4.3.2)}$$

$$1.2w_{dd} + 1.4w_{cdl} \qquad \text{식(4.3.3)}$$

(2) 캔틸레버 스팬의 경우

식(4.3.1) 및 식(4.3.2)이 캔틸레버 및 인접스팬에 모두 적용되어야 하며, 집중 시공하중은 캔틸레버의 끝단에 적용해야 한다.

4) 하중의 적용(ANSI/SDI, C-2011)

[그림 4.3.1]에 따라 일련의 콘크리트 타설과정을 고려하여 하중을 적용한다.

5) 데크의 처짐

(1) 전 스팬에 걸쳐 등분포로 작용하는 콘크리트 자중과 데크 자중에 의한 처짐은 순 스팬의 1/180 이하 또는 19mm 이하가 되어야 한다. 처짐량은 지지부재에 대한 상대 처짐으로 한다.

(2) 캔틸레버 스팬의 처짐은 캔틸레버 스팬의 1/90 이하 또는 19mm 이하가 되어야 한다.

6) 데크의 단면성능

(1) 데크 단면성능은 관련 기준에 주어진 시험절차에 따라 평가된 설계용 단면성능을 제작업체가 제공하는 것이 일반적이다.

(2) 시공단계의 하중에 대해서는 냉간성형강 구조설계기준 또는 AISI S100에 따라 데크의 단면을 설계한다.

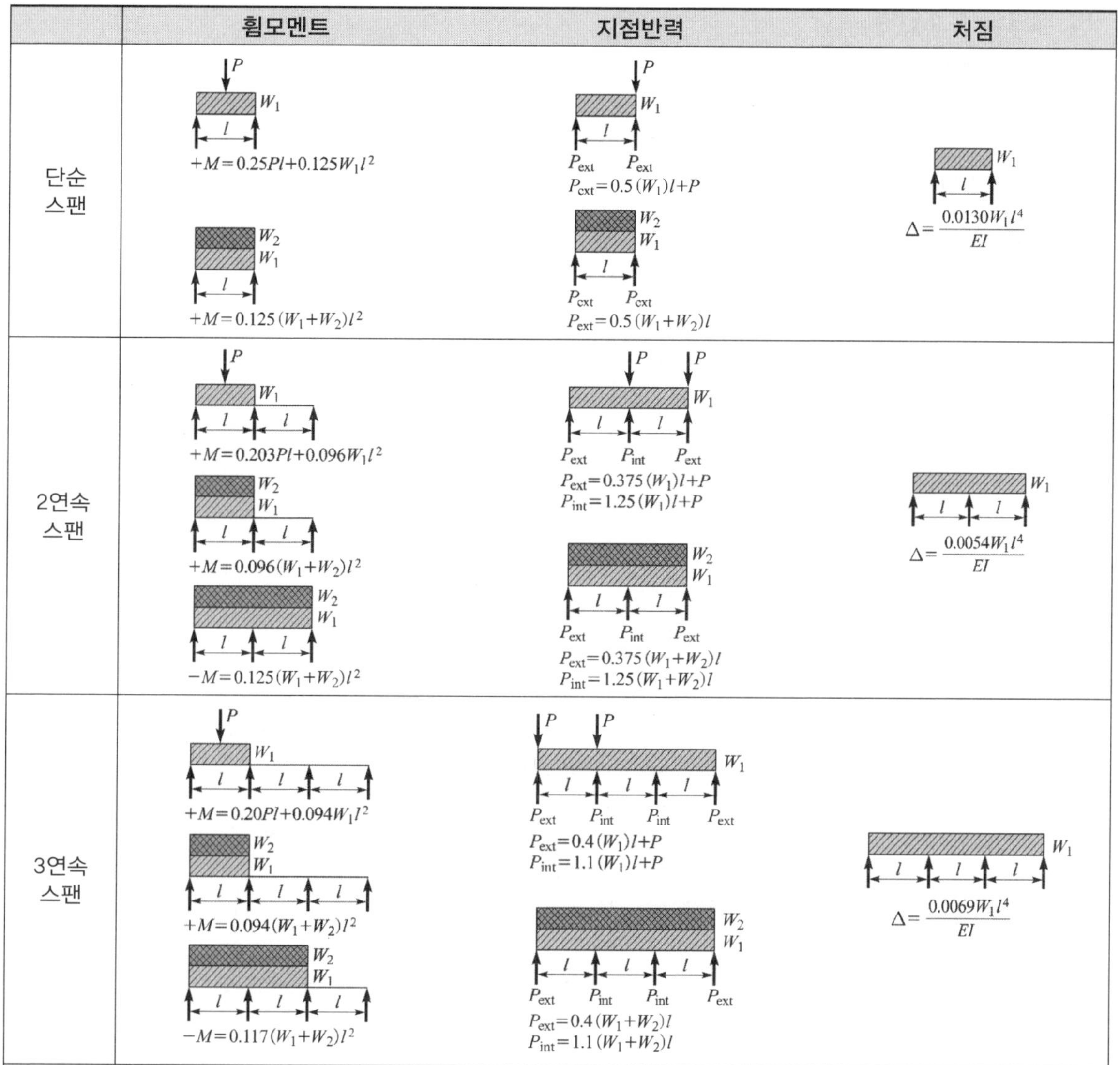

$P = P_{lc}$: 집중하중(시공활하중)

$I = \mathrm{mm}^4/\mathrm{m}$: 데크 단면 2차 모멘트

$W_1 = w_{dc} + w_{dd}$: 콘크리트 자중+데크 자중

$W_2 = w_{lc}$: 등분포하중(시공활하중)

$E = 210{,}000\mathrm{MPa}$

l : 순 스팬 길이(m)

처짐계산 시, 단위를 통일하여 사용해야 함.

[그림 4.3.1] 합성데크 시공하중

7) 판폭두께비 제한(AISI S100)

(1) 압축응력을 받는 플랜지의 평판 폭두께비(w/t)는 500 이하이어야 한다.

(2) 경사응력을 받는 비보강 웨브의 평판 폭두께비(h/t)는 200 이하이어야 한다.

8) 데크의 유효단면

데크 단면성능은 유효단면(effective section)을 고려하여 산정해야 한다. 데크플레이트의 대표적인 요소에 대한 유효단면 산정식은 〈표 4.3.1〉과 같다.

<표 4.3.1> 유효단면산정식 (AISI S100)

요소	적용범위	관련식	식
압축응력을 받는 플랜지	강도산정	$b=w$, $\lambda \le 0.673$인 경우 $b=\rho w$, $\lambda > 0.673$인 경우 여기서, b : 유효폭 [그림 4.3.2], w : 평판폭 [그림 4.3.2] ρ(국부감소계수) $=(1-0.22/\lambda)/\lambda$ λ(세장계수)$=\sqrt{\dfrac{f}{F_{cr}}}$ 여기서, f : 압축요소의 응력(휨재의 경우 $f=F_y$) $F_{cr}=k\dfrac{\pi^2 E}{12(1-\mu^2)}(\dfrac{t}{w})^2$(MPa) 여기서, k : 판좌굴계수($=4$), E : 강재의 탄성계수(MPa) t : 두께(mm), μ : 강재의 프와송비	(4.3.4a) (4.3.4b) (4.3.4c) (4.3.4d) (4.3.4e)
	사용성 검토	상기 식(4.3.4d)의 f 대신에 f_d를 적용하여 산정 (여기서, f_d : 부재의 계산된 실제 압축응력)	
경사응력을 받는 웨브		b_1, b_2 : 유효폭 [그림 4.3.3] b_e : 아래 식의 k과 압축응력을 받는 플랜지 산정식에서 f대신에 f_1를 적용하여 산정한 유효폭 b_o : 압축플랜지의 외곽폭 [그림 4.3.4] f_1, f_2 : 유효단면에 대하여 산정한 [그림 4.3.3]의 응력, $f_1 \ge f_2$ h_o : 웨브의 외곽춤 [그림 4.3.4] k : 판좌굴계수 ψ : $\lvert f_2/f_1 \rvert$ (절대값)	(4.3.5a)
	강도 산정	(1) 경사응력을 받는 웨브의 경우 (f_1은 압축, f_2는 인장) $k=4+2(1+\psi)^3+2(1+\psi)$ $h_o/b_o \le 4$인 경우, $b_1=b_e/(3+\psi)$ $b_2=b_e/2$, $\psi > 0.236$인 경우 $b_2=b_e-b_1$, $\psi \le 0.236$인 경우 추가로, b_1+b_2값은 유효단면에 기초하여 산정한 웨브의 압축영역을 초과할 수 없다. $h_o/b_o > 4$인 경우, $b_1=b_e/(3+\psi)$ $b_2=b_e/(1+\psi)-b_1$ (2) 경사응력을 받는 기타 보강요소 (f_1, f_2모두 압축) $k=4+2(1-\psi)^3+2(1-\psi)$ $b_1=b_e/(3-\psi)$ $b_2=b_e-b_1$	 (4.3.5b) (4.3.5c) (4.3.5d) (4.3.5e) (4.3.5f) (4.3.5g) (4.3.5h) (4.3.5i) (4.3.5j)
	사용성 검토	f_1, f_2 대신 f_{d1}, f_{d2}을 적용하는 것을 제외하고는 상기 강도산정 시와 동일함. 여기서, f_{d1}, f_{d2}은 사용성 결정 시 적용된 하중에 대하여 유효단면에 기초한 실제 응력임.	

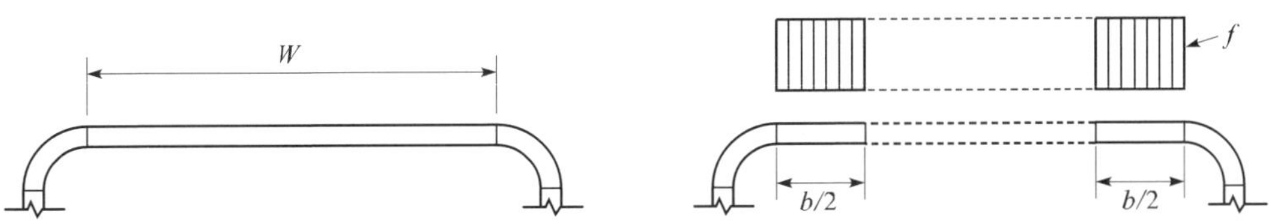

실제단면　　　　유효단면 b와 유효단면의 응력 f

[그림 4.3.2] 압축응력을 받는 플랜지

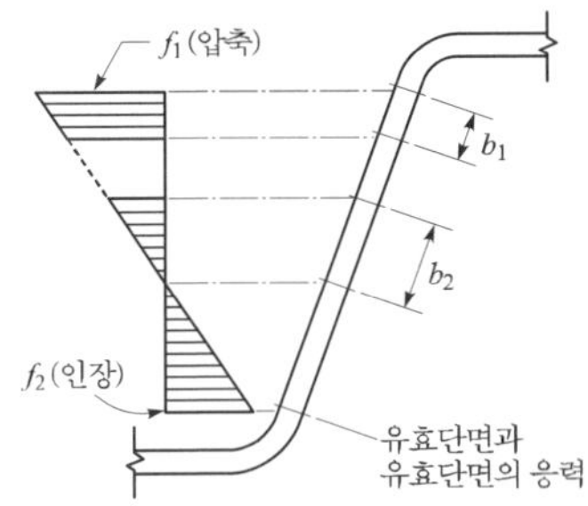

[그림 4.3.3] 경사응력을 받는 웨브

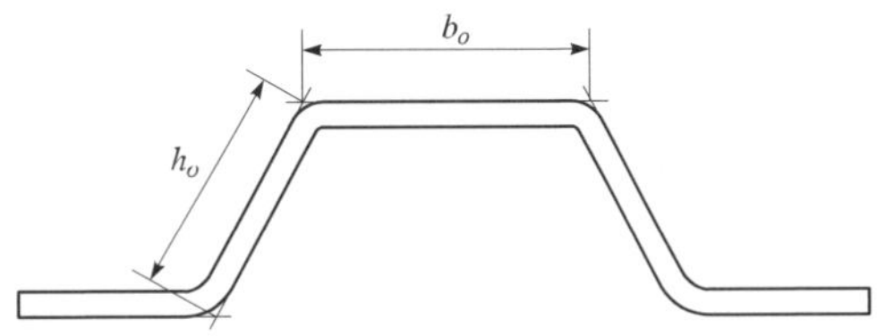

[그림 4.3.4] 경사응력을 받는 웨브와 보강요소의 외곽치수

9) 데크설계

(1) 휨강도

강절판, 부분강절판 압축플랜지를 가진 단면의 설계휨강도 ϕM_n는 다음과 같이 산정한다.

$$\phi_b = 0.95$$

$$M_n = S_e F_y \qquad \text{식(4.3.6)}$$

여기서, S_e : 압축 또는 인장연단에 대한 유효단면의 탄성단면계수(mm^3)

F_y : 설계항복강도(MPa)

(2) 전단강도

설계전단강도 $\phi_v V_n$는 다음과 같이 산정한다.

$$\phi_v = 0.95$$

$$V_n = A_w F_v \qquad \text{식(4.3.7)}$$

$$F_v = 0.60 F_y \ \ (h/t \le \sqrt{(E k_v / F_y)} \text{ 인 경우}) \qquad \text{식(4.3.8a)}$$

$$= \frac{0.60\sqrt{(E k_v F_y)}}{(h/t)} \ (\sqrt{(E k_v / F_y)} \le h/t \le 1.51\sqrt{(E k_v / F_y)} \text{ 인 경우}) \qquad \text{식(4.3.8b)}$$

$$= 0.904 E k_v / (h/t)^2 \ \ (h/t > 1.51\sqrt{(E k_v / F_y)} \text{ 인 경우}) \qquad \text{식(4.3.8c)}$$

여기서, A_w : 웨브요소의 단면적($= ht$)(mm^2)

h : 웨브평면에 따라 측정한 웨브 부분의 춤(mm)

t : 웨브두께(mm)

F_v : 공칭전단응력(MPa)

E : 강재의 탄성계수(MPa)

k_v : 전단좌굴계수, 비보강(transverse stiffener)웨브의 경우, $k_v = 5.34$

(3) 휨, 전단 조합 시

휨, 전단 각각 소요강도가 공칭설계강도를 초과하면 안 된다.

비보강웨브를 가진 휨재의 경우

$$\sqrt{\left(\frac{M_u}{\phi_b M_n}\right)^2 + \left(\frac{V_u}{\phi_v V_n}\right)^2} \le 1.0 \qquad \text{식}(4.3.9)$$

(4) 웨브 크리플링

AISI S100에 따라 데크의 웨브 크리플링 강도에 따른 최소 지압길이가 결정되어야 한다. 하중은 굳지 않은 콘크리트와 데크의 자중에 등분포 시공하중을 적용한다([그림 4.3.1] 참소).

$\phi_w = 0.9$

$$P_n = Ct^2 F_y \sin\theta \left(1 - C_R\sqrt{\frac{R}{t}}\right)\left(1 + C_N\sqrt{\frac{N}{t}}\right)\left(1 - C_h\sqrt{\frac{h}{t}}\right) \qquad \text{식}(4.3.10)$$

여기서, P_n : 웨브 크리플링 공칭강도(MPa)

C : 〈표 4.3.2〉에서 구한 계수

t : 웨브 두께(mm)

F_y : 설계항복강도(MPa)

θ : 웨브 평면과 지압 평면사이의 각도, $45^o < \theta \le 90^o$

C_R : 〈표 4.3.2〉에서 구한 내부굽힘 반지름계수

R : 내부굽힘 반지름

C_N : 〈표 4.3.2〉에서 구한 지압길이계수

N : 지압길이 (최소 19mm, 통상 50mm 적용)

C_h : 〈표 4.3.2〉에서 구한 웨브 세장비계수

h : 웨브 평면에서 측정한 웨브의 평치수(mm)

<표 4.3.2> 지지부재에 접합되는 데크의 각종 웨브 크리플링 계수

지지 조건	하중 조건		C	C_R	C_N	C_h	ϕ_w	제한값
지지부재에 접합	단일플랜지 하중 또는 반력	단부	4	0.04	0.25	0.025	0.90	R/t ≤ 20
		내부	8	0.10	0.17	0.004	0.85	R/t ≤ 10
이 표는 h/t ≤ 200, N/t ≤ 210, N/h ≤ 3, 45° ≤ θ ≤ 90°일 때, 다중웨브 단면 부재에 적용함.								

〈표 4.3.2〉에서 모든 하중조건은 [그림 4.3.5]에 표현되어 있다.

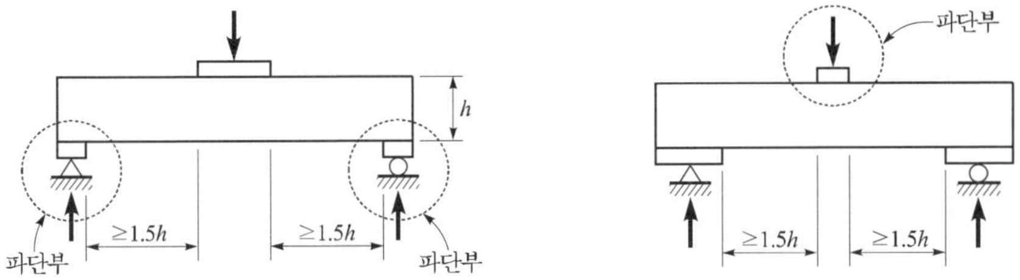

(a) 단부 단일플랜지하중　　　　(b) 내부 단일플랜지하중

[그림 4.3.5] 웨브크리플링 하중조건

(5) 휨, 웨브 크리플링 조합 시

단일 비보강 웨브를 가진 단변의 경우 다음의 식을 만족시켜야 한다. 단, 연속단의 내부 지지점에서는 다음 식을 만족할 필요는 없다.

$$0.88\left(\frac{\overline{P}}{P_n}\right)+\left(\frac{\overline{M}}{M_{nxo}}\right)\le 1.33\phi \qquad \text{식}(4.3.11)$$

여기서, $\phi = 0.90$

10) 격막의 전단성능

격막의 강도와 강성은 콘크리트의 영향을 고려하지 않은 강재 데크의 성능만 고려하여 SDI-DDM (SDI Diaphragm Design Manual) 또는 기타 공인된 방법에 따라 결정해야 한다.

11) 접합

데크는 하중에 저항하고 지지부재의 구조안전성을 제공하기 위하여 지지부재에 부착되어야 한다. 접합부는 AISI S100 등 관련 기준에 따라 설계되거나, 기타 공인된 실험을 통하여 그 강도를 결정해야 한다.

4.3.3 합성데크슬래브

1) 합성데크슬래브의 강도는 아래 방법 중 한 가지에 따라 결정할 수 있다. 이 절에서는 아래 방법 중 전단부착법을 이용하여 합성데크슬래브의 강도를 산정하는 방법을 적용한다.

(1) 선검증단면법(Pre-Qualified Section Method) : ANSI/SDI, C-2011 부록 2에 따른다.

(2) 전단부착법(Shear Bond Method) : ANSI/SDI, C-2011 부록 3에 따른다.

(3) SDI-T-CD(Test Standard for Composite Steel Deck-Slabs)에 의한 실물크기 성능실험

(4) 기타 공인된 방법

2) 하중

(1) 고정하중(w_d)

① 콘크리트 자중(w_{dc})

② 데크 자중(w_{dd})

③ 추가 고정하중 (w_{da})

(2) 활하중 (w_l)

3) 하중조합

(1) 정모멘트 산정 시 $1.2w_d + 1.6w_l$

(2) 부모멘트 산정 시 $1.2w_{da} + 1.6w_l$

4) 하중의 적용

(1) 합성슬래브의 정휨모멘트 및 처짐은 총하중에 대하여 골방향의 1방향슬래브로서 산정한다. 이때 지지변의 단부조건은 실제 여건에 관계없이 단순지지변으로 간주하여 데크에서 발생하는 인장 최대응력도 및 콘크리트 윗변의 압축 최대응력도를 확인하고 처짐이 사용상 지장이 없는 범위 이내인 것을 확인한다.

(2) 합성데크슬래브가 지지변을 넘어 골방향으로 내민 경우에는 총하중에 대해 외팔보(캔틸레버보)로서 지지변의 부휨모멘트 및 단부의 처짐을 산정한다.

5) 피복두께

데크 상단 상부콘크리트 두께는 최소 50mm 이상 확보해야 하며, 내화성능이 요구되는 두께를 확보해야 한다. 철근의 최소 피복두께는 기준에 따른다.

6) 처짐

(1) 추가 활하중에 대하여 처짐을 스팬의 1/360 이하로 제한한다.

(2) 처짐 산정용 단면2차모멘트는 환산단면해석법에 의하여 균열 및 비균열 2차모멘트의 평균값을 사용할 수 있다(4.3.3 7) 참조).

7) 합성데크슬래브의 단면 2차 모멘트(ANSI/SDI, C-2011, Appendix 4)

강재로 환산한 합성데크슬래브의 단면 2차 모멘트는 다음과 같이 산정하며 철근이 있는 경우에는 철근의 효과를 고려할 수 있다.

(1) 단면형상

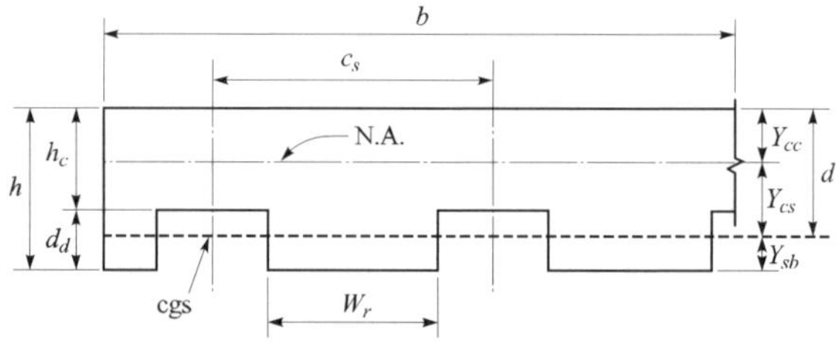

[그림 4.3.6] 합성단면 형상

여기서, $C.G.S$: 강재데크의 전체 단면에 대한 중립축(mm)

C_S : 데크 리브의 간격(mm)

$N.A.$: 환산합성단면의 중립축

W_r : 데크 리브의 평균폭(mm)

d_d : 데크의 춤(mm)

h : 전체 합성데크슬래브의 춤(mm)

h_c : 강재데크 상부의 콘크리트 두께(mm)

(2) 균열단면 2차 모멘트

콘크리트의 압축연단에서 균열단면의 중심축까지 거리 y_{cc}는 다음 식으로 구한다.

$$y_{cc} = d\left\{\sqrt{2\rho n + (\rho n)^2}\right\} \le h_c \qquad \text{식(4.3.12)}$$

여기서, $\rho = \dfrac{A_s}{bd}$

A_s : 슬래브 단위길이당 강재데크의 단면적(mm^2)

b : 슬래브 단위폭(= 1,000mm)

d : 콘크리트 상단에서 강재데크의 중심까지의 거리

n : 탄성계수의 비$(= \dfrac{E_s}{E_c})$

E_s : 강재의 탄성계수(MPa)

E_c : 콘크리트 탄성계수(MPa)

강재로 환산된 균열단면 2차 모멘트 I_c는 아래의 식을 사용하여 구한다.

$$I_c = \frac{b}{3n}y_{cc}^3 + A_s\, y_{cs}^2 + I_{sf} \qquad \text{식(4.3.13)}$$

여기서, $y_{cs} = d - y_{cc}$

I_{sf} : 단위폭당 강재데크 전체 단면의 단면 2차 모멘트

(3) 비균열단면 2차 모멘트

콘크리트의 압축연단에서 비균열단면의 중심축까지 거리 y_{cc}는 다음 식으로 구한다.

$$y_{cc} = \frac{0.5bh_c^2 + nA_s d + W_r d_d (h - 0.5d_d)\dfrac{b}{C_s}}{bh_c + nA_s + W_r d_d \dfrac{b}{C_s}} \qquad \text{식(4.3.14)}$$

강재로 환산한 비균열단면 2차 모멘트는 다음 식으로 구한다.

$$I_u = \frac{bh_c^3}{12n} + \frac{bh_c}{n}(y_{cc} - 0.5h_c)^2 + I_{sf} + A_s y_{cs}^2 + \frac{W_r b d_d}{nC_s}\left[\frac{d_d^2}{12} + (h - y_{cc} - 0.5d_d)^2\right]$$

식(4.3.15)

여기서, $y_{cs} = d - y_{cc}$

(4) 합성데크슬래브의 단면 2차 모멘트

처짐을 산정하기 위한 합성데크슬래브의 단면 2차 모멘트는 다음 식으로 구한다.

$$I_d = \frac{I_u + I_c}{2} \qquad \text{식(4.3.16)}$$

8) 전단부착법에 따른 합성슬래브설계

(1) 일반사항

여기서는 합성데크슬래브의 강도를 산정하는 방법 중 하나인 전단부착법을 소개한다. 합성강재데크를 지지하는 보 플랜지에 강재앵커(스터드)를 설치하거나 설치하지 않는 경우 모두 이 방법을 적용할 수 있다.

(2) 제한조건

① 데크는 아연도금을 하거나 상부면에 코팅을 하지 않아야 한다.

② 데크에 사용되는 모든 시트 강재는 이 장의 해당 기준에 적합해야 한다.

③ 콘크리트는 이 장의 해당 기준에 적합해야 한다.

④ 강재데크 상부의 콘크리트 두께는 50mm 이상이어야 한다.

(3) 합성데크슬래브의 강도는 다음의 강도한계상태 중 최소값으로 한다.

① 전단부착강도

② 휨강도

③ 1방향 전단강도

(4) 집중하중을 포함한 하중조합에 대해서는 뚫림 전단을 고려하여야 한다.

(5) 전단부착강도

① 합성슬래브 단면의 극한전단부착강도는 SDI-T-CD에 따라 실물크기 실험체로 실험한 결과를 통해 구한 변수들을 사용하여 결정하여야 한다. 합성슬래브의 설계전단부착강도 ϕV_n은 다음과 같이 구한다.

$\phi = 0.75$

$$V_n = V_t \qquad \text{식(4.3.17)}$$

여기서, V_t : 슬래브 단위폭에 대한 전단부착강도의 실험값(SDI-T-CD에 따라 결정)

② 전단부착강도에 따른 허용 등분포계수하중은 다음과 같다.

$$W_r = \phi_v 2\ V_t \ /\ L \qquad \text{식(4.3.18)}$$

여기서, L : 데크의 설계스팬(m)

(6) 휨강도(ANSI/SDI, C-2011, Appendix 3)

① 휨을 받는 합성데크슬래브는 압축깊이비(c/d)에 따라 과소보강 또는 과다보강으로 분류한다. 균형압축깊이비$(c/d)_b$보다 작은 압축깊이비를 가진 슬래브는 과소보강으로, 균형압축깊이비 이상의 압축깊이비를 가진 슬래브는 과대보강으로 간주하며, 압축깊이비는 다음과 같이 계산한다.

$$(c/d) = \frac{A_s F_y}{0.85 f_{ck} d\, b\, \beta_1} \qquad \text{식(4.3.19)}$$

균형압축깊이비는 다음과 같이 계산한다.

$$(c/d)_b = \frac{0.003(h - d_d)}{(F_y \ /\ E_s \ +\ 0.003)d} \qquad \text{식(4.3.20)}$$

여기서, A_s : 슬래브 단위 폭에 대한 강재데크의 단면적(mm^2/m)

b : 합성슬래브 압축면의 단위폭(= 1,000mm)

c : 압축연단에서 합성중립축까지의 거리(mm)

d : 압축연단에서 강재데크 중심축까지의 거리(mm)

d_d : 강재데크의 전체깊이(mm)

E_s : 강재데크의 탄성계수(MPa)

f_{ck} : 콘크리트의 압축강도(MPa)

F_y : 강재데크의 항복강도(MPa)

h : 슬래브의 공칭전체깊이(mm)

β_1 : $0.85 (f_{ck} \leq 28\text{MPa}$인 경우)

$1.046 - 0.007 f_{ck} \geq 0.65 (f_{ck} > 28\text{MPa}$인 경우)

② 과소보강 슬래브

정모멘트를 받는 과소보강 합성데크슬래브의 설계휨모멘트강도 ϕM_n은 다음 식으로 구한다.

$\phi_b = 0.85$

$$M_n = F_y I_{cr} / (h - y_{cc}) \quad \text{식(4.3.21)}$$

여기서, F_y : 강재데크의 항복강도(MPa)

I_{cr} : 균열단면 2차 모멘트(mm^4)

h : 슬래브 춤(mm)

y_{cc} : 슬래브 상단에서 균열단면의 중립축까지의 거리(mm)

③ 과대보강 슬래브

정모멘트를 받는 과대보강 합성데크슬래브의 설계휨모멘트강도 ϕM_n은 다음 식으로 구한다.

$\phi = 0.65$

$$M_n = \phi_c f_{ck} b \beta_1 c (d - \beta_1 c / 2) \quad \text{식(4.3.22)}$$

여기서, $c = d\left\{\sqrt{\rho m + \left(\frac{\rho m}{2}\right)^2} - \frac{\rho m}{2}\right\}$

$\rho = \frac{A_s}{bd}$

$m = \frac{E_s \epsilon_{cu}}{f_{ck} \beta_1}$

$E_s = 210{,}000\,\text{MPa}$

$\epsilon_{cu} = 0.003$

식(4.3.22)는 강재데크가 항복된 곳이 없는 합성슬래브에서만 유효하다.

9) 1방향 전단강도

1방향 전단의 설계강도 ϕV_n은 다음과 같이 산정한다.

$$\phi V_n = \phi_v V_c + \phi_s V_D \leq \phi_v \frac{1}{3} \sqrt{f_{ck}} A_c \quad \text{식(4.3.23)}$$

여기서, $V_c = \frac{1}{6} \lambda \sqrt{f_{ck}} A_c$

V_D : 강재데크의 전단강도, 4.3.2 9)(2)에 따라 산정함.

A_c : 전단에 저항하는 콘크리트 단면(mm^2), [그림 4.3.7] 참조

λ : 1.0(보통콘트리트)

0.75(경량콘크리트)

ϕ_v : 0.75

ϕ_s : 0.85

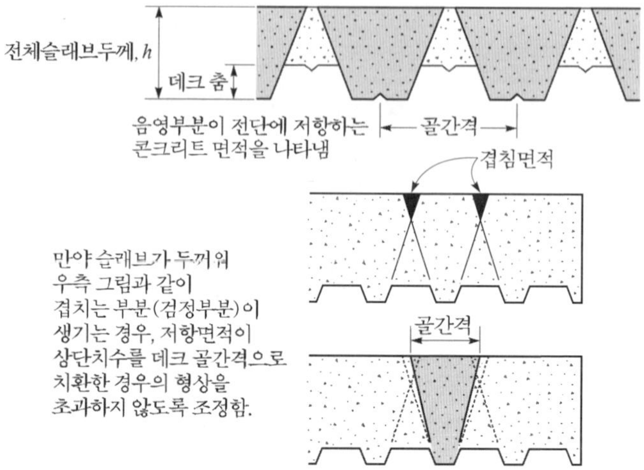

[그림 4.3.7] 1방향 전단 단면

10) 2방향 전단강도

2방향 전단강도는 강재데크 상부의 콘크리트 두께를 유효깊이 d로 하여 철근콘크리트의 2방향 전단강도로 검토한다.

11) 집중하중

집중하중은 이 절에 따라 데크의 리브에 직각방향으로 분배할 수 있으며, 별도의 합리적인 해석을 통하여 분배할 수도 있다.

(1) 집중하중은 데크의 리브에 직각방향으로 유효폭 b_e에 등분포로 분배하여야 한다.

(2) 강재데크 상부의 콘크리트는 데크 리브를 가로질러 W와 동일한 슬래브 폭의 약축모멘트 M_{wa}에 저항하도록 건축구조기준에 따라 철근콘크리트 슬래브로 설계되어야 한다. 건축구조기준에 따른 적절한 하중계수가 약축모멘트에 적용되어야 한다.

(3) 강재데크 상부의 콘크리트는 데크의 리브에 직각방향으로 작용하는 휨모멘트 M_{wa}를 슬래브 폭 W로 저항하도록 건축구조기준에 따라 철근콘크리트 슬래브로 설계되어야 한다.

$b_m = b_2 + 2t_c + 2t_t$

$b_e = b_m + (2)(1-x/L)x \leq 2712.7\,(t_c/h)$(단일스팬)

$b_e = b_m + (4/3)(1-x/L)x \leq 2712.7\,(t_c/h)$(부모멘트에 대한 철근을 배근한 연속스팬)

$b_e = b_m + (1-x/L)x \leq 2712.7\,(t_c/h)$(전단)

$W = L/2 + b_3 \leq L$

$M_{wa} = Pb_e / (15W)$(N·mm/mm) 식(4.3.24)

여기서, b_e : 데크 리브에 직각인 집중하중의 유효폭(mm)

b_m : 데크 상단에서 측정한 데크 리브에 직각인 집중하중의 투영 폭(mm)

b_2 : 데크 리브에 직각인 지압 폭(mm)

b_3 : 데크 리브에 직각인 지압 길이(mm)

h : 강재데크 하단에서 콘크리트 상단까지 측정한 합성데크슬래브의 춤(mm)

L : 지지부재 중심에서 측정한 데크 스팬 길이(mm)

M_{wa} : 단위 폭당 데크 리브 직각의 약축휨모멘트 (N·mm/mm)

P : 집중하중의 크기(kN)

t_c : 구조용 콘크리트 상부 토핑 두께(mm)

W : 데크 리브에 평평한 집중하중의 유효길이(mm)

x : 집중하중 중심에서 가장 근접한 지지부재까지의 거리(mm)

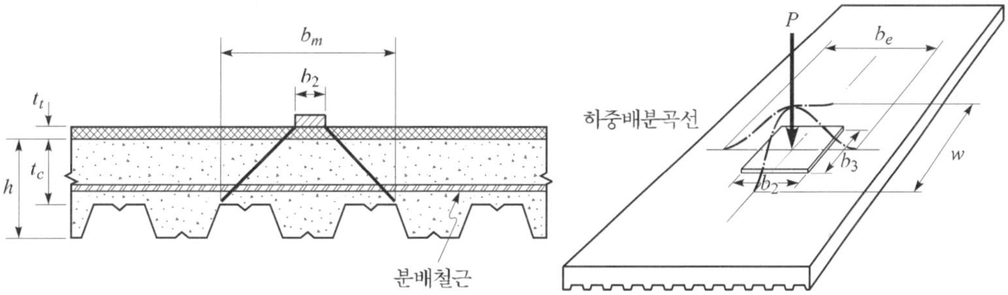

[그림 4.3.8] 집중하중의 작용

12) 부모멘트철근

연속 스팬의 합성슬래브에서 받침부 상부의 균열을 엄격히 제어할 필요가 있는 경우에는 부모멘트에 대한 설계를 하여야 한다. 이때 부모멘트 영역에서는 데크를 압축보강재로 보지 않고 단지 영구 거푸집으로 간주하여 건축구조기준에 따라 통상적인 철근콘크리트 슬래브로 설계하여야 한다.

13) 온도 및 건조수축철근

콘크리트의 균열을 줄이기 위하여 데크 상부의 콘크리트에는 단면적의 0.00075배 이상의 용접철망 또는 철근을 배근하여야 하며, 철근량은 지름 3.5mm의 철선을 150×150mm로 배치한 용접철망의 철근량 이상이어야 한다.

14) 캔틸레버 슬래브

캔틸레버 슬래브에서는 데크를 압축보강재로 보지 않고 단지 영구 거푸집으로 간주하여, 건축구조기준에 따라 통상적인 철근콘크리트 슬래브로 부모멘트에 대하여 설계하여야 한다.

15) 격막의 전단성능

격막의 강도와 강성은 SDI의 Diaphragm Design Manual 또는 기타 공인된 방법에 따라 결정해야 한다.

4.3.4 진동검토

합성데크슬래브는 고유진동수가 사용상 지장이 없는 범위로 한다. 일반적인 경우에 대해서 고유진동수의 제한기준으로서 아래의 값을 적용할 수 있다.

- 합성데크슬래브의 고유진동수 : 15Hz 이상

그러나 강재보로 지지되는 바닥에서 문제가 되는 진동장해는 보의 강성부족으로 발생하는 경우가 많음을 유의해야 한다.

4.3.5 내화구조

합성데크슬래브를 내화구조로 사용할 경우는 데크 하면에 내화피복을 실시하는 경우와 내화피복을 하지 않은 경우를 고려할 수 있는데, 관계법령 및 관련부처의 고시에 따라 내화성능시험을 통해 국가인정기관으로부터 내화구조로 인정을 받아야 내화피복 없이 내화구조로 사용할 수 있다. 설계 시에는 내화구조 데크의 인정사항을 잘 이해하고 합성데크슬래브의 허용스팬이나 허용활하중 등을 바르게 적용해야 한다. 내화구조로 인정받지 않은 데크를 구조용으로 사용할 경우는 반드시 관련법령에 따라 내화피복을 하는 등의 내화성능상 필요한 조치를 해야 한다.

4.4 설계 예제

4.4.1 단순지지 합성데크슬래브(도움표 이용)

1) 설계조건

(1) 단순지지 합성데크슬래브

(2) 지지보의 스팬 3.25m, 지지보 상부 보 폭 300mm

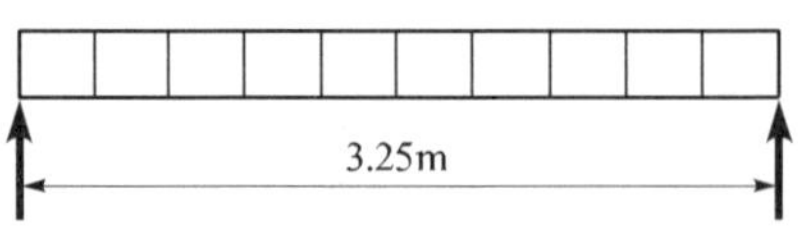

(3) 합성데크슬래브 사양

① 데크두께 : 1.2mm

② 데크재질 : KS D 3602($F_y = 245$ MPa)

③ 슬래브 : $h = 120$mm($f_{ck} = 21$ MPa)

④ 철근 : KS D 3504 SD400

2) 하중조건

(1) 거푸집용 데크 검토 시

① 데크자중 $w_{dd} = 0.174\text{kN/m}^2$(도움표 4.1)

② 합성슬래브 자중 $W = w_{dd} + w_{dc} = 0.174 + 2.28 = 2.45\text{kN/m}^2$(도움표 4.2)

③ 등분포 시공활하중

가) 콘크리트 자중 관련 $w_{lc} = 1.0\text{kN/m}^2$

나) 데크 자중 관련 $w_{cdl} = 2.5\text{kN/m}^2$

④ 집중시공하중 $P_{lc} = 2.2\text{kN}$

(2) 합성슬래브 검토 시

① 추가 고정하중 w_{da}는 없음

② 활하중 $w_l = 8.0\text{kN/m}^2$

3) 거푸집용 데크 검토

데크 순스팬 : $3.25 - 0.30 = 2.95\text{m}$

〈도움표 4.2〉에서 1스팬의 최대 스팬 $3.17\text{m} > 2.95\text{m}$, 적합

4) 합성슬래브 검토

〈도움표 4.3〉에서 순 스팬 3.0m 에 대한 최대 등분포활하중 $L = 24.4\text{kN/m}^2 > 8.0\text{kN/m}^2$, 적합

4.4.2 2스팬 연속 합성데크슬래브(도움표 이용)

1) 설계조건

(1) 2스팬 연속 합성데크슬래브

(2) 지지보의 스팬 3.0m, 지지보 상부 보 폭 300mm

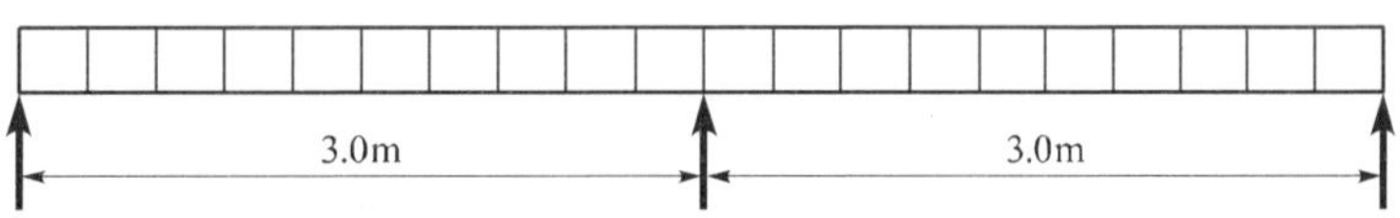

(3) 합성데크슬래브 사양

① 데크두께 : 1.1mm

② 데크재질 : KS D 3602($F_y = 245$ MPa)

③ 슬래브 : $h = 150\text{mm}$ ($f_{ck} = 21$ MPa)

④ 철근 : KS D 3504 SD400

2) 하중조건

(1) 거푸집용 데크 검토 시

① 데크자중 $w_{dd} = 0.160\text{kN/m}^2$(도움표 4.1)

② 합성슬래브 자중 $W = w_{dd} + w_{dc} = 0.160 + 3.00 = 3.16\text{kN/m}^2$(도움표 4.2)

③ 등분포 시공하중

가) 굳지 않은 콘크리트 자중 관련 $w_{lc} = 1.0\text{kN/m}^2$

나) 데크 자중 관련 $w_{cdl} = 2.5\text{kN/m}^2$

④ 집중시공하중 $P_{lc} = 2.2\text{kN}$

(2) 합성슬래브 검토 시

① 추가 고정하중 w_{da}는 없음

② 활하중 $w_l = 5.0\text{kN/m}^2$

3) 거푸집용 데크 검토

데크 순 스팬 : $3.0 - 0.30 = 2.70\text{m}$

〈도움표 4.2〉에서 2스팬 연속인 경우 최대 스팬 3.06m > 2.70m, 적합

4) 합성슬래브 검토

〈도움표 4.3〉에서 순 스팬 2.75m에 대한 최대 등분포 활하중 $L = 31.4\text{kN/m}^2 > 5.0\text{kN/m}^2$ 적합

4.4.3 단순지지 합성데크슬래브(도움표를 이용하지 않는 경우)

1) 설계조건

(1) 단순지지 합성데크슬래브

(2) 지지보의 스팬 3.25m, 지지보 상부 보 폭 250m

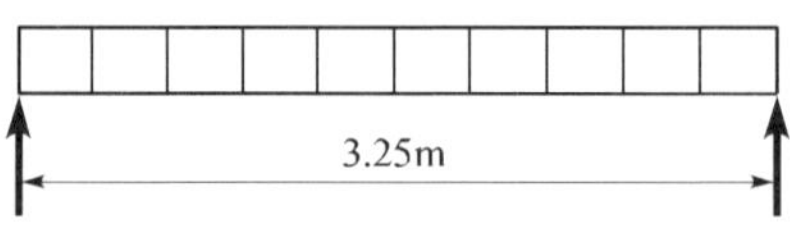

(3) 합성데크슬래브 형상

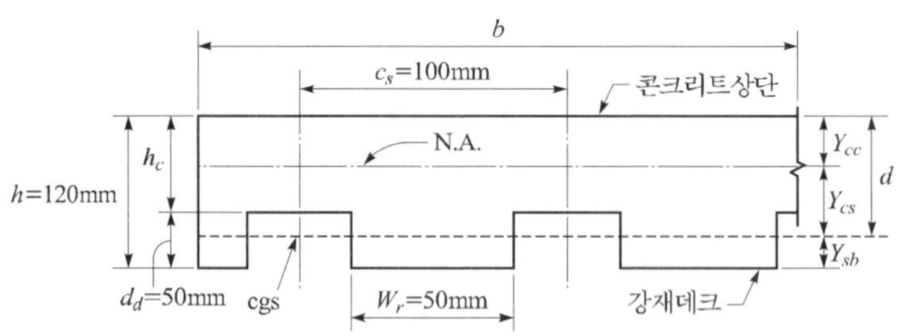

① 데크두께 : 1.2mm

② 데크재질 : KS D 3602 (F_y = 245 MPa)

③ 슬래브 : h = 120mm (f_{ck} = 21 MPa)

④ 철근 : KS D 3504 SD400

2) 데크단면성능

(1) 데크 형상

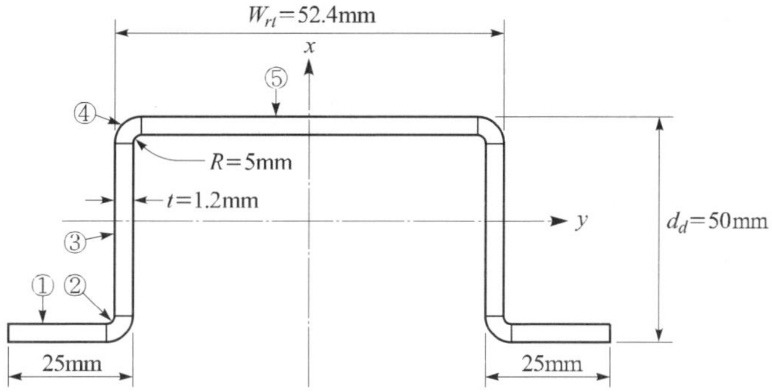

(2) 판폭두께비 검토

① 플랜지 평판 폭두께비

$w/t = [w_{rt} - 2(t+R)]/t = [52.4 - 2(1.2+5)]/1.2 = 40/1.2 = 33.3 < 500$　　적합

② 웨브 평판 폭두께비

$h_d/t = [d_d - 2(t+R)]/t = [50.0 - 2(1.2+5)]/1.2 = 37.6/1.2 = 31.3 < 200$　　적합

(3) 압축응력을 받는 플랜지의 유효단면 산정(요소 ⑤)

압축요소의 응력 $f = F_y$(휨재)

$$F_{cr} = k\frac{\pi^2 E}{12(1-\mu^2)}(\frac{t}{w})^2 = 4\frac{\pi^2 210,000}{12(1-0.3^2)}(\frac{1.2}{40})^2 = 683\,\text{MPa}$$ 식(4.3.4e)

$$\lambda = \sqrt{\frac{f}{F_{cr}}} = \sqrt{\frac{245}{683}} = 0.599 \le 0.673$$ 식(4.3.4d)

$\therefore b = w = 40\text{mm}$(전단면 유효)　　식(4.3.4a)

(4) 중립축 산정

웨브부재의 전단면이 유효하다고 가정하면, y축에 대한 단면성능

요소	길이 L(mm)	데크상단에서 거리 x(mm)	Lx (mm^2)	Lx^2 (mm^3)	요소별 단면 2차 모멘트 I_y'(mm^3)
①	2[25−(1.2+5)]=37.6	49.4	1,857	91,758	−
②	2[1.57×(5+1.2/2)]=17.6	47.4	833	39,543	51
③	2[37.6]=75.2	25.0	1,880	47,000	8,860
④	2[1.57×(5+1.2/2)]=17.6	2.63	46.3	122	51
⑤	40	0.60	24.0	14.4	−
합계(Σ)	188.0		4,640	178,437	8,962

주 :

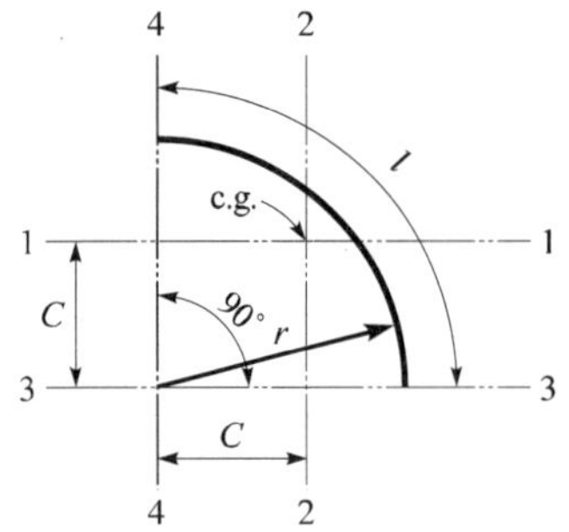

$I\ = \pi r/2 = 1.57r$
$c\ = 0.637r$
$I_1 = I_2 = 0.149r^3$
$I_{12} = -0.137r^3$
$I_3 = I_4 = 0.785r^3$
$I_{34} = 0.5r^3$

데크상단에서 중립축까지의 거리

$x' = \Sigma Lx/\Sigma L = 4{,}641/188 = 24.7\ \mathrm{mm}$

$I_y = [\Sigma Lx^2 + \Sigma I_y' - x'^2 \Sigma L]t = [178{,}437 + 8{,}962 - (24.7)^2(188)](1.2) = 87{,}242\ \mathrm{mm}^4$

데크의 중립축이 데크 춤(50mm)의 1/2보다 작은 곳에 위치하므로 인장플랜지가 먼저 항복한다.

(5) 웨브의 유효단면 산정(요소 ③)

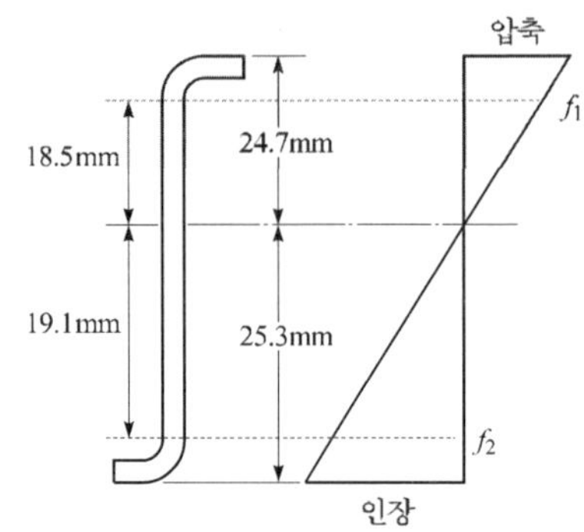

$x'' = x' - (R + t) = 18.5\ \mathrm{mm}$

$y' = d_d - x' = 25.3\ \mathrm{mm}$

$y'' = y' - (R + t) = 19.1\ \mathrm{mm}$

$f_1 = (18.5/25.3)(245) = 179\ \mathrm{MPa}$(압축)

$f_2 = -(19.1/25.3)(245) = -185\ \mathrm{MPa}$(인장)

$\psi = |f_2/f_1| = |-185/179| = 1.033$ 식(4.3.5a)

$k = 4 + 2(1+\psi)^3 + 2(1+\psi) = 4 + 2(1+1.033)^3 + 2(2+1.033) = 24.9$ 식(4.3.5b)

$h_o/b_o = 50/52.4 = 0.954 \le 4$

$F_{cr} = k\dfrac{\pi^2 E}{12(1-\mu^2)}(\dfrac{t}{h_d})^2 = 24.9\dfrac{\pi^2 210{,}000}{12(1-0.3^2)}(\dfrac{1.2}{37.6})^2 = 4{,}809\ \mathrm{MPa}$ 식(4.3.4e)

$\lambda = \sqrt{\dfrac{f_1}{F_{cr}}} = \sqrt{\dfrac{179}{4{,}809}} = 0.193 \le 0.673$ 식(4.3.4d)

$\therefore b = w$ (전단면 유효) 식(4.3.4a)

$b_e = 37.6\text{mm}$

$b_1 = b_e/(3+\psi) = 37.6/(3+1.033) = 9.32\ \text{mm}$ 식(4.3.5c)

$b_2 = b_e/2 = 37.6/2 = 18.8\ \text{mm}\ \ (\psi > 0.236)$ 식(4.3.5d)

$b_1 + b_2 = 9.32 + 18.8 = 28.1\ \text{mm} > x'' = 18.5\ \text{mm}$ (전단면 유효)

(6) 휨강도

$S_{e+} = I_y/(d_d - x') = 87{,}242/(50-24.7) = 3{,}448\,\text{mm}^3$

$M_{n+} = S_e F_y = (3{,}448)(245)/10^6 = 0.84\ \text{MPa}$ 식(4.3.6)

$\phi_b M_{n-} = 0.95(0.84) = 0.798\ \text{MPa}$

$S_{e-} = I_y/x' = 87{,}242/24.7 = 3{,}532\,\text{mm}^3$

$M_{n-} = S_e F_y = (3{,}532)(245)/10^6 = 0.87\ \text{MPa}$ 식(4.3.6)

$\phi_b M_{n-} = 0.95(0.87) = 0.827\ \text{MPa}$

(7) 전단강도

$h/t = 31.3 \le \sqrt{(Ek_v/F_y)} = \sqrt{(210{,}000)(5.34)/(245)} = 67.7$

$A_w = h_d t = (37.6)(1.2) = 45.1\ \text{mm}^2$

$F_v = 0.60F_y = 0.6(245) = 147\ \text{MPa}$ 식(4.3.8a)

$V_n = A_w F_v = (45.1)(147)/10^3 = 6.63\ \text{kN}$ 식(4.3.7)

$\phi_v V_n = 0.95(6.63) = 6.30\ \text{kN}$

(8) 웨브 크리플링강도

$$P_n = Ct^2F_y\sin\theta\left(1 - C_R\sqrt{\frac{R}{t}}\right)\left(1 + C_N\sqrt{\frac{N}{t}}\right)\left(1 - C_h\sqrt{\frac{h}{t}}\right)$$
$$= (4)(1.2)^2(245)\sin 90\left(1 - 0.04\sqrt{\frac{5}{1.2}}\right)\left(1 + 0.25\sqrt{\frac{50}{1.2}}\right)\left(1 - 0.025\sqrt{\frac{37.6}{1.2}}\right)$$
$$= 2.92\text{kN}$$

식(4.3.10)

$\phi_w P_n = 0.9(2.80) = 2.52\text{kN}$

여기서, $C = 4$, 〈표 4.3.2〉에서 구한 계수

$t = 1.2\ \text{mm}$, 웨브 두께

$F_y = 245\ \text{MPa}$, 설계항복강도

$\theta = 90°$, 웨브평면과 지압 평면 사이의 각도, $45° < \theta < 90°$

$C_r = 0.04$, 〈표 4.3.2〉에서 구한 내부굽힘반지름계수

$R = 5\ \text{mm}$, 내부굽힘반지름

$C_n = 0.25$, 〈표 4.3.2〉에서 구한 지압길이계수

$N = 50\ \text{mm}$, 지압길이

$C_h = 0.025$, 〈표 4.3.2〉에서 구한 웨브세장비계수

(9) 데크단면성능

유형	t mm	w kN/m^2	A_s ×10^3,mm^2	I ×10^6,mm^4	S_p ×10^3,mm^3	S_n ×10^3,mm^4	ϕP_n kN	ϕV_n kN
5	1.2	0.174	2.26	0.872	34.5	35.3	26.2	63.0

주 : 1. 상기 값은 데크 단위폭(1,000mm)에 대한 값임. C_s(100 mm)를 기준으로 산정한 값을 1,000mm 폭으로 환산

3) 합성슬래브 단면성능

(1) 균열단면 2차 모멘트

$$y_{cc} = d\left\{\sqrt{2\rho n + (\rho n)^2}\right\} \qquad \text{식(4.3.12)}$$

$$= (94.7)\sqrt{2(0.0239)(9.66) + [(0.0239)(9.66)]^2} = 68.0\ \mathrm{mm}\ \leq h_c$$

$$y_{cs} = d - y_{cc} = 94.7 - 68.0 = 26.7\ \mathrm{mm}$$

여기서, $\rho = \dfrac{A_s}{bd} = \dfrac{2.26\times10^3}{(1{,}000)(120-25.3)} = 0.0239$

$$n = \frac{E_s}{E_c} = \frac{210{,}000}{[0.043(2{,}300)^{1.5}\sqrt{21}\,]} = 9.66$$

$$I_c = \frac{b}{3n}y_{cc}^3 + A_s\,y_{cs}^2 + I_{sf} \qquad \text{식(4.3.13)}$$

$$= \frac{1{,}000}{3(9.66)}(68.0)^3 + 2.26\times10^3(26.7)^2 + 0.872\times10^6 = 13.3\times10^6\ \mathrm{mm}^4$$

(2) 비균열단면 2차 모멘트

$$y_{cc} = \frac{0.5bh_c^2 + nA_sd + W_rd_d(h-0.5d_d)\dfrac{b}{C_s}}{bh_c + nA_s + W_rd_d\dfrac{b}{C_s}} \qquad \text{식(4.3.14)}$$

$$= \frac{0.5(1{,}000)(70)^2 + (9.66)(2.26\times10^3)(94.7) + (50)(50)(120-0.5(50))\dfrac{1{,}000}{100}}{(1{,}000)(70) + (9.66)(2.26\times10^3) + (50)(50)\dfrac{1{,}000}{100}}$$

$$= 59.0\ \mathrm{mm}$$

$$y_{cs} = d - y_{cc} = 94.7 - 59.0 = 35.7\ \mathrm{mm}$$

$$I_u = \frac{bh_c^3}{12n} + \frac{bh_c}{n}(y_{cc}-0.5h_c)^2 + I_{sf} + A_sy_{cs}^2 + \frac{W_rbd_d}{nC_s}\left[\frac{d_d^2}{12} + (h-y_{cc}-0.5d_d)^2\right]$$

식(4.3.15)

$$= \frac{(1{,}000)(70)^3}{12(9.66)} + \frac{(1{,}000)(70)}{9.66}(59.0-0.5(70))^2 + 0.872\times10^6 + (2.26\times10^3)(35.7)^2$$

$$+ \frac{(50)(1{,}000)(50)}{(9.66)(100)}\left[\frac{50^2}{12} + (120-59.0-0.5(50))^2\right]$$

$$= 14.7\times10^6\ \mathrm{mm}^4$$

(3) 합성슬래브 단면 2차 모멘트

$$I_d = \frac{I_u + I_c}{2} = \frac{(14.7 + 13.3) \times 10^6}{2} = 14.1 \times 10^6 \mathrm{mm}^4 \qquad \text{식(4.3.16)}$$

(4) 휨강도

$$(c/d) = \frac{A_s F_y}{0.85 f_{ck} d b \beta_1} = \frac{(2.26 \times 10^3)(245)}{0.85(21)(94.7)(1,000)(0.85)} = 0.386 \qquad \text{식(4.3.19)}$$

$$(c/d)_b = \frac{0.003(h - d_d)}{(F_y / E_s + 0.003)d} = \frac{0.003(120 - 50)}{(245/210,000 + 0.003)(94.7)} = 0.532 \qquad \text{식(4.3.20)}$$

$(c/d) < (c/d)_b$이므로 과소철근 슬래브

$$M_n = F_y I_{cr} / (h - y_{cc}) = (245)(13.3 \times 10^6)/(120 - 68.0)/10^6 = 62.8 \text{ kN·m} \qquad \text{식(4.3.21)}$$

$$\phi_b M_n = 0.85(62.8) = 53.3 \text{ kN·m}$$

(5) 1면 전단강도

$$V_c = \frac{1}{6} \lambda \sqrt{f_{ck}} A_c = \frac{1}{6}(1) \sqrt{(21)} (60,000)/10^3 = 45.8 \text{ kN}$$

$$V_D = 60.4 \text{ kN}$$

$$A_c = W_r h = (50)(120)(1,000/100) = 60,000 \text{ mm}^2$$

$$\lambda = 1$$

$$\phi V_n = \phi_v V_c + \phi_s V_D = 0.75(45.8) + 0.85(65.4) = 89.9 \text{ kN} \qquad \text{식(4.3.23)}$$

$$\leq \phi_v \frac{1}{3} \sqrt{f_{ck}} A_c = 0.75 \frac{1}{3} \sqrt{(21)} (60,000)/10^3 = 68.7 \text{ kN}$$

$$\therefore \phi V_n = 68.7 \text{ kN}$$

※ 휨강도와 1방향 전단강도에 추가하여 4.3.3 8)(5)의 전단부착강도를 실험을 통해 확인해야 함.

(6) 합성슬래브 단면성능

유형	h mm	A_c' ×10³, mm²	Vol. m³/m²	W kN/m²	S_c ×10³, mm³	I_{av} ×10⁶, mm⁴	$\phi_b M_n$ kN·m	$\phi_v V_n$ kN	$A_{s\_req'd}$ mm²
5	120	95.0	0.0950	2.28	251	14.7	47.9	68.7	52.5

주기 :
1. 상기 값은 데크 단위폭(1,000mm)에 대한 값임.
2. $A_{s\_req'd}$: 온도 및 건축수축을 고려한 최소철근단면적, mm^2(단위길이 1,000mm당 단면적의 0.0075배 이상)

4) 타설 시

(1) 적용하중

① 콘크리트자중 $w_{dc} = 2.28 \text{ kN/m}^2$

② 데크자중 $w_{dd} = 0.174 \text{ kN/m}^2$

③ 등분포 시공하중

가) 굳지 않은 콘크리트 자중 관련 $w_{lc} = 1.0 \text{kN/m}^2$

나) 데크 자중 관련 $w_{cdl} = 2.5 \text{kN/m}^2$

④ 집중시공하중 $P_{lc} = 2.2 \text{kN}$

(2) 하중조합

LC1 : $1.6w_{dc}+1.2w_{dd}+1.4w_{lc}=1.6(2.28)+1.2(0.174)+1.4(1.0)=5.3\ \text{kN/m}^2$ 식(4.3.1)

LC2 : $1.6w_{dc}+1.2w_{dd}+1.4P_{lc}=1.6(2.28)+1.2(0.174)+1.4(2.2)=3.85\ \text{kN/m}^2,\ 3.08\ \text{kN}$ 식(4.3.2)

LC3 : $1.2w_{dd}+1.4w_{cdl}=1.2(0.174)+1.4(2.5)=3.71\ \text{kN/m}^2$ 식(4.3.3)

(3) 휨모멘트 검토

LC1 : $+M=0.125Wl^2=0.125(5.3)(3.0)^2=5.96\ \text{kN·m}$

LC2 : $+M=0.25Pl+0.125Wl^2=0.25(3.08)(3.0)+0.125(3.85)(3.0)^2=6.64\ \text{kN·m}$

LC3 : $+M=0.125Wl^2=0.125(3.71)(3.0)^2=4.17\ \text{kN·m}$

$M_u=6.64\ \text{kN·m} < \phi M_n=\phi S_pF_y=0.95\times(34.5\times10^3)(245)/10^6=8.03\ \text{kN·m}$ 적합

(4) 전단 및 웨브 크리플링 검토

LC1 : $P_{ext}=0.5Wl=0.5(5.3)(3.0)=7.95\ \text{kN}$

LC2 : $P_{ext}=0.5Wl+P=125Wl^2=0.5(3.85)(3.0)+3.08=8.86\ \text{kN}$

LC3 : $P_{ext}=0.5Wl=0.5(3.71)(3.0)=5.57\ \text{kN}$

$V_u=8.86\text{kN} < \phi V_n=62.1\ \text{kN},\ \phi P_n=25.2\ \text{kN}$ 적합

(5) 휨, 전단 조합 시

$$\sqrt{\left(\frac{M_u}{\phi_b M_n}\right)^2+\left(\frac{V_u}{\phi_v V_n}\right)^2}=\sqrt{\left(\frac{6.64}{7.70}\right)^2+\left(\frac{8.86}{62.1}\right)^2}=0.87\le 1.0$$ 적합

(6) 휨, 웨브 크리플링 조합 시

$$0.88\left(\frac{\overline{P}}{P_n}\right)+\left(\frac{\overline{M}}{M_{nxo}}\right)=0.88\left(\frac{8.86}{25.2}\right)+\left(\frac{6.64}{8.11}\right)=1.13\le 1.33(0.9)=1.20$$ 적합

(7) 처짐 검토

$$\Delta=\frac{0.0130Wl^4}{EI}=\frac{0.0130(2.28+0.174)(3{,}000)^4}{(210{,}000)(0.872\times10^6)}=14.1\ \text{mm} < l/180=16.7\text{mm},19\text{mm}$$

적합

5) 합성 시

(1) 적용하중

① 추가 고정하중 w_{da}는 고려 안 함.

② 활하중 $w_l=8.0\text{kN/m}^2$

(2) 하중조합

$W=1.2(w_{dc}+w_{dd})+1.6w_l=1.2(2.28+0.174)+1.6(8.0)=15.7\ \text{kN/m}^2$

(3) 휨모멘트 검토

$M_u=0.125Wl^2=17.7\ \text{kN·m} < \phi M_n=51.2\ \text{kN·m}$ 적합

(4) 전단 검토

$V_u = 0.5\,Wl = 0.5(15.7)(3) = 23.6\,\text{kN} < \phi\,V_n = 68.7\,\text{kN}$ 적합

(5) 처짐 검토

$$\Delta = \frac{0.0130\,Wl^4}{EI} = \frac{0.0130(8.0)(3{,}000)^4}{(210{,}000)(14.1\times10^6)} = 2.84\text{ mm} < l/360 = 8.33\text{mm}$$ 적합

4.5 설계도움표

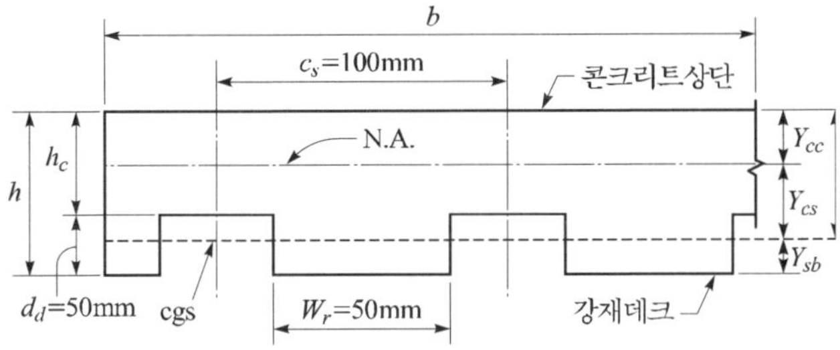

합성슬래브 단면형상

도움표 4.1 강재데크의 단면성능							F_y = 245MPa	
유형	t mm	w kN/m^2	A_s ×103,mm^2	I ×106,mm^4	S_p ×103,mm^3	S_n ×103,mm^4	$\phi_w P_n$ kN	$\phi_v V_n$ kN
1	0.8	0.113	1.46	0.564	23.1	22.0	12.5	42.9
2	0.9	0.129	1.67	0.647	26.1	25.6	15.5	48.0
3	1.0	0.145	1.87	0.728	29.0	29.3	18.8	53.1
4	1.1	0.160	2.07	0.805	31.8	32.6	22.4	58.1
5	1.2	0.174	2.26	0.872	34.5	35.3	26.2	63.0

주 :
1. 상기 값은 데크 단위폭(1,000mm)에 대한 값임.
2. t : 데크두께(원판두께), mm
3. w : 데크자중(아연도금중량 포함), kN/m^2
4. I : 데크의 단면2차모멘트, 정모멘트를 위한 값임, mm^4
5. S_p, S_n : 각각 정모멘트, 부모멘트에 대한 데크의 단면계수, mm^3
6. ϕR_b : 지압길이 50mm에 대한 데크의 웨브크리플링강도, kN
7. ϕV_n : 전단강도, kN
8. ϕM_n : 휨강도, kN·m

도움표 4.2 합성데크슬래브 단면성능과 최대경간

F_y = 245MPa, f_{ck} = 21MPa

유형	h	A_c'	Vol.	W	S_c	I_{av}	$\phi_b M_n$	$\phi_v V_n$	최대경간(m)			$A_{s\_req'd}$
	mm	$\times 10^3$,mm^2	m^3/m^2	kN/m^2	$\times 10^3$,mm^3	$\times 10^3$,mm^4	kN·m	kN	1경간	2경간	3경간	mm^2
	120	95	0.095	2.28	128	11.7	25.1	68.7	2.66	2.90	2.99	52.5
	130	105	0.105	2.52	139	14.5	27.5	73.7	2.56	2.79	2.89	60.0
	140	115	0.115	2.76	151	17.6	30.0	76.6	2.47	2.70	2.79	67.5
	150	125	0.125	3.00	163	21.2	32.6	79.4	2.40	2.62	2.71	75.0
1	160	135	0.135	3.24	175	25.2	35.1	82.3	2.32	2.54	2.63	52.5
	170	145	0.145	3.48	188	29.6	37.9	85.1	2.26	2.47	2.55	90.0
	180	155	0.155	3.72	201	34.4	40.5	88.0	2.20	2.41	2.49	97.5
	190	165	0.165	3.96	214	39.6	43.3	90.9	2.15	2.35	2.42	105.0
	200	175	0.175	4.20	227	45.2	46.2	93.8	2.10	2.29	2.37	113.0
	120	95	0.095	2.28	153	12.4	30.0	68.7	2.88	3.09	3.19	52.5
	130	105	0.105	2.52	165	15.4	32.8	74.5	2.77	2.98	3.08	60.0
	140	115	0.115	2.76	178	18.8	35.7	80.2	2.68	2.88	2.98	67.5
	150	125	0.125	3.00	191	22.6	38.5	83.8	2.59	2.79	2.89	75.0
2	160	135	0.135	3.24	205	26.8	41.4	86.6	2.51	2.71	2.80	82.5
	170	145	0.145	3.48	219	31.4	44.2	89.5	2.44	2.64	2.73	90.0
	180	155	0.155	3.72	233	36.5	47.4	92.3	2.38	2.57	2.65	97.5
	190	165	0.165	3.96	248	41.9	50.2	95.3	2.32	2.50	2.59	105.0
	200	175	0.175	4.20	262	47.9	53.6	98.1	2.26	2.45	2.53	113.0
	120	95	0.095	2.28	181	13.2	35.3	68.7	3.00	3.23	3.34	52.5
	130	105	0.105	2.52	195	16.3	38.4	74.5	2.90	3.12	3.22	60.0
	140	115	0.115	2.76	209	19.8	41.3	80.2	2.82	3.02	3.12	67.5
	150	125	0.125	3.00	223	23.8	44.5	85.9	2.74	2.92	3.02	75.0
3	160	135	0.135	3.24	238	28.2	47.7	91.0	2.65	2.84	2.93	52.5
	170	145	0.145	3.48	253	33.1	50.8	93.8	2.58	2.76	2.85	90.0
	180	155	0.155	3.72	269	38.4	54.3	96.7	2.51	2.69	2.78	97.5
	190	165	0.165	3.96	285	44.2	57.8	99.6	2.45	2.62	2.71	105.0
	200	175	0.175	4.20	301	50.4	61.0	102.4	2.39	2.56	2.65	113.0
	120	95	0.095	2.28	214	14.0	41.6	68.7	3.09	3.38	3.49	52.5
	130	105	0.105	2.52	227	17.2	44.5	74.5	3.00	3.26	3.37	60.0
	140	115	0.115	2.76	242	20.9	47.6	80.2	2.91	3.15	3.26	67.5
	150	125	0.125	3.00	257	25.1	51.1	85.9	2.84	3.06	3.16	75.0
4	160	135	0.135	3.24	273	29.7	54.6	91.7	2.77	2.97	3.07	52.5
	170	145	0.145	3.48	289	34.8	58.0	97.4	2.71	2.89	2.98	90.0
	180	155	0.155	3.72	306	40.3	61.6	100.9	2.65	2.81	2.91	97.5
	190	165	0.165	3.96	323	46.4	65.3	103.8	2.58	2.74	2.83	105.0
	200	175	0.175	4.20	340	52.8	68.7	106.7	2.52	2.68	2.77	113.0
	120	95	0.095	2.28	251	14.7	47.9	68.7	3.17	3.51	3.63	52.5
	130	105	0.105	2.52	262	18.1	51.0	74.5	3.07	3.39	3.51	60.0
	140	115	0.115	2.76	277	21.9	54.2	80.2	2.99	3.28	3.39	67.5
	150	125	0.125	3.00	293	26.2	57.7	85.9	2.91	3.18	3.29	75.0
5	160	135	0.135	3.24	309	31.1	61.5	91.7	2.84	3.09	3.19	52.5
	170	145	0.145	3.48	326	36.3	65.0	97.4	2.78	3.00	3.10	90.0
	180	155	0.155	3.72	344	42.1	68.9	103.1	2.72	2.93	3.02	97.5
	190	165	0.165	3.96	362	48.4	72.7	108.0	2.67	2.85	2.95	105.0
	200	175	0.175	4.20	380	55.1	76.6	110.9	2.62	2.79	2.88	113.0

주기 :

1. 상기 값은 합성슬래브 단위폭(1,000mm)에 대한 값임.
2. A_c' : 콘크리트 단면적, mm^2
3. Vol. : 단위면적당 콘크리트 부피(보 또는 데크 처짐 고려안함), m^3/m^2
4. W : 합성슬래브 자중, kN/m^2
5. S_c : 합성슬래브의 균열단면계수, mm^3
6. I_{av} : 환산단면해석법에 의한 합성슬래브 단면 2차 모멘트, mm^4(처짐산정 시 강재 탄성계수 적용해야 함)
7. ϕM_n : 설계휨강도, kN·m,
8. ϕV_n : 설계전단강도, kN
9. 최대경간 : 동바리를 설치하지 않는 조건에서 시공하중을 고려한 휨, 전단, 처짐, 지점반력에 견딜 수 있는 경간, m (w_{lc}= 0.96kN/m^2, w_{cdl}=2.5kN/m^2, P_{lc}=2.19kN)
10. $A_{s\_req'd}$: 온도 및 건축수축을 고려한 최소철근단면적, mm^2

도움표 4.3 합성데크슬래브 설계강도와 등분포활하중

F_y = 245MPa, f_{ck} = 21MPa

유형	h	ϕM_n	ϕV_n	L 등분포활하중, kN/m^2												
				경간(m)												
	mm	kN · m	kN	1.0	1.25	1.5	1.75	2.0	2.25	2.5	2.75	3.0	3.25	3.5	3.75	4.0
	120	25.1	68.7	84.0	66.8	54.0	39.2	29.6	23.0	18.3	14.8	12.1	10.1	8.5	7.1	6.0
	130	27.5	73.7	90.3	71.8	59.1	42.9	32.4	25.2	20.0	16.2	13.3	11.0	9.2	7.8	6.6
	140	30.0	76.6	93.9	74.7	62.0	46.8	35.3	27.5	21.8	17.7	14.5	12.0	10.1	8.5	7.2
	150	32.6	79.4	97.4	77.5	64.3	50.9	38.4	29.9	23.7	19.2	15.8	13.1	11.0	9.3	7.9
1	160	35.1	82.3	101.0	80.4	66.7	54.8	41.4	32.2	25.6	20.7	17.0	14.1	11.8	10.0	8.5
	170	37.9	85.1	104.5	83.2	69.0	58.9	44.7	34.7	27.6	22.4	18.4	15.2	12.8	10.8	9.1
	180	40.5	88	108.1	86.1	71.5	61.0	47.8	37.1	29.5	23.9	19.6	16.3	13.7	11.5	9.8
	190	43.3	90.9	111.8	89.0	73.9	63.1	51.1	39.7	31.6	25.6	21.0	17.4	14.6	12.3	10.5
	200	46.2	93.8	115.4	91.9	76.3	65.1	54.5	42.4	33.7	27.3	22.4	18.6	15.6	13.2	11.2
	120	30.0	68.7	84.0	66.8	55.4	47.2	35.7	27.8	22.2	18.0	14.9	12.4	10.4	8.9	7.6
	130	32.8	74.5	91.3	72.6	60.2	51.3	39.0	30.4	24.3	19.7	16.2	13.5	11.4	9.7	8.3
	140	35.7	80.2	98.4	78.3	65.0	55.4	42.5	33.1	26.4	21.4	17.7	14.7	12.4	10.5	9.0
	150	38.5	83.8	102.9	81.9	68.0	58.0	45.8	35.7	28.5	23.1	19.0	15.9	13.4	11.3	9.7
2	160	41.4	86.6	106.4	84.7	70.3	60.0	49.2	38.4	30.6	24.8	20.5	17.1	14.4	12.2	10.4
	170	44.2	89.5	110.0	87.6	72.7	62.1	52.5	40.9	32.7	26.5	21.8	18.2	15.3	13.0	11.1
	180	47.4	92.3	113.5	90.4	75.0	64.1	55.8	43.9	35.0	28.5	23.4	19.6	16.5	14.0	11.9
	190	50.2	95.3	117.3	93.4	77.5	66.2	57.7	46.5	37.1	30.1	24.8	20.7	17.4	14.8	12.6
	200	53.6	98.1	120.8	96.2	79.9	68.2	59.4	49.7	39.6	32.2	26.5	22.1	18.6	15.8	13.5
	120	35.3	68.7	84.0	66.8	55.4	47.2	41.1	33.0	26.4	21.5	17.8	14.9	12.6	10.7	9.2
	130	38.4	74.5	91.3	72.6	60.2	51.3	44.7	35.9	28.7	23.4	19.3	16.2	13.7	11.7	10.0
	140	41.3	80.2	98.4	78.3	65.0	55.4	48.3	38.6	30.9	25.1	20.8	17.4	14.7	12.5	10.7
	150	44.5	85.9	105.5	84.0	69.7	59.5	51.8	41.6	33.2	27.1	22.4	18.7	15.8	13.5	11.5
3	160	47.7	91	111.9	89.1	74.0	63.1	55.0	44.6	35.6	29.0	24.0	20.0	16.9	14.4	12.4
	170	50.8	93.8	115.4	91.9	76.3	65.1	56.8	47.5	37.9	30.9	25.5	21.3	18.0	15.3	13.2
	180	54.3	96.7	119.0	94.8	78.7	67.2	58.6	50.7	40.5	33.0	27.3	22.8	19.3	16.4	14.1
	190	57.8	99.6	122.6	97.7	81.1	69.3	60.4	53.5	43.2	35.1	29.0	24.3	20.5	17.5	15.0
	200	61.0	102.4	126.1	100.5	83.5	71.3	62.1	55.0	45.5	37.1	30.6	25.6	21.6	18.4	15.8
	120	41.6	68.7	84.0	66.8	55.4	47.2	41.1	36.3	31.5	25.7	21.3	17.9	14.7	11.9	9.8
	130	44.5	74.5	91.3	72.6	60.2	51.3	44.7	39.5	33.6	27.4	22.7	19.1	16.2	13.8	11.9
	140	47.6	80.2	98.4	78.3	65.0	55.4	48.3	42.7	35.9	29.3	24.3	20.3	17.2	14.7	12.7
	150	51.1	85.9	105.5	84.0	69.7	59.5	51.8	45.8	38.5	31.4	26.0	21.8	18.5	15.8	13.6
4	160	54.6	91.7	112.8	89.8	74.5	63.6	55.4	49.1	41.1	33.5	27.8	23.3	19.7	16.9	14.5
	170	58.0	97.4	119.9	95.5	79.3	67.7	59.0	52.2	43.7	35.6	29.5	24.7	20.9	17.9	15.4
	180	61.6	100.9	124.3	99.0	82.2	70.2	61.2	54.2	46.4	37.8	31.3	26.2	22.2	19.0	16.3
	190	65.3	103.8	127.9	101.9	84.6	72.3	63.0	55.8	49.2	40.1	33.2	27.8	23.6	20.1	17.3
	200	68.7	106.7	131.5	104.8	87.0	74.3	64.8	57.4	51.5	42.2	34.9	29.3	24.8	21.2	18.2
	120	47.9	68.7	84.0	66.8	55.4	47.2	41.1	36.3	32.5	29.4	24.4	19.2	15.4	12.5	10.3
	130	51.0	74.5	91.3	72.6	60.2	51.3	44.7	39.5	35.4	31.7	26.3	22.1	18.8	15.4	12.7
	140	54.2	80.2	98.4	78.3	65.0	55.4	48.3	42.7	38.2	33.6	27.9	23.5	19.9	17.1	14.7
	150	57.7	85.9	105.5	84.0	69.7	59.5	51.8	45.8	41.1	35.8	29.7	24.9	21.2	18.1	15.7
5	160	61.5	91.7	112.8	89.8	74.5	63.6	55.4	49.1	44.0	38.1	31.6	26.6	22.5	19.3	16.7
	170	65.0	97.4	119.9	95.5	79.3	67.7	59.0	52.2	46.8	40.2	33.4	28.0	23.8	20.4	17.6
	180	68.9	103.1	127.0	101.2	84.0	71.8	62.6	55.4	49.7	42.6	35.4	29.7	25.2	21.6	18.6
	190	72.7	108	133.1	106.1	88.1	75.3	65.6	58.1	52.1	45.0	37.3	31.3	26.6	22.7	19.6
	200	76.6	110.9	136.8	109.0	90.5	77.3	67.4	59.7	53.6	47.4	39.3	33.0	28.0	24.0	20.7

주 :

1. 합성슬래브는 단순지지보로 가정함.
2. 등분포활하중, L은 식 $\phi M_n = (1.6L + 1.2D)l^2/8$에 의하여 산정됨.
3. 고정하중은 콘크리트자중(w_{dc})과 데크자중(w_{dd})이 고려됨.(추가고정하중 (w_{da})은 고려안 함)
4. 추가활하중에 대한 처짐은 경간의 1/360 이하로 제한함.

Chapter 05

합성보

Chapter 05

합성보

5.1 개요

합성보의 종류는 노출형 합성보, 매입형 합성보 및 충전형 합성보로 분류할 수 있으며, H형강을 이용한 노출형 합성보가 가장 널리 사용되고 있다. 강재보가 상부의 철근콘크리트 슬래브와 합성된 노출형 합성보는 시공이 용이하며, 단면의 상부가 압축단이 되는 정휨모멘트의 경우 단면의 효율성이 매우 높다. 반면에 매입형 합성보와 충전형 합성보는 다음과 같이 실무에 적용하는 데 몇 가지 문제점을 갖고 있어, 이 장에서는 일반적인 노출형 합성보만 다루기로 한다.

매입형 합성보와 충전형 합성보의 실무적용 문제점

- 강재앵커(전단연결재)가 없는 완접매입형 합성보의 길이방향 전단에 대한 적합한 극한강도 설계모델이 없다.
- 완전매입형 합성보의 모멘트-전단 상호작용, 모멘트 재분배 등에 대한 유용한 실험자료나 기준이 없다.
- 부분매입형 합성보에 적용할 설계기준이 없다.
- 충전형 합성보에 적합한 휨강성에 대한 설계기준이 없다.

5.1.1 노출형 합성보의 거동

노출형 합성보는 [그림 5.1.1]에서와 같이 강재보, 콘크리트 슬래브 및 강재앵커로 구성되며, 콘크리트슬래브와 강재보 사이에 있는 강재앵커에 의해 합성거동을 하게 된다. 일반적으로 단순보로 사용하는 노출형 합성보는 정휨모멘트에 대하여 강재보가 인장력을 받고 슬래브가 압축력의 전부 또는 일부를 받고, 연속보로 사용하는 노출형 합성보는 부휨모멘트에 대하여 슬래브 연속철근이 인장력을 받고 형강의 하부 플랜지가 압축력을 받는다. 강재보에 용접되어 콘크리크에 매입된 강재앵커가 강재보와 콘크리트슬래브의 경계면에서 수평전단력을 전달한다. 즉, 강재보와 강재앵커 사이의 힘은 전단으로 전달되고, 강재앵커와 콘크리트 사이의 힘은 지압(bearing)으로 전달된다.

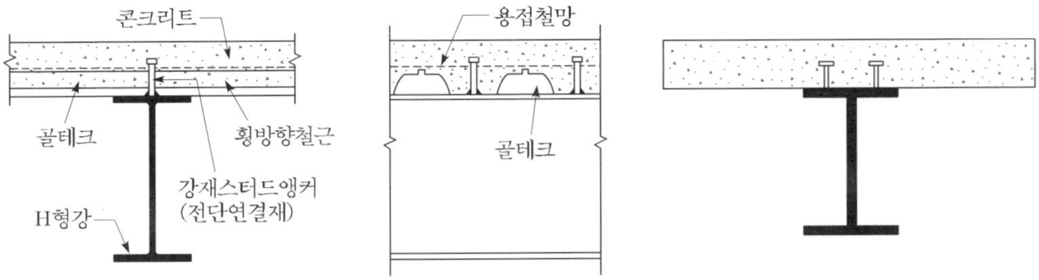

(a) 골데크슬래브와 결합한 합성보 (b) 평판슬래브와 결합한 합성보

[그림 5.1.1] 합성보의 구성

노출형 합성보의 거동은 강재보와 콘크리트슬래브 사이의 연결 정도에 따라 거동이 달라진다.

1) 강재보와 콘크리트슬래브가 연결되지 않은 경우(합성거동이 없는 경우), 강재보와 콘크리트슬래브는 합성거동 없이 두 부재사이에 미끄러짐이 발생하여 독립적으로 거동하게 되며 보의 소성능력만이 신뢰할 수 있는 최종강도를 결정한다([그림 5.1.2] (a) 참조).
2) 강재보와 콘크리트슬래브가 완전 연결된 경우(완전합성거동의 경우), 강재보와 콘크리트슬래브는 변형률 연속성으로 인해 하나의 개체처럼 완전합성거동을 하게 되며 보와 슬래브 단면에서 가능한 최대강도를 얻을 수 있다([그림 5.1.2] (b) 참조). 완전합성보는 강재보와 철근콘크리트 슬래브가 완전한 합성작용을 할 수 있도록 강재앵커가 충분히 사용된 합성보이다. 완전합성보는 합성보의 내력을 충분히 발휘하기까지 강재앵커가 파괴되지 않는다. 완전연결을 위해서는 연결재가 무한강성을 가져야 하므로 비현실적이지만, 강재앵커가 최대 소요전단력을 전달할 수 있다면 경계면에서의 약간의 미끄러짐(slip)이 단면성능에 크게 영향을 미치지 않는다. 강재앵커가 강재보의 인장강도와 콘크리트슬래브의 압축강도 중 작은 값을 전단력으로 전달하도록 설계하는 것이다.
3) 강재보와 콘크리트슬래브가 불완전하게 연결된 경우(불완전합성거동의 경우), 강재보와 콘크리트슬래브는 불완전합성거동을 하게 된다([그림 5.1.2] (c) 참조). 완전합성보로 작용하기에는 불충분한 양의 강재앵커를 사용한 것이 불완전합성보이다. 불완전합성보는 하중이 작용한 경우 완전합성보의 내력을 충분히 발휘하기 전에 강재앵커 자체가 먼저 항복한다. 이러한 경우 연결재를 통해 전달되는 수평전단력이 강재보의 인장강도와 콘크리트슬래브의 압축강도 중 작은 값보다 작으며, 휨강도는 보수적으로 합성거동이 없는 경우와 완전합성거동하는 경우 사이의 값으로 선형보간할 수 있다([그림 5.1.3] 참조).

완전합성보로 설계하기에는 강재앵커가 너무 많이 필요하게 되는 다음과 같은 경우에 불완전합성보로 설계한다.

- 콘크리트 타설 시점을 고려하여 선정된 강재보 단면에 대해 완전합성보로 설계하면 필요 이상의 과다설계가 되기 때문에 강재앵커를 줄이고 싶은 경우
- 데크플레이트 리브가 강재보와 직각으로 배치되어 강재앵커 간격을 리브 간격과 통일하기 위하여 강재앵커 간격을 넓히는 경우

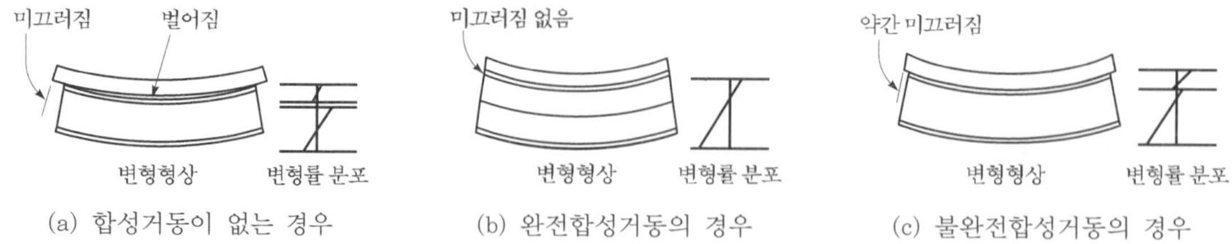

[그림 5.1.2] 합성거동의 분류

"완전합성"과 "부분합성"의 개념은 임계단면의 휨강도의 계산에 소성이론이 사용되는 보에 한하여 적용한다. 보 또는 캔틸레버에 있어 강재앵커의 수를 증가시켜도 부재의 설계휨강도가 증가하지 않는 경우를 완전합성이라 한다. 그 외의 경우를 부분합성이라 한다.

예를 들어 어느 일정한 강재단면과 콘크리트슬래브단면으로 구성된 합성보는 [그림 5.1.3]과 같이 강재앵커(전단연결재)에 의한 합성정도에 따라서 소성응력의 분포가 변하므로 중립축의 위치가 변하며 이에 따라 휨강도와 휨강성의 크기도 변한다. 그림에서 Ⓐ점은 순강재단면의 휨강도와 단면 2차 모멘트를 나타내며, Ⓒ점은 완전합성단면의 휨강도와 단면 2차 모멘트를 나타내고, Ⓐ점과 Ⓒ점 사이를 잇는 곡선 Ⓑ는 강재앵커(전단연결재)의 합성정도에 따라 소성응력분포법에 의한 불완전합성단면의 휨강도와 단면 2차 모멘트를 나타낸다. 불완전합성단면의 휨강도와 단면 2차 모멘트는 소성응력분포법에 의한 해석 대신에 Ⓐ점과 Ⓒ점 사이를 잇는 직선에 따른 선형보간법에 의하여 안전측으로 구할 수 있다.

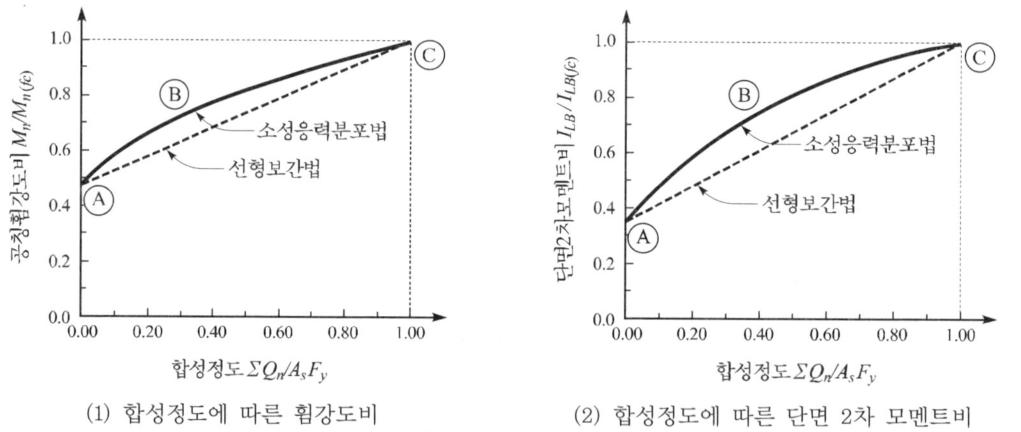

H－500×200×20×16(F_y＝275MPa), b_e＝3,000mm, h_r＝75mm, t_c＝100mm, f_{ck}＝24MPa인 합성보의 예

[그림 5.1.3] 완전합성보에 대한 불완전합성보의 휨강도비와 단면 2차 모멘트비

5.1.2 강재앵커

강재앵커는 [그림 5.1.4]과 같이 강재앵커(스터드) 또는 ㄷ형강 등이 있으나, 건축구조에는 일반적으로 강재앵커(스터드)가 사용된다. 강재보와 콘크리트슬래브 사이의 강재앵커는 합성거

동 확보를 위한 주요 요소이다. 강재앵커 설계의 기본 원칙은 강재보와 콘크리트슬래브 사이에서 발달된 수평전단력에 저항해야 한다는 것이다. 수평전단력은 합성정도에 따라 강재단면의 항복강도의 전체 또는 일부에 해당될 수 있다. 또한, 강재앵커는 휨이나 뽑힘에도 저항해야 한다.

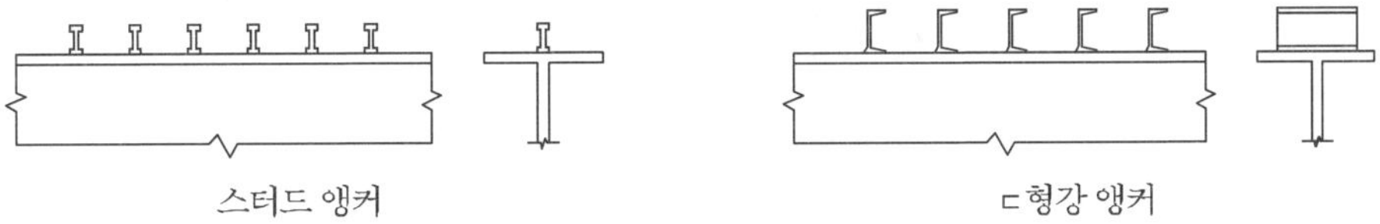

[그림 5.1.4] 강재앵커의 종류

1) 강재앵커의 최소량

강재앵커의 수량에 대한 요구사항은 없다. 대부분 자료에서는 실무적 이유로 최소 25%의 부분합성작용으로 제한하고 있으나 부분합성작용의 낮은 정도의 사용에는 2가지 문제점이 야기된다. 첫째, 50% 합성작용보다 작은 경우에는 부재의 휨강도에 이르기까지 큰 회전이 요구되고, 공칭강도에 도달한 후 매우 제한된 연성도를 갖게 된다. 둘째, 낮은 합성거동은 탄성거동으로부터 보와 강재앵커(스터드)가 초기에 분리된다. 극한강도개념을 근거로 한 현 조항은 사용성 하중조합에서의 탄성거동을 확보하기 위한 검토를 무시하고 있다. 이것은 낮은 정도의 부분합성작용을 사용한 경우에는 문제가 될 수 있다.

2) 연성거동

강재앵커(스터드)의 경우, 강재앵커(스터드)의 연성은 국부적 응력집중의 결과이다. 콘크리트가 비탄성 변형 또는 강재앵커(스터드) 하부 주위에서 파쇄할 경우 강재앵커(스터드)의 변형이 발생할 수 있다. 콘크리트파괴를 기초로 하여 강도를 산정할 경우라도 강재앵커(스터드)의 전반적인 거동은 여전히 연성적이다([그림 5.1.5] 참조). 강재앵커(스터드)의 전단력과 모멘트는 보 플랜지와 강재앵커(스터드)를 연결하는 용접에서 최대값을 가지며 용접에서 멀어지면서 급격히 감소한다. 강재앵커(스터드)의 길이-직경 비가 클 경우에는 값이 음수값이 되어 탄성기초위의 캔틸레버 거동과 유사하게 된다.

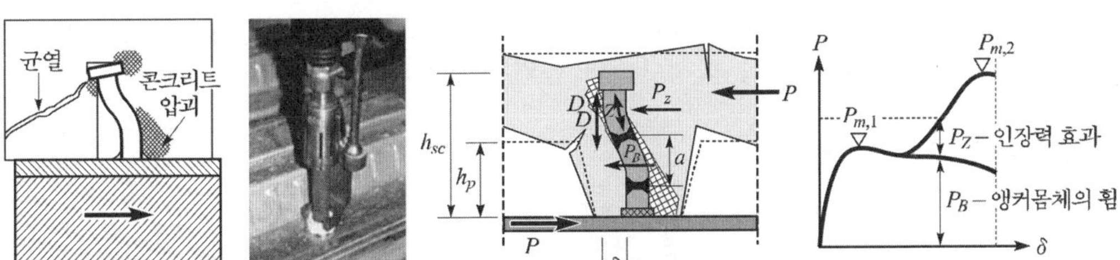

[그림 5.1.5] 콘크리트 내 강재앵커(스터드)의 변형

5.1.3 합성보의 휨강도

정모멘트에 대한 합성보의 휨강도는 강재단면과 콘크리트슬래브, 그리고 강재앵커의 강도에 의해 결정된다([그림 5.1.6] 참조).

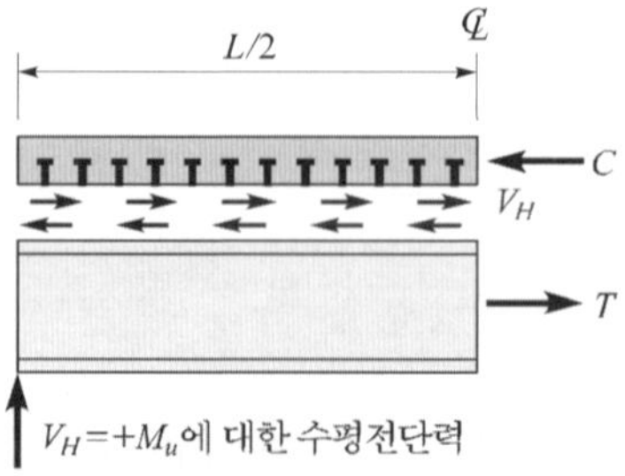

[그림 5.1.6] 합성보 휨강도와 수평전단력

웨브가 세장하여 웨브의 많은 부분이 압축력을 받은 경우 웨브의 좌굴이 휨강도를 결정할 수 있다. 노출형합성보의 정모멘트에 대한 휨강도는 웨브의 폭두께비에 따라 합성단면의 항복한계상태에 대해 소성응력분포 또는 탄성응력분포로 가정하여 산정한다. 즉, 소성응력분포로 단면을 설계하기 위해서는 정휨모멘트 구간에서는 강재단면의 웨브가 조밀(콤팩트)단면요소의 조건인 $h/t_w \leq 3.76\sqrt{E/F_y}$를 만족시켜야 한다. 한편, 부휨모멘트 구간에서는 강재보 단면 전체가 조밀(콤팩트)단면이어야 한다.

소성응력분포법을 적용할 경우 정모멘트에 대한 설계휨강도는 다음과 같은 소성중립축의 위치에 따라 소성응력분포를 가정하여 산정한다.

가) 소성중립축이 강재보의 웨브 내에 있을 때
나) 소성중립축이 강재보의 플랜지 내에 있을 때
다) 소성중립축이 슬래브 내에 있을 때

탄성응력분포법을 적용하는 경우는 강재보가 제한값보다 더 세장한 웨브를 갖는 경우이며, 안전측으로 최초 항복이 발생하는 시점을 휨강도의 한계값으로 한다. 이 경우 콘크리트가 양생되기 전에 동바리를 사용하지 않은 보에 가해진 장기하중에 의해 강재단면에 작용하는 응력을 콘크리트가 경화한 후에 보에 가해진 하중에 의해 합성단면에 작용하는 응력에 더해야 한다. 동바리를 사용하는 경우에는 모든 하중을 합성단면이 저항하는 것으로 가정한다. 최초 항복이 휨강도를 제한하는 경우, 합성단면의 응력은 탄성환산단면에 의해 계산한다.

5.1.4 합성보의 처짐 및 휨강성

합성보의 설계가 처짐에 의해 결정되는 경우 사용하중의 조합에 대해 보의 거동이 탄성범위 내에 있도록 설계하여야 한다. 아니면 처짐을 검토할 때 비탄성거동에 의한 확대효과를 고려해야 한다.

합성보의 처짐을 산정하기 위해서는 합성보의 휨강성을 산정해야 한다. 단기처짐에 대한 실험결과를 토대로 유효단면2차모멘트 I_{eff}를 산정해야 한다. 선형탄성이론에 의해 계산된 값을 활용할 수 있다. 불완전합성보의 처짐 계산에는 미끄러짐 효과를 포함하여야 하고, 이를 고려한 유효단면2차모멘트를 산정해야 한다.

대부분의 합성바닥층은 연속성이 크며, 보-기둥 접합부에 따른 합성보 양단의 구속조건은 합성보의 처짐에 많은 영향을 미친다.

수축과 크리프로 인한 합성보의 장기처짐 계산에 대한 직접적인 지침은 없다.

5.2 노출형 합성보 설계를 위한 관련기준 요약

합성보의 설계 및 상세는 건축구조기준(0709 합성부재)을 기본으로 한다.

합성보의 설계강도는 소성응력분포법 또는 변형률적합법으로 산정할 수 있다.

이 매뉴얼의 합성보 설계표와 예제에서는 소성응력분포법을 적용하였다.

5.2.1 일반사항

1) 콘크리트슬래브의 유효폭(건축구조기준 0709.3.1.1 참조)

합성보가 휨에 저항할 때 콘크리트슬래브에는 전단지연(shear lag) 효과로 인하여 면내에 불균등응력이 분포하므로 합성보의 휨단면 특성 산정에는 유효폭을 사용한다([그림 5.2.1] 참조). 유효폭 산정을 위해서 다음 사항을 고려하여야 한다.

콘크리트슬래브의 유효폭은 보중심을 기준으로 좌우 각 방향에 대한 유효폭의 합이다.

($b_e = b_{e1}^L + b_{e1}^R$ 또는 $b_e = b_{e1} + b_{e2}$)

보중심에서 각 방향에 대한 유효폭(b_{e1}, b_{e2})은 다음과 같이 구해진다.

(1) 인접보까지 연속슬래브가 있는 방향에 대한 유효폭(b_{e1}) : ①과 ② 중 최소값

① 보스팬(지지점의 중심 간)의 1/8

② 보중심선에서 인접보 중심선까지 거리의 1/2

(2) 슬래브 가장자리 방향에 대한 유효폭(b_{e2}) : ①과 ② 중 최소값

① 보스팬(지지점의 중심간)의 1/8

② 보중심선에서 슬래브 가장자리까지의 거리

설계를 단순화하기 위해 단순보와 연속보 모두에 대해 전 스팬과 지지부재의 중심 간 거리를 사용하여 유효폭을 구한다.

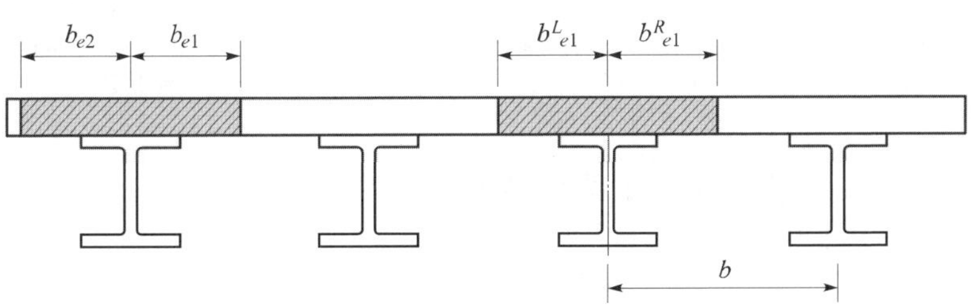

[그림 5.2.1] 콘크리트슬래브의 유효폭

2) 시공 중 하중(건축구조기준 0709.3.1.2 참조)

동바리지지 사용 여부에 따라 시공 중 하중을 다음과 같이 고려하여야 한다.

(1) 동바리를 사용하지 않는 경우

① 일반적으로 설계를 위해 콘크리트의 강도가 설계기준강도의 75%에 도달했을 때 콘크리트가 경화한 것으로 가정한다.

② 콘크리트가 경화하기 전에 작용하는 모든 시공하중은 강재단면만으로 지지할 수 있어야 한다.

③ 콘크리트 경화 전의 시공 중 하중에 대하여 강재보의 강도를 검토한다. 이때, 거푸집이 상부플랜지에 연결되지 않는 경우에는 시공 중 강재보의 횡방향지지가 연속적으로 이루어지지 않을 수 있으므로 강재보 휨강도 결정에서 비지지길이를 고려하여야 한다.

⑤ 시공 중 하중에 대하여 강재보의 처짐을 검토한다.

⑥ 콘크리트가 경화한 후에 작용하는 총 하중에 대하여 합성보의 강도 및 처짐을 검토한다.

(2) 동바리를 사용하는 경우

① 시공 중 하중을 검토할 필요가 없다.

② 콘크리트가 경화한 후에 작용하는 총 하중에 대하여 합성보의 강도 및 처짐을 검토한다.

5.2.2 설계휨강도

1) 데크플레이트 고려사항

[그림 5.2.2](1)처럼 데크플레이트의 골방향이 강재보에 직각인 경우에는 골 내부의 콘크리트를 단면특성 계산에 포함시킬 수 없다. 그러나, [그림 5.2.2](2)처럼 데크플레이트를 길이방향으로 절단하여 간격을 벌리어 콘크리트 헌치가 형성된 부분의 콘크리트는 포함시킬 수 있다. [그림 5.2.2](3)처럼 데크플레이트의 골방향이 강재보와 평행인 경우에는 골 내부의 콘크리트를 단면특성 계산에 포함시킬 수 있다.

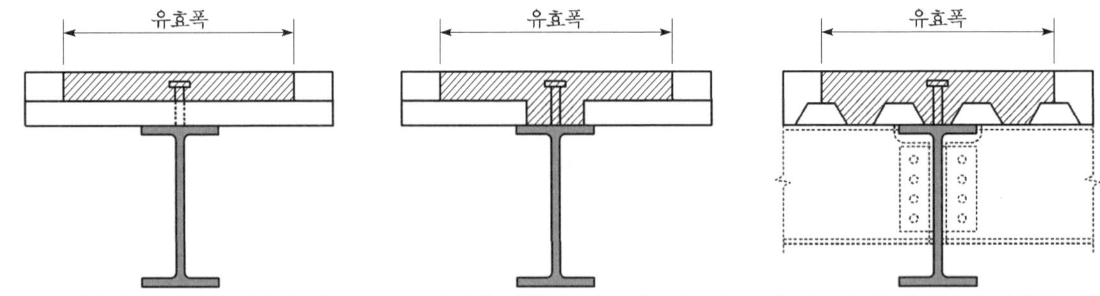

(1) 골방향이 강재보에 직각인 경우 (2) 분리된 부분에 콘크리트가 채워진 경우 (3) 골방향이 강재보에 평행한 경우

[그림 5.2.2] 골데크슬래브의 유효압축콘크리트

2) 정모멘트에 대한 설계휨강도(건축구조기준 0709.3.2.1 참조)

(1) 정모멘트에 대한 설계휨강도는 다음 사항을 가정하여 산정한다.

① 콘크리트 응력 $0.85f_{ck}$가 유효압축구간에 균등하게 분포

② 콘크리트의 인장강도는 무시

③ 강재의 항복강도 F_y는 강재단면의 인장과 압축구간을 통해 균등하게 분포

(2) 정모멘트에 대한 설계휨강도 $\phi_b M_n$은 항복한계상태로부터 다음과 같이 구해진다.

$\phi_b = 0.90$

① 강재보 웨브의 폭두께비 $h/t_w \le 3.76\sqrt{E/F_y}$ 인 경우

M_n은 합성단면의 항복한계상태에 대해 소성응력분포로부터 산정한다([그림 5.2.3] 참조).

$$M_n = C(d_1 + d_2) + P_y(d_3 - d_2)$$

여기서, P_y : 강재단면의 인장강도 ; $P_y = F_y A_s$(N)

d_1 : 콘크리트의 압축력 C의 중심으로부터 강재단면의 상단까지 거리(mm)

d_2 : 강재단면의 압축력 중심으로부터 강재단면의 상단까지 거리(mm)
강재단면에 압축력이 없는 경우에는 $d_2 = 0$

d_3 : 인장중심으로부터 강재단면의 상단까지 거리(mm)

콘크리트 슬래브의 압축력 C는 다음과 같이 결정한다.

가) 완전합성보로 설계할 경우 ($\Sigma Q_n \ge \min(A_{sw}F_y + 2A_{sf}F_y,\ 0.85f_{ck}A_c)$)

$$C = \min(A_{sw}F_y + 2A_{sf}F_y,\ 0.85f_{ck}A_c)$$

여기서, f_{ck} : 콘크리트의 설계기준압축강도(MPa)

A_c : 유효폭 안에 있는 콘크리트슬래브의 면적(mm^2)

A_s : 강재단면의 총단면적(mm^2)

A_{sw} : 강재웨브의 단면적(mm^2)

A_{sf} : 강재플랜지의 단면적(mm^2)

F_y : 강재의 설계기준항복강도(MPa)

$C = 0.85f_{ck}A_c$인 경우에는 콘크리트슬래브의 유효폭 안에 있는 길이방향철근의 단면적에 철근의 항복응력을 곱한 값을 C값에 포함시킬 수 있다.

나) 불완전합성보로 설계할 경우($\Sigma Q_n < \min(A_{sw}F_y + 2A_{sf}F_y,\ 0.85f_{ck}A_c)$)

$$C = \Sigma Q_n$$

여기서, ΣQ_n=정모멘트가 최대가 되는 위치와 모멘트가 0인 위치 사이에 있는 강재앵커(스터드)의 공칭강도의 합

압축블록의 깊이 a는 다음 식으로 구한다.

$$a = \frac{C}{0.85f_{ck}b_e}$$

소성응력분포에서 C값의 크기에 따라서 소성중립축 PNA의 위치가 웨브 또는 강재단면의 상부플랜지 또는 슬래브에 있게 된다. 다시 말해, 강재보와 콘크리트슬래브 사이의 합성 정도(수평전단력 $\sum Q_n$)에 따라 소성중립축(PNA)의 위치가 결정된다.

[참고사항]
〈도움표 5.1-xxx-yy〉과 〈도움표 5.2-xxx-yy〉를 활용하여 50%, 75%, 100%의 합성 정도에 따른 정모멘트 설계휨강도를 직접 구할 수 있다. (xxx : 강재강도, yy : 콘크리트강도)

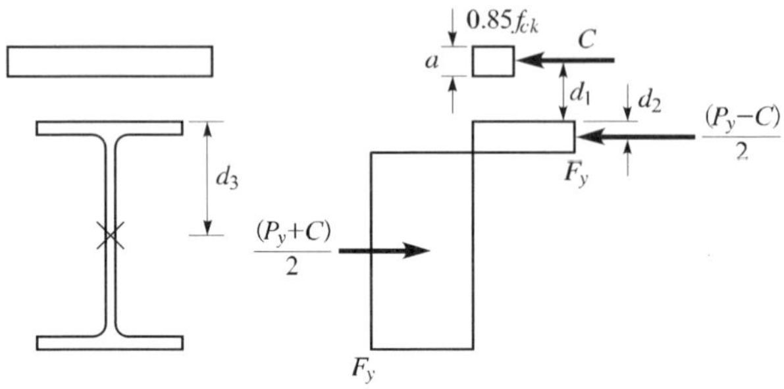

[그림 5.2.3] 정모멘트에 대한 소성응력분포 예

② 강재보 웨브의 폭두께비 $h/t_w > 3.76\sqrt{E/F_y}$ 인 경우

가) M_n은 동바리의 영향을 고려하여 항복한계상태에 대해 탄성응력을 중첩하여 구한다(항복모멘트).

나) 동바리를 사용하지 않는 경우, 콘크리트가 양생되기 전에 동바리를 사용하지 않은 보에 가해진 장기하중에 의해 강재단면에 작용하는 응력을 콘크리트가 경화한 후에 보에 가해진 하중에 의해 합성단면에 작용하는 응력에 더해야 한다.

다) 동바리를 사용하는 경우에는 모든 하중을 합성단면이 저항하는 것으로 가정한다.

라) 첫항복이 휨강도를 제한하는 경우, 합성단면의 응력은 탄성환산단면에 의해 계산한다. 탄성환산단면을 결정하기 위해서는 콘크리트의 단위중량과 강도에 따른 탄성계수비 $n = E_s/E_c$를 사용한다.

3) 부모멘트에 대한 설계휨강도(건축구조기준 0709.3.2.2 참조)

부모멘트에 대한 설계휨강도는 강재단면만을 사용하여 구한다.

부모멘트에 대한 설계휨강도 $\phi_b M_n$을 합성단면의 소성응력분포로부터 구할 경우([그림 5.2.4] 참조), 다음과 같은 조건들을 만족하여야 한다.

(1) 강재보는 조밀단면이며 KBC 0706에 따라 적절히 횡지지되어야 한다.

(2) 부모멘트 구간에서 콘크리트슬래브와 강재보에 강재앵커로 결합되어야 한다.

(3) 유효폭 내의 강재보에 평행한 슬래브철근은 적절히 정착한다.

$$\phi_b = 0.90$$

$$M_n = T(d_1 + d_2) + P_{yc}(d_3 - d_2)$$

여기서, P_{yc} : 강재단면의 압축강도 ; $P_{yc} = F_y A_s$(N)

d_1 : 길이방향 슬래브철근의 중심으로부터 강재단면의 상단까지 거리(mm)

d_2 : 강재단면의 인장력 중심으로부터 강재단면의 상단까지 거리(mm)

d_3 : 강재 압축단면 중심부터 강재단면의 상단까지 거리(mm)

철근의 인장력 T는 다음 식에 따라 산정한다.

$T = \min(F_{yr} A_r, \Sigma Q_n)$

여기서, A_r : 슬래브의 유효폭 안에 있고 적절하게 정착된 강재보에 평행한 슬래브철근의 단면적(mm^2)

F_{yr} : 슬래브 철근의 설계기준항복강도(MPa)

ΣQ_n : 부모멘트가 최대가 되는 위치와 모멘트가 0인 위치 사이에 있는 강재앵커(스터드)의 공칭강도의 합(N)

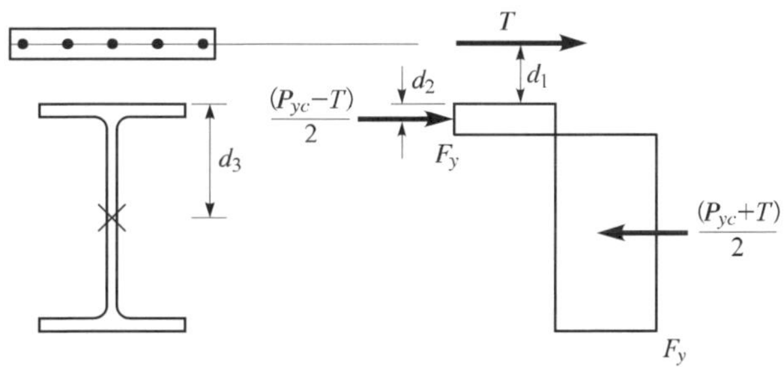

[그림 5.2.4] 부모멘트에 대한 소성응력분포 예

5.2.3 설계전단강도(건축구조기준 0709.4.2. 참조)

합성보의 설계전단강도는 강재 단면만을 고려하여 산정한다.
일반적으로 합성보의 전단강도는 지배적인 기준은 아니지만 반드시 검토는 해야 한다.
특히, 웨브에 관통이 있는 경우나 데크플레이트 리브가 보와 평행한 경우 전단강도가 중요한 요소가 될 수 있다.

[참고사항]
〈도움표 5.1-xxx-yy〉과 〈도움표 5.2-xxx-yy〉를 활용하여 H형강 웨브의 설계전단강도를 직접 구할 수 있다.
(xxx : 강재강도, yy : 콘크리트강도)

5.2.4 강재앵커 설계

강재보와 슬래브면 사이의 전체수평전단력은 강재앵커에 의해서만 전달된다고 가정한다.

1) 총 소요전단강도

(1) 정모멘트 구간에서의 총 소요전단강도(건축구조기준 0709.3.2.4 참조)

휨모멘트를 받는 강재보와 콘크리트가 합성작용을 하기 위해서는, 정모멘트가 최대가 되는 위치와 모멘트가 0이 되는 위치 사이의 총수평전단력 V'는 다음과 같이 산정한다.

$$V' = \min(0.85 f_{ck} A_c,\ F_y A_s,\ \Sigma Q_n)$$

결국, 정모멘트 휨강도 산정과정에서 기술된 콘크리트 슬래브의 압축력 C와 동일하다.

[참고사항]
일반적으로 합성보 설계에서 강재보와 콘크리트사이의 총수평전단력은 $V' = \Sigma Q_n$이 지배되도록 설계하므로, 〈도움표 5.1-xxx-yy〉과 〈도움표 5.2-xxx-yy〉를 활용하여 50%, 75%, 100%의 합성 정도에 따른 총 소요전단강도(즉, ΣQ_n)를 직접 구할 수 있다.(xxx : 강재강도, yy : 콘크리트강도)

(2) 부모멘트 구간에서의 총 소요전단강도(건축구조기준 0709.3.2.4 참조)

연속합성보에서 부모멘트구간의 슬래브 내에 있는 길이방향철근이 강재보와 합성으로 작용하는 경우, 부모멘트가 최대가 되는 위치와 모멘트가 0이 되는 위치 사이의 총수평전단력 V'는 다음과 같이 산정한다.

$$V' = \min(F_{yr} A_r,\ \Sigma Q_n)$$

결국, 부모멘트 휨강도 산정과정에서 기술된 철근의 인장력 T와 동일하다.

2) 강재앵커의 설계전단강도(건축구조기준 0709.8 참조)

콘크리트슬래브 또는 합성슬래브에 매입된 강재앵커(스터드) 1개의 공칭전단강도 Q_n 산정은 건축구조기준 0709.8.2.1에 따른다.

$$Q_n = 0.5 A_{sa} \sqrt{f_{ck} E_c} \le R_g R_p A_{sa} F_u$$

여기서, A_{sa}: 강재앵커(스터드)의 단면적(mm^2)
E_c : 콘크리트의 탄성계수(MPa)
F_u : 강재앵커(스터드)의 설계기준인장강도(MPa)

<표 5.2.1> R_g와 R_p의 값(건축구조기준 표 0709.8.1 인용)

조건			R_g	R_p
데크플레이트를 사용하지 않은 경우(형강에 직접 용접한 강재앵커(스터드))			1.0	0.75
데크플레이트의 골방향이 강재보와 평행한 경우	$\dfrac{w_r}{h_r} \ge 1.5$		1.0	0.75
	$\dfrac{w_r}{h_r} < 1.5$		0.85**	0.75
데크플레이트의 골방향이 강재보에 직각인 경우에 데크플레이트의 골당 강재앵커(스터드)의 개수	약한 위치의 강재앵커(스터드)	1개	1.0	0.6
		2개	0.85	0.6
		3개 이상	0.7	0.6

조건			R_g	R_p
데크플레이트의 골방향이 강재보에 직각인 경우에 데크플레이트의 골당 강재앵커(스터드)의 개수	강한 위치의 강재앵커(스터드)	1개	1.0	0.75
		2개	0.85	0.75
		3개 이상	0.7	0.75

h_r : 리브의 공칭높이(mm)
w_r : 콘크리트 리브 또는 헌치의 평균폭(mm)
** : 강재앵커(스터드)가 1개인 경우
약한 위치의 강재앵커(스터드) : $e_{mid-ht} < 50\text{mm}$ 인 경우
강한 위치의 강재앵커(스터드) : $e_{mid-ht} \geq 50\text{mm}$ 인 경우
e_{mid-ht} : 데크골의 중간높이에서, 강재앵커(스터드)몸체 외면으로부터 강재앵커(스터드)의 하중저항 방향(즉 단순보에서 최대모멘트가 있는 방향)에 있는 데크플레이트웨브까지의 순거리(mm). ([그림 5.2.5] 참조)

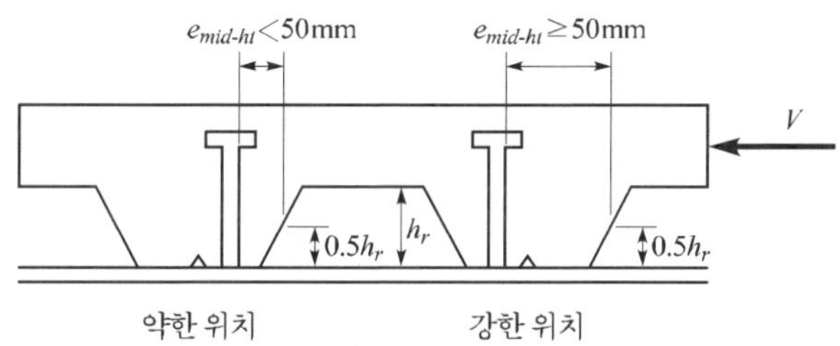

[그림 5.2.5] 강재앵커(스터드)의 약한 위치와 강한 위치, 기준

[참고사항]
〈도움표 5.3〉을 활용하여 데크조건, 콘크리트강도, 강재앵커(스터드) 직경에 따른 강재앵커(스터드) 1개의 공칭전단강도 Q_n을 직접 구할 수 있다.

3) 강재앵커의 개수 결정

정모멘트구간 및 부모멘트구간에 배열되는 강재앵커의 개수는 각 구간별로 다음 식에 따라 결정한다.

$$n_{stud} \geq \frac{V'}{Q_n}$$

집중하중이 작용하는 위치와 이와 가장 가까운 모멘트가 0이 되는 위치 사이에 강재앵커의 개수는 집중이 작용하는 위치의 최대모멘트를 받을 수 있도록 충분한 수를 사용한다.
강재앵커의 수량에 대한 요구사항은 없으나, 50% 이상의 합성작용이 발현할 수 있는 강재앵커 개수를 사용하기를 권장한다.

4) 강재앵커 배치와 간격(건축구조기준 0709.8.2.4 참조)

데크슬래브의 콘크리트에 매입되는 강재앵커의 단면, 배치, 간격, 길이 등의 상세요구사항은 이 매뉴얼 4장을 적용한다.

5.2.5 처짐(건축구조기준 0712.3 참조)

1) 처짐 허용기준

- 건축구조기준 0712.3에 의하면 처짐에 대한 제한은 없다.
- 합성작용 확보 전 시공 중 처짐은 콘크리트와 자중에 의한 처짐이 보 길이의 1/360 또는 25mm를 초과하지 않는 것을 권장한다. 이때, 처짐량이 크면 바닥의 평탄성을 고려하여 치올림을 고려할 수 있다.
- 합성작용 확보 후 활하중에 의한 처짐은 보 길이의 1/360을 초과하지 않는 것을 권장한다.
- 또한 총 하중에 의한 처짐은 보 길이의 1/240을 초과하지 않는 것을 권장한다.

2) 합성보 강성 산정

처짐 산정을 위한 합성보의 단면2차모멘트는 다음과 같이 산정할 수 있다.

(1) 유효단면2차모멘트

유효단면2차모멘트 I_{eff}는 선형탄성이론에 의해 계산된 값 I_{equiv}의 0.75배인 $0.75I_{equiv}$를 사용할 수 있다.

탄성거동이 요구되는 경우, 합성부재의 단면강도는 각 하중이 가해지는 단계에서의 유효단면계수를 고려한 탄성응력의 합으로 구해진다. 불완전합성보의 탄성특성이 필요한 경우 탄성단면2차모멘트를 근사적으로 구할 수 있다. 관련 식은 건축구조기준 해설 식 해0709.3.3을 참조한다.

(2) 단면2차모멘트의 하한값

단면2차모멘트의 하한값 I_{LB}을 사용할 수 있다. 관련 식은 건축구조기준 해설 식 해0709.3.1 또는 이 매뉴얼의 5.3.4를 참조한다.

[참고사항]
〈도움표 5.1-xxx-yy〉과 〈도움표 5.2-xxx-yy〉를 활용하여 50%, 75%, 100%의 합성 정도에 따른 합성보 단면2차모멘트의 하한값을 직접 구할 수 있다. (xxx : 강재강도, yy : 콘크리트강도)

5.3 설계도움표 해설

5.3.1 일반사항

1) 도움표의 유형

H형강을 이용한 노출형 합성보의 설계도움표는 다음과 같이 3가지 유형으로 작성하였다.

<표 5.3.1> 설계도움표의 유형

평판 슬래브	〈도움표 5.1-275-24〉 노출형 합성보의 설계휨강도 ϕM_n(kN·m)와 단면2차모멘트 하한값 I_{LB} ($\times 10^6$mm^4) 〈도움표 5.1-265-24〉 노출형 합성보의 설계휨강도 ϕM_n(kN·m)와 단면2차모멘트 하한값 I_{LB} ($\times 10^6$mm^4) 〈도움표 5.1-355-24〉 노출형 합성보의 설계휨강도 ϕM_n(kN·m)와 단면2차모멘트 하한값 I_{LB} ($\times 10^6$mm^4) 〈도움표 5.1-345-24〉 노출형 합성보의 설계휨강도 ϕM_n(kN·m)와 단면2차모멘트 하한값 I_{LB} ($\times 10^6$mm^4)
골덱크 슬래브	〈도움표 5.2-275-24〉 노출형 합성보의 설계휨강도 ϕM_n(kN·m)와 단면2차모멘트 하한값 I_{LB} ($\times 10^6$mm^4) 〈도움표 5.2-265-24〉 노출형 합성보의 설계휨강도 ϕM_n(kN·m)와 단면2차모멘트 하한값 I_{LB} ($\times 10^6$mm^4) 〈도움표 5.2-355-24〉 노출형 합성보의 설계휨강도 ϕM_n(kN·m)와 단면2차모멘트 하한값 I_{LB} ($\times 10^6$mm^4) 〈도움표 5.2-345-24〉 노출형 합성보의 설계휨강도 ϕM_n(kN·m)와 단면2차모멘트 하한값 I_{LB} ($\times 10^6$mm^4)
수평전 단강도	〈도움표 5.3〉 강재앵커(스터드) 1개의 공칭전단강도 Q_n(kN)

2) 도움표에 적용한 구조재료와 슬래브의 종류

도움표에 적용한 구조재료와 슬래브의 종류는 〈표 5.3.2〉, 〈표 5.3.3〉, 〈표 5.3.4〉와 같이 표준화하였다.

<표 5.3.2> 도움표에 적용한 구조재료

구 분	종 류	
H형강	단면치수	국내에서 생산되는 표준규격 중에서 보에 주로 사용되는 단면 43종
	재질	SM275, SHN275, SM355, SHN355, E_s=210,000MPa
강재앵커 (스터드)	재질	KS B 1062:2007, F_y=235MPa, F_u=400MPa
	직경	13, 16, 19, 22mm
슬래브	형태	평판 슬래브, 골데크 합성슬래브(리브 춤 75mm)
	강도	f_{ck}= 24MPa(보통콘크리트)

<표 5.3.3> 평판 슬래브를 사용한 노출형 합성보

구분	〈도움표 5.1-275-24〉	〈도움표 5.1-265-24〉	〈도움표 5.1-355-24〉	〈도움표 5.1-345-24〉
H형강의 설계기준항복강도, F_y(MPa)	275	265	355	345
콘크리트 설계기준압축강도, f_{ck}(MPa)	24			
슬래브 종류	평판 보통콘크리트			
슬래브 두께, t(mm)	120, 135, 150, 175			
콘크리트 플랜지 유효폭, b_{eff}(mm)	100 mm 간격			
합성 정도, $\Sigma Q_n/(F_y \cdot A_s)$, (%)	50, 75, 100			

<표 5.3.4> 골데크 슬래브를 사용한 노출형 합성보

구분	〈도움표 5.2-275-24〉	〈도움표 5.2-265-24〉	〈도움표 5.2-355-24〉	〈도움표 5.2-345-24〉
H형강의 설계기준항복강도, F_y(MPa)	275	265	355	345
콘크리트 설계기준압축강도, f_{ck}(MPa)	24			
슬래브 종류	합성덱크슬래브, 골춤 75mm, 보통콘크리트			
슬래브 두께, t(mm)	125, 150, 165, 175			
콘크리트 플랜지 유효폭, b_{eff}(mm)	100 mm 간격			
합성 정도, $\Sigma Q_n/(F_y \cdot A_s)$, (%)	50, 75, 100			

3) 도움표의 내용

설계휨강도에 대한 도움표에는 다음 [그림 5.3.1]과 같이 H형강규격(설계기준항복강도, 단면치수) 및 슬래브규격(단면형상, 콘크리트압축강도, 두께, 유효폭)에 따라서 합성 정도 $\Sigma Q_n/(F_y A_s)$에 따른 소요수평전단력 ΣQ_n, 설계휨강도 ϕM_n, 단면2차모멘트 하한값 I_{LB}이 주어져 있다. 또한 시공단계에서의 검토를 위하여 비합성 H형강단면에 대한 설계휨강도 ϕM_{ns}, 설계전단강도 ϕV_n 및 단면2차모멘트 I_s가 포함되어 있다. 비합성 H형강단면에 대한 설계휨강도 ϕM_{ns}는 비횡지지간격이 0으로 가정된 값이다.

도움표 5.1-275-24 노출형 합성보의 설계휨강도 ϕM_n(kN · m)

H-400x200x8x13

F_y= 275MPa　　f_{ck}= 24MPa

ϕM_{ns} = 329kN · m　　ϕV_n = 528kN　　I_s = 237×10^{6}mm^4

유효폭(mm)	슬래브두께(mm)		120			135			150			175		
	합성 정도(%)		50	75	100	50	75	100	50	75	100	50	75	100
700	$\sum Q_n$	(kN)	857	1285	1710	964	1446	1928	1071	1607	2142	1157	1735	2313
	ϕM_n	(kN·m)	477	499	507	497	523	533	519	550	561	551	593	612
	I_{LB}	$10^6(mm^4)$	428	464	479	462	499	511	497	534	543	551	593	601
800	$\sum Q_n$	(kN)	979	1469	1958	1102	1652	2203	1157	1735	2313	1157	1735	2313
	ϕM_n	(kN·m)	488	513	522	511	540	550	530	566	581	556	605	633
	I_{LB}	$10^6(mm^4)$	447	484	498	483	520	531	514	555	565	560	610	626
900	$\sum Q_n$	(kN)	1102	1652	2203	1157	1735	2313	1157	1735	2313	1157	1735	2313
	ϕM_n	(kN·m)	500	526	535	519	552	566	534	575	598	560	615	650
	I_{LB}	$10^6(mm^4)$	465	502	514	495	536	548	521	567	583	568	624	646

2,600	$\sum Q_n$	(kN)	1157	1735	2313	1157	1735	2313	1157	1735	2313	1157	1735	2313
	ϕM_n	(kN·m)	524	577	621	540	600	652	556	624	683	582	663	735
	I_{LB}	$10^6(mm^4)$	505	569	611	532	603	650	559	638	690	609	701	762
2,700	$\sum Q_n$	(kN)	1157	1735	2313	1157	1735	2313	1157	1735	2313	1157	1735	2313
	ϕM_n	(kN·m)	525	578	623	541	601	654	556	625	685	582	664	737
	I_{LB}	$10^6(mm^4)$	506	571	613	532	604	652	560	640	692	610	702	764
2,800	$\sum Q_n$	(kN)	1157	1735	2313	1157	1735	2313	1157	1735	2313	1157	1735	2313
	ϕM_n	(kN·m)	525	579	624	541	602	655	557	626	687	583	665	739
	I_{LB}	$10^6(mm^4)$	506	572	615	533	606	654	561	641	694	610	704	766
2,900	$\sum Q_n$	(kN)	1157	1735	2313	1157	1735	2313	1157	1735	2313	1157	1735	2313
	ϕM_n	(kN·m)	526	580	626	541	603	657	557	626	688	583	665	740
	I_{LB}	$10^6(mm^4)$	507	573	617	534	607	656	562	642	696	611	705	768

[그림 5.3.1] 도움표의 예

4) 국부좌굴의 영향

도움표에 사용한 H형강은 웨브의 판폭두께비 λ가 최대 52.5로서 $h/t_w \leq 3.76\sqrt{E/F_y}$ ($F_y=$ 275MPa인 경우 $\lambda=103.9$, $F_y=355$MPa인 경우 $\lambda=91.4$)의 조건을 만족하므로 도움표의 모든 설계휨강도는 소성응력분포법으로 산정하였다.

비합성 H형강단면에 대한 설계휨강도 ϕM_{ns}는 기준 0706에 따라 플랜지의 폭두께비 $0.5b_f/t_w$를 고려하고 비횡지지간격을 0으로 가정하여 산정하였다(〈표 5.3.5a〉 참조).

H형강 보 웨브의 설계전단강도는 기준 0707에 따라 웨브의 폭두께비 h/t_w를 고려하여 산정하였다(〈표 5.3.5b〉 참조).

5.3.2 도움표에 적용된 H형강 규격, 웨브의 설계전단강도와 설계휨강도

도움표에 사용된 H형강단면의 종류와 기준 0706 및 기준 0707에 따라 계산된 설계휨강도와 설계전단강도를 다음 〈표 5.3.5a〉, 〈표 5.3.5b〉에 나타낸다.

<표 5.3.5a> 비합성 H형강보의 설계휨강도 $\phi_b M_{ns}$

일련번호	공칭치수 (mm)	표준단면치수 (mm)					플랜지 판폭 두께비	H형강보의 설계휨강도 $\phi_b M_{ns}$, $\phi_b = 0.9$							
								$F_y = 265\text{MPa}$		$F_y = 275\text{MPa}$		$F_y = 345\text{MPa}$		$F_y = 355\text{MPa}$	
		H	B	t_1	t_2	r	$0.5b/t_2$	플랜지	$\phi_b M_{ns}$	플랜지	$\phi_b M_{ns}$	플랜지	$\phi_b M_{ns}$	플랜지	$\phi_b M_{ns}$
1	250x125	248	124	5	8	12	7.75	–	–	조밀	79.0	–	–	조밀	102
2		250	125	6	9	12	6.94	–	–	조밀	90.6	–	–	조밀	117
3	250x175	244	175	7	11	16	7.95	–	–	조밀	138	–	–	조밀	178
4	300x150	298	149	5.5	8	13	9.31	–	–	조밀	118	–	–	비조밀	151
5		300	150	6.5	9	13	8.33	–	–	조밀	134	–	–	조밀	173
6	300x200	294	200	8	12	18	8.33	–	–	조밀	213	–	–	조밀	274
7		298	201	9	14	18	7.18	–	–	조밀	238	–	–	조밀	308
8	350x175	346	174	6	9	14	9.67	–	–	조밀	177	–	–	비조밀	225
9		350	175	7	11	14	7.95	–	–	조밀	215	–	–	조밀	277
10		354	176	8	13	14	6.77	–	–	조밀	246	–	–	조밀	318
11	350x250	336	249	8	12	20	10.38	–	–	조밀	288	–	–	비조밀	358
12		340	250	9	14	20	8.93	–	–	조밀	349	–	–	조밀	450
13	400x200	396	199	7	11	16	9.05	–	–	조밀	280	–	–	조밀	361
14		400	200	8	13	16	7.69	–	–	조밀	329	–	–	조밀	425
15		404	201	9	15	16	6.70	–	–	조밀	368	–	–	조밀	475
16	400x300	386	299	9	14	22	10.68	–	–	비조밀	456	–	–	비조밀	578
17		390	300	10	16	22	9.38	–	–	조밀	542	–	–	비조밀	699
18	450x200	446	199	8	12	18	8.29	–	–	조밀	345	–	–	조밀	445
19		450	200	9	14	18	7.14	–	–	조밀	418	–	–	조밀	540
20	450x300	434	299	10	15	24	9.97	–	–	조밀	566	–	–	비조밀	725
21		440	300	11	18	24	8.33	조밀	673	조밀	698	조밀	876	조밀	901
22	500x200	496	199	9	14	20	7.11	–	–	조밀	473	–	–	조밀	610
23		500	200	10	16	20	6.25	–	–	조밀	540	–	–	조밀	697
24		506	201	11	19	20	5.29	조밀	606	조밀	629	조밀	789	조밀	812
25	500x300	482	300	11	15	26	10.00	–	–	조밀	691	–	–	비조밀	902
26		488	300	11	18	26	8.33	조밀	770	조밀	799	조밀	1003	조밀	1032
27	600x200	596	199	10	15	22	6.63	–	–	조밀	656	–	–	조밀	847
28		600	200	11	17	22	5.88	조밀	711	조밀	738	조밀	925	조밀	952
29		606	201	12	20	22	5.03	조밀	818	조밀	849	조밀	1065	조밀	1096
30		612	202	13	23	22	4.39	조밀	901	조밀	935	조밀	1173	조밀	1207
31	600x300	582	300	12	17	28	8.82	조밀	944	조밀	980	조밀	1230	조밀	1265
32		588	300	12	20	28	7.50	조밀	1071	조밀	1111	조밀	1394	조밀	1435
33		594	302	14	23	28	6.57	조밀	1240	조밀	1287	조밀	1615	조밀	1661
34	700x300	692	300	13	20	28	7.50	조밀	1343	조밀	1393	조밀	1748	조밀	1799
35		700	300	13	24	28	6.25	조밀	1541	조밀	1599	조밀	2006	조밀	2064
36		708	302	15	28	28	5.39	조밀	1752	조밀	1818	조밀	2280	조밀	2346
37	800x300	792	300	14	22	28	6.82	조밀	1739	조밀	1804	조밀	2264	조밀	2329
38		800	300	14	26	28	5.77	조밀	1965	조밀	2039	조밀	2559	조밀	2633
39		808	302	16	30	28	5.03	조밀	2215	조밀	2298	조밀	2884	조밀	2967
40	900x300	890	299	15	23	28	6.50	조밀	2125	조밀	2205	조밀	2767	조밀	2847
41		900	300	16	28	28	5.36	조밀	2504	조밀	2599	조밀	3260	조밀	3355
42		912	302	18	34	28	4.44	조밀	2981	조밀	3094	조밀	3881	조밀	3994
43		918	303	19	37	28	4.09	조밀	3163	조밀	3282	조밀	4117	조밀	4237

<표 5.3.5b> H형강보 웨브의 설계전단강도

일련번호	공칭치수 (mm)	표준단면치수 (mm)					웨브 판폭 두께비	웨브의 설계전단강도 $\phi_v V_n$											
								$F_y=265\text{MPa}$			$F_y=275\text{MPa}$			$F_y=345\text{MPa}$			$F_y=355\text{MPa}$		
		H	B	t_1	t_2	r	h/t_1	C_v	ϕ_v	$\phi_v V_n$	C_v	ϕ_v	$\phi_v V_n$	C_v	ϕ_v	$\phi_v V_n$	C_v	ϕ_v	$\phi_v V_n$
1	250x125	248	124	5	8	12	41.6	–	–	–	1.0	1.0	205	–	–	–	1.0	1.0	264
2		250	125	6	9	12	34.7	–	–	–	1.0	1.0	248	–	–	–	1.0	1.0	320
3	250x175	244	175	7	11	16	27.1	–	–	–	1.0	1.0	282	–	–	–	1.0	1.0	364
4	300x150	298	149	5.5	8	13	46.5	–	–	–	1.0	1.0	270	–	–	–	1.0	1.0	349
5		300	150	6.5	9	13	39.4	–	–	–	1.0	1.0	322	–	–	–	1.0	1.0	415
6	300x200	294	200	8	12	18	29.3	–	–	–	1.0	1.0	388	–	–	–	1.0	1.0	501
7		298	201	9	14	18	26.0	–	–	–	1.0	1.0	443	–	–	–	1.0	1.0	571
8	350x175	346	174	6	9	14	50.0	–	–	–	1.0	1.0	343	–	–	–	1.0	1.0	442
9		350	175	7	11	14	42.9	–	–	–	1.0	1.0	404	–	–	–	1.0	1.0	522
10		354	176	8	13	14	37.5	–	–	–	1.0	1.0	467	–	–	–	1.0	1.0	603
11	350x250	336	249	8	12	20	34.0	–	–	–	1.0	1.0	444	–	–	–	1.0	1.0	573
12		340	250	9	14	20	30.2	–	–	–	1.0	1.0	505	–	–	–	1.0	1.0	652
13	400x200	396	199	7	11	16	48.9	–	–	–	1.0	1.0	457	–	–	–	1.0	1.0	590
14		400	200	8	13	16	42.8	–	–	–	1.0	1.0	528	–	–	–	1.0	1.0	682
15		404	201	9	15	16	38.0	–	–	–	1.0	1.0	600	–	–	–	1.0	1.0	774
16	400x300	386	299	9	14	22	34.9	–	–	–	1.0	1.0	573	–	–	–	1.0	1.0	740
17		390	300	10	16	22	31.4	–	–	–	1.0	1.0	644	–	–	–	1.0	1.0	831
18	450x200	446	199	8	12	18	48.3	–	–	–	1.0	1.0	589	–	–	–	1.0	1.0	760
19		450	200	9	14	18	42.9	–	–	–	1.0	1.0	668	–	–	–	1.0	1.0	863
20	450x300	434	299	10	15	24	35.6	–	–	–	1.0	1.0	716	–	–	–	1.0	1.0	924
21		440	300	11	18	24	32.4	1.0	1.0	770	1.0	1.0	799	1.0	1.0	1002	1.0	1.0	1031
22	500x200	496	199	9	14	20	47.6	–	–	–	1.0	1.0	737	–	–	–	1.0	1.0	951
23		500	200	10	16	20	42.8	–	–	–	1.0	1.0	825	–	–	–	1.0	1.0	1065
24		506	201	11	19	20	38.9	1.0	1.0	885	1.0	1.0	918	1.0	1.0	1152	1.0	1.0	1186
25	500x300	482	300	11	15	26	36.4	–	–	–	1.0	1.0	875	–	–	–	1.0	1.0	1129
26		488	300	11	18	26	36.4	1.0	1.0	854	1.0	1.0	886	1.0	1.0	1111	1.0	1.0	1143
27	600x200	596	199	10	15	22	52.2	–	–	–	1.0	1.0	983	–	–	–	1.0	1.0	1269
28		600	200	11	17	22	47.5	1.0	1.0	1049	1.0	1.0	1089	1.0	1.0	1366	1.0	1.0	1406
29		606	201	12	20	22	43.5	1.0	1.0	1156	1.0	1.0	1200	1.0	1.0	1505	1.0	1.0	1549
30		612	202	13	23	22	40.2	1.0	1.0	1265	1.0	1.0	1313	1.0	1.0	1647	1.0	1.0	1695
31	600x300	582	300	12	17	28	41.0	1.0	1.0	1110	1.0	1.0	1152	1.0	1.0	1446	1.0	1.0	1488
32		588	300	12	20	28	41.0	1.0	1.0	1122	1.0	1.0	1164	1.0	1.0	1461	1.0	1.0	1503
33		594	302	14	23	28	35.1	1.0	1.0	1322	1.0	1.0	1372	1.0	1.0	1721	1.0	1.0	1771
34	700x300	692	300	13	20	28	45.8	1.0	1.0	1430	1.0	1.0	1484	1.0	1.0	1862	1.0	1.0	1916
35		700	300	13	24	28	45.8	1.0	1.0	1447	1.0	1.0	1502	1.0	1.0	1884	1.0	1.0	1938
36		708	302	15	28	28	39.7	1.0	1.0	1689	1.0	1.0	1752	1.0	1.0	2198	1.0	1.0	2262
37	800x300	792	300	14	22	28	49.4	1.0	1.0	1763	1.0	1.0	1830	1.0	1.0	2295	1.0	1.0	2362
38		800	300	14	26	28	49.4	1.0	1.0	1781	1.0	1.0	1848	1.0	1.0	2318	1.0	1.0	2386
39		808	302	16	30	28	43.3	1.0	1.0	2056	1.0	1.0	2133	1.0	1.0	2676	1.0	1.0	2754
40	900x300	890	299	15	23	28	52.5	1.0	1.0	2123	1.0	1.0	2203	1.0	1.0	2763	1.0	1.0	2844
41		900	300	16	28	28	49.3	1.0	1.0	2290	1.0	1.0	2376	1.0	1.0	2981	1.0	1.0	3067
42		912	302	18	34	28	43.8	1.0	1.0	2610	1.0	1.0	2709	1.0	1.0	3398	1.0	1.0	3497
43		918	303	19	37	28	41.5	1.0	1.0	2773	1.0	1.0	2878	1.0	1.0	3610	1.0	1.0	3715

5.3.3 노출형 합성보의 설계휨강도 ϕM_n

설계휨강도에 대한 도움표에 있는 노출형 합성보의 설계휨모멘트는 '〈표 5.3.1〉 설계도움표의 유형' 및 '〈표 5.3.2〉 도움표에 적용한 구조재료와 슬래브의 종류'의 표준화 틀을 기본으로 하여 플랜지슬래브의 콘크리트강도(24MPa), 종류(평판, 75mm 골데크), 두께 및 유효폭에 따라서 H형강의 단면치수와 재질마다 50%, 75%, 100%의 합성정도에 따라 작성되어 있다.

이 도움표들은 소요휨강도 M_u에 해당하는 소요수평전단력 ΣQ_n을 결정하여 합성보를 설계하는 데 이용하거나 또는 〈도움표 5.3〉을 이용하여 산정한 수평전단력 ΣQ_n으로 합성보의 휨강도를 검토하는 경우에도 편리하게 활용할 수 있다.

설계도움표에 있는 합성단면의 설계휨강도는 [그림 5.3.2]와 [그림 5.3.3]의 설계모델에 의해 계산되었다.

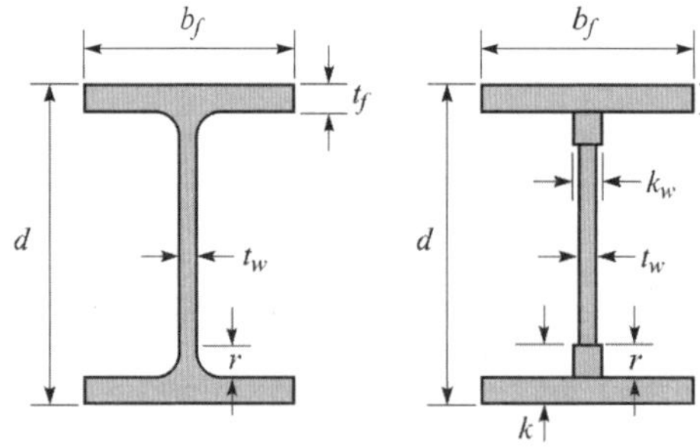

$$k_w = \frac{A_s - 2b_f t_f - t_w(d-2k)}{2(k-t_f)}$$

[그림 5.3.2] H형강단면의 설계모델

합성보의 휨강도설계 모델 [그림 5.3.2]에 사용된 기호는 다음과 같다.

- A_s : 강재의 총단면적(mm^2)
- A_f : 강재의 플랜지단면적 $= b \times t_f$(mm^2)
- A_w : 강재의 웨브단면적 $= (d-2k)t_w$(mm^2)
- r : 필렛의 높이(mm)
- k : 필렛의 높이와 플랜지두께를 합한 높이 $k = r + t_f$(mm)
- k_w : 필렛부분의 등가폭(mm)

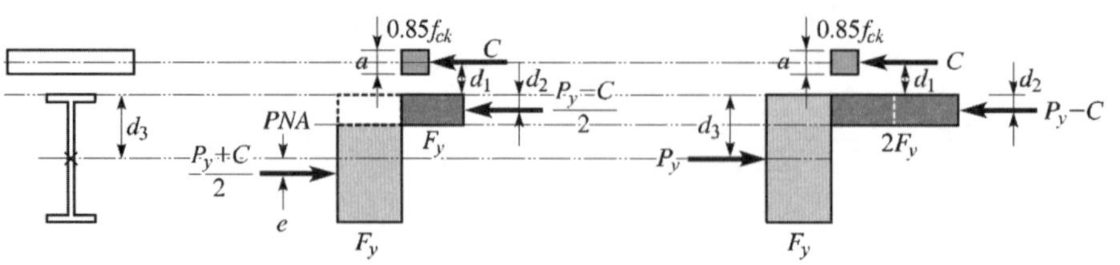

(a) 소성응력분포

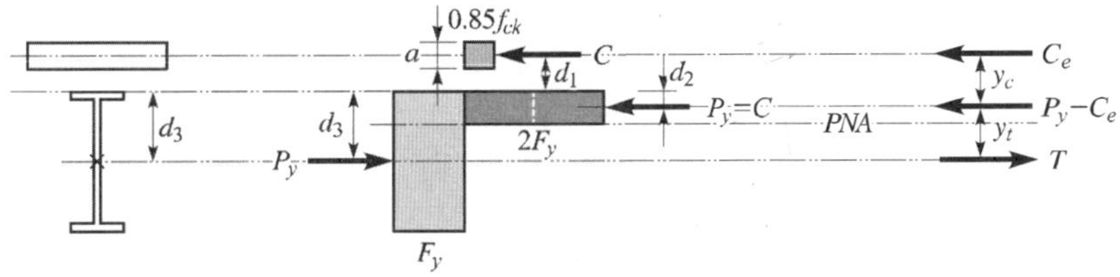

(b) 단순화한 소성응력분포

[그림 5.3.3] 노출형 합성보의 휨강도 설계모델

$$M_n = C_e \times y_c + T \times y_t = C_e(d_1 + d_2) + T(d_3 - d_2) \qquad \text{식}(5.3.1)$$

여기서, C_e : 콘크리트 플랜지의 유효압축력

T : 강재의 전체단면이 인장항복할 때 인장력(kN), $P_y = F_y A_s$

y_c : C의 위치로부터 강재의 소성압축력 중심까지 거리(mm), $(d_1 + d_2)$

y_t : P_y의 위치로부터 강재의 소성압축력 중심까지 거리(mm), $(d_3 - d_2)$

d_1 : 콘크리트의 압축력 중심으로부터 강재단면의 상단까지 거리(mm)

d_2 : 강재의 일부단면에 압축으로 항복할 때 압축력의 합으로부터 강재단면의 상단까지 거리(mm). 강재단면에 압축력이 없는 경우에는 0.

d_3 : 강재의 전체단면이 인장으로 항복할 때 인장력의 합으로부터 강재단면의 상단까지 거리(mm).

a : 콘크리트슬래브의 등가직사각형 응력블록의 깊이(mm), $\Sigma Q_n/(0.85 f_{ck} b)$

ΣQ_n : $F_y A_s$의 50%, 75%, 100%에 해당하는 수평전단력(kN)

5.3.4 노출형 합성보의 단면 2차 모멘트 하한값 I_{LB}

도움표에 있는 단면 2차 모멘트 하한값은 합성보의 처짐 검토에 이용한다. 이 단면 2차 모멘트 하한값을 이용하여 산정한 처짐량이 제한값 이하이면, 합성단면에 대한 번거로운 탄성해석을 하지 않아도 된다. 이 단면 2차 모멘트 하한값은 [그림 5.3.4]에 도시한 것처럼 강재보의 단면적과 등가콘크리트 단면적 $\sum Q_n / F_y$에 근거하여 산정하였다. 즉 설치한 강재앵커(스터드)에 의하여 전달되는 수평전단력 $\sum Q_n$에 해당하는 콘크리트플랜지 부분만 포함하여 산정한 값이다. 이 단면 2차 모멘트 하한값은 소요강도 수준의 단면에 대한 단면 2차 모멘트이다. 따라서 이와 대응하여 처짐 산정에 사용하는 사용하중 수준의 단면 2차 모멘트보다 작다.

$$I_{LB} = I_s + A_s(Y_{ENA} - d_3)^2 + (\Sigma Q_n / F_y)(2d_3 + d_1 - Y_{ENA})^2 \qquad \text{기준식(해 0709.3.1)}$$

여기서, A_s : 강재의 단면적, (mm^2)

d_1 : 콘크리트의 압축력중심으로부터 강재단면의 상단까지 거리, (mm)

d_3 : 강재의 전체단면이 인장으로 항복할 때 인장력의 합으로부터 강재상단까지 거리, (mm)

I_{LB} : 단면 2차 모멘트의 하한값, (mm^4)

I_s : 강재단면의 단면 2차 모멘트, (mm^4)

ΣQ_n : 정모멘트가 최대가 되는 위치와 모멘트가 0인 위치 사이에 있는 강재 앵커의 공칭강도의 합, N

$$Y_{ENA}=[(A_s d_3+(\Sigma Q_n/F_y)(2d_3+d_1))/(A_s+(\Sigma Q_n/F_y))] \quad \text{기준식(해 0709.3.2)}$$

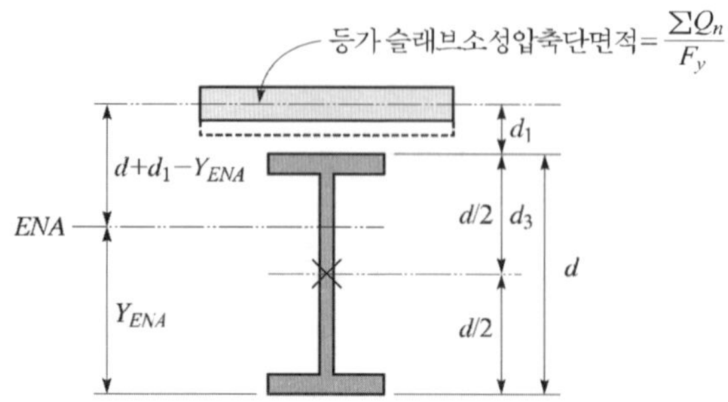

[그림 5.3.4] 노출형 합성보의 단면 2차 모멘트 하한값 설계모델

5.3.5 강재앵커 1개의 공칭전단강도 Q_n

〈도움표 5.3〉에는 기준 0709.3.2.4에 따라 산정한 강재앵커 1개의 공칭전단강도가 제공되어 있다. 강재앵커(스터드)의 공칭전단강도는 강재앵커(스터드)의 설계기준인장강도, 강재앵커(스터드)의 단면적, 콘크리트의 설계기준압축강도, 데크플레이트의 단면형태, 데크의 골방향, 강재앵커(스터드) 위치 등을 고려하여 산정하였다.

강재앵커(스터드)의 설계인장강도는 400MPa, 직경은 13, 16, 19, 22mm의 4종류, 콘크리트의 설계기준압축강도는 21, 24, 27, 30, 35MPa의 5종류, 데크플레이트는 기준 0709.3.2.3의 요구조건을 만족시키는 단면형태로 제한하였다.

데크플레이트의 골방향이 강재보에 대하여 직각인 경우에는 강재앵커(스터드) 위치가 강한 위치 또는 약한 위치([그림 5.2.4] 참조)인지를 판단한 후 공칭전단강도를 확인할 수 있다. 데크플레이트는 기준 0709.3.2.3에서 요구하는 조건을 만족하는 형태를 사용하여야 한다.

5.3.6 H형강 노출형 합성보의 설계절차와 방법

H형강 노출형 합성보의 설계순서는 다음 〈표 5.3.6〉 설계흐름표 또는 [그림 5.3.7] 설계흐름도에 따르고, 설계도움표에 있는 '설계휨강도', '단면 2차 모멘트하한값' 및 '강재앵커(스터드)강도'를 이용하는 방법은 다음 3)~4)의 내용을 참고하고, 강재앵커(스터드)의 배열은 5)의 내용을 참고한다.

1) 설계도움표를 이용한 노출형 합성보의 설계흐름표

<표 5.3.6> H형강 노출형 합성보의 설계흐름표

수행 내용 및 순서	수행 방법	비고
1. 기본 조건		
(1) 보의 스팬	조건	
(2) 보의 간격	결정	
(3) 슬래브의 치수 및 형태	결정	기준 0709.3.2.3
(4) 설계하중(시공단계, 사용단계)	결정	기준 제3장
(5) H형강의 설계항복강도 F_y	결정	기준 〈표 0701.4.8〉
(6) 콘크리트슬래브의 설계기준압축강도 f_{ck}	결정	기준 0709.1.3
2.1 사용단계 소요강도 및 강성		
(7) 합성보의 소요휨강도 M_u	계산	기준 0702.2.1.2
(8) 합성보의 소요전단력 V_u	계산	기준 0702.2.1.2
(9) 합성보의 소요단면 2차 모멘트 $I_{com(req'd)}$ (Δ_{LL}의 제한값으로 산정, 일반적으로 $L/360$로 제한)	계산	기준 0712.3
(10) 콘크리트 플랜지의 유효폭 b_{eff}	계산	기준 0709.3.1.1
2.2 시공단계 소요강도 및 강성		
(11) 비합성보의 소요휨강도 M_u	계산	기준 0702.2.1.2
(12) 비합성보의 소요단면 2차 모멘트 $I_{s(req'd)}$ (Δ_{DL}의 제한값으로 산정, 일반적으로 약 60mm 이하로 제한)	계산	기준 0712.2, 0712.3
3.1 사용단계에서의 H형강 규격 선택		
(13) $M_u \le \phi M_n$, $I_{com(req'd)}) \le I_{LB}$, $V_u \le \phi V_n$	〈도움표 5.1〉 또는 〈도움표 5.2〉	도움표에서 (13)을 만족하는 합성보의 H형강 규격을 결정하고 ΣQ_n을 읽는다.
3.2 시공단계에서 H형강 규격의 적합성 확인		
(14) $M_u \le \phi M_p$, $I_{s(req'd)} \le I_s$, $V_u \le \phi V_n$	〈도움표 5.1〉 또는 〈도움표 5.2〉	3.1과정에서 선택된 H형강단면의 검토
4. 강재앵커(스터드)의 소요개수 산정		
(15) 1개당 전단강도 Q_n	〈도움표 5.3〉	기준 0709.8.2.1
(16) 소요개수 $n = \Sigma Q_n / Q_n$	계산	기준 0709.8.2.3
(17) 강재앵커(스터드)의 배치와 간격	[그림 5.3.13]	기준 0709.8.2.4
5. 치올림설계와 전체 처짐량 검토		
(18) I_s에 의해 시공 중 고정하중의 처짐량 계산 Δ_{DL}	계산	
(19) 치올림(camber) 크기 결정	결정	5.3.7 참고자료 (3), 기준 0712.2
(20) I_{LB}에 의해 합성 후 재하되는 고정하중 처짐량 계산 Δ_{SIDL}	계산	
(21) I_{LB}에 의해 합성 후 재하되는 활하중 처짐량 계산 Δ_{LL}	계산	
(22) 전체 처짐량 계산 $\Delta_{sum} = (\Delta_{DL} - \text{치올림}) + \Delta_{SIDL} + \Delta_{LL}$	계산 및 판정	5.3.7 참고자료 (3)
6. 진동에 대한 평가		
(23) 기준 0712.5의 요구사항을 만족해야 한다.	해석 및 판정	AISC Steel Design Guide 11 참조

2) 설계도움표를 이용한 노출형 합성보의 설계흐름도

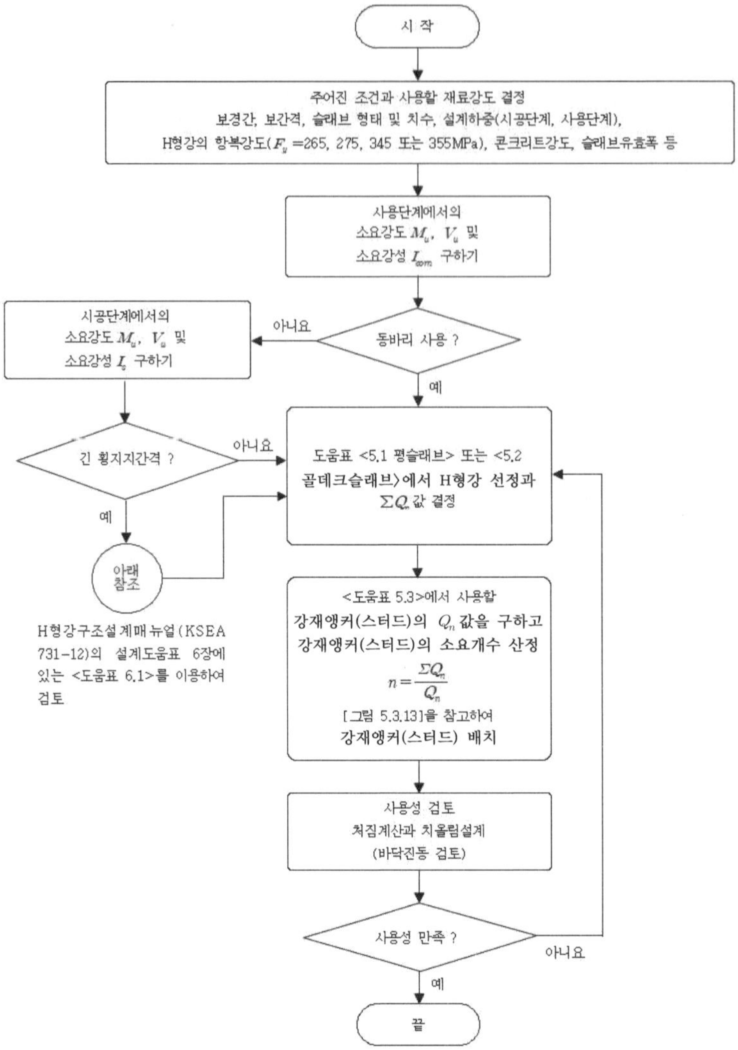

[그림 5.3.5] 설계도움표를 이용한 합성보의 설계흐름도

3) 도움표 <5.1 평판슬래브>, <5.2 골데크슬래브>의 설계값 보간

다음의 [그림 5.3.6]은 노출형 합성보의 설계휨강도와 단면 2차 모멘트 하한값에 대한 설계도움표의 예이다. 도움표의 설계 값들은 공학적으로 문제없는 유효 3 혹은 4자리 숫자로 반올림하여 정리되었다. 이 설계도움표의 예를 [그림 5.3.7]과 [그림 5.3.8]에 그래프로 나타내었다.

(1) 합성 정도

도움표에 있는 설계휨강도 ϕM_n, 단면 2차 모멘트하한값 I_{LB} 및 소요전단력 ΣQ_n은 [그림 5.3.7]과 [그림 5.3.8]에서 50%, 75% 및 100%의 합성정도에 대한 값을 그래프로 나타내 것이다. 이 합성정도의 사이에 있는 값들은 그래프에서 알 수 있듯이 직선보간으로 구한 값을 사용하여 안전 측으로 설계할 수 있다.

(2) 슬래브 유효폭

설계하고자 하는 합성보의 콘크리트플랜지 유효폭이 2,500mm와 2,600mm 사이에 있다면 직선보간에 의한 값을 사용하여 안전 측으로 설계할 수 있다. 그러나 〈표 5.3.7〉에서 알 수 있듯이 100mm 미만의 차이는 보간하여도 설계 값이 크게 차이가 나지 않으므로 2,500mm에 대한 설계 값으로 설계하여도 공학적으로 큰 문제가 없다.

도움표 5.1-275-24 노출형 합성보의 설계휨강도 ϕM_n(kN · m)

H-500x200x10x16

F_y= 275MPa, f_{ck}= 24MPa

ϕM_{ns} = 540kN · m, ϕV_n = 825kN, I_s = 478×10^{6}mm^4

유효폭 (mm)	슬래브두께(mm)		120			135			150			175		
	합성 정도(%)		50	75	100	50	75	100	50	75	100	50	75	100
2,500	$\sum Q_n$	(kN)	1570	2355	3140	1570	2355	3141	1570	2355	3141	1570	2355	3141
	ϕM_n	(kN.m)	844	910	959	866	941	1001	887	973	1044	922	1026	1114
	I_{LB}	$10^6(mm^4)$	957	1067	1135	998	1119	1194	1041	1173	1256	1117	1269	1365
2,600	$\sum Q_n$	(kN)	1570	2355	3141	1570	2355	3141	1570	2355	3141	1570	2355	3141
	ϕM_n	(kN.m)	845	911	962	866	943	1005	888	975	1047	923	1028	1118
	I_{LB}	$10^6(mm^4)$	958	1070	1140	1000	1122	1199	1043	1177	1261	1119	1272	1371

[그림 5.3.6] 설계휨강도와 단면 2차 모멘트하한값에 대한 설계도움표의 예

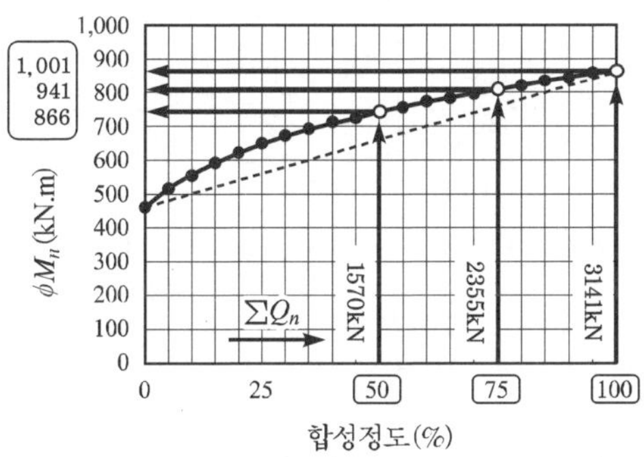

H−500×200×10×16(275−24−135−2500)

[그림 5.3.7] 설계도움표의 설계휨강도

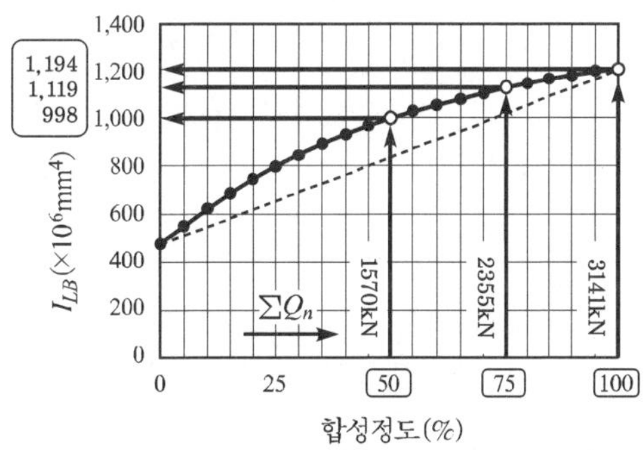

H−500×200×10×16(275−24−135−2500)

[그림 5.3.8] 설계도움표의 단면 2차 모멘트 하한값

<표 5.3.7> 유효폭의 차이가 설계값에 미치는 영향

합성 정도 (%)	유효폭 b_{eff}(mm)		설계휨강도 ϕM_n(kN·m)		단면 2차 모멘트 I_{LB}(×10^6 mm^4)		소요수평전단력 ΣQ_n(kN)	
50	도움표 값	2,500	866	1.0	998	1.0	1,570	1.0
	보정 값	2,550	866.0	1.0000	999.0	1.0010	1,570	1.0
	도움표 값	2,600	866	1.0000	1,000	1.0020	1,570	1.0

합성 정도 (%)	유효폭 b_{eff}(mm)		설계휨강도 ϕM_n(kN·m)		단면 2차 모멘트 $I_{LB}(\times 10^6\ mm^4)$		소요수평전단력 ΣQ_n(kN)	
75	도움표 값	2,500	941	1.0	1,119	1.0	2,355	1.0
	보정 값	2,550	942.0	1.0011	1,120.5	1.0013	2,355	1.0
	도움표 값	2,600	943	1.0021	1,122	1.0027	2,355	1.0
100	도움표 값	2,500	1001	1.0	1,194	1.0	3,141	1.0
	보정 값	2,550	1003.0	1.0020	1,196.5	1.0021	3,141	1.0
	도움표 값	2,600	1005	1.0040	1,199	1.0042	3,141	1.0

(3) 슬래브 콘크리트강도

슬래브의 콘크리트강도 f_{ck}는 일반적으로 21, 24, 27 MPa가 주로 사용된다. 그러나 도움표의 분량관계로 제공한 설계도움표는 24MPa 한 가지를 기준하여 작성되었다. 슬래브의 콘크리트 설계기준압축강도가 21MPa 또는 27MPa인 합성보의 설계휨강도와 단면 2차 모멘트의 값은 24MPa를 기준한 설계도움표의 값에 비해 큰 차이가 없다. 예를 들어 H형강 단면크기 H−500×200×10×16, 슬래브 유효폭 b_{eff}=3,000mm으로 구성된 합성보를 비교 검토한 결과를 나타낸 〈표 5.3.8〉과 〈그림 5.3.9~5.3.12〉에서 공학적으로 허용할만한 수준의 차이를 보이고 있다. 그러나 합성보의 설계에 영향을 미치는 다른 변수들을 고려하면 〈표 5.3.9〉에 나타낸 것처럼 다소 더 큰 차이가 있다.

<표 5.3.8> 콘크리트강도의 차이가 설계값에 미치는 영향

슬래브 종류	H형강 항복강도 F_y(MPa)	설계휨강도 콘크리트 압축강도 f_{ck}(MPa)			단면 2차 모멘트 하한값 설계기준압축강도 f_{ck}(MPa)		
		21	24	27	21	24	27
평슬래브 (h=135mm)	275	−0.9%	도움표	+0.7%	−1.2%	도움표	+0.8%
	355	−1.2%	도움표	+1.0%	−1.5%	도움표	+1.1%
골데크슬래브 ($h=h_r+h_c$=75+75=150mm)	275	−0.8%	도움표	+0.6%	−1.0%	도움표	+0.8%
	355	−1.2%	도움표	+0.9%	−1.4%	도움표	+1.1%

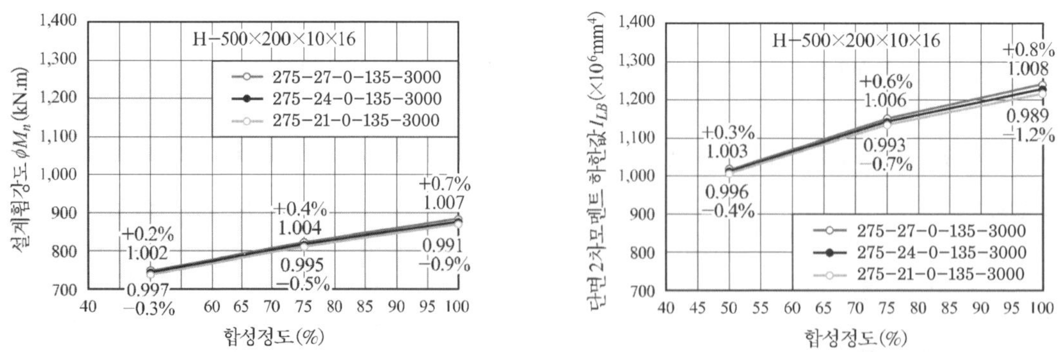

(a) 설계휨강도 (b) 단면 2차 모멘트 하한값

[그림 5.3.9] $H-500\times200\times10\times16(F_y=275MPa)$, $b_{eff}=3{,}000mm$, 평슬래브 $h=135mm$

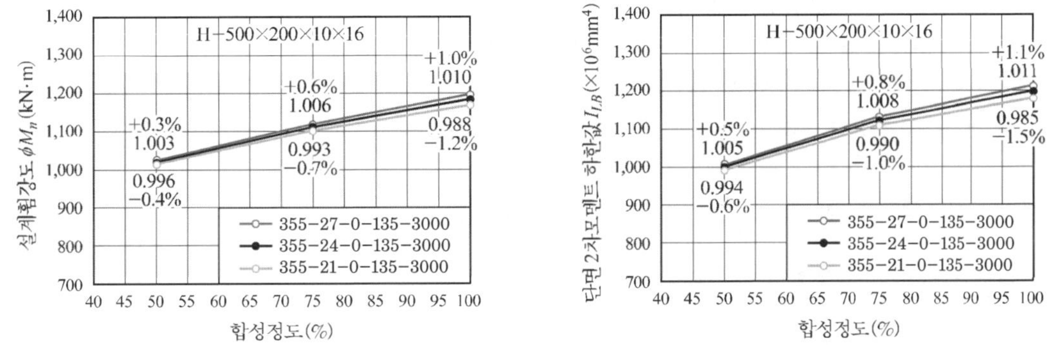

(a) 설계휨강도 (b) 단면 2차 모멘트 하한값

[그림 5.3.10] H$-500\times200\times10\times16(F_y=355MPa)$, $b_{eff}=3{,}000$mm, 평슬래브 $h=135$mm

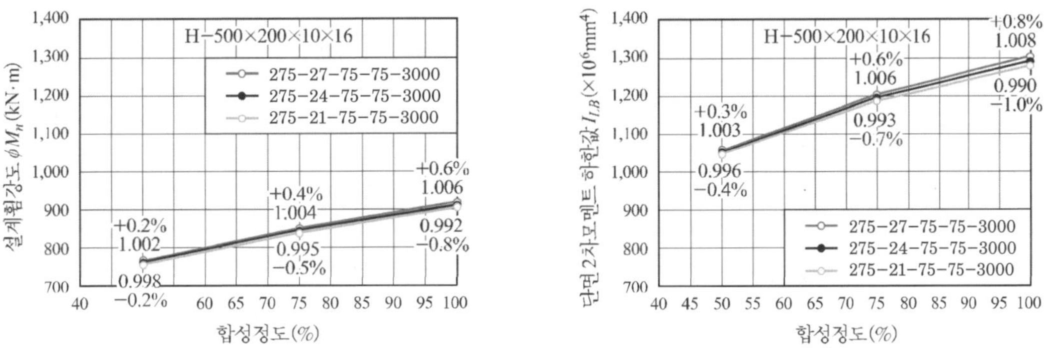

(a) 설계휨강도 (b) 단면 2차 모멘트 하한값

[그림 5.3.11] H$-500\times200\times10\times16(F_y=275MPa)$, $b_{eff}=3{,}000$mm, 골데크슬래브 $h=75+75=150$mm

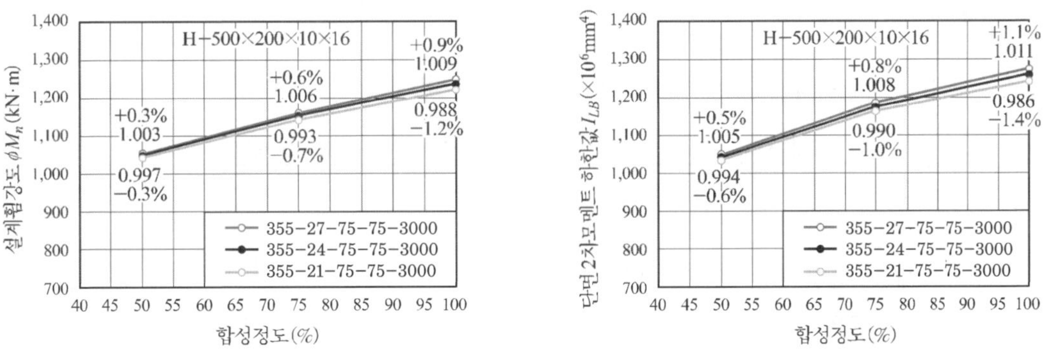

(a) 설계휨강도 (b) 단면 2차 모멘트 하한값

[그림 5.3.12] H$-500\times200\times10\times16(F_y=355MPa)$, $b_{eff}=3{,}000$mm, 골데크슬래브 $h=75+75=150$mm

다음 〈표 5.3.9〉는 도움표에 있는 H형강의 크기 중에서 가장 작은 단면과 가장 큰 단면을 포함한 몇 가지 H형강 크기에 대한 설계휨강도와 단면2차모멘트 하한값을 도움표의 콘크리트강도 24MPa를 기준했을 때, 21MPa 및 27MPa에 의한 합성보의 단면특성 차이를 백분율로 나타낸 것이다. 슬래브 유효폭, 슬래브 종류 및 H형강 규격 등을 고려할 때, 작은 춤의 형강과 작은 유효폭의 슬래브와 조합된 합성보는 콘크리트강도의 영향을 비교적 크게 받고, 큰 춤의 형강과 큰 유효폭의 슬래브와 조합된 합성보는 콘크리트강도의 영향을 적게 받는 편이다. 따라서, 작은 춤의 형강과 작은 유효폭의 슬래브와 조합하는 합성보를 24MPa를 기준한 설계도움표를 이용하여 다른 콘크리트강도로 설계할 경우에는 콘크리트강도의 영향을 감안하여야 한다.

<표 5.3.9> 몇 가지 변수와 콘크리트강도의 차이가 설계 값에 미치는 영향

H형강 규격 (mm)	슬래브 유효폭 (mm)	슬래브 종류와 두께	차이(%)					
			설계휨강도			단면 2차 모멘트 하한값		
			21MPa	24MPa	27MPa	21MPa	24MPa	27MPa
H-248×124×5×8 (Fy=275, 355MPa)	최소 400	평슬래브(h=135mm)	-4.50	도움표	+3.73	-4.21	도움표	+4.82
		골덱크슬래브(h=150mm)	-5.41	도움표	+5.35	-2.45	도움표	+2.29
	최대 1,900	평슬래브(h=135mm)	-0.80	도움표	+0.62	-1.17	도움표	+0.92
		골덱크슬래브(h=150mm)	-0.75	도움표	+0.58	-1.14	도움표	+0.89
H-400×200×8×13 (Fy=275, 355MPa)	최소 700	평슬래브(h=135mm)	-3.18	도움표	+2.88	-2.84	도움표	+2.53
		골덱크슬래브(h=150mm)	-3.22	도움표	+3.18	-0.99	도움표	+1.33
	최대 2,800	평슬래브(h=135mm)	-1.10	도움표	+0.85	-1.38	도움표	+1.08
		골덱크슬래브(h=150mm)	-1.05	도움표	+0.82	-1.36	도움표	+1.07
H-600×200×11×17 (Fy=275, 355MPa)	최소 1,100	평슬래브(h=135mm)	-2.33	도움표	+2.12	-2.03	도움표	+1.61
		골덱크슬래브(h=150mm)	-2.47	도움표	+2.38	-0.55	도움표	+0.94
	최대 4,200	평슬래브(h=135mm)	-0.89	도움표	+0.69	-1.05	도움표	+0.82
		골덱크슬래브(h=150mm)	-0.86	도움표	+0.67	-1.04	도움표	+0.82
H-588×300×12×20 (Fy=275, 355MPa)	최소 1,100	평슬래브(h=135mm)	-1.97	도움표	+1.90	-1.65	도움표	+1.30
		골덱크슬래브(h=150mm)	-1.93	도움표	+1.85	-0.00	도움표	+0.00
	최대 4,200	평슬래브(h=135mm)	-1.33	도움표	+1.03	-1.47	도움표	+1.16
		골덱크슬래브(h=150mm)	-3.08	도움표	+1.00	-1.06	도움표	+1.15
H-918×303×19×35 (Fy=275, 355MPa)	최소 1,200	평슬래브(h=135mm)	-1.75	도움표	+1.51	-0.00	도움표	+0.00
		골덱크슬래브(h=150mm)	-1.94	도움표	+1.80	-0.00	도움표	+0.00
	최대 4,300	평슬래브(h=135mm)	-1.69	도움표	+1.51	-1.41	도움표	+1.11
		골덱크슬래브(h=150mm)	-2.23	도움표	+2.13	-0.58	도움표	+0.62
최대 차이			-5.41	도움표	+5.35	-4.21	도움표	+4.82

(4) 〈도움표 5.3〉의 설계값 사용 유의사항

도움표에는 직경 13, 16, 19 및 22mm에 대한 강재앵커(스터드)의 공칭강도가 제공되어 있으나, 기준에서는 연성력이 있는 전단열결재를 사용하도록 유도하기 위해 19mm 직경을 초과하지 않도록 제한하고 있으므로 19mm 이하의 직경을 사용한다.

(5) 강재앵커(스터드) 배치

강재앵커(스터드)는 기준 0709.8.2.4에 따라 모멘트가 최대가 되는 위치와 모멘트가 0이 되는 위치 사이에 일정한 간격으로 배치한다. 집중하중이 작용하는 위치와 모멘트가 0이 되는 위치 사이에 배열되는 강재앵커(스터드)의 소요개수는 집중하중이 작용하는 위치의 모멘트를 받을 수 있도록 충분한 수를 배열한다. 일반적인 조건에서의 강재앵커(스터드) 배치는 다음 [그림 5.3.13]를 참고하여 배치할 수 있다.

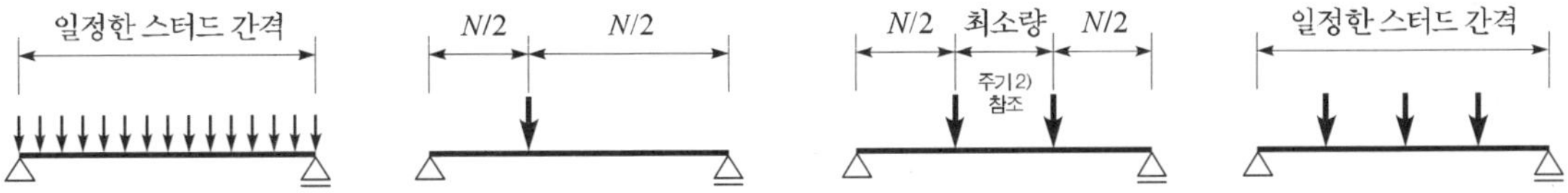

(a) 등분포하중 (b) 1점 집중하중 (c) 2점 집중하중 (d) 3점 이상 집중하중

[그림 5.3.13] 강재앵커(스터드) 배열 개념도

주기 :
1) 위 그림들은 이상적인 상태를 보여주므로, 실제 상태에 따라 추가적인 해석이 필요할 수 있다.
2) 강재앵커(스터드)의 중심간 간격은 슬래브 총두께의 8배 또는 900mm를 초과할 수 없다. 데크플레이트는 H형강의 플랜지 상부면에 450mm 이하의 간격으로 고정되어야 하며, 데크플레이트의 고정은 강재앵커(스터드)나 강재앵커(스터드)와 점용접의 조합, 또는 설계자에 의해 명시된 방법에 의해 이루어져야 한다.
3) 위 그림들에 표현된 강재앵커(스터드)의 수 N/2는 모멘트가 최대가 되는 위치와 모멘트가 0가 되는 위치 사이에 요구되는 소요수평전단력(ΣQn)에 의해 산정한 것이다.

5.3.7 참고 자료

1) 참고자료-1 : 공사단계에 고려해야 할 시공하중

건축구조기준 0709.1 일반사항에는 합성부재를 포함하고 있는 구조물의 부재 및 접합부의 설계는 공사과정에서 각 증분하중이 가해지는 단계마다의 유효단면을 고려하여야 하고, 합성부재의 강도는 제작 및 공사과정에서 발생된 잔류응력, 잔류변형, 시공오차 등의 불완전성 영향을 고려하도록 요구하고 있다. 다음 사항은 합성보의 시공 중 설계하중 산정 시 참고할 수 있는 자료이다.

(1) 시공단계에서의 콘크리트자중

AISC Steel Design Gide 3(West and Fisher, 2003)에서는 동바리를 사용하지 않는 경우, 콘크리트슬래브의 상부면이 수평면을 이루도록 콘크리트를 타설한 경우에 강재보 및 데크의 처짐으로 인한 콘크리트 고임(Concrete Ponding)을 고려하여 콘크리트의 하중은 콘크리트자중의 10%를 추가한 하중을 적용하도록 권장하고 있다. 콘크리트 고임을 고려하지 않을 경우에 콘크리트는 일정한 두께로 타설해야 한다.

(2) 시공단계의 활하중

합성보의 합성 전 시공 중의 등분포 활하중 크기는 다음 표를 참고하여 슬래브 콘크리트 공사 방식에 따라서 결정할 수 있다. 시공방식이 다음 표에 속하지 않는 경우에는 설계자가 별도로 활하중을 산정해야 한다.

<표 5.3.10> 시공단계의 활하중

콘크리트슬래브공사 방식		등분포활하중 (kN/m^2)
Light Duty	호스에 의한 콘크리트 운반과 손도구에 의한 콘크리트 면처리	1.20
Medium Duty	버킷, 슈트 또는 손수레에 의한 콘크리트 운반과 동력장치가 있는 소형장비(motorized screeds)에 의한 콘크리트 면처리	2.40
Heavy Duty	동력장치가 있는 소형차량(motorized buggies)에 의한 콘크리트 운반과 면처리	3.60

위 표는 ASCE/SEI 37-02 Design Loads on Structures During Construction(ASCE, 2002)의 Table 2 Classes of Working Surfaces for Combined Uniformly Distributed Loads를 참고하여 작성하였음.

2) 참고자료-2 : 바닥구조의 처짐 제한

건축구조기준에는 바닥구조의 처짐에 대한 구체적인 제한값이 없다. 다음 표는 미국의 IBC2015의 Table 1604.3을 참고하여 작성한 것이다.

<표 5.3.11> 바닥구조의 처짐 제한

구 분		L	S 또는 W	$D+L$1)
지붕부재	회반죽천장을 지지하는 부재	$l/360$	$l/360$	$l/240$
	일반천장을 지지하는 부재	$l/240$	$l/240$	$l/180$
	천장을 지지하지 않는 부재	$l/180$	$l/180$	$l/120$
	금속지붕마감재를 지지하는 부재	$l/150$	–	$l/60$
바닥부재	일반용도의 바닥을 지지하는 부재	$l/360$	–	$l/240$

1) D : 고정하중, L : 활하중, S : 적설하중, W : 풍하중
2) l : 부재의 스팬길이(단, 캔틸레버부재에서 l은 캔틸레버부재 길이의 2배로 한다.)

3) 참고자료-3 : 치올림

치올림의 형상과 크기는 시공 중 보의 단부경계조건과 합성 후 보의 단부경계조건, 바닥구조의 용도, 칸막이벽 및 천장의 종류 등의 여러 조건을 고려하여 구조설계자의 판단에 의하여 결정한다. 다음은 치올림 설계를 위한 참고자료이다.

(1) AISC Steel Design Guide 3(2003)에 의하면 슬래브의 콘크리트와 보의 자중에 의한 처짐이 스팬의 1/360 또는 25mm를 초과하지 않도록 권장하고 있다. 따라서 L/360이나 25mm를 초과하면 치올림을 주어야 한다.

(2) AISC Steel Design Gide 3(2003)에 의하면 일반적인 조건에서는 상향 치올림의 정도(양)는 시공중 고정하중에 의해 계산된 처짐값의 약 80% 정도로 권장하고 있다.

(3) AISC Manual of Steel Construction(LRFD 2nd Edition)에 의하면 7.3m 이하의 스팬의 보나 치올림의 크기가 19mm 이하인 경우에는 치올림을 두지 않도록 권장하고 있다(Kloiber, 1989).

4) 참고자료-4 : 바닥진동

미국의 AISC에서 발행한 'STEEL DESIGN GUIDE 11-Floor Vibrations Due to Human Activity'에 바닥진동에 대한 제한 값과 평가방법에 대한 구체적인 내용이 포함되어 있다.

5.4 설계 예제

다음 [그림 5.4.1]는 합성보의 설계 예제를 위한 사무실 용도의 구조평면도이다.

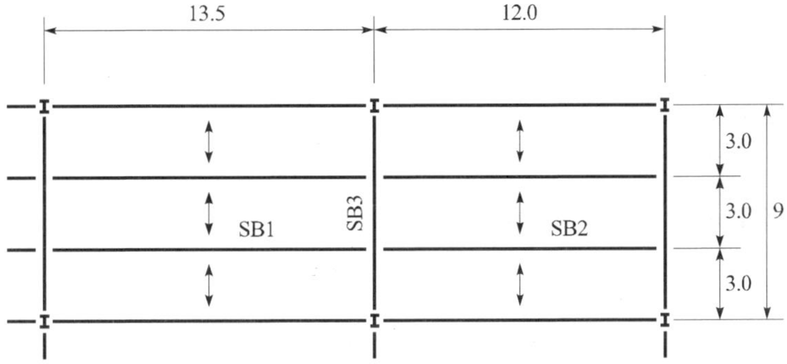

[그림 5.4.1] 예제 구조평면도

(예제 설계하중-1) : 철근콘크리트 평판슬래브를 적용한 경우

고정하중 :	슬래브(두께= 135mm)	=	3.24	
	천장 및 덕트	=	0.30	
	OA Floor	=	0.50	
	강재보	=	0.50	(가정)
	합계		4.54kN/m^2	
활하중 :	사무실	=	2.50	
	경량칸막이벽	=	1.00	
	합계		3.50kN/m^2	

(예제 설계하중-2) : 골데크플레이트가 있는 바닥슬래브를 적용한 경우

고정하중 :	골데크플레이트+콘크리트($t=75+75=150$mm)	=	2.84	
	천장 및 덕트	=	0.30	
	OA Floor	=	0.50	
	강재보	=	0.50	(가정)
	합계		4.14kN/m^2	
활하중 :	사무실	=	2.50	
	경량칸막이벽	=	1.00	
	합계		3.50kN/m^2	

주) 위 하중은 예제를 위해 편의상 가정된 하중이며, 실제 설계에 사용될 하중은 설계자가 설계조건에 적합하게 별도로 산정하여야 한다.

예제 5.1 **13.5m 스팬의 노출형 합성보(평판슬래브를 적용한 경우)**

> [그림 5.4.1]의 구조평면도에서 단순보 SB1을 설계하시오. 슬래브는 135mm 두께의 철근콘크리트 평판슬래브로 한다. 단, 바닥의 사용 중 설계하중은 (예제 설계하중-1)을 적용하고, 시공 중 활하중은 1.2kN/m^{2}으로 하며 동바리는 사용하지 않는다. (H형강 $F_y = 275$MPa, 슬래브 콘크리트 $f_{ck} = 24$MPa)

1. 작용하중 단계별 소요강도 및 소요단면 2차 모멘트

간격 3.0m의 보에 대한 선형등분포하중을 산정하여 작용하중단계별 소요휨강도, 소요전단강도, 소요단면 2차 모멘트를 구한다.

1.1 시공단계의 소요강도 및 소요단면 2차 모멘트

1) 선형등분포하중

시공중 고정하중 : $w_{DL} = (3.24 + 0.50)(3.00) = 11.2\text{kN/m}$

시공중 활하중 : $w_{CLL} = (1.20)(3.00) = 3.60\text{kN/m}$ (5.3.7의 참고자료-1 참조)

시공중 계수하중 : $w_{u1} = 1.4DL = 1.4(11.2) = 15.7\text{kN/m}$

$w_{u2} = 1.2DL + 1.6LL = 1.2(11.2) + 1.6(3.60) = 19.2\text{kN/m}$

$\therefore\ w_u = \max.[w_{u1},\ w_{u2}] = 19.2\text{kN/m}$

2) 시공 중 강재보의 소요휨강도

$$M_u = \frac{w_u l^2}{8} = \frac{(19.2)(13.5)^2}{8} = 437\text{kN}\cdot\text{m}$$

3) 시공 중 강재보의 소요단면2차모멘트

시공 중 강재보의 처짐은 콘크리트타설의 시공성을 고려하여 60mm로 제한한다.

$$I_{req} = \frac{5 w_{DL} l^4}{384 E \Delta} = \frac{5(11.2)(13{,}500)^4}{384(210{,}000)(60)} = 384 \times 10^6\text{mm}^4$$

1.2 사용단계의 소요강도 및 소요단면 2차 모멘트

1) 선형등분포하중

합성 전 고정하중 : $w_{DL} = (3.24 + 0.50)(3.00) = 11.2\text{kN/m}$

합성 후 고정하중 : $w_{SIDL} = (0.30 + 0.50)(3.00) = 2.40\text{kN/m}$

합성 후 활하중 : $w_{LL} = (2.50 + 1.00)(3.00) = 10.5\text{kN/m}$

사용 중 계수하중 : $w_{u1} = 1.4DL = 1.4(11.2 + 2.40) = 19.0\text{kN/m}$

$w_{u2} = 1.2DL + 1.6LL = 1.2(11.2 + 2.40) + 1.6(10.5) = 33.1\text{kN/m}$

$\therefore\ w_u = \max.[w_{u1},\ w_{u2}] = 33.1\text{kN/m}$

2) 사용 중 합성보의 소요휨강도와 소요전단강도

$$M_u = \frac{w_u l^2}{8} = \frac{(33.1)(13.50)^2}{8} = 754\text{kN}\cdot\text{m}$$

$$V_u = \frac{w_u l}{2} = \frac{(33.1)(13.5)}{2} = 223\text{kN}$$

3) 사용 중 합성보의 소요단면 2차 모멘트

사용 중 합성보의 처짐을 $\Delta = L/360 = 13{,}500/360 = 37.5\text{mm}$ 로 제한할 경우에 요구되는 합성보의 소요단면 2차 모멘트를 구한다.

$$I_{req} = \frac{5w_{LL}l^4}{384E\Delta} = \frac{5(10.5)(13{,}500)^4}{384(210{,}000)(37.5)} = 577 \times 10^6 \text{mm}^4$$

4) 콘크리트슬래브의 유효폭

$$b_{e1} = \frac{l}{8}(2) = \frac{13{,}500}{8}(2) = 3{,}380\text{mm}$$

$$b_{e2} = \frac{s}{2}(2) = \frac{3{,}000}{2}(2) = 3{,}000\text{mm}$$

$$\therefore\ b_e = \min.[b_{e1},\ b_{e2}] = 3{,}000\text{mm}$$

2. 소요강도와 소요단면 2차 모멘트에 적합한 H형강 선정

1) 시공단계에 대한 검토

〈도움표 5.1-275-24〉에서 H-500×200×10×16 강재보의 설계휨강도는 $\phi M_{ns} = 540\text{kN} \cdot \text{m}$이며 단면 2차 모멘트 $I_s = 478 \times 10^6 \text{mm}^4$이다.

2) 사용단계에 대한 검토

〈도움표 5.1-275-24〉에서 $b_{eff} = 3{,}000\text{mm}$인 H-500×200×10×16의 합성보는 합성정도가 75%일 때, 설계휨강도, 설계전단강도, 단면 2차 모멘트하한값을 만족하며, 이때 강재앵커(스터드)의 소요전단력은 $\Sigma Q_n = 2{,}355\text{kN}$이다.

구 분		소요 계산값	비교	도움표 설계값	판 정
공사 단계 (합성 전)	휨강도	$M_u = 437\text{kN·m}$	<	$\phi M_{ns} = 540\text{kN·m}$	적합
	단면 2차 모멘트 Δ_{DL}	$I_{s,req} = 384\times10^6\text{mm}^4$	<	$I_s = 478\times10^6\text{mm}^4$	적합
사용 단계 (합성 후)	휨강도	$M_u = 754\text{kN·m}$	<	$\phi M_n = 949\text{kN·m}$	적합
	전단력	$V_u = 223\text{kN}$	<	$\phi V_n = 825\text{kN}$	적합
	단면 2차 모멘트 Δ_{LL}	$I_{com} = 577\times10^6\text{mm}^4$	<	$I_{LB} = 1{,}133\times10^6\text{mm}^4$	적합

3. 강재앵커(스터드)의 소요개수 산정

1) 강재앵커(스터드) 1개의 전단강도

〈도움표 5.3〉에서 콘크리트의 종류, 강도 및 슬래브 형태에 해당하는 강재앵커(스터드) 1개의 전단강도를 구한다. 보통콘크리트를 사용하고, 콘크리트강도가 $f_{ck} = 24\text{MPa}$이고, 데크플레이트가 없는 경우에 강재앵커(스터드) ϕ19 1개당 공칭전단강도는 $Q_n = 85.1\text{kN}$이다.

2) 강재앵커(스터드) ϕ19의 소요개수

$$n_{stud} = \frac{\Sigma Q_n}{Q_n} = \frac{2{,}355}{85.1} = 27.6 \Rightarrow 28\text{개}/(L/2\text{구간})$$

∴ 보의 전체길이에 대한 강재앵커(스터드)의 총 개수는 2(28)=56개가 필요하다.

3) 강재앵커(스터드) 배치와 간격 검토

1열 배치의 경우 강재앵커(스터드) 간격은 다음과 같이 240mm로 하면 적합하게 배치할 수 있다.

$$s_{stud} = \frac{l/2}{(n_{stud}/1\text{열})} = \left(\frac{13{,}500/2}{28/1\text{열}}\right) = 241 \Rightarrow 240\text{mm}$$

합성보의 길이방향에 대한 간격 검토

$6d_{stud} = 6(19) = 114\text{mm} \ < \ s_{stud} = 240\text{mm} \ < \ \min[8t_{slab} = 8(135) = 1{,}080\text{mm},\ 900\text{mm}]$

그러므로 강재앵커(스터드) $\phi19 \times 90$을 보의 전 길이에 걸쳐 1열로 240mm 간격으로 배치하면 보스팬의 중앙부에서 각 지지점까지 각각 28개씩 배치되며 총 56개가 배치된다.

4. 사용성 검토

4.1 치올림(camber) 설계와 전체 처짐 검토

1) 시공 중 보의 처짐과 치올림설계 (5.3.7의 참고자료-3 참조)

콘크리트양생 전 고정하중에 대한 강재단면 처짐

$$\Delta_{DL1} = \frac{5w_{DL}l^4}{384E_sI_s} = \frac{5(11.2)(13{,}500)^4}{384(210{,}000)(478\times10^6)} = 48.3\text{mm} > \min[l/360 = 37.5\text{mm},\ 25\text{mm}]$$

처짐량이 크므로 바닥의 평탄성을 고려하여 치올림을 둔다.

치올림 $= (48.3)(0.80) = 38.6\text{mm} \Rightarrow 40\text{mm}$

2) 콘크리트양생 후 재하되는 고정하중에 의한 처짐

$$w_{SIDL} = (0.30 + 0.50)(3.0) = 2.40\text{kN/m}$$

$$\Delta_{DL2} = \frac{5w_{SIDL}l^4}{384E_sI_{LB}} = \frac{5(2.40)(13{,}500)^4}{384(210{,}000)(1{,}133\times10^6)} = 4.4\text{mm} \simeq \frac{l}{3{,}040}$$

3) 콘크리트양생 후 재하되는 활하중에 의한 처짐

$$w_{sLL} = (2.50 + 1.00)(3.0) = 10.5\text{kN/m}$$

$$\Delta_{LL} = \frac{5w_{LL}l^4}{384E_sI_{LB}} = \frac{5(10.5)(13{,}500)^4}{384(210{,}000)(1{,}133\times10^6)} = 19.1\text{mm} < \frac{l}{360} = 37.5\text{mm}$$ 적합

4) 고정하중과 활하중에 의한 처짐 (5.3.7의 참고자료-2 참조)

$$\Delta_T = (\Delta_{DL1} - Camber) + \Delta_{DL2} + \Delta_{LL}$$

$$= (48.3 - 40) + 4.4 + 19.1 = 31.8\text{mm} = \frac{l}{424} < \frac{l}{240} = 56.3\text{mm}$$ 적합

4.2 보행자진동에 대한 평가 (5.3.7의 참고자료-4 참조)

이 예제풀이에서는 보행자진동에 대한 평가는 생략하였으나 실제 설계에서는 반드시 검토할 필요가 있다.

예제 5.2 13.5m 스팬의 노출형 합성보(골데크슬래브를 적용한 경우)

[그림 5.4.2]의 구조평면도에서 단순보 SB1을 설계하시오. 슬래브는 [예제그림 5.2]와 같이 골이 있는 데크플레이트(골춤 75mm, 골간격 300mm, 평균골폭 150mm, 강판두께 1.2mm)를 사용하고 슬래브의 총 두께는 150mm로 한다. 단, 바닥사용 중 설계하중은 (예제 설계하중-2)를 적용하고, 시공 중 활하중은 1.2kN/m^{2}으로 하고 동바리는 사용하지 않는다.(H형강 $F_y = 275$MPa, 슬래브 콘크리트 $f_{ck} = 24$MPa)

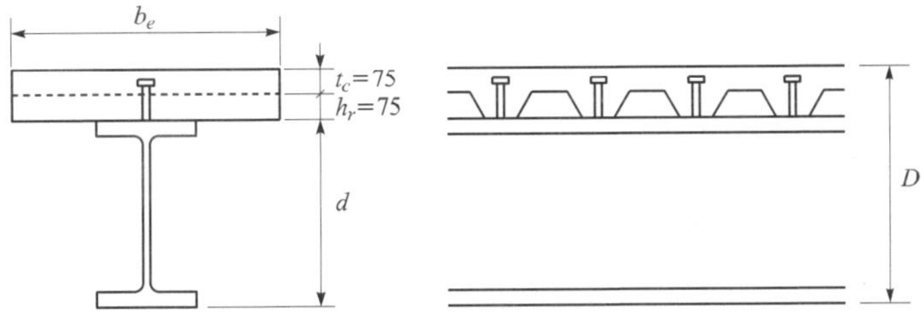

[그림 5.4.2] 합성보의 횡단면과 종단면

1. 작용하중단계별 소요강도 및 소요단면 2차 모멘트

간격 3.0m의 보에 대한 선형등분포하중을 산정하여 작용하중단계별 소요휨강도, 소요전단강도, 소요단면2차모멘트를 구한다.

1.1 시공단계의 소요강도 및 소요단면 2차 모멘트

1) 선형등분포하중

시공 중 고정하중 : $w_{DL} = (2.84 + 0.50)(3.00) = 10.0\text{kN/m}$

시공 중 활하중 : $w_{CLL} = (1.20)(3.00) = 3.60\text{kN/m}$ (5.3.7의 참고자료-1 참조)

시공 중 계수하중 : $w_{u1} = 1.4DL = 1.4(10.0) = 14.0\text{kN/m}$

$w_{u2} = 1.2DL + 1.6LL = 1.2(10.0) + 1.6(3.60) = 17.8\text{kN/m}$

$\therefore\ w_u = \max.[w_{u1},\ w_{u2}] = 17.8\text{kN/m}$

2) 시공 중 강재보의 소요휨강도

$$M_u = \frac{w_u l^2}{8} = \frac{(17.8)(13.5)^2}{8} = 406\text{kN}\cdot\text{m}$$

3) 시공 중 강재보의 소요단면 2차 모멘트

시공 중 강재보의 처짐은 콘크리트타설의 시공성을 고려하여 60mm로 제한한다.

$$I_{s,req} = \frac{5w_{DL}l^4}{384E\Delta} = \frac{5(10.0)(13{,}500)^4}{384(210{,}000)(60)} = 343\times10^6\text{mm}^4$$

1.2 사용단계의 소요강도 및 소요단면 2차 모멘트

1) 선형등분포하중

합성 전 고정하중 : $w_{DL} = (2.84 + 0.50)(3.00) = 10.0\text{kN/m}$

합성 후 고정하중 : $w_{SIDL} = (0.30 + 0.50)(3.00) = 2.40\text{kN/m}$

합성 후 활하중 : $w_{LL} = (2.50+1.00)(3.00) = 10.5\text{kN/m}$

사용 중 계수하중 : $w_{u1} = 1.4DL = 1.4(10.0+2.40) = 17.4\text{kN/m}$

$w_{u2} = 1.2DL + 1.6LL = 1.2(10.0+2.4) + 1.6(10.5) = 31.7\text{kN/m}$

$\therefore\ w_u = \max.[w_{u1},\ w_{u2}] = 31.7\text{kN/m}$

2) 사용 중 합성보의 소요휨강도와 소요전단강도

$$M_u = \frac{w_u l^2}{8} = \frac{(31.7)(13.50)^2}{8} = 722\text{kN}\cdot\text{m}$$

$$V_u = \frac{w_u l}{2} = \frac{(31.7)(13.5)}{2} = 214\text{kN}$$

3) 사용 중 합성보의 소요단면2차모멘트

사용 중 합성보의 처짐은 $\Delta = L/360 = 13{,}500/360 = 37.5\text{mm}$로 제한할 경우에 요구되는 합성보의 소요단면2차모멘트를 구한다.

$$I_{com} = \frac{5w_{LL}l^4}{384E\Delta} = \frac{5(10.5)(13{,}500)^4}{384(210{,}000)(37.5)} = 577\times10^6\text{mm}^4$$

2. 소요강도와 소요단면2차모멘트에 적합한 H형강 선정

1) 시공단계에 대한 검토

〈도움표 5.2-275-24〉에서 H-500×200×10×16 강재보의 설계휨강도는 $\phi M_{ns} = 540\text{kN}\cdot\text{m}$이며 단면 2차 모멘트 $I_s = 478\times10^6\text{mm}^4$이다.

2) 사용단계에 대한 검토

〈도움표 5.2-275-24〉에서 $b_{eff} = 3{,}000\text{mm}$인 H-500×200×10×16의 합성보는 합성정도가 50%일 때, 설계휨강도, 설계전단강도, 단면 2차 모멘트하한값을 만족하며, 이때 강재앵커(스터드)의 소요전단력은 $\Sigma Q_n = 1{,}570\text{kN}$이다.

구 분		소요 계산값	비교	도움표 설계값	판 정
공사 단계 (합성 전)	휨강도	M_u = 406kN·m	<	ϕM_{ns} = 540kN·m	적합
	단면2차모멘트 Δ_{DL}	$I_{s,req}$ = 343×10^{6}mm^4	<	I_s = 478×10^{6}mm^4	적합
사용 단계 (합성 후)	휨강도	M_u = 722kN·m	<	ϕM_n = 890kN·m	적합
	전단력	V_u = 214kN	<	ϕV_n = 825kN	적합
	단면2차모멘트 Δ_{LL}	I_{com} = 577×10^{6}mm^4	<	I_{LB} = 1,050×10^{6}mm^4	적합

3. 강재앵커(스터드)의 소요개수 산정

1) 강재앵커(스터드) 1개의 전단강도

〈도움표 5.3〉에서 콘크리트의 종류, 강도 및 슬래브 형태에 해당하는 강재앵커(스터드) 1개의 전단강도를 구한다. 보통콘크리트를 사용하고, 콘크리트강도가 $f_{ck} = 24\text{MPa}$이고, 데크플레이트의 골방향이 강재보에 직각, 골당 강재앵커(스터드)의 개수가 1개, 강재앵커(스터드) 몸체의 바깥면으로부터 데크플레이트 웨브(데크골의 중간높이)까지의 거리가 $(150-19)/2 = 65.5\text{mm} \geq 50\text{mm}$이므로 강한 위치의 강재앵커(스터드)에 해당된다. 이 경우는 〈도움표 5.3〉에서 $\phi19$ 강재앵커(스터드) 1개의 공칭전단강도는 $Q_n = 85.1\text{kN}$이다.

2) 데크의 골 개수

$$n_{rib} = \frac{l/2}{s_{rib}} = (\frac{13,500/2}{300}) = 22.5 \Rightarrow 22$$

3) 1열 배치할 경우 강재앵커(스터드) 1개의 소요전단강도

$$Q_n = \frac{\Sigma Q_n}{n_{stud}} = \frac{1,570}{22} = 71.4\text{kN}/1\text{개}$$

〈도움표 5.3〉에서 1열로 배치할 경우 $\phi19$ 강재앵커(스터드) 1개의 공칭전단강도는 $Q_n = 85.1\text{kN}$이므로 적합하다.

4) 강재앵커(스터드)의 간격 검토와 배치

합성보의 길이방향에 대한 강재앵커(스터드)의 간격은 다음과 같이 기준을 만족한다.

$$6d_{stud} = 6(19) = 114\text{mm} \; < \; s_{stud} = 300\text{mm} \; < \; \min[8t_{slab} = 8(135) = 1,080\text{mm},\ 900\text{mm}]$$

그러므로 강재앵커(스터드) $\phi19\times110$을 보의 전 길이에 걸쳐 1열로 300mm 간격으로 배치하면 보스팬의 중앙부에서 각 지지점까지 각각 22개씩 배치되며 총 44개가 배치된다.

4. 사용성 검토

4.1 치올림(Camber)설계와 전체 처짐 검토

1) 시공 중 보의 처짐과 치올림설계 (5.3.7 참고자료-3 참조)

콘크리트양생 전 고정하중에 대한 강재단면 처짐

$$\Delta_{DL1} = \frac{5w_{DL}l^4}{384E_sI_s} = \frac{5(10.0)(13,500)^4}{384(210,000)(478\times10^6)} = 43.1\text{mm} > \min[l/360 = 37.5\text{mm},\ 25\text{mm}]$$

처짐량이 크므로 바닥의 평탄성을 고려하여 치올림을 둔다.

치올림 $= (43.1)(0.80) = 34.5\text{mm} \Rightarrow 35\text{mm}$ 치올림

2) 콘크리트양생 후 재하되는 고정하중에 의한 처짐

$$w_{SIDL} = (0.30+0.50)(3.0) = 2.40\text{kN/m}$$

$$\Delta_{DL2} = \frac{5w_{SIDL}l^4}{384E_sI_{LB}} = \frac{5(2.40)(13,500)^4}{384(210,000)(1,050\times10^6)} = 4.7\text{mm} \simeq \frac{l}{2,800}$$

3) 콘크리트양생 후 재하되는 활하중에 의한 처짐

$$w_{LL} = (2.50+1.00)(3.0) = 10.5\text{kN/m}$$

$$\Delta_{LL} = \frac{5w_{LL}l^4}{384E_sI_{LB}} = \frac{5(10.5)(13,500)^4}{384(210,000)(1,050\times10^6)} = 20.6\text{mm} < \frac{l}{360} = 37.5\text{mm}$$ 적합

4) 고정하중과 활하중에 의한 처짐 (5.3.7의 참고자료-2 참조)

$$\Delta_T = (\Delta_{DL1} - Camber) + \Delta_{DL2} + \Delta_{LL}$$

$$= (43.1-35) + 4.7 + 20.6 = 33.4\text{mm} = \frac{l}{404} < \frac{l}{240} = 56.3\text{mm}$$ 적합

4.2 보행자진동에 대한 평가 (5.3.7의 참고자료-4 참조)

이 예제풀이에서는 보행자진동에 대한 평가는 생략하였으나 실제 설계에서는 반드시 검토할 필요가 있다.

예제 5.3 13.5m 스팬의 노출형 합성보(동바리를 사용하는 경우)

[그림 5.4.1]의 구조평면도에서 단순보 SB1을 시공 중 동바리를 사용하는 노출형 합성보로 설계하시오. 하중조건과 슬래브의 조건은 예제 5.2와 같으나 강재의 설계기준항복강도는 $F_y = 355\text{MPa}$로 한다.

1. 작용하중단계별 소요강도 및 소요단면 2차 모멘트

간격 3.0m의 보에 대한 선형등분포하중을 산정하여 작용하중단계별 소요휨강도, 전단강도, 단면2차모멘트를 구한다.

1.1 사용단계의 소요강도 및 소요단면 2차 모멘트

1) 선형등분포하중

합성 전 고정하중 : $w_{DL} = (2.84+0.50)(3.00) = 10.0\text{kN/m}$

합성 후 고정하중 : $w_{SIDL} = (0.30+0.50)(3.00) = 2.40\text{kN/m}$

합성 후 활하중 : $w_{LL} = (2.50+1.00)(3.00) = 10.5\text{kN/m}$

사용 중 계수하중 : $w_{u1} = 1.4DL = 1.4(10.0+2.40) = 17.4\text{kN/m}$

$w_{u2} = 1.2DL + 1.6LL = 1.2(10.0+2.40) + 1.6(10.5) = 31.7\text{kN/m}$

$\therefore\ w_u = \max.[w_{u1},\ w_{u2}] = 31.7\text{kN/m}$

2) 사용 중 합성보의 소요휨강도와 소요전단강도

$$M_u = \frac{w_u l^2}{8} = \frac{(31.7)(13.50)^2}{8} = 722\text{kN}\cdot\text{m}$$

$$V_u = \frac{w_u l}{2} = \frac{(31.7)(13.5)}{2} = 214\text{kN}$$

3) 사용 중 합성보의 소요단면 2차 모멘트

사용 중 합성보의 처짐은 $\Delta = L/360 = 13{,}500/360 = 37.5\text{mm}$로 제한할 경우에 요구되는 합성보의 소요단면 2차 모멘트를 구한다.

$$I_{com} = \frac{5w_{LL}l^4}{384E\Delta} = \frac{5(10.5)(13{,}500)^4}{384(210{,}000)(37.5)} = 577\times10^6\text{mm}^4$$

1.2 시공단계의 소요강도 및 소요단면 2차 모멘트

동바리지지방식으로 시공하므로 검토할 필요가 없다.

2. 소요강도와 소요단면 2차 모멘트에 적합한 H형강 선정

1) 사용단계에 대한 검토

〈도움표 5.2-355-24〉에서 $b_{eff} = 3{,}000\text{mm}$인 H-446×199×8×12의 합성보는 합성 정도가 75%일 때, 설계휨강도, 설계전단강도, 단면 2차 모멘트하한값을 만족하며, 이때 강재앵커(스터드)의 소요전단력은 $\Sigma Q_n = 2{,}244\text{kN}$이다.

구 분		소요 계산값	비교	도움표 설계값	판 정
사용 단계 (합성 후)	휨강도	M_u = 722kN·m	<	ϕM_n = 867kN·m	적합
	전단력	V_u = 214kN	<	ϕV_n = 763kN	적합
	단면2차모멘트 Δ_{LL}	I_{com} = 577×10^{6}mm^4	<	I_{LB} = 745×10^{6}mm^4	적합

3. 강재앵커(스터드)의 소요개수 산정

1) 강재앵커(스터드) 1개의 전단강도

〈도움표 5.3〉에서 콘크리트의 종류, 강도 및 슬래브 형태에 해당하는 강재앵커(스터드) 1개의 전단강도를 구한다. 보통콘크리트를 사용하고, 콘크리트강도가 $f_{ck}=24\text{MPa}$이고, 데크플레이트의 골방향이 강재보에 직각, 골당 강재앵커(스터드)의 개수가 1개, 강재앵커(스터드) 몸체의 바깥면으로부터 데크플레이트 웨브(데크골의 중간높이)까지의 거리가 $(150-19)/2=65.5\text{mm}\geq 50\text{mm}$이므로 강한 위치의 강재앵커(스터드)에 해당된다. 이 경우는 〈도움표 5.3〉에서 $\phi19$ 강재앵커(스터드) 1개의 공칭전단강도는 $Q_n=85.1\text{kN}$이다.

2) 데크의 골 개수

$$n_{rib}=\frac{l/2}{s_{rib}}=(\frac{13,500/2}{300})=22.5 \Rightarrow 22$$

3) 1열 배치할 경우 강재앵커(스터드) 1개의 소요전단강도

$$Q_n=\frac{\Sigma Q_n}{n_{stud}}=\frac{2,244}{22}=102\text{kN}/1\text{개}$$

〈도움표 5.3〉에서 1열로 배치할 경우 기준에서 허용하고 있는 최대 $\phi19$ 강재앵커(스터드) 1개의 공칭전단강도는 $Q_n=85.1\text{kN}$이므로 적합하지 않다.

4) 2열로 배치할 경우의 강재앵커(스터드) 1개의 소요전단강도

$$Q_n=\frac{\Sigma Q_n}{n_{stud}}=\frac{2,244}{2(22)}=51\text{kN 개}/(L/2\text{구간})$$

〈도움표 5.3〉에서 2열로 배치할 경우 $\phi16$ 강재앵커(스터드) 1개의 공칭전단강도는 $Q_n=51.3\text{kN}$이므로 적합하다.

5) 강재앵커(스터드)의 간격 검토와 배치

합성보의 길이방향에 대한 강재앵커(스터드)의 간격은 다음과 같이 기준을 만족한다.

$$6d_{stud}=6(16)=96\text{mm} < s_{stud}=300\text{mm} < \min[8t_{slab}=8(135)=1,080\text{mm},\ 900\text{mm}]$$

그러므로 강재앵커(스터드) $\phi16\times110$을 보의 전 길이에 걸쳐 2열로 300mm 간격으로 배치하면 보스팬의 중앙부에서 각 지지점까지 각각 44개씩 배치되며 총 88개가 배치된다.

4. 사용성 검토

4.1 치올림(Camber)설계와 전체 처짐 검토

(1) 시공 중 보의 처짐과 치올림설계 (5.3.7의 참고자료-3 참조)

동바리지지방식으로 시공하므로 시공 중 보의 처짐은 검토할 필요가 없다.

(2) 콘크리트양생 후 재하되는 고정하중에 의한 처짐

$$w_{DL+SIDL}=(2.84+0.30+0.50)(3.0)=10.9\text{kN/m}$$

$$\Delta_{DL2}=\frac{5w_{DL+SIDL}l^4}{384E_sI_{LB}}=\frac{5(10.9)(13,500)^4}{384(210,000)(745\times10^6)}=30\text{mm}\simeq\frac{l}{450}$$

(3) 콘크리트양생 후 재하되는 활하중에 의한 처짐

$w_{LL}=(2.50+1.00)(3.0)=10.5\text{kN/m}$

$$\Delta_{LL}=\frac{5w_{LL}l^4}{384E_sI_{LB}}=\frac{5(10.5)(13{,}500)^4}{384(210{,}000)(745\times10^6)}=29.1\text{mm}<\frac{l}{360}=37.5\text{mm}$$ 적합

(4) 고정하중과 활하중에 의한 처짐 (5.3.7의 참고자료-2 참조)

$\Delta_T=(\Delta_{DL1}-Camber)+\Delta_{DL2}+\Delta_{LL}$

$$=(0.0-0.0)+30.0+29.1=59.1\text{mm}=\frac{l}{228}>\frac{l}{240}=56.3\text{mm}$$ 부적합

따라서 치올림을 줄 필요가 있다.

$\Delta_T=(\Delta_{DL1}-Camber)+\Delta_{DL2}+\Delta_{LL}$

$$=(0.0-25)+30.0+29.1=34.1\text{mm}=\frac{l}{396}<\frac{l}{240}=56.3\text{mm}$$ 적합

4.2 보행자진동에 대한 평가 (5.3.7의 참고자료-4 참조)

이 예제풀이에서는 보행자진동에 대한 평가는 생략하였으나 실제 설계에서는 반드시 검토할 필요가 있다.

예제 5.4 12m 스팬의 노출형 합성보(골데크슬래브를 적용한 경우)

[그림 5.4.1]의 구조평면도에서 단순보 SB2를 시공 중 동바리를 사용하지 않는 노출형 합성보로 설계하시오. 하중조건과 슬래브의 조건은 예제 5.2와 같지만 콘크리트설계기준강도는 f_{ck} = 24MPa, 강재의 설계기준항복강도는 $F_y = 275$MPa로 한다.

1. 작용하중단계별 소요강도 및 소요단면 2차 모멘트

간격 3.0m의 보에 대한 선형등분포하중을 산정하여 작용하중단계별 소요휨강도, 소요전단강도, 소요단면 2차 모멘트를 구한다.

1.1 시공단계의 소요강도 및 소요단면 2차 모멘트

1) 선형등분포하중

시공 중 고정하중 : $w_{DL} = (2.84+0.50)(3.00) = 10.0\text{kN/m}$

시공 중 활하중 : $w_{CLL} = (1.20)(3.00) = 3.60\text{kN/m}$ (5.3.7의 참고자료-1 참조)

시공 중 계수하중 : $w_{u1} = 1.4DL = 1.4(10.0) = 14.0\text{kN/m}$

$w_{u2} = 1.2DL + 1.6LL = 1.2(10.0) + 1.6(3.60) = 17.8\text{kN/m}$

$\therefore\ w_u = \max.[w_{u1},\ w_{u2}] = 17.8\text{kN/m}$

2) 시공 중 강재보의 소요휨강도

$$M_u = \frac{w_u l^2}{8} = \frac{(17.8)(12)^2}{8} = 320\text{kN}\cdot\text{m}$$

3) 시공 중 강재보의 소요단면 2차 모멘트

시공 중 강재보의 처짐은 콘크리트타설의 시공성을 고려하여 60mm로 제한한다.

$$I_{s,req} = \frac{5w_{DL}l^4}{384E\Delta} = \frac{5(10.0)(12{,}000)^4}{384(210{,}000)(60)} = 214\times10^6\text{mm}^4$$

1.2 사용단계의 소요강도 및 소요단면 2차 모멘트

1) 선형등분포하중

합성 전 고정하중 : $w_{DL} = (2.84+0.50)(3.00) = 10.0\text{kN/m}$

합성 후 고정하중 : $w_{SIDL} = (0.30+0.50)(3.00) = 2.40\text{kN/m}$

합성 후 활하중 : $w_{LL} = (2.50+1.00)(3.00) = 10.5\text{kN/m}$

사용 중 계수하중 : $w_{u1} = 1.4DL = 1.4(10.0+2.40) = 17.4\text{kN/m}$

$w_{u2} = 1.2DL + 1.6LL = 1.2(10.0+2.4) + 1.6(10.5) = 31.7\text{kN/m}$

$\therefore\ w_u = \max.[w_{u1},\ w_{u2}] = 31.7\text{kN/m}$

2) 사용 중 합성보의 소요휨강도와 소요전단강도

$$M_u = \frac{w_u l^2}{8} = \frac{(31.7)(12.0)^2}{8} = 571\text{kN}\cdot\text{m}$$

$$V_u = \frac{w_u l}{2} = \frac{(31.7)(12.0)}{2} = 190\text{kN}$$

3) 사용 중 합성보의 소요단면 2차 모멘트

사용 중 합성보의 처짐은 $\Delta = L/360 = 12{,}000/360 = 33.3\text{mm}$로 제한할 경우에 요구되는 합성보의 소요단면 2차 모멘트를 구한다.

$$I_{com} = \frac{5w_{LL}l^4}{384E\Delta} = \frac{5(10.5)(12{,}000)^4}{384(210{,}000)(33.3)} = 405 \times 10^6\text{mm}^4$$

4) 콘크리트슬래브의 유효폭

$$b_{e1} = \frac{l}{8}(2) = \frac{12{,}000}{8}(2) = 3{,}000\text{mm}$$

$$b_{e2} = \frac{s}{2}(2) = \frac{3{,}000}{2}(2) = 3{,}000\text{mm}$$

$$\therefore\ b_e = \min\left[b_{e1},\ b_{e2}\right] = 3{,}000\text{mm}$$

2. 소요강도와 소요단면 2차 모멘트에 적합한 H형강 선정

1) 시공단계에 대한 검토

〈도움표 5.2-275-24〉에서 H-450×200×9×14 강재보의 설계휨강도는 $\phi M_{ns} = 418\text{kN}\cdot\text{m}$이며 단면 2차 모멘트 $I_s = 335 \times 10^6\text{mm}^4$이다.

2) 사용단계에 대한 검토

〈도움표 5.2-275-24〉에서 $b_{eff} = 3{,}000\text{mm}$인 H-450×200×9×14의 합성보는 합성 정도가 50%일 때, 설계휨강도, 설계전단강도, 단면 2차 모멘트하한값을 만족하며, 이때 강재앵커(스터드)의 소요전단력은 $\Sigma Q_n = 1{,}330\text{kN}$이다.

구 분		소요 계산값	비교	도움표 설계값	판정
공사 단계 (합성 전)	휨강도	M_u = 320kN·m	<	ϕM_{ns} = 418kN·m	적합
	단면 2차 모멘트 Δ_{DL}	$I_{s,req}$ = 214×10^6mm^4	<	I_s = 335×10^6mm^4	적합
사용 단계 (합성 후)	휨강도	M_u = 571kN·m	<	ϕM_n = 698kN·m	적합
	전단력	V_u = 190kN	<	ϕV_n = 668kN	적합
	단면 2차 모멘트 Δ_{LL}	I_{com} = 405×10^6mm^4	<	I_{LB} = 766×10^6mm^4	적합

3. 강재앵커(스터드)의 소요개수 산정

1) 강재앵커(스터드) 1개의 전단강도

〈도움표 5.3〉에서 콘크리트의 종류, 강도 및 슬래브 형태에 해당하는 강재앵커(스터드) 1개의 전단강도를 구한다. 보통콘크리트를 사용하고, 콘크리트강도가 $f_{ck} = 24\text{MPa}$이고, 데크플레이트의 골방향이 강재보에 직각, 골당 강재앵커(스터드)의 개수가 1개, 강재앵커(스터드) 몸체의 바깥면으로부터 데크플레이트 웨브(데크골의 중간높이)까지의 거리가 $(150-16)/2 = 67\text{mm} \geq 50\text{mm}$이므로 강한 위치의 강재앵커(스터드)에 해당된다. 이 경우는 〈도움표 5.3〉에서 직경 19mm 강재앵커(스터드) 1개의 공칭전단강도는 $Q_n = 85.1\text{kN}$이다.

2) 데크의 골 개수

$$n_{rib} = \frac{l/2}{s_{rib}} = \left(\frac{12{,}000/2}{300}\right) = 20$$

3) 1열 배치할 경우 강재앵커(스터드) 1개의 소요전단강도

$$Q_n = \frac{\Sigma Q_n}{n_{stud}} = \frac{1{,}330}{20} = 66.5\text{kN}/1\text{개}$$

〈도움표 5.3〉에서 1열로 배치할 경우 직경 19mm 강재앵커(스터드) 1개의 공칭전단강도는 $Q_n = 85.1kN$ 이므로 적합하다.

4) 강재앵커(스터드)의 간격 검토와 배치

합성보의 길이방향에 대한 강재앵커(스터드)의 간격은 다음과 같이 기준을 만족한다.

$6d_{stud} = 6(19) = 114\text{mm} \ < \ s_{stud} = 300\text{mm} \ < \ \min[8t_{slab} = 8(135) = 1{,}080\text{mm},\ 900\text{mm}]$

그러므로 강재앵커(스터드)($\phi 19 \times 110$)를 보의 전 길이에 걸쳐 1열로 300mm 간격으로 배치하면 보스팬의 중앙부에서 각 지지점까지 각각 20개씩 배치되며 총 40개가 배치된다.

4. 사용성 검토

4.1 치올림(Camber)설계와 전체 처짐 검토

1) 시공 중 보의 처짐과 치올림설계 (5.3.7의 참고자료-3 참조)

콘크리트양생 전 고정하중에 대한 강재단면 처짐

$$\Delta_{DL1} = \frac{5w_{DL}l^4}{384E_sI_s} = \frac{5(10.0)(12{,}000)^4}{384(210{,}000)(335\times 10^6)} = 38.4\text{mm} > \min[l/360 = 37.5\text{mm},\ 25\text{mm}]$$

처짐량이 크므로 바닥의 평탄성을 고려하여 치올림을 둔다.

$\text{치올림} = (38.4)(0.80) = 30.7\text{mm} \Rightarrow 30\text{mm}$

2) 콘크리트양생 후 재하되는 고정하중에 의한 처짐

$w_{SIDL} = (0.30 + 0.50)(3.0) = 2.40\text{kN/m}$

$$\Delta_{DL2} = \frac{5w_{SIDL}l^4}{384E_sI_{LB}} = \frac{5(2.40)(12{,}000)^4}{384(210{,}000)(766\times 10^6)} = 4.0\text{mm} \simeq \frac{l}{3{,}000}$$

3) 콘크리트양생 후 재하되는 활하중에 의한 처짐

$w_{LL} = (2.50 + 1.00)(3.0) = 10.5\text{kN/m}$

$$\Delta_{LL} = \frac{5w_{LL}l^4}{384E_sI_{LB}} = \frac{5(10.5)(12{,}000)^4}{384(210{,}000)(766\times 10^6)} = 17.6\text{mm} < \frac{l}{360} = 37.5\text{mm}$$ 적합

4) 고정하중과 활하중에 의한 처짐 (5.3.7의 참고자료-2 참조)

$$\Delta_T = (\Delta_{DL1} - Camber) + \Delta_{DL2} + \Delta_{LL}$$

$$= (38.4 - 30) + 4.0 + 17.6 = 30.0\text{mm} = \frac{l}{400} < \frac{l}{240} = 56.3\text{mm}$$ 적합

4.2 보행자진동에 대한 평가 (5.3.7의 참고자료-4 참조)

이 예제풀이에서는 보행자진동에 대한 평가는 생략하였으나 실제 설계에서는 반드시 검토할 필요가 있다.

예제 5.5 2점 집중하중을 받는 노출형 합성보(골데크슬래브를 적용하는 경우)

[그림 5.4.1]의 구조평면도에서 단순보 SB3를 시공 중 동바리를 사용하지 않는 노출형 합성보로 설계하시오. 하중조건과 슬래브조건은 예제 5.2와 같으나 콘크리트설계기준강도는 $f_{ck} = 24\text{MPa}$, 강재의 설계기준항복강도는 $F_y = 355\text{MPa}$로 한다.

1. 작용하중단계별 소요강도 및 소요단면 2차 모멘트

단순보 SB3에 작용하는 집중하중을 산정하여 작용하중단계별 소요휨강도, 소요전단강도, 소요단면 2차 모멘트를 구한다.(보 SB3형강의 자중은 실제설계에서는 포함시켜야 하나 이 예제에서는 풀이의 단순화를 위해 포함시키지 않았다.)

1) 집중하중

합성 전 고정하중 : $P_{DL} = (2.84+0.50)(3.00)(13.5/2+12.0/2) = 128\text{kN}$

합성 전 활하중 : $P_{LL} = (1.20)(3.00)(13.5/2+12.0/2) = 45.9\text{kN}$ (5.3.7의 참고자료-1 참조)

합성 후 고정하중 : $P_{SIDL} = (0.30+0.50)(3.00)(13.5/2+12.0/2) = 30.6\text{kN}$

합성 후 활하중 : $P_{LL} = (2.50+1.00)(3.00)(13.5/2+12.0/2) = 134\text{kN}$

시공 중 계수하중 : $P_{u1} = 1.4DL = 1.4(128) = 179\text{kN}$

$P_{u2} = 1.2DL + 1.6LL = 1.2(128) + 1.6(45.9) = 227\text{kN}$

$\therefore\ P_u = \max.[P_{u1},\ P_{u2}] = 227\text{kN}$

사용 중 계수하중 : $P_{u1} = 1.4DL = 1.4(128+30.6) = 222\text{kN}$

$P_{u2} = 1.2DL + 1.6LL = 1.2(128+30.6) + 1.6(134) = 405\text{kN}$

$\therefore\ P_u = \max.[P_{u1},\ P_{u2}] = 405\text{kN}$

2) 소요강도 및 소요단면 2차 모멘트

작용하중단계별 소요휨강도, 소요전단강도 및 소요단면 2차 모멘트를 계산한다.

시공단계	휨모멘트	$M_u = \dfrac{227(9.0)}{3} = 681\text{kN·m}$
	전단력	$V_u = 1.0(227) = 227\text{kN}$
	단면 2차 모멘트 $\Delta_{(60)}$	$I_{s,req} = \dfrac{23}{648}\dfrac{(128)(10)^3(9{,}000)^3}{210{,}000(60)} = 263\times10^6\text{mm}^4$
사용단계	휨모멘트	$M_u = \dfrac{405(9.0)}{3} = 1{,}220\text{kN·m}$
	전단력	$V_u = 1.0(405) = 405\text{kN}$
	단면 2차 모멘트 $\Delta_{(L/360=25)}$	$I_{com} = \dfrac{23}{648}\dfrac{(134)(10)^3(9{,}000)^3}{210{,}000(25)} = 660\times10^6\text{mm}^4$

3) 콘크리트슬래브의 유효폭

$$b_{e1} = \frac{l}{8}(2) = \frac{9{,}000}{8}(2) = 2{,}250\text{mm}$$

$$b_{e2} = \frac{s_1}{2} + \frac{s_2}{2} = \frac{13{,}500}{2} + \frac{12{,}000}{2} = 12{,}750\text{mm}$$

$$\therefore\ b_e = \min.[b_{e1},\ b_{e2}] = 2{,}250\text{mm}$$

2. 소요강도와 소요단면2차모멘트에 적합한 H형강 선정

1) 시공단계에 대한 검토

〈도움표 5.2-355-24〉에서 H-482×300×11×15 강재보의 설계휨강도는 $\phi M_{ns}=891\text{kN}\cdot\text{m}$이며 단면2차모멘트 $I_s=604\times10^6\text{mm}^4$이므로 적합하다.

2) 사용단계에 대한 검토

〈도움표 5.2-355-24〉에서 $b_{eff}=2{,}250\text{mm}\Rightarrow2{,}200\text{mm}$인 H-482×300×11×15의 합성보는 합성정도가 75%일 때, 설계휨강도, 설계전단강도, 단면2차모멘트하한값을 만족하며, 이때 강재앵커(스터드)의 소요전단력은 $\Sigma Q_n=2{,}525\text{kN}$이다.

구 분		소요 계산값	비교	도움표 설계값	판 정
공사 단계 (합성전)	휨강도	$M_u=681\text{kN·m}$	<	$\phi M_{ns}=891\text{kN·m}$	적합
	단면 2차 모멘트 Δ_{DL}	$I_{s,req}=263\times10^6\text{mm}^4$	<	$I_s=604\times10^6\text{mm}^4$	적합
사용 단계 (합성후)	휨강도	$M_u=1{,}220\text{kN·m}$	<	$\phi M_n=1{,}383\text{kN·m}$	적합
	전단력	$V_u=405\text{kN}$	<	$\phi V_n=1{,}129\text{kN}$	적합
	단면 2차 모멘트 Δ_{LL}	$I_{com}=660\times10^6\text{mm}^4$	<	$I_{LB}=1{,}233\times10^6\text{mm}^4$	적합

3. 강재앵커(스터드) 소요개수 산정

1) 강재앵커(스터드) 1개의 전단강도 산정

슬래브의 콘크리트는 보통콘크리트이고 설계압축강도는 $f_{ck}=24\text{MPa}$, 데크플레이트의 골방향이 강재보에 평행 $w_r/h_r\geq1.5$이므로, 이 경우는 〈도움표 5.3〉에서 강재앵커(스터드) 직경 19mm의 1개당 공칭전단강도는 $Q_n=85.1\text{kN}$이다.

2) 강재앵커(스터드) ϕ19×110 소요개수

$$n_{stud}=\frac{\Sigma Q_n}{Q_n}=\frac{2{,}525}{85.1}=29.7\Rightarrow30\text{개/(A-B 및 C-D구간)}$$

∴ 보의 전체길이에 대한 강재앵커(스터드)의 총 개수는 2(30)=60개 이상이 필요하다.

3) 강재앵커(스터드) 배치와 간격 검토

A-B, C-D구간에 각각 30개씩 등간격으로 배열하고, B-C구간에는 기준에서 요구하는 최소량의 강재앵커(스터드)를 등간격으로 배치한다. 강재앵커(스터드)의 최소량은 [그림 5.3.13]의 (c)를 참고하여 배치한다.

2열배치의 경우 강재앵커(스터드) 간격은 다음과 같이 200mm로 한다.

$$s_{stud}=\frac{l(A-B\text{ 또는 }C-D\text{ 구간})}{(n_{stud}/2\text{열})}=\left(\frac{3{,}000}{30/2\text{열}}\right)=200\Rightarrow200\text{mm}$$ 적합

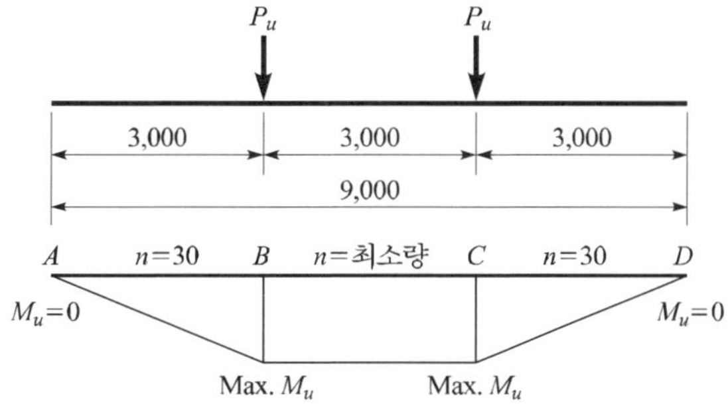

4) 합성보의 길이방향에 대한 간격 검토

$6d_{stud} = 6(19) = 114\text{mm} < s_{stud} = 200\text{mm} < \min[8t_{slab} = 8(150) = 1{,}200\text{mm},\ 900\text{mm}]$ 적합

그러므로 강재앵커(스터드) $\phi19\times110$을 보스팬의 A-B, C-D구간에는 2열로 200mm 간격으로 배치하면 각각 30개씩 배치되며, B-C구간에는 2열로 500mm 간격으로 배치하면 12개가 배치되므로 총 72개가 배치된다. 보에 직각방향 간격은 80mm로 한다.

4. 사용성 검토

4.1 치올림(Camber)설계와 전체 처짐 검토

1) 시공 중 보의 처짐과 치올림설계 (5.3.7의 참고자료-3 참조)

콘크리트양생 전 고정하중에 대한 강재단면 처짐

$$\Delta_{DL1} = \frac{23}{648}\frac{(128)(10)^3(9{,}000)^3}{210{,}000(604\times10^6)} = 26.1\text{mm} > 25\text{mm}$$

처짐량이 크므로 바닥의 평탄성을 고려하여 상향 치올림을 둔다.

치올림 $= (26.1)(0.80) = 20.9\text{mm} \Rightarrow 20\text{mm}$

2) 콘크리트양생 후 재하되는 고정하중에 의한 처짐

$$\Delta_{DL2} = \frac{23}{648}\frac{(30.6)(10)^3(9{,}000)^3}{210{,}000(1{,}233\times10^6)} = 3.06mm = \frac{l}{2{,}940}$$

3) 콘크리트양생 후 재하되는 활하중에 의한 처짐

$$\Delta_{LL} = \frac{23}{648}\frac{(134)(10)^3(9{,}000)^3}{210{,}000(1{,}233\times10^6)} = 13.4\text{mm} = \frac{l}{672} < \frac{l}{360} = 25.0\text{mm}$$ 적합

4) 고정하중과 활하중에 의한 처짐 (5.3.7의 참고자료-2 참조)

$$\Delta_T = (\Delta_{DL1} - Camber) + \Delta_{DL2} + \Delta_{LL}$$

$$= (26.1-20) + 3.06 + 13.4 = 22.6\text{mm} = \frac{l}{398} < \frac{l}{240} = 37.5\text{mm}$$ 적합

4.2 보행자진동에 대한 평가 (5.3.7의 참고자료-4 참조)

이 예제 풀이에서는 보행자진동에 대한 평가는 생략하였으나 실제 설계에서는 반드시 검토할 필요가 있다.

5.5 설계도움표(합성보의 전체 설계도움표는 CD 참조)

도움표 5.1-275-24 노출형 합성보의 설계휨강도 ϕM_n(kN.m)

H-248x124x5x8

F_y=275MPa　　A=3268mm^4　　f_{ck}=24MPa

ϕM_{ns}=79kN · m　　ϕV_n=205kN　　I_s=35.4x10^{6}mm^4

유효폭	슬래브두께(mm)		120			135			150			175		
(mm)	합성 정도(%)		50	75	100	50	75	100	50	75	100	50	75	100
400	$\sum Q_n$	(kN)	449	674	899	449	674	899	449	674	899	449	674	899
	ϕM_n	(kN·m)	136	148	153	142	157	165	148	166	177	159	181	197
	I_{LB}	$10^6(mm^4)$	86	93	94	94	102	103	102	111	114	116	128	133
500	$\sum Q_n$	(kN)	449	674	899	449	674	899	449	674	899	449	674	899
	ϕM_n	(kN·m)	139	153	162	145	162	174	151	171	186	161	186	206
	I_{LB}	$10^6(mm^4)$	89	98	101	97	107	111	105	117	122	119	134	142
600	$\sum Q_n$	(kN)	449	674	899	449	674	899	449	674	899	449	674	899
	ϕM_n	(kN·m)	140	156	168	146	165	180	152	174	192	162	189	212
	I_{LB}	$10^6(mm^4)$	91	101	106	98	110	116	107	120	127	121	139	148
700	$\sum Q_n$	(kN)	449	674	899	449	674	899	449	674	899	449	674	899
	ϕM_n	(kN·m)	141	158	172	147	168	184	153	177	196	163	192	216
	I_{LB}	$10^6(mm^4)$	92	103	109	100	113	120	108	123	132	123	142	152
800	$\sum Q_n$	(kN)	449	674	899	449	674	899	449	674	899	449	674	899
	ϕM_n	(kN·m)	142	160	175	148	169	187	154	178	199	164	194	220
	I_{LB}	$10^6(mm^4)$	93	105	112	101	115	123	109	125	135	124	144	156
900	$\sum Q_n$	(kN)	449	674	899	449	674	899	449	674	899	449	674	899
	ϕM_n	(kN·m)	143	162	178	149	171	190	155	180	202	165	195	222
	I_{LB}	$10^6(mm^4)$	94	107	114	102	117	125	110	127	137	125	146	159
1,000	$\sum Q_n$	(kN)	449	674	899	449	674	899	449	674	899	449	674	899
	ϕM_n	(kN·m)	143	163	180	149	172	192	155	181	204	165	196	224
	I_{LB}	$10^6(mm^4)$	95	108	116	102	118	127	111	128	139	126	147	161
1,100	$\sum Q_n$	(kN)	449	674	899	449	674	899	449	674	899	449	674	899
	ϕM_n	(kN·m)	143	164	181	150	173	193	156	182	205	166	197	226
	I_{LB}	$10^6(mm^4)$	95	109	117	103	119	129	111	129	141	126	148	163
1,200	$\sum Q_n$	(kN)	449	674	899	449	674	899	449	674	899	449	674	899
	ϕM_n	(kN·m)	144	164	183	150	174	195	156	183	207	166	198	227
	I_{LB}	$10^6(mm^4)$	95	110	119	103	120	130	112	130	142	127	149	164
1,300	$\sum Q_n$	(kN)	449	674	899	449	674	899	449	674	899	449	674	899
	ϕM_n	(kN·m)	144	165	184	150	174	196	156	183	208	166	198	228
	I_{LB}	$10^6(mm^4)$	96	110	120	104	120	131	112	131	143	127	150	165
1,400	$\sum Q_n$	(kN)	449	674	899	449	674	899	449	674	899	449	674	899
	ϕM_n	(kN·m)	144	166	185	150	175	197	156	184	209	167	199	229
	I_{LB}	$10^6(mm^4)$	96	111	121	104	121	132	113	132	144	128	151	167
1,500	$\sum Q_n$	(kN)	449	674	899	449	674	899	449	674	899	449	674	899
	ϕM_n	(kN·m)	145	166	185	151	175	198	157	184	210	167	199	230
	I_{LB}	$10^6(mm^4)$	96	111	121	104	122	133	113	132	145	128	152	167
1,600	$\sum Q_n$	(kN)	449	674	899	449	674	899	449	674	899	449	674	899
	ϕM_n	(kN·m)	145	166	186	151	176	198	157	185	211	167	200	231
	I_{LB}	$10^6(mm^4)$	97	112	122	105	122	134	113	133	146	128	152	168
1,700	$\sum Q_n$	(kN)	449	674	899	449	674	899	449	674	899	449	674	899
	ϕM_n	(kN·m)	145	167	187	151	176	199	157	185	210	167	200	231
	I_{LB}	$10^6(mm^4)$	97	112	123	105	122	134	113	133	147	129	153	169
1,800	$\sum Q_n$	(kN)	449	674	899	449	674	899	449	674	899	449	674	899
	ϕM_n	(kN·m)	145	167	187	151	176	200	157	185	212	167	201	232
	I_{LB}	$10^6(mm^4)$	97	113	123	105	123	135	114	134	147	129	153	170
1,900	$\sum Q_n$	(kN)	449	674	899	449	674	899	449	674	899	449	674	899
	ϕM_n	(kN·m)	145	168	188	151	177	200	157	186	212	168	201	233
	I_{LB}	$10^6(mm^4)$	97	113	124	105	123	135	114	134	148	129	153	170

도움표 5.1-275-24 노출형 합성보의 설계휨강도 ϕM_n(kN · m)

H-250x125x6x9

F_y= 275MPa　　A= 3766mm^4　　f_{ck}= 24MPa

ϕM_{ns}= 91kN · m　　ϕV_n= 248kN　　I_s= 40.5x10^{6}mm^4

유효폭	슬래브두께(mm)		120			135			150			175		
(mm)	합성 정도(%)		50	75	100	50	75	100	50	75	100	50	75	100
400	$\sum Q_n$	(kN)	490	734	979	518	777	1036	518	777	1036	518	777	1036
	ϕM_n	(kN·m)	154	165	169	163	177	183	170	188	197	182	205	220
	I_{LB}	$10^6(mm^4)$	96	103	103	106	113	113	115	124	125	131	143	146
500	$\sum Q_n$	(kN)	518	777	1036	518	777	1036	518	777	1036	518	777	1036
	ϕM_n	(kN·m)	159	173	181	166	184	195	173	194	209	184	212	232
	I_{LB}	$10^6(mm^4)$	101	110	112	110	120	123	119	131	135	135	151	157
600	$\sum Q_n$	(kN)	518	777	1036	518	777	1036	518	777	1036	518	777	1036
	ϕM_n	(kN·m)	161	178	189	168	188	203	175	199	217	186	216	240
	I_{LB}	$10^6(mm^4)$	103	114	118	112	125	130	121	136	142	138	157	166
700	$\sum Q_n$	(kN)	518	777	1036	518	777	1036	518	777	1036	518	777	1036
	ϕM_n	(kN·m)	162	181	195	169	191	209	176	202	223	188	219	246
	I_{LB}	$10^6(mm^4)$	105	117	123	114	128	135	123	140	148	140	161	171
800	$\sum Q_n$	(kN)	518	777	1036	518	777	1036	518	777	1036	518	777	1036
	ϕM_n	(kN·m)	163	183	199	170	194	213	177	204	227	189	222	250
	I_{LB}	$10^6(mm^4)$	106	119	126	115	131	139	125	142	152	142	164	176
900	$\sum Q_n$	(kN)	518	777	1036	518	777	1036	518	777	1036	518	777	1036
	ϕM_n	(kN·m)	164	185	202	171	196	216	178	206	230	190	224	253
	I_{LB}	$10^6(mm^4)$	107	121	129	116	133	142	126	145	155	143	166	180
1,000	$\sum Q_n$	(kN)	518	777	1036	518	777	1036	518	777	1036	518	777	1036
	ϕM_n	(kN·m)	165	187	205	172	197	219	179	208	233	190	225	256
	I_{LB}	$10^6(mm^4)$	108	123	131	117	134	144	127	146	158	144	168	183
1,100	$\sum Q_n$	(kN)	518	777	1036	518	777	1036	518	777	1036	518	777	1036
	ϕM_n	(kN·m)	165	188	207	172	198	221	179	209	235	191	226	258
	I_{LB}	$10^6(mm^4)$	109	124	133	118	136	146	128	148	160	145	169	185
1,200	$\sum Q_n$	(kN)	518	777	1036	518	777	1036	518	777	1036	518	777	1036
	ϕM_n	(kN·m)	166	189	209	173	199	223	180	210	237	191	227	260
	I_{LB}	$10^6(mm^4)$	109	125	135	119	137	148	128	149	162	146	171	187
1,300	$\sum Q_n$	(kN)	518	777	1036	518	777	1036	518	777	1036	518	777	1036
	ϕM_n	(kN.m)	166	190	210	173	200	224	180	211	238	192	228	261
	I_{LB}	$10^6(mm^4)$	110	126	136	119	138	149	129	150	163	146	172	189
1,400	$\sum Q_n$	(kN)	518	777	1036	518	777	1036	518	777	1036	518	777	1036
	ϕM_n	(kN·m)	166	190	211	173	201	225	180	211	239	192	229	263
	I_{LB}	$10^6(mm^4)$	110	127	137	120	138	151	129	151	165	147	173	190
1,500	$\sum Q_n$	(kN)	518	777	1036	518	777	1036	518	777	1036	518	777	1036
	ϕM_n	(kN·m)	167	191	213	174	202	227	181	212	241	192	230	264
	I_{LB}	$10^6(mm^4)$	111	128	138	120	139	152	130	152	166	147	174	191
1,600	$\sum Q_n$	(kN)	518	777	1036	518	777	1036	518	777	1036	518	777	1036
	ϕM_n	(kN·m)	167	192	214	174	202	228	181	213	242	193	230	265
	I_{LB}	$10^6(mm^4)$	111	128	139	120	140	153	130	152	167	148	174	193
1,700	$\sum Q_n$	(kN)	518	777	1036	518	777	1036	518	777	1036	518	777	1036
	ϕM_n	(kN·m)	167	192	214	174	203	228	181	213	242	193	231	266
	I_{LB}	$10^6(mm^4)$	111	129	140	121	140	154	130	153	168	148	175	194
1,800	$\sum Q_n$	(kN)	518	777	1036	518	777	1036	518	777	1036	518	777	1036
	ϕM_n	(kN·m)	167	193	215	174	203	229	181	214	243	193	231	266
	I_{LB}	$10^6(mm^4)$	112	129	141	121	141	154	131	153	169	148	176	194
1,900	$\sum Q_n$	(kN)	518	777	1036	518	777	1036	518	777	1036	518	777	1036
	ϕM_n	(kN·m)	168	193	216	175	203	230	182	214	244	193	231	267
	I_{LB}	$10^6(mm^4)$	112	130	142	121	141	155	131	154	169	149	176	195

Chapter

06

합성트러스

Chapter 06

합성트러스

6.1 개요

현대 건축에서 장스팬 무주공간에 대한 수요가 점차 증가하고 있다. 이러한 건축물에 일반적인 강구조 골조에 합성슬래브를 적용한 노출형 합성보를 사용할 수도 있으나, 장스팬의 경우에는 보의 춤이 지나치게 높아질 수 있다. 또한 현대 건축물은 큰 설비공간이 요구됨에 따라 건축물 층고의 최소화를 위한 보와 슬래브의 춤을 줄이기 위한 노력이 필수적이다.

건축물의 층고를 최소화하기 위한 다양한 해결책이 제시되고 있지만, 다음과 같은 두 가지 방법이 가장 일반적이다.

가) 구조와 설비공간을 동일한 영역으로 통합시키는 방법

나) 설비공간 확보를 위하여 구조부를 최소화시키는 방법

장스팬구조에서는 구조와 설비공간을 통합시키는 것이 최적의 해결책이다. 건설비용을 고려하면 구조비용을 소폭 상승시킬 수는 있지만 전체 비용을 크게 상승시키지 않으며, 설비공간과 건축계획의 유연성 관점에서는 오히려 추가의 이점이 있기 때문이다.

스팬이 12~20m인 경우 최적의 해결책 중 하나로 [그림 6.1.1]과 같은 '합성트러스'를 들 수 있다. 합성트러스는 장스팬구조에 주로 사용된다. 합성트러스는 현재(弦材)와 웨브재(수직재와 사재) 사이에 형성된 공간을 이용하여 설비에 필요한 공간을 확보할 수 있다.

트러스의 형태는 일반적으로 상현재의 절점에 하중이 작용하도록 구성되어 있는 '워렌트러스(Warren truss)'가 가장 보편적이다. 하지만 더 큰 설비공간을 제공할 수 있도록 웨브재를 없앤 가운데에 '비렌딜(Vierendeel)'패널을 도입하기도 한다. 일반적으로 트러스의 사재는 ㄱ형강, 그리고 현재는 T형강을 사용한다.

[그림 6.1.1] 합성트러스의 예

6.2 합성트러스 시스템

6.2.1 적용범위

합성트러스의 장 · 단점은 다음과 같다.

가) 합성트러스는 공기단축과 비용절감의 장점을 갖는 효율적인 트러스 시스템이다.
나) 합성트러스는 이론적으로 다른 강구조 시스템보다 강재량이 적다.
다) 트러스의 개방된 공간은 설비 시스템을 비교적 자유롭게 활용할 수 있다.
라) 일반 골조시스템에 비해 추가의 제작비용과 내화비용이 필요하다.

경험적으로 합성트러스는 12m 이상의 스팬에 경제적인 것으로 알려져 있으며 스팬에 따른 적용 범위는 다음과 같다.

가) 12m 이하의 스팬에서는 일반적으로 보의 하부에 설비 시스템을 설치하는 일반적인 노출형 합성보가 비용과 층고를 최소화 할 수 있다.
나) 12~15m 사이의 스팬에서 합성트러스의 가격 경쟁력은 층고 제한과 설비공간의 형상과 크기에 따라 결정된다.
다) 스팬이 18m 이상일 경우에는 합성트러스가 일반적으로 매우 경제적인 구조시스템이다.

대부분의 합성트러스는 단순보로 적용된다. 연속 트러스시스템이 사용되기도 하지만, 일반적으로 최소의 춤을 요구하거나 횡력저항시스템을 요구하는 경우에는 합성트러스의 사용이 제한적이다.
합성트러스 시스템은 대부분 데크플레이트를 사용하는 콘크리트 슬래브와 함께 사용된다. 그 외의 프리캐스트 콘크리트나 현장타설 콘크리트 슬래브도 사용이 가능하지만 비경제적이다.

6.2.2 골조의 배열

합성트러스의 배열은 일반적으로 다음의 두 가지 기본 형태가 사용된다.

가) 트러스가 부골조(Secondary framing)요소로 사용되어 바닥을 직접 지지하는 형태
나) 트러스가 작은 보를 지지하는 주골조(Primary framing)의 요소로 사용되는 형태

이 장에서는 부골조의 요소로 사용되는 경우를 '합성트러스'라 정의하고 주골조의 요소로 사용되는 경우를 '합성트러스 거더'라고 정의한다([그림 6.2.1] 참조).

합성트러스의 배치 간격은 슬래브 또는 데크의 최대 스팬에 의하여 결정된다.

가) 합성트러스 부재의 수를 최소화하기 위하여 부재 간격은 가능한 크게 한다.
나) 트러스 배치 간격은 대략 3~4m가 가장 일반적이다.
다) 춤이 깊은 데크를 사용할 경우 이 간격을 증가시킬 수 있어 더 효율적으로 합성트러스를 적용할 수 있다.

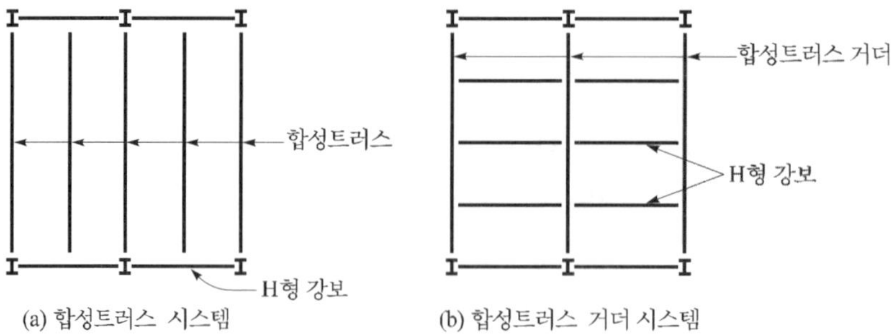

[그림 6.2.1] 합성트러스 배열의 예

6.2.3 트러스 형태

합성트러스에 [그림 6.2.2]와 같이 다양한 형식의 트러스를 사용할 수 있지만, 프랫트러스와 워렌트러스가 가장 보편적으로 사용된다.

1) 프랫트러스

(1) 이론적으로는 프랫트러스가 가장 효율적인 형상

(2) 추가 부재 설치에 따른 제작비용 증가 및 개구부가 작아서 설비공간의 활용성 감소 등으로 일반적인 슬래브시스템에서의 활용성이 제한적이다.

2) 워렌트러스

(1) 일반적인 워렌트러스에서는 사재 사이 개구부 크기로 설비공간이 제한적이다.

(2) 비렌딜 패널을 도입하여 설비를 위한 큰 개구부 확보가 가능하다([그림 6.2.2] (c)~(g)).

(3) 개구부 크기 최대화 및 현재 보강 최소화 위한 스팬 중앙 비렌딜 패널의 설치

(4) 현재 보강이 필요할 경우 현재의 크기 증가 또는 각형강관의 사용이 경제적이다.

3) 하현재

(1) 단부 패널의 하현재로 지점까지 확장하거나 하지 않을 수 있다.

(2) 트러스가 주부재로 사용되거나 지점에 큰 집중하중을 받는 경우, 하현재를 플랜지 트리핑(flange tripping)에 대한 저항능력을 향상시키기 위하여 지점까지 확장시키는 것이 좋다.

4) 수직재

(1) 워렌트러스 상현재 스팬을 줄이기 위하여 수직재를 [그림 6.2.2] (e) 및 (g)와 같이 설치하여 상현재 크기를 최소화시킬 수 있다.

(2) 이 경우, 상현재의 처짐과 축력이 최대가 되는 양쪽 단부에 가장 근접한 비렌딜 패널에 유리하게 작용한다.

(3) [그림 6.2.2] (f)와 같이 패널 간격을 다양화하는 방법도 동일한 효과를 얻을 수 있다.

(4) 상현재 최소크기는 작업을 위한 최소조건에 따라 좌우되므로 수직재 추가나 패널 간격의 다양화하는 방법은 스팬이 15m를 초과하는 경우에만 이점을 취할 수 있다.

5) 절점

(1) 이론적으로는 웨브의 도심은 현재 도심축의 동일 절점에서 만나야 한다.

(2) 합성구조의 경우 절점은 슬래브 내에 형성되므로 현재가 다소 분리될 수 있다.

(3) 현재가 각형강관인 경우, 하현재의 웨브 접합부는 작은 편심을 수용할 수 있다.

(4) T형강 현재를 사용할 경우에는 추가의 모멘트에 의하여 부재 크기에 영향을 미칠 수 있으므로 대부분의 경우에는 중심 접합을 사용하여야 한다.

6) 비렌딜 패널

(1) 중앙부에 비렌딜 패널을 설치하고 하현재를 확장하지 않은 워렌트러스([그림 6.2.2] (d))는 일반적으로 가장 효율적인 형태이다.

(2) 설계의 경제성과 이러한 형태의 트러스 사용을 고려하면 사재 부재의 수가 중요하다([그림 6.2.3]).

(3) 비렌딜 패널 A 형식의 장점([그림 6.2.3])

① 절점 사이의 스팬이 짧아 상대적으로 작은 상현재의 사용이 가능하다.

② 가새 부재의 경사각이 커져 부재력과 길이가 감소되어 작은 부재의 사용이 가능하고 거셋공사가 없는 구조를 가능하게 한다.

(4) 비렌딜 패널 B 형식의 장점([그림 6.2.3])

① 예각의 접합에 따른 용접의 어려움은 있지만, 부재수가 작아 제작비를 절감할 수 있다.

② 설비를 위한 공간이 확대된다.

(5) 비렌딜 패널 C 형식의 장점([그림 6.2.3])

① A 및 B 형식을 보완할 수 있는 형식

② 합성트러스 거더에서 상부 절점의 위치가 2차 부재와 부합하여야 한다.

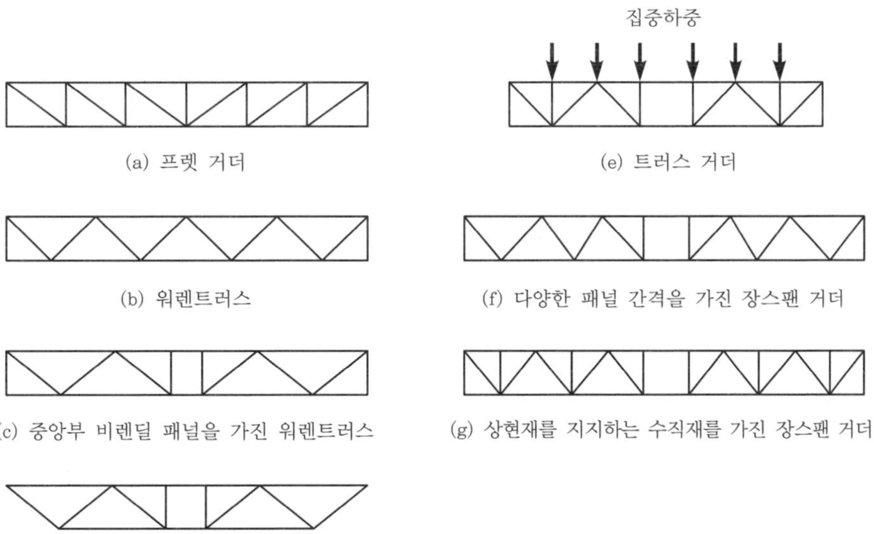

(a) 프렛 거더

(e) 트러스 거더

(b) 워렌트러스

(f) 다양한 패널 간격을 가진 장스팬 거더

(c) 중앙부 비렌딜 패널을 가진 워렌트러스

(g) 상현재를 지지하는 수직재를 가진 장스팬 거더

(d) 하현재가 마지막 패널에서 끝난 워렌트러스

[그림 6.2.2] 다양한 트러스 형태

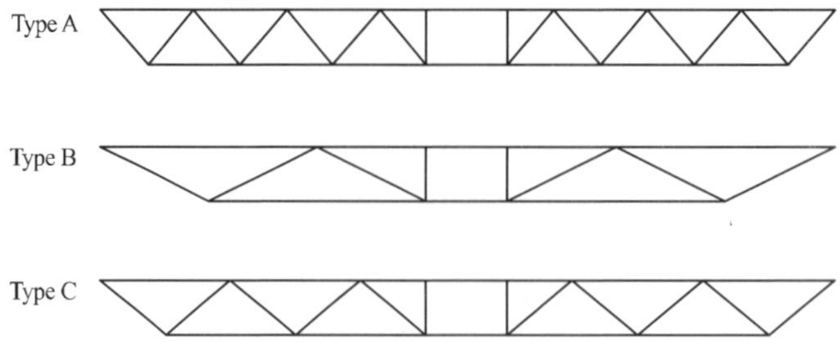

[그림 6.2.3] 워렌트러스 패널구성의 예

6.2.4 트러스 부재형식

트러스의 현재와 웨브재에는 모든 구조 단면을 사용할 수 있다. 하지만 현재에는 T형강과 각형강관이 가장 보편적으로 사용되며, ㄱ형강 또는 쌍ㄱ형강은 주로 웨브재로 사용된다([그림 6.2.4]).

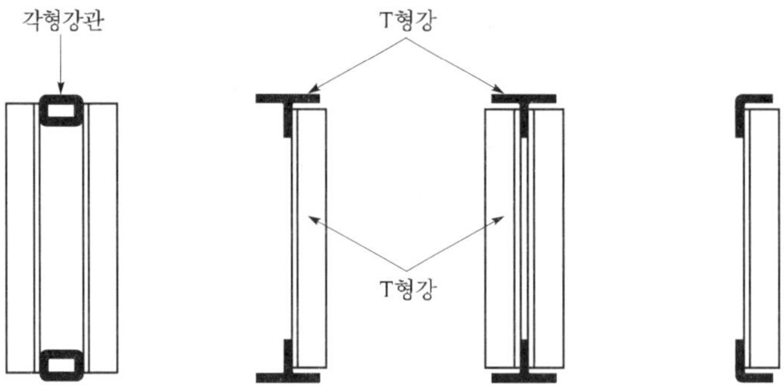

[그림 6.2.4] 트러스 부재의 형식

6.2.4.1 현재

1) 현재에 각형강관을 사용하면 구조 효율성이 좋아 T형강에 비하여 박판 사용이 가능하다.
2) 각형강관은 웨브재에 사용할 수 없고 상현재로 사용하는 경우에는 강판 두께가 강재앵커(전단연결재)의 용접에서 요구하는 두께에 따라 결정되는 단점이 있다.
3) 각형강관의 장점은 상현재에서만 적용되기 때문에, T형강이 모든 현재에 최적의 선택이 될 수 있다.
4) T형강의 스템은 웨브재와의 용접이 용이하도록 춤이 충분히 깊어야 한다.

6.2.4.2 웨브재

단일ㄱ형강 또는 쌍ㄱ형강을 사용한 웨브는 거셋없이 용접으로 제작이 가능하여 제작비를 절감할 수 있다.

1) 단일ㄱ형강 웨브재

(1) 단일ㄱ형강 웨브재는 소요 강재량과 용접량을 줄일 수 있어 쌍ㄱ형강 웨브에 비해 경제적인 경우가 많다.

(2) 단일ㄱ형강은 번갈아 가며 서로 반대 방향으로 배치하여야 한다. 그렇지 않으면 현재는 횡 방향 휨에 의한 추가적인 편심을 고려하여 설계되어야 한다.
(3) 12~15m의 스팬에서 단일ㄱ형강은 주로 이러한 방법으로 사용된다.
(4) 15m 이상의 스팬이나 큰 하중을 받는 트러스는 일반적으로 쌍ㄱ형강을 사용한다.
(5) 웨브에 단일 ㄱ형강과 쌍ㄱ형강을 혼용하여 트러스를 구성할 수 있다.

2) 쌍ㄱ형강 웨브재

(1) 부재의 단부와 같이 큰 전단력을 받는 구간이나 비렌딜 패널에 인접한 부분과 같이 큰 휨을 받는 구간에는 쌍ㄱ형강을 사용함으로써 강재 비용을 최소화할 수 있다.
(2) 쌍ㄱ형강 웨브재는 독립된 두 개의 ㄱ형강으로 설계하거나 조립압축재로 설계할 수 있다.
(3) 일반적으로 조립압축재로 설계할 경우 재료비를 줄일 수 있지만, 제작비용이 재료비 절감보다 더 클 수 있다.

6.2.4.3 접합부에서의 편심

1) 웨브재에서 압축 및 인장의 중심축이 반드시 현재의 축과 일치할 필요는 없다.
2) 웨브재와 현재가 편심을 갖고 접합하는 경우가 중심축이 일치하는 접합부보다 더 효율적일 수 있다.
3) 합성 부재의 경우 절점이 슬래브에 형성되기 때문에 합성트러스에서 웨브재와 상현재의 접합부를 편심을 없애기 위하여 분리할 수 있다.
4) 웨브재와 하현재를 편심접합하여도 단면의 증가는 없다.
5) 편심 접합부는 용접을 위한 추가의 공간을 제공하므로 제작의 복잡성을 줄일 수 있다.
6) 압축 현재의 부재 길이 감소는 좌굴과 휨에 대한 저항력을 증가시키므로 접합부 편심으로부터 발생하는 추가적인 모멘트를 부분적으로 보상해 준다.
7) 쌍ㄱ형강의 웨브재의 사용은 작은 접합부의 편심으로 이점이 될 수도 있으며, ㄱ형강은 국부 모멘트에 대하여 설계할 수 있다.
8) 단일ㄱ형강 웨브재에서는 접합부 편심을 최소화하는 것이 좋다. 이는 현재의 양쪽에 따로 ㄱ형강을 배치하여 쉽게 해결할 수 있다.

6.3 합성트러스 설계

6.3.1 초기 가정

1) 트러스의 춤

(1) 단순 지지 구조의 경우 일반적으로 L/15~L/20를 사용
(2) 건축적으로 요구되는 층고를 만족할 수 있도록 설정
(3) 처짐, 내화 및 조명과 설비공간 확보를 위한 충분한 공간확보

2) 트러스 각 부재의 배치

(1) 트러스 하부 설비공간을 극대화하기 위하여 45° 이하의 대각부재 사용
(2) 경사각이 대략 30° 전후인 경우가 가장 효율적임

(3) 큰 패널 사용 시, 자중은 다소 증가하지만 부재의 수가 작아지므로 제작비용 및 내화처리 비용의 최소화 가능함
(4) 비렌딜 패널의 크기 결정 시, 최대 설비공간 확보를 위하여 개구부의 최대 폭을 트러스 춤의 대략 1.5배로 제한

3) 상현재 크기 결정 시 고려사항

(1) 시공하중의 지지능력과 절점 사이의 공간
(2) 데크플레이트 설치 위한 지지 공간 및 설치 중의 안전성
(3) 최소 플랜지 폭은 대략 120mm
(4) 데크플레이트 용접 시, 최소 플랜지 두께는 8mm
(5) 비렌딜 개구부에서의 국부 휨에 대한 저항능력
(6) 웨브재의 용접

4) T형강 사용 시 고려사항

(1) T형강의 스템은 비조밀 또는 세장판요소일 가능성이 있음
(2) 세장판 요소는 압축과 휨모멘트 저항에 부적합
(3) 웨브재 용접을 위하여 최소한 150mm 이상의 춤이 요구됨

6.3.2 합성트러스의 해석

합성트러스의 해석에는 세 가지 방법을 사용할 수 있다.

① 모든 접합부를 핀으로 가정하고 완전 합성의 경우에 대하여 탄성범위 내에서 힘의 평형 조건을 적용하여 모든 부재를 설계하는 일반해석법
② 비합성 트러스에 적용된 하중에 대한 탄성해석으로부터의 부재력과 합성트러스에 적용된 하중으로부터의 부재력을 중첩하여 모든 부재를 설계하는 상세해석법
③ 트러스의 소성해석법은 부재 내에 형성되는 소성힌지를 고려하여 해석하는 방법

1) 각 해석법의 특성

(1) 비대칭 또는 중량의 트러스에 대한 최종 해석에서 ①의 일반해석법으로는 보수적인 접근이 어려울 수 있다. 또한 비렌딜 패널을 형성하는 부재의 부재력은 이 방법을 통하여 구할 수 없다.
(2) ③의 해석법은 가장 정확한 결과를 제공할 수 있지만 2차 소성해석은 어렵기도 하고 해석에 오랜 시간이 소요된다.
(3) ②의 해석법이 가장 합리적인 방법으로 컴퓨터 프로그램을 이용한 상세해석이 가능하며 계수하중에 의한 응력이 부재의 항복내력보다 작도록 설계한다.

2) 탄성 상세해석의 단계(②번 해석법)

(1) 1단계 : 트러스 자중과 슬래브 고정하중을 비합성 트러스에 적용하여 계산된 사용하중에 의한 부재력을 산정한다.
(2) 2단계 : 합성트러스에 적용된 모든 하중으로부터 계산된 사용하중에 의한 부재력을 산정한다.

(3) 상기 두 단계의 해석으로부터의 결과를 조합하고 계수화한 이후, 부재의 내력이 계수하중으로부터의 부재력을 상회하는지 검증한다.

(4) 비렌딜 패널을 설계할 경우, 트러스에 발생하는 비대칭 활하중을 고려한 전단을 추가로 고려하여 설계하여야 한다.

6.3.2.1 상세해석 모델

상기의 해석법 중 ②번의 해석법을 적용한 상세해석을 적용하는 경우 아래의 방법을 사용할 수 있다.

가) 트러스와 슬래브의 상호작용과 트러스를 모델링하는 다양한 방법이 존재한다.

나) 평면프레임 모델이 효율적인 방법 중 하나이다.

다) 평면프레임 모델은 실제로 설치된 트러스의 조건을 유사하게 표현할 수 있는 모델이다.

라) 슬래브와 래티스 트러스는 개별의 보와 전단 연결되어 하나가 된 형태로 모델링된다.

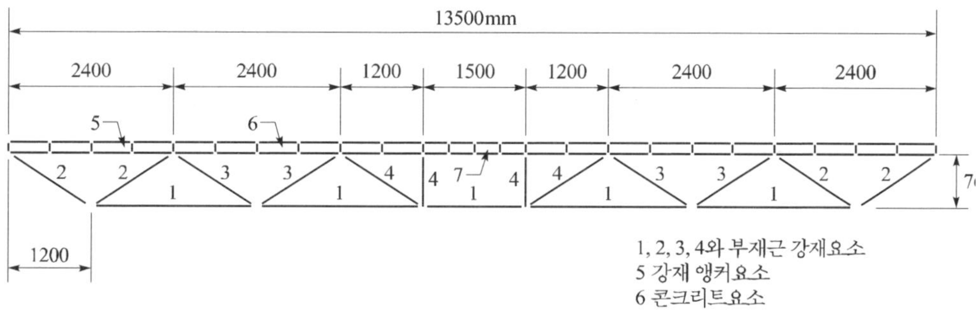

[그림 6.3.1] 트러스 모델

1) 콘크리트슬래브와 강재 트러스 모델링

(1) 슬래브는 데크 상부의 슬래브 중심선을 취한 부재의 도심과 슬래브 전체 유효폭에 상응하는 단면적을 갖는 다수의 콘크리트 요소로 구성한다.

(2) 콘크리트의 탄성계수는 건축구조기준에서 제공하는 값을 사용한다.

(3) 트러스의 각 부재는 강재로 모델링 된다. 웨브 부재의 단부는 현재와의 용접접합을 고려하여 회전을 구속한다.

2) 강재앵커(전단연결재) 모델링

(1) 슬래브와 상현재는 앵커볼트를 사용한 강재앵커를 모델링하기 위하여 '전단링크(shear link)'를 사용하여 연결한다.

(2) 전단링크는 중심 간격을 최대 600mm 이내로 이격시킨다.

(3) 링크의 강성은 보통 슬래브의 전체 유효폭에 휨모멘트로 작용하는 콘크리트 리브의 단면성능으로부터 결정한다.

(4) 무한 강성을 갖는 링크를 사용할 경우 강재앵커(스터드)와 슬래브 시스템이 저항할 수 없는 모멘트를 유발하게 되며, 강재 강재앵커(스터드) 단독으로만 모델링할 경우 지나치게 유연해서 효과적인 복합거동을 위한 충분한 전단 전달이 불가능하게 된다.

(5) 개개의 강재앵커(전단연결재)의 전단강성은 극한 한계상태에서의 전형적인 거동을 묘사하기 위하여 100kN/mm을 사용할 수 있다.
(6) 강재앵커(스터드)의 수직강성은 매우 큰 것으로 간주한다.

3) 슬래브의 전단면적

(1) 슬래브의 전단면적을 축방향 압축면적의 약 10%가 되도록 설정하여 전단 전달에 대한 슬래브의 기여도를 해석에 반영할 수 있다.
(2) 감소된 슬래브의 전단강성이 비현실적인 거동으로 이어지지 않도록 트러스 절점에 직접 하중이 가해지도록 모델링한다.
(3) 실제로, 슬래브는 상당한 크기의 전단력을 지지하지만, 설계 초기단계에서 슬래브의 전단면적을 신중하게 고려해야 한다.

4) 평면트러스모델의 장점

(1) 모든 트러스 부재를 콘크리트 요소와 별개로 모델링함에 따라 개개 부재의 부재력을 해석결과로부터 직접 구할 수 있다.
(2) 이 모델은 합성트러스뿐만 아니라 비합성 트러스의 경우 슬래브 단면성능을 무시하고 비합성트러스를 해석할 경우에도 사용할 수 있다.
(3) 일단 모델이 입력되면, 최적설계를 위하여 부재의 크기와 강재앵커(전단연결재)의 개수 등을 조절하여 반복적으로 사용할 수 있다.
(4) 동일한 해석절차를 비렌딜 패널 오프셋, 슬래브의 불연속, 불규칙한 패널 형상과 같은 가능한 모든 트러스 형상에 적용할 수 있다.

6.3.2.2 상세해석 시 하중조건

1) 합성트러스 해석 시 적용되는 주요 하중

(1) 합성거동 이전의 하중
① 강재 트러스와 콘크리트 슬래브의 무게로 구성된 자중
② 트러스의 합성거동이 발현되기 이전에 데크에 재하된 시공하중
(2) 합성거동 이후의 하중
① 천장, 슬래브 상부의 부착물 및 설비시스템으로 구성된 고정하중
② 설계 바닥 하중과 파티션으로 구성되는 활하중

2) 일반적인 하중값

해석에 적용되는 하중값은 건축구조기준의 하중편을 따르는 것을 원칙으로 한다. 다만 현실적 상황을 고려해야 하는 특수한 경우에는 건축구조기준에 준하여 그 근거를 명확하게 제시하여야 한다.

3) 하중조합

(1) 비합성트러스 모델에서 고려되어야 하는 하중은 자중과 시공하중의 조합을 고려한다.
(2) 합성트러스 모델은 콘크리트 슬래브 타설 이후 더 이상 적용되지 않는 시공하중을 제외한 모든 기본적인 하중들의 조합을 고려한다.

4) 추가 하중

(1) 불규칙 트러스, 특히 비렌딜 패널을 포함하는 경우는 추가하중 조합에 대한 검토가 필요하다.

(2) 이 경우 스팬을 따라 재하되는 비대칭 활하중은 등분포 하중에 비하여 스팬의 중앙부 부재에 큰 전단력을 유발할 수 있다.

(3) 이러한 경우에 이를 다음과 같이 보수적으로 고려할 수 있다.

① 전체 스팬에 적용된 자중과 고정하중

② 스팬의 절반에 적용된 활하중(또는 부재에 가장 불리한 효과를 갖는 스팬 비율)

6.3.3 합성트러스 부재 설계

6.3.3.1 상세해석에 의한 부재 설계

6.3.2의 상세해석을 사용한 부재 설계는 아래의 방식을 따른다.

가) 개별 부재의 크기는 각 하중조합에 따른 구조해석결과로부터의 부재력과 모멘트에 따라 검토한다.

나) 해석결과로부터 가장 불리한 하중조건을 사용하여 검토한다.

1) 상현재

(1) 합성조건으로 트러스를 해석할 경우 트러스 상현재와 콘크리트 슬래브의 축력과 모멘트를 별도로 구할 수 있다.

(2) 상현재의 경우 작용하는 휨모멘트와 압축력의 가장 불리한 조합을 지지할 수 있도록 부재의 크기를 결정한다.

(3) 상현재에 집중하중이 작용하는 경우 전단에 대해서도 검토하여야 한다.

(4) 강재앵커(전단연결재)의 개수는 상현재와 슬래브 간에 하중을 전달하기에 충분해야 한다.

2) 하현재

(1) 하현재는 주로 인장력을 받는다.

(2) 불균일한 하중이 작용하는 경우 비렌딜 패널에서는 T형강의 스템에 압축력을 유발하는 모멘트를 발생시킬 수 있다.

(3) 하현재의 크기 결정을 위해서는 모든 하중조건에 대한 모멘트와 축력의 조합력에 대하여 고려하여야 한다.

3) 현재의 좌굴축

(1) 현재의 유효길이는 좌굴의 축에 의하여 결정된다.

(2) 면외좌굴의 경우 유효길이는 보수적으로 절점 사이의 거리를 사용한다.

(3) 면내좌굴의 경우를 제외하고 상현재는 시공단계에서 완전히 구속된다.

4) 현재의 휨모멘트 및 압축강도

(1) 현재의 휨모멘트 및 압축강도는 건축구조기준에 따라 6.3.3.1과 같이 결정한다.

(2) 압축력만 작용하는 경우 세장비가 매우 중요한 반면, 휨강도를 결정할 경우 부재의 모멘트 변화도 고려하여야 한다.

(3) 현재가 조밀단면인 경우 소성모멘트를 사용할 수 있다.
(4) 부재의 탄성강도만을 사용할 경우 비조밀 단면을 갖는 부재도 사용할 수 있다.
(5) 세장판요소의 단면을 갖는 부재는 관련 기준에 따라 감소된 휨강도와 압축강도를 사용한다.

5) 단일ㄱ형강 및 쌍ㄱ형강 사재

(1) 단일ㄱ형강이나 래티스재 쌍ㄱ형강 사재의 유효길이는 신중하게 결정하여야 한다.
(2) 이와 같은 부재들의 유효길이는 건축구조기준에 따른다.
(3) 좌굴의 경우 최소단면2차반경도 고려하여야 한다.
(4) 단일ㄱ형강의 좌굴에 대한 모멘트강도는 관련 기준에 정의되어 있다.
(5) 대각 웨브부재의 설계강도는 건축구조기준에 따라 6.3.3.2와 같이 결정한다.

6.3.3.2 일반해석에 의한 부재 설계

1) 현재의 설계

6.3.2의 일반해석에 의한 현재 설계를 위해서 한계상태설계 시 합성트러스의 모멘트에 대한 설계강도는 계수하중에 의한 소요휨모멘트보다 커야 하며, 시공조건에 따른 추가의 확인 절차도 필요하다. 일반적으로 상현재와 비렌딜 패널을 설계할 때 이 점을 고려하여야 한다.

합성트러스의 현재 설계 시 일반적으로 아래의 사항을 고려한다.

가) 데크의 골방향이 합성트러스에 직각방향인 경우에는 데크 상단과 데크 하부 사이에 있는 리브 콘크리트는 단면특성을 결정할 때 콘크리트 압축블록의 계산에 포함하지 않는다.
나) 상현재의 단면은 합성트러스의 휨강도 산정에서 무시한다.
다) 지지점에서 첫 번째에 있는 상현재를 포함하고 있는 트러스 부분은 강재부재만으로 소요강도를 만족하여야 한다.
라) 골데크를 사용한 합성트러스의 강도 산정에는 건축구조기준 0709.3.2.3의 관련 기준을 따른다.
마) 강재앵커(스터드)는 건축구조기준 0709.8의 관련 기준을 따른다.

합성트러스의 설계휨강도는 아래의 방법으로 산정할 수 있다.

(1) 유효폭

콘크리트슬래브의 유효폭은 노출형 합성보 유효폭 산정방법을 따른다.

(2) 콘크리트슬래브의 압축응력블록깊이와 모멘트저항팔길이

콘크리트슬래브 등가직사각형 압축응력블록의 깊이 a와 모멘트저항팔길이 d_e는 다음 식으로 구한다.

$$a = \phi_t F_y A_{gt} / (\phi_c 0.85 f_{ck} b_e) \le t_c \quad \text{식(6.3.1)}$$

$$d_e = d_j - y_{bc} + h_r + t_c - a/2 \quad \text{식(6.3.2)}$$

여기서, d_e : 모멘트저항 팔길이, 즉 하현재의 단면중심에서 콘크리트슬래브 압축응력블록의 중심까지 거리(mm)

a : 콘크리트압축응력블록의 깊이(mm)

b_e : 트러스 상부에 있는 콘크리트슬래브의 유효폭(mm)

A_{gt} : 하현재의 인장저항 총단면적(mm^2)

d_j : 강재트러스의 전체 춤(mm)

h_r : 강재데크플레이트의 공칭골깊이(mm)

M_n : 합성트러스의 공칭휨강도(N·mm)

t_c : 데크 골 위에 있는 콘크리트슬래브 두께(mm)

y_{bc} : 하현재의 최하부면으로부터 하현재의 단면 중심축까지의 거리(mm)

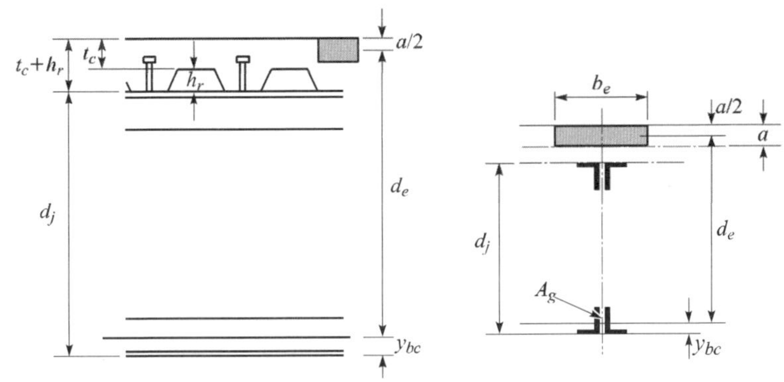

(3) 합성트러스의 설계휨강도

합성트러스의 설계휨강도는 다음 한계상태 중에서 최소값으로 한다.

① 하현재의 인장항복

$\phi_t = 0.90$

$\phi M_n = \phi_t F_y A_{gt} d_e$ 식(6.3.3)

② 하현재의 인장파단

$\phi_{tr} = 0.75$

$\phi M_n = \phi_{tr} F_u A_{nt} d_e$ 식(6.3.4)

③ 콘크리트 압괴

$\phi_c = 0.85$(인장지배 단면(합성트러스)인 경우)

$\phi M_n = \phi_c 0.85 f_{ck} b_e t_c d_e$ 식(6.3.5)

④ 강재앵커의 강도

$\phi_{stud} = 0.90$

$\phi M_n = \phi_{stud} N Q_n d_e \geq 0.50 \phi_t F_y A_b d_e$ 식(6.3.6)

여기서, A_{gt} : 하현재의 인장저항 총단면적(mm^2)

A_{nt} : 하현재의 인장저항 순단면적(mm^2)

b_e : 트러스 상부에 있는 콘크리트슬래브 유효폭(mm)

d_e : 하현재 중심에서 콘크리트압축응력블록 중심까지의 수직거리(mm)

F_u : 하현재의 최소인장강도(MPa)

F_y : 하현재의 최소항복강도(MPa)

N : 정모멘트가 최대가 되는 위치와 모멘트가 0이 되는 위치 사이 안에 있는 강재앵커(스터드) 개수

Q_n : 강재앵커(스터드) 1개의 공칭전단강도(N)

t_c : 데크 골 위에 있는 콘크리트슬래브 두께(mm)

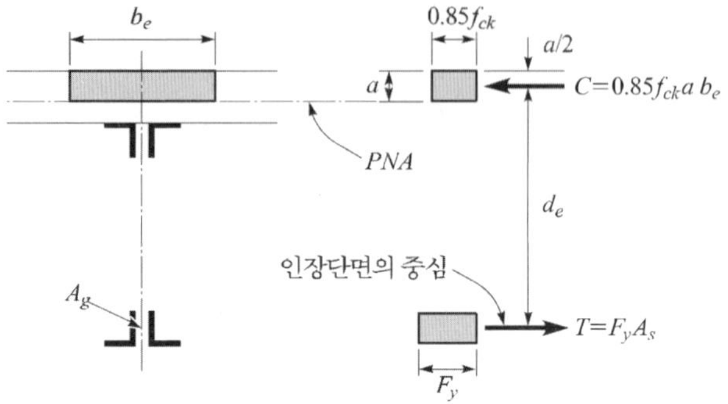

[그림 6.3.2] 합성트러스의 휨강도설계모델

2) 웨브재 설계

6.3.2의 일반해석에 의한 합성트러스 웨브재 설계는 아래의 사항을 따른다.

(1) 합성트러스의 웨브재는 비합성트러스에서의 설계방법에 따른다.

(2) 웨브재는 작용하중으로부터 합성트러스 양단까지의 전단력을 전달할 수 있도록 설계되어야 한다.

(3) 합성트러스의 웨브재는 계수하중에 의한 반력의 25% 이상에 해당하는 수직전단력에 저항할 수 있도록 설계되어야 한다.

(4) 앞의 최소전단 요구사항에 의해 설계되는 인장웨브재는 지간의 반에 분포된 활하중에 의해 발생되는 응력반전(압축력)을 검토하여야 한다. 이러한 검토를 위해 등분포하중의 경우에는 다음 식을 사용할 수 있다.

$$V_{c,\min} = \frac{(1.6w_L)L}{8} \qquad \text{식(6.3.7)}$$

여기서, w_L : 등분포활하중(kN/m)

L : 합성트러스의 설계길이(mm)

$V_{c,\min}$: 인장웨브재 부재의 최소계수압축설계전단력(kN)

(5) 변형 워렌트러스 형태에 사용하는 내부 웨브재는 부재가 지지하는 하중에 합성거동 시에 작용하는 하현재 축력의 2%를 합한 하중을 저항할 수 있도록 설계되어야 한다.

(6) 볼트접합 시 고려사항

① 볼트구멍에 의하여 단면적의 손실을 고려해야 하는 볼트접합을 하는 경우 이외에는 부재의 인장저항력이 완전하게 발현된다.

② 장스팬 트러스의 경우 누적된 볼트슬립에 의하여 처짐이 커지기 때문에 볼트접합의 사용이 바람직하지 않다.

(7) 압축재의 세장비

① 압축재의 저항능력은 세장비의 영향을 받는다.

② 단일ㄱ형강의 경우, 세장비는 단면의 u-u 나 v-v 축을 근거로 산정한다.

③ 쌍ㄱ형강의 경우, 세장비는 일반적으로 x-x나 y-y 축을 근거로 산정한다.

④ 세장비가 결정되면 〈도움표 6.1.1~6.1.15〉 및 〈도움표 6.3.1~6.3.7〉을 사용하여 압축강도를 산정할 수 있다.

(8) 하현재에서의 국부모멘트

부재 사이에 편심이 발생하는 경우, 편심에 의하여 절점에 휨모멘트가 발생하게 되는데, 부재의 강성에 비례하여 이 모멘트에 저항한다.

(9) 상현재와 슬래브 이격에 따른 편심

① 합성슬래브에 연결된 상현재의 절점에서는 사재가 상현재의 중심이 아닌 콘크리트 슬래브의 중심선에 연결되기 때문에 이런 경우 약간의 이격이 발생할 수 있다.

② 추가의 편심은 슬래브에서의 모멘트로 처리할 수 있다.

3) 비렌딜 패널

(1) 비렌딜 패널

① 트러스 스팬의 중심과 같이 작은 전단력이 발생하는 경우 대각부재 대신 수직부재를 설치하여 비렌딜 패널이 형성된다.

② 합성트러스가 아닌 강재 트러스에서의 국부 모멘트는 현재에 의하여 저항한다.

③ 합성트러스에서는 국부 모멘트를 콘크리트 슬래브와 상현재의 합성거동에 의하여 지지한다.

(2) 비렌딜 패널에서의 전단력

전단력이 '0'이 되는 구간을 통하여 전단력이 전달되는 과정에서 가장 불리한 하중조건이 고려될 수 있도록 [그림 6.3.3]과 같은 메카니즘을 적용한다. 여기서 전체 스팬에 작용하는 하중의 25%가 비렌딜 패널의 전단력으로 작용한다. 하현재의 인장력 또한 감소된다.

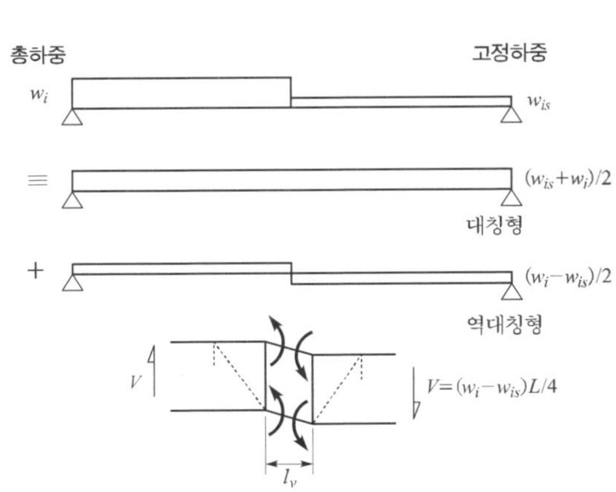

[그림 6.3.3] 비렌딜 패널에서의 전단력

(3) 비렌딜 패널에서의 모멘트

① 전달되는 비렌딜 모멘트는 $V\ell_v$이다.

② 여기에서 V는 전단력이고 ℓ_v는 패널 개구부의 길이이다.

③ 이 모멘트는 현재에 의하여 지지된다.

④ 비렌딜 패널의 주변의 모멘트 분포는 복잡하며, 모멘트는 주로 상현재와 슬래브의 합성 거동에 의하여 지지된다.

⑤ 합성거동을 무시하고 설계할 경우 매우 보수적인 설계로 이어질 수 있어서 넓은 개구부 사용을 제한하기도 한다.

(4) 초기 설계단계에서 스팬 중앙에서의 비렌딜 패널

① 개구부의 폭은 트러스 춤의 2배 미만으로 한다.

② 현재의 춤은 개구부 폭의 1/10 이상으로 한다.

③ 개구부와 인접한 수직재는 각형상관이나 쌍ㄱ형강을 사용한다.

④ 현재에는 세장판 요소를 사용하지 않는다.

(5) 최종 설계단계에서의 비렌딜 패널

① 최종 설계단계에서는 자세한 구조해석을 통한 모멘트와 부재력에 의하여 설계한다.

② 6.4.3절의 비렌딜 휨에 대한 상세 수계산을 사용할 수도 있다.

추가적으로 현재와 콘크리트 슬래브는 전단력, V에 저항할 수 있는데, 현재의 전단설계는 상응하는 강구조 기준을 사용하고 콘크리트 슬래브의 전단저항은 이 단계에서 무시할 수 있다.

4) 시공 중 조건

(1) 시공하중

① 시공 중 강재 트러스는 타설된 콘크리트와 시공 조건을 고려한 적절한 등분포하중과 집중하중을 지지할 수 있도록 설계되어야 한다.

② 상현재의 최소 크기는 국부모멘트에 의하여 결정되기도 한다.

(2) 단면의 모멘트성능

① 단면의 모멘트성능은 기본적인 역학적 원리에 의하여 결정할 수 있다.

② 상현재의 크기가 하현재보다 작은 경우 트러스 모멘트는 다음과 같이 결정한다.

$$M_c = R_t(d_j - y_{bc} - x_t) \qquad \text{식(6.3.8)}$$

여기서, R_t : 상현재의 압축 저항성능

d_j: 강재트러스의 전체춤(mm)

y_{bc} : 하현재의 최하부면으로부터 하현재의 단면 중심축까지의 거리(mm)

x_t : 상현재의 최상부면으로부터 상현재의 단면 중심축까지의 거리(mm)

③ 이 모멘트 저항능력, M_c은 시공조건의 계수 모멘트를 초과하여야 한다.

(3) 대각부재

대각부재는 극한하중에 의해 결정되기 때문에 이 단계에서는 검토할 필요가 없다.

(4) 비렌딜 패널

① 비렌딜 패널 개구부 전체에 걸친 최대전단력을 결정할 때, 시공 중 스팬의 1/2이 완전히 재하된다고 가정하여야 한다.

② 전단력은 전체 스팬의 자중과 시공하중에 의한 총 하중의 25%에 상응한다.

(5) 현재

① 현재는 인장, 압축 및 국부모멘트의 조합을 고려하여 검토할 수 있다.

② 각각의 현재는 강성에 비례하여 전단력에 저항하고, 전단력과 개구부 폭의 1/2을 곱한 값에 상응하는 국부모멘트에 대하여 저항하도록 설계한다.

③ 일반적으로 이 접근법이 시공단계에서는 충분히 정확하지만, 보다 정확한 6.4.3절의 비렌딜 휨에 대한 해석방법을 사용할 수도 있다.

5) 합성트러스의 종방향 전단력 전달

(1) 모멘트가 0인 지점과 최대 모멘트 지점 사이의 강재앵커에 의해 전달되는 힘은 하현재의 인장저항력이 콘크리트 슬래브의 압축저항력보다 작을 경우 하현재의 인장저항력과 같다.

(2) 스팬의 1/2 이내에 있는 강재앵커에 의하여 전달된 전단력이 하현재의 인장저항력을 초과할 경우 완전합성이 된다.

(3) 이 전단력은 스팬의 1/2 이내에 있는 강재앵커의 개수(n)와 각 강재앵커 설계강도의 곱에 상응한다.

(4) 일반적으로 강재앵커를 보에 균등하게 배치하거나 집중하중이 작용하는 보에서는 전단력도(SFD)의 형상에 비례하여 배치한다.

(5) 강재앵커의 개수를 줄이기 위하여 부분합성을 사용하기도 하지만, 스팬 16m 미만의 경우로 제한한다.

(6) 강재앵커로부터 콘크리트 내부로 하중이 원활하게 전달될 수 있도록 충분한 배력철근을 설치한다.

6.3.4 합성트러스와 강재트러스의 처짐

1) 처짐검토 단계

(1) 1단계 : 비합성 트러스 구조의 시공하중과 자중에 의한 처짐

(2) 2단계 : 합성트러스 구조의 추가 고정하중 및 활하중에 의한 처짐

(3) 2단계에서 사용하는 콘크리트의 탄성계수는 재하기간과 일치해야 한다.

2) 처짐검토

(1) 트러스는 단순지지 부재로 고려하며 강재 트러스의 단면 2차 모멘트를 계산할 경우 상현재와 하현재만을 고려한다(합성트러스의 경우에는 슬래브도 포함하여 계산).

(2) 이 방법으로 계산된 처짐은 가새부재의 전단변형을 무시하게 되므로, 처짐은 컴퓨터를 이용한 정밀해석의 결과보다 작은 값을 갖게 된다(대략 15%까지).

(3) 다음과 같은 제한사항을 검토한다.

① 시공 후 트러스 처짐 $<$ 스팬의 1/250

② 활하중에 의한 처짐 〈 스팬의 1/360

③ 전체 하중에 의한 처짐 〈 스팬의 1/200

(4) 상기의 두 번째 제한사항은 일반적으로 조정이 가능하다.

(5) 치올림(camber)을 설치하지 않는 경우 전체 하중에 대한 처짐의 상한은 60mm로 제한한다.

합성트러스의 처짐 계산에 사용되는 단면2차모멘트는 Brattland와 Kennedy가 제안한 아래 절차에 의해서 구할 수 있다.

가) 비합성트러스의 단면 2차 모멘트 I_s는 현재의 강재단면으로부터 구하고, 합성트러스의 단면 2차 모멘트 I_{tr}는 하현재의 강재단면과 압축슬래브 유효단면의 강재등가단면으로부터 구한다.

나) 웨브재의 휨변형을 고려한 단면 2차 모멘트는 다음 식으로 구할 수 있다.

$$I_s' = I_s/1.1$$ 식(6.3.9)

$$I_{tr}' = I_{tr}/1.1$$ 식(6.3.10)

다) 합성트러스의 유효 단면 2차 모멘트는 강재앵커(스터드)의 휨변형과 전단접촉면의 미끄럼을 고려하여 다음 식으로 구할 수 있다.

$$I_e = I_s' + 0.77(I_{tr}' - I_s')$$ 식(6.3.11)

$$E_c = 8{,}500\sqrt[3]{f_{cu}},\quad f_{cu} = f_{ck} + 4\ (f_{ck} \le 40)$$ 식(6.3.12)

$$f_{cu} = f_{ck} + 6\ (f_{ck} \ge 60)$$

$$f_{cu} = f_{ck} + f_{ck}/10\ (40 < f_{ck} < 60)$$

6.3.5 진동검토

1) 장스팬 부재의 고유진동수는 스팬이 길어질수록 감소한다.

2) 일반적으로 바닥판 고유진동수를 4Hz로 제한한다.

3) 초기 단면가정 단계에서 합성트러스의 고유진동수는 다음과 같이 산정한다.

$$f = \frac{18}{\sqrt{\delta_{sw}}}$$ 식(6.3.13)

여기서, δ_{sw}는 합성단면에 10%의 추가하중과 바닥판의 자중에 의한 즉시 처짐이다. 동적효과를 고려하기 위하여 상기에서 산정된 합성트러스의 단면2차모멘트 I_{tr}을 10% 증가하여 사용할 수 있다.

합성트러스의 상세 진동 검토 시 다음과 같은 두 가지 사항에 대하여 검토한다.

1) 진동수

(1) 발생하는 진동수가 바닥판의 고유진동수와 일치하지 않도록 하여야 한다.

(2) 건물 용도에 따라 달라지기는 하지만 최소 고유진동수는 3~4Hz 정도가 적절하다.

(3) 대부분의 경우 바닥판의 고유진동수는 4Hz로 제한되지만, 이 보다 작은 한계값을 사용할 경우 관련 규정에 따라 계산한 값을 사용하여야 한다.

2) 감쇠효과

(1) 바닥판은 발생하는 진동이 현저하게 지속되지 않도록 진동에 대한 감쇠효과를 가져야 한다.
(2) 일반적인 사무실의 경우 가구나 장비들로부터 적절한 감쇠효과를 취할 수 있다.
(3) 장스팬의 트러스도 단스팬 트러스시스템과 동등한 진동성능을 보여준다.
(4) 동일한 스팬에 대해 트러스는 같은 단면의 보에 비하여 강성이 크기 때문에 일반적으로 더 나은 진동성능을 갖는다.

바닥진동검토와 관련된 자세한 내용은 AISC Design Guide 11 "Floor Vibrations Due to Human Activity"을 참고할 수 있다.

$$\frac{a_p}{g} = \frac{P_o \exp(-0.35 f_n)}{\beta W} \le \frac{a_o}{g} \qquad \text{식(6.3.14)}$$

여기서, a_p/g : 계산된 가속도
a_o/g : 제한 가속도
f_n : 바닥구조의 기본진동주기
P_o : 일정한 힘, 일반바닥에는 0.29kN, 보행다리에는 0.41kN
β : 감쇠비
W : 바닥의 유효중량

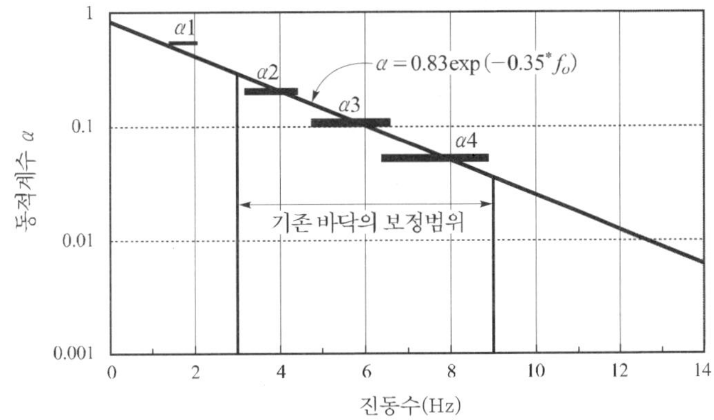

[그림 6.3.4] 동적계수, α와 진동수 상관관계

<표 6.3.1> 일반적인 힘 진동수(f)와 동적계수(α_i)

Harmonic i		1	2	3	4
보행	f (Hz)	1.6~2.2	3.2~4.4	4.8~6.6	6.6~8.8
	α_i	0.5	0.2	0.1	0.05
에어로빅	f (Hz)	2~2.75	4~5.5	6~8.25	–
	α_i	1.5	0.6	0.1	–
군무	f (Hz)	1.5~3	–	–	–
	α_i	0.5	–	–	–

<표 6.3.2> 식(6.3.14)의 변수와 가속도한계의 권장값

	일정한 힘 P_o(kN)	감쇄비 β	가속도한계 $a_o/g \times 100\%$
사무실, 주거, 교회	0.29	0.02~0.05 *	0.5%
쇼핑몰	0.29	0.02	1.5%
실내 보행다리	0.41	0.01	1.5%
실외 보행다리	0.41	0.01	5.0%

* 0.02 ; 비구조재(천장, 덕트, 파티션 등)가 거의 없는 바닥
0.03 ; 비구조재와 가구가 있는 바닥(단, 낮은 높이 칸막이)
0.05 ; 바닥 사이 전 높이의 칸막이가 있는 바닥

진동주기

$$f_j = 0.18\sqrt{\frac{g}{\Delta_j}}\,(\text{Hz}) \qquad \text{식(6.3.15)}$$

여기서, $w_j = w_d + w_{sid} + w_l$

$$\Delta_j = \frac{5w_j L_j^4}{384 E_s I_j}$$

$$g = 9.806\text{m/s}^2 = 9{,}806\text{mm/s}^2$$

바닥진동을 검토할 때 동적하중을 받는 콘크리트의 강성은 정적하중의 경우보다 큰 강성으로 한다. 이를 위해 합성트러스의 강재등가 단면 2차 모멘트를 계산할 때에 구조기준에 명시된 콘크리트의 탄성계수에 1.35배에 해당하는 탄성계수를 적용하도록 권장하고 있다. 또한, 슬래브의 유효폭은 트러스 간격을 사용하지만 트러스 지간의 0.4배 이하로 제한된다.

합성트러스

$$I_{eff} = \frac{I_{comp}}{1 + 0.15(I_{comp}/I_{chords})} \qquad \text{식(6.3.16)}$$

합성조이스트

$$I_{eff} = \frac{1}{\dfrac{\gamma}{I_{chords}} + \dfrac{1}{I_{comp}}} \qquad \text{식(6.3.17)}$$

$$\gamma = \frac{1}{C_r} - 1 \qquad \text{식(6.3.18)}$$

단일ㄱ형강 또는 쌍ㄱ형강 : $C_r = 0.90\left(1 - e^{-0.28(L_j/D)}\right)^{2.8}$ $6 \le L/D \le 24$ 인 경우

연속 원형강봉 웨브 : $C_r = 0.721 + 0.000725(L/D)$ $10 \le L/D \le 24$ 인 경우

I_{comp} : 완전합성단면의 단면 2차 모멘트

I_{chords} : 순수강재단면의 단면 2차 모멘트

6.4 특수조건

6.4.1 부재의 횡구속

1) 데크가 상현재와 직교방향으로 설치되는 경우 상현재가 데크에 의하여 완전하게 횡방향으로 구속되는 것으로 가정한다.
2) 데크가 상현재와 평행하게 설치되는 경우 직교하는 트러스 또는 보에 의해서만 횡방향으로 구속되는 것으로 가정한다.
3) 시공단계에서 상현재의 유효길이는 직교하는 보의 간격에 의하여 횡구속 길이가 결정된다.
4) 슬래브와의 합성거동이 발현되면 상현재는 횡방향으로 완전히 구속된다.
5) 일반적으로 단부접합을 핀접합으로 가정하여 모든 부재의 유효길이를 결정한다.
6) 강재 트러스에서는 5)의 가정이 적합하지만, 합성트러스의 가새부재는 슬래브로부터 부분적으로 구속효과를 기대할 수 있다.

6.4.2 집중하중

1) 트러스에서 집중하중에 의한 국부적인 효과를 검토하여야 한다.
2) 집중하중이 작용하는 절점 하부에 수직재를 도입하여 국부적인 효과를 감소시킬 수 있다.
3) 집중하중이 작용하는 경우 플랜지 트리핑에 의한 면외좌굴이 발생할 수 있다.

6.4.3 비렌딜 패널의 소성해석

현재가 조밀단면인 경우 소성해석을 적용할 수 있다. 이 절의 제한사항은 T형강의 스템에 적용한다.

1) 비렌딜 패널의 소성거동

(1) 비렌딜 패널의 파괴 메커니즘에 따라 패널의 네 모퉁이에 모멘트가 발생한다([그림 6.4.1] 참조).
(2) 하현재 T형강의 스템은 하현재 전반의 인장력과 비렌딜 패널의 휨모멘트 조합에 의하여 인장과 압축이 번갈아서 작용한다.
(3) 트러스 압축력은 슬래브가 지지하고 상현재 T형강은 상대적으로 작은 하중을 받는다.
(4) 한계상태에서 현재는 소성모멘트에 도달하게 되어, 패널 주변으로 모멘트의 충분한 재분배를 허용함으로써 현재의 모멘트성능이 결합된다.
(5) 이러한 휨 작용에 대한 전체 저항성능을 비렌딜 모멘트, Vl_v에 대하여 검토한다. 여기에서 V는 순수 전단력이고 l_v는 개구부의 길이이다.

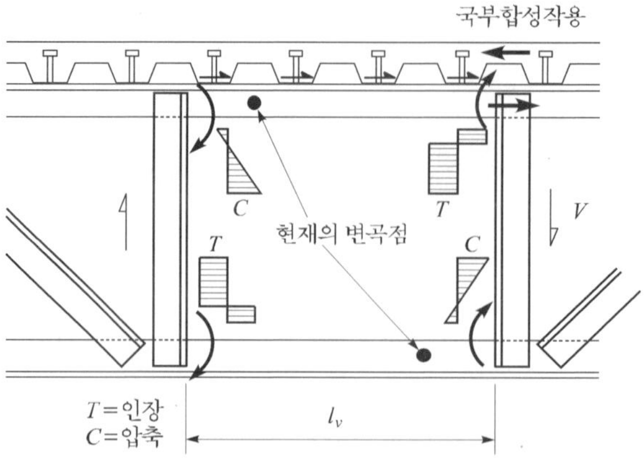

[그림 6.4.1] 비렌딜 패널 파괴 시 현재 내의 모멘트 분포

2) 비렌딜 패널의 휨저항

(1) 비렌딜 휨에 저항하는 주요 요소는 상현재와 콘크리트 슬래브 사이의 합성거동이다([그림 6.4.2] 참조).

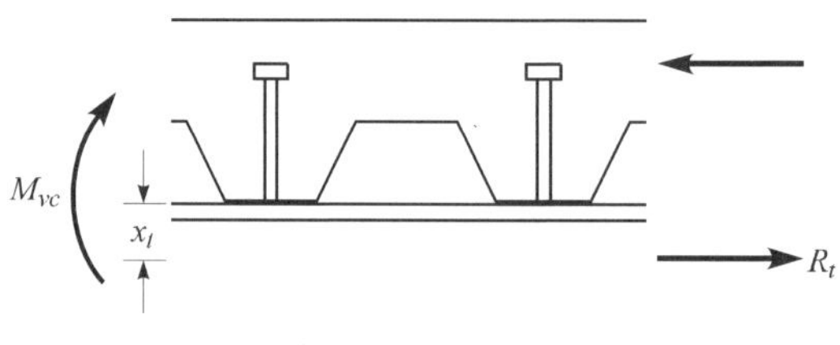

[그림 6.4.2] 상현재의 합성작용에 의한 비렌딜 모멘트 성능

(2) 합성거동을 무시하고 설계하면 상당히 과도한 설계가 될 수 있다.

(3) 이는 웨브에 개구부를 갖는 보의 경우에서와 같은 특성을 갖는다.

(4) 인장력, T로 인하여 하현재의 모멘트 성능이 감소된다.

(5) T형강은 전단력을 지지하는 것으로 가정하고, T형강에 작용하는 전단응력은 인장력과 모멘트의 상호작용 효과를 배제하기 위하여 전단내력의 60%보다 작아야 한다.

(6) 비렌딜 휨에 대한 전체 저항성능은 현재에서의 국부적인 합성거동과 순수 휨의 합으로 다음과 같이 산정한다.

$$M_v = M_{cv} + 2M_b(1 - T/R_b) + 2M_t \geq Vl_v \quad \text{식(6.4.1)}$$

여기서, M_{cv} : 상현재의 합성거동에 의한 모멘트 성능

M_b : 하현재의 소성모멘트 성능

M_t : 상현재의 소성모멘트 성능

T : 하현재의 인장력

R_b : 하현재의 인장내력

(7) 국부 합성거동은 상현재와 슬래브의 중심선 사이의 거리와 개구부 상부에 설치된 강재앵커(전단연결재)로부터 전달되는 국부적인 수평전단력의 곱으로 결정된다.

$$M_{cv} \simeq R_q[(D_s + D_p)/2 + x_t] \qquad \text{식(6.4.2)}$$

여기서, R_q : 개구부 상부에 있는 강재앵커(전단연결재)로부터 전달되는 수평전단력 ($\leq R_t$)(kN)

R_t : 상현재의 인장내력(=A_tF_y)으로 여기에서 A_t는 단면적(mm^2)

D_s : 슬래브의 리브를 포함한 전체 춤(mm)

D_p : 데크플레이트의 골깊이(mm)

x_t : 상현재의 탄성중립축거리(mm)

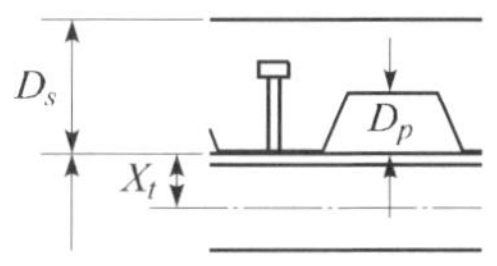

(8) T형강이 비조밀단면인 경우, M_t와 M_b에 단면의 탄성모멘트 성능을 사용하여 상기의 방법을 적용할 수 있다.

① 추가의 인장에 의하여 단면의 소성 성능을 발현할 수 있기 때문에 이 방법은 보수적인 방법이 된다.

② 이 방법을 사용할 경우 개구부 주변의 일부 모멘트 재분배가 가능하다.

(9) 세장판요소단면의 경우, 단면의 설계강도를 감소하여 상기의 방법을 사용할 수 있다.

(10) 합성거동 발현 이전인 시공조건에서도 상기의 접근방법을 사용할 수 있다.

따라서 비렌딜 휨에 대한 저항성능은 다음과 같이 산정한다.

$$M_v = 2M_t(1 - T/R_t) + 2M_b(1 - T/R_b) \qquad \text{식(6.4.3)}$$

여기서, T : 시공 단계에서의 현재의 인장력

6.4.4 슬래브의 불연속성

트러스 주변의 슬래브에는 설비공간과 계단실에 의하여 개구부가 발생하기도 한다. 이러한 개구부에 의하여 대형 개구부가 존재하는 보의 한 쪽면에 대하여 슬래브의 유효폭 감소를 초래하게 되어 합성거동에 의한 이점이 감소한다([그림 6.4.3] 참조).

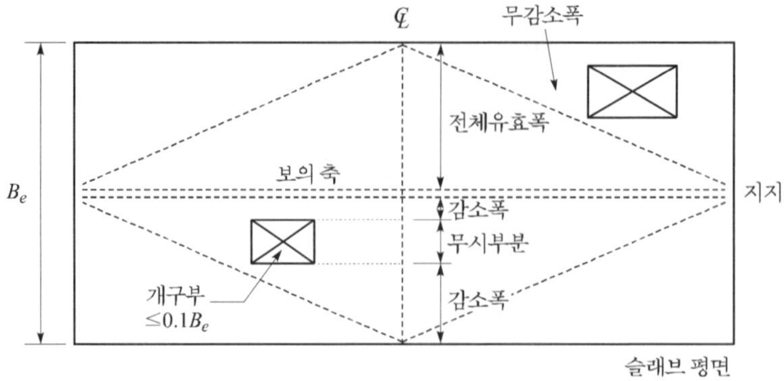

[그림 6.4.3] 슬래브 개구부가 합성거동에 미치는 영향

6.4.5 플랜지 트리핑

플랜지 트리핑은 인장상태에 있는 하현재의 횡좌굴을 수반하는 특이한 거동이다([그림 6.4.4]). 하지만 이 현상은 상현재에 큰 집중하중이 작용하여 가새부재나 수직부재를 통하여 큰 압축력이 전달되는 경우에만 발생하는 현상이다. 이러한 부재들과 상현재가 만나는 지점의 구속력은 횡방향 변형을 막기에는 충분하지 못하다.

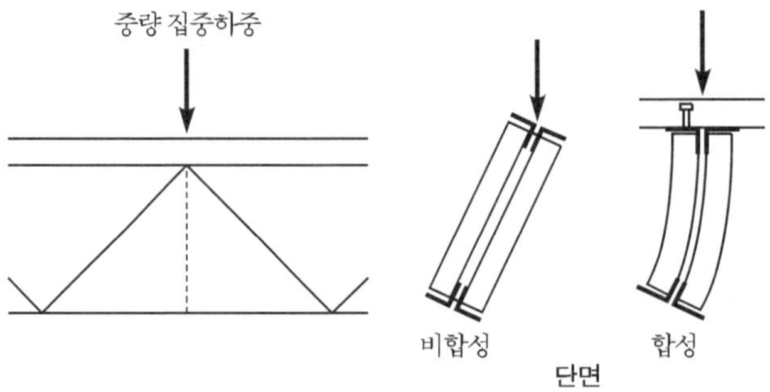

[그림 6.4.4] 플랜지 트리핑 현상

이 현상은 하현재의 횡방향 휨이 발생할 수 있도록 하현재를 기둥에 접합하여 해결할 수 있다. 하지만 트러스를 설계할 때 하현재를 기둥에 직접 접합할 수 없는 경우가 많다. 이 현상에 대한 가이드라인이 거의 없다. 하지만 합성트러스에서는 상현재와 슬래브 사이의 접합 강성이 상당히 크기 때문에 이 현상에 의한 파괴의 가능성은 낮은 편이다.
어떤 경우에는 트러스의 수직재와 직교하는 보의 접합부에 의하여 필요한 면외 강성이 제공된다. 하현재를 가새와 접합하여 면외 강성을 제공하기도 한다. 제공된 구속력을 평가하기 위하여 수직재 압축력의 2.5%에 상응하는 저항력을 하현재에 적용하여야 한다.

6.5 상세

6.5.1 웨브와 현재의 접합부

[그림 6.5.1]은 T형강 현재와 ㄱ형강 가새의 용접접합 상세를 보여주고 있다. 현재 내의 편심 효과를 없애기 위하려 힘의 작용선을 정렬시킨다.

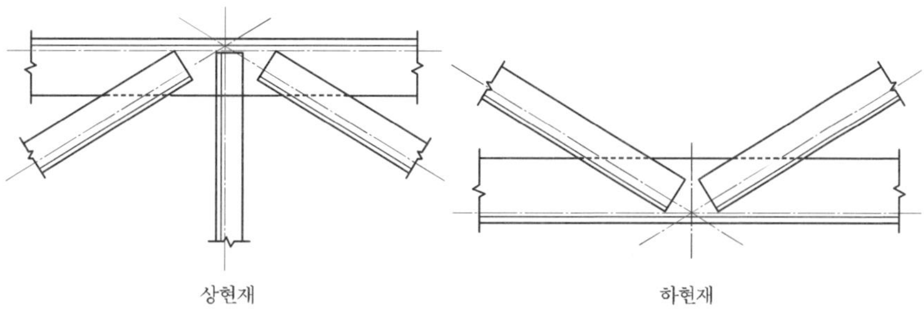

[그림 6.5.1] 현재와 웨브의 접합부

6.5.2 2차 골조

작은 보의 접합은 [그림 6.5.2]와 같은 형태가 될 수 있는데, 이는 접합될 부재의 크기에 따라 달라질 수 있다. 두 개의 트러스가 교차하는 접합상세의 한 예를 [그림 6.5.3]에 나타내었다.

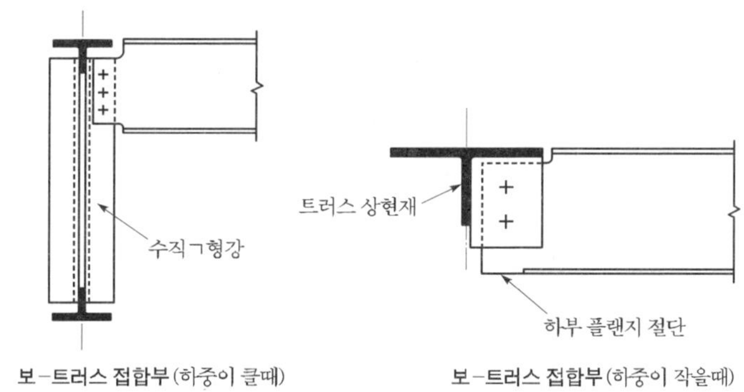

[그림 6.5.2] 작은 보와의 접합부

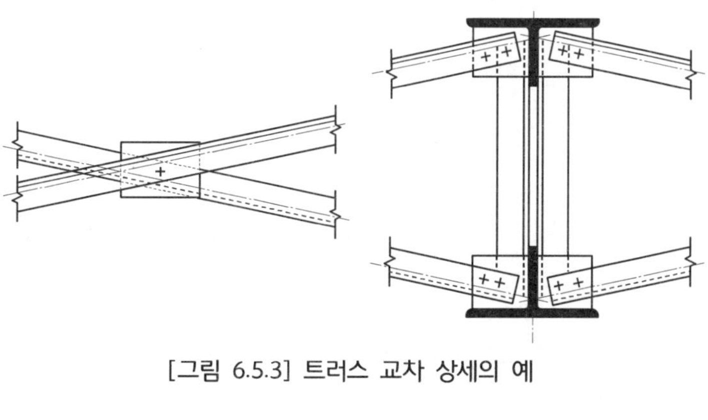

[그림 6.5.3] 트러스 교차 상세의 예

6.5.3 단부 접합

합성트러스의 단부 접합은 [그림 6.5.4]와 같은 형태가 될 수 있다. 큰 보에서는 플랜지 트리핑을 방지하기 위하여 하현재를 기둥에 연속적으로 접합하여야 한다(6.5.5 참조).

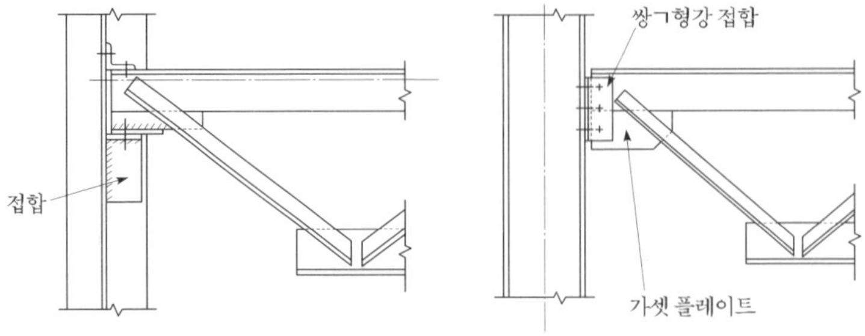

트러스-기둥 웨브 접합부　　　트러스-기둥 플랜지 접합부

[그림 6.5.4] 트러스의 단부 접합부

6.6 설계절차

일반해석을 적용한 합성트러스의 설계 절차를 간단히 정리하면 [그림 6.6.1]과 같다.

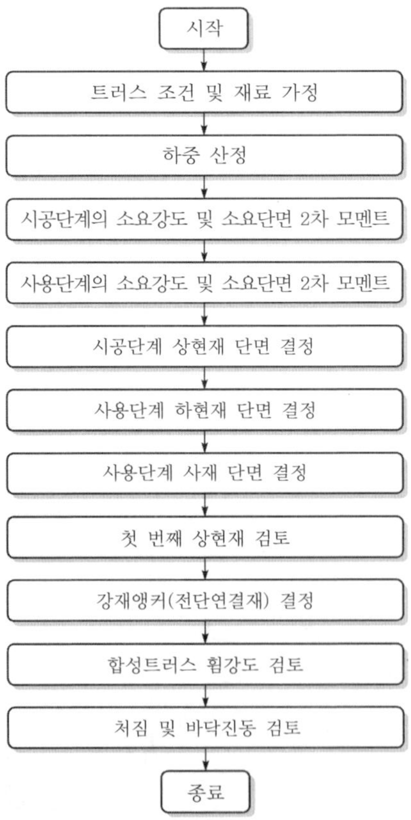

[그림 6.6.1] 합성트러스 설계 흐름

6.7 설계 예제

예제 6.1

다음 그림과 같은 형상의 합성트러스를 주어진 조건에 따라서 설계하시오.(단, 접합 및 이음은 용접으로 가정하고, 시공 중 활하중은 1.2kN/m^{2}으로 하며 동바리는 사용하지 않는다.)

1) 트러스 형상

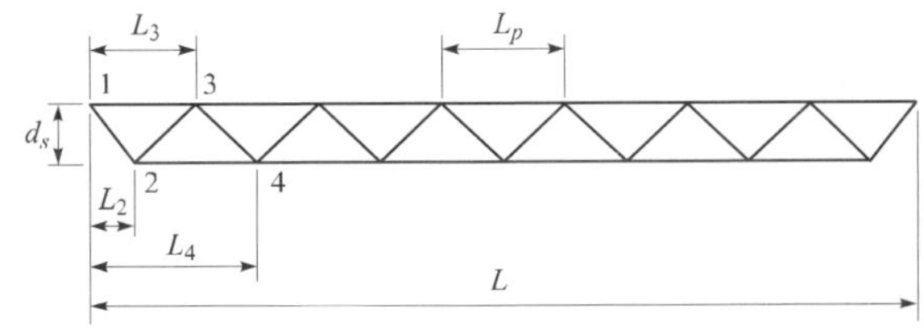

2) 트러스 치수

트러스 지간　$L = 20\text{m}$

트러스 간격　$S = 3.0\text{m}$

격간길이　$L_p = 3.0\text{m}$　$L_2 = 1.0\text{m}$, $L_3 = 2.5\text{m}$, $L_4 = 4.0\text{m}$

트러스 높이　$d_s = 1.25\text{m}$　트러스의 상현재와 하현재의 중심(c.g) 간 높이

3) 합성데크슬래브 치수

슬래브 두께　$D_s = 150\text{mm}$

리브 높이　$h_r = 75\text{mm}$

리브 간격　$s_r = 150\text{mm}$

리브 평균폭　$w_r = 150\text{mm}$

4) 재료강도

형강　$F_y = 355\text{MPa}$

강재앵커(스터드)　$F_u = 400\text{MPa}$

콘크리트　$f_{ck} = 27\text{MPa}$

5) 하중

고정하중 :	골데크플레이트+콘크리트	=	2.88	$h_s = h_r + t_c = 75 + 75 = 150\text{mm}$
	천장 및 덕트	=	0.30	
	OA Floor	=	0.50	
	트러스	=	0.40	가정 값(최종설계 후 확인 필요)
	합계		4.08kN/m^2	
활하중:	사무실	=	2.50	
	경량칸막이벽(낮은 높이)	=	1.00	
	합계		3.50kN/m^2	

(주) 위 하중은 예제를 위해 편의상 가정된 하중이며, 실제 설계에 사용될 하중은 설계자가 설계조건에 적합하게 별도로 산정하여야 한다.

1. 작용하중단계별 소요강도 및 소요단면 2차 모멘트

3.0m 간격으로 배치된 트러스에 작용하는 선형등분포하중을 산정하여 작용하중단계별 소요휨강도, 소요전단강도, 소요단면 2차 모멘트를 구한다.

1.1 시공단계의 소요강도 및 소요단면 2차 모멘트

1) 선형등분포하중

시공 중 고정하중 : $w_{DL} = (2.88 + 0.40)(3.00) = 9.84\text{kN/m}$

시공 중 활하중 : $w_{CLL} = (1.20)(3.00) = 3.60\text{kN/m}$

시공 중 계수하중 : $w_{u1} = 1.4DL = 1.4(9.84) = 13.8\text{kN/m}$

$w_{u2} = 1.2DL + 1.6LL = 1.2(9.84) + 1.6(3.60) = 17.6\text{kN/m}$

$\therefore\ w_u = \text{max.}[w_{u1},\ w_{u2}] = 17.6\text{kN/m}$

2) 시공 중 강재트러스의 소요휨강도

$$M_u - \frac{w_u l^2}{8} = \frac{(17.6)(20)^2}{8} = 880\text{kN}\cdot\text{m}$$

3) 시공 중 강재트러스의 소요단면 2차 모멘트

시공 중 강재트러스의 처짐은 콘크리트 타설의 시공성을 고려하여 60mm로 제한한다.

$$I_{req} = \frac{5w_{DL}l^4}{384E\Delta} = \frac{5(9.84)(20{,}000)^4}{384(210{,}000)(60)} = 1.63 \times 10^9\text{mm}^4$$

1.2 사용단계의 소요강도 및 소요단면 2차 모멘트

1) 선형등분포하중

합성 전 고정하중 : $w_{DL} = (2.88 + 0.40)(3.00) = 9.84\text{kN/m}$

합성 후 고정하중 : $w_{SIDL} = (0.30 + 0.50)(3.00) = 2.40\text{kN/m}$

합성 후 활하중 : $w_{LL} = (2.50 + 1.00)(3.00) = 10.5\text{kN/m}$

사용 중 계수하중 : $w_{u1} = 1.4DL = 1.4(9.84 + 2.40) = 17.1\text{kN/m}$

$w_{u2} = 1.2DL + 1.6LL = 1.2(9.84 + 2.40) + 1.6(10.5) = 31.5\text{kN/m}$

$\therefore\ w_u = \text{max.}[w_{u1},\ w_{u2}] = 31.5\text{kN/m}$

2) 사용 중 합성트러스의 소요휨강도와 소요전단강도

$$M_u = \frac{w_u l^2}{8} = \frac{(31.5)(20)^2}{8} = 1{,}580\text{kN}\cdot\text{m}$$

$$V_u = \frac{w_u l}{2} = \frac{(31.5)(20)}{2} = 315\text{kN}$$

3) 사용 중 합성트러스의 소요단면 2차 모멘트

사용 중 합성트러스의 처짐을 $\Delta = L/360 = 20{,}000/360 = 56\text{mm}$로 제한할 경우에 요구되는 합성트러스의 소요단면 2차 모멘트를 구한다.

$$I_{req} = \frac{5w_{LL}l^4}{384E\Delta} = \frac{5(10.5)(20{,}000)^4}{384(210{,}000)(56)} = 1.86 \times 10^9\text{mm}^4$$

4) 콘크리트슬래브의 유효폭

$$b_{e1} = \frac{l}{8}(2) = \frac{20{,}000}{8}(2) = 5{,}000\text{mm}$$

$$b_{e2} = \frac{s}{2}(2) = \frac{3{,}000}{2}(2) = 3{,}000\text{mm}$$

$\therefore\ b_e = \text{min.}[b_{e1},\ b_{e2}] = 3{,}000\text{mm}$

2. 공사단계에서 상현재 단면 결정

1) 상현재에 작용하는 축력

공사단계에서 압축력을 받는 상현재의 T형강 규격을 가정한다.

$P_u = M_u/d_s$

$P_u = M_u/d_s$
$= 880/1.25$
$= 704\text{kN}$

2) 상현재의 기준패널에 작용하는 휨모멘트

(1) 패널의 단부 부모멘트

$M_{u,p} = w_u L_p^2/12$
$= 17.6(3.0)^2/12$
$= 13.2\text{kN} \cdot \text{m}$

(2) 패널의 중앙부 정모멘트

$M_{u,p} = w_u L_p^2/24$
$= 17.6(3.0)^2/24$
$= 6.60\text{kN} \cdot \text{m}$

3) 상현재 단면 결정

압축력과 휨을 받는 상현재는 데크플레이트에 의해 횡지지되어 있는 것으로 가정한다.

〈도움표 6.1.1〉과 〈6.2.1〉을 이용 $K_x L_x = 3{,}000\text{mm}$, $C_u = P_u = 704\text{kN}$, $M_{u,p} = -13.2\text{kN} \cdot \text{m}$, $M_{u,p} = +6.60\text{kN} \cdot \text{m}$에 적합한 T형강 단면을 선정한다.

$\text{T} - 195 \times 300 \times 10 \times 16(F_y = 355\text{MPa})$로 가정한다.

$P_u = 704\text{kN} < \phi P_n = 1{,}596.7\text{kN}$ (적합)

상현재의 T단면은 휨모멘트에 의해 단부에서는 스템이 압축력을 받고, 중앙부에서는 플랜지가 압축력을 받는다.

단 부 : $M_{u,p} = 13.2\text{kN} \cdot \text{M} < \phi M_n = 34.5\text{kN} \cdot \text{m}$ (적합)

중앙부 : $M_{u,p} = 6.60\text{kN} \cdot \text{M} < \phi M_n = 55.2\text{kN} \cdot \text{m}$ (적합)

4) 조합력에 대한 검토

$P_r/P_c = P_u/\phi P_n$
$= 704/1{,}596.7$
$= 0.441$

$M_r/M_c = M_u/\phi M_n$
$= 13.2/34.5$
$= 0.383$

$P_r/P_c = 0.441 > 0.2$ 이므로 $P_r/P_c + 8/9(M_r/M_c) \le 1.0$에 의해 검토한다.

$P_r/P_c + 8/9(M_r/M_c) = 0.441 + 8/9(0.383) = 0.781 < 1.0$ (적합)

3. 사용단계에서 하현재 단면 결정

1) 하현재에 작용하는 축력

d_c는 슬래브 두께의 중심과 하현재 단면적의 중심(C.G)까지 거리로 가정한다.

$d_c = d_s + c_x + h_s - t_s/2$
$= 1{,}250 + 34.1 + 150 - 75/2$
$= 1{,}400\text{mm}$

$T_u = M_u/d_c$
$= 1{,}580 \times 10^6/1{,}400$
$= 1{,}129 \times 10^3\text{kN}$

2) 하현재 단면 결정

$$A_{s(req'd)} = T_u/\phi F_y$$
$$= 1{,}129 \times 10^3/(0.9 \times 355)$$
$$= 3{,}534\text{mm}^2$$

T형강 단면 특성표에서 적합한 단면을 선정한다.

$\text{T}-200 \times 200 \times 8 \times 13(F_y = 355\text{MPa},\ A_s = 4{,}210\text{mm}^2)$로 가정한다.

$$\phi P_n = \phi F_y A_s$$
$$= 0.9(355)(4{,}210) \times 10^{-3}$$
$$= 1{,}345\text{kN}$$

$\phi P_n = 1{,}345\text{kN} > P_u = 1{,}129\text{kN}$ (적합)

4. 사용단계에서 사재 단면 결정

1) 첫 번째 인장력을 받는 사재(1−2)

$$l_d = \sqrt{L_2^2 + d_s^2}$$
$$= \sqrt{1.0^2 + 1.25^2}$$
$$= 1.60\text{m}$$

$$T_u = V_u(l_d/d_s)$$
$$= 315(1.60/1.25)$$
$$= 403\text{kN}$$

$$A_{s,req'd} = T_u/(\phi F_y)$$
$$= 403 \times 10^3/(0.9 \times 355)$$
$$= 1{,}261\text{mm}^2$$

$2\text{L}-70 \times 70 \times 6(F_y = 355\text{MPa})$를 사용하면

$$A_s = 2(813) = 1{,}630\text{mm}^2$$

$$\phi P_n = \phi F_y A_s$$
$$= 0.9(355)(1{,}630) \times 10^{-3}$$
$$= 520.8\text{kN}$$

$\phi P_n = 520.8\text{kN} > P_u = 403\text{kN}$ (적합)

2) 첫 번째 압축력을 받는 사재(2−3)

$$l_d = \sqrt{(L_p/2)^2 + d_s^2}$$
$$= \sqrt{(3.0/2)^2 + 1.25^2}$$
$$= 1.95\text{m}$$

$$P_u = (V_u - w_u L_2)(l_d/d_s)$$
$$= (315 - 31.5 \times 1.0)(1.95/1.25)$$
$$= 284(1.95/1.25)$$
$$= 442\text{kN}$$

2개 부재를 사용하는 경우 각 부재는 $P_u/2 = 221\text{kN}$의 압축력을 받는다.

도움표를 이용하여 $kL = 1.95\text{m}$ 일 때 적합한 단면을 선정한다.

$2\text{L}-100 \times 100 \times 13$을 사용한다.

$\phi P_n = 2(267.5) = 535\text{kN} > P_u = 442\text{kN}$ (적합)

3) 두 번째 인장력을 받는 사재(3−4)

$$l_d = \sqrt{(L_p/2)^2 + d_s^2}$$
$$= \sqrt{(3.0/2)^2 + 1.25^2}$$
$$= 1.95\text{m}$$

$$T_u = (V_u - w_u L_4)(l_d/d_s)$$
$$= (315 - 31.5 \times 4.0)(1.95/1.25)$$
$$= 189(1.95/1.25)$$
$$= 295\text{kN}$$

$$A_{s,req'd} = T_u/(\phi F_y)$$
$$= 295 \times 10^3/(0.9 \times 355)$$
$$= 923\text{mm}^2$$

$2L - 70 \times 70 \times 6(F_y = 355\text{MPa})$을 사용하면

$$A_s = 2(813) = 1{,}630\text{mm}^2$$

$$\phi P_n = \phi F_y A_s$$
$$= 0.9(355)(1{,}630) \times 10^{-3}$$
$$= 520.8\text{kN}$$

$\phi P_n = 520.8\text{kN} > P_u = 295\text{kN}$ (적합)

나머지 웨브재도 같은 방법으로 검토하고, 웨브재는 계수하중에 의한 반력의 25% 이상에 해당하는 수직전단력에 저항할 수 있도록 설계하여야 한다. 또한 앞의 최소전단 요구사항에 의해 설계되는 인장웨브재는 지간의 반에 분포된 활하중에 의해 발생하는 응력반전(압축력)을 검토하여야 한다.

5. 첫 번째 상현재

합성트러스의 지지점에서 첫 번째에 있는 상현재를 포함하고 있는 트러스 부분은 강재부재만으로 소요강도를 만족하여야 한다.

$$M_u = V_u L_3 - w_u L_3^2/2$$
$$= 315(2.5) - 31.5(2.5)^2/2$$
$$= 689\text{kN}\cdot\text{m}$$

$$P_u = M_u/d_s$$
$$= 689/1.25$$
$$= 551\text{kN}$$

〈도움표 6.1.1〉을 이용하여 $T - 195 \times 300 \times 10 \times 16$ $(F_y = 355\text{MPa})$가 $K_x L_x = 2{,}500\text{mm}$인 경우의 압축강도$\phi P_n$을 구한다.

$\phi P_n = 1{,}715.7\text{kN} > P_u = 551\text{kN}$ (적합)

지지점에 가까이 있는 상현재의 일부는 더 작은 단면을 사용할 수 있을 것이다.

6. 강재앵커(전단연결재)

1) 수평전단력

하현재($T - 200 \times 200 \times 8 \times 13$, $F_y = 355\text{MPa}$, $A_s = 4{,}200\text{mm}^2$)의 인장강도를 기준으로 수평전단력을 구한다.

$$V_h = F_y A_s$$
$$= 355(4{,}200) \times 10^{-3}$$
$$= 1{,}491\text{kN}$$

2) 강재앵커(스터드)의 소요개수

〈도움표 4.3〉로부터 $\phi 16$ 강재앵커(스터드)의 공칭전단강도를 구한다.

1열 배치, 약한 위치로 가정할 때 한 개 강재앵커(스터드)의 공칭전단강도는 $Q_n = 48.3\text{kN}$이다.

$$N_{req'd} = V_h/Q_n$$
$$= 1{,}323/48.3$$
$$= 27.4\text{EA}$$

그러므로 30개를 30mm 간격으로 배치한다.

7. 합성트러스의 휨강도

1) 슬래브의 압축응력블록깊이와 합성트러스의 유효 춤

$$a = \phi F_y A_s / (\phi_c 0.85 f_{ck} b_e)$$
$$= 0.9(355)(4{,}210)/(0.85 \times 0.85 \times 27 \times 3{,}000)$$
$$= 22.9\text{mm}$$

$$d_e = d_s + c_x + h_s - a/2$$
$$= 1{,}250 + 34.1 + 150 - 23.0/2$$
$$= 1{,}423\text{mm}$$

2) 하현재의 인장항복과 인장파단 한계상태에 의한 휨강도

$$\phi M_n = \phi F_y A_s d_e$$
$$= 0.9(355)(4{,}210)(1{,}423) \times 10^{-6}$$
$$= 2{,}202\text{kN}\cdot\text{m}$$

$$\phi M_n = \phi F_u A_n d_e$$
$$= 0.75(490)(4{,}200)(1{,}424) \times 10^{-6}$$
$$= 2{,}200\text{kN}\cdot\text{m}$$

3) 콘크리트 압괴한계상태에 의한 휨강도

$$\phi M_n = \phi 0.85 f_{ck} a b_e d_e$$
$$= 0.85(0.85)(27)(23.0)(3{,}000)(1{,}423) \times 10^{-6}$$
$$= 1{,}915\text{kN}\cdot\text{m}$$

4) 강재앵커(전단연결재)의 전단한계상태에 의한 휨강도

$$\phi M_n = \phi N_{stud} Q_n d_e$$
$$= 0.9(33)(48.3)(1{,}423) \times 10^{-3}$$
$$= 2{,}041\text{kN}\cdot\text{m}$$

5) 합성트러스의 설계휨강도

가장 작은 값을 갖는 콘크리트 압괴한계상태에 의한 휨강도가 설계휨강도이다.

$\phi M_n = 1{,}914\text{kN}\cdot\text{m} \ > M_u = 1{,}580\text{kN}\cdot\text{m}$ (적합)

8. 처짐검토

1) 유효단면 2차 모멘트

(1) 강재트러스

$$I_s = \frac{A_{s,b} A_{s,t}}{A_{s,b} + A_{s,t}} d_s^2$$
$$= \frac{4{,}210 \times 6{,}800}{4{,}210 + 6{,}800} \times 1{,}250^2$$
$$= 4.06 \times 10^9 \text{mm}^4$$

$$I_s' = (4.06/1.1) \times 10^9$$
$$= 3.69 \times 10^9 \text{mm}^4$$

(2) 합성트러스

$$I_{tr} = \frac{A_{s,b} A_c / n}{A_{s,b} + A_c / n} d_e^2$$
$$= \frac{4{,}210 \times 8{,}767}{4{,}210 + 8{,}767} \times 1{,}424^2$$
$$= 5.76 \times 10^9 \text{mm}^4$$

$$I_{tr}' = (5.76/1.1) \times 10^9$$
$$= 5.24 \times 10^9 \text{mm}^4$$

$$I_e = I_s' + 0.77(I_{tr}' - I_s')$$
$$= [3.69 + 0.77(5.24 - 3.69)] \times 10^9$$
$$= 4.88 \times 10^9 \text{mm}^4$$

여기서,

$$A_c = ab_e = 23.0(3,000) = 69,000\text{mm}^2$$

$$A_c/n = 69,000/7.87 = 8,767\text{mm}^2$$

$$n = \frac{E_s}{E_c} = \frac{210,000}{26,700} = 7.87$$

$$E_c = 8,500\sqrt[3]{f_{cu}}$$
$$= 8,500\sqrt[3]{27+4}$$
$$= 26,700\text{MPa}$$

2) 합성 전 공사하중에 의한 처짐

$$\Delta_d = \frac{5w_d l^4}{384EI_s'} = \frac{5(9.84)(20,000)^4}{384(210,000)(3.69 \times 10^9)} = 26.5\text{mm} = L/755$$

$$\Delta_{\text{d+d}} = 26.5(13.4/9.84) = 36.1\text{mm} = L/554$$

3) 합성 후 사용하중에 의한 처짐

$$\Delta_{sid} = \frac{5w_{sid} l^4}{384EI_e} = \frac{5(2.4)(20,000)^4}{384(210,000)(4.88 \times 10^9)} = 5.04\text{mm} = L/4,098$$

$$\Delta_l = \frac{5w_l l^4}{384EI_e} = \frac{5(10.5)(20,000)^4}{384(210,000)(4.88 \times 10^9)} = 22.1\text{mm} = L/939 < L/360 = 55.5\text{mm} \quad \text{(적합)}$$

$$\Delta_{d+sid+l} = 26.5 + 4.88 + 21.3 = 52.7\text{mm} = L/380 < L/240 = 83.3\text{mm} \quad \text{(적합)}$$

9. 바닥진동검토

바닥구조의 진동은 바닥구조를 구성하고 있는 시스템을 고려하여 검토하여야 한다. 이 예제 풀이의 단순화를 위해 실제와는 달리 해당 트러스 바닥의 일부로만 검토한다.

1) 유효하중

바닥진동검토용 유효하중(고정하중, 활하중)은 부재설계용 하중이 아닌 실제하중으로 한다. 사무실 바닥인 경우의 실제 활하중은 0.5kN/m^2으로 가정한다.

$$w_d = (2.88 + 0.40)(3.00) = 9.84\text{kN/m}$$

$$w_{sid} = (0.30 + 0.50)(3.00) = 2.40\text{kN/m}$$

$$w_l = (0.5)(3.00) = 1.5\text{kN/m}$$

$$w_j = w_{eff} = w_d + w_{sid} + w_l$$
$$= 9.84 + 2.40 + 1.50$$
$$= 13.7\text{kN/m}$$

$$W_j = w_j L$$
$$= 13.7(20)$$
$$= 274\text{kN}$$

2) 단면 2차 모멘트

$$I_{chords} = I_s = 4.06 \times 10^9 \text{mm}^4$$

$$n' = \frac{E_s}{1.35E_c} = \frac{210,000}{1.35 \times 26,700} = 5.83$$

$$A_c/n' = 69{,}000/5.83 = 11{,}835\text{mm}^2$$

$$I_{comp} = \frac{A_{s,b}A_c/n'}{A_{s,b}+A_c/n'}d_e^2$$

$$= \frac{4{,}210\times 11{,}835}{4{,}210+11{,}835}\times 1{,}424^2$$

$$= 6.29\times 10^9\text{mm}^4$$

$$I_{eff} = \frac{I_{comp}}{1+0.15(I_{comp}/I_{chords})}$$

$$= \frac{6.29}{1+0.15(6.29/4.06)}\times 10^9$$

$$= 5.1\times 10^9\text{mm}^4$$

$$\Delta_j = \frac{5w_jL_j^4}{384E_sI_j}$$

$$= \frac{5(13.7)(20{,}000)^4}{384(210{,}000)(5.1\times 10^9)}$$

$$= 26.6\text{mm}$$

$$f_j = 0.18\sqrt{\frac{g}{\Delta_j}}$$

$$= 0.18\sqrt{\frac{9{,}806}{26.6}}$$

$$= 3.46\text{Hz} \quad > 3.0\text{Hz}$$ (적합)

$$\frac{a_p}{g} = \frac{P_o\exp(-0.35f_n)}{\beta W} \le \frac{a_o}{g}$$

$$= \frac{0.29\exp(-0.35\times 3.46)}{0.03\times 274}$$

$$= 0.01 \le \frac{a_o}{g} = 0.05$$ (적합)

이 예제풀이와는 달리 실제 설계에서는 바닥구조의 시스템을 고려하여 검토하여야 한다.

6.8 설계도움표(합성트러스의 전체 설계도움표는 CD 참조)

합성트러스의 설계에서 T형강과 ㄱ형강에 대한 설계압축강도와 설계휨강도의 계산과정은 매우 번거롭고 복잡한 편이다. 따라서 다음과 같은 설계도움표를 제공한다.

도움표 6.1.1~6.1.15	T형강의 설계압축강도
도움표 6.2.1~6.2.2	T형강의 설계휨강도
도움표 6.3.1~6.3.7	ㄱ형강의 설계압축강도
도움표 6.4.1	ㄱ형강의 설계휨강도

6.8.1 설계도움표 작성을 위한 적용기준

설계도움표 작성을 위하여 적용한 건축구조기준은 다음과 같다.

〈T형강 및 ㄱ형강의 설계압축강도〉

0705.3 휨좌굴에 대한 압축강도

이 조항은 조밀 및 비조밀 단면인 압축재에 적용된다. 비틀림에 대한 비지지길이가 횡좌굴에 대한 비지지길이보다 큰 경우, H형강 기둥과 그와 유사한 기둥의 설계는 이 조항에 따른다. 공칭압축강도 P_n은 휨좌굴에 대한 한계상태에 기초하여 다음과 같이 산정한다.

$$P_n = F_{cr} A_g \qquad \text{식(0705.3.1)}$$

휨좌굴응력 F_{cr}은 다음과 같이 산정한다.

(1) $\dfrac{KL}{r} \le 4.71\sqrt{\dfrac{E}{F_y}}$ 또는 $F_e \ge 0.44F_y$인 경우

$$F_{cr} = \left[0.658^{\frac{F_y}{F_e}}\right] F_y \qquad \text{식(0705.3.2)}$$

(2) $\dfrac{KL}{r} > 4.71\sqrt{\dfrac{E}{F_y}}$ 또는 $F_e < 0.44F_y$인 경우

$$F_{cr} = 0.877 F_e \qquad \text{식(0705.3.3)}$$

여기서, F_e : 탄성좌굴응력 $\dfrac{\pi^2 E}{\left(\dfrac{KL}{r}\right)^2}$, MPa 식(0705.3.4)

A_g : 부재의 총단면적, mm^2

F_y : 강재의 항복강도, MPa

E : 강재의 탄성계수, MPa

K : 유효좌굴길이계수

L : 부재의 횡좌굴에 대한 비지지길이, mm

r : 좌굴축에 대한 단면 2차 반경, mm

0705.4 비틀림좌굴, 휨-비틀림좌굴에 대한 압축강도

1축대칭 또는 비대칭부재, 얇은 판으로 된 +형 또는 조립기둥과 같은 2축대칭기둥은 휨-비틀림과 비틀림좌굴의 한계상태를 고려하여야 한다. 0705.5에서 다루어지는 단일ㄱ형강은 이 절에 적용되지 않는다. 휨-비틀림좌굴, 비틀림좌굴에 대한 한계상태의 공칭압축강도 P_n은 다음과 같이 산정한다.

$$P_n = F_{cr} A_g \qquad \text{식(0705.4.1)}$$

0705.4.1 쌍ㄱ형강 또는 T형강압축부재의 경우

$$F_{cr} = \left(\frac{F_{cry} + F_{crz}}{2H}\right)\left[1 - \sqrt{1 - \frac{4F_{cry}F_{crz}H}{(F_{cry} + F_{crz})^2}}\right] \qquad \text{식(0705.4.2)}$$

여기서, y축 대칭에 대한 휨좌굴에 대해서 F_{cry}는 식(0705.3.2)와 (0705.3.3)에서 구한 F_{cr} 값을 사용하고 $\dfrac{KL}{r} = \dfrac{KL}{r_y}$을 사용한다. 또한,

$$F_{crz} = \frac{GJ}{A_g \bar{r}_0^{\,2}} \qquad \text{식(0705.4.3)}$$

0705.4.2 다른 모든 경우

다음에서 산정되는 탄성비틀림좌굴응력과 탄성휨-비틀림좌굴응력 F_e를 사용하여 식(0705.3.2)와 (0705.3.3)에 따라 F_{cr} 값을 산정한다.

(1) 2축대칭부재의 경우

$$F_e = \left[\frac{\pi^2 EC_w}{(K_z L)^2} + GJ\right]\frac{1}{I_x + I_y} \qquad \text{식(0705.4.4)}$$

(2) y축에 대칭인 1축대칭부재의 경우

$$F_e = \left(\frac{F_{ey} + F_{ez}}{2H}\right)\left[1 - \sqrt{1 - \frac{4F_{ey}F_{ez}H}{(F_{ey} + F_{ez})^2}}\right] \qquad \text{식(0705.4.5)}$$

(3) 비대칭부재의 경우 다음 방정식의 해 중 가장 작은 해를 F_e로 사용한다.

$$(F_e - F_{ex})(F_e - F_{ey})(F_e - F_{ez}) - F_e^2(F_e - F_{ey})\left(\frac{x_0}{\overline{r}_0}\right)^2$$

$$- F_e^2(F_e - F_{ex})\left(\frac{y_o}{\overline{r}_0}\right)^2 = 0 \qquad \text{식(0705.4.6)}$$

여기서, A_g : 부재의 총단면적, mm^2

C_w : 뒤틀림상수, mm^6

$$\overline{r}_0^{\,2} = x_0^2 + y_0^2 + \frac{I_x + I_y}{A_g}$$

$$H = 1 - \frac{x_0^2 + y_0^2}{\overline{r}_0^{\,2}}$$

$$F_{ex} = \frac{\pi^2 E}{\left(\frac{K_x L}{r_x}\right)^2}$$

$$F_{ey} = \frac{\pi^2 E}{\left(\frac{K_y L}{r_y}\right)^2}$$

$$F_{ez} = \left[\frac{\pi^2 EC_w}{(K_z L)^2} + GJ\right]\frac{1}{A_g \overline{r}_0^{\,2}}$$

G : 강재의 전단탄성계수, MPa

I_x, I_y : 주축에 대한 단면2차모멘트, mm^4

J : 비틀림상수, mm^4

K_z : 비틀림좌굴에 대한 유효좌굴길이계수

x_0, y_0 : 단면중심에 대한 전단중심의 좌표, mm

$\overline{r}_0$: 전단중심에 대한 극2차반경, mm

r_y : y축에 대한 단면2차반경, mm

2축대칭 H형단면의 경우, $C_w = I_y h_0^2/4$ 값을 사용할 수 있다. 여기서 h_0는 플랜지중심 간의 거리를 나타낸다. T형강 또는 쌍ㄱ형강의 경우, F_{ez}를 계산할 때 C_w를 포함한 항을 삭제하고 x_0를 0으로 놓는다.

0705.5 단일ㄱ형강 압축부재

단일ㄱ형강부재의 공칭압축강도 P_n은 0705.5(1) 또는 0705.5(2)의 수정된 세장비를 적용하여 0705.3 또는 0705.7에 따라 산정한다.

단일ㄱ형강 압축부재가 하나의 다리를 통하여 양단에서 압축력을 받고 부재가 용접이나 최소한 2개의 볼트로 접합되고 부재중간에 하중이 작용하지 않는다면, 아래에서 정의된 유효세장비 중 하나를 사용한 압축부재로서 평가될 때, 단일ㄱ형강의 편심에 대한 효과는 무시할 수 있다.

(1) 등변ㄱ형강 또는 긴 다리로 접합된 부등변ㄱ형강이 단일부재 또는 평면트러스의 인접한 웨브재 또는 현재와 동일 거셋플레이트 면으로 접합된 웨브재인 경우 :

① $0 \le \dfrac{L}{r_x} \le 80$일 때

$$\frac{KL}{r} = 72 + 0.75\frac{L}{r_x} \qquad \text{식(0705.5.1)}$$

② $\dfrac{L}{r_x} > 80$일 때

$$\frac{KL}{r} = 32 + 1.25\frac{L}{r_x} \le 200 \qquad \text{식(0705.5.2)}$$

부등변ㄱ형강에서 다리길이의 비가 1.7 이하이고 ㄱ형강의 짧은 다리가 접합되는 부재는 식(0705.5.1)과 (0705.5.2)에 $4\left[(b_l/b_s)^2-1\right]$를 더하여 KL/r을 산정한다. 다만, 이 값은 $0.95L/r_z$ 이상이어야 한다.

0705.6 조립압축재

0705.6.1 압축강도

(1) 볼트나 용접으로 접합된 2개 이상의 부재로 구성된 조립압축재의 공칭압축강도는 아래와 같이 수정하여 0705.3, 0705.4, 0705.7에 따라 산정한다. 만일 좌굴모드가 각 개재 간의 접합재에서 전단력을 발생시키는 상대변형을 포함하고 있다면 KL/r 대신에 다음과 같이 계산된 $(KL/r)_m$을 사용한다.

① 1차조임(snug-tight)의 볼트로 접합된 경우

$$\left(\frac{KL}{r}\right)_m = \sqrt{\left(\frac{KL}{r}\right)_0^2 + \left(\frac{a}{r_i}\right)^2} \qquad \text{식(0705.6.1)}$$

② 용접이나 완전조임의 볼트로 접합된 경우

$$\left(\frac{KL}{r}\right)_m = \sqrt{\left(\frac{KL}{r}\right)_0^2 + 0.82\frac{\alpha^2}{(1+\alpha^2)}\left(\frac{a}{r_{ib}}\right)^2} \qquad \text{식(0705.6.2)}$$

여기서, $\left(\dfrac{KL}{r}\right)_m$: 조립부재의 수정된 기둥세장비

$\left(\dfrac{KL}{r}\right)_0$: 단일부재로 거동하는 조립부재의 기둥세장비

a : 접합재 사이의 길이, mm

r_i : 각 개재의 최소단면2차반경, mm

r_{ib} : 좌굴의 부재축과 평행한 중심축에 대한 각 개재의 단면2차반경, mm

α : $h/2r_{ib}$

h : 좌굴의 부재축에 수직인 각 요소의 중심 간 거리, mm

(2) 적어도 1개의 개단면이 유공커버플레이트나 타이플레이트를 갖는 레이싱과 연결된 2개 이상의 형강이나 플레이트로 구성된 조립부재의 공칭압축강도는 0705.6.1.(1)과 같이 수정하여 0705.3, 0705.4 또는 0705.7에 따라 구한다.

0705.6.2 조립압축재의 구조제한

2개 이상의 압연형강으로 구성된 조립압축재는 접합재 사이의 개재세장비가 조립압축재의 전체세장비의 3/4배를 초과하지 않도록 한다.

(1) 조립재의 단부에서 개재 상호간의 접합

① 용접접합 : 용접길이가 조립재의 최대폭 이상이 되도록 하며 연속용접으로 한다.

② 고장력볼트접합 : 조립재 최대폭의 1.5배 이상의 구간에 대해서 길이방향으로 볼트직경의 4배 이하 간격으로 접합한다.

(2) 조립압축재의 단부의 단속용접 또는 고장력볼트 길이방향 간격은 설계응력을 전달하기에 적절하여야 한다.

(3) 덧판을 사용한 조립압축재의 파스너 및 단속용접 최대간격은 가장 얇은 덧판두께의 $0.75\sqrt{E/F_y}$배 또는 300mm 이하로 한다. 파스너가 엇모배치될 경우에는 $1.12\sqrt{E/F_y}$배 또는 450mm 이하로 한다.

(4) 도장 내후성강재로 만든 조립압축재의 긴결간격은 가장 얇은 판두께의 14배 또는 170mm 이하로 한다. 최대연단거리는 가장 얇은 판두께의 8배 또는 120mm를 초과할 수 없다.

0705.7 세장판요소를 갖는 압축부재

이 조항은 등분포압축요소에 대하여 0702.4에서 정의된 것처럼 세장한 단면을 갖는 압축부재에 적용한다. 세장한 단면을 갖는 압축부재의 공칭압축강도 P_n은 휨좌굴, 비틀림좌굴, 휨-비틀림좌굴한계상태에 기초하여 다음과 같이 산정한다.

$$P_n = F_{cr} A_g \qquad \text{식(0705.7.1)}$$

(1) $\dfrac{KL}{r} \le 4.71\sqrt{\dfrac{E}{QF_y}}$ 또는 $F_e \ge 0.44QF_y$일 경우

$$F_{cr} = Q\left[0.658^{\frac{QF_y}{F_e}}\right]F_y \qquad \text{식(0705.7.2)}$$

(2) $\dfrac{KL}{r} > 4.71\sqrt{\dfrac{E}{QF_y}}$ 또는 $F_e < 0.44QF_y$일 경우

$$F_{cr} = 0.877F_e \qquad \text{식(0705.7.3)}$$

여기서, F_e = 탄성임계좌굴응력. 식(0705.3.4)를 사용하여 F_e를 산정하는 단일ㄱ형강 이외의 2축대칭부재는 식(0705.3.4)와 식(0705.4.4), 1축대칭부재는 식(0705.3.4)와 식(0705.4.5), 비대칭부재는 식(0705.4.6)을 사용하여 산정한다.

$Q = 1.0$, 0702.4에서 정의된 것처럼 콤팩트 및 비콤팩트단면의 경우 $Q = Q_s Q_a$, 0702.4에서 정의된 것처럼 세장한 단면의 경우 혹은 세장한 비구속판요소로만 조합된 단면의 경우, $Q = Q_s(Q_a = 1.0)$, 세장한 구속판요소로 조합된 단면의 경우 $Q = Q_a(Q_s = 1.0)$, 구속판요소와 비구속판요소로 조합된 단면의 경우 $Q = Q_s Q_a$로 산정한다.

0705.7.1 세장한 비구속판요소 Q_s

세장한 비구속판요소의 저감계수 Q_s는 다음과 같이 산정한다.

0705.7.1.1 압연기둥재 또는 다른 압축재로부터 돌출된 플랜지, ㄱ형강, 플레이트

(1) $b/t \le 0.56\sqrt{E/F_y}$ 일 경우

$$Q_s = 1.0 \quad \text{식(0705.7.4)}$$

(2) $0.56\sqrt{E/F_y} < b/t < 1.03\sqrt{E/F_y}$ 일 경우

$$Q_s = 1.415 - 0.74\left(\frac{b}{t}\right)\sqrt{\frac{F_y}{E}} \quad \text{식(0705.7.5)}$$

(3) $b/t \ge 1.03\sqrt{E/F_y}$ 일 경우

$$Q_s = \frac{0.69E}{F_y\left(\frac{b}{t}\right)^2} \quad \text{식(0705.7.6)}$$

0705.7.1.2 조립기둥재 또는 다른 압축재로부터 돌출된 플랜지, ㄱ형강, 플레이트

(1) $b/t \le 0.64\sqrt{Ek_c/F_y}$ 일 경우

$$Q_s = 1.0 \quad \text{식(0705.7.7)}$$

(2) $0.64\sqrt{Ek_c/F_y} < b/t \le 1.17\sqrt{Ek_c/F_y}$ 일 경우

$$Q_s = 1.415 - 0.65\left(\frac{b}{t}\right)\sqrt{\frac{F_y}{Ek_c}} \quad \text{식(0705.7.8)}$$

(3) $b/t > 1.17\sqrt{Ek_c/F_y}$ 일 경우

$$Q_s = \frac{0.90Ek_c}{F_y\left(\frac{b}{t}\right)^2} \quad \text{식(0705.7.9)}$$

여기서, $k_c = \dfrac{4}{\sqrt{h/t_w}}$, $0.35 < k_c \le 0.76$

0705.7.1.3 단일ㄱ형강

(1) $b/t \le 0.45\sqrt{E/F_y}$ 일 경우

$$Q_s = 1.0 \quad \text{식(0705.7.10)}$$

(2) $0.45\sqrt{E/F_y} < b/t \le 0.91\sqrt{E/F_y}$ 일 경우

$$Q_s = 1.34 - 0.76\left(\frac{b}{t}\right)\sqrt{\frac{F_y}{E}} \quad \text{식(0705.7.11)}$$

(3) $b/t > 0.91\sqrt{E/F_y}$ 일 경우

$$Q_s = \frac{0.53E}{F_y\left(\frac{b}{t}\right)^2} \quad \text{식(0705.7.12)}$$

여기서, b : 가장 긴 ㄱ형강다리의 폭, mm

0705.7.1.4 T형강의 스템

(1) $d/t \le 0.75\sqrt{E/F_y}$ 일 경우

$$Q_s = 1.0 \qquad \text{식(0705.7.13)}$$

(2) $0.75\sqrt{E/F_y} < d/t \le 1.03\sqrt{E/F_y}$ 일 경우

$$Q_s = 1.908 - 1.22\left(\frac{d}{t}\right)\sqrt{\frac{F_y}{E}} \qquad \text{식(0705.7.14)}$$

(3) $d/t > 1.03\sqrt{E/F_y}$ 일 경우

$$Q_s = \frac{0.69E}{F_y\left(\frac{d}{t}\right)^2} \qquad \text{식(0705.7.15)}$$

여기서, b : 0702.4에서 정의된 비구속압축요소의 폭, mm

d : T형강의 깊이, mm

t : 부재의 두께, mm

〈T형강 및 ㄱ형강의 설계휨강도〉

0706.9 T형강 및 쌍ㄱ형강

이 조항은 T형강 및 쌍ㄱ형강에 적용한다.

공칭휨강도 M_n은 항복강도(전소성모멘트), 횡좌굴강도, 플랜지 국부좌굴강도의 한계상태 중 최소값으로 한다.

0706.9.1 항복강도

$$M_n = M_p \qquad \text{식(0706.9.1)}$$

여기서, $M_p = F_y Z_x \le 1.6M_y$(스템이 인장인 경우) 식(0706.9.2)

$\le M_y$(스템이 압축인 경우) 식(0706.9.3)

0706.9.2 횡좌굴강도

$$M_n = M_{cr} = \frac{\pi\sqrt{EI_y GJ}}{L_b}\left[B + \sqrt{1+B^2}\right] \qquad \text{식(0706.9.4)}$$

$$\text{여기서, } B = \pm 2.3\left(\frac{d}{L_b}\right)\sqrt{\frac{I_y}{J}} \qquad \text{식(0706.9.5)}$$

(+)부호는 스템이 인장인 경우에 적용하며, (−)부호는 스템이 압축인 경우에 적용한다. T형강스템의 연단이 압축을 받는 경우에는 (−)부호를 적용한다.

0706.9.3 플랜지국부좌굴강도

$$M_n = F_{cr} S_{xc} \qquad \text{식(0706.9.6)}$$

여기서, S_{xc} : 압축플랜지의 탄성단면계수

F_{cr}은 다음과 같이 산정한다.

(1) 콤팩트단면인 경우에는 국부좌굴강도를 고려하지 않아도 된다.

(2) 비콤팩트단면의 경우에는

$$F_{cr} = F_y\left[1.19 - 0.50\left(\frac{b_f}{2t_f}\right)\sqrt{\frac{F_y}{E}}\right] \qquad 식(0706.9.7)$$

(3) 세장판단면의 경우에는

$$F_{cr} = \frac{0.69E}{\left(\frac{b_f}{2t_f}\right)^2} \qquad 식(0706.9.8)$$

0706.10 단일ㄱ형강

이 조항은 횡지지가 있거나 횡지지가 없는 단일ㄱ형강에 대하여 적용한다.

연속적인 횡지지되어 있는 단일ㄱ형강의 경우에는 기본축인 x, y축을 기준으로 한 단면제계수를 이용하여 설계 가능하며, 연속적인 횡지지가 없는 경우에는 단면의 주축(강축, 약축)을 기준으로 한 단면제계수를 이용하여 설계해야 한다.

공칭휨강도 M_n은 항복강도(전소성모멘트), 횡좌굴강도, 국부좌굴강도의 한계상태 중 최소값으로 한다.

0706.10.1 항복강도

$$M_n = 1.5\,M_y \qquad 식(0706.10.1)$$

여기서, M_y : 항복모멘트, N · mm

0706.10.2 횡좌굴강도

연속적인 횡지지가 없는 경우에 대하여

(1) $M_e \le M_y$의 경우

$$M_n = \left(0.92 - \frac{0.17M_e}{M_y}\right)M_e \qquad 식(0706.10.2)$$

(2) $M_e > M_y$의 경우

$$M_n = \left(1.92 - 1.17\sqrt{\frac{M_y}{M_e}}\right)M_y \le 1.5M_y \qquad 식(0706.10.3)$$

여기서, M_e는 탄성횡좌굴모멘트이며 다음과 같이 산정한다.

① 횡지지가 없는 등변 ㄱ형강의 경우

(가) 형강의 다리 끝부분이 압축을 받는 경우

$$M_e = \frac{0.66Eb^4t\,C_b}{L^2}\left[\sqrt{1 + 0.78\left(\frac{Lt}{b^2}\right)^2} - 1\right] \qquad 식(0706.10.4a)$$

(나) 형강의 다리 끝 부분이 인장을 받는 경우

$$M_e = \frac{0.66Eb^4t\,C_b}{L^2}\left[\sqrt{1 + 0.78\left(\frac{Lt}{b^2}\right)^2} + 1\right] \qquad 식(0706.10.4b)$$

M_y의 값은 x, y축에 대한 단면계수를 사용하여 계산된 항복모멘트에 0.8배를 곱한 값을 취한다.

② 최대모멘트가 발생한 위치에만 횡지지되어 있는 경우, M_e의 값은 식(0706.10.4a) 또는 식(0706.10.4b)에 산정된 M_e값에 1.25배를 곱한 값을 취한다.

M_y의 값은 x, y축에 대한 단면계수를 사용하여 산정된 항복모멘트값을 취한다.

③ 등변ㄱ형강이 강축에 휨을 받는 경우

$$M_e = \frac{0.46Eb^2t^2C_b}{L} \qquad \text{식(0706.10.5)}$$

④ 부등변 ㄱ형강이 강축에 휨을 받는 경우

$$M_e = \frac{0.46EI_zC_b}{L^2}\left[\sqrt{\beta_w^2 + 0.052\left(\frac{Lt}{r_z}\right)^2} + \beta_w\right] \qquad \text{식(0706.10.6)}$$

여기서, C_b : 식(0706.1.1)에 따라 산정한 횡좌굴모멘트 수정계수로 1.5를 초과해서는 안 된다.

L : 횡지지길이, mm

I_z : 약축에 대한 단면2차모멘트, mm^4

r_z : 약축에 대한 단면2차반경, mm

t : ㄱ형강다리의 두께

$$\beta_w = \frac{1}{I_w} = \int_A z(w^2+z^2)dA - 2z_0$$

여기서, z_0는 단면중심에서 z축의 전단중심까지의 거리이고 I_w는 주축에 대한 단면2차모멘트이다. 압축을 받는 다리길이가 짧은 경우 (+)의 값을, 압축을 받는 다리길이가 긴 경우 (−)의 값을 갖는다.

0706.10.3 국부좌굴강도

(1) 조밀단면인 경우에는 국부좌굴강도를 고려하지 않아도 된다.

(2) 비조밀단면의 경우에는

$$M_n = F_yS_c\left[2.43 - 1.72\left(\frac{b}{t}\right)\sqrt{\frac{F_y}{E}}\right] \qquad \text{식(0706.10.7)}$$

(3) 세장판단면의 경우

$$M_n = F_{cr}S_c \qquad \text{식(0706.10.8)}$$

여기서, $F_{cr} = \dfrac{0.71E}{(b/t)^2}$ 식(0706.10.9)

b : 압축을 받는 다리 부분의 외측 폭, mm

S_c : 휨축에 대한 다리 압축부분의 탄성단면계수, mm^3 연속적인 횡지지가 없는 경우, S_c의 값은 기본축인 x, y축에 대해 산정한 값의 0.8배를 취한다.

<표 6.8.1> T형강 단면의 국부좌굴 분류

		H	B	t_1	t_2	압축부재 Qs				휨부재			
						Fy = 275MPa		Fy = 355MPa		Fy = 275MPa		Fy = 355MPa	
		mm	mm	mm	mm	플랜지	스템	플랜지	스템	플랜지	스템	플랜지	스템
50x100	1	50	100	6	8	1.000	1.000	1.000	1.000	조밀	조밀	조밀	조밀
62.5x100	2	62.5	125	6.5	9	1.000	1.000	1.000	1.000	조밀	조밀	조밀	조밀
75x75	3	75	75	5	7	1.000	1.000	1.000	1.000	조밀	조밀	조밀	조밀
75x100	4	75	100	6	9	1.000	1.000	1.000	1.000	조밀	조밀	조밀	조밀
75x150	5	75	150	7	10	1.000	1.000	1.000	1.000	조밀	조밀	조밀	조밀
100x100	6	100	100	5.5	8	1.000	1.000	1.000	1.000	조밀	조밀	조밀	조밀
100x150	7	97	150	6	9	1.000	1.000	1.000	1.000	조밀	조밀	조밀	조밀
100x200	8	100	200	8	12	1.000	1.000	1.000	1.000	조밀	조밀	조밀	조밀
	9	100	204	12	12	1.000	1.000	1.000	1.000	조밀	조밀	조밀	조밀
	10	104	202	10	16	1.000	1.000	1.000	1.000	조밀	조밀	조밀	조밀
125x125	11	124	124	5	8	1.000	0.813	1.000	0.664	조밀	비조밀	조밀	비조밀
	12	125	125	6	9	1.000	0.988	1.000	0.863	조밀	조밀	조밀	비조밀
125x125	13	122	175	7	11	1.000	1.000	1.000	1.000	조밀	조밀	조밀	조밀
125x250	14	122	252	11	11	1.000	1.000	1.000	1.000	비조밀	조밀	비조밀	조밀
	15	124	249	8	13	1.000	1.000	1.000	1.000	조밀	조밀	비조밀	조밀
	16	125	250	9	14	1.000	1.000	1.000	1.000	조밀	조밀	조밀	조밀
	17	125	255	14	14	1.000	1.000	1.000	1.000	조밀	조밀	조밀	조밀
150x150	18	149	149	5.5	8	1.000	0.712	1.000	0.556	조밀	비조밀	비조밀	비조밀
	19	150	150	6.5	9	1.000	0.889	1.000	0.750	조밀	조밀	조밀	비조밀
150x200	20	147	200	8	12	1.000	1.000	1.000	0.986	조밀	조밀	조밀	조밀
	21	149	201	9	14	1.000	1.000	1.000	1.000	조밀	조밀	조밀	조밀
150x300	22	147	302	12	12	1.000	1.000	1.000	1.000	비조밀	조밀	비조밀	조밀
	23	149	299	9	14	1.000	1.000	1.000	1.000	비조밀	조밀	비조밀	조밀
	24	150	300	10	15	1.000	1.000	1.000	1.000	조밀	조밀	비조밀	조밀
	25	150	305	15	15	1.000	1.000	1.000	1.000	조밀	조밀	비조밀	조밀
	26	152	301	11	17	1.000	1.000	1.000	1.000	조밀	조밀	조밀	조밀
175x175	27	173	174	6	9	1.000	0.634	1.000	0.491	조밀	비조밀	비조밀	비조밀
	28	175	175	7	11	1.000	0.804	1.000	0.654	조밀	비조밀	조밀	비조밀
175x250	29	168	249	8	12	1.000	0.981	1.000	0.855	조밀	조밀	비조밀	비조밀
	30	170	250	9	14	1.000	1.000	1.000	0.961	조밀	조밀	조밀	조밀
175x350	31	172	348	10	16	1.000	1.000	1.000	1.000	비조밀	조밀	비조밀	조밀
	32	172	354	16	16	1.000	1.000	1.000	1.000	비조밀	조밀	비조밀	조밀
	33	175	350	12	19	1.000	1.000	1.000	1.000	조밀	조밀	조밀	조밀
	34	175	357	19	19	1.000	1.000	1.000	1.000	조밀	조밀	비조밀	조밀
	35	169	351	13	13	1.000	1.000	1.000	1.000	비조밀	조밀	비조밀	조밀
200x200	36	198	199	7	11	1.000	0.659	1.000	0.510	조밀	비조밀	조밀	비조밀
	37	200	200	8	13	1.000	0.804	1.000	0.654	조밀	비조밀	조밀	비조밀
200x300	38	193	299	9	14	1.000	0.961	1.000	0.832	비조밀	조밀	비조밀	비조밀
	39	195	300	10	16	1.000	1.000	1.000	0.930	조밀	조밀	비조밀	조밀
200x400	40	249	432	45	70	1.000	1.000	1.000	1.000	조밀	조밀	조밀	조밀
	41	229	417	30	50	1.000	1.000	1.000	1.000	조밀	조밀	조밀	조밀
	42	214	407	20	35	1.000	1.000	1.000	1.000	조밀	조밀	조밀	조밀
	43	207	405	18	28	1.000	1.000	1.000	1.000	조밀	조밀	조밀	조밀
	44	203	403	16	24	1.000	1.000	1.000	1.000	조밀	조밀	조밀	조밀
	45	200	408	21	21	1.000	1.000	1.000	1.000	조밀	조밀	비조밀	조밀
	46	200	400	13	21	1.000	1.000	1.000	1.000	조밀	조밀	비조밀	조밀
	47	197	405	18	18	1.000	1.000	1.000	1.000	비조밀	조밀	비조밀	조밀
	48	197	398	11	18	1.000	1.000	1.000	1.000	비조밀	조밀	비조밀	조밀
	49	194	402	15	15	1.000	1.000	1.000	1.000	비조밀	조밀	비조밀	조밀
225x200	50	223	199	8	12	1.000	0.677	1.000	0.525	조밀	비조밀	조밀	비조밀
	51	225	200	9	14	1.000	0.804	1.000	0.654	조밀	비조밀	조밀	비조밀
225x300	52	217	299	10	15	1.000	0.950	1.000	0.820	조밀	조밀	비조밀	비조밀
	53	220	300	11	18	1.000	1.000	1.000	0.919	조밀	조밀	조밀	조밀
250x200	54	248	199	9	14	1.000	0.691	1.000	0.538	조밀	비조밀	조밀	비조밀
	55	250	200	10	16	1.000	0.804	1.000	0.654	조밀	비조밀	조밀	비조밀
	56	253	201	11	19	1.000	0.911	1.000	0.771	조밀	조밀	조밀	비조밀
250x300	57	241	300	11	15	1.000	0.941	1.000	0.809	조밀	조밀	비조밀	비조밀
	58	244	300	11	18	1.000	0.947	1.000	0.811	조밀	조밀	조밀	비조밀
300x200	59	298	199	10	15	1.000	0.593	1.000	0.460	조밀	비조밀	조밀	비조밀
	60	300	200	11	17	1.000	0.726	1.000	0.565	조밀	비조밀	조밀	비조밀
	61	303	201	12	20	1.000	0.814	1.000	0.659	조밀	비조밀	조밀	비조밀
	62	306	202	13	23	1.000	0.888	1.000	0.744	조밀	조밀	조밀	비조밀
300x300	63	291	300	12	17	1.000	0.857	1.000	0.709	조밀	비조밀	조밀	비조밀
	64	294	300	12	20	1.000	0.846	1.000	0.696	조밀	비조밀	조밀	비조밀
	65	297	302	14	23	1.000	0.989	1.000	0.859	조밀	조밀	조밀	비조밀
350x300	66	354	302	15	28	1.000	0.885	1.000	0.741	조밀	조밀	조밀	비조밀
	67	350	300	13	24	1.000	0.741	1.000	0.579	조밀	비조밀	조밀	비조밀
	68	346	300	13	20	1.000	0.755	1.000	0.593	조밀	비조밀	조밀	비조밀
400x300	69	396	300	14	22	1.000	0.682	1.000	0.525	조밀	비조밀	조밀	비조밀
	70	400	300	14.	26	1.000	0.670	1.000	0.515	조밀	비조밀	조밀	비조밀
	71	404	302	16	30	1.000	0.814	1.000	0.659	조밀	비조밀	조밀	비조밀

※ 단, F_y 값은 플랜지 두께에 따라 KS에 규정된 값을 적용

도움표 6.1.1 T형강 설계압축강도 øPn(kN)

Fy = 275, 355 MPa

KL	T-50×100×6×8		T-62.5×125×6.5×9		T-75×75×5×7		T-75×100×6×9		T-75×150×7×10	
mm	275	355	275	355	275	355	275	355	275	355
100	270.4	348.3	373.0	480.1	209.5	265.5	325.8	418.1	492.7	633.8
200	268.2	344.6	372.4	479.1	208.3	263.6	324.9	416.5	492.1	632.8
300	263.1	336.3	368.1	472.3	206.3	260.5	323.3	414.0	490.0	629.8
400	256.2	325.0	362.0	462.1	203.6	256.1	321.1	410.4	484.3	620.3
500	247.6	311.0	354.3	449.4	200.1	250.6	318.3	405.8	477.1	608.4
600	237.5	294.7	345.0	434.3	196.0	244.1	314.8	400.3	468.3	594.1
700	226.1	276.5	334.4	417.1	191.2	236.5	309.0	390.7	458.2	577.6
800	213.6	256.9	322.6	398.2	185.8	228.1	302.3	379.9	446.9	559.1
900	200.2	236.4	309.6	377.7	179.8	218.8	295.0	368.1	434.3	538.9
1,000	186.3	215.4	295.8	356.1	173.4	208.9	287.0	355.2	420.7	517.2
1,100	172.0	194.3	281.3	333.6	166.5	198.4	278.4	341.6	406.1	494.2
1,200	157.7	173.6	266.1	310.6	159.3	187.5	269.3	327.2	390.8	470.2
1,300	143.4	153.6	250.6	287.5	151.8	176.2	259.8	312.3	374.7	445.5
1,400	129.4	134.4	234.9	264.4	144.0	164.8	249.8	297.0	358.1	420.2
1,500	116.0	117.1	219.0	241.6	136.1	153.3	239.6	281.3	341.1	394.6
1,600	102.9	102.9	203.3	219.4	128.1	141.9	229.1	265.5	323.9	369.0
1,700	91.2	91.2	187.8	198.1	120.1	130.6	218.4	249.7	306.4	343.6
1,800	81.3	81.3	172.7	177.3	112.2	119.5	207.6	233.9	289.0	318.5
1,900	73.0	73.0	158.0	159.1	104.3	108.9	196.8	218.3	271.6	294.0
2,000	65.9	65.9	143.6	143.6	96.6	98.5	186.0	203.0	254.4	270.2
2,100	59.7	59.7	130.3	130.3	89.1	89.5	175.3	188.0	237.5	247.0
2,200	54.4	54.4	118.7	118.7	81.7	81.7	164.7	173.5	221.0	225.0
2,300	49.8	49.8	108.6	108.6	74.9	74.9	154.4	159.2	204.9	205.9
2,400	45.7	45.7	99.7	99.7	68.9	68.9	144.2	146.2	189.1	189.1
2,500	42.2	42.2	91.9	91.9	63.5	63.5	134.4	134.7	174.3	174.3
2,600	39.0	39.0	85.0	85.0	58.8	58.8	124.6	124.6	161.1	161.1
2,700	36.1	36.1	78.8	78.8	54.6	54.6	115.5	115.5	149.4	149.4
2,800	33.6	33.6	73.3	73.3	50.8	50.8	107.4	107.4	138.9	138.9
2,900	31.3	31.3	68.3	68.3	47.4	47.4	100.1	100.1	129.5	129.5
3,000	29.3	29.3	63.8	63.8	44.3	44.3	93.6	93.6	121.0	121.0
3,100	27.4	27.4	59.8	59.8	41.5	41.5	87.6	87.6	113.3	113.3
3,200	25.7	25.7	56.1	56.1	39.0	39.0	82.2	82.2	106.4	106.4
3,300	24.2	24.2	52.8	52.8	36.7	36.7	77.3	77.3	100.0	100.0
3,400	22.8	22.8	49.7	49.7	34.6	34.6	72.8	72.8	94.2	94.2
3,500	21.5	21.5	46.9	46.9	32.6	32.6	68.7	68.7	88.9	88.9
3,600	20.3	20.3	44.3	44.3	30.9	30.9	65.0	65.0	84.0	84.0
3,700	19.2	19.2	42.0	42.0	29.2	29.2	61.5	61.5	79.6	79.6
3,800	18.2	18.2	39.8	39.8	27.7	27.7	58.3	58.3	75.4	75.4
3,900	17.3	17.3	37.8	37.8	26.3	26.3	55.4	55.4	71.6	71.6
4,000	16.5	16.5	35.9	35.9	25.0	25.0	52.6	52.6	68.1	68.1
4,100	15.7	15.7	34.2	34.2	23.8	23.8	50.1	50.1	64.8	64.8
4,200	14.9	14.9	32.6	32.6	22.7	22.7	47.7	47.7	61.7	61.7
4,300	14.2	14.2	31.1	31.1	21.7	21.7	45.5	45.5	58.9	58.9
4,400	13.6	13.6	29.7	29.7	20.7	20.7	43.5	43.5	56.3	56.3
4,500	13.0	13.0	28.4	28.4	19.8	19.8	41.6	41.6	53.8	53.8

Chapter
07

합성기둥

Chapter 07

합성기둥

7.1 설계기본사항

합성부재는 작용하는 전체 하중을 저항하도록 강재와 콘크리트가 서로 연결되어 있다. 합성기둥은 [그림 7.1.1]과 같이 강재가 콘크리트에 완전히 매입된 매입형 합성기둥과 각형, 원형의 구조 강재에 콘크리트가 충전된 충전형 합성기둥으로 분류된다.

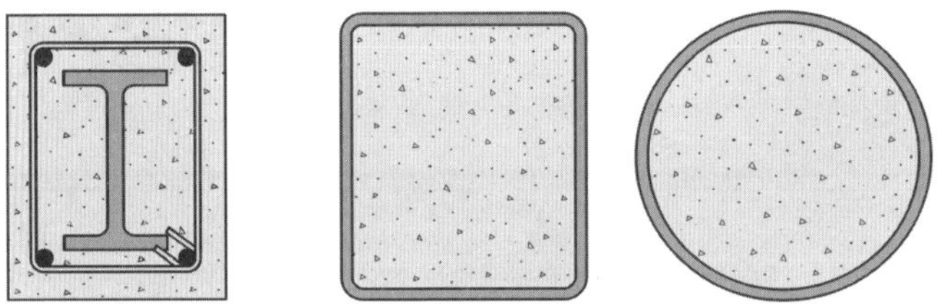

(a) 매입형 합성기둥 (b) 충전형 합성기둥

[그림 7.1.1] 합성기둥의 종류

합성단면의 공칭강도는 소성응력분포법(Plastic Stress Distribution Method) 또는 변형률적합법(Strain Compatibility Method)에 따라 결정한다. 소성응력분포법에서는 강재의 인장 또는 압축 응력이 F_y에 도달할 때, 콘크리트의 압축응력은 $0.85f_{ck}$에 도달한 것으로 가정한다. 충전형 원형합성부재에서는 구속효과를 고려하여 콘크리트의 압축응력을 $0.95f_{ck}$로 사용할 수 있다(AISC360-10). 그러나 조밀단면일지라도 강관의 직경두께비에 따라 콘크리트 응력의 차이가 나타날 수 있다는 연구결과(Chang & Mander. 1994, Sakino et al. 2004, Denalt & Hajjar. 2010)에 따라 건축구조기준(KBC2016)은 원형강관의 구속효과를 고려한 콘크리트의 소성압축응력을 다음 식(7.1.1)과 같이 제안하고 있다.

$$0.85(1+1.56\frac{f_y t}{D_c f_{ck}})f_{ck} \qquad \text{식(7.1.1)}$$

비정형 단면의 부재와 보-기둥에서는 강재와 콘크리트에 대해 합리적인 응력-변형 모델을 사용하는 변형률적합법을 사용하여야 한다. 변형률적합법에서는 단면에 걸쳐 변형률이 선형적으로 분포한다고 가정하며, 콘크리트의 최대압축변형률을 0.003mm/mm로 가정한다.

7.2 설계방법

7.2.1 매입형 합성기둥

7.2.1.1 관련 기준

1) 재료강도 제한 : 기준 0709.1.2

합성구조에 사용되는 구조용강재, 철근, 콘크리트는 실험 또는 해석으로 검증되지 않을 경우 다음과 같은 제한조건을 만족해야 한다.

(1) 콘크리트의 설계기준압축강도는 최소 21MPa 이상이어야 하며, 최대 70MPa를 초과할 수 없다. 경량콘크리트의 경우 설계기준압축강도는 최소 21MPa 이상, 최대 42MPa를 초과할 수 없다.

(2) 합성기둥의 강도를 계산하는데 사용되는 구조용 강재 또는 철근의 설계기준항복강도는 650MPa를 초과할 수 없다. 이는 고강도 강재를 사용하는 경우 강재가 충분히 항복하기 이전에 콘크리트의 파괴가 발생하기 때문이다. 설계기준강도 650MPa 이하인 경우에는 강재의 구속효과에 의해 콘크리트가 충분한 연성능력을 나타내고 있어 합성효과에 의한 강도를 나타낼 수 있다.

2) 구조 제한 : 기준 0709.2.1.1

(1) 강재코어의 단면적은 합성기둥 총 단면적의 1% 이상으로 한다.

(2) 강재코어를 매입한 콘크리트는 연속된 길이방향 철근과 띠철근 또는 나선철근으로 보강되어야 한다. 보강근의 중심 간 간격은 직경 D10의 철근을 사용할 경우에는 300mm 이하, 직경 D13 이상의 철근을 사용할 경우에는 400mm 이하로 한다. 이형철근망이나 용접철근망을 사용하는 경우에는 철근에 준하는 등가단면적을 확보하여야 한다. 콘크리트의 적절한 구속효과 확보를 위하여 보강근의 최대간격은 합성기둥 단면의 단변에 0.5배를 초과할 수 없다.

(3) 연속된 길이방향의 최소철근비 ρ_{sr}는 0.004로 하며 다음 식으로 구한다.

$$\rho_{sr} = \frac{A_{sr}}{A_g} \qquad \text{식(7.2.1)}$$

여기서, A_{sr} : 연속된 길이방향 철근의 단면적(mm^2)

A_g : 합성부재의 총 단면적(mm^2)

3) 압축강도 : 기준 0709.2.1.2

축하중을 받는 2축 대칭 매입형합성기둥의 설계압축강도 $\phi_c P_n$은 다음과 같이 구한다.

$\phi_c = 0.75$

(1) $\frac{P_{no}}{P_e} \le 2.25$인 경우, $P_n = P_{no}\left[0.658^{\left(\frac{P_{no}}{P_e}\right)}\right]$ 식(7.2.2)

(2) $\frac{P_{no}}{P_e} > 2.25$인 경우, $P_n = 0.877 P_e$ 식(7.2.3)

$$P_{no} = F_y A_s + F_{yr} A_{sr} + 0.85 f_{ck} A_c \qquad \text{식(7.2.4)}$$

여기서, P_{no} : 세장비를 고려하지 않은 매입형 합성기둥의 압축강도

A_s : 강재의 단면적(mm^2)

A_{sr} : 연속된 길이방향철근의 단면적(mm^2)

A_c : 콘크리트 단면적(mm^2)

F_y : 강재의 설계기준항복강도(MPa)

F_{yr} : 연속된 길이방향 철근의 설계기준항복강도(MPa)

f_{ck} : 콘크리트의 설계기준압축강도(MPa)

$$P_e = \pi^2 EI_{eff}/(KL)^2 \qquad \text{식(7.2.5)}$$

여기서, P_e : 탄성좌굴하중

EI_{eff} : 합성단면의 유효강성(N·mm^2)

K : 부재의 유효좌굴길이계수

L : 부재의 횡지지길이(mm)

$$EI_{eff} = E_s I_s + 0.5 E_{sr} I_{sr} + C_1 E_c I_c \qquad \text{식(7.2.6)}$$

$$C_1 = 0.1 + 2A_s/(A_c + A_s) \leq 0.3 \qquad \text{식(7.2.7)}$$

여기서, E_s : 강재의 탄성계수(MPa)

E_{sr} : 철근의 탄성계수(MPa)

E_c : 콘크리트의 탄성계수(MPa)

I_c : 콘크리트의 단면 2차 모멘트(mm^4)

I_s : 강재의 단면 2차 모멘트(mm^4)

I_{sr} : 철근의 단면 2차 모멘트(mm^4)

4) 인장강도 : 기준 0709.2.1.3

매입형 합성기둥의 설계인장강도 $\phi_t P_n$은 항복한계상태로부터 다음과 같이 구한다.

$$\phi_t = 0.90, \ \phi_t P_n = 0.90 P_n$$

$$P_n = A_s F_y + A_{sr} F_{yr} \qquad \text{식(7.2.8)}$$

5) 전단강도 : 기준 0709.2.1.4

매입형 합성기둥의 설계전단강도는 기준 0707에 명시한 강재단면만의 전단강도(띠철근이 사용된 경우 철근의 전단강도를 더한 값) 또는 철근콘크리트만의 전단강도로 구해진다. 띠철근의 공칭전단강도는 $A_{st} F_{yr}(d/s)$로 구해진다. 여기서 A_{st}는 띠철근의 단면적, d는 콘크리트 단면의 유효춤, 그리고 s는 띠철근의 간격을 나타낸다. 철근콘크리트의 전단강도는 기준 0507에 따라 구할 수 있다.

6) 하중전달 : 기준 0709.2.1.4

매입형 합성기둥에 가해진 축방향하중은 강재와 콘크리트 사이에서 다음과 같은 조건에 따라 전달하여야 한다.

(1) 외력이 강재단면에 직접 가해지는 경우, 강재앵커(전단연결재)를 사용하여 다음과 같이 요구되는 전단력 V_r'을 콘크리트에 전달하여야 한다.

$$V_r' = P_r(1 - A_s F_y / P_{no}) \qquad 식(7.2.9)$$

여기서, P_r : 합성부재에 가해지는 소요외력(N)

A_s : 강재단면적(mm^2)

P_s : 세장효과를 고려하지 않은 공칭압축강도(N)

(2) 외력이 직접 매입콘크리트에 가해지는 경우, 강재앵커(전단연결재)를 사용하여 다음과 같이 요구되는 전단력 V_r'을 강재단면에 전달하여야 한다.

$$V_r' = P_r(A_s F_y / P_{no}) \qquad 식(7.2.10)$$

(3) 외력이 콘크리트에 직접지압으로 가해지는 경우, 콘크리트의 설계지압강도 $\phi_B P_p$는 다음과 같이 구해진다.

$$P_p = 1.7 f_{ck} A_B \qquad 식(7.2.11)$$

$$\phi_B = 0.65$$

여기서, A_B : 콘크리트의 재하면적(mm^2)

7) 상세요구사항 : 기준 0709.6.4.1

길이방향 전단력을 전달하기 위한 강재앵커는 하중도입부의 길이 안에 배치한다. 하중도입부의 길이는 하중작용방향으로 합성부재단면의 최소폭의 2배 또한 부재길이의 1/3 이하로 한다. 길이방향 전단력을 전달하기 위한 강재앵커는 강재단면의 축에 대해 대칭인 형태로 최소한 2면 이상에 배치한다.

하중도입부의 길이와 이외 구간에서의 강재앵커 간격은 0709.8.3.5에 따른다.

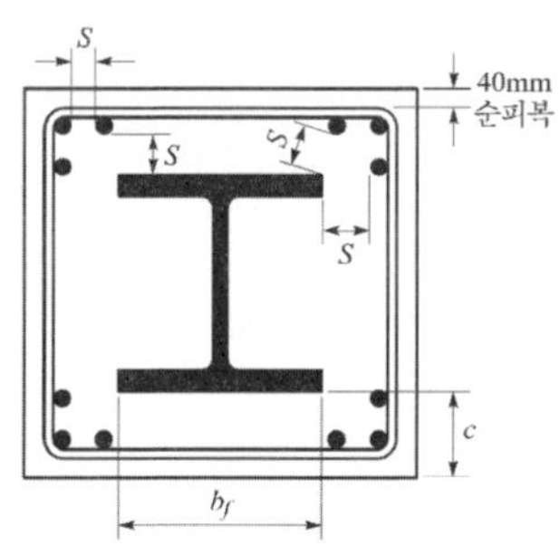

연속된 길이방향철근 : 4개 이상

횡방향철근의 배치간격 : 길이방향철근 직경의 16배, 띠철근직경의 48배, 또는 합성단면의 최소치수의 0.5배 중 가장 적은 값

s : 철근의 순 거리 또는 H형강의 면과 철근 간의 순거리

$s \geq 1.5d_b$ 또는 40mm 중 큰 값

d_b : 길이방향철근직경

$c \geq b_f/6$(주기 참조)

주 : 기준에는 플랜지폭에 따른 플랜지 면에 대한 콘크리트피복두께의 요구사항이 없으나, 해외의 합성기둥에 관련된 자료들에 의하면 $b_f/4$ 이상의 피복두께를 요구하고 있고, 현행 EC4에서는 $b_f/6$ 이상으로 제한하고 있다.

[그림 7.2.1] 매입형 합성기둥의 콘크리트 피복과 철근 순간격의 요구조건

8) 휨강도 : 기준 0709.3.3

매입형 합성부재의 공칭휨강도는 다음과 같은 방법 중의 하나를 사용하여 구한다.

$$\phi_b = 0.90$$

(1) 항복한계상태(항복모멘트) : 동바리 효과를 고려하여 합성단면의 탄성응력을 중첩하여 구한다.

(2) 강재단면의 항복한계상태(소성모멘트) : 강재단면만의 소성응력분포를 사용하여 구한다.

(3) 합성단면에 작용하는 소성응력분포 또는 변형률적합법을 사용하여 구한다. 매입형 합성부재에는 강재앵커가 사용되어야 한다.

9) 압축과 휨의 조합 : 기준 0709.5

합성부재에 압축력과 휨이 동시에 작용하는 경우 기준 0703에서 요구되는 안정성을 고려하여야 한다. 설계압축강도 $\phi_c P_n$과 설계휨강도 $\phi_b M_n$은 다음과 같은 계수를 사용하여 구한다.

$$\phi_c = 0.75,\ \phi_b = 0.90$$

(1) 압축과 휨의 조합력을 받는 합성부재단면의 공칭강도는 소성응력분포법 또는 변형률적합법을 사용하여 구한다.

(2) 압축강도에 미치는 길이의 영향을 고려한 부재의 공칭압축강도는 기준 0709.2에 따라 구하며, 이때 P_o의 값으로 (1)항에서 구한 공칭압축강도를 사용한다.

① 소성응력분포법 : 기준 0709.1.1.1

가) 소성응력분포법은 단면에 작용하는 변형률이 선형적으로 분포하며 재료가 탄소성적으로 거동한다는 가정을 근거로 한다.

나) 콘크리트가 0.003의 압축변형도에서 압괴강도에 도달할 때 강재는 항복변형도(F_y/E_s)에 도달했다고 가정하며 응력의 크기가 $0.85f_{ck}$인 사각응력블록을 사용한다.

다) 일반적인 합성기둥단면의 경우 압축력과 휨모멘트의 조합력에 대한 단면의 강도를 근사적으로 구할 수 있다.

라) 휨모멘트와 압축력의 상호작용곡선은 [그림 7.2.2]과 같은 철근콘크리트단면에 대한 상호작용곡선과 유사하다.

마) 매입형 단면의 경우, 휨의 축에 따른 점 사이에서 직선적으로 변하는 안전측의 상호관계곡선을 사용할 수 있다. [그림 7.2.2]의 A, B, C, D 및 E는 이러한 점들을 나타낸 것이다.

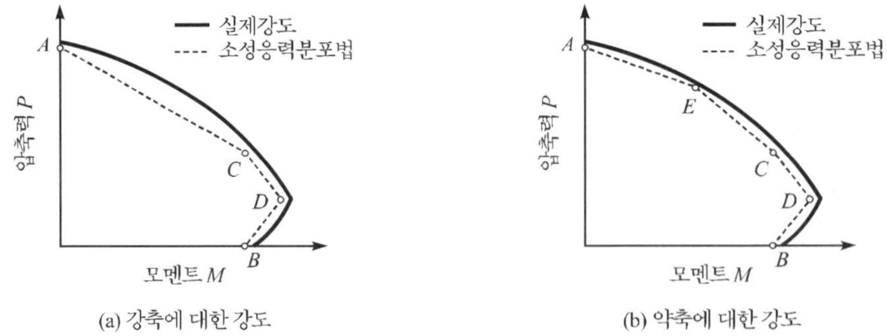

[그림 7.2.2] 정밀 및 단순 모멘트-압축력 상관도

② 변형률적합법 : 기준 0709.1.1.2

가) 소성응력분포법에 의한 단면강도를 산정하는데 가정된 원칙들은 모든 경우에 적용할 수 없다.

나) 대안으로 강재와 콘크리트에 대해 합리적인 응력-변형률관계 모델을 사용하는 변형률적합법을 사용하여 공칭강도를 구할 수 있다.

다) 변형률적합법에서는 변형률이 단면에 걸쳐 선형적으로 분포한다고 가정하며 콘크리트의 최대압축변형률을 0.003으로 가정한다.

7.2.1.2 압축과 휨의 조합력을 받는 매입형 합성기둥의 설계강도

기둥과 보가 모멘트접합된 골조 구조물에서는 합성 보-기둥에 대한 소요강도를 일반2차 탄성해석 또는 근사2차 해석(증폭1차 탄성해석에 의한 2차 해석)을 통해 구해야 한다. 합성부재에 있어 압축과 휨의 상호작용을 규정하는 명확한 식들은 기준에서 제시하지 않고 있다. 그러나 철근콘크리트 설계법에서 사용되는 상호작용곡선과 유사한 형태의 결과를 주는 원칙들에 관해 제시하고 있다. 합성 보-기둥 좌굴의 영향을 고려한 압축강도와 휨강도는 소성응력분포법이나 변형률적합법을 사용하여 구할 수 있다. 합성 보-기둥의 강도를 결정하는데 다음과 같은 세 가지 단순한 방법이 있다. 이 방법들은 몇 가지 경우에 대해서 강도를 직접 구하고, 그 사이의 경우들에 대해서는 보간법을 사용하여 구한다.

1) 합성 보-기둥의 강도를 결정하기 위한 3가지 단순한 방법

(1) 방법-1 : 기준 0708.1.1에 의한 방법

① 방법-1은 주로 2축대칭 합성 보-기둥에 적용하며 압축과 휨의 조합력에 대한 부재강도를 안전측으로 평가한다.

② 인장과 휨의 조합력에 대해서도 적용할 수 있다.

③ 안전측의 정도는 전체강도에 있어 강재의 기여도에 비해 콘크리트의 기여 정도에 따라 달라진다.

④ 일반적으로 낮은 압축강도의 콘크리트를 사용한 부재에 비해 높은 압축강도의 콘크리트를 사용한 부재가 보다 더 안전측의 결과를 주게 된다.

$$\frac{P_r}{P_c} \geq 0.2 \text{ 인 경우, } \frac{P_r}{P_c} + \frac{8}{9}\left(\frac{M_{rx}}{M_{cx}} + \frac{M_{ry}}{M_{cy}}\right) \leq 1.0 \qquad \text{식(7.2.12)}$$

$$\frac{P_r}{P_c} < 0.2 \text{ 인 경우, } \frac{P_r}{2P_c} + \left(\frac{M_{rx}}{M_{cx}} + \frac{M_{ry}}{M_{cy}}\right) \leq 1.0 \qquad \text{식(7.2.13)}$$

여기서, P_r : 소요압축강도(N)

P_c : 기준 0705에 따라 정해지는 설계압축강도(N)

M_r : 소요휨강도(N·mm)

M_c : 기준 0706에 따라 정해지는 설계휨강도(N·mm)

x : 강축휨을 나타내는 아래첨자

y : 약축휨을 나타내는 아래첨자

ϕ_c : 압축저항계수(= 0.75)

ϕ_b : 휨저항계수(= 0.90)

(2) 방법-2 : 기준 0709.1.1.1에 의한 방법

소성응력분포법을 사용하여 공칭강도 수준에서 압축과 휨의 조합력에 대한 상호작용관계를 유도하는 방법이다.

[그림 7.2.3]에 나타낸 다섯 개의 점들은 소성응력분포를 사용하여 정의된다.

여기서, A : 식(7.2.4)에 의해 구해지는 순수압축강도 P_{no}

B : 0709.3.3의 규정에 따라 결정되는 단면의 휨강도 M_n

C : 축하중이 작용하는 상태에서 B점과 같은 휨강도를 갖는 소성중립축의 위치

D : C점의 압축강도의 1/2에 해당하는 점

E : 매입형 단면의 y축(약축)에 대한 휨강도를 보다 잘 나타내기 위해 임의로 선정한 점

위 점들 사이에는 선형적인 관계를 사용한다. 그러나 저항계수 또는 부재의 세장비를 고려하기 위해 D점의 위치를 축소시킬 때는 주의가 필요하다. 부재의 단면에 의해 발휘될 수 있는 압축강도보다 더 낮은 강도를 사용함으로써 추가 휨강도가 허용되고 이로 인해 불안전측의 결과를 줄 수 있기 때문이다. 공칭강도의 상호작용관계가 결정된 후 기준 식(7.2.2)과 식(7.2.3)에 의한 길이효과를 고려해야 한다. 최종적인 설계강도는 압축 및 휨에 대한 강도저항계수 ϕ를 적용한다. 이와 같은 과정으로 매입형 합성기둥의 압축과 휨의 조합력에 대한 상호작용관계를 유도해 보면 [그림 7.2.5]와 같다.

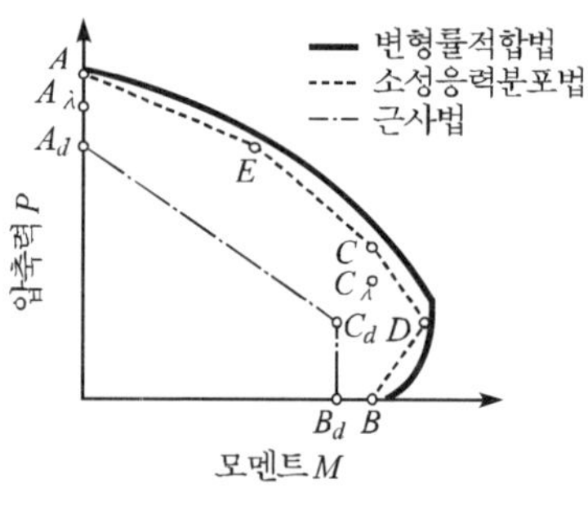

[그림 7.2.3] 합성 보-기둥설계를 위한 상관도

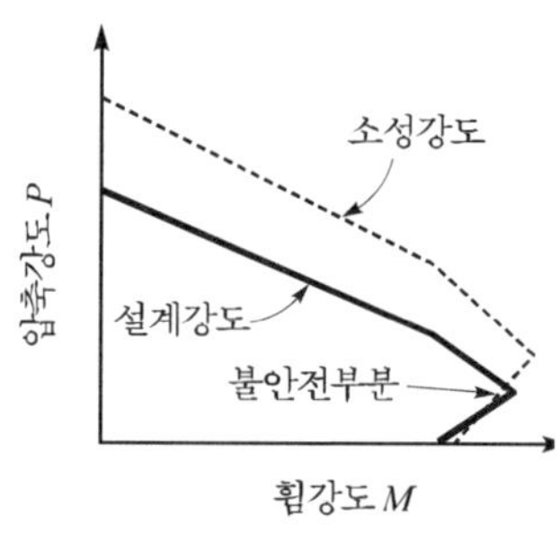

[그림 7.2.4] 세장효과와 강도저항계수의 적용으로 발생될 수 있는 모순($\phi_b M_n > M_n$)

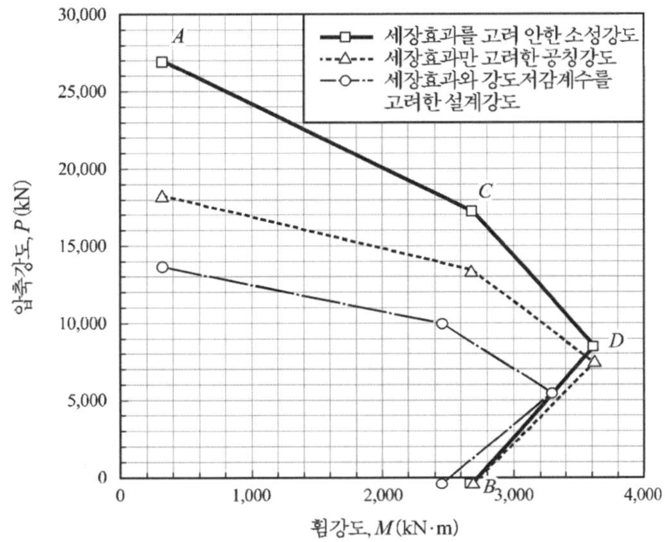

($KL=6.0$m, 900×900, H$-428\times407\times20\times35$, 20$-$D32, $f_{ck}=45$MPa, $F_y=355$MPa, $F_{yr}=500$MPa)

[그림 7.2.5] 합성기둥에 대한 $P-M$ 상관도

(3) 방법-3 : 방법-2의 단순화

[그림 7.2.3]과 같이 두 개의 직선으로 단순화시킨 방법이다.

① 먼저 매입형 단면과 충전형 단면에 대해 각각 식(7.2.4)를 이용하여 기둥의 압축강도 P_{no}(그림의 A점)를 구한다.

② 이 강도를 식(7.2.2) 또는 (7.2.3)에 의해 길이효과를 고려하여 감소시킴으로써 공칭압축강도 P_n(그림의 A_λ점)을 구한다.

③ 이 값에 저항계수ϕ_c를 적용하면 설계에 사용되는 수직축상의 최종적인 점인 설계압축강도 $\phi_c P_n$(그림의 A_d점)이 구해진다.

④ 수평축상의 최종적인 점인 B_d점은 단면의 공칭휨강도 M_n에 해당하는 B점에 적절한 휨저항계수 ϕ_b를 적용하여 구한다.

⑤ 한편 C점은 먼저 A점에 대해 적용한 것과 동일한 방법으로 길이효과를 고려하여 수직방향으로 감소시킴으로써 C_λ점을 구한다.

⑥ 그 후 C_λ점을 수직방향으로는 ϕ_c를 사용하여 조정하고 수평방향으로는 ϕ_b를 사용하여 조정함으로써 C_d점을 구한다.

⑦ A_d점과 C_d점, 그리고 B_d점과 C_d점 사이는 [그림 7.2.3]와 같이 직선을 사용하여 근사적으로 나타낸다.

이처럼 직선을 사용하여 나타내는 경우 압축과 2방향 휨의 조합력을 받는 합성 보-기둥에 대해 다음과 같은 상호작용식을 유도할 수 있다.

$$P_r < P_c \text{ 인 경우, } \frac{M_{rx}}{M_{cx}} + \frac{M_{ry}}{M_{cy}} \leq 1.0 \qquad \text{식(7.2.14)}$$

$$P_r \geq P_c \text{인 경우, } \frac{P_r - P_c}{P_A - P_c} + \frac{M_{rx}}{M_{cx}} + \frac{M_{ry}}{M_{cy}} \leq 1.0 \qquad \text{식(7.2.15)}$$

여기서, P_r : 소요압축강도(N)

P_A : A점의 설계압축강도(N)

P_C : C점의 설계압축강도(N)

M_r : 소요휨강도(N·mm)

M_C : C점의 설계휨강도(N·mm)

x : 강축에 대한 휨과 관련된 기호첨자

y : 약축에 대한 휨과 관련된 기호첨자

기준 0702.3.3에 따른 설계의 경우

여기서, $P_r = P_u$: 계수하중조합으로 구한 소요압축강도(N)

$P_A = P_{Ad}$: 기준 0709.2에 따라 구한 설계압축강도(N)

$P_C = P_{Cd}$: 식(7.2.14), (7.2.15)에서 C_d점의 설계압축강도(N)

$M_r = M_u$: 계수하중조합으로 구한 소요휨강도(N·mm)

$M_C = M_{Cd} = M_{Bd}$: 기준 0709.3에 따라 구한 설계휨강도(N·mm)

$\phi_c = 0.75$

$\phi_b = 0.90$

양축에 대해 휨이 작용하는 경우 강축 및 약축에 대해 계산된 P_C의 값이 서로 다를 수 있다. 이 때 두 값 중에서 작은 값을 식(7.2.14)와 식(7.2.15)의 한계값으로, 그리고 식(7.2.15)에서 P_C의 값으로 사용한다.

2) 3가지 방법에 대한 특징

[그림 7.2.6]은 합성기둥의 단면에 대한 압축-휨에 대한 상관도로 이 그래프에서 $A_d - F_d - B_d$의 연결선은 방법-1, $A_d - C_d - D_d - B_d$의 연결선은 방법-2, $A_d - C_d - B_d$의 연결선은 방법-3에 의해 각각 설계강도($\phi_c P_n$, $\phi_b M_n$)로 작성된 예이다. 이 3가지 방법은 기준의 해설에서 제시한 것으로 각각의 방법은 다음과 같은 특징을 갖고 있다.

(1) 방법-1

① 축력이 0인 경우의 순설계휨강도 M_B 또는 $M_C(=\phi_b M_{nx},\ \phi_b M_{ny})$와 길이효과를 고려한 설계압축강도 $P_A(=\phi_c P_n)$를 알아야 압축-휨을 받는 합성기둥을 설계할 수 있다.

② 가장 쉽게 접근할 수 있는 방법이지만 [그림 7.2.6]에서 알 수 있듯이 방법-2와 방법-3에 비해 너무 안전측으로 평가되어 비경제적으로 설계되는 단점이 있다.

③ 2축휨모멘트를 받는 경우 축력의 크기에 따른 강축과 약축의 휨모멘트 상관관계는 [그림 7.2.7]과 같다.

(2) 방법-2

① 축력이 0인 경우의 순설계휨강도 M_B 또는 $M_C(=\phi_b M_{nx},\ \phi_b M_{ny})$와 길이효과를 고려한 설계압축강도 $P_A(=\phi_c P_n)$와 압축과 휨의 조합에 대해 상호관계를 유도한 P_C, P_D, $M_D(=\phi_b M_{nx},\ \phi_b M_{ny})$를 알아야 압축-휨을 받는 합성기둥을 설계할 수 있다.

② 가장 복잡하게 접근하는 방법이지만 [그림 7.2.6]에서 보는 바와 같이 부재의 강도가 방법-1에 비해 높게 평가되어 경제적으로 설계할 수 있는 장점이 있다.

③ 이 방법을 사용할 경우 저항계수에 의해 또는 부재의 세장비를 고려하기 위해 D_d점의 위치를 축소시킬 때는 주의가 필요하다. [그림 7.2.4]에 표현된 것처럼 부재의 단면에 의해 발휘될 수 있는 압축강도보다 더 낮은 강도를 사용함으로써 추가적인 휨강도가 허용되고 이로 인해 불안전측의 결과를 줄 수 있기 때문이다.

(3) 방법-3

① 축력이 0인 경우의 순설계휨강도 M_B 또는 $M_C(=\phi_b M_{nx},\ \phi_b M_{ny})$와 길이효과를 고려한 설계압축강도 $P_A(=\phi_c P_n)$와 압축과 휨의 조합에 대해 상호관계를 유도한 P_C를 알아야 압축-휨을 받는 합성기둥을 설계할 수 있다.

② 방법-2의 A_d, B_d, C_d, D_d점에서 D_d점을 고려하지 않은 단순화한 방법이다. [그림 7.2.6]에서 알 수 있듯이 부재의 강도가 방법-1에 비해 높게 평가되고, 방법-2에 비해 D_d점의 휨강도가 낮게 평가되지만 방법-2에서 우려하는 $B_d - D_d - C_d$를 연결한 삼각형 범위의 휨강도는 고려하지 않으므로 안전하게 설계할 수 있는 장점이 있다.

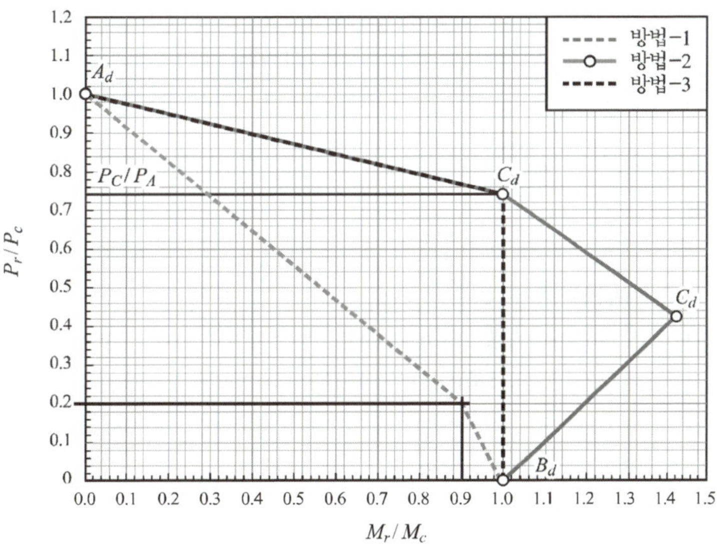

($KL=6.0$m, 900×900, H−428×407×20×35, 20−D32, $f_{ck}=45$MPa, $F_y=355$MPa, $F_{yr}=500$MPa)

[그림 7.2.6] 압축-휨을 받는 합성기둥설계를 위한 3가지 방법에 대한 상관도의 예

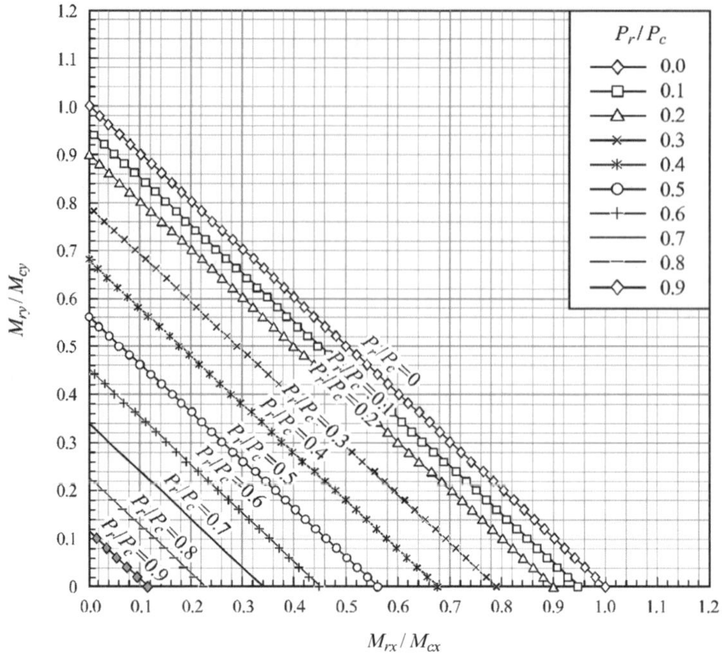

[그림 7.2.7] P_r/P_c의 정도에 따른 M_{rx}/M_{cy}와 M_{ry}/M_{cy}의 관계

7.2.1.3 하중도입부(Load Transfer)

미국의 2005년도 AISC360-05 Specification for Structural Steel Building을 기초로 하여 정한 건축구조기준(KBC2009)의 매입형 합성기둥의 하중도입부 설계와 관련한 기준(0709.2.1.5 하중전달, 0709.2.1.6 상세요구사항, 0709.2.1.7 강재앵커(스터드)의 강도)는 2010년 AISC360-10 및 EC4기준과 비교해 볼 때 다음과 같이 불합리한 부분과 미비한 부분이 있었다. 따라서 최근 개정된 건축구조기준(KBC2016)은 AISC360-10과 같이 변경되었다.

1) 하중도입부 영역

기준 '0709.2.1.6 상세요구사항'에서 '강재앵커(전단연결재)는 하중전달영역의 위아래로 부재길이를 따라 최소한 매입형 기둥 춤의 2.5배에 이상의 거리에 걸쳐 설치한다'라는 내용은 '강재앵커(전단연결재)는 하중전달영역의 위아래로 부재길이를 따라 매입형 기둥 춤의 2.5배 이상의 거리에 걸쳐 설치한다'라는 의미로도 해석될 수 있다. 그러나 합성기둥 내에서의 하중전달은 지연되지 않고 빠르게 전달되어 합성효과를 발휘해야 하는데, 현행기준은 하중전달영역을 길게 하여 하중전달이 지연되는 결과를 갖게 되고, 길게 분산시켜 강재앵커(전단연결재)를 배치함으로써 전단응력이 집중되는 부분의 하중전달영역에서 강재앵커(전단연결재)는 내력이 부족한 경우가 발생할 것이다. 또한 상부기둥의 압축력이 적은 경우에는 하중도입부의 위쪽(하중방향의 반대방향)의 콘크리트에는 인장력이 발생되어 하중전달영역 위쪽에 설치한 강재앵커(전단연결재)에 하중이 적게 전달되므로 위쪽에 설치한 강재앵커(스터드) 역할이 크게 감소되어 대부분의 하중은 아래쪽에 설치한 강재앵커(스터드)로 전달될 것이다. 그리고 하중도입부 길이는 합성기둥춤의 2.5배에 해당한 길이로만 규정하고 있으므로 기둥단면의 크기가 큰 경우에는 기둥의 길이(층고)보다 하중도입부 길이가 길어지는 모순이 발생할 수 있다. 따라서 다음 표와 같이 관련 기준을 비교해 보면 EC4 기준의 하중도입부 영역이 적합하다고 판단된다.

<표 7.2.1> 하중도입부 영역 비교

설계기준	하중도입부 길이	
	위쪽(하중 반대방향)	아래쪽(하중방향)
KBC2009, AISC2005	$2.5d$ 이상	$2.5d$ 이상
AISC2010	$2.0d$ 이하	$2.0d$ 이하
EC4	적용하지 않음	$2.0d$, $L/3$ 중 최소값 이하

여기서, d는 합성기둥단면의 최소폭, L은 기둥의 길이

2) 하중도입부 이외 구간의 길이방향 전단력

건축구조기준에서는 하중도입부 이외 구간의 길이방향 전단력에 대한 검토요구사항이 별도로 없으나 휨 모멘트를 받는 합성기둥은 하중도입부 이외의 구간에도 길이방향 전단력이 발생될 수 있다.

참고로 EC4에서는 휨모멘트에 의해 전단력이 발생되는 합성기둥은 강재면과 콘크리트 사이의 길이방향 전단응력을 검토하여 그 값이 설계전단강도 0.3MPa(매입형 합성기둥에서 콘크리트와 접촉되는 강재의 면에 도장, 기름, 윤활유, 녹 등이 없는 경우)을 초과하면 강재앵커(전단연결재)를 설치하도록 요구하고 있다. 그러나 건축구조기준의 모델인 AISC2005뿐만 아니라 AISC2010에서도 하중도입부 이외 구간에 대한 구조검토 규정은 명시적으로 없으나 모멘트(초기좌굴 시 발생되는 휨을 포함)를 받는 합성기둥에 대해 합성거동을 유지하도록 하중도입부 구간과 동일하게 이외 구간에 대해서도 강재앵커의 설치에 관한 간격제한 규정은 두고 있다(2010 AISC C-16. 4a 참조). 이는 매입형 합성기둥에서 강재와 콘크리트 사이 경계면의 부착강도를 현재로서는 연구자료 부족으로 인정하고 있지 않기 때문에 하중도입부뿐만 아니라 하중도입부 이외 구간에도 강재앵커를 설치하여 길이방향 전단력을 전달해야 한다는 의미로 해석된다.

3) 합성기둥의 하중전달을 위한 강재앵커(스터드)

일반 합성보 설계에서 전체 합성보의 휨강도설계에는 시스템에 대한 저항력 또는 안전계수를 적용하고 있으나 강재앵커(스터드)에 대한 명확한 저항력 또는 안전계수는 필요치 않다. KBC2009에 있는 강재앵커(스터드)에 대한 평가기준은 원래 합성보에 사용하기 위한 것이어서 앵커 자체의 강도에 대한 명확한 저항력이나 안전계수가 포함되지 않았다. KBC2009에서는 합성기둥의 하중도입부에 설치되는 강재앵커(스터드)는 노출형 합성보의 휨강도설계에 사용되는 강재앵커(스터드)의 공칭강도 $Qn(=0.5A_{sc}\sqrt{f_{ck}E_c} \leq A_{sc}F_u)$로 강재앵커(스터드)의 소요개수를 산정하고 강재앵커(스터드)의 최고길이는 강재앵커(스터드)직경의 4배로 하고 있으나 합성기둥의 하중전달기구로 사용하는 강재앵커(스터드)의 강도는 강재앵커(스터드) 개개의 적합한 설계전단강도를 적용할 필요가 있다. 따라서 AISC2010에서는 합성기둥의 하중도

입부에 설치되는 강재앵커(스터드)는 공칭강도 $Qn(A_{sc}F_u)$에 강도저감계수($\phi_v = 0.65$)를 곱한 설계전단강도 $\phi_v Q_{nv}(=0.65A_{sc}F_u)$로 소요개수를 산정하고, 강재앵커(스터드)의 최소길이는 강재앵커(스터드)직경의 5배 이상을 요구하고 있다. 결과적으로 다음의 각 기준에 대한 비교표와 그래프에서 보여주는 것처럼 AISC2010와 EC4에 따른 강재앵커(전단연결재)의 소요개수를 산정하기 위한 전단강도는 KBC2009(또는 AISC2005)에 따른 강재앵커(전단연결재)의 소요개수를 산정하기 위한 전단강도에 비해 0.65~0.64 정도로 낮게 평가하고 있다. 따라서 하중도입부를 보다 안전하게 설계하기 위해서 KBC2016에서는 AISC2010과 같이 변경하였다.

<표 7.2.2> 강재앵커(전단연결재)의 최소길이와 전단강도에 대한 각 기준의 비교표

설계기준	길이제한	강재앵커(스터드)의 소요개수 산정용 스터드 1개에 대한 전단강도	강도비
KBC2009, AISC2005	$l_e \geq 4d$	공칭전단강도, $Q_n = 0.5A_{sc}\sqrt{f_{ck}E_c} \leq A_{sc}F_u$ ($\phi_v = 1.0$)	1
KBC2016, AISC2010	$l_e \geq 5d$	설계진단강도, $\phi_v Q_{nv} = 0.65F_u A_{sa}$ ($\phi_v = 0.65$)	0.65
EC4	$l_e \geq 3d$	설계전단강도, $P_{rd} = 0.8f_u \pi d2/4/\gamma_v \leq 0.29ad2\sqrt{f_{ck}E_{cm}}/\gamma_v$ ($\gamma_v = 1.25$)	0.64
ACI318-08	$l_e \geq 8d$	설계전단강도, $V_{sa} = A_{se,v}f_{uta}$ ($\phi = 0.65$)	0.65

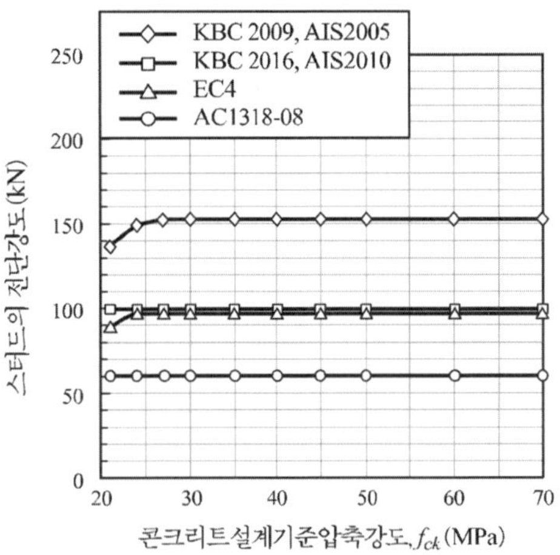

(a) 강재앵커(스터드) 직경 22mm, $F_u = 400$MPa

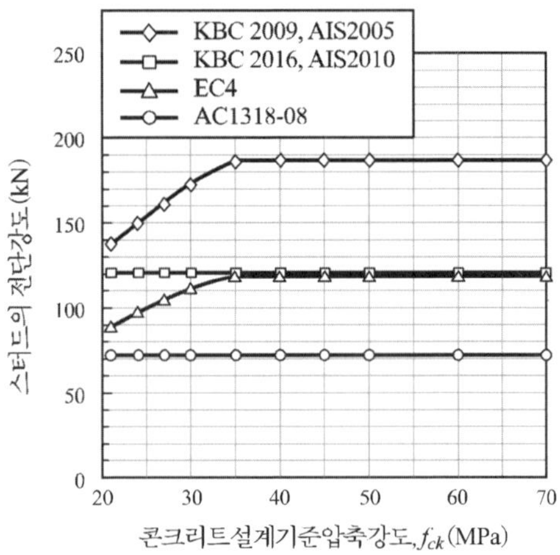

(b) 강재앵커(스터드) 직경 22mm, $F_u = 490$MPa

[그림 7.2.8] 기준별 합성기둥 내의 하중전달을 위한 강재앵커(스터드) 1개의 전단강도의 비교 예

<표 7.2.3> 스터드의 간격 제한에 대한 각 기준의 비교표

설계기준	관련조항	최소간격		최대간격
		하중방향	하중방향에 직각방향	모든 방향
KBC2009	0709.2.16	$6d$[1)	$4d$[1)	400mm
AISC2010	I 8.3e	$4d$	$4d$	$32d$
EC4	6.6.5.7(4)	$5d$	$4d$	400mm

주 : 1) 합성보에서의 간격 제한, 기준 0709.3.2.3

7.2.2 충전형 합성기둥

7.2.2.1 관련기준

1) 재료강도 제한 : 기준 0709.1.3

합성구조에 사용되는 구조용강재, 철근, 콘크리트는 실험 또는 해석으로 검증되지 않을 경우 다음과 같은 제한조건을 만족해야 한다.

(1) 콘크리트의 설계기준압축강도는 최소 21MPa 이상이어야 하며, 최대 70MPa를 초과할 수 없다. 경량콘크리트의 경우 설계기준압축강도는 최소 21MPa 이상, 최대 42MPa를 초과할 수 없다.

(2) 합성기둥의 강도를 계산하는데 사용되는 구조용 강재 또는 철근의 설계기준항복강도는 650MPa를 초과할 수 없다. 이는 고강도 강재를 사용하는 경우 강재가 충분히 항복하기 이전에 콘크리트의 파괴가 발생하기 때문이다. 설계기준강도 650MPa 이하인 경우에는 강재의 구속효과에 의해 콘크리트가 충분한 연성능력을 나타내고 있어 합성효과에 의한 강도를 나타낼 수 있다.

2) 구조 제한 : 기준 0709.2.2.1

(1) 강재코어의 단면적은 합성부재의 총 단면적의 1% 이상으로 한다.

(2) 압축력을 받는 충전형 합성부재 압축강재요소의 판폭두께비 제한은 아래 표에 따른다.

구분	판폭두께비	λ_p	λ_r	최대허용
각형강관	b/t	$2.26(E/F_y)^{0.5}$	$3.00(E/F_y)^{0.5}$	$5.00(E/F_y)^{0.5}$
원형강관	D/t	$0.15E/F_y$	$0.19E/F_y$	$0.31E/F_y$

3) 압축강도

(1) 조밀단면

$$P_{no} = P_p$$

$$P_p = F_y A_s + F_{yr} A_{sr} + C_2 f_{ck} A_c \qquad \text{식}(7.2.16)$$

여기서, C_2 : 사각형단면에서 0.85, 원형단면에서 $0.85(1+1.56\dfrac{f_y t}{D_c f_{ck}})$

$$D_c = D - 2t$$

(2) 비조밀단면

$$P_{no} = P_p - (P_p - P_y)\left(\frac{(\lambda-\lambda_p)^2}{(\lambda_r-\lambda_p)^2}\right) \qquad \text{식}(7.2.17)$$

$$P_y = F_y A_s + 0.7 f_{ck}(A_c + A_{sr}E_{sr}/E_c) \qquad \text{식}(7.2.18)$$

(3) 세장단면

$$P_{no} = F_{cr} A_s + 0.7 f_{ck}(A_c + A_{sr}E_{sr}/E_c) \qquad \text{식}(7.2.19)$$

여기서, 사각형단면은 $F_{cr} = 9E_s/(b/t)^2$ 식(7.2.20)

원형단면은 $F_{cr} = 0.72F_y/[(D/t)(F_y/E_s)]^{0.2}$ 식(7.2.21)

합성단면의 유효강성은 다음 식으로 구한다.

$EI_{eff} = E_s I_s + E_{sr} I_{sr} + C_3 E_c I_c$ 식(7.2.22)

여기서, $C_3 = 0.6 + 2A_s / (A_c + A_s) \leq 0.9$ 식(7.2.23)

4) 인장강도 : 기준 0709.2.1.3

충전형 합성기둥의 설계인장강도 $\phi_t P_n$은 항복한계상태로부터 다음과 같이 구한다.

$\phi_t = 0.90, \ \phi_t P_n = 0.90 P_n$ 식(7.2.24)

$P_n = A_s F_y + A_{sr} F_{yr}$ 식(7.2.25)

5) 전단강도 : 기준 0709.2.2.4

충전형 합성기둥의 설계전단강도는 강재단면만의 전단강도 또는 철근콘크리트만의 전단강도로 구해진다. 철근콘크리트의 전단강도는 기준 0507에 따라 구할 수 있다.

6) 하중전달 : 기준 0709.2.2.4

충전형 합성기둥에 가해진 축방향하중은 강재와 콘크리트 사이에서 전달되어야 한다. 외력이 강재단면 또는 충전콘크리트에 직접 가해지는 경우, 강재단면으로부터 콘크리트코어로의 힘의 전달은 직접부착작용, 전단연결 또는 직접지압에 의해 이루어진다. 이 중에서 공칭강도의 값이 가장 큰 힘의 전달기구를 사용할 수 있다. 이러한 힘의 전달기구들은 서로 중첩하여 사용하지 않아야 한다.

외력이 충전형 합성기둥의 콘크리트단면에 직접지압으로 가해지는 경우, 콘크리트의 설계지압강도 $\phi_B P_p$는 다음과 같이 구해진다.

$P_p = 1.7 f_{ck} A_B$ 식(7.2.26)

$\phi_B = 0.65$

여기서, A_B : 콘크리트의 재하면적(mm)

7) 상세요구사항 : 기준 0709.6.4.2

길이방향 전단력을 전달하기 위한 강재앵커는 하중도입부의 길이 안에 배치한다. 하중도입부의 길이는 하중작용방향으로 합성부재단면의 최소폭의 2배 또한 부재길이의 1/3 이하로 한다. 길이방향 전단력을 전달하기 위한 강재앵커는 강재단면의 축에 대해 대칭인 형태로 최소한 2면 이상에 배치한다.

하중도입부의 길이와 이외 구간에서의 강재앵커 간격은 0709.8.3.5에 따른다.

8) 휨강도 : 기준 0709.3.3

충전형 합성단면의 설계휨강도는 다음과 같이 구한다.

$\phi_b = 0.90$

공칭휨강도 M_n은 다음과 같이 구한다.

(1) 조밀단면

$M_n = M_p$ 식(7.2.27)

여기서, M_p : 합성단면의 소성응력분포로부터 구한 모멘트(N·mm)

(2) 비조밀단면

$$M_n = M_p - (M_p - M_y)\left(\frac{(\lambda - \lambda_p)}{(\lambda_r - \lambda_p)}\right) \qquad 식(7.2.28)$$

여기서, M_y : 인장플랜지의 항복과 압축플랜지의 최초 항복에 대응하는 항복모멘트(N·mm)

최초 항복에서의 저항능력은 $0.7f_{ck}$의 최대콘크리트압축응력과 최대강재응력의 선형탄성 응력분포로 가정하여 계산한다.

(3) 세장단면

공칭휨강도는 첫 항복모멘트로부터 구한다. 압축플랜지응력은 식(7.2.20), 식(7.2.21)로부터 구한 국부좌굴응력 F_{cr}로 제한한다. 콘크리트응력분포는 최대압축응력을 $0.7f_{ck}$로 한 선형탄성응력분포로 한다.

9) 압축과 휨의 조합 : 기준 0709.5

앞에서 기술한 7.2.1 매입형 합성기둥 (9) 압축과 휨의 조합의 설명을 참조한다.

7.2.2.2 압축과 휨의 조합력을 받는 충전형 합성기둥의 설계강도

앞에서 기술한 7.2.1.2 매입형 합성기둥의 설명을 참조한다.

1) 합성 보-기둥의 강도를 결정하기 위한 3가지 단순한 방법

앞에서 기술한 7.2.1.2 매입형 합성기둥의 1)설명을 참조한다.

이 가운데 (2)방법-2의 과정으로 충전형 합성기둥의 압축과 휨의 조합력에 대한 상호작용관계를 각형과 원형강관에 대해 각각 나타내 보면 [그림 7.2.9]과 같다.

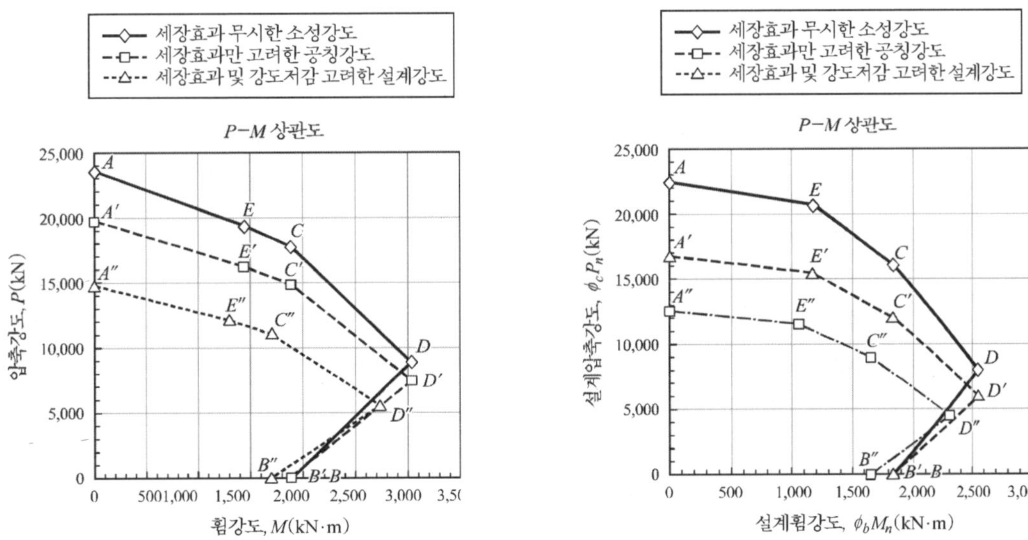

□−700×700×9
$KL = 12.0\text{m}$, $f_{ck} = 45\text{MPa}$, $F_y = 275\text{MPa}$

ϕ−700×9
$KL = 12.0\text{m}$, $f_{ck} = 45\text{MPa}$, $F_y = 355\text{MPa}$

[그림 7.2.9] 충전형 합성기둥에 대한 $P-M$ 상관도

2) 3가지 방법에 대한 특징

[그림 7.2.10]은 합성기둥의 단면에 대한 압축-휨에 대한 상관도로 이 그래프에서 $A_d-F_d-B_d$의 연결선은 방법-1, $A_d-C_d-D_d-B_d$의 연결선은 방법-2, $A_d-C_d-B_d$의 연결선은 방법-3에 의해 각각 설계강도($\phi_c P_n$, $\phi_b M_n$)로 작성된 예이다. 이 3가지 방법은 기준의 해설에서 제시한 것으로 각각의 방법은 다음과 같은 특징을 갖고 있다.

(1) 방법-1 :

① 축력이 0인 경우의 순설계휨강도 M_B 또는 $M_C(=\phi_b M_{nx}$, $\phi_b M_{ny})$와 길이효과를 고려한 설계압축강도 $P_A(=\phi_c P_n)$를 알아야 압축-휨을 받는 합성기둥을 설계할 수 있다.

② 가장 쉽게 접근할 수 있는 방법이지만 [그림 7.2.10]에서 알 수 있듯이 방법-2와 방법-3에 비해 너무 안전측으로 평가되어 비경제적으로 설계되는 단점이 있다.

③ 2축휨모멘트를 받는 경우 축력의 크기에 따른 강축과 약축의 휨모멘트 상관관계는 [그림 7.2.11]와 같다.

(2) 방법-2 :

① 축력이 0인 경우의 순설계휨강도 M_B 또는 $M_C(=\phi_b M_{nx}$, $\phi_b M_{ny})$와 길이효과를 고려한 설계압축강도 $P_A(=\phi_c P_n)$와 압축과 휨의 조합에 대해 상호관계를 유도한 P_C, P_D, $M_D(=\phi_b M_{nx}$, $\phi_b M_{ny})$를 알아야 압축-휨을 받는 합성기둥을 설계할 수 있다.

② 가장 복잡하게 접근하는 방법이지만 [그림 7.2.10]에서 보는 바와 같이 부재의 강도가 방법-1에 비해 높게 평가되어 경제적으로 설계할 수 있는 장점이 있다.

③ 이 방법을 사용할 경우 저항계수에 의해 또는 부재의 세장비를 고려하기 위해 D_d점의 위치를 축소시킬 때는 주의가 필요하다. [그림 7.2.4]에 표현된 것처럼 부재의 단면에 의해 발휘될 수 있는 압축강도보다 더 낮은 강도를 사용함으로써 추가적인 휨강도가 허용되고 이로 인해 불안전측의 결과를 줄 수 있기 때문이다.

(3) 방법-3 :

① 축력이 0인 경우의 순설계휨강도 M_B 또는 $M_C(=\phi_b M_{nx}$, $\phi_b M_{ny})$와 길이효과를 고려한 설계압축강도 $P_A(=\phi_c P_n)$와 압축과 휨의 조합에 대해 상호관계를 유도한 P_C를 알아야 압축-휨을 받는 합성기둥을 설계할 수 있다.

② 방법-2의 A_d, B_d, C_d, D_d점에서 D_d점을 고려하지 않은 단순화한 방법이다. [그림 7.2.10]에서 알 수 있듯이 부재의 강도가 방법-1에 비해 높게 평가되고, 방법-2에 비해 D_d점의 휨강도가 낮게 평가되지만 방법-2에서 우려하는 $B_d-D_d-C_d$를 연결한 삼각형 범위의 휨강도는 고려하지 않으므로 안전하게 설계할 수 있는 장점이 있다.

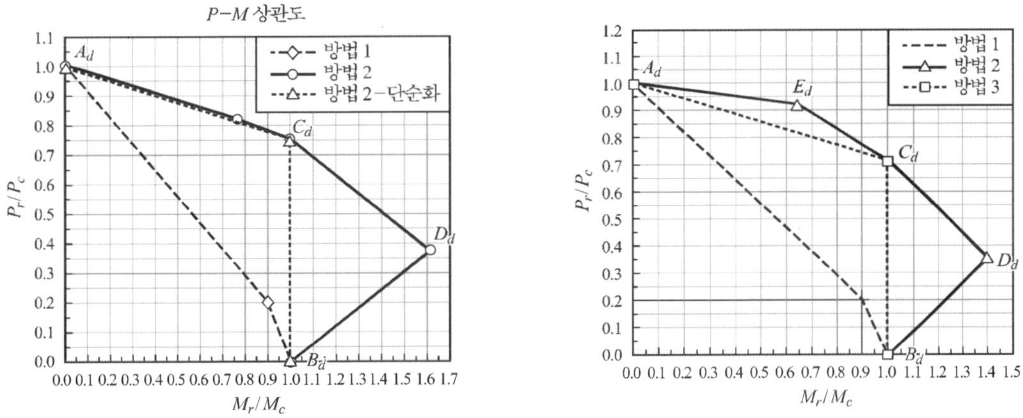

□−700×700×9
$KL = 12.0\text{m}$, $f_{ck} = 45\text{MPa}$, $F_y = 275\text{MPa}$

$\phi - 700 \times 9$
$KL = 12.0\text{m}$, $f_{ck} = 45\text{MPa}$, $F_y = 355\text{MPa}$

[그림 7.2.10] 압축-휨을 받는 충전형 합성기둥설계를 위한 3가지 방법에 대한 상관도의 예

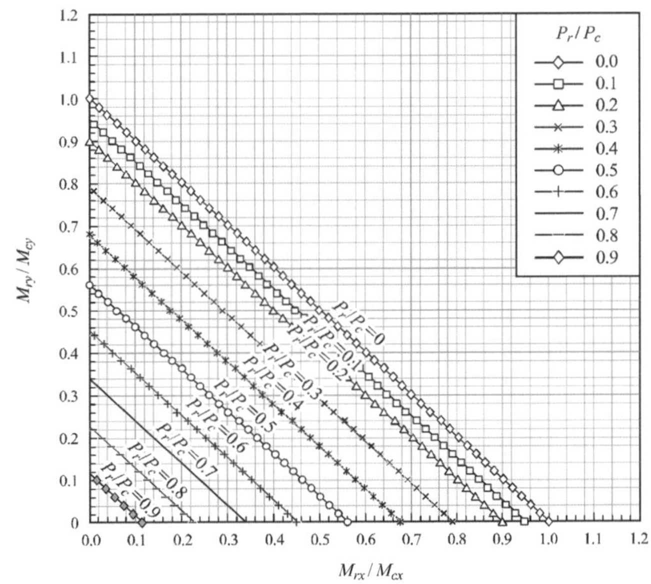

[그림 7.2.11] P_r/P_c의 정도에 따른 M_{rx}/M_{cy}와 M_{ry}/M_{cy}의 관계

7.2.2.3 하중도입부(Load Transfer)

1) 모든 외력이 콘크리트에 직접 가해지는 경우, 강재에 전달되어야 하는 힘 V_r'은 다음과 같이 구한다.

$$V_r' = P_r(F_y A_s / P_{no}) \qquad \text{식(7.2.29)}$$

2) 모든 외력이 강재에 직접 가해지는 경우, 콘크리트에 전달되어야 하는 힘 V_r'은 다음과 같이 구한다.

$$V_r' = P_r(1 - F_y A_s / P_{no}) \qquad \text{식(7.2.30)}$$

3) 모든 외력이 강재단면과 콘크리트에 동시에 가해지는 경우, 콘크리트에서 강재 또는 강재에서 콘크리트로 전달되어야 하는 힘 V_r'은 다음과 같이 구한다.

$$V_r' = P_s - P_r(F_y A_s / P_{no}) \quad \text{식(7.2.31)}$$

여기서, P_r : 합성부재에 가해지는 소요외력(N)

P_{no} : 길이효과를 고려하지 않은 공칭압축강도(N)

P_s : 강재에 직접 가해지는 외력의 일부 힘(N)

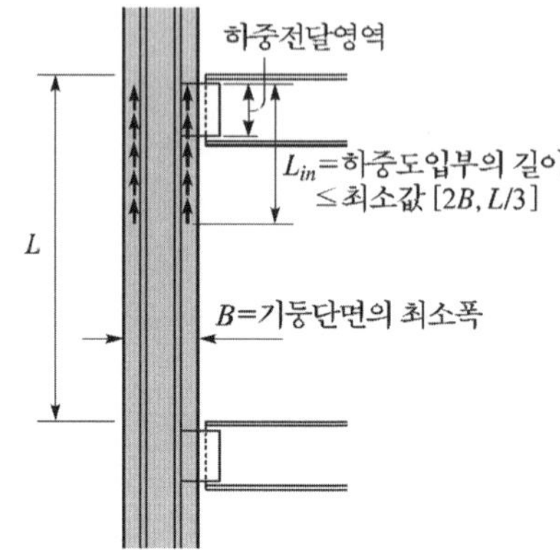

[그림 7.2.12] 합성기둥의 하중전달영역/하중도입부

충전형합성기둥의 접합부위에 구조용 강재단면이나 콘크리트로의 과응력(over-stressing)을 피하기 위해 길이방향 전단력의 전달은 하중도입부의 길이 내에서 이루어져야 한다.
[그림 7.2.12]과 같이 하중도입부의 길이는 하중전달영역의 하부 쪽으로 합성부재 단면의 최소폭의 2배와 합성기둥 길이의 1/3 가운데 작은 값 이하로 한다.
하중이 직접부착작용에 의해 충전형합성기둥에 전달되는 경우, 강재와 콘크리트 사이의 설계부착강도는 다음과 같이 구한다.

$$\phi = 0.45$$
$$R_n = U_{in} L_{in} F_{in}$$

하중이 내부지압기구에 의한 직접지압에 의해 충전형 합성부재에 전달되는 경우, 설계지압강도는 다음과 같이 콘크리트압괴의 한계상태로부터 구한다.

$$\phi_b = 0.65$$

$R_n = 1.7 f_{ck} A_1$(단, A_1은 콘크리트의 재하면적(mm^2))

여기서, R_n : 강관의 전 둘레길이와 하중도입부의 길이에 해당하는 공칭부착강도(N)

U_{in} : 강관의 둘레길이(mm)

L_{in} : 하중도입부의 길이(mm)

F_{in} : 공칭부착응력(MPa)

단면종류		F_{in}(MPa)
콘크리트에 의해 완전히 매입된 강재단면		0.66
콘크리트충전 각형강관 단면		0.40
콘크리트충전 원형강관 단면	조밀단면	1.22
	비조밀단면, 세장단면	0.40

7.2.3 하중도입부 설계

7.2.3.1 하중전달

1) KBC2016 요약

(1) 매입형 합성기둥의 부착강도 ; 인정

(2) 충전형 합성기둥의 부착강도 ; 사각형과 원형 단면을 구분하고, 직경두께비의 분류에 따라 차별하여 변경

(3) 하중전달부의 영역 ; 길이 및 힘의 방향으로 변경

(4) 하중도입부 이외구간 ; 길이방향의 전단력검토 추가

2) KBC2016 구성

0709.6.1	일반 요구사항	$V_r' \le \phi R_n$
0709.6.2	힘의 분배(3종류)	1. 외력이 강재에 직접 가해지는 경우 2. 외력이 콘크리트에 직접 가해지는 경우 3. 외력이 강재단면과 콘크리트에 동시에 가해지는 경우
0709.6.3	힘 전달기구(3종류)	1. 직접지압강도 2. 전단접합 3.직접부착강도
0709.6.4	하중전달부의 상세요구사항	
0709.6.5	하중도입부 이외 구간의 길이방향 전단력	

(1) 일반 요구사항

외력이 매입형합성부재 또는 충전형합성부재에 축방향으로 가해질 때, 부재로의 힘 도입과 부재 안에서의 길이방향 전단력 전달은 이 조항에 있는 힘의 분배에 대한 요구사항에 따라 평가한다. 0709.6.3에 따라 결정된 적절한 힘전달기구의 설계강도 ϕR_n은 0709.6.2에서 구한 길이방향 소요전단력 V_r' 이상이어야 한다.

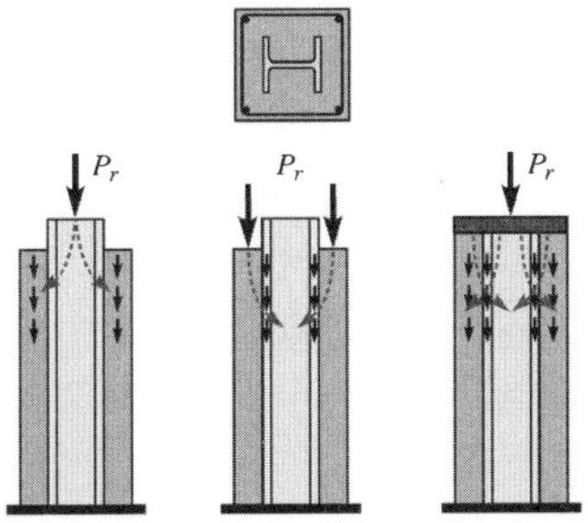

(a) 매입형 합성기둥

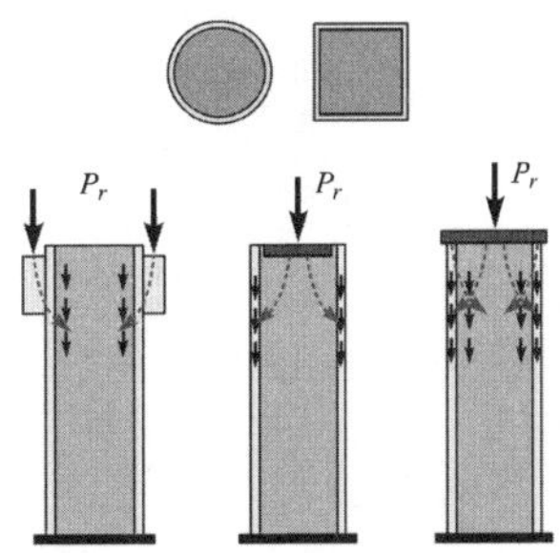

(b) 충전형 합성기둥

[그림 7.2.13] 하중전달의 경로

(2) 힘의 분배

강재와 콘크리트 간에 전달되어야 할 힘의 크기는 다음 요구사항에 따른 외력의 분배로 한다.

구분	0709.6.2.1 외력이 강재에 직접 가해지는 경우	0709.6.2.2 외력이 콘크리트에 직접 가해지는 경우	0709.6.2.3 외력이 강재단면과 콘크리트에 동시에 가해지는 경우
매입형	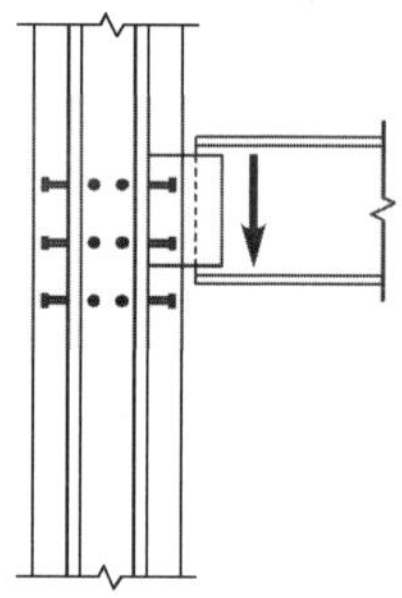	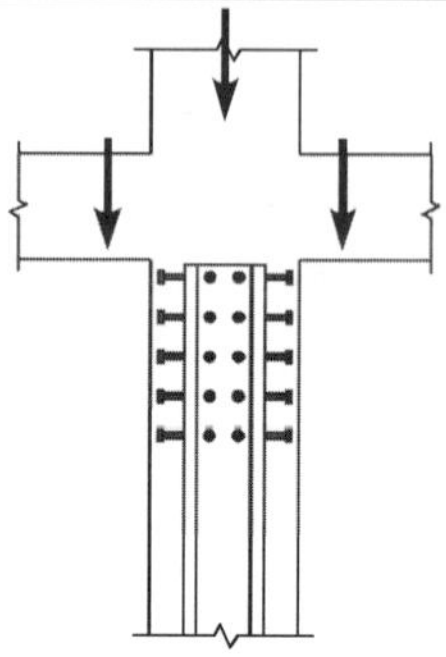	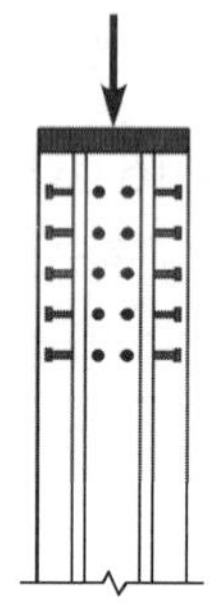
충전형	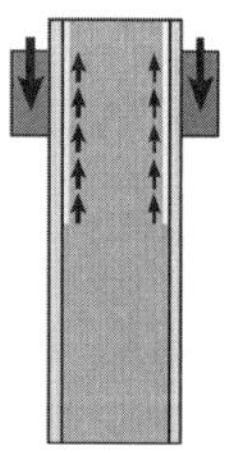	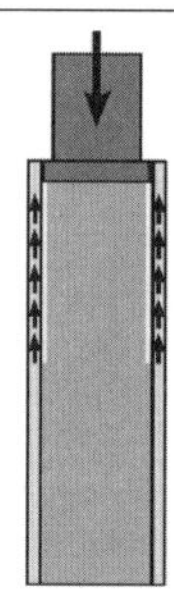	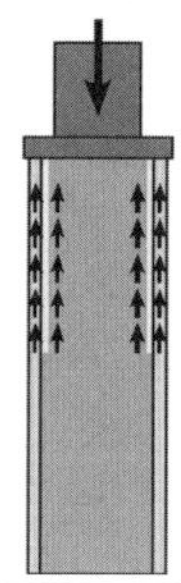
식	$V_r' = P_r(1 - F_y A_s / P_{no})$ 식(0709.6.1)	$V_r' = P_r(F_y A_s / P_{no})$ 식(0709.6.2)	$V_r' = P_{rs} - P_r(F_y A_s / P_{no})$ 식(0709.6.3)

[그림 7.2.14] 강재와 콘크리트 간에 전달되어야 할 힘의 크기 V_r'

여기서, P_r : 합성부재에 가해지는 소요외력(N)

P_{no} : 길이효과를 고려하지 않은 공칭압축강도(N)

매입형합성부재는 식(0709.2.4), 충전형합성부재는 식(0709.2.9a)에 의해 구한다.

P_{rs} : 강재에 직접 가해지는 외력의 일부 힘(N)

(3) 힘 전달기구

직접부착작용, 전단접합 및 직접지압에 의한 힘전달기구의 공칭강도 R_n은 다음과 같이 구한다. 이 중에서 가장 큰 공칭강도의 힘전달기구를 사용할 수 있으나 이러한 힘전달기구들은 중첩하여 사용할 수 없다. 길이방향 전단력 V_r'이 직접부착작용에 의한 설계전단강도를 초과할 경우에는 0709.6.3.1 또는 0709.6.3.2에 의한 힘전달기구를 사용하여야 한다.

[해설] 0709.6.3 힘 전달기구

KBC2016에서는 내부 지압기구들(내부 지압판 등과 같은)을 통한 직접지압 또는 강재앵커 등을 통한 전단접합과 더불어 콘크리트와 직접 접하는 강재 표면의 직접부착작용을 이용한 길이방향 전단력의 전달도 충전형 및 매입형 합성부재 모두에서 허용된다.

구분	0709.6.3.1 직접지압강도 지압판	0709.6.3.2 전단접합강도 강재앵커	0709.6.3.3 직접부착강도 직접부착작용
매입형		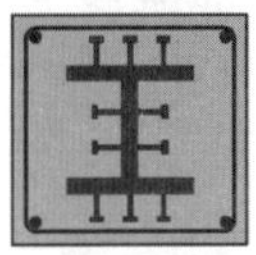	
충전형	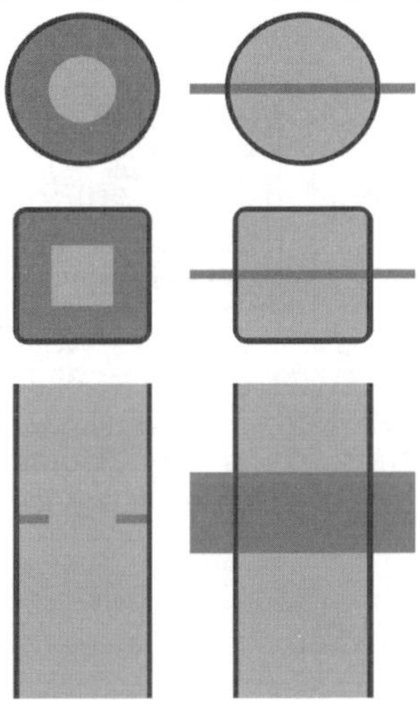	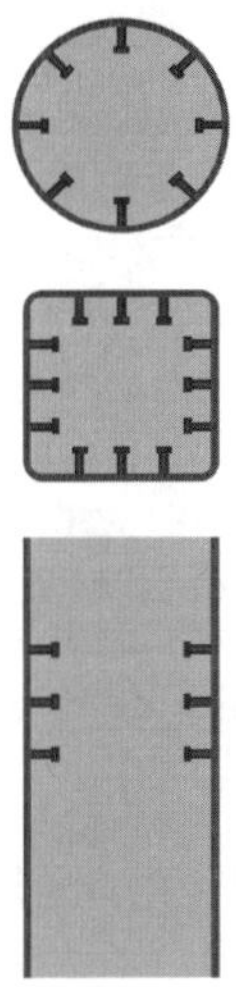	
식	(0709.6.4) $\phi_B = 0.65$ $R_n = 1.7 f_{ck} A_1$ A_1 : 유효재하면적	(0709.6.5) $\phi_v = 0.65$ $R_n = \Sigma Q_{nv}$ $Q_{nv} = F_u A_{sa}$ F_u : 강재앵커(스터드) 항복강도 A_{sa} : 강재앵커(스터드) 단면적	(0709.6.6) $\phi = 0.45$ $R_n = F_{in} U_{in} L_{in}$ F_{in} : 공칭부착강도(응력) U_{in} : 부착둘레길이 L_{in} : 하중도입부길이

[그림 7.2.15] 3가지 힘 전달기구의 공칭강도

(4) 하중전달부의 상세요구사항

매입형 또는 충전형 합성부재의 접합부에 구조용 강재단면이나 콘크리트로의 과응력 도입(overstressing)을 피하기 위해 길이방향 전단력의 전달은 하중도입부의 길이 내에서 이루어지도록 요구된다. 이는 하중도입부 길이를 짧게 하여 전단지연을 감소시켜서 하중전달이 빠르게 전달되도록 하여 합성효과를 발휘하도록 하는데 목적이 있다.

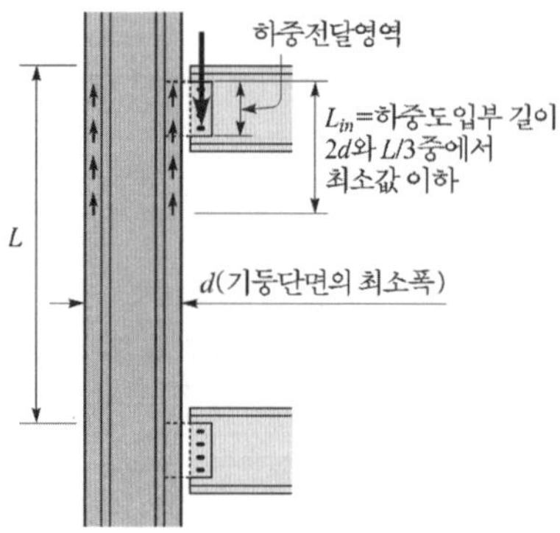

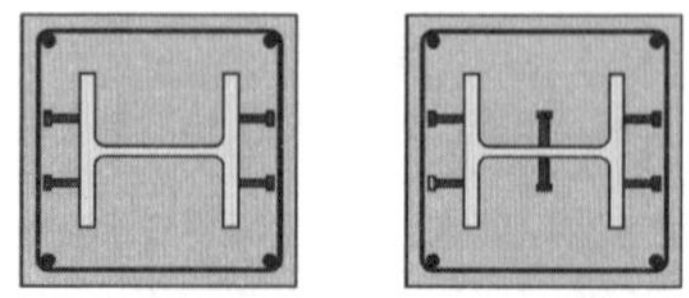

(하중도입부 길이 안에서의 부착강도가 길이방향 소요전단력을 초과하면) 길이방향 전단력을 전달하기 위한 강재앵커는 하중도입부의 길이 안에 배치한다. 하중도입부의 길이는 하중작용방향으로 합성부재단면의 최소폭의 2배와 부재길이의 1/3 중 작은 값 이하로 한다. 길이방향 전단력을 전달하기 위한 강재앵커는 강재단면의 축에 대해 대칭인 형태로 최소한 2면 이상에 배치한다. 하중도입부 구간과 이외 구간에서의 강재앵커 간격은 0709.8.3.5에 따른다.

[그림 7.2.16] 하중전달영역/하중도입부의 길이(매입형 합성기둥의 예)

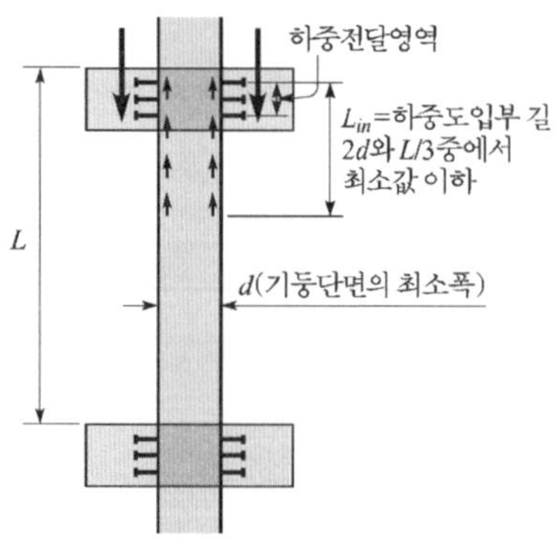

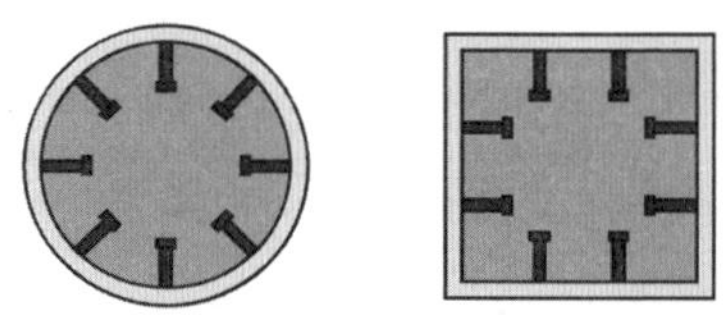

(하중도입부 길이 안에서의 부착강도가 길이방향 소요전단력을 초과하면) 길이방향전단력을 전달하기 위한 강재앵커는 하중도입부의 길이 안에 배치한다. 하중도입부의 길이는 하중작용방향으로 합성부재단면의 최소폭의 2배와 부재길이의 1/3 중 작은 값 이하로 한다. 하중도입부 구간과 이외 구간에서의 강재앵커 간격은 0709.8.3.5에 따른다.

[그림 7.2.17] 하중전달영역/하중도입부의 길이(충전형 합성기둥의 예)

(5) 하중도입부 이외 구간의 길이방향 전단력

① 부재의 직각방향하중 또는 단부모멘트 또는 직각방향하중과 단부모멘트에 의해 발생되는 하중도입부 이외구간에서의 콘크리트와 강재 사이 접촉면의 길이방향 소요전단응력 분포를 확인해야 한다. 길이방향 소요전단응력이 〈표 0709.6.3.1〉의 값에 강도저감계수 $\phi=0.45$를 곱한 설계전단응력 ϕF_{in}을 초과하는 경우에는 0709.8.3에 따라서 전단연결재(합성구성요소 내부에 사용하는 강재앵커)로 보강해야 한다.

② 보다 정밀한 방법에 의하지 않는 한, 접촉면에서의 길이방향 소요전단응력은 콘크리트의 장기효과와 균열을 고려한 탄성해석에 의해 구한 값을 사용할 수 있다.

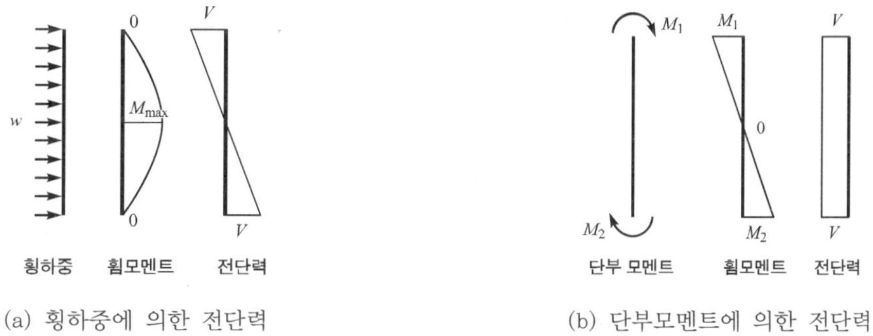

[그림 7.2.18] 하중도입부 이외구간의 휨모멘트에 의해 전단력이 발생되는 예[해그림 0709.6.5]

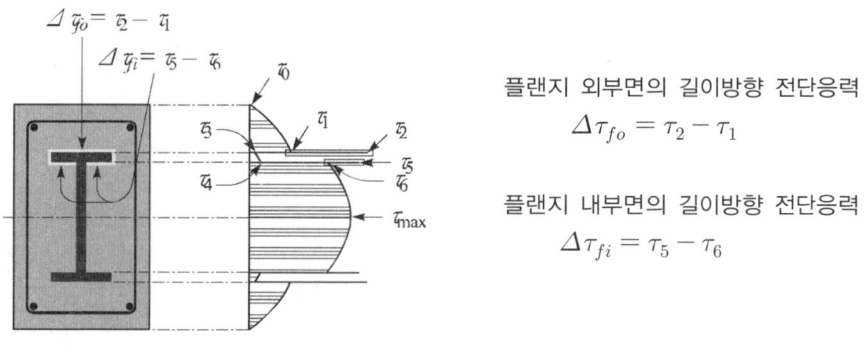

$$V=\frac{M_1-M_2}{L},\quad \tau_i=V\frac{S_i}{I\,b_i}$$

접촉면에서 전달되어야 할 길이방향 전단응력

[그림 7.2.19] 탄성해석에 의한 하중도입부 이외구간의 길이방향 전단응력의 분포 예[해그림 0709.6.6]

7.3 설계도움표 해설

7.3.1 매입형합성기둥

7.3.1.1 일반사항

1) 도움표의 유형

H형강을 이용한 매입형 합성기둥의 설계도움표는 다음과 같이 3가지 유형으로 작성하였다.

(1) 〈도움표 7.1〉 매입형 합성기둥의 설계압축강도 $\phi_c P_n$(kN)

(2) 〈도움표 7.2〉 매입형 합성기둥의 설계휨강도 $\phi_b M_n$(kN)

(3) 〈도움표 7.3〉 강재앵커(전단연결재) 1개의 설계전단강도 $\phi_v Q_n$(kN)

2) 도움표에 적용한 H형강 강종 및 철근의 강도

도움표는 H형강 강종으로 SHN275과 SHN355의 2가지 강종과 기둥에 적합한 29개의 H형강 규격을 적용하였으며, 철근의 강도는 KBC2009에서 구조용 강재 및 철근의 설계기준항복강도를 440MPa로 제한하였으나, KBC2016에서 650MPa로 완화하였기에 현재 실무에서 D16이상의 철근에 많이 사용하는 $f_y = 500$MPa(SD500)을 적용하여 작성하였다.

3) 국부좌굴의 영향

콘크리트 매입형 합성기둥에서는 국부좌굴의 영향을 고려하지 않는다.

4) 도움표의 내용

(1) 〈도움표 7.1〉에는 매입형 합성기둥 단면치수 별로 적절한 H형강 규격을 선정하고, 길이방향철근을 배치하여, 콘크리트 설계기준압축강도와 유효좌굴길이(KL)의 변화에 따른 설계압축강도를 산정하여 실었다. 또한, 합성기둥의 단면과 길이방향철근의 직경에 따른 횡방향철근과 하중전달부의 설계를 위한 소성압축강도 P_o에 대한 강재의 소성강도 $A_s F_y$의 비(v)가 포함되어 있다.

(2) 〈도움표 7.2〉에는 압축과 휨의 조합력을 받는 매입형 합성기둥의 강도검토에 필요한 설계휨강도와 탄성좌굴하중을 산정하기 위한 설계값을 강축과 약축에 대하여 각각 정리하였다.

(3) 〈도움표 7.3〉에는 매입형 합성기둥에 사용하는 강재앵커(전단연결재)의 설계전단강도를 콘크리트설계기준압축강도, 강재앵커(전단연결재)의 크기별로 실었다.

7.3.1.2 매입형 합성기둥의 설계압축강도, $\phi_c P_n$: 〈도움표 7.1〉

1) 도움표의 작성범위

(1) 작성범위의 기준

〈도움표 7.1〉에 적용한 매입형 합성기둥의 단면, H형강의 규격, 콘크리트강도, 길이방향 철근비, 유효좌굴길이 등은 실무에서 많이 사용하는 범위에 따라 다음과 같은 작성기준을 적용하였다(분석표 〈표 7.3.1〉, 〈표 7.3.2〉 및 〈표 7.3.3〉 참조).

적용한 H형강은 H－200×200(3종류), H－250×250(4종류), H－300×300(7종류), H－350×350(5종류), H－400×400(10종류)로서 총 29종류이며, 합성기둥 총단면적에 대한 H형강의 단면적비는 1% 이상 10% 이하로 제한하였다.

구 분	종 류
합성기둥의 단면	500, 600, 700, 800, 900, 1,000, 1,100, 1,200mm의 정사각형
H형강	H－200×200 이상의 광폭계열
강종	SHN275, SHN355
콘크리트강도, f_{ck}	30, 35, 40, 45, 50, 60, 70 MPa
길이방향철근비, ρ_{sr}	0.5, 1.0, 2.0, 3.0, 4.0%
길이방향철근직경	D19, D22, D25, D29, D32, D35, D38, D41, D43, D51, D57
횡방향철근	D10@250, D10@300, D13@300, D13@350, D13@400
철근강도	SD500
유효 좌굴길이, KL	0, 3.0, 4.0, 5.0, 6.0, 7.0, 8.0, 9.0, 10.0, 12.0m

매입형 합성기둥의 단면치수와 H형강의 규격은, 횡방향철근에 대한 피복두께가 40mm 이상, H형강 표면과 길이방향철근 사이의 순간격이 길이방향철근 직경 d_b의 1.5배와 40mm 중 큰 값 이상이 되도록 선정하였다. 즉, H형강에 대한 콘크리트의 최소피복두께는 다음과 같다.

$$최소피복두께(mm) = 40 + 횡철근직경 + 길이방향철근직경 d_b + \max[1.5d_b, 40]$$

(2) 도움표의 실제 범위

작성범위의 기준에 따라 작성한 도움표의 실제범위는

① 강재의 단면적비는 1.01%~9.51%

② 길이방향철근의 철근비는 0.43%~4.05%

③ 길이방향철근 간의 순간격은 77mm~542mm
(최소순간격은 단면크기 700×700mm의 20-D35 철근배근에서 77mm,
최대순간격은 단면크기 700×700mm의 4-D29의 철근배근에서 542mm)

④ H형강의 플랜지 외면에 대한 콘크리트피복 두께는 136mm~445mm
(최소피복두께는 단면크기 700×700mm에 H－428×407×20×35에서 136mm,
최대피복두께는 단면크기 1,200×1,200mm에 H－310×305×15×20에서 445mm)

⑤ 설계압축강도는 1,290kN~96,600kN으로 확인되었다.

<표 7.3.1> 매입형 합성단면 크기에 대한 H형강의 단면적 분석표

H형강의 치수 SHN275 SHN355	합성기둥의 단면크기(BxD)와 총단면적(Ag)								
	B (mm)	500	600	700	800	900	1,000	1,100	1,200
	D (mm)	500	600	700	800	900	1,000	1,100	1,200
	Ag ($x10^3mm^2$)	250	360	490	640	810	1,000	1,210	1,440
	H형강의 단면적(A_s)과 단면적비(r_s)								
H x B x t_1 x t_2	$A_s(mm^2)$	$\rho_s=A_s/A_g(\%)$							
H-200x200x8x12	6,353	2.54	1.76	1.30	0.99	0.78	0.64	0.53	0.44
H-200x204x12x12	7,153	2.86	1.99	1.46	1.12	0.88	0.72	0.59	0.50
H-208x202x10x16	8,369	3.35	2.32	1.71	1.31	1.03	0.84	0.69	0.58
H-244x252x11x11	8,206	3.28	2.28	1.67	1.28	1.01	0.82	0.68	0.57
H-248x249x8x13	8,470	3.39	2.35	1.73	1.32	1.05	0.85	0.70	0.59
H-250X250x9x14	9,218	3.69	2.56	1.88	1.44	1.14	0.92	0.76	0.64
H-250x255x14x14	10,468	4.19	2.91	2.14	1.64	1.29	1.05	0.87	0.73
H-294x302x12x12	10,766	4.31	2.99	2.20	1.68	1.33	1.08	0.89	0.75
H-298x299x9x14	11,080	4.43	3.08	2.26	1.73	1.37	1.11	0.92	0.77
H-300x300x10x15	11,978	4.79	3.33	2.44	1.87	1.48	1.20	0.99	0.83
H-300x305x15x15	13,478	5.39	3.74	2.75	2.11	1.66	1.35	1.11	0.94
H-304x301x11x17	13,482	5.39	3.74	2.75	2.11	1.66	1.35	1.11	0.94
H-310x305x15x20	16,528	6.61	4.59	3.37	2.58	2.04	1.65	1.37	1.15
H-310x310x20x20	18,078	7.23	5.02	3.69	2.82	2.23	1.81	1.49	1.26
H-338x351x13x13	13,525	5.41	3.76	2.76	2.11	1.67	1.35	1.12	0.94
H-344x348x10x16	14,599	5.84	4.06	2.98	2.28	1.80	1.46	1.21	1.01
H-344x354x16x16	16,663	6.67	4.63	3.40	2.60	2.06	1.67	1.38	1.16
H-350x350x12x19	17,387	6.95	4.83	3.55	2.72	2.15	1.74	1.44	1.21
H-350x357x19x19	19,837	7.93	5.51	4.05	3.10	2.45	1.98	1.64	1.38
H-388x402x15x15	17,845	7.14	4.96	3.64	2.79	2.20	1.78	1.47	1.24
H-394x398x11x18	18,681	7.47	5.19	3.81	2.92	2.31	1.87	1.54	1.30
H-394x405x18x18	21,439	8.58	5.96	4.38	3.35	2.65	2.14	1.77	1.49
H-400x400x13x21	21,869	8.75	6.07	4.46	3.42	2.70	2.19	1.81	1.52
H-400x408x21x21	25,069	10.03	6.96	5.12	3.92	3.09	2.51	2.07	1.74
H-406x403x16x24	25,487	10.19	7.08	5.20	3.98	3.15	2.55	2.11	1.77
H-414x405x18x28	29,539	11.82	8.21	6.03	4.62	3.65	2.95	2.44	2.05
H-428x407x20x35	36,065	14.43	10.02	7.36	5.64	4.45	3.61	2.98	2.50
H-458x417x30x50	52,855	21.14	14.68	10.79	8.26	6.53	5.29	4.37	3.67
H-498x432x45x70	77,005	30.80	21.39	15.72	12.03	9.51	7.70	6.36	5.35
최소값	6,353	2.54	1.76	1.30	1.12	1.01	1.05	1.11	1.01
최대값	77,005	3.35	5.02	7.36	8.26	9.51	7.70	6.36	5.35
단면종류 수	156	3	14	27	27	27	23	19	16

<표 7.3.2> 매입형 합성단면 크기에 대한 H형강의 콘크리트 피복두께 분석표

H형강의 치수 SHN275 SHN355	합성기둥의 단면크기(BxD)와 총단면적(A_g)								
	B (mm)	500	600	700	800	900	1,000	1,100	1,200
	D (mm)	500	600	700	800	900	1,000	1,100	1,200
	A_g(x10^3 mm^2)	250	360	490	640	810	1,000	1,210	1,440
	H형강 플랜지 외면의 콘크리트 피복두께								
H x B x t_1 x t_2	A_s(mm^2)	피복 두께(mm)							
H-200x200x8x12	6,353	150	200	250	0	0	0	0	0
H-200x204x12x12	7,153	148	198	248	298	0	0	0	0
H-208x202x10x16	8,369	146	196	246	296	346	0	0	0
H-244x252x11x11	8,206	0	174	224	274	324	0	0	0
H-248x249x8x13	8,470	0	176	226	276	326	0	0	0
H-250x250x9x14	9,218	0	175	225	275	325	0	0	0
H-250x255x14x14	10,468	0	173	223	273	323	373	0	0
H-294x302x12x12	10,766	0	149	199	249	299	349	0	0
H-298x299x9x14	11,080	0	151	201	251	301	351	0	0
H-300x300x10x15	11,978	0	150	200	250	300	350	0	0
H-300x305x15x15	13,478	0	148	198	248	298	348	398	0
H-304x301x11x17	13,482	0	148	198	248	298	348	398	0
H-310x305x15x20	16,528	0	145	195	245	295	345	395	445
H-310x310x20x20	18,078	0	145	195	245	295	345	395	445
H-338x351x13x13	13,525	0	0	175	225	275	325	375	0
H-344x348x10x16	14,599	0	0	176	226	276	326	376	426
H-344x354x16x16	16,663	0	0	173	223	273	323	373	423
H-350x350x12x19	17,387	0	0	175	225	275	325	375	425
H-350x357x19x19	19,837	0	0	172	222	272	322	372	422
H-388x402x15x15	17,845	0	0	149	199	249	299	349	399
H-394x398x11x18	18,681	0	0	151	201	251	301	351	401
H-394x405x18x18	21,439	0	0	148	198	248	298	348	398
H-400x400x13x21	21,869	0	0	150	200	250	300	350	400
H-400x408x21x21	25,069	0	0	146	196	246	296	346	396
H-406x403x16x24	25,487	0	0	147	197	247	297	347	397
H-414x405x18x28	29,539	0	0	143	193	243	293	343	393
H-428x407x20x35	36,065	0	0	136	186	236	286	336	386
H-458x417x30x50	52,855	0	0	0	171	221	271	321	371
H-498x432x45x70	77,005	0	0	0	0	201	251	301	351
최소	6,353	146	145	136	171	201	251	301	351
최대	77,005	150	200	250	300	346	375	400	445
주근 최대직경	dbmax	D32	D38	D35	D38	D41	D51	D51	D57
횡철근 최대직경	dbmax	D10	D13	D13	D13	D13	D13	D13	D13

<표 7.3.3> 매입형 합성단면 크기에 대한 철근의 배근 분석표

단면 크기				철근					길이방향 철근 순간격 검토							
				길이방향 철근												
기준 철근비	폭 B	춤 D	총단면적 A_g	수량 n	직경 d_b	총단면적 A_{sr}	철근비 r_{sr}	횡철근 직경 d_s	순간격 S	골재 직경 d_c	$(4/3)d_c$ ①	최소 간격 ②	$1.5d_b$ ③	허용간격 S_a= max [①,②,③]	S/S_a	판정
%	mm	mm	mm²	ea	mm	mm²	%	mm	mm	mm	mm	mm	mm	mm	ratio	
0.50	500	500	250,000	4	D19	1,146	0.46	D10	362	25	33	40	29	40	9.05	적합
1.00	500	500	250,000	8	D19	2,292	0.92	D10	172	25	33	40	29	40	4.29	적합
2.00	500	500	250,000	12	D22	4,645	1.86	D10	104	25	33	40	33	40	2.60	적합
3.00	500	500	250,000	12	D29	7,709	3.08	D10	95	25	33	40	44	44	2.18	적합
4.00	500	500	250,000	12	D32	9,530	3.81	D10	91	25	33	40	48	48	1.89	적합
0.50	600	600	360,000	4	D22	1,548	0.43	D10	456	25	33	40	33	40	11.40	적합
1.00	600	600	360,000	8	D25	4,054	1.13	D10	213	25	33	40	38	40	5.31	적합
2.00	600	600	360,000	12	D29	7,709	2.14	D10	128	25	33	40	44	44	2.94	적합
3.00	600	600	360,000	12	D35	11,479	3.19	D13	118	25	33	40	53	53	2.25	적합
4.00	600	600	360,000	12	D38	13,680	3.80	D13	114	25	33	40	57	57	2.00	적합
0.50	700	700	490,000	4	D29	2,570	0.52	D10	542	25	33	40	44	44	12.46	적합
1.00	700	700	490,000	8	D29	5,139	1.05	D10	257	25	33	40	44	44	5.90	적합
2.00	700	700	490,000	12	D32	9,530	1.94	D10	157	25	33	40	48	48	3.28	적합
3.00	700	700	490,000	16	D35	15,306	3.12	D13	105	25	33	40	53	53	2.00	적합
4.00	700	700	490,000	20	D35	19,132	3.90	D13	77	25	33	40	53	53	1.46	적합
0.50	800	800	640,000	8	D22	3,097	0.48	D10	317	25	33	40	33	40	7.93	적합
1.00	800	800	640,000	16	D22	6,194	0.97	D10	148	25	33	40	33	40	3.69	적합
2.00	800	800	640,000	20	D29	12,848	2.01	D10	105	25	33	40	44	44	2.42	적합
3.00	800	800	640,000	20	D35	19,132	2.99	D13	97	25	33	40	53	53	1.84	적합
4.00	800	800	640,000	20	D38	22,800	3.56	D13	93	25	33	40	57	57	1.64	적합
0.50	900	900	810,000	8	D25	4,054	0.50	D10	363	25	33	40	38	40	9.06	적합
1.00	900	900	810,000	16	D25	8,107	1.00	D10	169	25	33	40	38	40	4.22	적합
2.00	900	900	810,000	20	D32	15,884	1.96	D10	122	25	33	40	48	48	2.53	적합
3.00	900	900	810,000	20	D38	22,800	2.81	D13	113	25	33	40	57	57	1.99	적합
4.00	900	900	810,000	24	D41	32,160	3.97	D13	85	25	33	40	62	62	1.37	적합
0.50	1,000	1,000	1,000,000	8	D29	5,139	0.51	D10	407	25	33	40	44	44	9.34	적합
1.00	1,000	1,000	1,000,000	16	D29	10,278	1.03	D10	189	25	33	40	44	44	4.34	적합
2.00	1,000	1,000	1,000,000	20	D35	19,132	1.91	D13	137	25	33	40	53	53	2.61	적합
3.00	1,000	1,000	1,000,000	20	D43	29,040	2.90	D13	127	25	33	40	65	65	1.97	적합
4.00	1,000	1,000	1,000,000	20	D51	40,540	4.05	D13	118	25	33	40	77	77	1.54	적합
0.50	1,100	1,100	1,210,000	8	D32	6,354	0.53	D10	452	25	33	40	48	48	9.42	적합
1.00	1,100	1,100	1,210,000	16	D32	12,707	1.05	D10	210	25	33	40	48	48	4.38	적합
2.00	1,100	1,100	1,210,000	20	D38	22,800	1.88	D13	153	25	33	40	57	57	2.69	적합
3.00	1,100	1,100	1,210,000	20	D51	40,540	3.35	D13	138	25	33	40	77	77	1.80	적합
4.00	1,100	1,100	1,210,000	24	D51	48,648	4.02	D13	106	25	33	40	77	77	1.39	적합
0.50	1,200	1,200	1,440,000	8	D35	7,653	0.53	D13	495	25	33	40	53	53	9.42	적합
1.00	1,200	1,200	1,440,000	16	D35	15,306	1.06	D13	230	25	33	40	53	53	4.38	적합
2.00	1,200	1,200	1,440,000	20	D43	29,040	2.02	D13	167	25	33	40	65	65	2.59	적합
3.00	1,200	1,200	1,440,000	20	D51	40,540	2.82	D13	158	25	33	40	77	77	2.06	적합
4.00	1,200	1,200	1,440,000	20	D57	51,580	3.58	D13	150	25	33	40	86	86	1.76	적합
0.50	500	500	250,000	4	D19	1,146	0.43	D10	77	25	33	40	29	40	1.37	최소
4.00	1,200	1,200	1,440,000	24	D57	51,580	4.05	D13	542	25	33	40	86	86	12.46	최대

2) 도움표의 설계압축강도 산정 조건

도움표의 설계압축강도는 약축유효좌굴길이 KL에 대하여 다음과 같은 조건으로 산정하였다.

(1) H형강의 탄성계수 : 210,000MPa

(2) H형강의 위치 : 콘크리트단면의 중심

(3) 콘크리트 종류 : 보통콘크리트

(4) 콘크리트의 탄성계수 : $E_c = 8500\sqrt[3]{f_{ck}+4}$ (MPa) ($f_{ck} \le 40$MPa일 경우)

$= 8500\sqrt[3]{f_{ck}+6}$ (MPa) ($f_{ck} > 60$MPa일 경우)

$40 < f_{ck} \le 60$일 경우는 직선보간한 값

(5) 철근의 탄성계수 : 200,000MPa

(6) 최외부 철근(횡구속철근)에 대한 피복두께 : 40mm

(7) 길이방향철근의 배치 : 각 면에 2축대칭, 등 간격, 각 면에 1열

(8) 철근의 단면2차모멘트

철근에 대한 단면2차모멘트는 $I_{sr} = \Sigma(\pi r^4/4) + \Sigma(Ad^2)$의 상세식으로 구하여야 하나, 개개 철근의 단면2차모멘트 $\Sigma(\pi r^4/4)$의 값은 합성기둥단면의 유효강성에 영향을 주지 않을 정도의 작은 값이므로, 철근위치에 대한 단면2차모멘트 $I_{sr} = \Sigma(Ad^2)$의 값만을 적용하였다.

[그림 7.3.1]은 600×600mm 콘크리트 단면에 SHN355 강종의 H−250×250×9×14와 8-D25 철근을 사용한 매입형 합성기둥의 설계압축강도를, 콘크리트설계기준 압축강도 7가지에 대하여 유효좌굴길이에 따라 그린 도표로서, 〈표 7.3.4〉 〈도움표 7.1〉의 예의 점선상자의 부분에 해당한다. 도움표의 설계압축강도는 유효좌굴길이 1m 간격으로 제공되어 있으므로 그 사이의 유효좌굴길이에 대한 설계압축강도는 직선보간법에 의해 구한 값을 사용하거나, 안전측으로 좌굴길이가 긴 우측의 값을 사용하면 된다.

600×600, H−250×250×9×14(SHN355), 8−D25

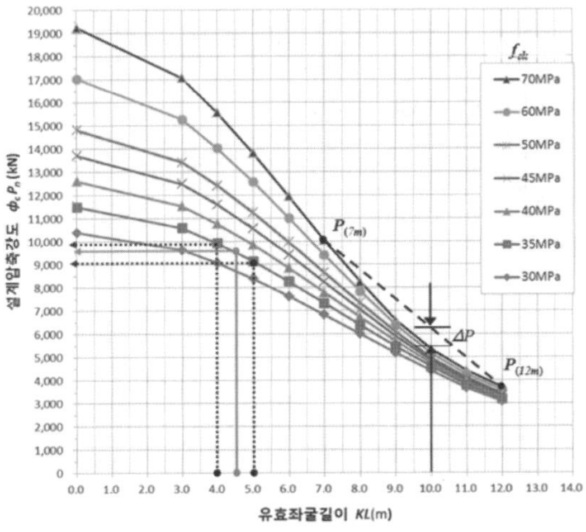

〈도움표 7.1〉에 H형강 구조설계매뉴얼에서는 제공되지 않았던 $7\text{m} < KL < 12\text{m}$ 사이의 유효길이에 대한 설계압축강도의 값을 제공하였다. 좌측의 그래프에서 보듯이 $P_{(7\text{m})}$와 $P_{(12\text{m})}$ 사이에서는 직선보간법에 의해 설계압축강도를 산정하는 것은 적합하지 않음을 알 수 있다.

예를 들면 $KL = 10$m인 기둥의 설계압축강도를 선형보간법에 의해 산정하면 ΔP 값만큼 과대하게 평가되기 때문에, 지난 매뉴얼에서는 유효좌굴길이가 7m 이상인 기둥의 설계압축강도는 별도로 계산하거나, 도움표를 사용할 경우 안전측으로 12m에서의 설계압축강도값으로 해야 하는 불편함이 있어 이 점을 보완하여 1m 간격으로 제공하였다.

[그림 7.3.1] <도움표 7.1>의 예에 대한 그래프

<표 7.3.4> <도움표 7.1>의 예 (예제 7.1)

도움표 7.1 매입형 합성기둥의 설계압축강도 øcPn (kN)

B × D=600 × 600 H-250×250×9×14 A_s=9218mm² (2.56%)

H형강 재질		SHN 275 (F_y=275 MPa)							SHN 355 (F_y=355 MPa)						
철근	KL	f_{ck} (MPa)							f_{ck} (MPa)						
	m	30	35	40	45	50	60	70	30	35	40	45	50	60	70
4-D22 (1548) 0.43% D10@300	0.0	9160	10270	11390	12500	13610	15840	18070	9710	10830	11940	13050	14170	16390	18620
	3.0	8490	9460	10420	11360	12310	14160	15970	8960	9920	10880	11820	12750	14600	16400
	4.0	8000	8870	9720	10550	11370	12980	14520	8410	9270	10110	10940	11750	13340	14860
	5.0	7410	8160	8890	9590	10280	11610	12840	7760	8500	9210	9900	10580	11880	13090
	6.0	6750	7380	7970	8540	9090	10120	11040	7030	7640	8220	8770	9300	10320	11210
	7.0	6040	6540	7010	7440	7850	8610	9250	6250	6730	7180	7590	7990	8730	9330
	8.0	5320	5700	6040	6350	6630	7150	7530	5460	5820	6140	6430	6700	7200	7560
	9.0	4610	4870	5110	5300	5480	5770	5990	4690	4930	5150	5330	5490	5770	5990
	10.0	3920	4090	4220	4340	4450	4680	4850	3950	4100	4220	4340	4450	4680	4850
	12.0	2750	2850	2930	3010	3090	3250	3370	2750	2850	2930	3010	3090	3250	3370
	υ	0.208	0.185	0.167	0.152	0.14	0.12	0.105	0.253	0.227	0.206	0.188	0.173	0.15	0.132
8-D25 (4054) 1.13% D10@300	0.0	10050	11160	12260	13370	14470	16680	18890	10610	11710	12820	13920	15030	17240	19450
	3.0	9340	10300	11260	12210	13150	15010	16820	9810	10770	11720	12660	13600	15450	17250
	4.0	8810	9680	10540	11370	12200	13820	15370	9250	10090	10940	11760	12580	14190	15720
	5.0	8180	8940	9670	10380	11080	12430	13680	8540	9280	10000	10700	11390	12710	13950
	6.0	7480	8110	8710	9290	9850	10920	11870	7760	8380	8970	9530	10080	11120	12050
	7.0	6720	7230	7700	8150	8570	9360	10030	6930	7420	7880	8310	8720	9490	10140
	8.0	5940	6330	6680	7000	7300	7850	8270	6090	6460	6790	7100	7390	7910	8300
	9.0	5160	5440	5690	5900	6090	6420	6630	5250	5510	5740	5940	6120	6420	6630
	10.0	4420	4600	4740	4860	4970	5200	5370	4450	4620	4740	4860	4970	5200	5370
	12.0	3110	3210	3290	3370	3450	3610	3730	3110	3210	3290	3370	3450	3610	3730
	υ	0.189	0.17	0.155	0.142	0.131	0.114	0.101	0.231	0.21	0.191	0.176	0.163	0.142	0.126
12-D29 (7709) 2.14% D10@300	0.0	11350	12450	13540	14630	15730	17920	20100	11910	13000	14090	15190	16280	18470	20660
	3.0	10580	11540	12490	13440	14380	16230	18050	11060	12010	12960	13900	14830	16680	18490
	4.0	10010	10880	11730	12580	13410	15040	16600	10430	11300	12140	12980	13800	15420	16970
	5.0	9330	10090	10830	11550	12250	13620	14910	9690	10440	11170	11880	12570	13930	15200
	6.0	8550	9200	9810	10400	10980	12080	13080	8850	9480	10080	10660	11220	12300	13280
	7.0	7720	8240	8730	9200	9640	10480	11190	7950	8450	8930	9380	9810	10620	11320
	8.0	6860	7270	7640	7980	8300	8890	9360	7020	7410	7770	8090	8400	8970	9410
	9.0	6010	6300	6560	6790	7000	7380	7620	6110	6380	6630	6850	7050	7400	7620
	10.0	5170	5370	5530	5670	5780	6010	6180	5220	5400	5550	5670	5780	6010	6180
	12.0	3680	3770	3860	3940	4010	4170	4290	3680	3770	3860	3940	4010	4170	4290
	υ	0.167	0.153	0.14	0.13	0.121	0.106	0.095	0.206	0.189	0.174	0.162	0.151	0.133	0.119
12-D35 (11479) 3.19 % D13@300	0.0	12700	13780	14860	15940	17020	19180	21350	13250	14330	15410	16490	17570	19740	21900
	3.0	11850	12800	13750	14690	15620	17470	19290	12330	13280	14220	15160	16090	17930	19740
	4.0	11230	12100	12950	13790	14620	16250	17830	11660	12520	13360	14190	15020	16640	18200
	5.0	10480	11240	11980	12710	13420	14800	16110	10850	11600	12330	13040	13750	15110	16400
	6.0	9640	10280	10900	11500	12080	13200	14230	9940	10570	11180	11760	12340	13440	14450
	7.0	8720	9250	9750	10220	10680	11540	12290	8960	9470	9950	10410	10860	11700	12430
	8.0	7780	8190	8570	8920	9250	9870	10380	7940	8340	8710	9050	9370	9970	10450
	9.0	6830	7130	7400	7650	7870	8280	8570	6940	7220	7480	7710	7930	8310	8590
	10.0	5900	6110	6290	6440	6560	6780	6950	5960	6150	6310	6450	6560	6780	6950
	12.0	4230	4320	4400	4480	4560	4710	4830	4230	4320	4400	4480	4560	4710	4830
	υ	0.15	0.138	0.128	0.119	0.112	0.099	0.089	0.185	0.171	0.159	0.149	0.14	0.124	0.112

7.3.1.3 매입형 합성기둥의 설계휨강도, $\phi_b M_n$: 〈도움표 7.2〉

1) 도움표의 작성범위

압축과 휨의 조합력을 받는 매입형 합성기둥을 방법-1에 의해 검토할 수 있도록 〈도움표 7.2〉에 설계휨강도를 실었다. 〈도움표 7.2〉의 단면치수와 H형강 규격 등의 구성요소는 다음 표처럼 〈도움표7.1〉의 매입형 합성기둥 단면 모두에 대해 설계휨강도를 작성하였다.

<도움표 7.2>의 매입형 합성단면 구성요소와 재료강도

단면치수 (mm)	H형강 치수 (mm)	H형강의 강종 (MPa)	철근비기준 (%)	콘크리트 강도 f_{ck}(MPa)
500×500	H-200×200×8×12	SHN275($F_y=275$)	0.5	30
600×600	H-200×204×12×12	SHN355($F_y=355$)	1.0	35
700×700	H-208×202×10×16		2.0	40
800×800	H-244×252×11×11		3.0	45
900×900	H-248×249×8×13		4.0	50
1,000×1,000	H-250×250×9×14			60
1,100×1,100	H-250×255×14×14			70
1,200×1,200	H-294×302×12×12			
	H-298×299×9×14			
	H-300×300×10×15			
	H-300×305×15×15			
	H-304×301×11×17			
	H-310×305×15×20			
	H-310×310×20×20			
	H-338×351×13×13			
	H-344×348×10×16			
	H-344×354×16×16			
	H-350×350×12×19			
	H-350×357×19×19			
	H-388×402×15×15			
	H-394×398×11×18			
	H-394×405×18×18			
	H-400×400×13×21			
	H-400×408×21×21			
	H-406×403×16×24			
	H-414×405×18×28			
	H-428×407×20×35			
	H-458×417×30×50			
	H-498×432×45×70			
8종류	29종류	2종류	5종류	7종류

2) <도움표 7.2>의 설계휨강도

〈도움표 7.2〉의 설계휨강도는 [그림 7.2.6]의 B_d점에 해당하는 M_B이고, 방법-1에 의해 압축과 휨을 동시에 받는 합성기둥의 안전성을 검토하는데 사용한다.

B_d점의 휨강도 M_B는 균형휨강도인 D_d점의 휨강도 M_D에서 $2h_n$에 해당하는 소성휨강도를 공제하여 간단하게 구할 수 있다. ([그림 7.3.2]~[그림 7.3.7]참조).

강축(x-x), 약축(y-y)은 콘크리트에 매입한 H형강의 축을 기준으로 정하였다.

(1) 강축(x-x)에 대한 휨강도

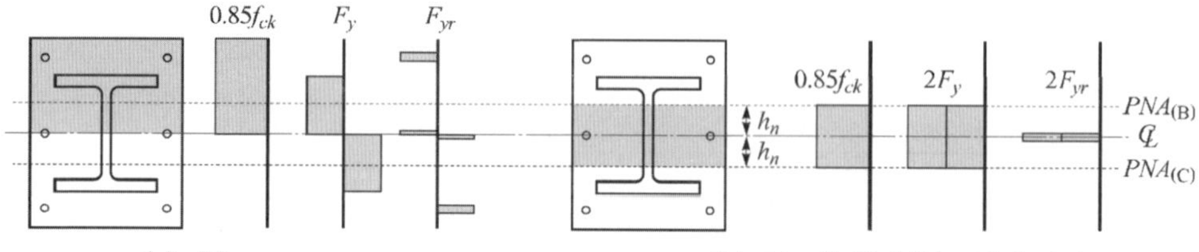

[그림 7.3.2] 강축에 대한 B_d, C_d점의 휨강도 산정을 위한 소성응력분포의 조합

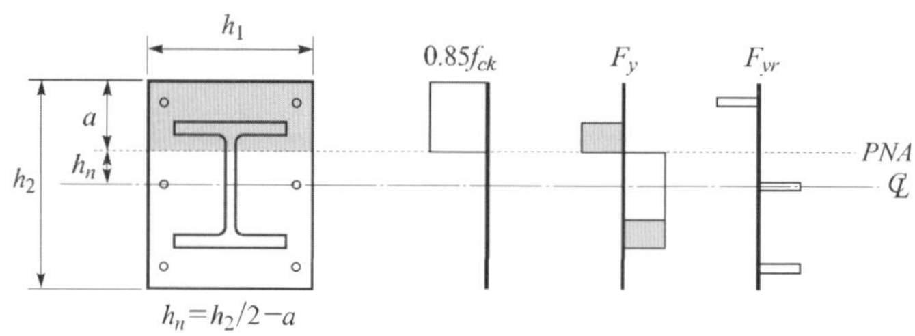

[그림 7.3.3] 강축에 대한 B_d점의 휨강도 산정을 위한 소성응력분포

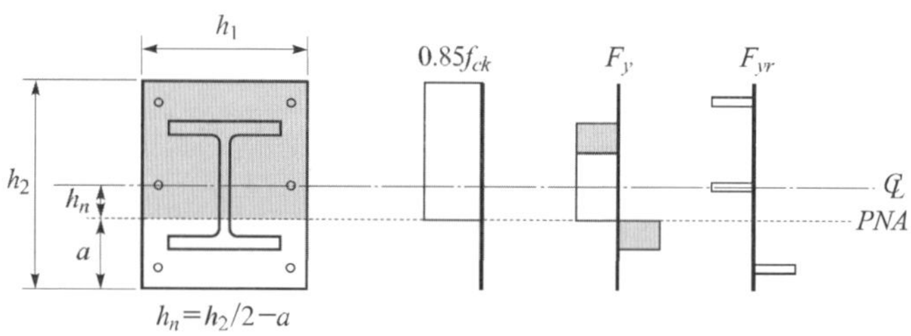

[그림 7.3.4] 강축에 대한 C_d점의 휨강도 산정을 위한 소성응력분포

$$P_B = 0$$

$M_B = M_C = M_D - M_{(D-B)}$(여기서, $M_{(D-B)}$: $2h_n$의 범위에 있는 요소의 소성휨강도)

$$M_B = M_D - Z_{sn}F_y - \frac{Z_{cn}(0.85f_{ck})}{2}$$

$$M_D = Z_sF_y + Z_rF_{yr} + \frac{Z_c(0.85f_{ck})}{2}$$

$$Z_{cn} = h_1h_n^2 - Z_{sn}$$

① h_n이 플랜지 아래에 있는 경우, $(h_n \le \frac{d}{2} - t_f)$

$$h_n = \frac{0.85 f_{ck}(A_c + A_{srs}) - 2F_{yr} A_{srs}}{2[0.85 f_{ck}(h_1 - t_w) + 2F_y t_w]}$$

$$Z_{sn} = t_w h_n^2$$

② h_n이 플랜지 내에 있는 경우, $(\frac{d}{2} - t_f < h_n \le \frac{d}{2})$

$$h_n = \frac{0.85 f_{ck}(A_c + A_s - db_f + A_{srs}) - 2F_y(A_s - db_f) - 2F_{yr} A_{srs}}{2[0.85 f_{ck}(h_1 - b_f) + 2F_y b_f]}$$

$$Z_{sn} = Z_s - b_f(\frac{d}{2} - h_n)(\frac{d}{2} + h_n)$$

③ h_n이 플랜지 위에 있는 경우, $(h_n > \frac{d}{2})$

$$h_n = \frac{0.85 f_{ck}(A_c + A_s + A_{srs}) - 2F_y A_s - 2F_{yr} A_{srs}}{2(0.85 f_{ck} h_1)}$$

$Z_{sn} = Z_{sx}$: x축에 대한 전체형강단면의 소성단면계수

(2) 약축(y-y)에 대한 휨강도

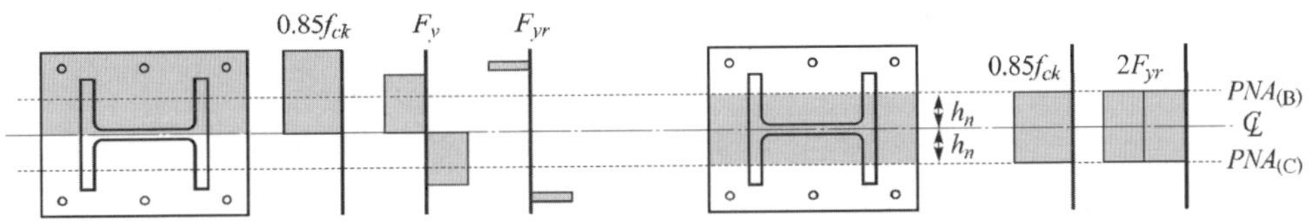

(a) M_D (b) $2h_n$에 해당하는 공제 요소

[그림 7.3.5] 약축에 대한 B_d, C_d점의 휨강도 산정을 위한 소성응력분포의 조합

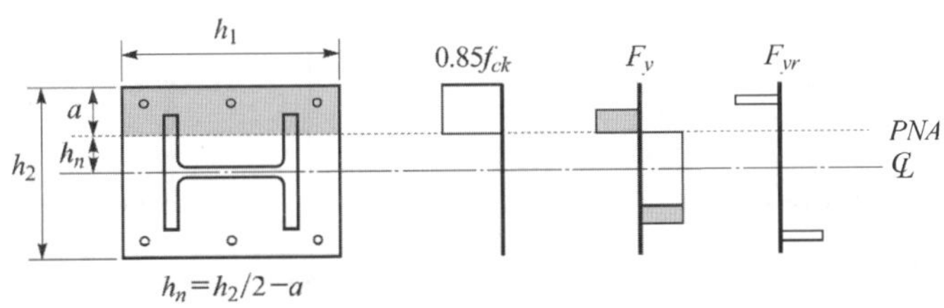

[그림 7.3.6] 약축에 대한 B_d점의 휨강도 산정을 위한 소성응력분포

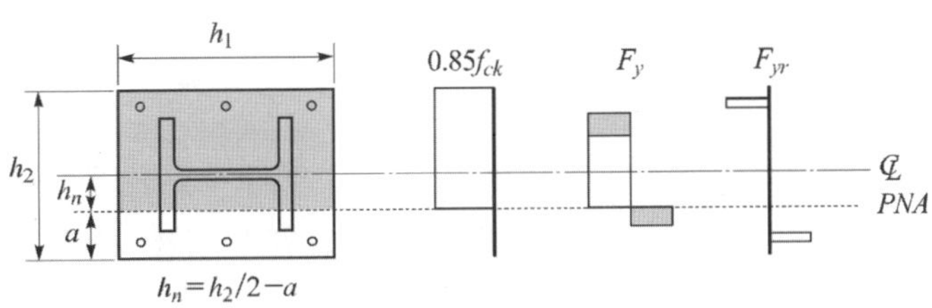

[그림 7.3.7] 약축에 대한 C_d점의 휨강도 산정을 위한 소성응력분포

$$P_B = 0$$

$M_B = M_C = M_D - M_{(D-B)}$ (여기서, $M_{(D-B)}$: $2h_n$의 범위에 있는 요소의 휨강도)

$$M_B = M_D - Z_{sn}F_y - \frac{Z_{cn}(0.85f_{ck})}{2}$$

$$M_D = Z_sF_y + Z_rF_{yr} + \frac{Z_c(0.85f_{ck})}{2}$$

$$Z_{cn} = h_1h_n^2 - Z_{sn}$$

① h_n이 플랜지 아래에 있는 경우, ($h_n \le \frac{b_f}{2}$)

$$h_n = \frac{0.85f_{ck}(A_c + A_s - 2t_fb_f) - 2F_y(A_s - 2t_fb_f)}{2[4t_fF_y + 0.85f_{ck}(h_1 - 2t_f)]}$$

$$Z_{sn} = Z_s - 2t_f(\frac{b_f}{2} + h_n)(\frac{b_f}{2} - h_n)$$

② h_n이 플랜지 위에 있는 경우, ($h_n > \frac{b_f}{2}$)

$$h_n = \frac{0.85f_{ck}(A_c + A_s) - 2F_yA_s}{2(0.85f_{ck}h_1)}$$

$Z_{sn} = Z_{sy}$: y축에 대한 전체형강단면의 소성단면계수

(3) 길이방향철근의 배치

〈도움표 7.1〉과 〈도움표 7.2〉에 주어진 설계압축강도와 설계휨강도는 [그림 7.3.8(a)]처럼 각 변의 길이방향 연속철근이 등간격으로 배치된 경우의 값이지만 강재보가 기둥에 연결되어 있을 경우에는 [그림 7.3.8(b)]처럼 길이방향철근들을 모서리 쪽에 배치할 수 있다.

(a) 등간격 배치　　(b) 모서리 배치

[그림 7.3.8] 길이방향연속철근의 배치

(4) $2h_n$ 범위에 속하는 길이방향철근의 영향

〈도움표 7.2〉에 주어진 설계휨강도의 값을 구하기 위해 h_n을 계산할 때, $2h_n$ 범위에 속하는 길이방향 철근(A_{srs})은 고려하지 않았다. $2h_n$ 범위에 있는 길이방향철근의 영향을 고려하지 않은 휨강도는 [그림 7.3.9]의 그래프에 나타난 바와 같이 영향을 고려한 휨강도에 비해 다소 낮게 평가되나 큰 차이는 없다. [그림 7.3.2], [그림 7.3.5]과 관련공식 참조

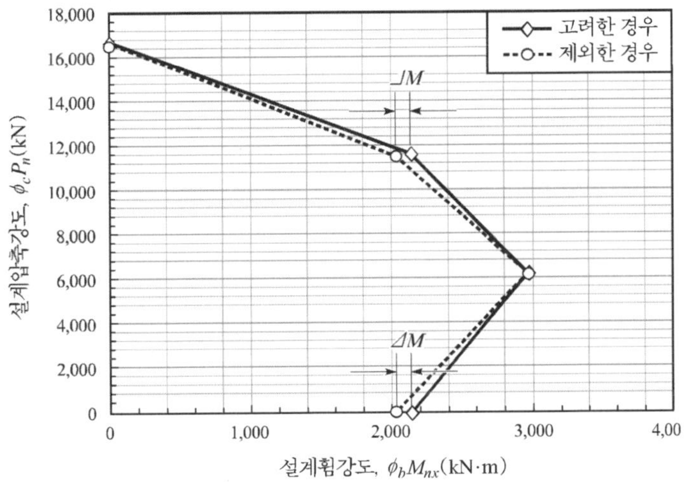

($KL = 6.0$m, 700×700, H$-400 \times 400 \times 13 \times 21$, 8$-$D29, $f_{ck} = 45$MPa, $F_y = 355$MPa, $F_{yr} = 500$MPa)

[그림 7.3.9] $M_B = M_C = M_D - M_{(D-B)}$에서 $2h_n$범위에 있는 길이방향 철근(A_{srs})의 영향의 예

3) 탄성좌굴하중

〈도움표 7.2〉에는 설계휨강도 $\phi_b M_{nx}$, $\phi_b M_{ny}$와 함께 탄성좌굴하중을 산정하기 위한 $P_{ex}(KL)^2$, $P_{ey}(KL)^2$ 값을 실었다. 이 탄성좌굴하중은 기준 0703.2에 따라 골조의 안정성을 고려한 소요강도를 산정할 때 사용한다. 즉 모멘트증폭계수를 산정할 때 필요한 값이다.

7.3.1.4 매입형 합성기둥의 보-기둥 공식

방법-2 또는 방법-3에 의한 설계도움표는 방대한 분량이 요구되어 이 매뉴얼에 제공되지 않았다. 방법-2와 방법-3은 방법-1에 비해 번거로운 계산과정이 많이 필요하나, 휨강도와 압축강도의 범위가 방법-1에 비하여 확장되기 때문에 경제적으로 설계할 수 있는 장점이 있어 필요에 따라 방법-2와 방법-3에 의한 강도를 산정할 수 있도록 관련 공식을 [그림 7.3.10], [그림 7.3.11]에 제공하였다.

1) 제공된 공식에 대한 유의사항

압축과 휨의 조합력을 받는 합성부재의 설계는 기준0709의 해설에 제시된 3가지 방법 중 하나를 사용하여 구할 수 있다. 제공된 공식은 소성응력분포법을 사용한 일례를 나타낸 것이다. 이러한 강도곡선을 유도하는데 사용할 수 있도록 관련 식들이 [그림 7.3.10]와 [그림 7.3.11]에 정리되어 있다. 이러한 식들은 세장비효과를 고려하지 않은 경우의 $P-M$ 상관관계곡선 상의 특정한 점을 나타낸다. 따라서 세장비와 강도저감계수를 고려한 설계강도를 구하여 설계에 적용하여야 한다. [그림 7.3.10]와 [그림 7.3.11]는 특수한 경우들을 나타낸 것이다. 식들의 적용은 동일한 단면에 대해서도 서로 다른 결과를 줄 수 있으므로 주의 깊게 고려하여야 한다. 예로서 [그림 7.3.10]의 식들은 철근이 중심선의 위치에 배치된 경우에 대해 유도되었으므로 배치가 다른 경우에는 식의 일부를 수정하여 사용하여야 한다. [그림 7.3.11]의 식들은 4개의 철근이 매입형 단면의 모서리에 배치된 경우에 한해 유도되었다. 설계하고자 하는 합성단면의 철근배치가 [그림 7.3.10], [그림 7.3.11]과 다른 경우에는 동일한 원리를 적용하여 설계하고자 하는 합성단면의 철근배치에 적합하도록 관련 식들을 수정하여 상관관계곡선을 유도하여야 한다.

직사각형 매입형 H형강합성기둥의 x-x축에 대한 소성강도

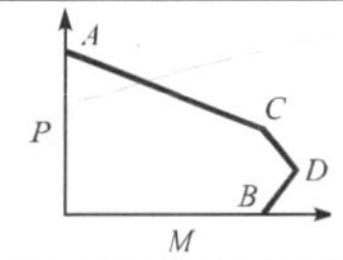

단면	소성응력분포	포인트	공식
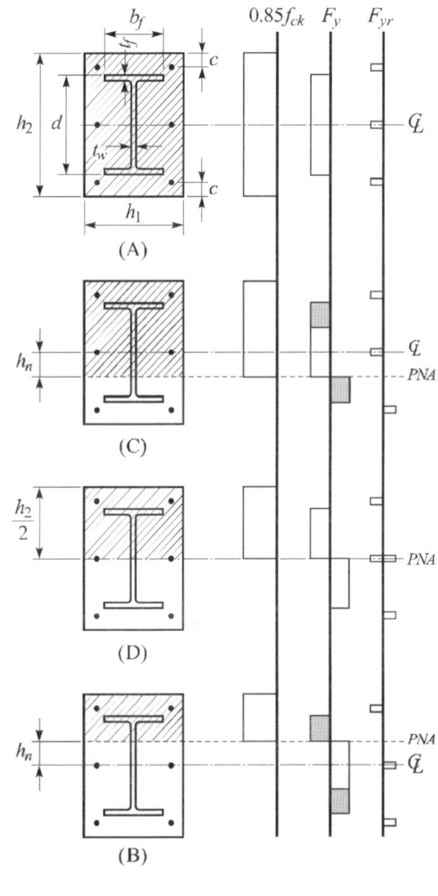		A	$P_A = A_sF_y + A_{sr}F_{yr} + 0.85f_{ck}A_c$ $M_A = 0$ A_s : 형강의 단면적 A_{sr} : 연속철근의 총단면적 $A_c = h_1h_2 - A_s - A_{sr}$
		C	$P_C = 0.85f_{ck}A_c$ $M_C = M_B$
		D	$P_D = \frac{0.85f_{ck}A_c}{2}$ $M_D = Z_sF_y + Z_rF_{yr} + \frac{Z_c(0.85f_{ck})}{2}$ Z_s : x축에 대한 전체형강단면의 소성단면계수 A_{srs} : x축선에 있는 연속철근의 단면적 $Z_r = (A_{sr} - A_{srs})(\frac{h_2}{2} - c)$ $Z_c = \frac{h_1h_2^2}{4} - Z_s - Z_r$
		B	$P_B = 0$ $M_B = M_D - Z_{sn}F_y - \frac{Z_{cn}(0.85f_{ck})}{2}$ $Z_{cn} = h_1h_n^2 - Z_{sn}$ h_n이 플랜지 아래에 있는 경우, $(h_n \le \frac{d}{2} - t_f)$ $h_n = \frac{0.85f_{ck}(A_c + A_{srs}) - 2F_{yr}A_{srs}}{2[0.85f_{ck}(h_1 - t_w) + 2F_yt_w]}$ $Z_{sn} = t_wh_n^2$ h_n이 플랜지 내에 있는 경우, $(\frac{d}{2} - t_f < h_n \le \frac{d}{2})$ $h_n = \frac{0.85f_{ck}(A_c + A_s - db_f + A_{srs}) - 2F_y(A_s - db_f) - 2F_{yr}A_{srs}}{2[0.85f_{ck}(h_1 - b_f) + 2F_yb_f]}$ $Z_{sn} = Z_s - b_f(\frac{d}{2} - h_n)(\frac{d}{2} + h_n)$ h_n이 플랜지 위에 있는 경우, $(h_n > \frac{d}{2})$ $h_n = \frac{0.85f_{ck}(A_c + A_s + A_{srs}) - 2F_yA_s - 2F_{yr}A_{srs}}{2(0.85f_{ck}h_1)}$ $Z_{sn} = Z_{sx}$: x축에 대한 전체형강단면의 소성단면계수

[그림 7.3.10] H형강 매입형 합성기둥, 강축에 대한 앵커 포인트

직사각형 매입형 H형강합성기둥의 y-y축에 대한 소성강도

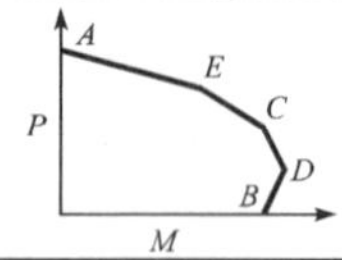

단면	소성응력분포	포인트	공식
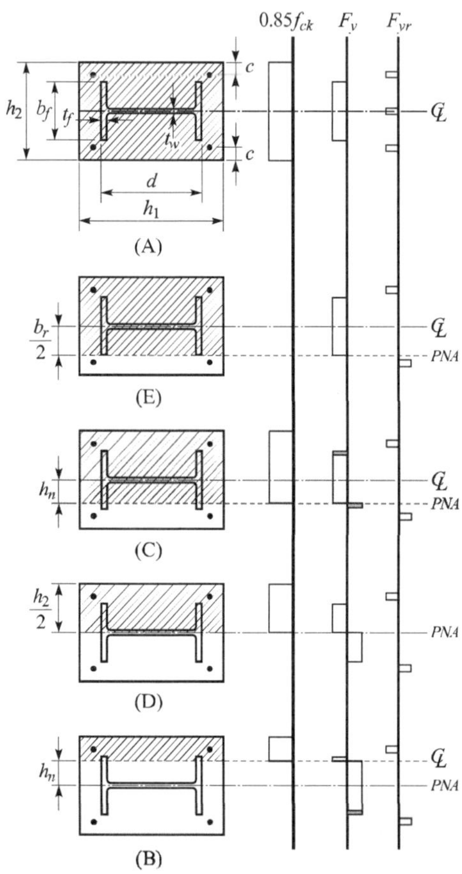		A	$P_A = A_sF_y + A_{sr}F_{yr} + 0.85f_{ck}A_c$ $M_A = 0$ A_s : 형강의 단면적 A_{sr} : 연속철근의 총단면적 $A_c = h_1h_2 - A_s - A_{sr}$
		E	$P_E = A_sF_y + (0.85f_{ck})[A_c - \frac{h_1}{2}(h_2 - b_f) + \frac{A_{sr}}{2}]$ $M_E = M_D - Z_{sE}F_y - \frac{Z_{cE}(0.85f_{ck})}{2}$ $Z_{sE} = Z_{sy}$: y축에 대한 전체형강단면의 소성단면계수 $Z_{cE} = \frac{h_1b_f^2}{4} - Z_{sE}$
		C	$P_C = 0.85f_{ck}A_c$ $M_C = M_B$
		D	$P_D = \frac{0.85f_{ck}A_c}{2}$ $M_D = Z_sF_y + Z_rF_{yr} + \frac{Z_c(0.85f_{ck})}{2}$ Z_s : y축에 대한 전체형강단면의 소성단면계수 $Z_r = A_{sr}(\frac{h_2}{2} - c)$ $Z_c = \frac{h_1h_2^2}{4} - Z_s - Z_r$
		B	$P_B = 0$ $M_B = M_D - Z_{sn}F_y - \frac{Z_{cn}(0.85f_{ck})}{2}$ $Z_{cn} = h_1h_n^2 - Z_{sn}$ h_n이 플랜지 내에 있는 경우, $(h_n \le \frac{b_f}{2})$ $h_n = \frac{0.85f_{ck}(A_c + A_s - 2t_fb_f) - 2F_y(A_s - 2t_fb_f)}{2[4t_fF_y + 0.85f_{ck}(h_1 - 2t_f)]}$ $Z_{sn} = Z_s - 2t_f(\frac{b_f}{2} + h_n)(\frac{b_f}{2} - h_n)$ h_n이 플랜지 위에 있는 경우, $(h_n > \frac{b_f}{2})$ $h_n = \frac{0.85f_{ck}(A_c + A_s) - 2F_yA_s}{2(0.85f_{ck}h_1)}$ $Z_{sn} = Z_{sy}$: y축에 대한 전체형강단면의 소성단면계수

[그림 7.3.11] H형강 매입형 합성기둥, 약축에 대한 앵커 포인트

7.3.1.5 설계도움표에 의한 매입형 합성기둥의 설계

1) 도움표를 사용하는 방법

(1) 압축력만 받는 매입형 합성기둥은 2) 설계흐름도 [그림 7.3.12]에 따라 〈도움표 7.1〉을 이용하여 간편하게 설계할 수 있다. 소요압축강도 P_r과 유효압축좌굴길이 KL을 산정하여 〈도움표 7.1〉에서 소요압축강도 P_r 이상의 설계압축강도 ϕP_n을 가진 적절한 합성단면을 찾아서 설계한다. 공사과정에서의 H형강 기둥의 적정성은 H형강 구조설계 매뉴얼의 '제5장 H형강 기둥의 설계' 에 따라 검토한다.

(2) 압축과 휨의 조합력을 받는 매입형 합성기둥은 2) 설계흐름도 [그림 7.3.13]에 따라서 〈도움표 7.1〉과 〈도움표 7.2〉를 이용하여 쉽게 검토할 수 있다.

(3) 매입형 합성기둥의 하중도입부는 2) 설계흐름도 [그림 7.3.14]에 따라 〈도움표 7.1〉과 〈도움표 7.3〉을 이용하여 쉽게 설계할 수 있다.

2) H형강 매입형 합성기둥의 설계흐름도

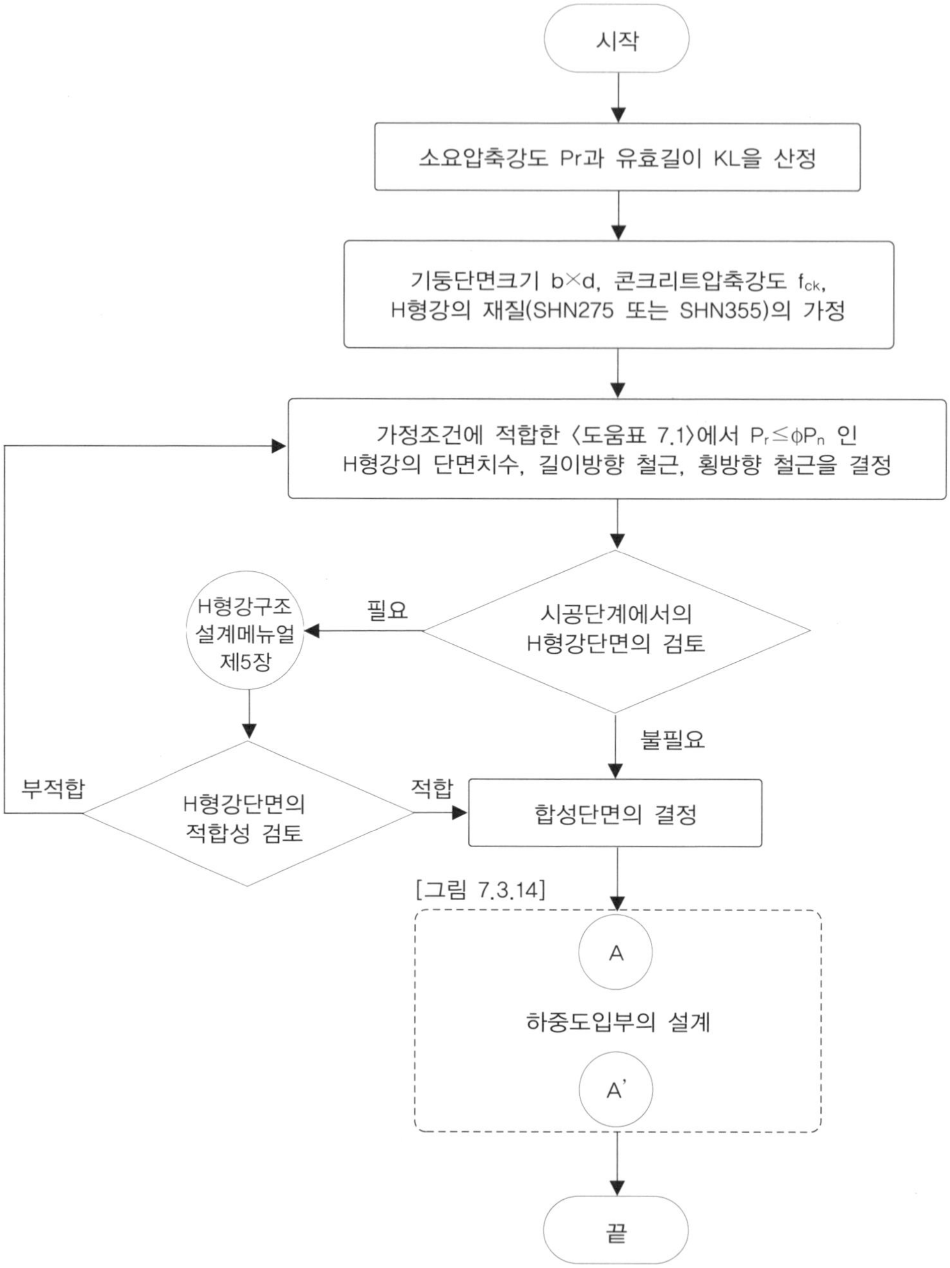

[그림 7.3.12] 압축력만 받는 매입형 합성기둥의 설계흐름도 (예제 7.1, 예제 7.2에 적용)

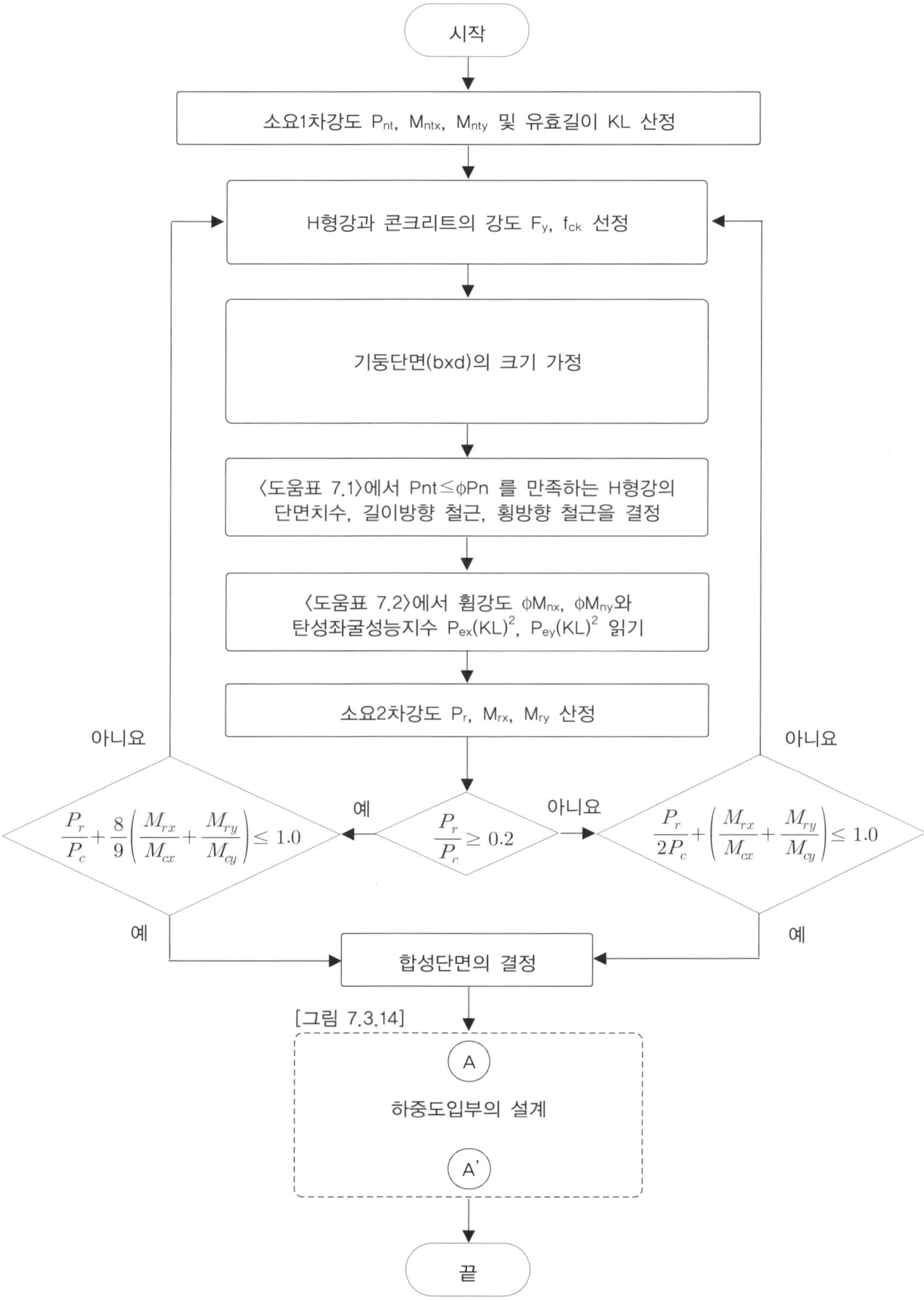

[그림 7.3.13] 압축-휨 조합력을 받는 매입형 합성기둥의 설계흐름도(예제 7.6에 적용)

A

합성기둥에 가해지는 외력 P_r 구하기

접합부에 가해진 외력이 합성기둥에 전달되는 경로를 확인하고 다음 3가지 범주 중에서 해당되는 범주를 결정하여 전달될 길이방향 전단력 V_r' 를 구한다.

외력 전체가 강재단면에 직접 가해지는 경우
$V_r' = P_r(1 - A_s F_y / P_o)$
$= P_r(1 - \upsilon)$

외력 전체가 매입콘크리트에 직접 가해지는 경우
$V_r' = P_r(A_s F_y / P_o)$
$= P_r(\upsilon)$

외력이 콘크리트와 강재에 동시에 가해지는 경우
$V_r' = P_{rs} - P_r(A_s F_y / P_o)$
$= P_{rs} - P_r(\upsilon)$

주기 : υ는 〈도움표 7.1〉에서 구할 수 있다.

〈도움표 7.3〉에서 사용할 스터드의 직경, 길이와 설계전단강도를 읽기

스터드의 소요개수를 구한다.
$n = V_r' / \phi_v R_n$

하중도입부의 위치와 길이를 결정하여 단면축에 대칭인 형태로 최소한 2면 이상에 등 간격으로 스터드를 배치한다.
(스터드의 중심간격 제한, d는 스터드의 몸체 직경)
하중방향에 상관없이 각 방향의 최소간격 $\geq 4d$
각 방향의 최대간격 $\leq 32d$

A'

[그림 7.3.14] 매입형 합성기둥의 하중전달 설계흐름도(예제 7.4, 예제 7.5에 적용)

3) <도움표 7.1>에서 합성기둥단면의 설계 값 찾기(예제 7.2 및 7.3에 적용)

도움표 7.1 매입형 합성기둥의 설계압축강도 øcPn (kN)

B × D=900 × 900 H−428×407×20×35 As=36065 mm^2 (4.45%)

H형강 재질		SHN 275 (F_y=275 MPa)							SHN 355 (F_y=355 MPa)						
철근	KL	f_{ck} (MPa)							f_{ck} (MPa)						
	m	30	35	40	45	50	60	70	30	35	40	45	50	60	70
8−D25 (4054) 0.50% D10@300	0.0	23683	26137	28591	31045	33499	38407	43315	25846	28300	30754	33208	35662	40570	45478
	3.0	22995	25326	27649	29963	32271	36870	41430	25029	27352	29666	31972	34273	38858	43403
	4.0	22474	24713	26938	29148	31347	35717	40021	24411	26636	28846	31043	33229	37576	41855
	5.0	21822	23947	26050	28132	30198	34288	38280	23639	25743	27825	29887	31934	35990	39945
	6.0	21050	23043	25005	26939	28851	32619	36254	22728	24692	26627	28533	30420	34141	37729
	7.0	20174	22018	23824	25593	27336	30751	33998	21697	23505	25276	27011	28722	32079	35268
	8.0	19207	20892	22531	24124	25686	28728	31569	20565	22206	23803	25356	26881	29854	32626
	9.0	18168	19686	21150	22561	23937	26596	29025	19353	20821	22237	23603	24936	27518	29871
	10.0	17073	18419	19706	20934	22123	24399	26423	18084	19375	20608	21786	22929	25123	27067
	12.0	14783	15791	16729	17601	18431	19984	21259	15454	16399	17280	18098	18879	20347	21541
	υ	0.314	0.285	0.260	0.240	0.222	0.194	0.172	0.372	0.339	0.312	0.289	0.269	0.237	0.211
16−D25 (8107) 1.00% D10@300	0.0	25125	27566	30007	32448	34889	39772	44654	27289	29730	32171	34612	37053	41935	46818
	3.0	24443	26768	29086	31396	33699	38291	42847	26485	28803	31113	33416	35713	40291	44834
	4.0	23926	26164	28389	30600	32802	37178	41493	25877	28102	30315	32514	34703	39057	43349
	5.0	23276	25407	27517	29607	31683	35794	39814	25115	27226	29318	31390	33447	37526	41512
	6.0	22506	24511	26488	28438	30367	34172	37855	24214	26192	28144	30068	31974	35736	39373
	7.0	21629	23493	25321	27114	28882	32350	35663	23191	25021	26817	28578	30316	33729	36986
	8.0	20660	22371	24039	25664	27259	30369	33291	22064	23735	25363	26951	28510	31554	34411
	9.0	19613	21164	22663	24114	25530	28269	30793	20853	22356	23811	25218	26593	29258	31709
	10.0	18506	19891	21219	22492	23726	26093	28222	19578	20910	22188	23413	24602	26889	28939
	12.0	16177	17231	18219	19142	20023	21676	23063	16916	17911	18842	19713	20545	22113	23419
	υ	0.296	0.270	0.248	0.229	0.213	0.187	0.167	0.352	0.323	0.298	0.277	0.259	0.229	0.205
20−D32 (15884) 1.96% D10@300	0.0	27893	30309	32725	35142	37558	42390	47223	30057	32473	34889	37305	39722	44554	49387
	3.0	27140	29442	31738	34026	36310	40862	45381	29183	31479	33768	36050	38327	42867	47374
	4.0	26568	28786	30991	33184	35368	39711	43998	28522	30727	32921	35103	37276	41599	45865
	5.0	[illegible]	[illegible]	[illegible]	[illegible]	[illegible]	[illegible]	[illegible]	[illegible]	[illegible]	31863	33921	35967	40024	43996
	6.0	25001	26989	28951	30889	32808	36598	40274	26713	28677	30617	32531	34429	38179	41814
	7.0	24032	25881	27698	29483	31245	34707	38025	25599	27418	29206	30962	32697	36108	39374
	8.0	22961	24660	26319	27940	29534	32646	35585	24372	26034	27659	29245	30806	33858	36736
	9.0	21805	23345	24840	26289	27707	30458	33008	23052	24550	26004	27414	28794	31477	33959
	10.0	20581	21959	23284	24559	25799	28185	30349	21661	22991	24271	25502	26701	29013	31103
	12.0	18004	19055	20046	20977	21869	23552	24984	18753	19750	20690	21572	22420	24023	25377
	υ	0.267	0.245	0.227	0.212	0.198	0.175	0.158	0.319	0.296	0.275	0.257	0.242	0.216	0.194
20−D38 (22800) 2.81% D13@400	0.0	30354	32748	35142	37537	39931	44719	49508	32518	34912	37306	39701	42095	46883	51672
	3.0	29555	31839	34116	36388	38654	43174	47663	31601	33880	36151	38416	40677	45186	49664
	4.0	28948	31149	33339	35518	37689	42008	46276	30907	33098	35277	37446	39607	43908	48156
	5.0	28186	30284	32366	34431	36484	40556	44551	30036	32119	34185	36235	38273	42318	46285
	6.0	27281	29259	31215	33147	35063	38849	42531	29005	30962	32896	34808	36704	40453	44096
	7.0	26250	28093	29907	31692	33455	36925	40260	27831	29648	31435	33193	34932	38354	41642
	8.0	25108	26805	28466	30091	31691	34822	37791	26537	28201	29829	31423	32993	36068	38980
	9.0	23874	25416	26917	28375	29804	32583	35175	25142	26646	28109	29531	30925	33641	36168
	10.0	22566	23949	25285	26572	27828	30251	32465	23670	25009	26303	27550	28767	31121	33265
	12.0	19807	20869	21875	22826	23740	25471	26964	20583	21595	22554	23459	24331	25986	27405
	υ	0.245	0.227	0.212	0.198	0.186	0.166	0.150	0.295	0.275	0.257	0.242	0.228	0.205	0.186

4) <도움표 7.2>에서 설계휨강도와 탄성좌굴성능지수의 값 찾기(예제 7.6에 적용)

도움표 7.2 매입형 합성기둥의 설계휨강도 $\phi_b M_n$ (kN·m)

b×d = 900 × 900 mm

H형강 재질		SHN275 (F_y = 275 MPa)							SHN355 (F_y = 355 MPa)						
H형강치수 길이방향철근(SD 500)		f_{ck} (MPa)							f_{ck} (MPa)						
		30	35	40	45	50	60	70	30	35	40	45	50	60	70
H-428×407×20×35															
8-D25	ϕM_{Bx}(kN·m)	3060	3170	3280	3380	3480	3680	3830	3570	3680	3800	3910	4010	4220	4420
	ϕM_{By}(kN·m)	2830	2990	3140	3270	3380	3580	3720	3170	3370	3540	3700	3850	4110	4330
	$P_{ex}(KL)^2/10^3$(kN·m²)	5650	5780	5900	6020	6130	6330	6490	5650	5780	5900	6020	6130	6330	6490
	$Pey(KL)^2/10^3$(kN·m²)	4040	4170	4290	4410	4520	4720	4890	4040	4170	4290	4410	4520	4720	4890
16-D25	ϕM_{Bx}(kN·m)	3580	3690	3800	3910	4010	4200	4350	4090	4210	4320	4430	4540	4740	4940
	ϕM_{By}(kN·m)	3350	3520	3660	3790	3910	4100	4240	3690	3890	4060	4220	4370	4630	4850
	$P_{ex}(KL)^2/10^3$(kN·m²)	6010	6140	6260	6380	6490	6690	6850	6010	6140	6260	6380	6490	6690	6850
	$P_{ey}(KL)^2/10^3$(kN·m²)	4400	4530	4650	4770	4880	5080	5250	4400	4530	4650	4770	4880	5080	5250
20-D32	ϕM_{Bx}(kN·m)	4520	4620	4730	4830	4930	5120	5260	5030	5140	5250	5360	5460	5670	5860
	ϕM_{By}(kN·m)	4360	4530	4670	4800	4920	5120	5260	4700	4890	5070	5230	5380	5640	5860
	$P_{ex}(KL)^2/10^3$(kN·m²)	6730	6860	6980	7090	7200	7400	7560	6730	6860	6980	7090	7200	7400	7560
	$P_{ey}(KL)^2/10^3$(kN·m²)	5120	5250	5370	5480	5600	5800	5960	5120	5250	5370	5480	5600	5800	5960
20-D38	ϕM_{Bx}(kN·m)	5370	5480	5580	5680	5780	5970	6120	5880	5990	6100	6210	6310	6520	6710
	ϕM_{By}(kN·m)	5210	5380	5520	5650	5770	5970	6120	5550	5740	5920	6080	6220	6480	6710
	$P_{ex}(KL)^2/10^3$(kN·m²)	7330	7450	7570	7680	7790	7990	8150	7330	7450	7570	7680	7790	7990	8150
	$P_{ey}(KL)^2/10^3$(kN·m²)	5710	5840	5960	6080	6190	6380	6550	5710	5840	5960	6080	6190	6380	6550
24-D41	ϕM_{Bx}(kN·m)	6720	6830	6940	7040	7150	7340	7520	7230	7340	7450	7560	7670	7870	8070
	ϕM_{By}(kN·m)	6340	6500	6640	6770	6890	7100	7250	6670	6860	7030	7190	7340	7600	7830
	$P_{ex}(KL)^2/10^3$(kN·m²)	8150	8280	8390	8500	8610	8810	8960	8150	8280	8390	8500	8610	8810	8960
	$P_{ey}(KL)^2/10^3$(kN·m²)	6540	6660	6780	6900	7010	7200	7360	6540	6660	6780	6900	7010	7200	7360

1) ϕM_{Bx}는 강축(x-x)에 대한 설계휨강도이며, ϕM_{By}는 약축(y-y)에 대한 설계휨강도이다.
2) P_{ex}는 강축(x-x)에 대한 탄성좌굴성능지수이며, P_{ey}는 약축(y-y)에 대한 탄성좌굴성능지수이다.
3) EI_{effx}는 강축(x-x)에 대한 합성단면의 유효강성이며, EI_{effy}는 약축(y-y)에 대한 합성단면의 유효강성이다.

7.3.2 충전형 합성기둥

7.3.2.1 일반사항

1) 도움표의 유형

각형강관 및 원형강관을 이용한 충전형 합성기둥의 설계도움표는 다음과 같이 2가지 유형으로 작성하였다.

(1) 〈도움표 7.4〉 충전각형 합성기둥의 설계압축강도 $\phi_c P_n$(kN) 및 설계휨강도 $\phi_b M_n$ (kN·m)

(2) 〈도움표 7.5〉 충전원형 합성기둥의 설계압축강도 $\phi_c P_n$(kN) 및 설계휨강도 $\phi_b M_n$ (kN·m)

2) 도움표에 적용한 각형강관 및 원형강관의 강종

도움표는 각형강관의 경우 SNRT275와 SNRT355의 2가지 강종으로 기둥에 적합한 □-150×150 이상의 규격 12개와 상자형 조립단면 69개를 합하여 총 81개의 단면과 원형강관의 경우

SNT275과 SNT355의 2가지 강종으로 기둥에 적합한 지름 200mm 이상의 규격 73개의 원형 강관을 적용하여 작성하였다.

3) 국부좌굴의 영향

충전형 합성부재의 거동은 순수강관부재의 거동과는 근본적으로 다르다. 즉 강관의 탄성국부좌굴은 콘크리트의 충전유무에 의해 크게 영향을 받는다. 충전콘크리트는 내부로의 변형을 방지함으로써 강관의 좌굴모드를 변화시킬 뿐만 아니라 충전콘크리트는 합성부재의 강성, 강도, 연성에 중요한 영향을 준다.

따라서, 압축력을 받는 충전형 합성부재는 국부좌굴효과를 고려하여 조밀, 비조밀, 세장으로 분류되는 강관의 단면에 해당하는 보정된 식들을 사용하여 설계압축강도를 구한다.

4) 도움표의 내용

〈도움표 7.4〉 및 〈도움표 7.5〉에는 합성기둥 단면치수 별로 적절한 강관 규격을 선정하고, 길이방향철근은 없는 것으로 하여, 콘크리트 설계기준압축강도와 유효좌굴길이(KL)의 변화에 따른 설계압축강도를 산정하여 나타내었다. 또한, 압축과 휨의 조합력을 받는 충전형 합성기둥의 강도검토에 필요한 설계휨강도와 탄성좌굴하중을 산정하기 위한 설계값을 표의 하부에 각각 정리하였다.

7.3.2.2 충전형 합성기둥의 설계압축강도, $\phi_c P_n$: 〈도움표 7.4〉 및 〈도움표 7.5〉

1) 도움표의 작성범위

(1) 작성범위의 기준

〈도움표 7.4〉 및 〈도움표 7.5〉에 적용한 합성기둥의 단면, 강관의 규격, 콘크리트강도, 유효좌굴길이 등은 실무에서 많이 사용하는 범위에 따라 다음과 같은 작성기준을 적용하였다(분석표 〈표 7.3.5〉 및 〈표 7.3.6〉 참조).

적용한 각형강관은 □－150×150(3종류), □－175×175(2종류), □－200×200(2종류), □－250×250(3종류), □－300×300(2종류), □－350×350(4종류), □－400×400(5종류), □－450×450(5종류), □－500×500(5종류), □－550×550(5종류), □－600×600(5종류), □－650×650(5종류), □－700×700(5종류), □－750×750(5종류), □－800×800(5종류), □－850×850(5종류), □－900×900(5종류), □－950×950(5종류), □－1,000×1,000(5종류)로서 총 81종류이며, 합성기둥 총 단면적에 대한 각형강관의 단면적비는 3.57% 이상 14.95% 이하이며, 적용한 원형강관은 ∅－216.3(4종류), ∅－267.4(4종류), ∅－318.5(4종류), ∅－355.6(4종류), ∅－405.4(4종류), ∅－457.2(4종류), ∅－500.0(3종류), ∅－508.0(6종류), ∅－558.8(5종류), ∅－600.0(4종류), ∅－609.6(6종류), ∅－700.0(4종류), ∅－711.2(6종류), ∅－812.8(6종류), ∅－914.4(5종류), ∅－1,016.0(5종류)로서 총 74종류이며, 합성기둥 총단면적에 대한 원형강관의 단면적비는 4.4% 이상 16.6% 이하로 구성하였다.

구 분	종 류
각형강관의 종류	국내에서 생산되는 각형강관 중 □−150×150 이상 12개와 상자형 조립단면 69개 총 81개의 단면
강종	SNRT 275, SNRT 355
콘크리트강도, f_{ck}	30, 35, 40, 45, 50, 60, 70MPa 고려
유효 좌굴길이, KL	0, 3.0, 4.0, 5.0, 6.0, 7.0, 8.0, 9.0, 10, 12.0m까지 고려
탄성좌굴성능 및 유효강성	

구 분	종 류
원형강관의 종류	국내에서 생산되는 원형강관 중 ∅−216.3 이상의 원형강관 74종
강종	SNT 275, SNT 355
콘크리트강도, f_{ck}	30, 35, 40, 45, 50, 60, 70MPa 고려
유효 좌굴길이, KL	0, 3.0, 4.0, 5.0, 6.0, 7.0, 8.0, 9.0, 10, 12.0m까지 고려
탄성좌굴성능 및 유효강성	

(2) 도움표의 실제 범위

작성범위의 기준에 따라 작성한 도움표의 실제범위는

① 강재의 단면적비는 각형강관의 경우 3.57%~14.95%, 원형강관의 경우는 4.38%~17.91%

② 설계압축강도는 각형강관의 경우 116kN ~61,700kN, 원형강관의 경우는 241kN ~55,200 kN 으로 확인되었다.

<표 7.3.5> 합성단면 크기에 대한 각형강관의 단면적 분석표

각형강관 SNRT 275 SNRT 355		합성기둥의 단면크기(BxD)와 총단면적(A_g)																		
	B	150	175	200	250	300	350	400	450	500	550	600	650	700	750	800	850	900	950	1,000
	D	150	175	200	250	300	350	400	450	500	550	600	650	700	750	800	850	900	950	1,000
	A_g	2.E+04	3.E+04	4.E+04	6.E+04	9.E+04	1.E+05	2.E+05	2.E+05	3.E+05	3.E+05	4.E+05	4.E+05	5.E+05	6.E+05	6.E+05	7.E+05	8.E+05	9.E+05	1.E+06
	각형강관의 단면적(A_s)과 단면적비(r_s)																			
H(B) x t	A_s	$r_s=A_s/A_g$(%)																		
150x4.5	2,567	11.4																		
150x5.0	2,836	12.6																		
150x6.0	3,363	14.9																		
175x5.0	3,336		10.9																	
175x6.0	3,963		12.9																	
200x6.0	4,563			11.4																
200x8.0	5,979			14.9																
250x5.0	4,836				7.74															
250x6.0	5,763				9.22															
250x8.0	7,579				12.1															
300x4.5	5,267					5.85														
300x6.0	6,993					7.77														
350x5.0	6,900						5.63													
350x6.0	8,256						6.74													
350x7.0	9,604						7.84													
350x8.0	10,944						8.93													
400x5.0	7,900							4.94												
400x6.0	9,456							5.91												
400x7.0	11,004							6.88												
400x8.0	12,544							7.84												
400x9.0	14,076							8.80												
450x6.0	10,656								5.26											
450x7.0	12,404								6.13											
450x8.0	14,144								6.98											
450x9.0	15,876								7.84											
450x10.0	17,600								8.69											
500x6.0	11,856									4.74										
500x8.0	15,744									6.30										
500x9.0	17,676									7.07										
500x10.0	19,600									7.84										
500x12.0	23,424									9.37										
550x6.0	13,056										4.32									
550x8.0	17,344										5.73									
550x9.0	19,476										6.44									
550x10.0	21,600										7.14									
550x12.0	25,824										8.54									
600x6.0	14,256											3.96								
600x8.0	18,944											5.26								
600x9.0	21,276											5.91								
600x10.0	23,600											6.56								
600x12.0	28,224											7.84								
650x6.0	15,456												3.66							
650x8.0	20,544												4.86							
650x9.0	23,076												5.46							
650x10.0	25,600												6.06							
650x12.0	30,624												7.25							
700x8.0	22,144													4.52						
700x9.0	24,876													5.08						
700x10.0	27,600													5.63						
700x12.0	33,024													6.74						
700x14.0	38,416													7.84						
750x8.0	23,744														4.22					
750x9.0	26,676														4.74					
750x10.0	29,600														5.26					
750x12.0	35,424														6.30					

각형강관 SNRT 275 SNRT 355	합성기둥의 단면크기(BxD)와 총단면적(A_g)																			
	B	150	175	200	250	300	350	400	450	500	550	600	650	700	750	800	850	900	950	1,000
	D	150	175	200	250	300	350	400	450	500	550	600	650	700	750	800	850	900	950	1,000
	A_g	2.E+04	3.E+04	4.E+04	6.E+04	9.E+04	1.E+05	2.E+05	2.E+05	3.E+05	3.E+05	4.E+05	4.E+05	5.E+05	6.E+05	6.E+05	7.E+05	8.E+05	9.E+05	1.E+06
	각형강관의 단면적(A_s)과 단면적비(r_s)																			
H(B) x t	A_s	$r_s=A_s/A_g(\%)$																		
800x8.0	25,344															3.96				
800x9.0	28,476															4.45				
800x10.0	31,600															4.94				
800x12.0	37,824															5.91				
800x14.0	44,016															6.88				
850x9.0	30,276																4.19			
850x10.0	33,600																4.65			
850x12.0	40,224																5.57			
850x14.0	46,816																6.48			
850x16.0	53,376																7.39			
900x9.0	32,076																	3.96		
900x10.0	35,600																	4.40		
900x12.0	42,624																	5.26		
900x14.0	49,616																	6.13		
900x16.0	56,576																	6.98		
950x9.0	33,876																		3.75	
950x10.0	37,600																		4.17	
950x12.0	45,024																		4.99	
950x14.0	52,416																		5.81	
950x16.0	59,776																		6.62	
1000x9.0	35,676																			3.57
1000x10.0	39,600																			3.96
1000x12.0	47,424																			4.74
1000x14.0	55,216																			5.52
1000x16.0	62,976																			6.30
최소값	2,567	11.41	10.89	11.41	7.74	5.85	5.63	4.94	5.26	4.74	4.32	3.96	3.66	4.52	4.22	3.96	4.19	3.96	3.75	3.57
최대값	7,579	14.95	12.94	14.95	12.13	7.77	8.93	8.80	8.69	9.37	8.54	7.84	7.25	7.84	7.33	6.88	7.39	6.98	6.62	6.30
단면종류	81	3	2	2	3	2	4	5	5	5	5	5	5	5	5	5	5	5	5	5

<표 7.3.6> 합성단면 크기에 대한 원형강관의 단면적 분석표

원형강관 SNT 275 SNT 355	합성기둥의 단면크기와 총단면적(A_g)																
	D(mm)	216.3	267.4	318.5	355.6	405.4	457.2	500.0	508.0	558.8	600.0	609.6	700.0	711.2	812.8	914.4	1,016.0
	$A_g(mm^2)$	4.E+04	6.E+04	8.E+04	1.E+05	1.E+05	2.E+05	2.E+05	2.E+05	2.E+05	3.E+05	3.E+05	4.E+05	4.E+05	5.E+05	7.E+05	8.E+05
	원형강관의 단면적(A_s)과 단면적비(r_s)																
D x t	$A_s(mm^2)$	$r_s=A_s/A_g$(%)															
216.3x4.5	2,994.0	8.1															
216.3x6.0	3,961.0	10.8															
216.3x7.0	4,603.0	12.5															
216.3x8.0	5,235.0	14.2															
267.4x6.0	4,927.0		8.8														
267.4x7.0	5,727.0		10.2														
267.4x8.0	6,519.0		11.6														
267.4x9.0	7,306.0		13.0														
318.5x6.0	5,891.0			7.4													
318.5x7.0	6,850.0			8.6													
318.5x8.0	7,804.0			9.8													
318.5x9.0	8,751.0			11.0													
355.6x6.3	6,913.0				7.0												
355.6x8.0	8,736.0				8.8												
355.6x9.0	8,700.0				8.8												
355.6x12.0	11,240.0				11.3												
405.4x9.0	11,240.0					8.7											
405.4x12.0	14,870.0					11.5											
405.4x16.0	19,620.0					15.2											
405.4x19.0	23,120.0					17.9											
457.2x9.0	12,670.0						7.7										
457.2x12.0	16,780.0						10.2										
457.2x16.0	22,180.0						13.5										
457.2x19.0	26,160.0						15.9										
500x9.0	13,880.0							7.1									
500x12.0	18,400.0							9.4									
500x14.0	21,380.0							10.9									
508x9.0	14,110.0								6.96								
508x12.0	18,700.0								9.23								
508x14.0	21,730.0								10.72								
508x16.0	24,730.0								12.20								
508x19.0	29,190.0								14.40								
508x22.0	33,590.0								16.57								

제1장 제2장 제3장 제4장 제5장 제6장 제7장 제8장 제9장 제10장

원형강관 SNT 275 SNT 355	합성기둥의 단면크기와 총단면적(A_g)																
	D(mm)	216.3	267.4	318.5	355.6	405.4	457.2	500.0	508.0	558.8	600.0	609.6	700.0	711.2	812.8	914.4	1,016.0
	$A_g(mm^2)$	4.E+04	6.E+04	8.E+04	1.E+05	1.E+05	2.E+05	2.E+05	2.E+05	2.E+05	3.E+05	3.E+05	4.E+05	4.E+05	5.E+05	7.E+05	8.E+05
	원형강관의 단면적(A_s)과 단면적비(r_s)																
D x t	$A_s(mm^2)$	$r_s=A_s/A_g(\%)$															
558.8x9.0	15,550.0									6.3							
558.8x12.0	20,610.0									8.4							
558.8x16.0	27,280.0									11.1							
558.8x19.0	32,220.0									13.1							
558.8x22.0	29,100.0									11.9							
600x9.0	16,710.0										5.9						
600x12.0	22,170.0										7.8						
600x14.0	25,770.0										9.1						
600x16.0	29,360.0										10.4						
609.6x9.0	16,980.0											5.8					
609.6x12.0	22,530.0											7.7					
609.6x14.0	26,200.0											9.0					
609.6x16.0	29,840.0											10.2					
609.6x19.0	32,550.0											11.2					
609.6x22.0	40,610.0											13.9					
700x9.0	19,540.0												5.1				
700x12.0	25,940.0												6.7				
700x14.0	30,170.0												7.8				
700x16.0	34,380.0												8.9				
711.2x9.0	19,850.0													5.00			
711.2x12.0	26,360.0													6.64			
711.2x14.0	30,660.0													7.72			
711.2x16.0	34,940.0													8.80			
711.2x19.0	41,320.0													10.40			
711.2x22.0	47,630.0													11.99			
812.8x9.0	22,730.0														4.38		
812.8x12.0	30,190.0														5.82		
812.8x14.0	35,130.0														6.77		
812.8x16.0	40,050.0														7.72		
812.8x19.0	47,380.0														9.13		
812.8x22.0	54,660.0														10.53		
914.4x12.0	34,020.0															5.18	
914.4x14.0	39,600.0															6.03	
914.4x16.0	45,160.0															6.88	
914.4x19.0	53,450.0															8.14	
914.4x22.0	61,650.0															9.39	
1,016x12.0	37,850.0																4.67
1,016x14.0	44,070.0																5.44
1,016x16.0	50,270.0																6.20
1,016x19.0	59,510.0																7.34
1,016x22.0	68,700.0																8.47
최소값	2,994.0	8.15	8.77	7.39	6.96	8.71	7.72	7.07	6.96	6.34	5.91	5.82	5.08	5.00	4.38	5.18	4.67
최대값	68,700.0	14.25	13.01	10.98	11.32	17.91	15.93	10.89	16.57	13.14	10.38	13.91	8.93	11.99	10.53	9.39	8.47
단면종류수	74	4	4	4	4	4	4	3	6	5	4	6	4	6	6	5	5

2) 도움표의 설계압축강도 산정 조건

도움표의 설계압축강도는 유효좌굴길이 KL에 대하여 다음과 같은 조건으로 산정하였다.

(1) 각형 및 원형 강관의 탄성계수 : 210,000MPa

(2) 콘크리트 종류 : 보통콘크리트

(3) 콘크리트의 탄성계수 : $E_c = 8500\sqrt[3]{f_{ck}+4}$ (MPa) ($f_{ck} \le 40$MPa일 경우)

$= 8500\sqrt[3]{f_{ck}+6}$ (MPa) ($f_{ck} > 60$MPa일 경우)

$40 < f_{ck} \le 60$일 경우는 직선보간한 값

다음 [그림 7.3.15] 좌측 상단의 600×600×6.0 SNRT 355 각형강관 단면에 콘크리트를 충전한 충전형 각형강관 합성기둥의 설계압축강도와 좌측 하단의 600×9.0 SNT 355 원형강관 단면에 콘크리트를 충전한 충전형 원형강관 합성기둥의 설계압축강도로서, 콘크리트설계기준 압축강도 7가지에 대하여 유효좌굴길이에 따른 도표이며, 〈표 7.3.7〉 〈도움표 7.4〉 및 〈표 7.3.8〉 〈도움표 7.5〉의 예의 점선상자의 부분에 해당한다.

□-600×600×6.0 (SNRT355) 충전형 각형강관

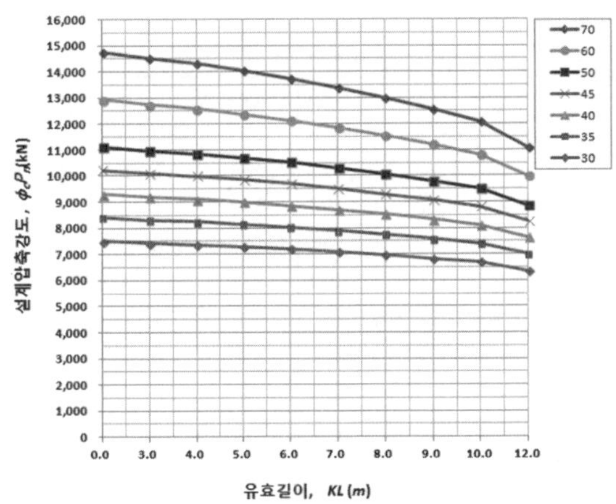

ϕ-600×9.0 (SNT355) 충전형 원형강관

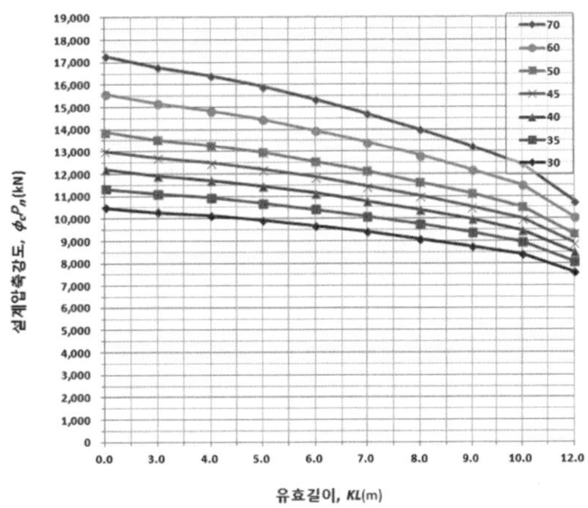

〈도움표 7.4〉와 〈도움표 7.5〉에서 각 구간 사이의 유효길이에 대한 설계압축강도의 값은 좌측의 그래프에서 보듯이 직선보간법에 의하여 설계압축강도를 산정하더라도 H형강 매입형 합성기둥과는 달리 안전측으로 적합한 값임을 알 수 있다.

[그림 7.3.15] <도움표 7.4> 및 <도움표 7.5>의 예에 대한 그래프

<표 7.3.7> <도움표 7.4>의 예(예제 7.8)

도움표 7-4 충전각형 합성기둥의 설계압축강도, $\phi_c P_n$ (kN)

각형강관 재질			SNRT 275 (F_y=275 MPa)							SNRT 355 (F_y=355 MPa)						
콘크리트 강도			f_{ck} (MPa)							f_{ck} (MPa)						
			30	35	40	45	50	60	70	30	35	40	45	50	60	70
400 X 400 X 7	KL (m)	0.0	5,107	5,582	6,057	6,532	7,007	7,956	8,906	5,765	6,239	6,714	7,189	7,664	8,613	9,563
		3.0	4,972	5,423	5,873	6,321	6,768	7,658	8,540	5,592	6,041	6,488	6,934	7,379	8,264	9,142
		4.0	4,869	5,303	5,734	6,162	6,588	7,433	8,266	5,462	5,891	6,318	6,742	7,164	8,002	8,828
		5.0	4,740	5,152	5,560	5,964	6,364	7,154	7,927	5,298	5,704	6,106	6,504	6,898	7,678	8,439
		6.0	4,586	4,973	5,354	5,729	6,100	6,828	7,531	5,105	5,483	5,856	6,223	6,586	7,299	7,987
		7.0	4,411	4,770	5,121	5,465	5,802	6,461	7,089	4,886	5,234	5,574	5,907	6,235	6,875	7,485
		8.0	4,218	4,546	4,864	5,174	5,477	6,062	6,611	4,645	4,959	5,265	5,563	5,853	6,417	6,944
		9.0	4,009	4,304	4,589	4,864	5,130	5,640	6,107	4,386	4,666	4,936	5,196	5,449	5,934	6,378
		10.0	3,788	4,050	4,300	4,539	4,768	5,202	5,590	4,114	4,359	4,593	4,815	5,030	5,438	5,800
		12.0	3,321	3,516	3,698	3,867	4,025	4,315	4,555	3,546	3,722	3,886	4,037	4,180	4,441	4,655
$\phi_b M_n$(kN · m)			473.9	478.7	482.8	486.3	489.4	494.3	498.2	601	608	613	618	622	629	635
$P_e(KL)^2/10^3$(kN · m²)			953.3	970.7	986.6	1001.2	1015.8	1045.0	1067.3	953	971	987	1001	1016	1045	1067
EI_{eff} /10³(kN · m²)			96.59	98.35	99.96	101.44	102.92	105.88	108.14	97	98	100	101	103	106	108
υ			0.442	0.405	0.373	0.346	0.322	0.284	0.254	0.506	0.467	0.434	0.406	0.380	0.339	0.305
400 X 400 X 8	KL (m)	0.0	5,392	5,862	6,332	6,802	7,271	8,211	9,151	6,141	6,610	7,080	7,550	8,020	8,960	9,899
		3.0	5,252	5,700	6,146	6,590	7,033	7,915	8,791	5,960	6,405	6,848	7,290	7,730	8,608	9,479
		4.0	5,146	5,577	6,005	6,430	6,853	7,693	8,522	5,823	6,249	6,673	7,094	7,512	8,344	9,165
		5.0	5,013	5,423	5,828	6,230	6,628	7,416	8,187	5,652	6,055	6,454	6,849	7,241	8,017	8,776
		6.0	4,855	5,240	5,620	5,994	6,364	7,091	7,796	5,449	5,825	6,196	6,561	6,923	7,635	8,324
		7.0	4,675	5,032	5,383	5,726	6,064	6,725	7,357	5,219	5,565	5,904	6,237	6,565	7,206	7,818
		8.0	4,475	4,802	5,121	5,432	5,737	6,326	6,882	4,966	5,279	5,585	5,883	6,174	6,741	7,273
		9.0	4,258	4,555	4,841	5,117	5,386	5,903	6,380	4,693	4,973	5,244	5,506	5,760	6,250	6,702
		10.0	4,029	4,293	4,545	4,787	5,020	5,463	5,863	4,406	4,652	4,887	5,112	5,330	5,744	6,116
		12.0	3,544	3,743	3,928	4,102	4,265	4,567	4,820	3,808	3,986	4,152	4,306	4,453	4,724	4,948
$\phi_b M_n$(kN · m)			533.4	539.0	543.7	547.8	551.4	557.3	562.0	676.5	683.8	690.1	695.6	700.5	708.6	715.3
$P_e(KL)^2/10^3$(kN · m²)			1032.6	1050.0	1066.0	1080.7	1095.4	1124.7	1147.1	1032.6	1050.0	1066.0	1080.7	1095.4	1124.7	1147.1
EI_{eff} /10³(kN · m²)			104.62	106.39	108.01	109.50	110.98	113.96	116.22	104.62	106.39	108.01	109.50	110.98	113.96	116.22
υ			0.477	0.439	0.406	0.378	0.354	0.313	0.281	0.541	0.502	0.469	0.440	0.414	0.371	0.336
400 X 400 X 9	KL (m)	0.0	5,675	6,140	6,605	7,069	7,534	8,464	9,394	6,514	6,979	7,444	7,909	8,374	9,304	10,233
		3.0	5,531	5,974	6,416	6,856	7,295	8,170	9,039	6,325	6,765	7,204	7,642	8,079	8,949	9,813
		4.0	5,422	5,848	6,273	6,695	7,114	7,949	8,772	6,182	6,604	7,024	7,441	7,857	8,683	9,498
		5.0	5,284	5,690	6,093	6,492	6,889	7,673	8,441	6,002	6,402	6,798	7,190	7,580	8,352	9,108
		6.0	5,121	5,503	5,881	6,254	6,622	7,348	8,053	5,790	6,163	6,531	6,895	7,255	7,964	8,652
		7.0	4,934	5,290	5,640	5,983	6,321	6,982	7,617	5,548	5,892	6,230	6,562	6,889	7,530	8,144
		8.0	4,728	5,055	5,374	5,685	5,990	6,583	7,143	5,282	5,595	5,900	6,197	6,489	7,057	7,594
		9.0	4,504	4,800	5,087	5,365	5,636	6,158	6,642	4,996	5,276	5,546	5,809	6,064	6,558	7,015
		10.0	4,266	4,531	4,785	5,029	5,265	5,715	6,123	4,695	4,941	5,177	5,403	5,622	6,042	6,420
		12.0	3,763	3,964	4,152	4,329	4,497	4,808	5,072	4,065	4,244	4,412	4,569	4,718	4,996	5,230
$\phi_b M_n$(kN · m)			591.6	597.9	603.2	607.9	612.0	618.9	624.4	750.3	758.4	765.4	771.6	777.1	786.4	794.0
$P_e(KL)^2/10^3$(kN · m²)			1110.1	1127.6	1143.6	1158.4	1173.1	1202.6	1225.0	1110.1	1127.6	1143.6	1158.4	1173.1	1202.6	1225.0
EI_{eff} /10³(kN · m²)			112.48	114.25	115.87	117.37	118.86	121.85	124.12	112.48	114.25	115.87	117.37	118.86	121.85	124.12
υ			0.508	0.470	0.437	0.408	0.383	0.341	0.307	0.572	0.534	0.500	0.471	0.445	0.400	0.364

<표 7.3.8> <도움표 7.5>의 예 (예제 7.11)

도움표 7-5 충전원형 합성기둥의 설계압축강도, ΦcPn (kN)

각형강관 재질			SNT 275 (Fy=275 MPa)							SNT 355 (F_y=355 MPa)						
콘크리트 강도			fck (MPa)							fck (MPa)						
			30	35	40	45	50	60	70	30	35	40	45	50	60	70
405° 4 x 16° 0	KL (m)	0.0	7,415	7,764	8,113	8,462	8,811	9,509	10,207	8,962	9,311	9,660	10,009	10,359	11,057	11,755
		3.0	7,145	7,471	7,796	8,121	8,445	9,091	9,732	8,569	8,892	9,214	9,534	9,854	10,493	11,127
		4.0	6,941	7,251	7,559	7,865	8,171	8,778	9,378	8,275	8,579	8,880	9,180	9,479	10,075	10,662
		5.0	6,688	6,978	7,264	7,549	7,831	8,392	8,941	7,912	8,192	8,470	8,745	9,018	9,561	10,092
		6.0	6,392	6,657	6,920	7,179	7,435	7,943	8,435	7,490	7,743	7,993	8,240	8,485	8,969	9,437
		7.0	6,058	6,298	6,533	6,765	6,993	7,443	7,874	7,021	7,245	7,465	7,681	7,895	8,316	8,718
		8.0	5,695	5,907	6,114	6,317	6,516	6,905	7,272	6,515	6,709	6,898	7,083	7,265	7,621	7,955
		9.0	5,310	5,493	5,672	5,845	6,014	6,342	6,646	5,986	6,150	6,308	6,461	6,612	6,904	7,172
		10.0	4,909	5,065	5,215	5,359	5,499	5,768	6,010	5,445	5,579	5,708	5,831	5,951	6,182	6,387
		12.0	4,095	4,198	4,294	4,383	4,469	4,629	4,760	4,373	4,454	4,528	4,597	4,663	4,787	4,884
$\phi_b M_n$(kN · m)			723.0	729.1	734.5	739.3	743.7	751.3	757.6	921.2	928.4	935.0	941.0	946.5	956.2	964.4
$P_e(KL)^2/10^3$(kN · m²)			1003.6	1014.6	1024.6	1033.8	1043.0	1061.4	1075.4	1003.6	1014.6	1024.6	1033.8	1043.0	1061.4	1075.4
EI_{eff}			101.69	102.80	103.81	104.74	105.68	107.54	108.96	101.69	102.80	103.81	104.74	105.68	107.54	108.96
υ			0.544	0.520	0.498	0.477	0.458	0.425	0.396	0.581	0.560	0.539	0.521	0.503	0.471	0.443
405° 4 x 19° 0	KL (m)	0.0	8,284	8,622	8,960	9,298	9,636	10,312	10,987	10,104	10,442	10,780	11,118	11,456	12,132	12,807
		3.0	7,980	8,296	8,611	8,925	9,239	9,864	10,485	9,654	9,966	10,277	10,587	10,897	11,515	12,128
		4.0	7,751	8,051	8,349	8,645	8,941	9,529	10,111	9,317	9,610	9,902	10,192	10,481	11,056	11,625
		5.0	7,467	7,746	8,024	8,299	8,573	9,116	9,649	8,902	9,172	9,440	9,705	9,969	10,494	11,008
		6.0	7,134	7,390	7,643	7,894	8,143	8,635	9,113	8,420	8,663	8,904	9,142	9,378	9,845	10,299
		7.0	6,759	6,990	7,217	7,441	7,663	8,099	8,518	7,883	8,098	8,310	8,518	8,724	9,130	9,519
		8.0	6,350	6,555	6,755	6,951	7,143	7,521	7,880	7,306	7,492	7,674	7,851	8,026	8,369	8,693
		9.0	5,917	6,094	6,266	6,434	6,598	6,917	7,214	6,703	6,860	7,011	7,158	7,302	7,584	7,842
		10.0	5,468	5,618	5,762	5,901	6,037	6,298	6,536	6,088	6,216	6,338	6,456	6,570	6,792	6,990
		12.0	4,555	4,653	4,745	4,831	4,914	5,070	5,200	4,872	4,947	5,017	5,082	5,145	5,262	5,355
$\phi_b M_n$(kN · m)			835.2	841.8	847.7	853.2	858.1	866.8	874.2	1065.0	1072.8	1079.9	1086.4	1092.5	1103.3	1112.7
$P_e(KL)^2/10^3$(kN · m²)			1113.1	1123.3	1132.7	1141.3	1150.0	1167.2	1180.4	1113.1	1123.3	1132.7	1141.3	1150.0	1167.2	1180.4
EI_{eff}			112.78	113.82	114.77	115.64	116.52	118.26	119.60	112.78	113.82	114.77	115.64	116.52	118.26	119.60
υ			0.574	0.552	0.531	0.512	0.494	0.461	0.433	0.608	0.588	0.570	0.552	0.536	0.506	0.479
457° 2 X 9° 0	KL (m)	0.0	6,360	6,843	7,326	7,809	8,292	9,258	10,223	7,368	7,850	8,333	8,816	9,299	10,265	11,231
		3.0	6,167	6,623	7,078	7,531	7,983	8,883	9,777	7,109	7,562	8,013	8,463	8,912	9,806	10,693
		4.0	6,020	6,457	6,891	7,322	7,751	8,603	9,443	6,914	7,344	7,772	8,198	8,622	9,463	10,293
		5.0	5,837	6,249	6,657	7,061	7,462	8,255	9,030	6,671	7,074	7,474	7,869	8,262	9,040	9,800
		6.0	[illegible]	[illegible]	[illegible]	[illegible]	[illegible]	[illegible]	[illegible]	[illegible]	[illegible]	[illegible]	7,486	7,844	8,548	9,229
		7.0	5,376	5,728	6,073	6,411	6,744	7,395	8,016	6,064	6,401	6,732	7,056	7,376	8,002	8,598
		8.0	5,106	5,424	5,734	6,035	6,331	6,904	7,441	5,713	6,013	6,306	6,591	6,871	7,414	7,922
		9.0	4,817	5,100	5,373	5,636	5,893	6,386	6,839	5,339	5,602	5,856	6,101	6,340	6,800	7,221
		10.0	4,513	4,760	4,996	5,221	5,439	5,853	6,223	4,951	5,176	5,391	5,597	5,795	6,174	6,510
		12.0	3,880	4,057	4,221	4,374	4,518	4,784	5,002	4,156	4,309	4,451	4,582	4,707	4,937	5,122
$\phi_b M_n$(kN · m)			565.9	570.7	574.8	578.3	581.3	586.1	589.9	719.9	726.3	731.8	736.6	740.8	747.7	753.2
$P_e(KL)^2/10^3$(kN · m²)			1034.3	1051.8	1067.9	1082.6	1097.4	1126.9	1149.4	1034.3	1051.8	1067.9	1082.6	1097.4	1126.9	1149.4
EI_{eff}			104.79	106.57	108.20	109.69	111.19	114.18	116.46	104.79	106.57	108.20	109.69	111.19	114.18	116.46
υ			0.411	0.382	0.357	0.335	0.315	0.282	0.256	0.458	0.430	0.405	0.383	0.363	0.329	0.300

1) ϕMB는 합성단면의 설계휨강도이다.
2) Pe는 합성단면의 탄성좌굴성능지수이다.
3) Eleff는 합성단면의 유효강성이다.
4) υ(upsilon)은 AsFy/Po의 값을 나타내며, 매입형 합성기둥에 길이방향 하중이 가해질 때 하중전달을 위한 소요전단력(V')을 산정하는데 사용된다. 여기서 Po는 합성기둥의 세장효과를 고려하지 않은 공칭압축강도이다.

7.3.2.3 충전형 합성기둥의 설계휨강도, $\phi_b M_n$: 〈도움표 7.4〉 및 〈도움표 7.5〉

1) 도움표의 작성범위

압축과 휨의 조합력을 받는 충전형 합성기둥을 방법-1에 의해 검토할 수 있도록 〈도움표 7.4〉 및 〈도움표 7.5〉의 하단에 설계휨강도를 실었다. 〈도움표 7.4〉 및 〈도움표 7.5〉의 단면치수와 강관 규격 등의 구성요소는 다음 표와 같이 작성하였다.

<도움표 7.4>의 충전형 각형강관 합성단면 구성요소와 재료강도

단면치수 $B \times H$(mm)	각형강관 치수 (mm)	규격별 종류	각형강관의 강종 (MPa)	콘크리트 강도 f_{ck}(MPa)
150×150	□-150×150×4.5~6.0	3	SNRT275($F_y = 275$)	30
175×175	□-175×175×5.0~6.0	2	SNRT355($F_y = 355$)	35
200×200	□-200×200×6.0~8.0	2		40
250×250	□-250×250×5.0~8.0	3		45
300×300	□-300×300×4.5~6.0	2		50
350×350	□-350×350×5.0~8.0	4		60
400×400	□-400×400×5.0~9.0	5		70
450×450	□-450×450×6.0~10.0	5		
500×500	□-500×500×6.0~12.0	5		
550×550	□-550×550×6.0~12.0	5		
600×600	□-600×600×6.0~12.0	5		
650×650	□-650×650×6.0~12.0	5		
700×700	□-700×700×8.0~14.0	5		
750×750	□-750×750×8.0~14.0	5		
800×800	□-800×800×8.0~14.0	5		
850×850	□-850×850×9.0~16.0	5		
900×900	□-900×900×9.0~16.0	5		
950×950	□-950×950×9.0~16.0	5		
1,000×1,000	□-1000×1000×9.0~16.0	5		
19종류	19종류	81종류	2종류	7종류

<도움표 7.5>의 충전형 원형강관 합성단면 구성요소와 재료강도

단면치수 D(mm)	원형강관 치수 (mm)	규격별 종류	원형강관의 강종 (MPa)	콘크리트 강도 f_{ck}(MPa)
φ −216.3	Ø−216.3×4.5∼8.0	4	SNT275($F_y=275$)	30
φ −267.4	Ø−267.4×6.0∼9.0	4	SNT355($F_y=355$)	35
φ −318.5	Ø−318.5×6.0∼9.0	4		40
φ −355.6	Ø−355.6×6.3∼12.0	4		45
φ −405.4	Ø−405.4×9.0∼19.0	4		50
φ −457.2	Ø−457.2×9.0∼19.0	4		60
φ −500.0	Ø−500.0×9.0∼14.0	3		70
φ −508.0	Ø−508.0×9.0∼22.0	6		
φ −558.8	Ø−558.8×9.0∼22.0	5		
φ −600.0	Ø−600.0×9.0∼16.0	4		
φ −609.6	Ø−609.6×9.0∼22.0	6		
φ −700.0	Ø−700.0×9.0∼16.0	4		
φ −711.2	Ø−711.2×9.0∼22.0	6		
φ −812.8	Ø−812.8×9.0∼22.0	6		
φ −914.4	Ø−914.4×12.0∼22.0	5		
φ −1016.0	Ø−1000×12.0∼22.0	5		
16종류	16종류	74종류	2종류	7종류

2) <도움표 7.4>의 설계휨강도

〈도움표 7.4〉의 설계휨강도는 [그림 7.2.6]의 B_d점에 해당하는 M_B이고, 방법-1에 의해 압축과 휨을 동시에 받는 합성기둥의 안전성을 검토하는데 사용한다.

B_d점의 휨강도 M_B는 균형휨강도인 D_d점의 휨강도 M_D에서 $2h_n$에 해당하는 소성휨강도를 공제하여 간단하게 구할 수 있다([그림 7.3.16]∼[그림 7.3.18] 참조).

(1) 강축(x−x)에 대한 휨강도

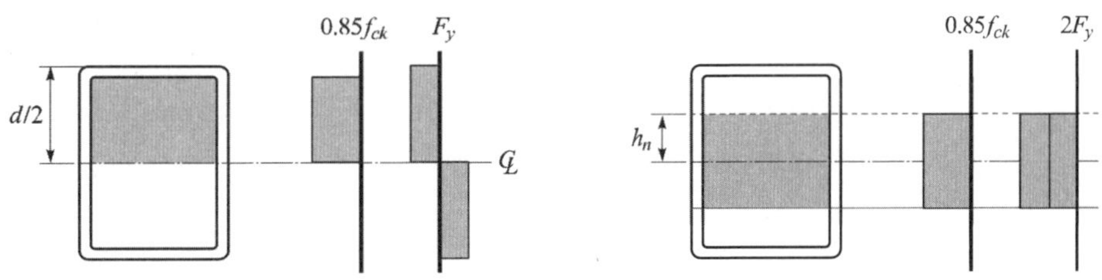

(a) M_D　　(b) $2h_n$에 해당하는 공제 요소

[그림 7.3.16] 강축에 대한 B_d, C_d점의 휨강도 산정을 위한 소성응력분포의 조합

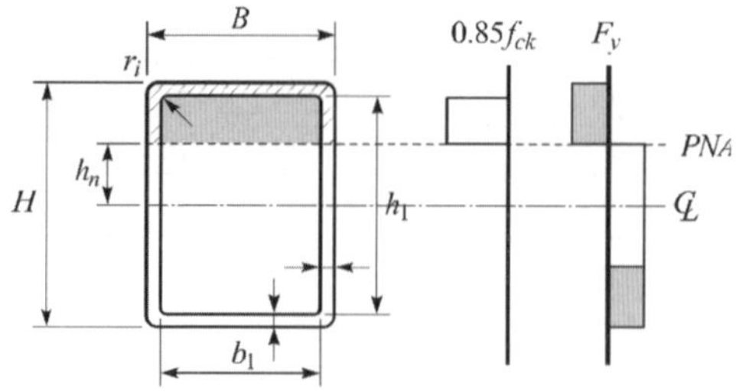

[그림 7.3.17] 강축에 대한 B_d점의 휨강도 산정을 위한 소성응력분포

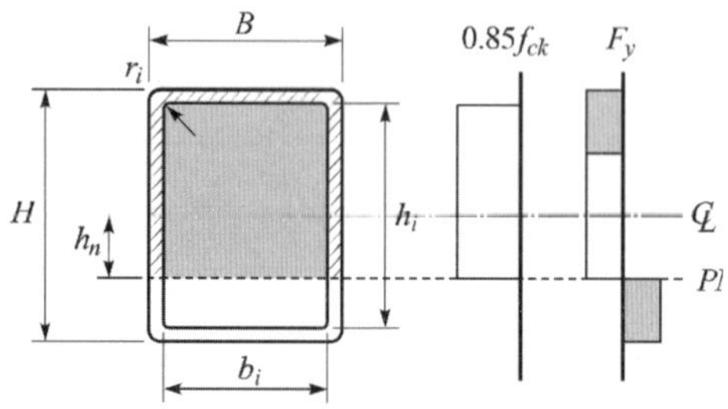

[그림 7.3.18] 강축에 대한 C_d점의 휨강도 산정을 위한 소성응력분포

$P_B = 0$

$M_B = M_C = M_D - M_{(D-B)}$(여기서, $M_{(D-B)}$: $2h_n$의 범위에 있는 요소의 소성휨강도)

$$M_D = Z_s F_y + \frac{Z_c(0.85 f_{ck})}{2}$$

$Z_s = Z_{sx}$: x축에 대한 전체각형강관단면의 소성단면계수

$$Z_c = \frac{b_i h_i^2}{4} - 0.192 r_i^3 \text{ (여기서, } r_i = t)$$

$$M_B = M_D - Z_{sn} F_y - \frac{Z_{cn}(0.85 f_{ck})}{2}$$

$$M_D = Z_s F_y + \frac{Z_c(0.85 f_{ck})}{2}$$

$$Z_{sn} = 2th_n^2$$

$$Z_{cn} = b_i h_n^2$$

$$h_n = \frac{0.85 f_{ck} A_c}{2[0.85 f_{ck} b_i + 4tF_y]} \le \frac{h_i}{2}$$

3) <도움표 7.5>의 설계휨강도

〈도움표 7.5〉의 설계휨강도는 [그림 7.2.6]의 B_d점에 해당하는 M_B이고, 방법-1에 의해 압축과 휨을 동시에 받는 합성기둥의 안전성을 검토하는데 사용한다. B_d점의 휨강도 M_B는 균형휨강도인 D_d점의 휨강도 M_D에서 $2h_n$에 해당하는 소성휨강도를 공제하여 간단하게 구할 수 있다([그림 7.3.19]~[그림 7.3.21]참조).

(1) 원형강관 합성부재에 대한 휨강도

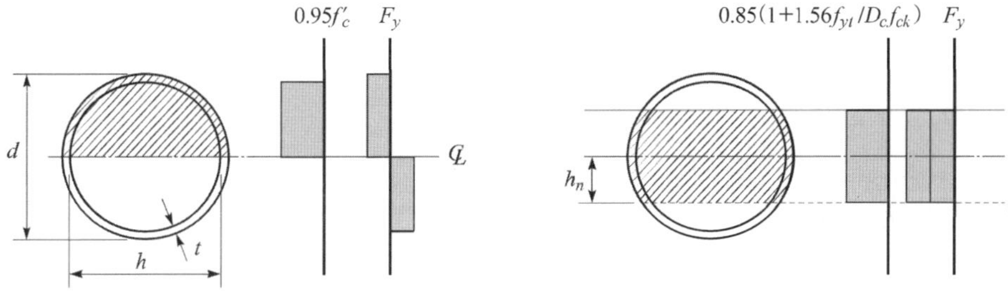

(a) M_D (b) $2h_n$에 해당하는 공제 요소

[그림 7.3.19] B_d, C_d점의 휨강도 산정을 위한 소성응력분포의 조합

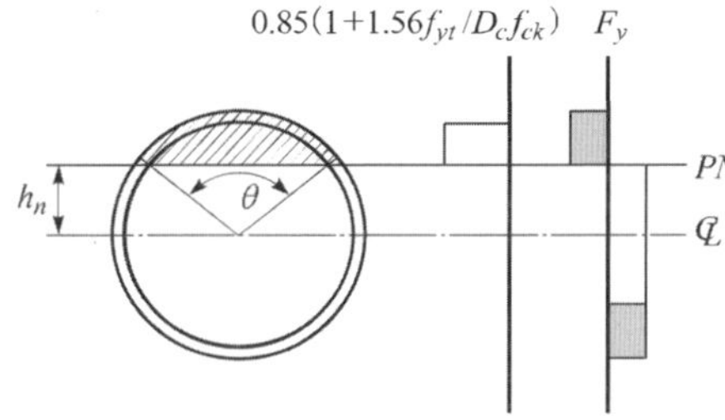

[그림 7.3.20] B_d점의 휨강도 산정을 위한 소성응력분포

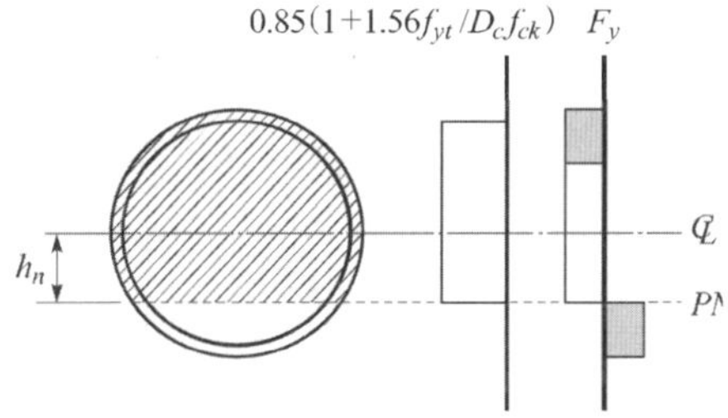

[그림 7.3.21] C_d점의 휨강도 산정을 위한 소성응력분포

$$P_B = 0$$

$M_B = M_C = M_D - M_{(D-B)}$(여기서, $M_{(D-B)}$: $2h_n$의 범위에 있는 요소의 소성휨강도)

$$M_D = Z_s F_y + \frac{Z_c[0.85\{1+1.56(F_y t/D_c f_{ck})\}f_{ck}]}{2}$$ (여기서, $D_c = D - 2t$)

Z_s : 원형강관단면의 소성단면계수($= \frac{d^3}{6} - Z_c$)

$$Z_c = \frac{h^3}{6}$$

$$M_B = Z_{sB} F_y + \frac{Z_{cB}[0.85\{1+1.56(F_y t/D_c f_{ck})\}f_{ck}]}{2}$$

$$Z_{sB} = \frac{(d^3 - h^3)}{6} \sin\left(\frac{\theta}{2}\right)$$

$$Z_{cB} = \frac{h^3 \sin^3\left(\frac{\theta}{2}\right)}{6}$$

$$\theta = \frac{0.026K_c - 2K_s}{0.0848K_c} + \frac{\sqrt{(0.026K_c + 2K_s)^2 + 0.857K_cK_s}}{0.0848K_c}(\mathrm{rad})$$

$$K_c = h^2 f_{ck}$$

$$K_s = F_y\left(\frac{d-t}{2}\right)t \quad \text{(박판일 경우로 가정)}$$

$$h_n = \frac{h}{2} sin\left(\frac{\pi - \theta}{2}\right) \leq \frac{h}{2}$$

콘크리트충전 각형강관 합성기둥의 x-x축에 대한 소성강도

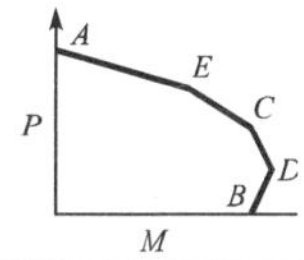

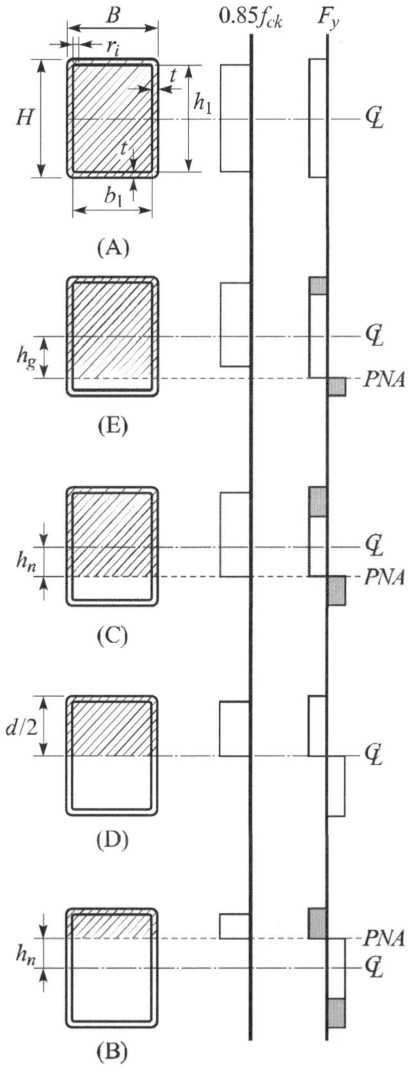

포인트	공식
A	$P_A = A_sF_y + 0.85f_{ck}A_c$ $M_A = 0$ A_s : 강관의 단면적 $A_c = b_1h_1 - 0.858r_i^2$ $b_1 = B - 2t$ $h_1 = H - 2t$ $r_i = t$
E	$P_E = \frac{0.85f_{ck}A_c}{2} + 0.85f_{ck}b_1h_E + 4F_yth_E$ $M_E = M_D - F_yZ_{sE} - \frac{0.85f_{ck}Z_{cE}}{2}$ $Z_{cE} = b_1h_E^2$ $Z_{sE} = 2th_E^2$ $h_E = \frac{h_n}{2} + \frac{H}{4}$
C	$P_C = 0.85f_{ck}A_c$ $M_C = M_B$
D	$P_D = \frac{0.85f_{ck}A_c}{2}$ $M_D = Z_sF_y + \frac{Z_c(0.85f_{ck})}{2}$ Z_s : x축에 대한 전체강관단면의 소성단면계수 $Z_c = \frac{b_1h_1^2}{4} - 0.192r_i^3$
B	$P_B = 0$ $M_B = M_D - Z_{sn}F_y - \frac{Z_{cn}(0.85f_{ck})}{2}$ $Z_{sn} = 2th_n^2$ $Z_{cn} = b_1h_n^2$ $h_n = \frac{0.85f_{ck}A_c}{2(0.85f_{ck}b_1 + 4tF_y)} \leq \frac{h_1}{2}$

[그림 7.3.22] 콘크리트충전 각형강관 합성기둥, 강축에 대한 앵커 포인트

콘크리트충전 원형강관 합성기둥의 소성강도

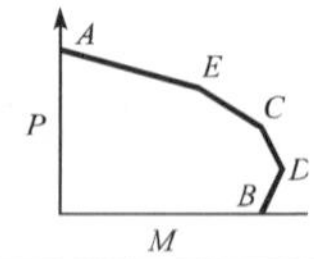

단면	소성응력분포	포인트	공식
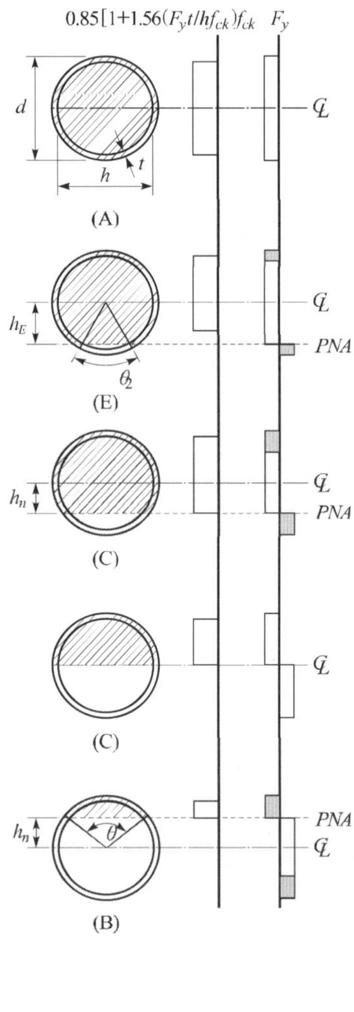		A	$P_A = A_sF_y + 0.85[1+1.56(F_yt/hf_{ck})]f_{ck}A_c$ $M_A = 0$ $A_s = \pi(dt - t^2)$ $A_c = \dfrac{\pi h^2}{4}$ $h = d - 2t$
		E	$P_E = P_A - \dfrac{1}{4}[F_y(d^2 - h^2) + \dfrac{1}{2}(0.85[1+1.56(F_yt/hf_{ck})]f_{ck}h^2](\theta_2 - \sin\theta_2)$ $M_E = F_yZ_{sE} + \dfrac{1}{2}(0.85[1+1.56(F_yt/hf_{ck})]f_{ck}Z_{cE})$ $Z_{cE} = \dfrac{h^3}{6}\sin^3\left(\dfrac{\theta_2}{2}\right)$ $Z_{sE} = \dfrac{(d^3 - h^3)}{6}\sin\left(\dfrac{\theta_2}{2}\right)$ $h_E = \dfrac{h_n}{2} + \dfrac{h}{4}$ $\theta_2 = \pi - 2\arcsin\left(\dfrac{2\mathrm{h_E}}{\mathrm{h}}\right)$
		C	$P_C = 0.85[1+1.56(F_yt/hf_{ck})]f_{ck}A_c$ $M_C = M_B$
		D	$P_D = \dfrac{0.85[1+1.56(F_yt/hf_{ck})]f_{ck}A_c}{2}$ $M_D = Z_sF_y + \dfrac{Z_c(0.85[1+1.56(F_yt/hf_{ck})]f_{ck})}{2}$ $Z_s = \dfrac{d^3}{6} - Z_c$: 단면의 소성단면계수 $Z_c = \dfrac{h^3}{6}$
		B	$P_B = 0$ $M_B = F_yZ_{sB} + \dfrac{0.85[1+1.56(F_yt/hf_{ck})]f_{ck}Z_{cB}}{2}$ $Z_{sB} = \dfrac{(d^3 - h^3)}{6}\sin\left(\dfrac{\theta}{2}\right)$ $Z_{cB} = \dfrac{h^3\sin^3\left(\dfrac{\theta}{2}\right)}{6}$ $\theta = \dfrac{0.0260K_c - 2K_s + \sqrt{(0.0260K_c + 2K_s)^2 + 0.857K_cK_s}}{0.0848K_c}(\mathrm{rad})$ $K_c = f_{ck}h^2$ $K_s = F_y\left(\dfrac{d-t}{2}\right)t$ $h_n = \dfrac{h}{2}\sin\left(\dfrac{\pi - \theta}{2}\right) \le \dfrac{\mathrm{h}}{2}$

[그림 7.3.23] 콘크리트충전 원형강관 합성기둥에 대한 앵커 포인트

7.4 설계 예제

7.4.1 매입형 합성기둥 설계 예제

예제 7.1 압축력만 받는 H형강 매입형 합성기둥

고정하중 1,500kN과 활하중 4,750kN의 압축력만 작용하는 H형강 매입형 합성기둥을 설계도움표를 이용하여 설계하시오. 합성기둥의 단면은 600×600mm이고 유효좌굴길이는 4.6m이다. H형강은 SHN355을 사용하고, 콘크리트의 설계기준강도는 $f_{ck}=35\text{MPa}$, 길이방향철근은 SD500을 사용하고 철근비는 1% 정도로 한다.

1. 소요압축강도 P_r 산정

$P_u = 1.4P_D = 1.4(1,500) = 2,100\text{kN}$

$P_u = 1.2P_D + 1.6P_L = 1.2(1,500) + 1.6(4,750) = 9,400\text{kN} > 2,100\text{kN}$

$\therefore P_r = 9,400\text{kN}$

2. 도움표를 이용한 최적의 단면 선정

〈도움표 7.1〉에서 합성단면 크기 600×600mm일 때 H형강 H−250×250×9×14를 선정하여, 강종 SHN355, 길이방향 철근 8-D25(철근비 1.13%), 콘크리트강도가 35MPa일 때, 다음과 같이 $KL=4.0\text{m}$와 $KL=5.0\text{m}$의 설계압축강도를 읽어서, 직선보간으로 $KL=4.6\text{m}$의 설계압축강도를 구하여 소요강도 이상임을 확인하여 설계한다. 이때 필요한 횡구속철근은 D10@300이다. 〈표 7.3.4〉와 [그림 7.3.1]참조.

	도움표에서 얻은 값	직선보간에 의해 계산된 값	도움표에서 얻은 값
KL	4.0m	4.6m	5.0m
ϕP_n	10,090kN	9,604kN	9,280kN

$$\phi P_n = 10,090 - (10,090 - 9,280)(4.6 - 4.0)/(5.0 - 4.0)$$
$$= 9,604\,\text{kN} > P_r = 9,400\text{kN} \quad \therefore \text{적합}$$

도움표로부터 이 기둥에 적합한 H형강, 길이방향철근, 횡구속철근이 결정되었다.
길이방향의 철근 순간격은 $[600-2(40+10)-3(25)]/2 = 212.5\text{mm}$로서, 150mm를 초과하므로 다음 그림과 같이 각 변의 중간에 있는 길이방향철근을 구속하기 위해 횡구속철근을 추가한다.

3. 설계단면

[그림 7.4.1] 합성기둥단면도

단면크기 : 600×600mm
콘크리트 강도 : $f_{ck}=35\text{MPa}$
H형강 : H−250×250×9×14, SHN355
길이방향철 : 8-D25, SD500
횡구속철근 : D10@300

예제 7.2 압축력만 받는 H형강 매입형 합성기둥

고정하중 12,000kN과 활하중 10,000kN의 압축력만 작용하는 H형강 매입형 합성기둥을 설계도움표를 이용하여 설계하시오. 합성기둥의 단면은 900×900mm이고 유효좌굴길이는 5.0m이다. H형강은 SHN355을 사용하고, 콘크리트의 설계기준강도는 $f_{ck}=40$MPa, 길이방향철근은 SD500을 사용하고 철근비는 2% 이하로 한다.

1. 소요압축강도 P_r 산정

$P_u = 1.4P_D = 1.4(12,000) = 16,800$kN

$P_u = 1.2P_D + 1.6P_L = 1.2(12,000) + 1.6(10,000) = 30,400\text{kN} > 16,800$kN

$\therefore P_r = 30,400$kN

2. 도움표를 이용한 최적의 단면 선정

〈도움표 7.1〉에서 합성단면 크기 900×900mm일 때 H형강 H−428×407×20×35를 선정하여, 강종 SHN355, 길이방향철근 20−D32(철근비 1.96%), 콘크리트강도가 40MPa일 때, 다음과 같이 $KL=5.0$m의 설계압축강도를 읽으면 31,100kN이고 필요한 횡구속철근은 D10@300이다. 7.3.1.5의 3)참조.

KL	소요압축강도(계산한 값)		설계압축강도(도움표에서 읽은 값)
5.0m	$P_r = 30,400$kN	〈	$P_c = 31,863$kN

따라서 SHN355, H−428×407×20×35의 강재단면이 적합하다.

도움표로부터 이 기둥에 적합한 H형강, 길이방향철근, 횡구속철근이 결정되었다.
길이방향철근을 다음 그림과 같이 배근한다면 각 변의 중간에 있는 길이방향철근을 구속하기 위해 횡구속철근을 추가한다.

3. 설계단면

[그림 7.4.2] 합성기둥단면도

단면크기 : 900×900mm
콘크리트 강도 : $f_{ck}=40$MPa
H형강 : H−428×407×20×35, SHN355
길이방향철근 : 20−D32, SD500
횡구속철근 : D10@300

예제 7.3 압축력만 받는 H형강 매입형 합성기둥

고정하중 8,000kN과 활하중 6,500kN의 압축력만 작용하는, 유효좌굴길이 4.0m의 H형강 매입형 합성기둥의 단면크기는 700×700mm이다. 설계도움표를 이용하여 설계하시오. H형강은 SHN355을 사용하고 강재비는 3% 정도로 한다. 콘크리트의 설계기준강도는 $f_{ck}=$ 40MPa, 길이방향철근은 SD500을 사용한다.

1. 소요압축강도 P_r 산정

$P_u = 1.4P_D = 1.4(8,000) = 11,200\text{kN}$

$P_u = 1.2P_D + 1.6P_L = 1.2(8,000) + 1.6(6,500) = 20,000\text{kN} > 11,200\text{kN}$

$\therefore P_r = 30,400\text{kN}$

2. 도움표를 이용한 최적의 단면 선정

〈도움표 7.1〉에서 기둥단면의 크기가 700×700mm이고 강재비가 3% 정도인 SHN355 강종의 H형강을 선정하여 콘크리트강도가 40MPa이고, 유효좌굴길이가 4.0m일 때의 설계압축강도가 소요압축강도 이상인 단면을 찾아낸다. 7.3.1.5의 3)참조.

도움표에서 SHN355, H－304×301×11×17(강재비 2.75%)를 선정하면, 길이방향철근 20－D35일 때 설계압축강도는 20,340kN이고 필요한 횡구속철근은 D13@350이다.

KL	소요압축강도(계산한 값)		설계압축강도(도움표에서 읽은 값)
5.0m	$P_r = 20,000\,\text{kN}$	〈	$P_c = 20,340\,\text{kN}$

따라서 단면 700×700mm, SHN355, H－304×301×11×17(강재비 2.75%), 길이방향철근 20－D35일 때 적합하다.

3. 설계단면

[그림 7.4.3] 합성기둥단면도

단면크기 : 700×700mm
콘크리트 강도 : $f_{ck} = 40\text{MPa}$
H형강 : H－304×301×11×17, SHN355
길이방향철근 : 20−D32, SD500
횡구속철근 : D13@350

예제 7.4 합성기둥의 하중도입부 설계 – 외력이 강재단면에 직접 가해지는 경우

예제 7.2의 합성기둥에 바닥보의 모든 전단력(고정하중 570kN, 활하중 410kN)이 강재단면에 직접 가해진다. 이 합성기둥의 하중도입부를 스터드($F_u = 400$MPa, ϕ16)를 사용하여 설계하시오.

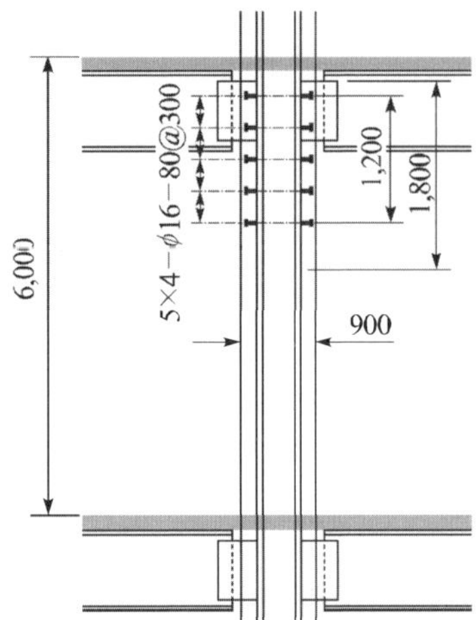

(a) 수직 배치

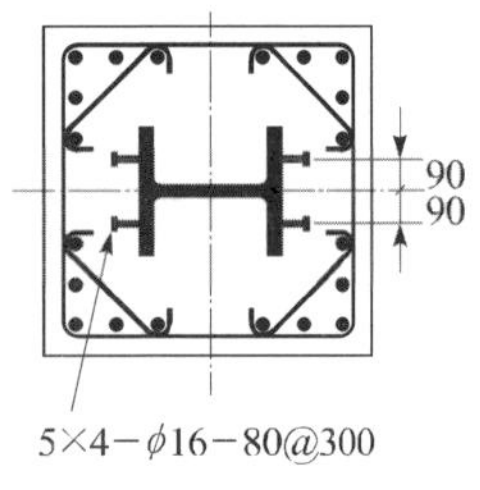

(b) 수평 배치

[그림 7.4.4] 하중도입부의 스터드 배치

1. 합성기둥에 가해지는 외력, P_r

$P_r = 1.4(570) = 798$kN

$P_r = 1.2(570) + 1.6(410) = 1{,}340\text{kN} > 798\text{kN}$

$\therefore P_r = 1{,}340$kN

2. 강재에 전달되어야 할 소요전단력, V_r'

〈도움표 7.1〉에서 υ값 0.275을 읽는다. 7.3.1.5의 3)참조

$$V_r' = P_r(1 - A_s F_y / P_{no}) = P_r(1 - \upsilon) = 1{,}340(1 - 0.275) = 1{,}340(0.725) = 971.5\text{kN}$$

3. 스터드의 소요개수

〈도움표 7.3〉에서 스터드 ϕ16의 최소길이와 설계전단강도 $\phi_v Q_n$를 읽는다.

1) 최소길이 : 80mm
2) 설계전단강도 : $\phi_v Q_n = 52.3$kN
3) 소요개수 : $n = V_r' / \phi_v Q_n = 971.5/52.3 = 18.6$개 $\Rightarrow$ 20개 사용

4. 스터드의 배치

하중도입부의 길이는 다음의 값 가운데 작은 값 이하이어야 한다.

1) 기둥의 최소폭의 2배 : $2d = 2(900) = 1{,}800$mm
2) 기둥길이의 1/3 : $L/3 = 6{,}000/3 = 2{,}000$mm

$\therefore$ 하중도입부의 길이는 1,800mm 이하로 한다.

스터드의 배치는 [그림 7.4.4]와 같이 하중점에서 하중방향으로 1,800mm 길이 내에서 하중직각방향으로 $4d$ 이상인 180mm 간격의 2열로, 하중방향으로 $6d$ 이상인 300mm 간격으로 하여 길이 1,200mm에 걸쳐, 총 20개의 스터드를 단면축에 대해 대칭인 형태로 최소한 2면 이상에 설치한다.

예제 7.5 합성기둥의 하중도입부 설계-외력이 합성기둥의 콘크리트에 직접 가해지는 경우

예제 7.2의 합성기둥에 철근콘크리트 바닥구조의 모든 전단력(고정하중 570kN, 활하중 410kN)이 길이방향으로 콘크리트에 직접 가해진다. 이 합성기둥의 하중도입부를 스터드($F_u = 400$MPa, ϕ16)를 사용하여 설계하시오.

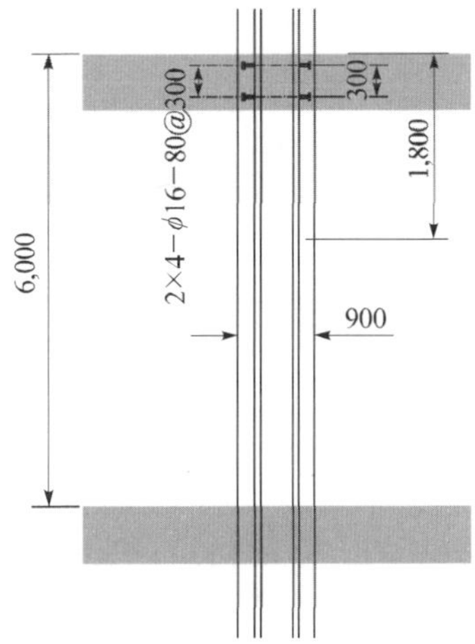

(a) 수직 배치

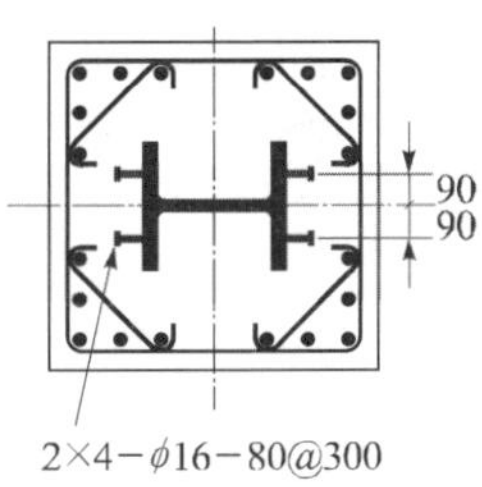

(b) 수평 배치

[그림 7.4.5] 하중도입부의 스터드 배치

1. 합성기둥에 가해지는 외력, P_r

$P_r = 1.4(570) = 798\text{kN}$

$P_r = 1.2(570) + 1.6(410) = 1{,}340\text{kN} > 798\text{kN}$

$\therefore P_r = 1{,}340\text{kN}$

2. 콘크리트에 전달되어야 할 소요전단력, V_r'

〈도움표 7.1〉에서 υ값 0.275을 읽는다. 7.3.1.5의 3)참조

$$V_r' = P_r(A_s F_y / P_{no})$$
$$= P_r(\upsilon)$$
$$= 1{,}340(0.275)$$
$$= 369\text{kN}$$

3. 스터드의 소요개수

〈도움표 7.3〉에서 직경 16mm 강재앵커(스터드)의 최소길이와 설계전단강도 $\phi_v Q_n$를 읽는다.

1) 최소길이 : 80mm
2) 설계전단강도 : $\phi_v Q_n = 52.3\text{kN}$
3) 소요개수 : $n = V_r' / \phi_v Q_n$
$= 369/52.3 = 7.06$개 ⇒ 8개 사용

4. 스터드의 배치

하중도입부의 길이는 다음의 값 가운데 작은 값 이하이어야 한다.

1) 기둥의 최소폭의 2배 : $2d = 2(900) = 1{,}800$mm
2) 기둥길이의 1/3 : $L/3 = 6{,}000/3 = 2{,}000$mm

∴ 하중도입부의 길이는 1,800mm 이하로 한다.

스터드의 배치는 [그림 7.4.5]과 같이 하중점에서 하중방향으로 1,800mm 길이 내에서 하중직각방향으로 $4d$ 이상인 180mm 간격의 2열로, 하중방향으로 $6d$ 이상인 300mm 간격으로 하여 길이 600mm에 걸쳐, 총 8개의 스터드를 단면축에 대해 대칭인 형태로 최소한 2면 이상에 설치한다.

예제 7.6 압축력과 2축 휨을 받는 횡구속골조의 매입형 합성기둥

양방향으로 횡이동이 구속된 모멘트골조에서, 그림과 같이 압축력과 2축 휨모멘트를 받는 H형강 매입형 합성기둥의 적합성을 설계도움표를 이용하여 검토하시오.
단, 합성기둥은 단면크기 900×900mm, H형강 H−428×407×20×35(SHN355),
콘크리트강도 $f_{ck}=40$MPa, 길이방향철근 20−D32(SD500), 유효좌굴길이 $KL=6.0$m 이다.

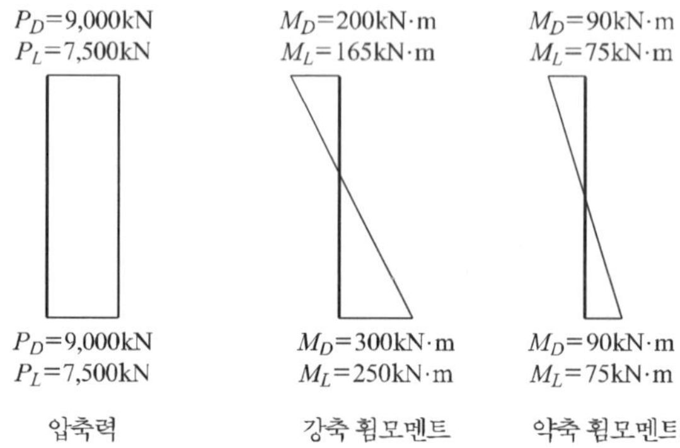

모든 계수하중은 하중조합 $1.2D+1.6L$ 의 경우가 하중조합 $1.4D$의 경우 보다 크기 때문에 하중조합 $1.2D+1.6L$에 대하여 검토한다.

1. 소요압축강도 P_r 산정

$P_{nt}=1.2(9{,}000)+1.6(7{,}500)=22{,}800$kN

$\therefore\ P_r=P_{nt}=22{,}800$kN(∵ 양방향으로 횡이동이 구속된 모멘트골조이므로)

2. 강축 소요휨강도 M_{rx} 산정

1) 1차계수휨모멘트 M_{ntx} 산정

상단 : $M_{ntx}=M_{ux}=1.2(200)+1.6(165)=504$kN · m

하단 : $M_{ntx}=M_{ux}=1.2(300)+1.6(250)=760$kN · m

2) 휨모멘트증폭계수 B_1 산정

$C_m=0.6-0.4(M_1/M_2)=0.6-0.4(504/760)=0.335$(복곡률) 기준 식(0703.3.3)

〈도움표 7.2〉에서 $P_{ex}(KL)^2=6{,}980\times10^3$을 읽음. 7.3.1.5의 4)참조.

$P_{e1}=P_{ex}=P_{ex}(KL)^2/(KL)^2=6{,}980\times10^3/(6.0)^2=194{,}000$kN

$$B_1=\frac{C_m}{1-P_r/P_{e1}}=\frac{0.335}{1-(22{,}800/194{,}000)}=0.380<1.0$$

$\therefore\ B_1=1.0$

3) 소요휨강도

$M_{rx}=B_1M_{ntx}=1.0(760)=760$kN · m

3. 약축 소요휨강도 M_{ry} 산정

1) 1차계수휨모멘트 M_{nty} 산정

상단 : $M_{nty} = M_{uy} = 1.2(90) + 1.6(75) = 228\text{kN}\cdot\text{m}$

하단 : $M_{nty} = 228\text{kN}\cdot\text{m}$(상단과 동일)

2) 휨모멘트증폭계수 B_1 산정

$C_m = 0.6 - 0.4(M_1/M_2) = 0.6 - 0.4(228/228) = 0.2$(복곡률) 기준 식(0703.2.4)

〈도움표 7.2〉에서 $P_{ey}(KL)^2 = 5{,}370\times10^3$을 읽음. 7.3.1.5의 4)참조.

$P_{e1} = P_{ey} = P_{ey}(KL)^2/(KL)^2 = 5{,}370\times10^3/(6.0)^2 = 149{,}000\text{kN}$

$$B_1 = \frac{C_m}{1-P_r/P_{e1}} = \frac{0.2}{1-(22{,}800/149{,}000)} = 0.236 < 1.0$$

$\therefore\ B_1 = 1.0$

3) 소요휨강도 :

$M_{ry} = B_1 M_{nty} = 1.0(228) = 228\text{kN}\cdot\text{m}$

합성기둥 크기 900×900mm, H−428×407×20×35(SHN355), 길이방향철근 20−D32(SD500), 콘크리트강도 $f_{ck} = 40\text{MPa}$에 대하여, 〈도움표 7.1〉에서 유효좌굴길이 $KL = 6.0\text{m}$일 때의 설계압축강도 값을, 〈도움표 7.2〉에서 약축의 설계휨강도 값을 읽는다. 7.3.1.5의 4)참조.

	소요강도(계산한 값)		설계강도(도움표에서 읽은 값)
압축력	$P_r = 22{,}800\text{kN}$	〈	$P_c = 30{,}617\text{kN}$
강축 휨모멘트	$M_{rx} = 760\text{kN·m}$	〈	$M_{cx} = 5{,}250\text{kN·m}$
약축 휨모멘트	$M_{ry} = 228\text{kN·m}$	〈	$M_{cy} = 5{,}070\text{kN·m}$

$\frac{P_r}{P_c} = \frac{22{,}800}{30{,}617} = 0.745 > 0.2$이므로 기준 식(0708.1.1)을 적용하여 검토한다.

$$\frac{P_r}{P_c} + \frac{8}{9}\left(\frac{M_{rx}}{M_{cx}} + \frac{M_{ry}}{M_{cy}}\right) = \frac{22{,}800}{30{,}617} + \frac{8}{9}\left(\frac{760}{5{,}250} + \frac{228}{5{,}070}\right) = 0.913 < 1.0$$ 적합

예제 7.7 압축력과 강축 휨을 받는 횡구속골조의 매입형 합성기둥

횡이동이 구속된 모멘트골조에 속한 기둥에 다음 그림과 같이 골조의 안정성을 고려한 소요압축력과 소요휨모멘트가 작용할 때 기둥단면이 적합한지 검토하고, 기둥에 작용하는 전단력을 구하여 하중도입부 이외구간에 대한 길이방향 수평전단력을 계산하고, 직접부착강도와 비교하여 직접부착강도를 초과할 경우에는 강재앵커(스터드)에 의한 하중전달기구를 사용하여 설계하시오.

단, 합성기둥은 단면크기 700×700mm, H형강 H−400×400×13×21(SHN355),
콘크리트강도 $f_{ck}=40\text{MPa}$, 길이방향철근 4−D29(SD500), 유효좌굴길이 $KL=6.0\text{m}$ 이다.

$E_c=30{,}000\text{MPa}$, $E_s=210{,}000\text{MPa}$, $E_{sr}=200{,}000\text{MPa}$,

$n_1=E_s/E_c=210{,}000/30{,}000=7.00$, $n_2=E_{sr}/E_c=200{,}000/30{,}000=6.67$

$I_{ox}=666\times10^6\text{mm}^4$, $I_{rx}=209\times10^6\text{mm}^4$

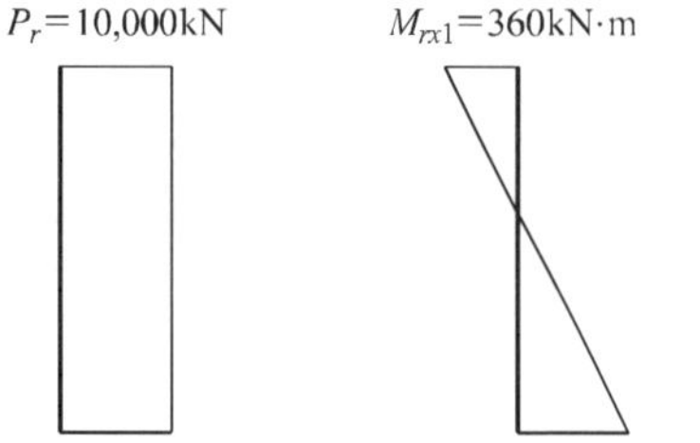

1. 조합하중에 대한 합성기둥단면 검토

합성기둥 크기 700×700mm, H−400×400×13×21(SHN355), 길이방향철근 4−D29(SD500), 콘크리트강도 $f_{ck}=40\text{MPa}$에 대하여, 〈도움표 7.1〉에서 유효좌굴길이 $KL=6.0\text{m}$일 때의 설계압축강도 $\phi_c P_n$을 〈도움표 7.2〉에서 강축의 설계휨강도 $\phi_b M_{nx}$을 읽는다.

	소요강도(계산한 값)		설계강도(도움표에서 읽은 값)
압축력	$P_r=10{,}000\text{kN}$	〈	$P_c=15{,}100\text{kN}$
강축 휨모멘트	$M_{rx}=540\text{kN·m}$	〈	$M_{cx}=1{,}940\text{kN·m}$

$\dfrac{P_r}{P_c}=\dfrac{10{,}000}{15{,}100}=0.662>0.2$이므로 기준 식(0708.1.1)을 적용하여 검토한다.

$$\frac{P_r}{P_c}+\frac{8}{9}\left(\frac{M_{rx}}{M_{cx}}\right)=\frac{10{,}000}{15{,}100}+\frac{8}{9}\left(\frac{540}{1{,}940}\right)=0.910<1.0$$ 적합

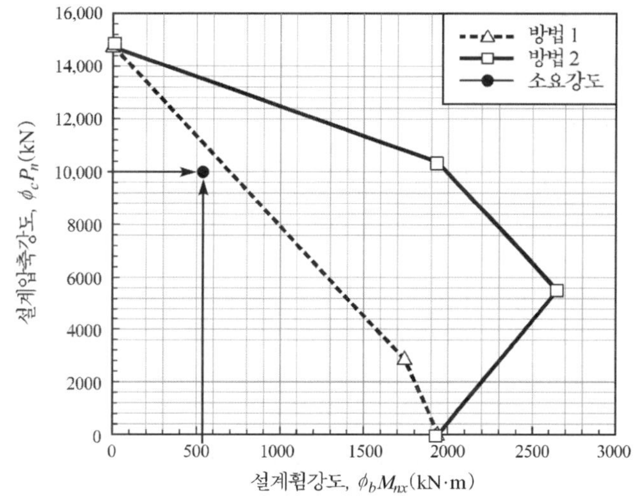

KL = 6m, 700 × 700, H − 400 × 400 × 13 × 21(SHN355), 4 − HD29(SD500), f_{ck} = 40MPa

[그림 7.4.6] 매입형 합성기둥의 $P-M$ 상관도

2. 하중도입부 이외 구간의 길이방향 전단력 검토

1) 부재축의 직각방향 전단력, V_r

$$V_r = (M_1 - M_2)/L = (360 + 540)/6.0 = 150\text{kN}$$

2) 콘크리트로 환산한 합성단면의 비균열단면2차모멘트 I_{mx}

$$I_{gx} = 700(700)^3/12 = 20{,}000 \times 10^6\text{mm}^4$$

$$I_{cx} = I_{gx} - I_{sx} - I_{rx} = 19{,}100 \times 10^6\text{mm}^4$$

$$I_{mx} = I_{cx} + n_1 I_{sx} + n_2 I_{rx} = [19{,}100 + 6.83(666) + 6.67(209)] \times 10^6 = 25{,}000 \times 10^6\text{mm}^4$$

3) 플랜지 상부면의 바깥 부분을 콘크리트로 환산한 비균열단면1차모멘트

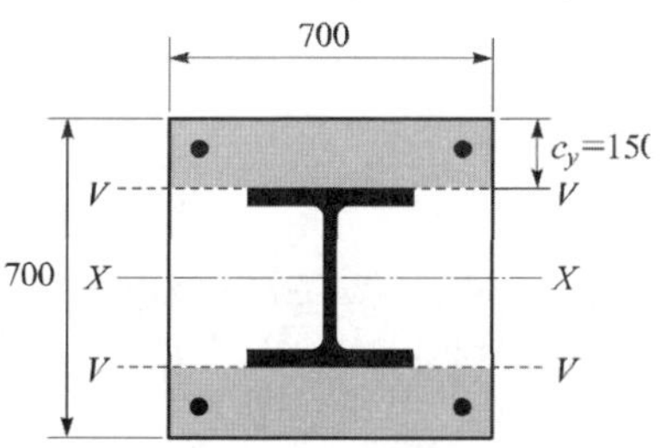

[그림 7.4.7] 길이방향 전단 면 V-V

(1) 콘크리트

$$A_{c1} = bc_y = 700 \times 150 = 105{,}000\text{mm}^2$$

$$y_1 = 700/2 - 150/2 = 275\text{mm}$$

$$S_1 = A_{c1} y_1 = 105{,}000(275) = 28.9 \times 10^6\text{mm}^3$$

(2) 철근

$$A_{r1} = 2A_b(n_2 - 1) = 2(642)(6.67 - 1) = 7{,}280\text{mm}^2$$

$y_2 = 700/2 - (40+10+29/2) = 286\text{mm}$

$S_2 = A_{re} y_2 = 7{,}280(286) = 2.08 \times 10^6 \text{mm}^3$

(3) 콘크리트와 철근

$\Sigma S_i = (28.9 + 2.08) \times 10^6 = 31.0 \times 10^6 \text{mm}^3$

매입형합성보와 같이 축력이 매우 작은 경우의 길이방향 전단응력은 균열단면2차모멘트와 균열단면1차모멘트로 산정하여야 한다.

4) V-V 단면의 길이방향 수평전단응력

$$f_v = V_r \frac{\Sigma S_i}{I_{mx} b} = 150 \times 10^3 \left[\frac{31.0 \times 10^6}{25{,}000 \times 10^6 (700)} \right] = 0.266\text{MPa}$$

5) 직접부착작용에 의한 설계전단강도

(1) 플랜지에 대한 유효피복 두께 확인

$c_e = c_z - c_r = (700-400)/2 - 40 = 150 - 40 = 110\text{mm} > 40\text{mm}$ 적합

(2) 기둥길이방향 설계전단강도

유효피복두께에 따른 증가된 부착강도를 사용할 수 있으나 이 예제에서는 적용하지 않았다.

$\phi F_{\in} = 0.45(0.66) = 0.30\text{MPa}$

여기서, 공칭부착응력 $F_{\in}$은 기준〈표 0709.6.1〉로부터 구한다.

6) 설계전단응력과 소요전단응력의 비교

(1) 응력에 의한 검토

$\phi F_{im} = 0.30\text{MPa} > f_{vh} = 0.266\text{MPa}$ 적합

설계전단응력이 소요전단응력보다 크므로 직접부착에 의한 힘전달기구로 충분하다.

(2) 전 길이의 강도에 의한 검토

대체방법으로 전 길이 6m에 대한 길이방향 수평전단에 대해 설계전단강도와 소요전단강도로 비교하면

$\phi R_n = \phi F_{in} b_f L = 0.30(400)(6{,}000) = 720 \times 10^3\text{N} = 720\text{kN}$

$V' = f_{vh} b_f L = 0.266(400)(6{,}000) = 638 \times 10^3\text{ N} = 638\text{kN}$

여기서, b_f는 H형강의 플랜지 폭

$\phi R_n = 720\text{kN} > V_r' = 638\text{kN}$ 적합

설계전단강도가 소요전단강도보다 크므로 직접부착에 의한 힘전달기구로 충분하다.

건축구조기준(KBC2009)에서는 매입형합성기둥의 하중도입부 이외구간에서 전단력에 의한 길이방향 수평전단력에 대한 검토를 요구하지 않았으며, 매입형 합성기둥의 강재와 콘크리트 사이 접촉면의 부착강도를 인정하지 않았기 때문에 해석적 근거 없이 하중도입부 이외구간에 스터드 등의 강재앵커를 무조건 설치해야 했었다. 건축구조기준(KBC2016)은 EC4 기준처럼 매입형합성기둥의 직접부착작용에 의한 전단강도를 허용하고, 탄성해석에 의한 소요전단강도가 설계부착강도보다 큰 경우에만 소요전단강도를 근거로 하여 강재앵커(스터드) 등의 전단연결재를 설계할 수 있게 되었다.

7) 강재앵커(스터드)에 의한 길이방향 전단보강(부착강도를 무시할 경우)

(1) 기둥길이 $L = 6\text{m}$에 대한 H형강 플랜지의 한 면의 소요전단력은

$V' = f_v b_f L = 0.266(400)(6{,}000) \times 10^{-3} = 638\text{kN}$

여기서, b_f : H형강의 플랜지 폭

(2) 강재앵커(스터드)의 소요개수

〈도움표 7.3〉에서 직경 16mm의 강재앵커(스터드)를 사용할 경우, 최소길이$=5d=5(16)=80$mm와 설계전단강도 $\phi_v Q_n=52.3$kN를 구하여 소요개수를 산정하고 배치한다.

$n=V'/\phi_v Q_n=641/52.3=12.3$개 ⇒ 13개 이상 사용

(3) 강재앵커(스터드)의 간격

$s=L/n=6{,}000/13=461$mm

기준에서 제한하는 최대간격은 $32d=32(16)=512$mm 이하이므로 간격을 400mm로 하면 1열로 15개가 배치된다.

(4) 400mm의 간격으로 배치된 강재앵커(스터드)의 수평 설계전단강도

$\phi R_n=\Sigma\phi_v Q_{nv}=15(52.3)=785$kN

(5) 설계전단응력와 소요전단응력의 비교

$\phi R_n=785\text{kN}>V_r'=638\text{kN}$ 적합

(6) 강재앵커(스터드)의 배치

강재앵커(스터드)는 기둥길이 6m에 걸쳐 [그림 7.4.8]과 같이 단면 축에 대칭으로 각 플랜지의 면에 1열로 배치한다.

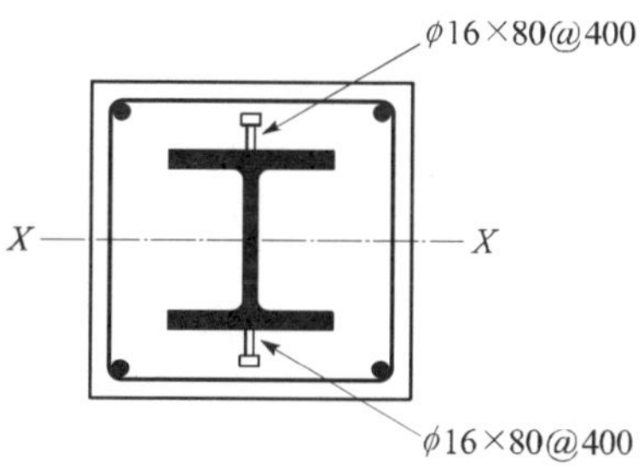

[그림 7.4.8] 하중도입부 이외 구간의 강재앵커(스터드)에 의한 길이방향전단보강

7.4.2 콘크리트충전 합성기둥 설계 예제

예제 7.8a 압축력과 1축 휨을 받는 조밀단면의 콘크리트충전 각형강관합성기둥(도움표를 이용한 간편 설계법)

직접해석법에 의해 산정한 소요압축력 $P_r=5{,}800$kN과 소요휨모멘트 $M_r=180$kN·m가 콘크리트충전 각형강관합성기둥에 작용할 때 기둥단면이 적합한지 검토하시오.

$E_c=31{,}200$MPa, $E_s=210{,}000$MPa, $n_1=E_s/E_c=210{,}000/31{,}200=6.73$, $I_{sx}=461\times10^6\text{mm}^4$

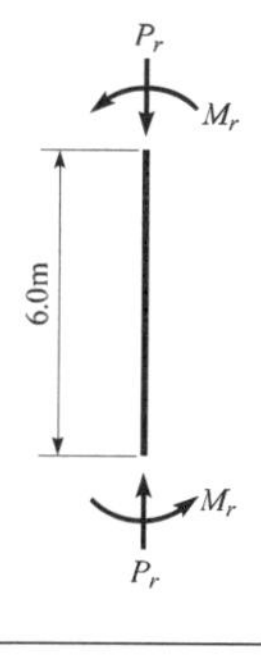

층고 및 유효좌굴길이 : $KL=6.0$m

각형강관 : $450\times450\times9$, $F_y=355$MPa

$A_s=15{,}900\text{mm}^2$

충전콘크리트 : $f_{ck}=45$MPa, $A_c=186{,}000\text{mm}^2$

1. 합성기둥의 제한조건 검토

1) 충전콘크리트 강도 : 21MPa $\le f_{ck} = 45$MPa $\le$ 70MPa 적합

2) 강재 강도 : $F_y = 355$MPa $\le$ 650MPa 적합

3) 강재 단면적 : $A_s = 15{,}900\text{mm}^2 \ge 0.01A_g = 1{,}600\text{mm}^2$ 적합

2. 국부좌굴에 대한 콘크리트충전 각형강관 합성기둥단면의 분류

폭두께비 : $\lambda = d/t = 450/9 = 50.0$

조밀단면 한계 : $\lambda_p = 2.26\sqrt{E_s/F_y} = 2.26\sqrt{210{,}000/355} = 55.0$

$\lambda = 50.0 < \lambda_p = 55.0$

그러므로 조밀단면의 합성기둥이다. 따라서, 조밀단면의 충전형 합성부재에 대한 축력과 휨의 상관관계는 도움표만을 이용하여 다소 안전측으로 0708.1.1의 상호관계식에 의한 방법 1로 간단히 검토할 수도 있다.

3. 조합하중에 대한 합성기둥단면 검토

합성기둥 크기 450×450×9($F_y = 355$MPa), 충전콘크리트강도 $f_{ck} = 45$MPa에 대하여, 〈도움표 7.4〉에서 유효좌굴길이 $KL = 6.0$m 일 때의 설계압축강도 $\phi_c P_n$과 설계휨강도 $\phi_b M_n$을 읽는다.

	소요강도(계산한 값)		설계강도(도움표에서 읽은 값)
압축력	$P_r = 5{,}800$ kN	〈	$P_c = 8{,}553$ kN
강축 휨모멘트	$M_{rx} = 180$ kN·m	〈	$M_{cx} = 990.4$ kN·m

$\dfrac{P_r}{P_c} = \dfrac{5{,}800}{8{,}553} = 0.678 > 0.2$이므로 기준 식(0708.1.1)을 적용하여 검토한다.

$\dfrac{P_r}{P_c} + \dfrac{8}{9}\left(\dfrac{M_{rx}}{M_{cx}}\right) = \dfrac{5{,}800}{8{,}553} + \dfrac{8}{9}\left(\dfrac{180}{990.4}\right) = 0.840 > 1.0$ 적합

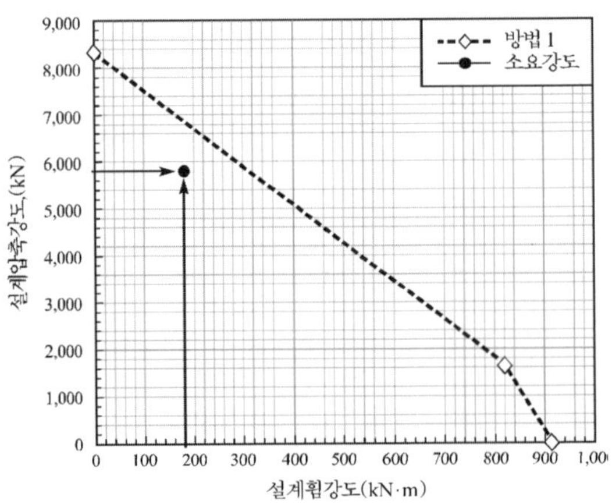

KL = 6m, 450×450×9, $F_y = 355$MPa, $f_{ck} = 45$MPa

[그림 7.4.9] 콘크리트충전 강관합성기둥 방법1의 $P - M$ 상관도

예제 7.8b 압축력과 1축 휨을 받는 조밀단면의 콘크리트충전 각형강관합성기둥(도움표 외 경제적인 설계법 포함)

직접해석법에 의해 산정한 소요압축력 $P_r = 5{,}800\text{kN}$과 소요휨모멘트 $M_r = 180\text{kN}\cdot\text{m}$가 콘크리트충전 각형강관합성기둥에 작용할 때 기둥단면이 적합한지 검토하시오.

$E_c = 31{,}200\text{MPa}$, $E_s = 210{,}000\text{MPa}$, $n_1 = E_s/E_c = 210{,}000/31{,}200 = 6.73$, $I_{sx} = 359 \times 10^6\text{mm}^4$

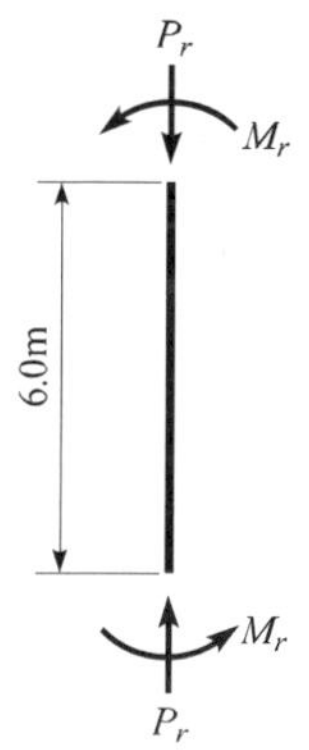

층고 및 유효좌굴길이 : $KL = 6.0\text{m}$

각형강관 : $400 \times 400 \times 9$, $F_y = 355\text{MPa}$

$A_s = 14{,}080\text{mm}^2$

충전콘크리트 : $f_{ck} = 45\text{MPa}$, $A_c = 145{,}800\text{mm}^2$

1. 합성기둥의 제한조건 검토

1) 충전콘크리트 강도 : $21\text{MPa} \le f_{ck} = 45\text{MPa} \le 70\text{MPa}$ 적합

2) 강재 강도 : $F_y = 355\text{MPa} \le 650\text{MPa}$ 적합

3) 강재 단면적 : $A_s = 14{,}080\text{mm}^2 \ge 0.01A_g = 1{,}600\text{mm}^2$ 적합

2. 국부좌굴에 대한 콘크리트충전 각형강관 합성기둥단면의 분류

폭두께비 : $\lambda = d/t = 400/9 = 44.4$

조밀단면 한계 : $\lambda_p = 2.26\sqrt{E_s/F_y} = 2.26\sqrt{210{,}000/355} = 55.0$

$\lambda = 44.4 < \lambda_p = 55.0$

그러므로 조밀단면의 합성기둥이다. 따라서, 조밀단면의 충전형 합성부재에 대한 축력과 휨의 상관관계는 도움표를 이용하여 간단하게 0708.1.1의 상호관계식에 의한 방법 1로 검토할 수 있다. 그리고 다소 번거롭더라도 0709.1.2에서 규정한 소성응력분포법에 기초한 합성단면에 대한 휨모멘트와 압축력의 구분적 선형 상호작용곡선(piecewise-linear interaction curve)을 이용한 방법 2 및 방법 2-단순법으로 단면의 강도를 구하여 경제적인 단면설계를 할 수도 있다.
각각의 방법을 이용한 단면설계의 과정의 차이점을 알아보면 다음과 같다.

3. 조합하중에 대한 합성기둥단면 검토

1) 방법 1 ; 0708.1.1의 상호관계식

합성기둥 크기 $400 \times 400 \times 9(F_y = 355\text{MPa})$, 충전콘크리트강도 $f_{ck} = 45\text{MPa}$에 대하여, 〈도움표 7.4〉에서 유효좌굴길이 $KL = 6.0\text{m}$ 일 때의 설계압축강도 값과 설계휨강도 값을 읽는다.

	소요강도(계산한 값)		설계강도(도움표에서 읽은 값)
압축력	$P_r = 5{,}800$kN	〈	$P_c = 6{,}895$kN
강축 휨모멘트	$M_{rx} = 180$kN·m	〈	$M_{cx} = 771.6$kN·m

$\frac{P_r}{P_c} = \frac{5{,}800}{6{,}895} = 0.841 > 0.2$이므로 기준 식(0708.1.1)을 적용하여 검토한다.

$\frac{P_r}{P_c} + \frac{8}{9}\left(\frac{M_{rx}}{M_{cx}}\right) = \frac{5{,}800}{6{,}895} + \frac{8}{9}\left(\frac{180}{771.6}\right) = 1.05 > 1.0$ 부적합

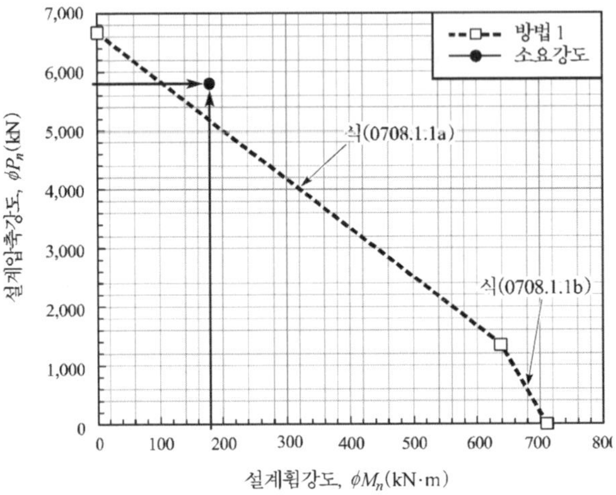

KL = 6m, □-400×400×9, $F_y = 355$MPa, $f_{ck} = 45$MPa

[그림 7.4.10] 콘크리트충전 각형강관합성기둥의 방법 1에 의한 $P-M$ 상관도

그러므로 방법 1(0708.1.1의 상호관계식)에 의한 검토 결과는 소요하중에 대해 단면이 부적합함을 알 수 있다. 따라서, 방법 1에 의한 상호관계식을 만족시키는 새로운 단면을 〈도움표 7.4〉에서 간편하게 선택하여 방법 1로 재검토하거나 또는 다소 번거롭지만 축력과 휨의 상호관계에 대한 부재의 강도가 방법 1에 비해 높게 평가되는 방법 2에 의해 앞서 선정한 부재를 다음과 같이 재검토 한다.

2) 방법 2 ; 0709.1.2에서 규정한 소성응력분포법을 이용한 구분적 선형 상호작용곡선

(1) 단계 1 : 세장효과를 고려하지 않은 부재의 압축-휨의 소성강도 상관관계를 나타내는 점 A, B, C, D 및 E 산정

① 점 A(순수 압축강도)

$$P_A = A_s F_y + A_r F_{yr} + 0.85 f_{ck} A_c$$
$$= (355)(14{,}080)/10^3 + 0.85(45)(145{,}800)/10^3 = 10{,}575\text{kN}$$
$$M_A = 0\text{kN} \cdot \text{m}$$

② 점 D(최대 공칭휨강도)

$$P_D = \frac{0.85 f_{ck} A_c}{2}$$
$$= \frac{0.85(45)(145{,}800)}{2(10^3)} = 2{,}790\text{kN}$$

$$Z_{sx} = 2.06\times10^6\text{mm}^3$$

$$Z_c = \frac{b_i h_i^2}{4} - 0.192 r_i^3$$

$$= \frac{(382)(382)^2}{4} - 0.192(9)^3 = 1.39\times10^7\text{mm}^3$$

여기서, $r_i = t,\ b_i = B - t,\ h_i = H - t$

$$M_D = Z_{sx}F_y + Z_rF_{yr} + Z_c(0.85f_{ck})/2$$

$$= (355)(2.06\times10^6)/10^6 + (1.39\times10^7)(0.85)(45)/(2\times10^6)$$

$$= 999\text{kN}\cdot\text{m}$$

③ 점 B(순수 휨강도)

$$P_B = 0\text{kN}$$

$$h_n = \frac{0.85f_{ck}A_c}{2(0.85f_{ck}b_i + 4tF_y)} \le \frac{h_i}{2}$$

$$= \frac{0.85(45)(145{,}800)}{2[0.85(45)(382) + 4(9)(355)]} \le \frac{382}{2}$$

$$= 102\text{mm} \le 191\text{mm}$$

$$Z_{sn} = 2th_n^2$$

$$= 2(9)(102)^2 = 187{,}000\text{mm}^3$$

$$Z_c = b_i h_n^2$$

$$= 382(102)^2 = 3{,}960{,}000\text{mm}^3$$

$$M_B = M_D - Z_{sn}F_y - \frac{0.85f_{ck}Z_{cn}}{2}$$

$$= 999 - (187{,}000)(355)/10^6 - \frac{0.85(45)(3{,}960{,}000)}{2(10^6)}$$

$$= 857\text{kN}\cdot\text{m}$$

④ 점 C(소성중립축의 위치 점)

$$P_C = 0.85f_{ck}A_c$$

$$= 0.85(45)(145{,}800)/10^3 = 5{,}580\text{kN}$$

$$M_C = M_B$$

$$= 857\text{kN}\cdot\text{m}$$

⑤ 점 E(선택사항)

단면의 압축-휨 강도의 상관관계를 보다 잘 나타내기 위해 임의로 선정된 점.

$$h_E = \frac{h_n}{2} + \frac{H}{4}$$

$$= \frac{102}{2} + \frac{400}{4} = 151\text{mm}$$

$$P_E = \frac{0.85f_{ck}A_c}{2} + 0.85f_{ck}b_ih_E + 4F_yth_E$$

$$= \frac{0.85(45)(145{,}800)}{2(10^3)} + 0.85(45)(382)(151)/10^3 + 4(355)(9)(151)/10^3$$

$$= 6{,}923\text{kN}$$

$$Z_{cE} = b_i h_E^2$$

$$= (382)(151)^2 = 8{,}700{,}000\text{mm}^3$$

$$Z_{sE} = 2th_E^2$$
$$= 2(9)(151)^2 \quad = \quad 410{,}000\text{mm}^3$$
$$M_E = M_D - Z_{sE}F_y - \frac{0.85f_{ck}Z_{cE}}{2}$$
$$= 937 - (410{,}000)(355)/10^6 - \frac{0.85(45)(8{,}700{,}000)}{2(10^6)}$$
$$= 687\text{kN} \cdot \text{m}$$

(2) 단계 2 : 세장효과(λ)를 고려한 부재의 압축-휨 조합력에 대한 공칭강도 상관관계를 나타내는 점 A', B', C', D' 및 E' 산정

세장효과를 고려하기 위한 저감계수, λ는 A점에 대해 기준식(0709.2.13)에 의한 순수압축강도 P_{no}값에 대한 기준식 (0709.2.2)와 (0709.2.2)에 의한 길이효과를 고려한 공칭강도 P_n값의 비 $\left(\lambda = \dfrac{P_n}{P_{no}}\right)$로서 산정한다.

$$P_{no} = P_A = 10{,}580\text{kN}$$
$$C_3 = 0.6 + 2\left(\frac{A_s}{A_s + A_c}\right) \ \leq \ 0.9$$
$$= 0.6 + 2\left(\frac{14{,}080}{14{,}080 + 145{,}800}\right) \ = \ 0.776 \ < \ 0.9$$
$$\therefore \ C_3 = 0.776$$
$$EI_{eff} = E_sI_{sy} + E_sI_{sr} + C_3E_cI_{cy}$$
$$= 210{,}000(359{,}000{,}000) + 0 + 0.776(31{,}200)(1{,}770{,}000{,}000)$$
$$= 1.18 \times 10^{14}\text{N.mm}^2$$
$$P_e = \pi^2(EI_{eff})/(KL)^2$$
$$= \frac{\pi^2(1.18 \times 10^{14})}{[1.0(6.0 \times 10^3)]^2} \times 10^{-3} \ = \ 32{,}400\text{kN}$$

여기서, $K = 1.0$($\because$ 응력산정이 직접해석법에 의하였으므로)

$$\frac{P_{no}}{P_e} = \frac{10{,}580}{32{,}400} = 0.327 \ < \ 2.25$$
$$P_n = P_{no}\left[0.658^{\frac{P_{no}}{P_e}}\right]$$
$$= 10{,}580\left[0.658^{0.327}\right] \ = 9{,}230\text{kN}$$
$$\lambda = \frac{P_n}{P_{no}} = \frac{9{,}230}{10{,}580} = 0.872$$

① 점 A'

$$P_{A'} = \lambda P_A = 0.872(10{,}580) \ = 9{,}226\text{kN}$$
$$M_{A'} = M_A = 0\,\text{kN} \cdot \text{m}$$

② 점 D'

$$P_{D'} = \lambda P_D = 0.872(2{,}790) \ = 2{,}433\text{kN}$$
$$M_{D'} = M_D = 999\,\text{kN} \cdot \text{m}$$

③ 점 B'

$$P_{B'} = \lambda P_B = 0.872(0) \ = 0\text{kN}$$
$$M_{B'} = M_B = 857\,\text{kN} \cdot \text{m}$$

④ 점 C'

$P_{C'} = \lambda P_C = 0.872(5{,}580) = 4{,}866\,\text{kN}$

$M_{C'} = M_C = 790\,\text{kN} \cdot \text{m}$

⑤ 점 E'

$P_{E'} = \lambda P_E = 0.872(6{,}923) = 6{,}037\,\text{kN}$

$M_{E'} = M_E = 629\,\text{kN} \cdot \text{m}$

(3) 단계 3 : 저항계수(ϕ)를 고려한 부재의 압축-휨 조합력에 대한 설계강도 상관관계를 나타내는 점 A'', B'', C'', D'' 및 E'' 산정

방법 2의 마지막 단계인 강도저감을 고려하기 위한 저항계수, ϕ는 각 점의 공칭압축강도에 $\phi_c = 0.75$를 공칭휨강도에 $\phi_b = 0.9$를 곱하여 산정한다.

① 점 A''

$P_{A''} = \phi_c P_{A'} = 0.75(9{,}226) = 6{,}920\,\text{kN}$

(⇨ 도움표의 유효좌굴길이 6m에 해당하는 설계압축강도값)

$M_{A''} = \phi_b M_{A'} = 0.9(0) = 0\,\text{kN·m}$

② 점 D''

$P_{D''} = \phi_c P_{D'} = 0.75(2{,}433) = 1{,}825\,\text{kN}$

$M_{D''} = \phi_b M_{D'} = 0.9(999) = 899\,\text{kN·m}$

③ 점 B''

$P_{B''} = \phi_c P_{B'} = 0.75(0) = 0\,\text{kN}$

$M_{B''} = \phi_b M_{B'} = 0.9(857) = 771\,\text{kN·m}$ (⇨ 도움표의 설계휨강도값)

④ 점 C''

$P_{C''} = \phi_c P_{C'} = 0.75(4{,}866) = 3{,}650\,\text{kN}$

$M_{C''} = \phi_b M_{C'} = 0.9(790) = 711\,\text{kN·m}$

⑤ 점 E''

$P_{E''} = \phi_c P_{E'} = 0.75(6{,}037) = 4{,}528\,\text{kN}$

$M_{E''} = \phi_b M_{E'} = 0.9(629) = 566\,\text{kN·m}$

따라서, 방법 2에 의한 세장효과를 고려하지 않은 공칭강도, 세장효과를 고려한 공칭강도 및 설계강도의 상관관계 등을 중첩하여 도시하면 [그림 7.4.11]와 같다.
또한 소요 압축강도 및 휨강도의 점(M_u, P_u)을 [그림 7.4.11]에 표시해 보면 설계강도의 구분적 선형 상관관계($A'' - E'' - C'' - D'' - B''$) 내에 위치한다. 그러므로 소요하중에 대해 합성기둥 단면이 적합함을 알 수 있다.

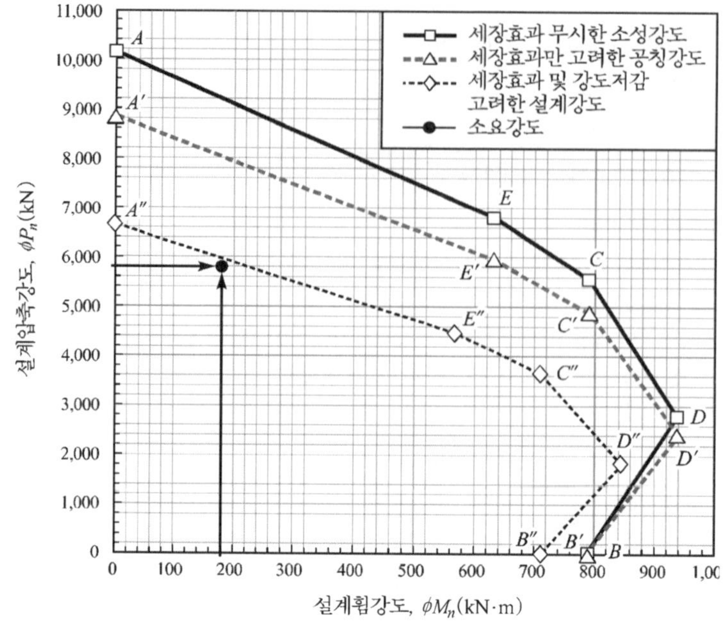

KL = 6m, □-400×400×9, $F_y = 355$MPa, $f_{ck} = 45$MPa

[그림 7.4.11] 콘크리트충전 각형강관합성기둥의 방법 2에 의한 $P-M$ 상관도

[그림 7.4.11]에서 점 D'가 공칭강도 상관곡선($A-E-C-D-B$)을 벗어나 안전하지 못한 설계가 될 수 있기 때문에, 특히 좌굴길이가 긴 경우 점 D'와 연관하여 설계강도값을 산정할 때 신중하여야 한다([그림 7.4.12] 참조). 이러한 우려를 피하기 위해 다음의 방법 2-단순법을 사용할 수 있다.

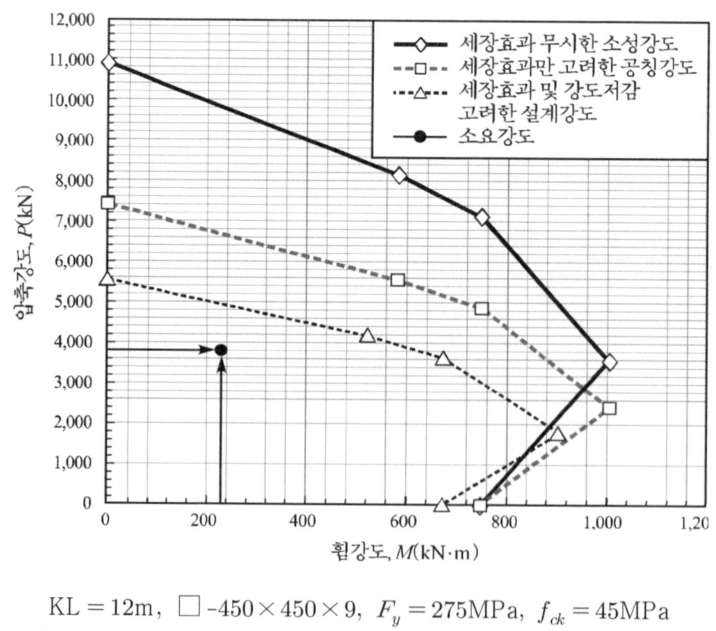

KL = 12m, □-450×450×9, $F_y = 275$MPa, $f_{ck} = 45$MPa

[그림 7.4.12] 콘크리트충전 각형강관합성기둥의 방법 2에 의한 $P-M$ 상관도

3) 방법 2-단순법 : 0709.4의 해설에 규정한 해식(0709.4.1a) 및 (0709.4.1b)을 이용한 2선형 상호관계식

방법 2의 구분적 상호관계도에서 점 A'', B'', C''만 남겨두고 점 D'' 및 E''를 제거하여 [그림 7.4.13]과 같이 단순화 한다.

이와 같이 상호작용점의 수를 줄임으로서 해식(0709.4.1a) 및 (0709.4.1b)에서 규정한 2선형 상호관계 식으로 검토할 수 있다. 앞서 산정한 설계강도값을 이용하여 해식으로 상호작용 비율을 산정하면 다음과 같다.

$P_r = 5{,}800\text{kN} > P_{c''} = 3{,}650\text{kN}$

따라서 해식(0709.4.1b)으로 검토한다.

$$\frac{P_r - P_c}{P_A - P_c} + \frac{M_r}{M_c} \le 1.0$$

$$\frac{5{,}800 - 3{,}660}{6{,}920 - 3{,}650} + \frac{180}{711} = 0.91 < 1.0 \qquad \text{적합}$$

그러므로 소요하중에 대해 합성기둥의 단면이 적합함을 알 수 있다.

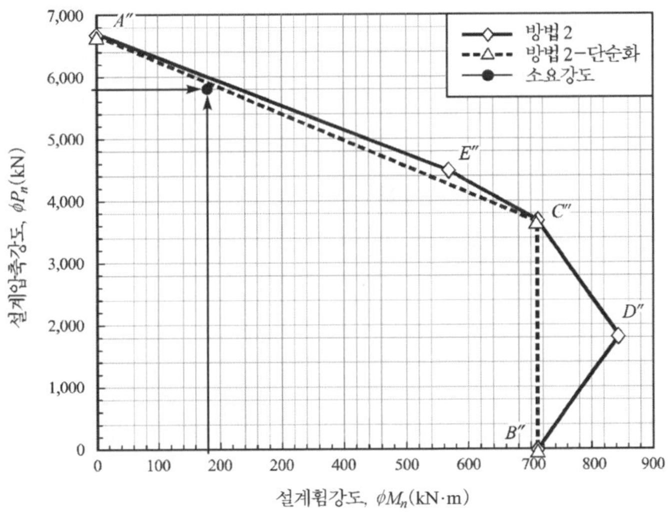

KL = 6m, □-400×400×9, $F_y = 355\text{MPa}$, $f_{ck} = 45\text{MPa}$

[그림 7.4.13] 콘크리트충전 각형강관합성기둥의 방법 2 및 방법 2-단순법에 의한 $P-M$ 상관도

4. 검토방법 간의 비교

방법 1(0708.1.1의 상호관계식)에 의한 검토에서는 합성기둥의 단면이 부적합한 것으로 판명되었으나, 방법 2 및 방법 2-단순법에 의한 검토에서는 단면이 적합함을 알 수 있다.

다음 [그림 7.4.14]와 같이 각각의 검토방법의 상관곡선을 한 곳에 겹쳐 표현함으로서 차이점을 쉽게 비교할 수 있다. [그림 7.4.14]에서 보면 방법 1에 의한 상호관계식은 다소 안전측인 것을 알 수 있으며, 방법 2는 가장 높은 설계강도값을 제공함을 알 수 있다. 한편 방법 2-단순법 역시 방법 2의 설계강도값에 근사한 값을 제공한다.

합성기둥 단면의 압축 및 휨의 설계강도값(각각 점A''및 B'')을 산정하기 위하여 본 매뉴얼의 〈도움표 7.4〉를 이용하고 추가적으로 C''점의 설계압축강도만 산정하면 해식(0709.4.1;방법 2-단순법의 상관관계식)을 이용함으로서, 방법 1(0708.1.1의 상호관계식)과 비교하여 부재의 강도면에서 훨씬 큰 이득을 볼 수 있다.

결론적으로 요약을 하면 도움표를 이용하여 부재의 가정단면을 가장 간편하게 검토할 수 있는 방법 1은 안전측으로서 설계초기에 활용할 수 있으며, 모든 설계조건이 거의 확정된 후 부재의 경제적 단면을 산정하고 싶다면 번거롭더라도 방법 2 또는 방법 2-단순법을 이용하여 설계할 수 있다. 단 이 방법은 2축 대칭인 매입형 합성부재 또는 조밀단면의 충전형 합성부재일 경우에만 적용가능하다.

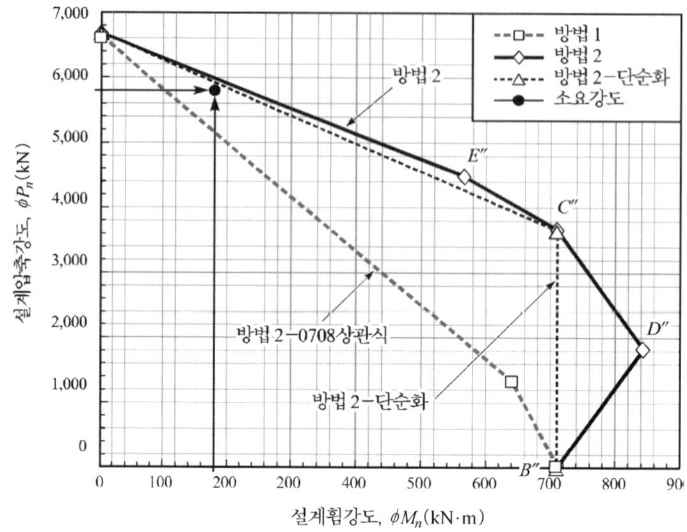

KL = 6m, □-400×400×9, $F_y = 355$MPa, $f_{ck} = 45$MPa

[그림 7.4.14] 콘크리트충전 각형강관합성기둥의 방법 1, 방법 2 및 방법 2-단순법에 의한 $P-M$ 상관도

예제 7.9 콘크리트충전 각형강관 합성기둥의 길이방향하중전달

철근콘크리트바닥으로 부터의 연직하중 $P_r = 1,450$kN이 충전형 각형강관 합성기둥의 강관단면에 직접 가해진다. 하중도입부를 직접부착에 의해 검토를 하고, 부족한 경우에는 직접지압에 의한 하중전달기구를 사용하여 하중도입부를 설계하시오.

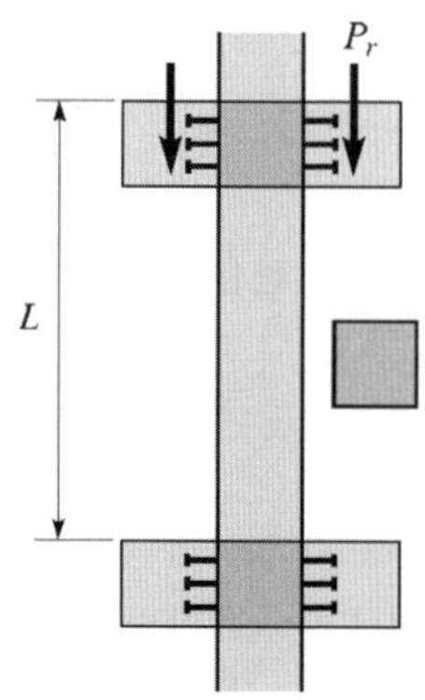

층고 : $L = 6.0$m

각형강관 : 400×400×9, $F_y = 355$MPa

$A_s = 14,080\text{mm}^2$

충전콘크리트 : $f_{ck} = 45$MPa, $A_c = 145,800\text{mm}^2$

1. 콘크리트충전 각형강관합성기둥의 국부좌굴에 의한 단면의 분류

폭두께비 : $\lambda = d/t = (400 - 2 \times 9)/9 = 42.4$

조밀단면 한계 : $\lambda_p = 2.26\sqrt{E_s/F_y} = 2.26\sqrt{210,000/355} = 55.0$

$\lambda = 42.4 < \lambda_p = 55.0$

그러므로 조밀단면의 합성기둥이다.

2. 조밀단면의 소성응력분포의 분담율, $\upsilon = F_y A_s / P_{no}$

1) 도움표를 이용한 방법

합성기둥 크기 $400 \times 400 \times 9(F_y = 355\text{MPa})$, 충전콘크리트강도 $f_{ck} = 45\text{MPa}$에 대하여, 〈도움표 7.4〉에서 υ(upsilon)$= F_y A_s / P_{no}$값을 읽는다.

$\upsilon = 0.47$

2) 수식에 의한 산정 과정

$$\begin{aligned} P_{no} &= F_y A_s + F_{yr} A_{sr} + 0.85 f_{ck} A_c \\ &= [355(14,080) + 400(0) + 0.85(45)(145,800)]/10^3 \\ &= 10,575\text{kN} \end{aligned}$$

$F_y A_s = 4,998\text{kN}$

$\upsilon = F_y A_s / P_{no} = (4,998)/(10,575) = 0.47$

3. 콘크리트에 전달되어야 할 소요전단력 V_r'

$V_r' = P_r(1 - F_y A_s / P_{no}) = 1,450(1 - 0.47) = 1,450(0.53) = 769\text{kN}$

4. 하중도입부의 영역 $L_{\in}$

기둥단면의 최소폭 $d = 400\text{mm}$

$2d = 2(400) = 800\text{mm}$ (최소길이)

$L/3 = 6,000/3 = 2,000\text{mm}$

그러므로 하중전달부의 길이 L_{in}은 $2d$와 $L/3$ 중에서 가장 작은 값 800mm 이하로 한다.

5. 직접부착작용에 의한 설계전단강도

1) 부착강도

$F_{in} = 0.4\text{MPa}$ 기준〈표 0709.6.3.1〉

2) 부착둘레길이

$U_{in} = 4(400) = 1,600\text{mm}$

3) 하중전달부의 길이

$L_{in} = 800\text{mm}$

4) 하중전달부의 설계전단강도

$\phi R_n = \phi F_{in} U_{in} L_{in}$ (0709.6.6)

$$\begin{aligned} &= 0.45(0.40)(1,600)(800) \\ &= 0.45(0.40)(1,280) \times 10^3\text{N} \\ &= 0.45(512)\text{kN} = 230\text{kN} \end{aligned}$$

6. 부착에 의한 설계전단강도와 소요전단강도의 비교

$\phi R_n = 230\text{kN} < V_r' = 769\text{kN}$ 부적합

설계전단강도가 소요전단강도보다 작으므로 직접지압 또는 강재앵커(전단연결재)에 의한 힘전달기구를 사용해야 한다.

7. 내부 수직 지압판을 이용한 직접지압에 의한 전달

내부 지압판은 수평판 또는 수직판 등의 여러 형상이 있으나 이 예제에서는 강관을 관통한 스티프너 형상의 수직판으로 설계한다.

1) 설계지압응력

$\phi_B(1.7f_{ck}) = 0.65(1.7 \times 45) = 0.65(76.5) = 49.7\text{MPa}$

2) 소요지압면적

$$A_1 = \frac{V_r'}{\phi_B(1.7f_{ck})} = \frac{769 \times 10^3}{49.7} = 15{,}473\text{mm}^2$$

3) 지압판 형상과 재하면적

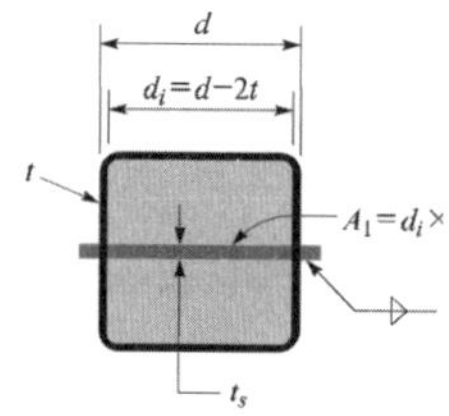

지압판 유효길이 $d_i = d - 2t = 400 - 2(9) = 382\text{mm}$

지압판의 소요두께

$t_s = A_1 / d_i = 16{,}060/382 = 42.1\text{mm} \Rightarrow 45\text{mm}$ 두께를 사용

$A_1 = d_i t_s = 382(45) = 17{,}190\text{mm}^2$

4) 설계지압강도

$\phi_B R_n = \phi_B(1.7f_{ck})A_1 = 49.7(17{,}190) = 854 \times 10^3\text{N} = 854\text{kN}$

5) 직접지압에 의한 설계전단강도와 소요전단강도의 비교

$\phi R_n = 854\text{kN} > V_r' = 769\text{kN}$ 적합

6) 하중전달부의 상세

수직지압판의 위치는 하중전달점으로부터 하중방향으로 하중도입부의 길이 안에 위치해야 하고, 지압판은 전달하중에 적합하도록 강관과의 용접에 의해 연결하여야 한다. 여기서 용접부 및 수직판의 높이에 대한 계산은 생략하였으나, 실무 적용 시에는 계산에 의해 설계해야 한다.

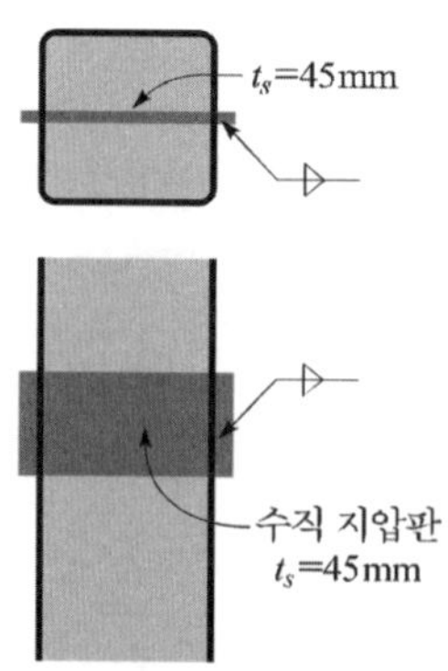

[그림 7.4.15] 콘크리트충전 각형강관 합성기둥의 하중도입부 구간의 직접지압에 의한 길이방향 전단보강

예제 7.10 압축력과 1축 휨을 받는 비조밀/세장판 요소를 갖는 콘크리트충전 각형강관합성기둥

직접해석법에 의해 산정한 소요압축력 $P_r = 4{,}200\text{kN}$과 소요휨모멘트 $M_r = 380\text{kN·m}$가 콘크리트충전 각형강관 합성기둥에 작용할 때 다음 SS275 각형강관의 판두께를 산정하시오.

$E_c = 31{,}200\text{MPa}$, $E_s = 210{,}000\text{MPa}$, $n_1 = E_s/E_c = 210{,}000/31{,}200 = 6.73$,
$I_{sx} = 359 \times 10^6 \text{mm}^4$

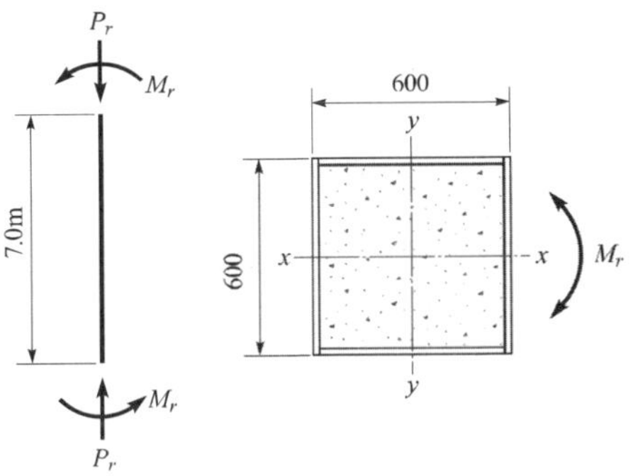

층고 및 유효좌굴길이 : $KL = 7.0\text{m}$

각형강관 : $600 \times 600 \times t$, $F_y = 275\text{MPa}$
$t = 8.0\text{mm}$일 경우, $A_s = 18{,}940\text{mm}^2$
$t = 6.0\text{mm}$일 경우, $A_s = 14{,}260\text{mm}^2$

충전콘크리트 : $f_{ck} = 45\text{MPa}$,
$t = 8.0\text{mm}$일 경우, $A_c = 341{,}060\text{mm}^2$
$t = 6.0\text{mm}$일 경우, $A_c = 345{,}740\text{mm}^2$

⇨ □$-600 \times 600 \times 8$(**비조밀단면) 사용**

1. 합성기둥의 제한조건 검토

1) 충전콘크리트 강도 ; $21\text{MPa} \le f_{ck} = 45\text{MPa} \le 70\text{MPa}$ 적합
2) 강재 강도 ; $F_y = 275\text{MPa} \le 650\text{MPa}$ 적합
3) 강재 단면적 ; $A_s = 18{,}940\text{mm}^2 \ge 0.01A_g = 3{,}600\text{mm}^2$ 적합

2. 국부좌굴에 대한 충전형 각형강관 합성기둥단면의 분류

폭두께비 : $\lambda = d/t = (600 - 2 \times 8)/8 = 73.0$
조밀단면 한계 : $\lambda_p = 2.26\sqrt{E_s/F_y} = 2.26\sqrt{210{,}000/275} = 62.4$
비조밀단면 한계 : $\lambda_r = 3.00\sqrt{E_s/F_y} = 3.00\sqrt{210{,}000/275} = 82.9$
$\lambda_p = 62.4 < \lambda = 73.0 < \lambda_r = 82.9$
그러므로 비조밀단면의 충전형 각형강관 합성기둥이다. 따라서, 비조밀단면 및 세장단면의 충전형 합성부재에 대한 축력과 휨의 상관관계는 방법 2 및 방법 2-단순법은 적용할 수 없으므로, 설계도움표를 이용한 방법 1(0708.1.1의 상호관계식)에 의해서만 검토한다.

3. 조합하중에 대한 합성기둥단면 검토

1) 방법 1 : 0708.1.1의 상호관계식

합성기둥 크기 $600 \times 600 \times 8(F_y = 275\text{MPa})$, 충전콘크리트강도 $f_{ck} = 45\text{MPa}$에 대하여, 〈도움표 7.4〉에서 유효좌굴길이 $KL = 7.0\text{m}$일 때의 설계압축강도 값과 설계휨강도 값을 읽는다.

	소요강도(직접해석법에 의한 값)		설계강도(도움표에서 읽은 값)
압축력	$P_r = 4{,}200\text{kN}$	〈	$P_c = 12{,}169\text{kN}$
강축 휨모멘트	$M_{rx} = 380\text{kN·m}$	〈	$M_{cx} = 1{,}283\text{kN·m}$

$\dfrac{P_r}{P_c} = \dfrac{4{,}200}{11{,}900} = 0.35 > 0.2$이므로 기준 식(0708.1.1a)을 적용하여 검토한다.

$$\frac{P_r}{P_c} + \frac{8}{9}\left(\frac{M_{rx}}{M_{cx}}\right) = \frac{4{,}200}{12{,}169} + \frac{8}{9}\left(\frac{380}{1{,}283}\right) = 0.608 < 1.0$$ 적합

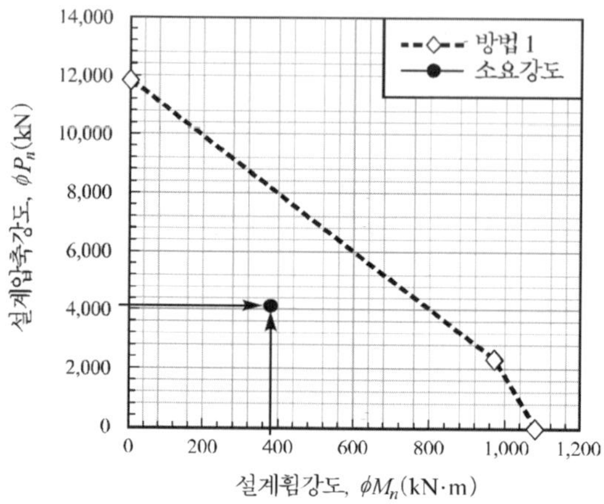

KL = 7m, □ − 600 × 600 × 8, $F_y = 275\text{MPa}$, $f_{ck} = 45\text{MPa}$

[그림 7.4.16] 콘크리트충전 각형강관합성기둥의 방법 1에 의한 $P-M$ 상관도

소요하중에 대해 단면이 적합함을 알 수 있다. 그러나 선택된 판두께, $t = 8\text{mm}$에 대한 설계강도가 너무 여유가 많으므로 판두께를 6mm로 감소하여 단면을 다시 검토해 보면

⇨ □ − 600 × 600 × 6(세장단면) 사용

1. 합성기둥의 제한조건 검토

1) 충전콘크리트 강도 ; $21\text{MPa} \le f_{ck} = 45\text{MPa} \le 70\text{MPa}$ 적합

2) 강재 강도 ; $F_y = 275\text{MPa} \le 650\text{MPa}$ 적합

3) 강재 단면적 ; $A_s = 14{,}260\text{mm}^2 \ge 0.01A_g = 3{,}600\text{mm}^2$ 적합

2. 국부좌굴에 대한 충전형 각형강관 합성기둥단면의 분류

폭두께비 : $\lambda = d/t = (600 - 2 \times 6)/6 = 98.0$

비조밀단면 한계 : $\lambda_p = 3.00\sqrt{E_s/F_y} = 3.00\sqrt{210{,}000/275} = 82.9$

최대허용 한계 : $\lambda_{\max} = 5.00\sqrt{E_s/F_y} = 5.00\sqrt{210{,}000/275} = 138.2$

$\lambda_r = 82.9 < \lambda = 98.0 < \lambda_{\max} = 138.2$

그러므로 세장단면의 합성기둥이다. 따라서, 세장단면의 충전형 합성부재에 대한 축력과 휨의 상관관계는 도움표를 이용하여 방법 1(0708.1.1의 상호관계식)에 의해서만 검토한다.

3. 조합하중에 대한 합성기둥단면 검토

1) 방법 1 ; 0708.1.1의 상호관계식

합성기둥 크기 $600\times600\times6(F_y=275\text{MPa})$, 충전콘크리트강도 $f_{ck}=45\text{MPa}$에 대하여, 〈도움표 7.4〉에서 유효좌굴길이 $KL=7.0\text{m}$일 때의 설계압축강도 값과 설계휨강도 값을 읽는다.

	소요강도(직접해석법에 의한 값)		설계강도(도움표에서 읽은 값)
압축력	$P_r=4{,}200\text{kN}$	〈	$P_c=9{,}536\text{kN}$
강축 휨모멘트	$M_{rx}=380\text{kN}\cdot\text{m}$	〈	$M_{cx}=985\text{kN}\cdot\text{m}$

$\dfrac{P_r}{P_c}=\dfrac{4{,}200}{9{,}536}=0.440>0.2$이므로 기준 식(0708.1.1)을 적용하여 검토한다.

$$\frac{P_r}{P_c}+\frac{8}{9}\left(\frac{M_{rx}}{M_{cx}}\right)=\frac{4{,}200}{9{,}536}+\frac{8}{9}\left(\frac{380}{985}\right)=0.783<1.0 \qquad \text{적합}$$

따라서 새로이 선택된 판두께, $t=6\text{mm}$에 대해서도 단면이 적합함을 알 수 있다.

이러한 소요하중에 대한 합성단면의 검토 외에도 콘크리트 타설 시에 발생하는 유체역학적인 하중의 영향에 대해 합성거동 이전의 강재단면만의 강도로 검토하는 등 시공단계에 따른 하중에 대해서도 추가적으로 검토하여야 한다.

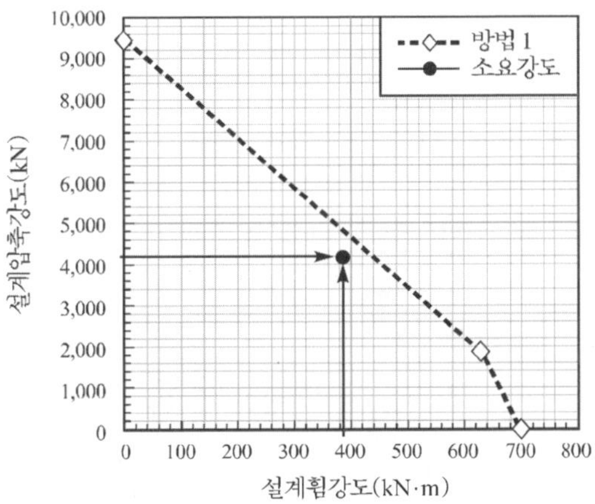

KL = 7m, □ − 600 × 600 × 6, $F_y=275\text{MPa}$, $f_{ck}=45\text{MPa}$

[그림 7.4.17] 콘크리트충전 각형강관합성기둥의 방법 1에 의한 $P-M$ 상관도

예제 7.11 압축력과 2방향 휨을 받는 콘크리트충전 원형강관합성기둥

직접해석법에 의해 산정한 소요압축력 $P_r = 5{,}800\text{kN}$과 소요휨모멘트 $M_{rx} = 150\text{kN·m}$, $M_{ry} = 100\text{kN·m}$가 콘크리트충전 원형강관 합성기둥에 작용할 때 기둥단면이 적합한지 검토하시오.

$E_c = 31{,}200\text{MPa}$, $E_s = 210{,}000\text{MPa}$, $n_1 = E_s/E_c = 210{,}000/31{,}200 = 6.73$, $I_{sx} = 359 \times 10^6 \text{mm}^4$

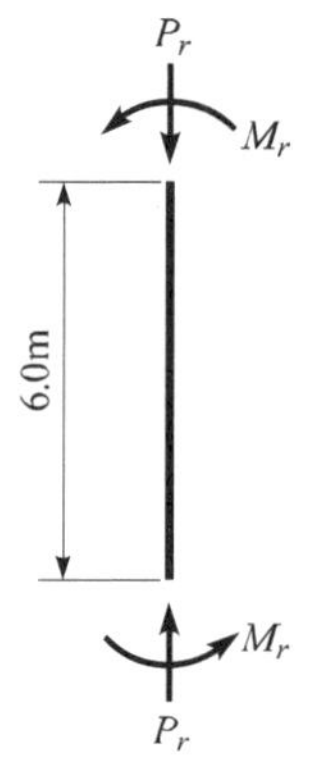

층고 및 유효좌굴길이 : $KL = 6.0\text{m}$

각형강관 : $\phi - 457.2 \times 9.0$, $F_y = 355\text{MPa}$

$A_s = 12{,}670\text{mm}^2$

충전콘크리트 : $f_{ck} = 45\text{MPa}$, $A_c = 151{,}500\text{mm}^2$

1. 합성기둥의 제한조건 검토

1) 충전콘크리트 강도 ; $21\text{MPa} \le f_{ck} = 45\text{MPa} \le 70\text{MPa}$ 적합

2) 강재 강도 ; $F_y = 355\text{MPa} \le 650\text{MPa}$ 적합

3) 강재 단면적 ; $A_s = 12{,}670\text{mm}^2 \ge 0.01A_g = 1{,}640\text{mm}^2$ 적합

2. 국부좌굴에 대한 충전형 원형강관 합성기둥단면의 분류

폭두께비 : $\lambda = D/t = 457.2/9.2 = 50.8$

조밀단면 한계 : 1) 압축부재 ; $\lambda_p = 0.15E_s/F_y = 0.15(210{,}000/355) = 88.7$

2) 휨부재 ; $\lambda_p = 0.09E_s/F_y = 0.09(210{,}000/355) = 53.2$

$\lambda = 50.8 < \lambda_p = 53.2$

그러므로 조밀단면의 합성기둥이다. 따라서, 조밀단면의 충전형 합성부재에 대한 축력과 휨의 상관관계는 도움표를 이용하여 간단하게 0708.1.1의 상호관계식에 의한 방법 1로 검토할 수도 있으며 또는 다소 번거롭더라도 0709.1.2에서 규정한 소성응력분포법에 기초한 합성단면에 대한 휨모멘트와 압축력의 구분적 선형 상호작용곡선(piecewise-linear interaction curve)을 이용한 방법 2 및 방법 2-단순법으로 단면의 강도를 구하여 경제적인 단면설계를 할 수도 있다.
각각의 방법을 이용한 단면설계의 과정의 차이점을 알아보면 다음과 같다.

3. 조합하중에 대한 합성기둥단면 검토

1) 방법 1 : 0708.1.1의 상호관계식

합성기둥 크기 $\phi - 457.2 \times 9.0(F_y = 355\text{MPa})$, 충전콘크리트강도 $f_{ck} = 45\text{MPa}$에 대하여, 〈도움표 7.5〉에서 유효좌굴길이 $KL = 6.0\text{m}$일 때의 설계압축강도 값과 설계휨강도 값을 읽는다.

	소요강도(계산한 값)		설계강도(도움표에서 읽은 값)
압축력	$P_r = 6{,}000\text{kN}$	〈	$P_c = 7{,}486\text{kN}$
강축 휨모멘트	$M_r = \sqrt{150^2+100^2} = 180\text{kN}\cdot\text{m}$	〈	$M_{cx} = 736.6\text{kN}\cdot\text{m}$

$\frac{P_r}{P_c} = \frac{6{,}000}{7{,}486} = 0.801 > 0.2$이므로 기준 식(0708.1.1)을 적용하여 검토한다.

$\frac{P_r}{P_c} + \frac{8}{9}\left(\frac{M_{rx}}{M_{cx}}\right) = \frac{5{,}800}{7{,}486} + \frac{8}{9}\left(\frac{180}{736.6}\right) = 1.02 > 1.0$ 부적합

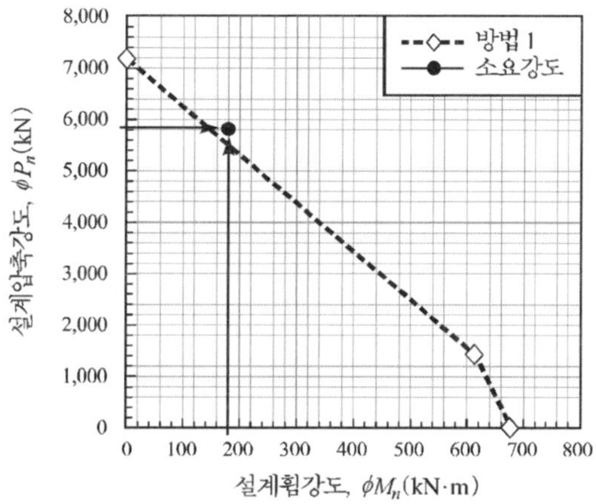

KL = 6m, $\phi - 457.2 \times 9.0$, $F_y = 355\text{MPa}$, $f_{ck} = 45\text{MPa}$

[그림 7.4.18] 콘크리트충전 원형강관 합성기둥의 방법 1에 의한 $P-M$ 상관도

그러므로 방법 1(0708.1.1의 상호관계식)에 의한 검토 결과는 소요하중에 대해 단면이 부적합함을 알 수 있다. 따라서, 방법 1에 의한 상호관계식을 만족시키는 새로운 단면을 〈도움표 7.4〉에서 간편하게 선택하여 방법 1로 재검토하거나 또는 축력과 휨의 상호관계에 대한 부재의 강도가 방법-1에 비해 높게 평가되는 방법 2에 의해 앞서 선정한 부재를 다음과 같이 재검토 한다.

2) 방법 2 : 0709.1.2에서 규정한 소성응력분포법을 이용한 구분적 선형 상호작용곡선

(1) 단계 1 : 세장효과를 고려하지 않은 부재의 압축-휨의 소성강도 상관관계를 나타내는 점 A, B, C, D 및 E 산정

① 점 A(순수 압축강도)

$h = D_c = D - 2t = 457.2 - 2(9) = 439.2\text{mm}$

$$\begin{aligned} C_2 &= 0.85(1 + 1.56tF_y/D_of_{ck}) \\ &= 0.85[1 + 1.56(9)(355)/\{(439.2)(45)\}] \\ &= 1.06 \end{aligned}$$

$$\begin{aligned} P_A &= A_sF_y + A_rF_{yr} + C_2f_{ck}A_c \\ &= (355)(12{,}670)/10^3 + 1.06(45)(151{,}500)/10^3 = 11{,}656\text{kN} \end{aligned}$$

$M_A = 0\text{kN}\cdot\text{m}$

② 점 D(최대 공칭휨강도)

$$P_D = \frac{C_2f_{ck}A_c}{2}$$

$$= \frac{1.06(45)(151{,}500)}{2 \times 10^3} = 3{,}613\text{kN}$$

$$Z_{sx} = D^3/6 - Z_c = 1.81 \times 10^6 \text{mm}^3$$

$$Z_c = \frac{h^3}{6}$$

$$= \frac{(439.2)^3}{6} = 1.41 \times 10^7 \text{mm}^3$$

여기서, $h = D - 2t$

$$M_D = Z_{sx}F_y + Z_r F_{yr} + Z_c(C_2 f_{ck})/2$$

$$= (355)(1.81 \times 10^6)/10^6 + (1.41 \times 10^7)(1.06)(45)/(2 \times 10^6)$$

$$= 979\text{kN}\cdot\text{m}$$

③ 점 B(순수 휨강도)

$$P_B = 0\text{kN}$$

$$k_c = f_{ck}h^2 = 45(439.2)^2 = 8{,}680\text{kN}$$

$$k_s = F_y[(D-t)/2]t = 355[(457.2-9)/2](9) \times 10^{-3} = 716\text{kN}$$

$$\theta = \left[(0.026k_c - 2k_s)/(0.0848k_c)\right] + \left[\sqrt{\{(0.026k_c + 2k_s)^2 + 0.857k_c k_s\}}/0.848k_c\right]$$

$$= \frac{0.026(8{,}680) - 2(716)}{0.0848(8{,}680)} + \frac{\sqrt{\{0.026(8{,}680) + 2(716)\}^2 + 0.857(8{,}680)(716)}}{0.0848(8{,}680)}$$

$$= 2.22 \text{ rad}$$

$$h_n = \frac{h}{2}\sin\left[\frac{\pi - \theta}{2}\right] \le \frac{h}{2}$$

$$= \frac{439.2}{2}\sin\left[\frac{\pi - 2.22}{2}\right] \le \frac{439.2}{2}$$

$$= 98\text{mm} \le 220\text{mm}$$

$$Z_{sB} = \frac{D^3 - h^3}{6}\sin\left(\frac{\theta}{2}\right)$$

$$= \frac{(457.2)^3 - (439.2)^3}{6}\sin\left(\frac{2.22}{2}\right) = 1{,}620{,}000\text{mm}^3$$

$$Z_{cB} = \frac{h^3 \sin^3(\theta/2)}{6}$$

$$= \frac{(439.2)^3 \sin^3(2.22/2)}{6} = 10{,}146{,}600\text{mm}^3$$

$$M_B = Z_{sB}F_y + \frac{C_2 f_{ck} Z_{cB}}{2}$$

$$= (1{,}620{,}000)(355) \times (10^{-6}) + \frac{1.05(45)(10{,}146{,}600)}{2 \times 10^6}$$

$$= 815\text{kN}\cdot\text{m}$$

④ 점 C(소성중립축의 위치 점)

$$P_C = C_2 f_{ck} A_c$$

$$= 1.06(45)(151{,}500)/10^3 = 7{,}230\text{kN}$$

$$M_C = M_B$$

$$= 815\text{kN}\cdot\text{m}$$

⑤ 점 E(선택사항)

단면의 압축-휨 강도의 상관관계를 보다 잘 나타내기 위해 임의로 선정된 점.

$$h_E = \frac{h_n}{2} + \frac{h}{4}$$
$$= \frac{98}{2} + \frac{439.2}{4} = 159\text{mm}$$

$$\theta_2 = \pi - 2\arcsin\left(\frac{2h_E}{h}\right)$$
$$= \pi - 2\arcsin\left[\frac{2(159)}{439,2}\right]$$
$$= 1.50\text{ rad}$$

$$Z_{cE} = \frac{h^3}{6}\sin^3\left(\frac{\theta_2}{2}\right)$$
$$= \frac{(439.2)^3}{6}\sin^3\left(\frac{1.50}{2}\right) = 4,483,300\text{mm}^3$$

$$Z_{sE} = \frac{D^3 - h^3}{6}\sin\left(\frac{\theta_2}{2}\right)$$
$$= \frac{(457.2)^3 - (439.2)^3}{6}\sin\left(\frac{1.50}{2}\right) = 1,233,600\text{mm}^3$$

$$P_E = P_A - (1/4)\left[F_y(D^2 - h^2) + C_2 f_{ck} h^2/2\right](\theta_2 - \sin\theta_2)$$
$$= 11,656 - (1/4)\left[355(457.2^2 - 439.2^2) - 1.06(45)(439.2)^2/2\right] \times 10^{-3}$$
$$= 11,360\text{kN}$$

$$M_E = Z_{sE}F_y + \frac{C_2 f_{ck} Z_{cE}}{2}$$
$$= (1,233,600)(355) \times 10^{-6} + \frac{1.06(45)(4,483,300)}{2 \times 10^6}$$
$$= 545\text{kN·m}$$

(2) 단계 2 : 세장효과(λ)를 고려한 부재의 압축-휨 조합력에 대한 공칭강도 상관관계를 나타내는 점 A', B', C', D' 및 E' 산정

세장효과를 고려하기 위한 저감계수, λ는 A점에 대해 기준식(0709.2.13)에 의한 순수압축강도 P_{no}값에 대한 기준식 (0709.2.2)와 (0709.2.2)에 의한 길이효과를 고려한 공칭강도 P_n값의 비 $\left(\lambda = \dfrac{P_n}{P_{no}}\right)$로서 산정한다.

$$P_{no} = P_A = 11,656\text{kN}$$

$$C_3 = 0.6 + 2\left(\frac{A_s}{A_s + A_c}\right) \le 0.9$$
$$= 0.6 + 2\left(\frac{12,670}{12,670 + 151,500}\right) = 0.754 < 0.9$$

$$\therefore\ C_3 = 0.754$$

$$EI_{eff} = E_s I_{sy} + E_s I_{sr} + C_3 E_c I_{cy}$$
$$= 210,000(318,000,000) + 0 + 0.754(31,200)(1,800,000,000)$$
$$= 1.09 \times 10^{14}\text{N.mm}^2$$

$$P_e = \pi^2(EI_{eff})/(KL)^2$$
$$= \frac{\pi^2(1.09 \times 10^{14})}{[1.0(6.0 \times 10^3)]^2} \times 10^{-3} = 29,900\text{kN}$$

여기서, $K=1.0$(∵ 응력산정이 직접해석법에 의하였으므로)

$$\frac{P_{no}}{P_e}=\frac{11,656}{29,900}=0.39 < 2.25$$

$$P_n=P_{no}\left[0.658^{\frac{P_{no}}{P_e}}\right]$$

$$=11,656\left[0.658^{0.39}\right]=9,900\,\text{kN}$$

$$\lambda=\frac{P_n}{P_{no}}=\frac{9,900}{11,656}=0.85$$

① 점 A'

$P_{A'}=\lambda P_A=0.85(11,656)=9,908\,\text{kN}$

$M_{A'}=M_A=0\,\text{kN}\cdot\text{m}$

② 점 D'

$P_{D'}=\lambda P_D=0.85(3,613)=3,071\,\text{kN}$

$M_{D'}=M_D=979\,\text{kN}\cdot\text{m}$

③ 점 B'

$P_{B'}=\lambda P_B=0.85(0)=0\,\text{kN}$

$M_{B'}=M_B=815\,\text{kN}\cdot\text{m}$

④ 점 C'

$P_{C'}=\lambda P_C=0.85(7,230)=6,146\,\text{kN}$

$M_{C'}=M_C=815\,\text{kN}\cdot\text{m}$

⑤ 점 E'

$P_{E'}=\lambda P_E=0.85(11,360)=9,656\,\text{kN}$

$M_{E'}=M_E=545\,\text{kN}\cdot\text{m}$

(3) 단계 3 : 저감계수(ϕ)를 고려한 부재의 압축-휨 조합력에 대한 설계강도 상관관계를 나타내는 점 A'', B'', C'', D'' 및 E'' 산정

방법 2의 마지막 단계인 강도저감을 고려하기 위한 저항계수 ϕ는 각 점의 공칭압축강도에 $\phi_c=0.75$를 공칭휨강도에 $\phi_b=0.9$를 곱하여 설계강도를 산정한다.

① 점 A''

$P_{A''}=\phi_c P_{A'}=0.75(9,908)=7,431\,\text{kN}$

(⇨ 도움표의 유효좌굴길이 6m에 해당하는 설계압축강도값 = 7,486kN)

$M_{A''}=\phi_b M_{A'}=0.9(0)=0\,\text{kN}\cdot\text{m}$

② 점 D''

$P_{D''}=\phi_c P_{D'}=0.75(3,071)=2,303\,\text{kN}$

$M_{D''}=\phi_b M_{D'}=0.9(979)=881\,\text{kN}\cdot\text{m}$

③ 점 B''

$P_{B''}=\phi_c P_{B'}=0.75(0)=0\,\text{kN}$

$M_{B''}=\phi_b M_{B'}=0.9(815)=734\,\text{kN}\cdot\text{m}$ (⇨ 도움표의 설계휨강도값)

④ 점 C''

$P_{C''}=\phi_c P_{C'}=0.75(6,146)=4,610\,\text{kN}$

$M_{C''}=\phi_b M_{C'}=0.9(815)=734\,\text{kN}\cdot\text{m}$

⑤ 점 E''

$$P_{E''} = \phi_c P_{E'} = 0.75(9{,}656) = 7{,}242\,\text{kN}$$

$$M_{E''} = \phi_b M_{E'} = 0.9(545) = 491\,\text{kN}\cdot\text{m}$$

따라서, 방법 2에 의한 세장효과를 고려하지 않은 공칭강도, 세장효과를 고려한 공칭강도 및 설계강도의 상관관계 등을 중첩하여 도시하면 [그림 7.4.19]와 같다.
또한 소요압축강도 및 휨강도의 점(M_u, P_u)을 [그림 7.4.19]에 함께 표시해 보면 설계강도의 구분적 선형 상관관계($A'' - E'' - C'' - D'' - B''$) 안 쪽에 위치한다. 그러므로 소요하중에 대해 합성기둥단면이 적합함을 알 수 있다.

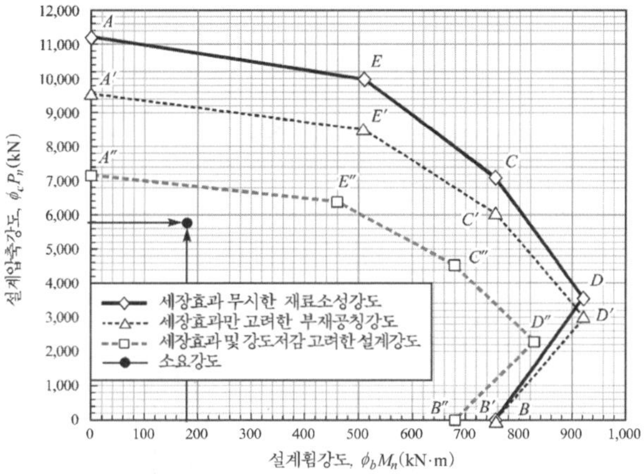

KL = 6m, $\phi - 457.2 \times 9.0$, $F_y = 355$MPa, $f_{ck} = 45$MPa

[그림 7.4.19] 콘크리트충전 원형강관 합성기둥의 방법 2에 의한 $P-M$ 상관도

[그림 7.4.19]에서 점 D'가 공칭강도 상관곡선($A-E-C-D-B$)을 벗어나 안전하지 못한 설계가 될 수 있기 때문에, 특히 좌굴길이가 긴 경우 점 D'와 연관하여 설계강도값을 산정할 때 신중하여야 한다([그림 7.4.20] 참조). 이러한 우려를 피하기 위해 다음의 방법 2-단순법을 사용할 수 있다.

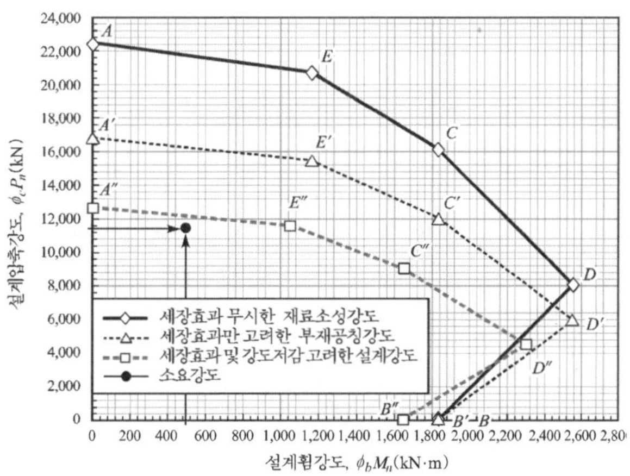

KL = 12m, $\phi - 700 \times 9.0$, $F_y = 355$MPa, $f_{ck} = 45$MPa

[그림 7.4.20] 콘크리트충전 원형강관 합성기둥의 방법 2에 의한 $P-M$ 상관도

3) 방법 2-단순법 ; 0709.4의 해설에 규정한 해식(0709.4.1a) 및 (0709.4.1b)을 이용한 2선형 상호관계식

방법 2의 구분적 상호관계도에서 점 A'', B'', C''만 남겨두고 점 D'' 및 E''를 제거하여 [그림 7.4.21]과 같이 단순화한다.

이와 같이 상호작용점의 수를 줄임으로서 해식(0709.4.1a) 및 (0709.4.1b)에서 규정한 2선형 상호관계 식으로 검토할 수 있다. 앞서 산정한 설계강도값을 이용하여 해식으로 상호작용 비율을 산정하면 다음과 같다.

$P_r = 5{,}800\text{kN} > P_c^{''} = 4{,}610\text{kN}$

따라서 해식(0709.4.1b)으로 검토한다.

$$\frac{P_r - P_c}{P_A - P_c} + \frac{M_r}{M_c} \le 1.0$$

$$\frac{6{,}000 - 4{,}610}{7{,}431 - 4{,}610} + \frac{\sqrt{(150)^2 + (100)^2}}{734} = 0.74 < 1.0 \qquad \text{적합}$$

그러므로 소요하중에 대해 합성기둥의 난면이 적합함을 알 수 있다.

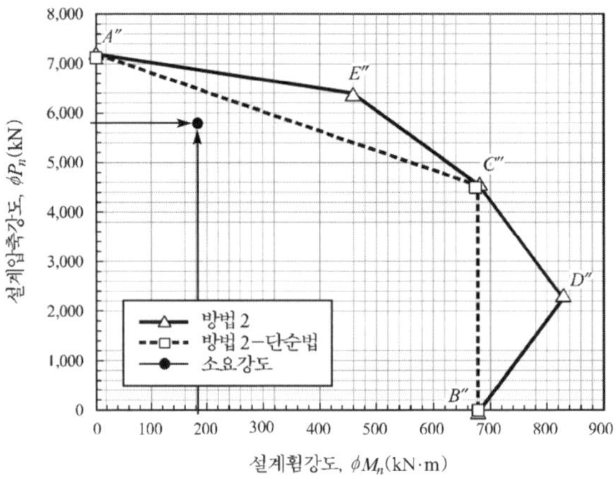

KL = 6m, $\phi - 457.2 \times 9.0$, $F_y = 355\text{MPa}$, $f_{ck} = 45\text{MPa}$

[그림 7.4.21] 콘크리트충전 원형강관 합성기둥의 방법 2 및 방법 2-단순법에 의한 $P-M$ 상관도

4. 검토방법 간의 비교

방법 1(0708.1.1의 상호관계식)에 의한 검토에서는 합성기둥의 단면이 부적합한 것으로 판명되었으나, 방법 2 및 방법 2-단순법에 의한 검토에서는 단면이 적합함을 알 수 있다.

다음 [그림 7.4.22]와 같이 각각의 검토방법의 상관곡선을 한 곳에 겹쳐 표현함으로서 차이점을 쉽게 비교할 수 있다. [그림 7.4.22]에서 보면 방법 1에 의한 상호관계식은 다소 안전측인 것을 알 수 있으며, 방법 2는 가장 높은 설계강도값을 제공함을 알 수 있다. 한편 방법 2-단순법 역시 방법 2의 설계강도값에 근사한 값을 제공한다.

합성기둥단면의 압축 및 휨의 설계강도값(각각 점 $A^{''}$및 $B^{''}$)을 산정하기 위하여 본 매뉴얼의 〈도움표 7.5〉를 이용하고 추가적으로 $C^{''}$점의 설계압축강도만 산정하면 해식(0709.4.1;방법 2-단순법의 상관관계식)을 이용함으로서, 방법 1(0708.1.1의 상호관계식)과 비교하여 부재의 강도면에서 훨씬 큰 이득을 볼 수 있다.

결론적으로 요약하면 도움표를 이용하여 부재의 가정단면을 가장 간편하게 검토할 수 있는 방법 1은 안전측으로서 설계초기에 활용할 수 있으며, 모든 설계조건이 거의 확정된 후 부재의 경제적 단면을 산정

하고 싶다면 방법 2 또는 방법 2-단순법을 이용하여 설계할 수 있다. 단 이 방법은 2축대칭인 매입형 합성부재 또는 조밀단면의 충전형 합성부재일 경우에만 적용가능하다.

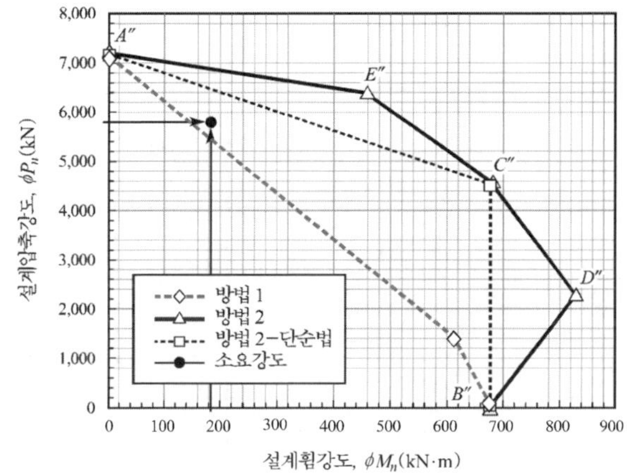

KL = 6m, $\phi-457.2\times9.0$, $F_y=355$MPa, $f_{ck}=45$MPa

[그림 7.4.22] 콘크리트충전 원형강관 합성기둥의 방법 1, 방법 2 및 방법 2-단순법에 의한 $P-M$ 상관도

7.5 설계도움표(합성기둥의 전체 설계도움표는 CD 참조)

이 매뉴얼의 도움표는 H형강 매입형 합성단면의 설계압축강도 및 설계휨강도, 강재앵커(전단연결재) 1개의 설계전단강도 그리고 콘크리트충전 각형강관 합성단면 및 원형강관 합성단면의 설계압축강도와 설계휨강도 등의 5개의 도움표로 구성되었다.

〈도움표 7.1〉 매입형 합성기둥의 설계압축강도(SHN275 및 355)
〈도움표 7.2〉 매입형 합성기둥의 설계휨강도(SHN275 및 355)
〈도움표 7.3〉 강재앵커(전단연결재) 스터드 1개의 설계전단강도($F_u=400$)
〈도움표 7.4〉 콘크리트충전 각형강관 합성기둥의 설계압축강도 및 휨강도(SNRT275 및 355)
〈도움표 7.5〉 콘크리트충전 원형강관 합성기둥의 설계압축강도 및 휨강도(SNT275 및 355)

도움표 7.1 매입형 합성기둥의 설계압축강도 $\phi_c P_n$ (kN)

B×D=500×500　　H-200×200×8×12　　A_s=6353mm²(2.54%)

H형강 재질		SHN 275 (F_y=275 MPa)							SHN 355 (F_y=355 MPa)						
철근	KL	f_{ck} (MPa)							f_{ck} (MPa)						
	m	30	35	40	45	50	60	70	30	35	40	45	50	60	70
4-D19 (1146) 0.46% D10@250	0.0	6380	7150	7920	8700	9470	11020	12560	6760	7530	8310	9080	9850	11400	12940
	3.0	5700	6330	6950	7560	8170	9350	10490	6000	6630	7240	7850	8450	9620	10750
	4.0	5230	5760	6280	6790	7280	8240	9120	5470	6000	6510	7010	7490	8430	9310
	5.0	4670	5100	5510	5900	6280	6990	7620	4860	5280	5680	6060	6420	7120	7730
	6.0	4070	4400	4700	4980	5240	5720	6120	4200	4510	4800	5070	5320	5790	6170
	7.0	3460	3690	3890	4070	4230	4520	4710	3540	3750	3940	4110	4260	4530	4710
	8.0	2870	3010	3130	3220	3300	3470	3610	2900	3030	3130	3220	3300	3470	3610
	9.0	2320	2400	2470	2540	2610	2750	2850	2320	2400	2470	2540	2610	2750	2850
	10.0	1880	1940	2000	2060	2110	2220	2310	1880	1940	2000	2060	2110	2220	2310
	12.0	1310	1350	1390	1430	1470	1540	1600	1310	1350	1390	1430	1470	1540	1600
	υ	0.205	0.183	0.165	0.151	0.138	0.119	0.104	0.25	0.225	0.204	0.186	0.172	0.148	0.131
8-D19 (2292) 0.92% D10@250	0.0	6790	7560	8320	9090	9860	11400	12940	7170	7940	8710	9480	10240	11780	13320
	3.0	6070	6700	7320	7930	8530	9720	10860	6370	6990	7610	8210	8810	9990	11120
	4.0	5570	6100	6620	7130	7620	8580	9470	5810	6340	6850	7350	7840	8780	9660
	5.0	4980	5410	5820	6210	6590	7310	7950	5170	5590	5990	6370	6740	7440	8070
	6.0	4340	4670	4970	5250	5520	6010	6420	4480	4790	5080	5350	5610	6080	6470
	7.0	3700	3930	4130	4310	4480	4770	4970	3780	3990	4180	4350	4510	4790	4970
	8.0	3070	3210	3330	3420	3510	3680	3810	3100	3230	3340	3420	3510	3680	3810
	9.0	2480	2560	2640	2700	2770	2910	3010	2480	2560	2640	2700	2770	2910	3010
	10.0	2010	2080	2140	2190	2250	2350	2440	2010	2080	2140	2190	2250	2350	2440
	12.0	1400	1440	1480	1520	1560	1640	1690	1400	1440	1480	1520	1560	1640	1690
	υ	0.193	0.173	0.157	0.144	0.133	0.115	0.101	0.236	0.213	0.194	0.179	0.165	0.144	0.127
12-D22 (4645) 1.86% D10@250	0.0	7620	8390	9150	9910	10670	12190	13720	8000	8770	9530	10290	11050	12580	14100
	3.0	6850	7480	8100	8710	9310	10500	11650	7150	7780	8390	9000	9600	10780	11920
	4.0	6300	6840	7360	7870	8370	9350	10260	6560	7090	7600	8110	8600	9560	10460
	5.0	5660	6100	6520	6920	7310	8050	8720	5860	6290	6690	7090	7470	8190	8850
	6.0	4970	5300	5620	5910	6190	6710	7140	5110	5430	5730	6010	6280	6790	7210
	7.0	4260	4490	4710	4900	5080	5400	5640	4340	4570	4770	4950	5120	5430	5660
	8.0	3560	3710	3840	3950	4040	4210	4340	3600	3740	3860	3960	4040	4210	4340
	9.0	2910	2990	3060	3130	3190	3330	3430	2910	2990	3060	3130	3190	3330	3430
	10.0	2350	2420	2480	2530	2590	2690	2780	2350	2420	2480	2530	2590	2690	2780
	12.0	1630	1680	1720	1760	1800	1870	1930	1630	1680	1720	1760	1800	1870	1930
	υ	0.172	0.156	0.143	0.132	0.123	0.107	0.096	0.211	0.193	0.178	0.164	0.153	0.135	0.12
12-D29 (7709) 3.08% D10@250	0.0	8710	9470	10220	10970	11720	13230	14730	9100	9850	10600	11350	12100	13610	15110
	3.0	7860	8480	9100	9710	10310	11500	12660	8170	8790	9400	10010	10600	11790	12940
	4.0	7260	7790	8320	8830	9340	10320	11250	7510	8040	8560	9070	9570	10540	11470
	5.0	6550	6990	7410	7820	8210	8980	9670	6750	7180	7590	7990	8380	9130	9820
	6.0	5770	6110	6430	6730	7020	7570	8040	5920	6250	6560	6850	7130	7660	8120
	7.0	4970	5220	5440	5650	5840	6190	6460	5060	5300	5510	5710	5890	6230	6490
	8.0	4190	4350	4490	4610	4720	4890	5020	4230	4380	4510	4630	4730	4890	5020
	9.0	3450	3530	3600	3670	3730	3870	3970	3450	3530	3600	3670	3730	3870	3970
	10.0	2790	2860	2920	2970	3020	3130	3210	2790	2860	2920	2970	3020	3130	3210
	12.0	1940	1990	2030	2060	2100	2180	2230	1940	1990	2030	2060	2100	2180	2230
	υ	0.15	0.138	0.128	0.119	0.112	0.099	0.089	0.186	0.172	0.16	0.149	0.14	0.124	0.112
12-D32 (9530) 3.81% D10@250	0.0	9360	10110	10850	11600	12350	13840	15330	9740	10490	11240	11980	12730	14220	15710
	3.0	8460	9080	9690	10300	10900	12090	13250	8770	9380	9990	10600	11200	12380	13530
	4.0	7820	8350	8880	9390	9900	10890	11820	8080	8610	9120	9630	10130	11110	12040
	5.0	7060	7500	7930	8340	8740	9510	10220	7270	7700	8120	8520	8910	9670	10370
	6.0	6240	6580	6910	7210	7510	8060	8550	6390	6720	7030	7330	7620	8160	8630
	7.0	5390	5640	5860	6070	6270	6630	6920	5480	5720	5940	6140	6330	6680	6950
	8.0	4550	4710	4860	4980	5100	5290	5420	4600	4750	4890	5010	5110	5290	5420
	9.0	3760	3840	3910	3980	4050	4180	4280	3760	3840	3910	3980	4050	4180	4280
	10.0	3050	3110	3170	3220	3280	3390	3470	3050	3110	3170	3220	3280	3390	3470
	12.0	2120	2160	2200	2240	2280	2350	2410	2120	2160	2200	2240	2280	2350	2410
	υ	0.14	0.13	0.121	0.113	0.106	0.095	0.085	0.174	0.161	0.151	0.141	0.133	0.119	0.108

1) υ(upsilon)은 AsFy/Po의 값을 나타내며, 매입형 합성기둥에 길이방향 하중이 가해질 때 하중전달을 위한 소요전단력(V')을 산정하는데 사용된다. 여기서 Po는 합성기둥의 세장효과를 고려하지 않은 공칭압축강도이다.

도움표 7.1 매입형 합성기둥의 설계압축강도 $\phi_c P_n$ (kN)

B × D=500 × 500 H-200×204×12×12 A_s=7153 mm^2 (2.86 %)

H형강 재질		SHN 275 (Fy=275 MPa)							SHN 355 (Fy=355 MPa)						
철근	KL	f_{ck} (MPa)							f_{ck} (MPa)						
	m	30	35	40	45	50	60	70	30	35	40	45	50	60	70
4–D19 (1146) 0.46% D10@250	0.0	6530	7300	8070	8840	9610	11150	12690	6960	7730	8500	9270	10040	11580	13120
	3.0	5850	6480	7100	7710	8320	9510	10660	6180	6810	7430	8030	8630	9810	10950
	4.0	5360	5900	6430	6930	7430	8400	9300	5640	6170	6690	7190	7680	8630	9510
	5.0	4800	5240	5650	6050	6430	7160	7810	5020	5440	5840	6230	6600	7310	7940
	6.0	4200	4530	4840	5120	5390	5890	6310	4340	4660	4960	5230	5490	5970	6370
	7.0	3580	3810	4020	4200	4370	4680	4890	3660	3880	4080	4250	4410	4700	4890
	8.0	2980	3120	3250	3340	3430	3610	3750	3010	3150	3250	3340	3430	3610	3750
	9.0	2410	2490	2570	2640	2710	2850	2960	2410	2490	2570	2640	2710	2850	2960
	10.0	1950	2020	2080	2140	2200	2310	2400	1950	2020	2080	2140	2200	2310	2400
	12.0	1360	1400	1450	1490	1530	1610	1670	1360	1400	1450	1490	1530	1610	1670
	υ	0.226	0.202	0.183	0.167	0.154	0.132	0.116	0.274	0.246	0.224	0.205	0.19	0.164	0.145
8–D19 (2292) 0.92% D10@250	0.0	6940	7700	8470	9240	10000	11540	13070	7370	8130	8900	9670	10430	11970	13500
	3.0	6210	6840	7460	8070	8680	9870	11020	6550	7180	7790	8400	9000	10180	11320
	4.0	5700	6240	6760	7270	7770	8740	9650	5980	6510	7030	7530	8020	8970	9870
	5.0	5110	5550	5960	6360	6740	7480	8130	5320	5750	6150	6540	6910	7630	8270
	6.0	4470	4800	5110	5400	5670	6180	6600	4620	4930	5230	5510	5770	6260	6670
	7.0	3810	4050	4260	4440	4620	4930	5160	3900	4120	4320	4490	4660	4960	5160
	8.0	3170	3320	3450	3550	3640	3810	3950	3210	3350	3460	3550	3640	3810	3950
	9.0	2570	2660	2730	2800	2870	3010	3120	2570	2660	2730	2800	2870	3010	3120
	10.0	2080	2150	2210	2270	2330	2440	2530	2080	2150	2210	2270	2330	2440	2530
	12.0	1450	1490	1540	1580	1620	1700	1760	1450	1490	1540	1580	1620	1700	1760
	υ	0.213	0.192	0.174	0.16	0.147	0.128	0.113	0.259	0.234	0.214	0.197	0.183	0.159	0.141
12–D22 (4645) 1.86% D10@250	0.0	7770	8530	9290	10050	10810	12330	13850	8200	8960	9720	10480	11240	12760	14280
	3.0	6990	7620	8240	8850	9460	10650	11810	7340	7960	8570	9180	9780	10960	12110
	4.0	6440	6980	7510	8020	8520	9500	10430	6730	7260	7770	8280	8780	9750	10660
	5.0	5790	6230	6660	7060	7450	8210	8890	6010	6440	6860	7250	7640	8380	9040
	6.0	5090	5430	5750	6040	6330	6860	7320	5250	5570	5880	6170	6440	6960	7390
	7.0	4370	4610	4830	5030	5220	5560	5810	4470	4700	4900	5090	5270	5590	5830
	8.0	3660	3820	3950	4070	4170	4350	4480	3710	3850	3980	4080	4170	4350	4480
	9.0	3000	3080	3150	3220	3290	3430	3540	3000	3080	3150	3220	3290	3430	3540
	10.0	2430	2490	2560	2610	2670	2780	2870	2430	2490	2560	2610	2670	2780	2870
	12.0	1690	1730	1770	1810	1850	1930	1990	1690	1730	1770	1810	1850	1930	1990
	υ	0.19	0.173	0.159	0.147	0.136	0.12	0.107	0.232	0.213	0.196	0.182	0.169	0.149	0.133
12–D29 (7709) 3.08% D10@250	0.0	8860	9610	10360	11110	11860	13360	14860	9290	10040	10790	11540	12290	13790	15290
	3.0	8000	8630	9240	9850	10460	11650	12810	8350	8970	9580	10190	10790	11970	13120
	4.0	7390	7930	8460	8970	9480	10470	11410	7680	8210	8730	9240	9740	10720	11650
	5.0	6670	7120	7540	7950	8360	9130	9840	6900	7340	7750	8160	8550	9310	10000
	6.0	5890	6230	6560	6870	7160	7720	8200	6060	6390	6700	7000	7290	7830	8300
	7.0	5080	5330	5560	5770	5970	6330	6620	5190	5430	5640	5840	6030	6380	6650
	8.0	4290	4450	4600	4720	4840	5030	5160	4340	4490	4630	4750	4850	5030	5160
	9.0	3540	3620	3700	3770	3840	3970	4080	3540	3620	3700	3770	3840	3970	4080
	10.0	2870	2930	2990	3050	3110	3220	3300	2870	2930	2990	3050	3110	3220	3300
	12.0	1990	2040	2080	2120	2160	2240	2300	1990	2040	2080	2120	2160	2240	2300
	υ	0.166	0.153	0.142	0.133	0.124	0.11	0.099	0.205	0.19	0.176	0.165	0.155	0.138	0.125
12–D32 (9530) 3.81% D10@250	0.0	9510	10260	11000	11740	12490	13970	15460	9940	10680	11430	12170	12920	14400	15890
	3.0	8600	9220	9840	10440	11040	12230	13390	8950	9560	10170	10780	11380	12560	13710
	4.0	7950	8490	9020	9530	10040	11030	11980	8250	8780	9300	9800	10310	11290	12220
	5.0	7190	7630	8060	8480	8880	9660	10380	7420	7860	8280	8680	9080	9840	10550
	6.0	6360	6700	7030	7340	7640	8210	8710	6530	6860	7180	7480	7770	8320	8810
	7.0	5500	5750	5980	6200	6400	6780	7070	5610	5850	6070	6280	6470	6830	7110
	8.0	4650	4820	4970	5100	5220	5420	5560	4700	4860	5000	5120	5240	5420	5560
	9.0	3840	3940	4010	4080	4150	4290	4390	3850	3940	4010	4080	4150	4290	4390
	10.0	3120	3190	3250	3300	3360	3470	3560	3120	3190	3250	3300	3360	3470	3560
	12.0	2170	2210	2260	2300	2330	2410	2470	2170	2210	2260	2300	2330	2410	2470
	υ	0.155	0.144	0.134	0.126	0.118	0.106	0.095	0.192	0.178	0.167	0.156	0.147	0.132	0.12

1) υ(upsilon)은 AsFy/Po의 값을 나타내며, 매입형 합성기둥에 길이방향 하중이 가해질 때 하중전달을 위한 소요전단력(V')을 산정하는데 사용된다. 여기서 Po는 합성기둥의 세장효과를 고려하지 않은 공칭압축강도이다.

Chapter

08

수평하중 저항시스템

Chapter 08

수평하중 저항시스템

8.1 일반사항

건축물에서 주요 수평하중은 지진하중과 풍하중이 있다. 이중 지진하중의 경우 구조물을 설계하는 방식에 따라서 높은 수준의 소성변형능력이 요구되기도 한다. 따라서 이 장에서는 주요 수평하중 중 하나인 지진하중에 저항하기 위한 합성구조저항시스템을 건축구조기준의 내용에 준하여 간략하게 소개한다. 이 장에 소개된 저항시스템 중 일부는 10장의 합성골조 설계 예제에서 구체적인 적용 사례를 소개하였다.

8.1.1 적용범위

1) 이 장은 건축물과 유사 구조물에 있어 지진하중 저항시스템에 사용되는 강재 · 콘크리트 합성부재와 이들 접합부의 설계, 제작 및 시공에 관하여 규정한다. 여기서 유사 구조물이란 건축물과 같이 수직 및 횡력 저항시스템을 가지며 건축물과 유사한 방법으로 설계 · 제작되고 시공되는 구조물을 의미한다.
2) 이 장은 내진설계범주에 관계없이 반응수정계수 R이 3을 초과하는 합성구조에 적용함을 원칙으로 한다. 반응수정계수 R이 3 이하인 경우에는 관련 건축설계기준에서 특별히 요구하지 않는 한 이 장의 규정을 적용하지 않는다.
3) 합성 지진하중 저항시스템의 철근콘크리트 요소의 설계에는 콘크리트구조기준의 관련 요구사항을 이 규정에 맞게 조정하여 사용한다.
4) 탄성해석에 근거한 설계의 경우 합성 지진하중 저항시스템 요소부재의 강성과 관련된 성질들은 구조물에 상당한 항복이 발생하기 시작하는 시점의 조건을 나타낼 수 있어야 한다.

8.1.2 내진설계 일반요건

합성구조 건축물의 내진설계범주와 내진등급에 따른 요구강도와 내진규정, 높이 및 비정형에 따른 구조제한은 건축구조기준의 규정을 따른다. 설계층간변위 역시 건축구조기준의 규정을 따른다.

8.1.3. 재료

1) 구조용 강재

합성 지진하중 저항시스템에 사용되는 구조용 강재의 부재 및 접합부는 건축구조기준의 요구사항을 만족해야 한다.

2) 콘크리트와 철근

합성 지진하중 저항시스템의 합성요소에 사용되는 콘크리트와 철근은 콘크리트구조기준의 요구사항을 만족해야 한다.

3) 설계도서

합성 구조물과 철근콘크리트 구조물의 시공을 위한 계약서, 공장제작도, 설치도는 다음과 같은 사항을 명시해야 한다.

1) 철근의 배치, 절단, 겹침, 기계적 이음, 표준 갈고리(후크), 기계적 정착
2) 띠철근 및 다른 횡방향철근의 배근에 대한 허용오차
3) 온도의 변화, 크리프, 건조수축에 따른 치수변화에 대한 규정
4) 프리스트레싱 또는 포스트텐셔닝에 대한 위치, 크기, 순서
5) 콘크리트 바닥 슬래브 또는 지반 슬래브가 다이아프램의 역할을 하는 경우 다이아프램과 주된 횡하중 저항시스템 사이의 접합상세

8.2 합성부재의 내진설계

8.2.1 범위

8.4에서 8.13까지의 지진하중 저항시스템에 사용되는 합성부재의 설계는 이 절의 요구사항과 8.1.3의 재료에 대한 요구사항을 만족해야 한다.

8.2.2 합성 바닥판과 지붕슬래브

1) 하중전달

상세는 다이아프램과 경계부재, 수평 골조시스템의 부재 사이의 힘을 전달하도록 설계해야 한다.

2) 공칭전단강도

합성 다이아프램과 콘크리트로 채워진 데크플레이트 다이아프램의 공칭전단강도는 콘크리트구조기준(19장은 제외)의 내용에 근거하여 데크플레이트의 리브 상단 위에 있는 철근콘크리트의 공칭전단강도로 구한다. 그 대안으로 합성 다이아프램의 공칭전단강도는 콘크리트로 채워진 다이아프램의 면내 전단실험에 의해 결정해야 한다.

8.2.3 합성보

합성보는 제5장의 요구사항을 만족해야 한다. 합성 특수모멘트골조의 일부분인 합성보는 8.5.2의 요구사항을 만족해야 한다.

8.2.4 매입형 합성기둥

이 조항의 내용은 전체 합성기둥 단면적의 최소한 1%의 강재단면적을 갖는 매입형 합성기둥에 적용한다. 이러한 기둥은 이 절에서 수정되는 부분을 제외하고 제7장의 요구사항을 만족

해야 한다. 8.2.4 2)와 8.2.4 3)에서 중간 및 특수 수평하중 저항시스템에 대해 명시된 추가적인 요구사항은 8.4에서 8.13에 걸쳐 설명된 합성 수평하중 저항시스템에서 요구되는 대로 적용해야 한다.

철근콘크리트 내에 강재단면이 매입된 합성기둥은 다음의 수정된 사항을 제외하고 콘크리트구조기준에서 명시된 철근콘크리트기둥의 요구사항을 만족해야 한다.

가) 8.2.4 1) (2)의 강재단면의 강재앵커

나) 콘크리트구조기준에서 제시된 기둥의 강도에 대한 매입된 강재단면의 분담

다) 8.4에서 8.13에 걸쳐 합성 지진시스템에 대한 설명에서 명시된 철근콘크리트기둥에 대한 내진 요구사항

1) 보통 내진시스템 요구사항

매입형 합성기둥에 대한 다음의 요구사항은 보통 내진시스템을 포함하여 모든 합성시스템에 대하여 적용된다.

(1) 기둥의 설계전단강도는 제7장에 따라 결정되어야 한다. 띠철근의 공칭전단강도는 콘크리트구조기준 7.4.4(2)에서 7.4.4(9)의 규정에 따라 산정한다. 콘크리트구조기준의 7.4.4(5)와 7.4.4(9)에서 치수 b_w는 콘크리트 단면폭에서 전단방향과 수직방향으로 측정한 강재단면의 폭을 뺀 값으로 해야 한다.

(2) 강재단면과 철근콘크리트가 작용하중을 나누어 부담하도록 설계된 합성기둥은 제7장의 요구사항을 만족시키는 강재앵커를 설치한다.

(3) 횡방향 띠철근의 최대간격은 제7장의 요구사항을 만족해야 한다. 기초의 상단으로부터 그리고 각층에서 가장 낮은 위치의 보나 슬래브 상단으로부터 띠철근 간격의 1/2 위치 내에 첫 번째 띠철근이 배근해야 한다. 그리고 각층에서 가장 낮은 위치의 보나 슬래브 하단으로부터 띠철근 간격의 1/2 위치 내에도 첫 번째 띠철근을 배근해야 한다. 횡방향철근의 직경은 합성부재의 장변치수의 1/50 보다 작지 않도록 해야 한다. 다만, 띠철근은 D10 이상이어야 하며 D16 보다 클 필요는 없다. 중간 및 특수 내진시스템에 대해 금지된 경우를 제외하고 동등한 단면의 용접철망을 횡방향철근으로 사용할 수 있다.

(4) 하중저항 철근은 콘크리트구조기준 5.6.1 및 콘크리트구조기준 8.8에 제시된 세부사항과 이음요구사항을 만족해야 한다. 하중저항 철근은 장방형 단면의 모든 모서리에 배근해야 한다. 이외의 하중저항 철근 또는 고정용 철근의 최대간격은 합성부재 단면의 최소치수의 절반 이하로 해야 한다.

(5) 보통 내진시스템에 있어서의 매입형 합성기둥에 대한 이음과 지압상세는 이 절과 콘크리트구조기준 5.6.2의 요구사항을 만족해야 한다. 설계는 콘크리트구조기준 21.2.6과 21.2.7 그리고 21.8에 따른다. 설계는 부재의 강성이나 공칭인장강도에 있어서의 갑작스러운 변화에 따른 불리한 영향을 고려해야 한다. 합성단면에서 철근콘크리트단면으로 변화하는 위치, 합성단면에서 강재단면으로 변화하는 위치, 그리고 주각부 등이 이에 해당한다.

2) 중간 내진시스템 요구사항

중간 내진시스템에서의 매입형 합성기둥은 8.2.4 1)의 요구사항 외에 다음의 요구사항을 만족해야 한다.

(1) 상부와 하부에서의 횡방향 철근의 최대 간격은 다음 중 최소값으로 한다.

① 단면의 최소치수의 1/2

② 길이방향 철근직경의 8배

③ 띠철근직경의 24배

④ 300mm

위 횡방향철근의 최대간격은 휨항복이 발생할 것으로 기대되는 위치에서 접합면(기둥의 양측면 중 낮은 위치)으로부터 다음의 길이 중 가장 큰 값에 해당하는 수직거리에 걸쳐 유지해야 한다.

① 기둥의 수직 순높이의 1/6

② 단면치수의 최대값

③ 450mm

(2) 기둥 나머지 구간에 대한 띠철근 간격은 위에서 명시된 간격의 2배를 초과해서는 안 된다.

(3) 용접철망은 중간 내진시스템에서 횡방향철근으로 인정하지 않는다.

3) 특수 내진시스템 요구사항

특수 내진시스템에서의 매입형 합성기둥은 8.2.4 1)과 8.2.4 2)의 요구사항뿐만 아니라 다음의 요구사항을 추가로 만족해야 한다.

(1) 길이방향의 하중저항 철근은 콘크리트구조기준 21.4.3의 요구사항을 만족해야 한다.

(2) 횡방향철근은 콘크리트구조기준 21.4.4에 명시된 바와 같이 후프이어야 하며 다음의 요구사항을 만족해야 한다.

① 띠철근의 최소면적 A_{sh}는 다음 식을 만족해야 한다.

$$A_{sh} = 0.09 h_{cc} s \left(1 - \frac{F_y A_s}{P_n}\right)\left(\frac{f_{ck}}{F_{yh}}\right) \qquad \text{식(8.2.1)}$$

여기서, h_{cc} : 띠철근의 중심 간 거리로 측정된 구속코아의 단면치수(mm)

s : 구조부재의 길이방향으로 측정된 횡방향철근의 간격 (mm)

F_y : 강재 코아의 항복강도 (MPa)

A_s : 강재 코아의 단면적 (mm^2)

P_n : 합성기둥의 공칭압축강도 (N)

f_{ck} : 콘크리트의 설계기준 압축강도 (MPa)

F_{yh} : 띠철근의 항복강도 (MPa)

매입형 합성기둥의 강재단면만의 공칭강도가 하중조합 $1.0D+0.5L$ 하중효과보다 큰 경우 식(8.2.1)은 만족하지 않아도 된다.

② 기둥의 길이를 따라 설치된 횡방향철근의 최대간격은 길이방향 하중저항철근직경의 6배 또는 150mm 중 작은 값으로 해야 한다.

③ 8.2.4 3) (3), 8.2.4 3) (4) 또는 8.2.4 3) (5)에서 명시된 횡방향철근의 최대 간격은 부재단면 최소치수의 1/4 또는 100mm 중 작은 값으로 해야 한다. 이러한 횡방형철근

에 대해 연결철근, 겹친후프의 다리, 그리고 다른 구속철근의 간격은 횡방향으로 350 mm보다 크게 할 수 없다.

(3) P_n의 0.2배보다 큰 압축력을 받는 가새골조의 매입형 합성기둥은 전체 부재길이에 걸쳐 8.2.4 3) (2) ③에 명시된 바와 같은 횡방향 철근을 배근해야 한다. 매입형 합성기둥의 강재단면만의 공칭강도가 하중조합 $1.0D + 0.5L$의 하중효과보다 큰 경우 이러한 요구사항을 만족하지 않아도 된다.

(4) 벽체나 가새골조 같은 불연속적인 강성부재로부터의 반력을 지지하는 합성기둥은 축방향 압축력이 P_n의 0.1배를 초과하면 불연속이 발생하는 위치 하부의 전체길이에 걸쳐서 8.2.4 3) (3) ③에 명시된 바와 같은 횡방향철근을 배근해야 한다. 횡방향철근은 매입형강과 길이방향 철근이 항복강도를 충분히 발휘할 수 있도록 불연속부재 안으로 충분한 길이만큼 연장해야 한다. 매입형 합성기둥의 강재단면만의 공칭강도가 하중조합 $1.0D + 0.5L$의 하중효과보다 큰 경우 이러한 요구사항을 만족하지 않아도 된다.

(5) 합성 특수모멘트골조에 사용된 매입형 합성기둥은 다음의 요구사항을 만족해야 한다.
   ① 횡방향철근은 기둥의 상부와 하부에서 8.2.4 2)에 명시된 구간에 걸쳐 8.2.4 3) (2) ③의 요구사항을 만족해야 한다.
   ② 8.6.4의 강기둥-약보에 대한 설계요구사항을 만족해야 한다. 주각부의 상세는 비탄성 휨힌지를 유지할 수 있도록 설계해야 한다.
   ③ 기둥의 전단강도는 콘크리트구조기준 21.4.5의 요구사항을 만족해야 한다.

(6) 기둥이 독립기초 또는 온통기초위에 설치될 때, 이 조항에서 명시된 바와 같은 횡방향 철근은 독립기초 또는 온통기초 안쪽으로 최소한 300mm를 연장하여 배근해야 한다. 기둥이 벽체 위에 설치될 때 횡방향철근은 매입형강과 길이방향철근이 항복강도를 발휘할 수 있도록 벽체 안으로 충분한 길이만큼 연장해야 한다.

(7) 용접철망은 특별 지진시스템에 있어서 횡방향철근으로 허용하지 않는다.

8.2.5 충전형 합성기둥

이러한 기둥은 이 조항에서 수정되는 사항을 제외하고 제7장의 요구사항을 만족하도록 설계해야 한다.

1) 합성기둥의 공칭전단강도는 유효전단면적에 근거하여 계산된 강재단면만의 공칭전단강도로 산정한다. 콘크리트와 강재 사이에 적절한 하중전달 메커니즘을 고려하여 설계한 경우 콘크리트의 전단내력을 강재단면의 전단강도에 합산하여 계산할 수 있다.

2) 8.5, 8.8, 그리고 8.10에서 설명된 특별 내진시스템에 있어서 충전형 합성기둥에 대한 설계하중과 기둥이음은 8.2.5 1)의 요구사항에 추가하여 강구조기준의 요구사항을 만족해야 한다.

3) 합성특수모멘트골조에 사용된 충전형 합성기둥은 8.2.5 1)과 8.2.5 2)의 요구사항과 함께 다음의 추가적인 요구사항을 만족해야 한다.
   (1) 기둥의 최소전단강도는 콘크리트구조기준 21.4.5의 요구사항을 만족해야 한다.
   (2) 8.6.4의 강기둥약보의 설계요구사항을 만족해야 한다. 주각부는 비탄성 휨힌지를 유지할 수 있도록 설계해야 한다.

(3) 콘크리트충전 각형강관의 최소 벽두께는 다음과 같다.

$$t_{\min} = b\sqrt{F_y/(2E_s)} \quad \text{식(8.2.2)}$$

여기서, b는 각형강관의 단면의 플랜지에 대하여, 각 변의 내측 모서리 반경을 감한 웨브 사이의 순간격이다.

8.3 합성접합부의 내진설계

8.3.1 범위

이 조항은 지진하중이 강재와 철근콘크리트 부재 사이에서 전달되는 합성시스템 또는 강재와 콘크리트의 복합시스템을 갖는 건축물의 접합부에 대하여 적용한다. 합성접합부는 강구조기준과 콘크리트구조기준의 요구사항을 만족하는 철근콘크리트접합부 또는 강재접합부에 상응하는 강도, 연성, 그리고 인성을 발휘할 수 있어야 한다. 접합부 강도의 계산법은 이 절의 요구사항을 만족해야 한다.

8.3.2 일반 요구사항

접합부는 설계층간변위에서의 소요강도에 저항할 수 있도록 적절한 변형능력을 발휘할 수 있어야 한다. 이외에도 접합부는 지진력을 받는 구조물의 횡방향 안정성을 확보할 수 있도록 그 접합부가 사용되는 특정 시스템에 근거하여 8.4에서 8.13까지의 요구사항을 만족해야 한다. 접합된 부재의 설계강도가 공칭치수와 공칭재료강도에 근거할 때 접합부의 설계강도의 계산은 접합된 부재의 실제강도의 증가에 따른 효과를 고려해야 한다.

8.3.3 접합부의 공칭강도

합성구조 시스템에서의 접합부의 공칭강도는 한계상태를 고려하여 구성재료 및 요소의 내부 힘의 평형과 강도의 제한값을 만족하는 합리적 모델에 근거하여 결정해야 한다. 접합부강도가 해석과 실험에 의해 결정되지 않는다면, 접합부해석에 사용되는 모델은 다음의 요구사항을 만족해야 한다.

1) 구조용 강재와 철근콘크리트 사이에 힘은 다음과 같은 방법을 통해 전달되어야 한다.
   (1) 강재앵커(스터드)나 적절한 장치에 의한 직접적인 지압
   (2) 기계적인 방법
   (3) 전단력 전달면에 직교하는 방향으로 조이는 힘에 의한 전단마찰
   (4) 이러한 여러 방법들의 조합

   구조용 강재와 철근콘크리트 사이의 부착강도는 접합부의 하중전달 메커니즘에서 고려하지 않는다. 서로 다른 메커니즘들의 기여도는 이러한 메커니즘들의 강성과 변형능력이 서로 적합조건을 만족할 때에 한하여 합산이 가능하다.

   공칭지압과 전단마찰강도는 콘크리트구조기준 제6장과 제7장의 요구사항을 만족해야 한다.
2) 합성접합부에서 구조용 강재요소의 설계강도는 강구조기준의 규정에 의해 구해야 한다. 구속된 철근콘크리트에 매입된 강재 부재는 면외좌굴에 대하여 지지된 것으로 볼 수 있다.

강재보가 철근콘크리트기둥이나 벽에 묻히는 경우 강재보의 플랜지 사이에 설치된 보강재에 해당하는 표면지압판이 필요하다.

3) 철근콘크리트에 매입된 보-기둥 접합부의 패널존의 공칭전단강도는 강구조기준과 콘크리트구조기준 21.5에서 각각 결정되는 강재의 공칭강도와 구속된 철근콘크리트 전단요소의 공칭강도의 합으로 계산해야 한다.

4) 철근은 접합부의 철근콘크리트 요소에 작용하는 모든 인장력에 저항할 수 있도록 배근되어야 한다. 이외에도 콘크리트는 횡방향철근에 의해 구속되어야 한다. 모든 철근은 인장 또는 압축을 저항하는데 필요한 위치 너머까지 충분히 정착해야 한다. 정착길이는 콘크리트구조기준 제8장에 따라 결정된다. 그리고 8.5, 8.8, 8.10, 8.12, 그리고 8.13에서 설명한 시스템에 대한 정착길이는 콘크리트구조기준 21.5.4의 요구사항을 만족해야 한다.

5) 접합부는 다음의 추가적인 요구사항을 만족해야 한다.

(1) 슬래브가 수평방향의 다이아프램 힘을 전달할 때, 수집부재보, 기둥, 가새, 그리고 벽체와의 연결부를 포함하여 슬래브의 모든 위험단면에 작용하는 면내인장력을 지지할 수 있도록 슬래브 철근을 설계하고 정착해야 한다.

(2) 강재보 또는 합성보를 철근콘크리트기둥 또는 매입형 합성기둥과 접합하는 경우에는 횡방향 늑근을 콘크리트구조기준 21.5.2의 요구사항을 만족하도록 기둥의 접합부영역 내에 설치해야 한다. 다만, 다음의 수정사항에 해당할 경우는 예외로 한다.

가) 접합부에 연결된 강재단면은 보플랜지 사이에 용접된 표면지압판과 동일한 폭만큼 구속할 수 있는 것으로 간주한다.

나) 8.6, 8.7, 8.9 그리고 8.11에서 설명된 시스템에서 표면지압판 또는 다른 장치에 의해 콘크리트 피복의 박락을 방지함으로써 이음에 대한 구속이 이루어지는 경우 바깥쪽 띠철근에 겹침이음을 사용하는 것을 허용한다.

(3) 철근콘크리트기둥과 합성기둥에서, 보-기둥 접합부의 높이에 걸친 기둥모멘트의 변화에 따른 큰 힘의 전달로 인한 접합부를 통한 길이방향 철근의 미끄러짐을 최소화할 수 있도록 길이방향 철근의 치수와 배치를 설계해야 한다.

8.4 합성 부분강접모멘트골조

합성보와 강재기둥으로 구성된 합성 부분강접모멘트골조는 설계지진력이 작용할 때 합성 부분강접 보-기둥 모멘트 접합부의 연성요소에서 항복이 발생하도록 해야 하며 합성 부분강접모멘트골조의 강도, 횡변위 및 동적특성을 결정하는 데에는 접합부의 연성도와 합성보작용을 고려해야 하며, 주각접합부와 같은 곳에서의 항복은 제한적으로 허용될 수 있다.

보-기둥 부분강접 모멘트접합부의 소요강도는 접합부의 연성도와 2차모멘트의 영향을 고려하여 결정해야 한다. 이외에도 합성접합부는 최소한 M_p의 50%에 해당되는 공칭강도를 가져야 한다. 여기서, M_p는 합성거동을 무시한 강재보의 공칭소성휨강도이다. 접합부는 8.2.2의 요구사항을 만족해야 하며 강구조 내진성능 접합부 인증 지침에서 명시된 반복 하중실험에 의해 전체 층간변위각 0.04rad을 발휘할 수 있음을 입증해야 한다.

8.5 합성 특수모멘트골조

합성기둥 또는 철근콘크리트기둥과 강재보 또는 합성보로 구성된 특수 모멘트골조는 설계지진력이 작용할 때 비탄성 변형이 주로 보에서 발생하며 기둥 또는 접합부에는 부분적인 비탄성 변형이 발생한다는 가정 하에서 다음의 기술된 조항을 적용한다.

8.5.1 기둥

합성기둥은 8.2.4와 8.2.5의 특수 내진시스템에 대한 요구사항을 만족해야 한다. 철근콘크리트기둥은 콘크리트구조기준 21장(21.8은 제외)의 요구사항을 만족해야 한다.

8.5.2 보

합성 특수모멘트골조의 구성요소인 합성보는 다음과 같은 요구사항을 만족해야 한다.

1) 콘크리트의 압축측 연단으로부터 소성중립축까지의 거리는 다음 값을 초과할 수 없다.

$$Y_{PNA} = \frac{Y_{con} + d_b}{1 + \left(\frac{1700F_y}{E}\right)} \qquad \text{식(8.2.3)}$$

여기서, Y_{con} : 강재보의 상단에서 콘크리트의 상단까지의 거리(mm)

d_b : 강재보의 높이(mm)

F_y : 강재보의 항복강도(MPa)

E : 강재보의 탄성계수(MPa)

2) 철근으로 보강된 매입형 합성보의 피복두께가 50mm 이상이며 지진에 의한 변형 시 소성힌지가 발생하는 위치에서 후프에 의한 구속이 이루어지는 경우를 제외하고는 보플랜지는 강구조기준의 요구사항들을 만족해야 한다. 후프는 콘크리트구조기준 21.5.2의 요구사항을 만족해야 한다.

강재트러스 또는 합성트러스는 실험과 해석을 통해 적절한 연성과 에너지 흡수능력을 발휘할 수 있음을 입증한 경우를 제외하고는 합성특수 모멘트골조의 휨부재로 사용할 수 없다.

8.5.3 합성 특수모멘트골조 모멘트접합부

보-기둥 모멘트 접합부의 소요강도는 보의 예상되는 휨강도 $R_y M_n$ 과 관련된 휨과 전단으로부터 결정한다. 접합부의 공칭강도는 8.3의 요구사항을 만족해야 한다. 이외에도 접합부는 0.04rad의 총 층간변위각을 발휘할 수 있어야 한다. 접합부의 위치에서 보플랜지가 연속되지 않는 경우 접합부는 강구조 내진성능접합부 인증지침에서 명시된 반복 하중실험을 통해 최소한 0.04rad의 총 층간변위각을 발휘할 수 있음을 입증해야 한다. 강재보가 철근콘크리트기둥을 통해 관통함으로써 보플랜지의 용접접합이 필요하지 않으며 접합부가 다른 조기파단의 위험이 없는 경우 비탄성 회전능력은 실험 또는 다른 구체적인 자료로 증명해야 한다.

8.6 합성 중간 모멘트골조

합성기둥 또는 철근콘크리트기둥과 강재보 또는 합성보로 구성된 중간 모멘트골조는 설계지진력이 작용할 때 비탄성 변형이 주로 보에서 발생하며 기둥 또는 접합부에는 부분적인 비탄성 변형이 발생한다는 가정 하에서 다음의 기술된 조항을 적용한다.

8.6.1 기둥

합성기둥은 8.2.4와 8.2.5의 중간 내진시스템에 대한 요구사항을 만족해야 한다. 철근콘크리트기둥은 콘크리트구조기준 21.10의 요구사항을 만족해야 한다.

8.6.2 보

강재보와 합성보는 강구조기준의 요구사항을 만족해야 한다.

8.6.3 합성 중간모멘트골조 모멘트접합부

접합부의 공칭강도는 8.3의 요구사항을 만족해야 한다. 보-기둥 접합부의 소요강도는 다음과 같은 요구사항들 중의 하나를 만족해야 한다.

1) 보-기둥 접합부의 소요강도는 보의 소성힌지와 관련된 힘에 의해 결정된다.
2) 접합부는 8.3의 요구사항들을 만족해야 하며 반복 하중실험을 통해 최소 0.03rad의 총 층간변위각을 발휘할 수 있음을 입증해야 한다.

8.6.4 기둥-보 모멘트비

철근콘크리트기둥의 설계는 콘크리트구조기준 21.4.2의 요구사항을 만족해야 한다. 합성기둥의 기둥-보 모멘트비는 다음과 같은 수정사항을 적용해야 한다.

1) 합성기둥의 설계휨강도는 소요축방향강도 P_{rc}를 고려하여 제7장의 요구사항을 만족해야 한다.
2) 하중제한은 $P_{rc} \le 0.1P_c$로 한다.
3) 최소 휨강도 요구사항을 적용하지 않는 합성기둥은 횡방향 철근이 8.2.4 3) (3)의 요구사항을 만족해야 한다.

8.7 합성 보통모멘트골조

합성기둥 또는 철근콘크리트기둥과 강재보 또는 합성보로 구성된 보통 모멘트골조는 설계지진력이 작용할 때 보와 기둥 그리고 접합부에 제한된 비탄성 변형이 발생한다는 가정하에서 다음의 기술된 조항을 적용한다.

8.7.1 기둥

합성기둥은 8.2.4와 8.2.5의 보통모멘트시스템에 대한 요구사항을 만족해야 한다. 철근콘크리트기둥은 콘크리트구조기준(21장은 제외)의 요구사항을 만족해야 한다.

8.7.2 보

강재보와 합성보는 강구조기준의 요구사항들을 만족해야 한다.

8.7.3 모멘트접합부

접합부는 건축구조기준의 하중조합에 대해 설계해야 한다. 또한 접합부의 설계강도는 제9장의 요구사항을 만족해야 한다.

8.8 합성 특수중심가새골조

철근콘크리트기둥이나 합성기둥, 강재보나 합성보, 그리고 강재가새나 합성가새로 이루어진 특수중심 가새골조는 설계지진력이 작용할 때 주로 가새의 좌굴이나 인장항복을 통해 비탄성 거동이 발생한다는 가정하에서 다음의 기술된 조항을 적용한다.

8.8.1 기둥

합성기둥은 특수 내진시스템에 관한 8.2.4 또는 8.2.5의 요구사항을 만족해야 한다. 철근콘크리트기둥은 콘크리트구조기준 21.7.5의 구조용 트러스 부재에 관한 요구사항을 만족해야 한다.

8.8.2 보

강재보는 특수중심 가새골조에 관한 강구조기준의 요구사항을 만족해야 한다. 합성보는 제5장의 요구사항 및 강구조기준의 특수중심 가새골조에 대한 요구사항을 만족해야 한다.

8.8.3 가새

강재가새는 강구조기준에 명시된 특수중심 가새골조에 관한 요구사항을 만족해야 한다. 합성가새는 8.8.1에 명시된 합성기둥에 관한 요구사항을 만족해야 한다.

8.8.4 접합부

가새접합부는 강구조기준과 8.3에 명시된 요구사항을 만족해야 한다.

8.9 합성 보통가새골조

철근콘크리트기둥이나 합성기둥, 강재보나 합성보, 그리고 강재가새나 합성가새로 이루어진 보통 중심 가새골조는 설계지진력이 작용할 때 보, 기둥, 가새 및 접합부에 제한된 비탄성 거동이 발생한다는 가정 하에서 다음의 기술된 조항을 적용한다.

8.9.1 기둥

매입형 합성기둥은 보통 내진시스템에 관한 8.2.4의 요구사항을 만족해야 한다. 충전형 합성기둥은 보통 내진시스템에 관한 8.2.5의 요구사항을 만족해야 한다. 철근콘크리트기둥의 경우는 콘크리트구조기준(21장은 제외)의 요구사항을 만족해야 한다.

8.9.2 보

강재보는 강구조기준의 요구사항을 만족해야 한다. 합성보는 제5장의 요구사항을 만족해야 한다.

8.9.3 가새

강재가새는 강구조기준의 요구사항을 만족해야 한다. 합성가새는 8.2.4 1), 8.2.5 그리고 8.9.1의 합성기둥에 대한 요구사항을 만족해야 한다.

8.9.4 접합부

접합부는 건축구조기준에 따라 하중조합에 대하여 설계하며 접합부의 설계강도는 8.3에서 명시된 요구사항을 만족해야 한다.

8.10 합성 편심가새골조

가새의 한쪽 끝이 보와 기둥의 중심선의 교차점으로부터 편심을 갖도록 보와 만나거나, 혹은 보와 인접 가새의 중심선의 교차점으로부터 편심을 갖도록 보와 만나는 가새골조는 설계지진력이 작용할 때 오직 링크의 전단 항복에 의해 비탄성 변형이 발생해야 하며 합성 편심가새골조에서 대각가새, 기둥, 그리고 링크외부의 보 부분은 링크의 완전항복과 변형도경화로 인해 초래될 수 있는 최대하중에 대해 기본적으로 탄성상태에 있도록 설계해야 한다. 기둥은 합성부재나 철근콘크리트부재를 사용해야 한다. 링크와 가새는 8.10.2와 8.10.3에서 설명하는 대로 강재 부재를 사용해야 한다.

8.10.1 기둥

철근콘크리트기둥은 구조 트러스 요소에 관한 콘크리트구조기준 21.7.5의 요구사항을 만족해야 한다. 합성기둥은 특수내진시스템에 대한 8.2.4 또는 8.2.5의 요구사항을 만족해야 한다. 또한, 링크가 철근콘크리트기둥이나 매입형 합성기둥에 인접해 있을 때 콘크리트구조기준 21.4.4(또는 합성기둥에 관한 8.2.4 3) (5) ①의 요구사항을 만족하는 횡방향 철근을 링크접합부의 상하부에 배치해야 한다.

8.10.2 링크

링크는 매입되지 않은 구조용 강재를 사용하며 편심 가새골조의 링크에 관한 강구조기준의 요구사항을 만족해야 한다. 링크의 외부 보부분을 철근콘크리트로 피복하는 것을 허용한다. 링크의 공칭강도의 결정시 합성거동을 고려하는 경우, 링크를 포함한 보는 보의 일부 또는 전부에 걸쳐 강재앵커를 사용하여 바닥슬래브와 합성적으로 거동하는 것을 허용한다.

8.10.3 가새

구조용 강재가새는 편심가새골조에 관한 강구조기준의 요구사항을 만족해야 한다.

8.10.4 접합부

접합부는 편심 가새골조에 관한 강구조기준의 요구사항과 함께 8.3의 내용 또한 만족해야 한다.

8.11 합성 보통전단벽

철근콘크리트 전단벽이 강재요소와 합성적으로 거동하는 경우에 다음의 요구사항들을 적용한다. 인접한 두 철근콘크리트 벽체를 연결시키는 강재 연결보, 그리고 노출형 또는 매입형 강재단면을 경계부재로 갖는 강구조 골조 내의 철근콘크리트 벽체 등은 이에 해당한다. 철근콘크리트 벽체는 콘크리트구조기준(부록II는 제외)의 요구사항들을 만족해야 한다.

8.11.1 경계부재

경계부재는 이 조항의 요구사항을 만족해야 한다.

1) 매입되지 않은 강재단면이 철근콘크리트 벽체의 경계부재로 작용하는 경우 강재단면은 이 절의 요구사항을 만족해야 한다. 경계부재의 축방향 강도의 산정은 철근콘크리트 벽체가 전단력을 지지하고, 구조물의 전체 연직하중과 전도력은 전단벽과 경계부재가 함께 지지한다는 가정하에 산정한다. 철근콘크리트 벽체는 콘크리트구조기준의 요구사항을 만족해야 한다.
2) 철근콘크리트에 매입된 강재부재들이 철근콘크리트 벽체의 경계부재로 작용하는 경우, 해석은 탄성재료성질에 근거한 콘크리트 환산단면을 사용해야 한다. 철근콘크리트 벽체는 콘크리트구조기준의 요구사항을 만족해야 한다. 철근콘크리트에 매입된 강재 경계부재가 합성기둥에 해당하는 경우 8.2.4 1)의 보통 내진시스템의 요구사항을 만족하도록 설계해야 한다. 그렇지 않은 경우에는 콘크리트구조기준 17.4와 제7장의 요구사항을 만족하는 합성기둥으로 설계해야 한다.
3) 구조용 강재와 철근콘크리트 사이의 수직 전단력을 전달할 수 있도록 강재앵커(스터드) 전단연결재 또는 용접앵커를 설치해야 한다. 강재앵커(스터드) 전단연결재는 제5장 또는 제7장의 요구사항을 만족해야 한다.

8.11.2 강재연결보

인접한 두 철근콘크리트 벽체 사이에 사용되는 강재연결보는 강구조기준의 요구사항과 이 조항의 요구사항을 만족해야 한다.

1) 연결보의 공칭휨강도와 공칭전단강도에 해당하는 최대 휨모멘트와 전단력의 조합에 대해 저항할 수 있도록 철근콘크리트 벽체 내의 연결보의 묻힘길이를 충분히 확보해야 한다. 묻힘길이는 벽체 경계부재의 구속철근의 첫 열에서부터 시작하는 것으로 산정한다. 연결보와 벽체 사이에서 전달되는 하중에 대한 접합강도는 8.3의 요구사항을 만족해야 한다.
2) 연결보의 공칭전단강도와 동일한 공칭축방향강도를 갖는 벽체 내의 수직 보강철근은 강재의 묻힘길이 시작점으로부터 묻힘길이의 1/2에 걸쳐 소요철근의 2/3를 배근해야 한다. 이러한 벽체철근은 연결보 플랜지의 상하방향으로 적어도 인장 정착길이 만큼 연장해야 한다. 수직 경계부재를 위한 길이방향 철근과 같이 다른 용도로 배근된 철근을 소요 수직 보강철근의 일부로 사용할 수 있다.

8.11.3 매입형 합성연결보

매입형 합성단면 연결보는 다음과 같은 수정된 요구사항을 만족해야 한다.

1) 매입형 합성연결보의 최대 휨내력와 전단내력의 조합에 대해 저항할 수 있도록 철근콘크리트 벽체 내의 연결보의 묻힘길이를 충분히 확보해야 한다.
2) 매입형 합성연결보의 공칭전단내력을 사용하여 8.11.3 1)의 요구사항을 만족해야 한다.
3) 전단벽과 연결보의 소요강도를 계산할 때 매입형 합성연결보의 강성을 사용한다.

8.12 합성 특수전단벽

합성 특수전단벽은 8.11에 대한 요구사항과 콘크리트구조기준(부록II 포함)의 전단벽에 대한 요구사항 그리고 다음의 내용을 만족해야 한다.

8.12.1 경계부재

1) 매입되지 않은 강재기둥은 8.11.1 1)과 8.2.5의 요구사항을 만족해야 한다.
2) 매입된 강재 경계부재를 갖는 벽체는 8.11.1 1)의 요구사항과 이 조항의 요구사항을 만족해야 한다. 이 벽체는 콘크리트구조기준의 요구사항을 만족해야 한다. 제7장의 합성기둥에 해당하는 철근콘크리트에 매입된 강재 경계부재는 8.2.4의 특수 내진시스템에 대한 요구사항을 만족해야 한다. 그렇지 않은 경우, 이와 같은 부재들은 콘크리트구조기준 17.4의 요구사항과 콘크리트구조기준 21.6.6의 특수 철근콘크리트 구조벽의 경계부재에 대한 요구사항을 만족하는 합성압축부재로 설계해야 한다. 합성경계부재의 구속을 위한 횡방향 철근은 벽체안으로 2h의 길이만큼 연장해야 한다. 여기서, h는 벽체 면내방향으로 경계부재의 전체높이를 나타낸다.
3) 강재앵커(스터드)는 8.11.1 3)에 명시된 대로 배치해야 한다. 콘크리트에 매입되지 않은 강재단면과의 접합에 사용되는 용접앵커의 공칭강도는 항복강도를 25% 감소하여 사용한다.

8.12.2 합성 특수전단벽 강재연결보

1) 강재연결보는 8.11.2의 요구사항 이외에 강구조기준의 요구사항을 만족해야 한다. 설계지진 하에 예상되는 비탄성 변형의 합리적인 해석에 의해 보다 작은 값이 입증되지 않는 경우에는 0.08rad의 연결보 회전성능을 만족시해야 한다. 철근콘크리트 벽의 표면위치에서 연결보의 웨브 양쪽에 표면지압판을 설치해야 한다.
2) 8.11.2 2)에 명시된 벽체 내의 수직 보강철근은 콘크리트구조기준 21.6.6의 요구사항을 만족하는 횡방향 철근으로 구속해야 한다.

8.12.3 매입형 합성연결보

연결보의 역할을 하는 매입형 합성단면은 8.12.2의 요구사항을 만족해야 한다.

8.13 합성 강판전단벽

한쪽 또는 양쪽에 철근콘크리트가 부착된 강판과 강재 또는 합성 경계부재로 구성된 구조용 벽은 다음의 기술된 조항을 적용한다.

8.13.1 벽 부재

8.13.1 1)의 요구사항을 따르는 보강된 강판을 갖는 합성 강판전단벽의 전단항복 한계상태에 근거한 설계강도 ϕV_{ns} ($\phi = 0.9$)는

$$V_{ns} = 0.6 A_{sp} F_y \quad \text{식(8.2.4)}$$

여기서, V_{ns} : 강판의 공칭전단강도(N)

A_{sp} : 보강된 강판의 수평단면적(mm^2)

F_y : 강판의 항복강도(MPa)

합성 강판전단벽의 강판이 8.13.1 1)의 요구사항을 만족하는 경우 합성 강판전단벽의 설계전단강도는 철근콘크리트의 강도를 무시한 강판만의 강도로 구해야 한다.

1) 만약 탄성 판좌굴해석을 통해 합성벽이 V_{ns}에 해당하는 공칭전단력을 지지할 수 있다는 것을 증명하는 경우 강판은 철근콘크리트와의 매입이나 부착으로 적절하게 보강해야 한다. 강판의 양면에 콘크리트가 설치되는 경우 부착되는 콘크리트의 두께는 최소 100mm가 되어야 하고 강판의 한쪽 면에만 콘크리트가 부착되는 경우 콘크리트의 두께는 200mm 이상이어야 한다. 국부좌굴과 콘크리트와 강판의 분리를 막기 위해 강재앵커(스터드)나 ㄷ형강 앵커와 같은 다른 기계적 연결재를 설치해야 한다. 콘크리트 내부의 수평 및 수직방향 철근은 콘크리트구조기준 11.3의 상세요구사항을 만족시켜야 한다. 양방향의 철근비는 0.0025보다 작지 않아야 하고, 철근의 최대간격은 450mm를 넘지 않도록 해야 한다. 합성벽 시스템을 설계할 때는 지진력이 벽면에 수직으로 작용하는 경우를 고려해야 한다.
2) 강판은 공칭전단강도를 발휘할 수 있도록 용접 혹은 고장력볼트 마찰접합에 의해 모든 면을 따라 강재골조와 경계부재에 연속적으로 연결해야 한다. 용접 또는 볼트접합에 의한 연결부의 설계는 8.3에 명시된 추가적인 요구사항을 만족해야 한다.

8.13.2 경계부재

강재 및 합성 경계부재는 설계층간변위에서 벽의 강판 및 철근콘크리트 부분의 전단내력에 저항할 수 있도록 설계해야 한다. 합성 및 철근콘크리트 경계부재는 8.12.1의 요구사항을 만족시키도록 설계해야 한다.

8.13.3 개구부

개구부 주위에는 해석에 의해 요구되는 대로 경계부재를 설치해야 한다.

Chapter

09

접합부

Chapter 09

접합부

9.1 기본고려사항

접합부는 골조 구조물에서 역학적으로 가장 복잡하고 중요한 부분이다. 접합부의 가장 중요한 역할은 부재와 부재를 연결하면서 힘을 전달하고 가해진 하중 하에 구조물의 통합성을 유지하는 것이다. 일반적으로 여러 부재들은 접합부에서 교차하여 마주치기 때문에 접합부의 거동은 상대적으로 복잡하다. 접합부의 일부분은 대부분 탄성영역을 넘어 하중이 가해지면서 허용하중 수준에서 하중의 재분배가 발생한다. 이러한 경우에는 유연성과 연성도가 만족할만한 접합부 거동을 유지하는데 필요하다. 접합부의 수많은 구조적인 파괴는 해석의 어려움 혹은 부적절한 부재의 설계로 발생하는 것이 아니라 접합의 거동 이해부족과 설계의 부주의로 발생한다. 비록 부재력을 정확히 계산하더라도 접합부에 작용하는 하중과 상호역학적인 관계의 파악은 매우 어렵다. 현재 확률적인 한계상태 접근을 기반으로 하여 구조물의 설계에 적용되는 대부분의 설계기준과 시방서는 구조물에서의 접합부는 잠재적으로 약한 링크의 개념으로 인식을 하고 있어서 일반적인 부재에 비해 설계에 더 많은 안전율을 적용하고 있다.

여러 형태의 합성접합부의 설계는 엔지니어의 개인적인 판단과 강구조 혹은 철근콘크리트접합부에서 적용된 설계법에 전적으로 의존하여 이루어지고 있다. 합성접합부에 대한 연구와 적용 사례는 매우 빈약한 수준이며 단지 제한적인 조사만이 이루어지고 있는게 현실이다.

더욱이 연구 자료가 특정한 형태의 접합부에 적용 가능하더라도 현장 적용을 위한 형상과 사이즈가 실험 파라미터의 범위와 상당히 동떨어져 있다.

접합부 설계에 있어서 구조역학의 지식, 합리적인 평형 모델을 만들 수 있는 능력, 접합부를 통하여 전달되는 하중의 흐름의 예측과 직관적 통찰, 파괴형상의 인지 등이 선행적으로 요구된다. 잠재적인 접합부 거동을 이해한 후 설계자는 현실적인 접합부의 설계와 제작에 관심을 가져야 한다. 접합부의 설계는 일반적으로 휨, 전단, 지압, 접합 구속력, 철근의 정착, 전단 전달 장치와 같은 사항을 고려해야 한다.

9.1.1 일반적인 설계의 원칙

합성접합부에는 축력, 휨, 전단, 그리고 비틀림을 포함하여 다양한 하중이 전달되며 이러한 부재력이 복합적으로 작용하는 것을 고려하여 설계를 하여야 한다. 이러한 부재력은 크리프, 건조수축, 온도변화, 침하뿐만 아니라 외부의 하중에 의하여 발생한다. 따라서 접합부의 설계 시에는 부재의 편심효과를 고려하여 가장 심각한 하중 분포를 만들어 내는 하중조합을 고려해야 한다. 접합부 설계 시 바람이나 지진하중에 의해 발생하는 수평하중의 경우에 있어서도 차이가 있다. 풍하중에 대해서는 접합부의 거동을 본질적으로 탄성이라고 가정하는 반면 극심한 지진하중이 발생 시에는 접합부는 비선형적인 이력거동의 형태로 거동하며 이를 설계에 고려한다. 따라서 지진하중이나 다른 하중 경우 상태에서 비선형적인 거동이 예상된다면 접합부는 주변 부재들의 소성힌지 발생과 결합하여 전단과 모멘트에 저항하도록 설계되어야 한다.

합성접합부는 사용하중(Service Load) 상태에서 파괴가 발생하지 않고 탄성적인 상태에서 거동이 예측되어야 한다. 사용하중상태에서 모멘트 저항접합부의 회전각이 구조물의 부재들의 균열이나 다른 파괴로 인하여 허용된 범위를 초과하지 않도록 설계하여야 한다.

접합부가 파괴되지 않고 하중에 저항하는 동안에 대변형을 수용할 수 있는지를 확인하여야 한다. 특히 지진에 의하여 반복적인 비선형 변형이 접합부에 발생할 경우, 고려되어야 할 사항이다. 연성은 콘크리트의 파괴가 발생되기 이전에 강재의 항복에 의존하여 얻어져야 한다.

합성접합부가 콘크리트와 다량의 강재 혹은 보강재로 구성되어 있더라도 시공이 간편하며 제작에 있어서 문제가 발생하지 않고 빠르게 시공이 가능해야 한다.

합성접합부 설계시 최소한의 부재 치수를 사용한 것만이 최상의 해결책이 될 수 없다. 이 외에도 부재의 설치가 복잡하지 않도록 하여야 하며 또한 최소한의 강재로 보강하고 이러한 강재가 적절한 위치에 설치되어야 한다. 또한 현장작업과 보정이 가능하도록 충분한 여분을 고려해야 한다. 그리고 적절히 정착되도록 접합부에 강재앵커(스터드)의 사용을 권장한다.

9.1.2 합성접합부의 종류

합성접합부는 일반적인 강구조의 접합부와 동일한 접합형태를 가지고 있으며, 부가적으로 철근 콘크리트 혹은 콘크리트 구조가 포함되어 있다. [그림 9.1.1]은 합성구조물의 일반적인 형태의 골조를 나타낸다. 이러한 합성구조물의 접합부는 주각부와 기둥-기둥 접합부, 기둥-보 접합부 및 보-보 접합부로 이루어져 있다.

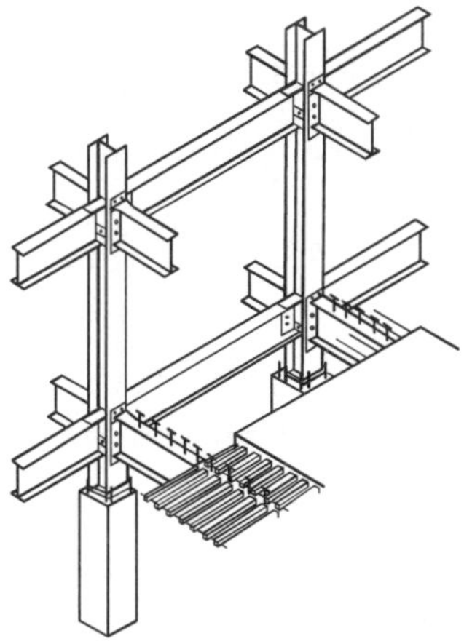

(a) 매입형 합성구조

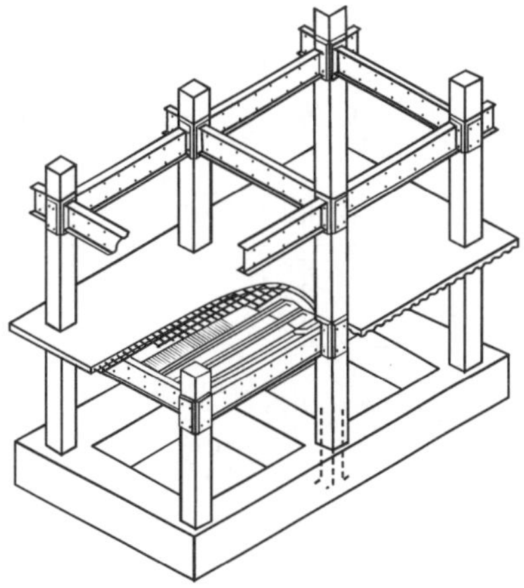

(b) 충전형 합성구조

[그림 9.1.1] 합성구조의 골조도

9.1.2.1 주각부

합성구조의 주각부는 H형강 또는 강관에 엔드 플레이트를 부착하여 기초부에 고정하는 형태를 가진다. 이러한 주각부는 고정형태에 따라 매입형과 비매입형으로 나눌 수 있으며, 주각부의 구성형태에 따라 주각부의 고정도에 큰 영향을 미친다.

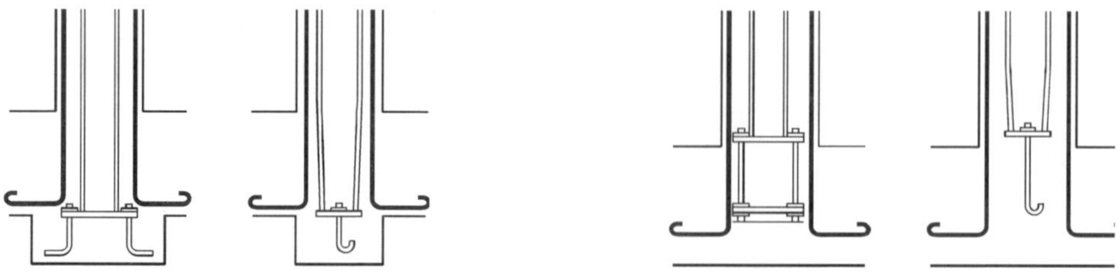

(a) 매입형 주각부　　(b) 비매입형 주각부

[그림 9.1.2] 주각부 형태

9.1.2.2 기둥-보 접합부

기둥-보 접합부는 모멘트의 전달이 가능한 강접합부와 휨모멘트의 전달이 되지 않는 전단접합부로 나누어진다. 이러한 접합부는 일반적으로 기둥의 주축방향으로는 강접합을 약축방향으로는 전단접합으로 구성되는 경우가 많다.

또한, 기둥-보 접합부는 기둥의 종류에 따라 서로 다른 형태를 나타낸다. 대표적인 접합부 형태로서 전형적인 H형강을 이용한 매입형 합성기둥인 경우와 콘크리트충전 강관(CFT) 합성기둥을 적용한 경우를 아래 그림에 나타내고 있다. 아래 그림은 합성구조 형식에서 철골부분의 접합형식을 나타내고 있다.

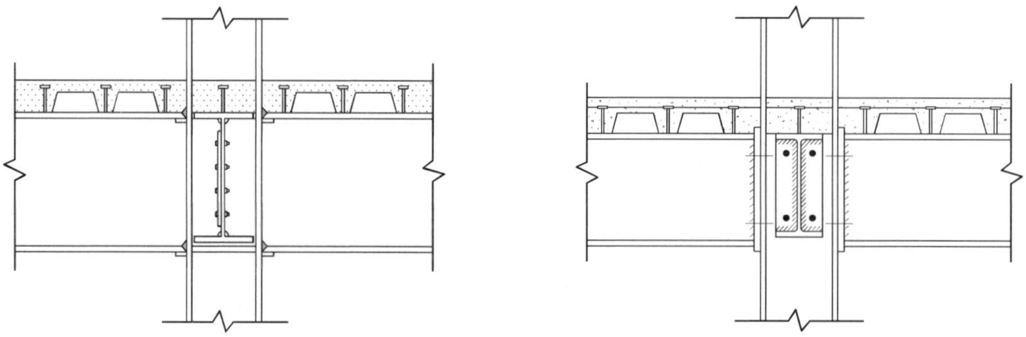

(a) 용접 접합형식　　(b) 엔드 플레이트 접합형식

[그림 9.1.3] 기둥-보 접합부(매입형 합성구조)

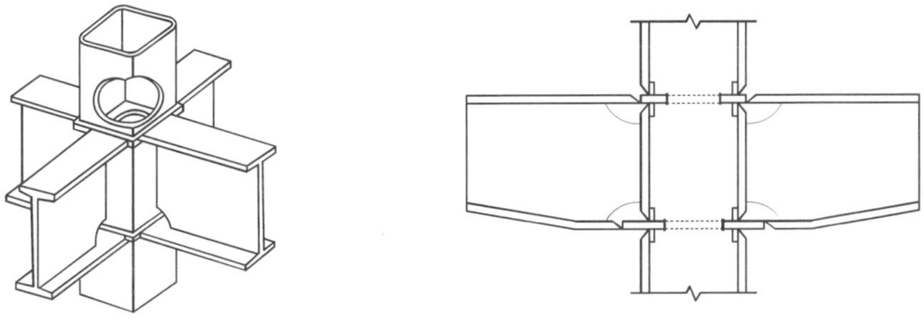

(a) 관통 다이아프램 방식

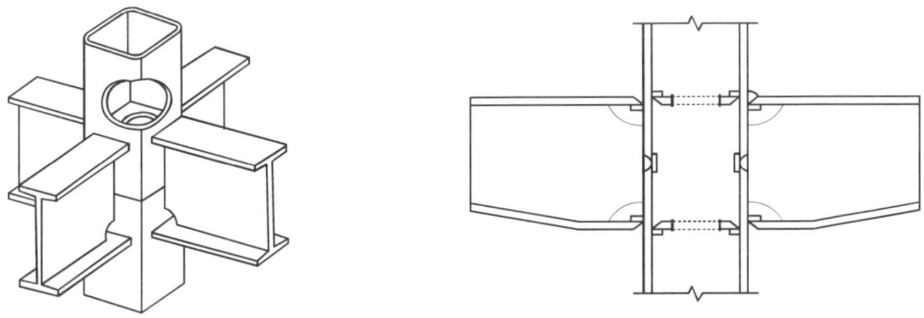

(b) 내측 다이아프램 방식

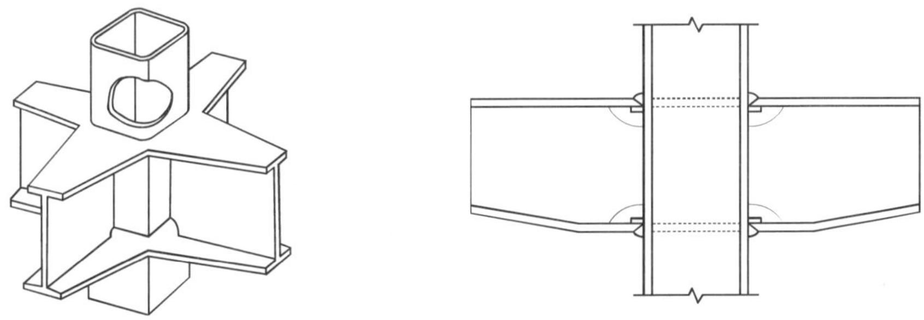

(c) 외측 다이아프램 방식

[그림 9.1.4] 기둥-보 접합부(콘크리트충전강관 합성구조)

9.1.2.3 보-보 접합부

큰 보와 작은 보의 접합은 일반적으로 전단접합으로 이루어진다. 따라서 전단접합을 위해 웨브를 볼트로 접합하는 것이 일반적이다. 아래 그림은 전단플레이트를 설치하여 접합하는 방식과 엔드 플레이트를 부착하여 접합하는 방식을 나타내고 있다.

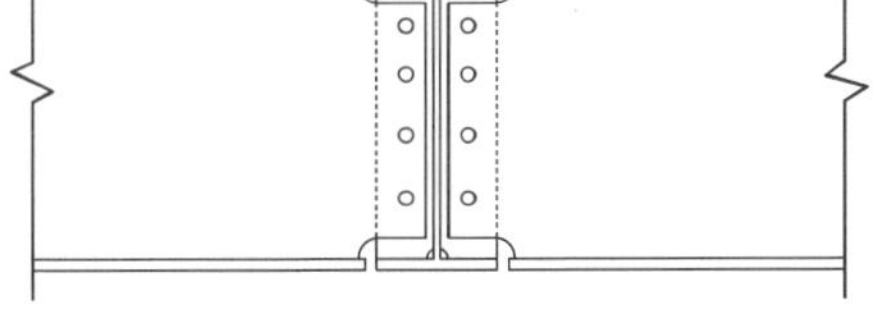

(a) 전단플레이트 접합형식

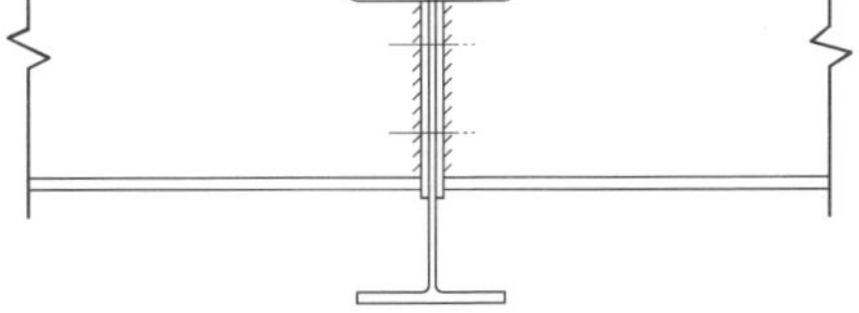

(b) 엔드 플레이트 접합

[그림 9.1.5] 보-보 접합부

9.2 콘크리트용 앵커의 설계

이 장의 〈도움표 9.7.1〉을 이용하면 H형강 보와 콘크리트 기둥 및 벽의 접합부(임베디드플레이트의 헤드스터드), H형강 기둥과 콘크리트 주각(Pedestal)의 접합부(Base Plate의 갈고리볼트) 등에 대한 설계에 적용할 수 있다.

9.2.1 기본사항

강구조 건축물에서 강재보 또는 강재기둥이 콘크리트부재와 접합되는 경우에 콘크리트부재면에 앵커를 이용하여 강판(Plate)을 설치하고 강재보 또는 강재기둥을 강판에 용접하여 접합하는 경우가 대부분이다. 이 장에서는 이러한 접합부의 설계를 위해 콘크리트용 앵커설계기준(콘크리트구조기준 해설 부록Ⅱ)에 대하여 살펴보도록 한다.

9.2.1.1 앵커설계법 적용에 대한 구조기준(제한사항)

1) f_{ck}

(1) 선설치 앵커, $f_{ck} \le 70\text{MPa}$

(2) 후설치 앵커, $f_{ck} \le 55\text{MPa}$

2) 앵커지름 $\le$ 50mm

3) 앵커의 묻힘길이 $\le$ 635mm

4) 균열 폭 (W_s) : $0.3\text{mm} \le W_s \le 0.5\text{mm}$

(큰 균열이 예상되는 소성힌지 영역에서의 앵커 설계에서는 사용할 수 없다. 다만, 지진하중이 고려된 경우 소성힌지 이외 영역에 앵커를 적용할 수 있으며, 이 경우 강도저항계수 0.75 추가 적용한다.)

9.2.1.2 작용하중에 따른 앵커의 파괴모드

1) 인장하중 : 강재파괴, 뽑힘, 콘크리트 파괴, 측면파열, 쪼개짐

2) 전단하중 : 강재파괴, 프라이아웃, 콘크리트 파괴

9.2.1.3 강도저항계수

1) 강재요소의 강도에 의해 지배되는 강도저항계수

하중 종류	연성강재요소	취성강재요소
인장하중	0.75	0.65
전단하중	0.65	0.60

※ 연성강재의 조건 : 파단 시 연신율 14% 이상, 단면적감소율 30% 이상

2) 콘크리트 파괴, 측면파열, 앵커뽑힘 또는 프라이아웃(pry out)에 의해 지배되는 앵커의 강도저항계수

조건			파괴면과 교차되도록 보조철근 설치	보조철근이 없거나 뽑힘강도 또는 프라이아웃지배
i) 전단하중			0.75	0.70
ii) 인장하중	선설치 헤드스터드, 헤드볼트, 또는 갈고리볼트		0.75	0.70
	별도 시험에 의해 각 범주에 속하는 후설치 앵커	범주1(낮은 설치 민감도와 높은 신뢰성)	0.75	0.65
		범주2(중간 설치 민감도와 중간 신뢰성)	0.65	0.55
		범주3(높은 설치 민감도와 낮은 신뢰성)	0.55	0.45

3) 지진하중이 고려된 경우 소성힌지 이외 영역에 앵커를 적용할 수 있으며, 이 경우 산정된 강도에 추가적으로 0.75를 곱해서 강도를 감소시켜야 한다. 또한 이 경우의 파괴양상은 앵커에 부착된 구조부재가 항복하거나 앵커의 연성강재파괴가 발생하여야 한다. 즉 앵커의 강도는 앵커의 묻힌 부분과 관련된 강도(콘크리트 파괴, 측면파열파괴 등)나 취성강재요소의 강도에 의해서 결정되어서는 안 된다(콘크리트에 관련한 파괴강도에 0.75배 적용).

9.2.2 인장하중을 받는 앵커의 강도

앵커의 강도 : min[강재 파괴, 콘크리트 파괴, 뽑힘 파괴]

9.2.2.1 인장을 받는 앵커의 강재 강도

항복점이 명확하지 않아 극한강도를 기준으로 산정한다.

$$N_{sa} = nA_{se}f_{uta}$$

여기서, n : 한 그룹의 앵커수

A_{se} : 앵커의 유효단면적(mm^2)

f_{uta} : 앵커강재와 설계기준 인장강도(MPa)

단, $f_{uta} \le \min\left[1.9f_{ya},\, 860\text{MPa}\right]$ (f_{ya} : 앵커강재의 설계기준 항복강도)

9.2.2.2 인장을 받은 앵커의 콘크리트 파괴강도 N_{cb}, N_{cbg}

1) $N_{cb} = \dfrac{A_{Nc}}{A_{Nco}} \times \psi_{ed,N} \times \psi_{c,N} \times \psi_{cp,N} \times N_b$(인장을 받는 단일앵커 공칭콘크리트 파괴강도)

2) $N_{cbg} = \dfrac{A_{Nc}}{A_{Nco}} \times \psi_{ec} \times \psi_{ed,N} \times \psi_{c,N} \times \psi_{cp,N} \times N_b$(인장을 받는 앵커그룹의 공칭콘크리트 파괴강도)

3) 균열콘크리트에서 인장을 받는 단일앵커의 기본 콘크리트 파괴강도 N_b

(1) $h_{ef} < 280\text{mm}$ (단, $635\text{mm} < h_{ef}$) $N_b = k_c\sqrt{f_{ck}} \times h_{ef}^{1.5}$ $\quad k_c = \begin{cases} \text{선설치 앵커} : 10 \\ \text{후설시 앵커} : 7 \end{cases}$

여기서, h_{ef} : 앵커의 묻힘유효깊이

k_c : 긴장에 의한 기본콘크리트 파괴강도계수

(2) 280mm $\le h_{ef} \le$ 635mm일 경우 다음 값을 사용할 수 있다.

$$N_b' = 3.9\sqrt{f_{ck}} \times h_{ef}^{5/3}$$

4) 콘크리트 파괴체 투영면적

(1) A_{Nc} : 인장강도 산정을 위한 단일앵커 또는 앵커그룹의 콘크리트 파괴면 투영면적

(2) A_{Nco} : 연단거리 또는 간격에 제한을 받지 않는 경우 인장강도 산정을 위한 단일앵커의 콘크리트 파괴면 투영면적, 즉 연단거리 $\ge 1.5h_{ef}$ 또는 간격 $\ge 3h_{ef}$

$$A_{Nco} = (3h_{ef})^2 = 9h_{ef}^2$$

(3) 세 개 또는 네 개의 가장자리로부터 $1.5h_{ef}$보다 가까운 곳에 위치한 앵커의 경우 $\dfrac{A_{NC}}{A_{NCO}}$의 과소평가를 막기 위해 h_{ef} 제한, $h_{ef}' \le \text{Max}\left[\dfrac{C_{a,\max}}{1.5}, \dfrac{\text{앵커간격}}{3}\right]$

여기서, $C_{a,\max}$: 앵커 샤프트 중심으로부터 콘크리트 난부까지 최대 연단거리

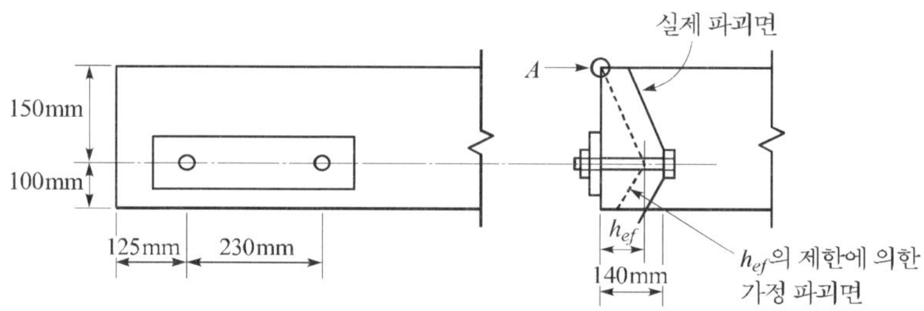

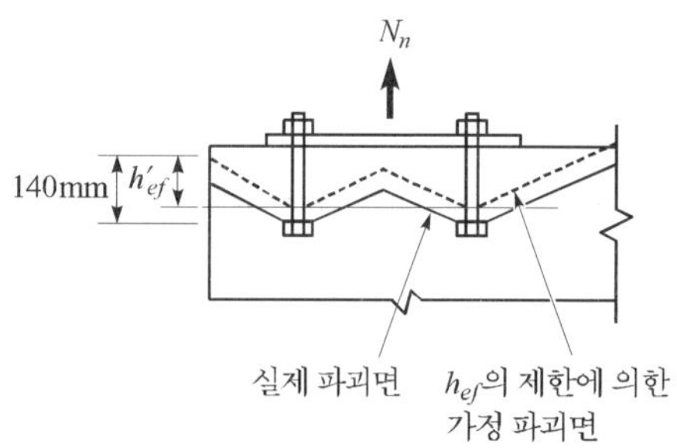

실제 h_{ef}는 140mm이지만 3개 연단거리가 $1.5h_{ef}$보다 작기 때문에, 제한된 h'_{ef}(그림에서 h_{ef})는 $c_{a,\max}/1.5$와 앵커 그룹에서 최대 앵커간격의 1/3 중 큰 값이 된다.

즉, $h'_{ef} = \max[(150/1.5)], (230/3)] = 100$mm이다.

A_{Ne} 계산을 포함하여 부록 식(Ⅱ.4.2)부터 (Ⅱ.4.9)*까지 h_{ef}는 100mm를 사용하여야 한다.

$A_{Ne} = (150+100)(125+230+(1.5(100)) = 126{,}250\text{mm}^2$

A점은 h_{ef}의 제한에 의한 가정 파괴면이 콘크리트 면과 만나는 점이다.

* 콘크리트구조기준 해설 부록 Ⅱ.4.2 참조

[그림 9.2.1] 폭이 좁은 콘크리트 부재에서 인장을 받는 앵커의 콘크리트 파괴면

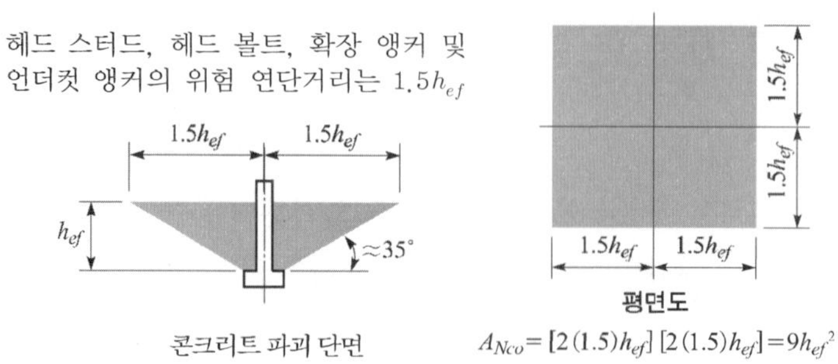

(a) A_{Nco}의 산정

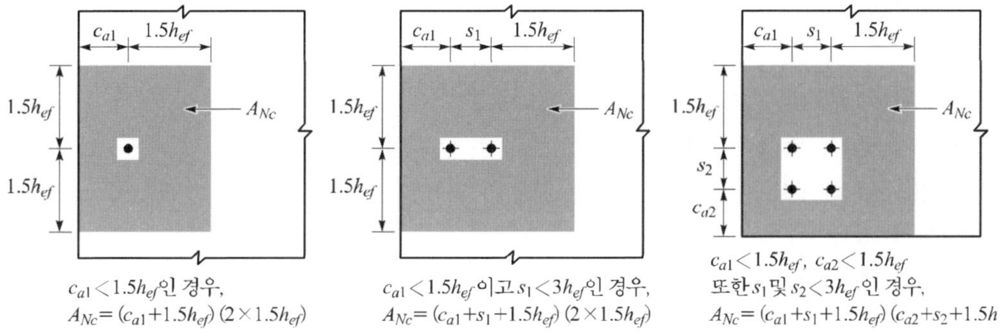

(b) 단일 앵커와 앵커 그룹에서의 투영면적과 A_{Nc}의 산정

[그림 9.2.2] 투영면적과 A_{Nc} 산정

5) 편심이 작용하는 앵커그룹에 대한 수정계수 $\psi_{ec,N}$

편심으로 인해 큰 인장력을 받는 앵커에서 먼저 파괴가 발생한다.

(1) $\psi_{ec,N} = \dfrac{1}{1+\dfrac{2e'_N}{3h_{ef}}} \le 1.0$

여기서, 일부의 앵커에만 인장이 가해지는 경우, $\psi_{ec,N}$ 및 N_{cbg}는 인장을 받는 앵커에 대해서만 고려한다.

(2) 편심이 두 축에 대하여 작용하는 경우에는 X, Y 각각 방향에 대하여 독립적으로 계산하고, 이 계수의 곱을 $\psi_{ec,N}$으로 사용한다.

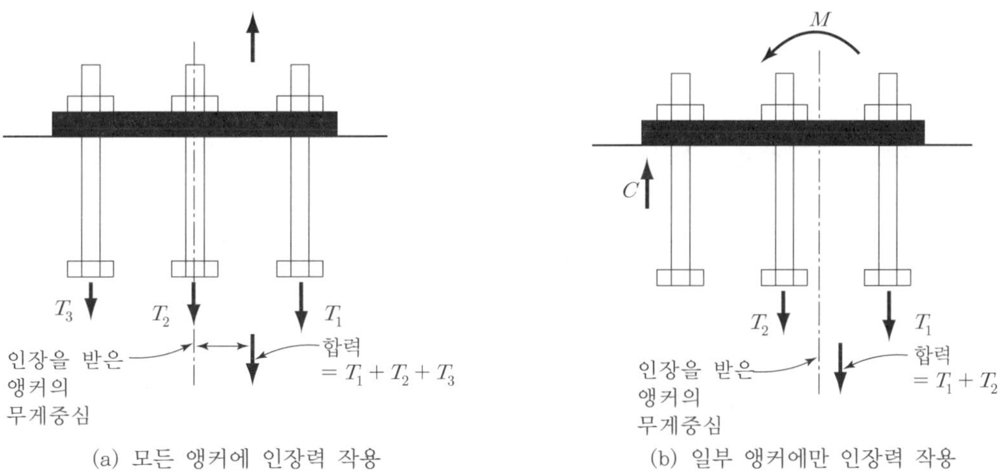

(a) 모든 앵커에 인장력 작용 (b) 일부 앵커에만 인장력 작용

[그림 9.2.3] 앵커 그룹에서 e'_N의 정의

6) 가장자리 영향에 관한 수정계수 $\psi_{ed,N}$

(1) $C_{a,\min} \ge 1.5h_{ef}$ 인 경우, $\psi_{ed,N} = 1.0$

(2) $C_{a,\min} < 1.5h_{ef}$ 인 경우, $\psi_{ed,N} = 0.7 + 0.3\dfrac{C_{a,\min}}{1.5h_{ef}}$

7) 균열에 대한 수정계수 $\psi_{c,N}$

(1) 사용하중 하에서 균열이 발생하지 않을 경우

선설치 앵커, $\psi_{c,N} = 1.25$

후설치 앵커, $\psi_{c,N} = 1.4$

(2) 사용하중 하에서 균열이 발생하는 경우

선설치 앵커, $\psi_{c,N} = 1.0$

후설치 앵커, $\psi_{c,N} = 1.0$

8) 콘크리트 쪼갬파괴 방지를 위한 수정계수 $\psi_{cp,N}$

(1) 후설치 앵커

$C_{a,\min} \geq C_{ac}$, $\psi_{cp,N} = 1.0$

$C_{a,\min} < C_{ac}$, $\psi_{cp,N} = \dfrac{C_{a,\min}}{C_{ac}} \geq \dfrac{1.5h_{ef}}{C_{ac}}$

여기서, 위험연단거리 C_{ac}

언더컷 앵커 : $C_{ac} = 2.5h_{ef}$

비틀림제어확장 앵커, 변위제어확장 앵커 : $C_{ac} = 4.0h_{ef}$

쪼개짐을 제어하기 위해 보조철근이 사용될 경우, 해석에 의해 사용하중상태에서 균열이 발생되는 영역에 앵커가 사용될 경우, $\psi_{cp,N} = 1.0$

(2) 선설치 앵커 및 다른 모든 경우, $\psi_{cp,N} = 1.0$

9.2.2.3 인장력을 받는 앵커의 뽑힘강도 N_{pn}

앵커의 지압면적이 작은 경우 앵커 주변의 콘크리트가 지압파괴되는 후설치 앵커는 실험을 통하여 산정된 값을 사용한다.

1) 인장을 받는 단일앵커의 공칭뽑힘강도 N_{pn}

$N_{pn} = \psi_{c,P}\, N_p$

여기서, N_p : 균열 콘크리트에서 인장을 받는 단일앵커의 뽑힘강도

2) 균열 콘크리트에 대한 수정계수 $\psi_{c,P}$

(1) 사용하중 상태에서 균열이 발생하지 않을 경우, $\psi_{c,P} = 1.4$

(2) 사용하중 상태에서 균열이 발생하는 경우, $\psi_{c,P} = 1.0$

3) 균열 콘크리트에서 인장을 받는 단일앵커의 뽑힘강도 N_p

(1) 헤드스터드, 헤드볼트

$N_p = 8A_{brg} \times f_{ck}$

여기서, A_{brg} : 헤드지압면적(= $\dfrac{\pi}{4}$[(헤드직경)^2 − (공칭직경)^2])

(2) 갈고리 볼트

$N_p = 0.9 f_{ck} \times e_h \times d_a$ (단, $3d_a \leq e_h \leq 4.5d_a$)

9.2.2.4 인장을 받는 앵커의 콘크리트 측면파열강도 N_{sb}

1) 가장자리에 인접해 설치된 단일 앵커에 대한 공칭측면파열강도

$C_{a1} \leq 0.4h_{ef}$인 경우, $N_{sb} = 13\,C_{a1} \times \sqrt{A_{brg}} \times \sqrt{f_{ck}}$

$C_{a1} > 0.4h_{ef}$인 경우, 콘크리트 측면파열은 발생하지 않는다.

2) 측면파열에서 인접한 가장자리가 2개인 모서리앵커의 감소계수

$C_{a2} < 3C_{a1}$인 경우, $(1 + C_{a2}/C_{a1})/4$를 곱한다.

3) 인접앵커 간 간격이 $6C_{a1}$보다 작은 앵커 그룹

$$N_{sbg} = \left(1 + \frac{s}{6C_{a1}}\right)N_{sb}$$

9.2.3 전단하중을 받는 앵커의 강도

앵커의 강도 : min[강재파괴, 콘크리트 파괴, 프라이아웃 파괴]

9.2.3.1 전단을 받는 앵커의 강재강도 V_{sa}

1) 헤드 스터드

$V_{sa} = nA_{se,V}\,f_{uta}$

2) 헤드 볼트, 갈고리 볼트, 슬리브가 전단파괴면까지 연장되어 있지 않은 후설치앵커

$V_{sa} = n0.6A_{se,V}\,f_{uta}$ (단, $f_{uta} \leq \min[1.9f_{ya}, 860\text{MPa}]$)

9.2.3.2 전단을 받는 앵커의 콘크리트 파괴강도 V_{cb}, V_{cbg}

1) $V_{cb} = \dfrac{A_{Vc}}{A_{Vco}} \times \psi_{ed,V} \times \psi_{c,V} \times \psi_{h,V} \times V_b$(전단을 받는 단일앵커의 콘크리트 파괴강도)

2) $V_{cbg} = \dfrac{A_{Vc}}{A_{Vco}} \times \psi_{ec,V} \times \psi_{ed,V} \times \psi_{c,V} \times \psi_{h,V} \times V_b$(전단을 받는 앵커그룹의 콘크리트 파괴강도)

3) 전단을 받는 단일앵커의 기본 콘크리트 파괴강도 V_b

(1) 균열 콘크리트에 위치한 앵커

$$V_b = 0.6\left(\frac{l_e}{d_a}\right)^{0.2} \times \sqrt{d_a} \times \sqrt{f_{ck}} \times (C_{a1})^{1.5}$$

(2) 헤드스터드, 헤드볼트, 갈고리볼트가 10mm이상 또는 앵커직경의 1/2의 두께를 갖는 강재부속물에 연속 용접된 경우

$$V_b = 0.7\left(\frac{l_e}{d_o}\right)^{0.2} \times \sqrt{d_o} \times \sqrt{f_{ck}} \times (C_{a1})^{1.5}$$

단, $S \geq 65\text{mm}$이어야 하며, $C_{a2} \leq 1.5h_{ef}$이면 모서리에 보조철근을 사용한 추가 보강 필요

(3) l_e : 앵커의 전단력에 대한 지압 저항 길이 (묻힘길이) $\leq 8d_a$

① 단면의 전체 묻힘깊이에 걸쳐 일정한 강성을 갖는 앵커로서 헤드 스터드 및 전체 묻힘깊이에 걸쳐 단일 슬리브 갖는 후설치앵커, $l_e = h_{ef}$

② 간격슬리브가 확장슬리브와 분리된 비틀림제어 확장앵커, $l_e = 2d_a$

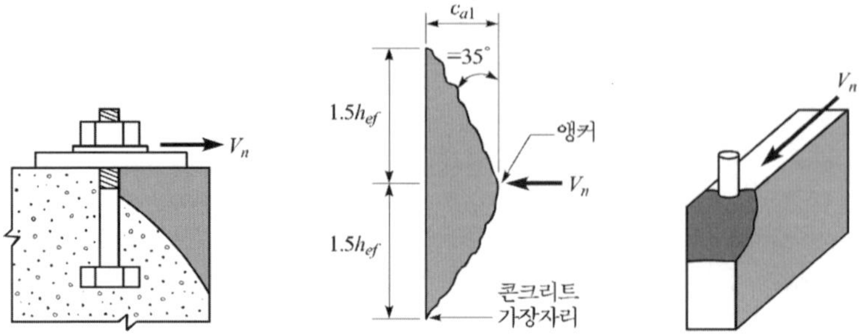

[그림 9.2.4] 전단에 의한 콘크리트 원추형 파괴

4) 콘크리트 파괴체 투영면적 A_{Vo}, A_{Vco}

(1) A_{Vc} : 전단강도 산정을 위한 단일앵커 또는 앵커그룹의 콘크리트 파괴면 투영면적

(2) A_{Vco} : 모서리의 영향, 간격 또는 부재 두께에 제한을 받지 않을 경우, 전단강도 산정을 위한 단일 앵커의 콘크리트 파괴면 투영면적$= 4.5(C_{a1})^2$

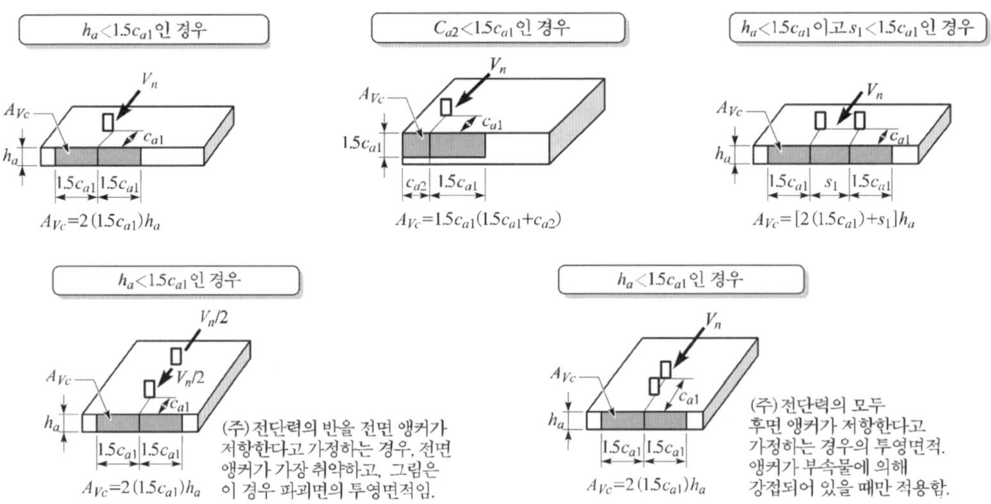

[그림 9.2.5] 단일 앵커 및 앵커 그룹의 투영면적과 A_{Vc} 산정

5) 전단에 대한 편심을 받는 앵커 그룹에서 수정계수 $\psi_{ec,V}$

편심에 대한 일부 앵커에 더 많은 전단력이 가해지며 이 앵커의 가장자리와 가까운 콘크리트의 쪼갬파괴가 발생한다.

$$\psi_{ec,V} = \frac{1}{\left(1 + \dfrac{2e'_V}{3C_{a1}}\right)} \le 1$$

6) 가장자리 영향에 관한 수정계수 $\psi_{ed,V}$

(1) $C_{a,\min} \geq 1.5C_{a1}$인 경우, $\psi_{ed,V} = 1.0$

(2) $C_{a,\min} < 1.5C_{a1}$인 경우, $\psi_{ed,V} = 0.7 + 0.3(\dfrac{C_{a2}}{1.5C_{a1}})$

(3) 세 개 이상의 가장자리에 의해 영향을 받는 앵커의 경우, C_{a1}은 아래 세 가지 중 큰 값을 초과할 수 없다.

$$C_{a1} \leq \max\begin{pmatrix} \text{적용 가능한 모든 방향에 대하여 } \dfrac{C_{a2}}{1.5} \\ \dfrac{h_a}{1.5} \qquad (h_a : \text{부재두께}) \\ \text{앵커 그룹에서 앵커 최대 간격 } \dfrac{S_{\max}}{3} \end{pmatrix}$$

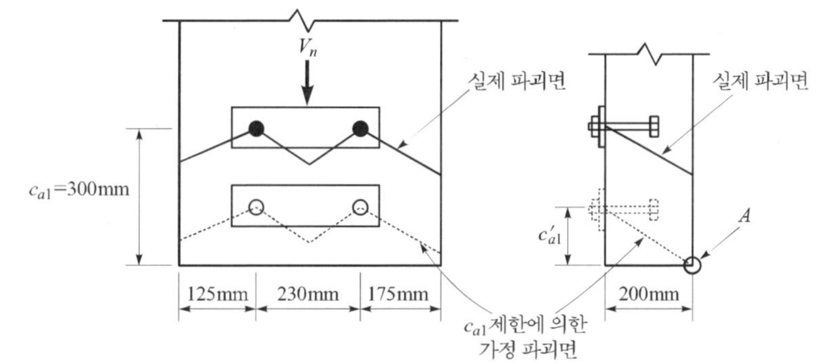

실제 c_{a1}은 300mm이지만, 마주보는 두 가장자리의 연단거리 c_{a2}와 부재두께 h_a가 $1.5c_{a1}$보다 작기 때문에, c_{a1}(그림에서c_{a1}')은 $c_{a2,\max}/1.5$, $h_a/1.5$ 및 앵커 그룹에서 최대 앵커 간격의 1/3 중 큰 값이 된다.

즉, $c_{a1}' = \max[(175/1.5), (200/1.5), (230/3)] = 133\text{mm}$이다.

A_{Vc} 계산을 포함하여 부록 식(Ⅱ.5.3)부터 (Ⅱ.5.9)*까지 c_{a1}값으로 133mm를 사용하여야 한다.

$A_{Vc} = (125 + 230 + 175)(1.5(133)) = 105,735\text{mm}^2$

A점은 c_{a1}의 제한에 의한 가정 파괴면이 콘크리트 면과 만나는 점이다.

*콘크리트구조기준 해설 부록 Ⅱ.5.2 참조

[그림 9.2.6] 앵커가 세 개 이상의 가장자리에 영향을 받는 경우 전단

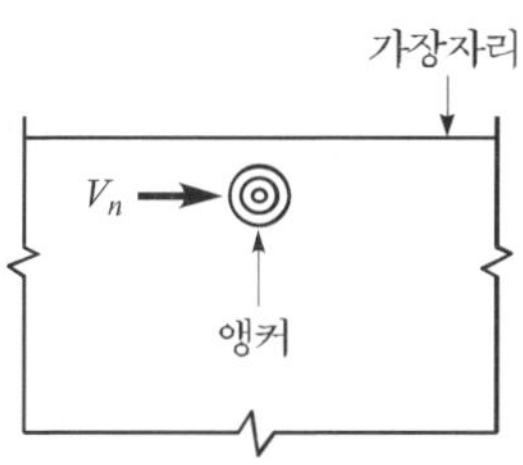

[그림 9.2.7] 가장자리에 평행한 전단력

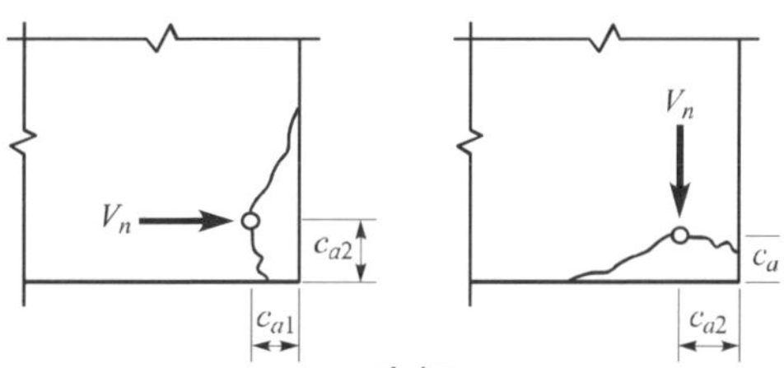

[그림9.2.8] 모서리 부근의 전단력

※ 가장자리에 평행한 전단력 작용 시, 가장자리에 직각으로 전단력이 작용하는 경우의 파괴강도에 2배로 할 수 있다(단, 이때 $\psi_{ed,V} = 1.0$을 적용).

7) 균열에 대한 수정계수 $\psi_{c,V}$

(1) 사용하중하에서 균열이 발생하지 않을 경우, $\psi_{c,V} = 1.4$

(2) 사용하중하에서 균열이 발생하는 경우

① 보조철근이 없거나 D13 미만의 가장자리 보강근이 배치된 균열 콘크리트에 설치된 앵커
$\psi_{c,V} = 1.0$

② 앵커와 가장자리 사이에 D13 이상의 보조철근이 있는 균열 콘크리트에 설치된 앵커
$\psi_{c,V} = 1.2$

③ 앵커와 가장자리 사이에 D13 이상의 보조철근이 있고, 이 보조철근이 100mm 이하 간격의 늑근으로 둘러싸인 균열 콘크리트에 설치된 앵커
$\psi_{c,V} = 1.4$

8) 부재 두께에 대한 수정계수 $\psi_{h,V}$

$$h_a < 1.5c_{a1}\text{인 경우, } \psi_{h,V} = \sqrt{\frac{1.5C_{a1}}{h_a}} \geq 1.0$$

9.2.3.3. 전단을 받는 앵커의 콘크리트 프라이아웃강도 V_{cp}

1) $V_{cp} = k_{cp} \times N_{cb}$(단일앵커)

2) $V_{cpg} = k_{cp} \times N_{cbg}$(앵커그룹)

3) k_{cp} 산정

(1) $h_{ef} < 65\text{mm}$인 경우, $k_{cp} = 1.0$

(2) $h_{ef} \geq 65\text{mm}$인 경우, $k_{cp} = 2.0$

(3) $N_{cb} = \dfrac{A_{Nc}}{A_{Nco}} \times \psi_{ed,N} \times \psi_{c,N} \times \psi_{cp,N} \times N_b$

(4) $N_{cbg} = \dfrac{A_{Nc}}{A_{Nco}} \times \psi_{ec,N} \times \psi_{ed,N} \times \psi_{c,N} \times \psi_{cp,N} \times N_b$

9.2.4 인장과 전단의 상관 작용

1) $V_{ua} \leq 0.2\phi V_n$인 경우, 전체 인장강도를 사용할 수 있다.
$\phi N_n \geq N_{ua}$

2) $N_{ua} \leq 0.2\phi N_n$인 경우, 전체 전단강도를 사용할 수 있다.
$\phi V_n \geq V_{ua}$

3) $V_{ua} > 0.2\phi V_n$이고, $N_{ua} > 0.2\phi N_n$인 경우

$$\frac{N_{ua}}{\phi N_n} + \frac{V_{ua}}{\phi V_n} \leq 1.2$$

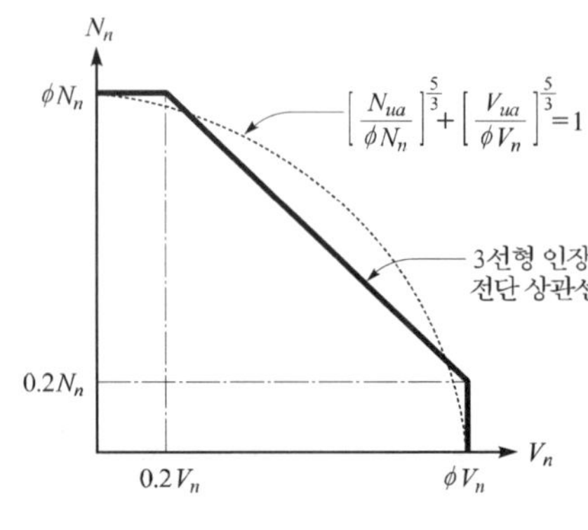

[그림 9.2.9] 인장과 전단의 상관식

9.2.5 제한사항 및 주의점

쪼개짐을 제어하기 위한 보조철근이 배근되어 있지 않을 경우 앵커의 최소간격(S_{min})과 연단거리(C_a) 및 부재의 최소두께(h_a)의 규정이 있다.

1) 앵커의 최소 중심간격 S_{min}

(1) 비틀림이 가해지지 않는 선설치 앵커, $S \geq 4d_a$

(2) 비틀림이 가해지는 선설치 앵커 및 후설치 앵커, $S \geq 6d_a$

2) 앵커의 최소 연단거리 $C_{a,\,min}$

(1) 비틀림이 가해지지 않는 선설치 앵커, $C_a \geq$ 철근의 최소피복두께

(2) 비틀림이 가해지는 선설치 헤드 앵커, $C_a \geq 6d_a$

(3) 후설치 앵커에 대한 최소연단거리

① 철근의 최소 피복두께 이상

② 최대골재크기의 2배 이상

(4) 언더컷 앵커, $6d_a$ 이상

(5) 비틀림제어 앵커, $8d_a$ 이상

(6) 변위제어 앵커, $10d_a$ 이상

3) 확장 앵커, 언더컷 후설치 앵커의 묻힘깊이 h_{ef}

$$h_{ef} \leq \max\left[\frac{2}{3} \times \text{부재두께}, \text{부재두께} - 100\text{mm}\right]$$

4) 별도 시험에 의해 위험 연단거리(C_{ac})를 결정하지 않는 경우 위험 연단거리 C_{ac}

(1) 언더컷 앵커, $C_{ac} \geq 2.5h_{ef}$

(2) 비틀림제어 앵커, $C_{ac} \geq 4h_{ef}$

(3) 변위제어 앵커, $C_{ac} \geq 4h_{ef}$

9.2.6 설계 예제

예제 1 **인장력을 받는 헤드 스터드 그룹(가장자리의 영향이 없는 경우)**

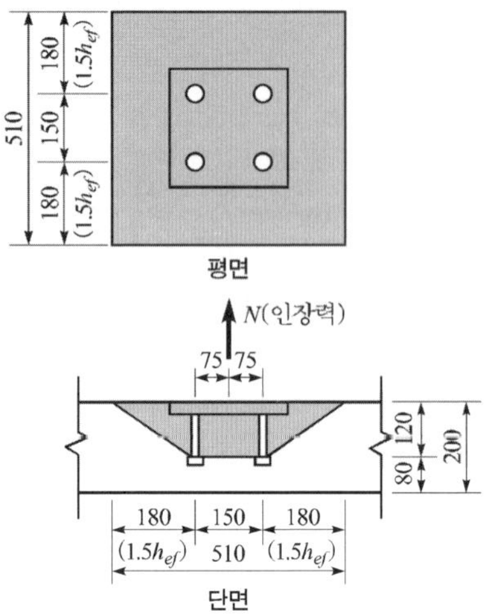

〈설계조건〉

1. $f_{ck} = 27\text{MPa}$
2. 헤드 스터드 4－∅19
   1) $A_{se} = 283.4\text{mm}^2$
   2) $f_{uta} = 400\text{MPa}$
      $f_{ya} = 235\text{MPa}$
   3) $h_{ef} = 120\text{mm}^2$
   4) 연성강재 요소
   5) $A_{brg} = 520\text{mm}^2$

1. 인장을 받는 앵커의 강재 강도 ϕN_{sa}

1) 강도저항계수 $\phi = 0.75$ (인장하중, 연성강재 요소)

2) $N_{sa} = n \times A_{se} \times f_{uta}$

   $= 4 \times 283.4 \times 400 \times 10^{-3} = 453.4\text{kN}$

3) $\phi N_{sa} = 0.75 \times 453.4 = 340.1\text{kN}$

2. 인장을 받는 앵커 그룹의 콘크리트 파괴강도 ϕN_{cbg}

1) 강도저항계수 $\phi = 0.7$(선설치 헤드 스터드, 조건 B 적용)

2) $\phi N_{cbg} = \phi \dfrac{A_{Nc}}{A_{Nco}} \times \psi_{ec,N} \times \psi_{ed,N} \times \psi_{c,N} \times \psi_{cp,N} \times N_b$

   (1) $A_{Nc} = (180+150+180) \times (180+150+180) = 260{,}100\text{mm}^2$

   $A_{Nco} = 9 \times h_{ef}^2 = 9 \times 120^2 = 129{,}600\text{mm}^2$

   (2) $\psi_{ec,N} = 1.0$(편심의 영향 없음)

   (3) $\psi_{ed,N} = 1.0$(가장자리 영향 없음)

   (4) $\psi_{c,N} = 1.0$(사용하중상태에서 균열발생 가정)

   (5) $\psi_{cp,N} = 1.0$(선설치 앵커)

   (6) $N_b = K_c \times \sqrt{f_{ck}} \times h_{ef}^{1.5} = 10 \times \sqrt{27} \times 120^{1.5} \times 10^{-3} = 68.3\text{kN}$

   여기서, $K_c = 10$(선설치 앵커)

3) $\phi N_{cbg} = 0.7 \times \dfrac{260{,}100}{129{,}600} \times 1.0 \times 1.0 \times 1.0 \times 1.0 \times 68.3 = 95.95\text{kN}$

3. 인장을 받는 헤드 스터드의 뽑힘강도 ϕN_{pn}

1) 강도저항계수 $\phi = 0.7$(선설치 헤드 스터드, 조건B)

2) $N_{pn} = \psi_{cp} \times N_p$

(1) $\psi_{cp} = 1.0$ (사용하중상태에서 균열발생 가정)

(2) $N_p = 8A_{brg} \times f_{ck} = 8 \times 520 \times 27 \times 10^{-3} = 112.3\text{kN}$

(3) $\phi N_{pn} = 0.7 \times 1.0 \times 112.3 \times 4\text{개} = 314.4\text{kN}$

4. 인장을 받는 헤드 스터드의 콘크리트 측면 파열강도 ϕN_{sb}

측면파열은 가장자리에 인접해 설치된 앵커의 연단거리(C_{a1})가 $0.4h_{ef}$보다 작을 때, 고려할 필요가 있으나 가장자리가 없는 경우이므로 측면파열은 고려할 필요가 없다

5. 인장강도의 산정

1) 강재의 강도 $\phi N_{sa} = 340.1\text{kN}$

2) 콘크리트 파괴강도 $\phi N_{cbg} = 95.95\text{kN}$(지배강도)

3) 뽑힘강도 $\phi N_{pn} = 314.4\text{kN}$

예제 2 인장력을 받는 헤드 스터드 그룹(좌우 가장자리의 영향이 있는 경우)

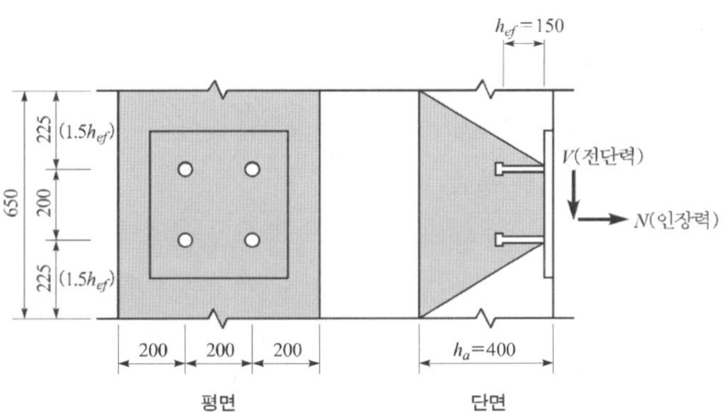

〈설계조건〉

1. $f_{ck} = 27\text{MPa}$
2. 헤드 스터드 4−∅19

(1) $A_{se} = 283.4\text{mm}^2$

(2) $f_{uta} = 400\,\text{MPa}$
$f_{ya} = 235\,\text{MPa}$

(3) $h_{ef} = 120\,\text{mm}^2$

(4) 연성강재 요소

(5) $A_{brg} = 520\,\text{mm}^2$

(6) $h_a = 400\text{mm}$

1. 인장을 받는 앵커의 강재강도 ϕN_{sa}

1) 강도저항계수 $\phi = 0.75$(인장하중, 연성강재 요소)

2) $N_{sa} = n \times A_{se} \times f_{yta}$
$= 4 \times 283.4 \times 400 \times 10^{-3} = 453.4\text{kN}$

3) $\phi N_{sa} = 0.75 \times 453.4 = 340.1\text{kN}$

2. 인장을 받는 앵커 그룹의 콘크리트 파괴강도 ϕN_{cbg}

1) 강도저항계수 $\phi = 0.7$ (선설치 헤드스터드, 조건B 적용)

2) $\phi N_{cbg} = \phi \dfrac{A_{Nc}}{A_{Nco}} \times \psi_{ec,N} \times \psi_{ed,N} \times \psi_{c,N} \times \psi_{cp,N} \times N_b$

(1) $A_{Nc} = (200+200+200) \times (225+200+225) = 390{,}000\text{mm}^2$

$A_{Nco} = 9 \times h_{ef}^2 = 9 \times 150^2 = 202{,}500\text{mm}^2$

(2) $\psi_{ec,N} = 1.0$(편심의 영향 없음)

(3) $\psi_{ed,N} \begin{cases} C_{a,\min} = 200\text{mm}, 1.5h_{ef} = 1.5 \times 150 = 225\text{mm} \\ C_{a,\min} < 1.5h_{ef} \text{이므로} \quad \psi_{ed,N} = 0.7 + 0.3\dfrac{C_{a,\min}}{1.5h_{ef}} = 0.7 + 0.3\dfrac{200}{225} = 0.967 \end{cases}$

(4) $\psi_{c,N} = 1.25$(사용하중상태에서 균열 미발생 가정)

(5) $\psi_{cp,N} = 1.0$ (선설치 앵커)

(6) $N_b = K_c \times \sqrt{f_{ck}} \times h_{ef}^{1.5} = 10 \times \sqrt{27} \times 150^{1.5} \times 10^{-3} = 95.46\text{kN}$

3) $\phi N_{cbg} = 0.7 \times \dfrac{390{,}000}{202{,}500} \times 1.0 \times 0.967 \times 1.25 \times 1.0 \times 95.46 = 155.5\text{kN}$

3. 인장을 받는 헤드 스터드의 뽑힘강도 ϕN_{pN}

1) 강도저항계수 $\phi = 0.7$ (선설치 헤드 스터드, 조건B)

2) $N_{pN} = \psi_{cp} \times N_p$

(1) $\psi_{cp} = 1.4$ (사용하중상태에서 균열 미발생 가정)

(2) $N_p = 8A_{brg} \times f_{ck} = 8 \times 520 \times 27 \times 10^{-3} = 112.3\text{kN}$

(3) $\phi N_{pN} = 0.7 \times 1.4 \times 112.3 \times 4\text{개} = 440.2\text{kN}$

4. 인장을 받는 헤드 스터드의 콘크리트 측면 파열강도 ϕN_{sb}

$C_{a1} = 200\text{mm} > 0.4h_{ef} = 60\text{mm}$ 이므로 측면파열은 고려할 필요가 없다.

5. 인장강도의 산정

1) 강재의 강도 $\phi N_{sa} = 340.1\text{kN}$

2) 콘크리트 파괴강도 $\phi N_{cbg} = 155.5\text{kN}$(지배강도)

3) 뽑힘강도 $\phi N_{pN} = 440.2\text{kN}$

예제 3 전단력을 받는 헤드 스터드 그룹(좌우 가장자리의 영향이 있는 경우)

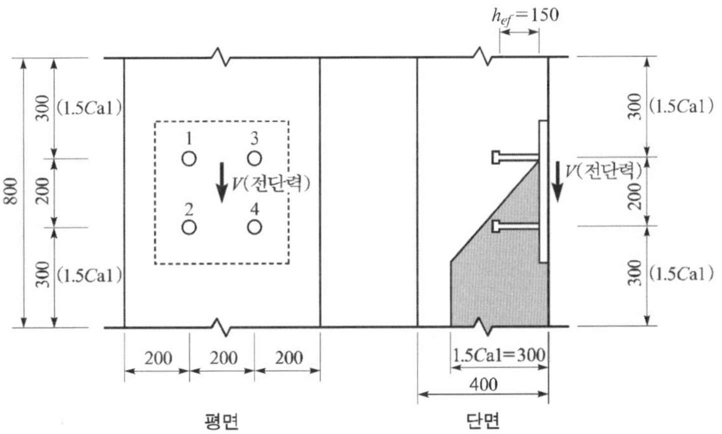

(a) 예제 3 그림

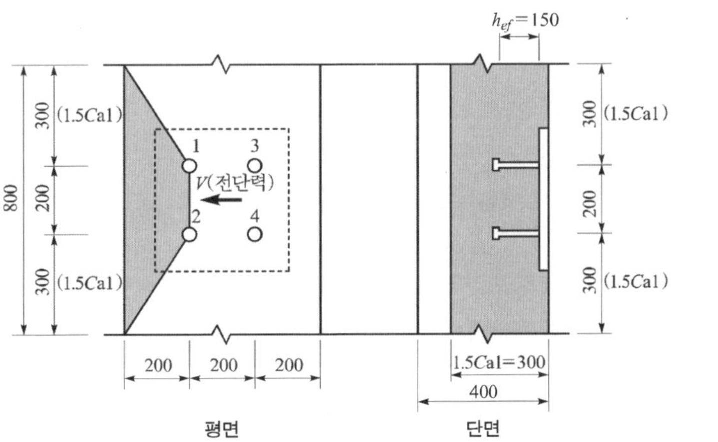

[그림 9.2.10] (b) 예제 3 그림

(설계조건은 예제 2와 같다.)

1. 전단을 받는 앵커의 강재 강도 ϕV_{sa}

1) 강도저항계수 $\phi = 0.65$(전단하중, 연성강재요소)

2) $V_{sa} = n \times A_{se} \times f_{uta}$

$= 4 \times 283.4 \times 400 \times 10^{-3} = 453.4\text{kN}$

3) $\phi V_{sa} = 0.65 \times 453.4kN = 294.7\text{kN}$

2. 전단을 받는 앵커그룹의 콘크리트 파괴강도 ϕV_{cbg}

[그림 9.2.10]의 예제에서 전단 하중 방향으로 가장자리가 없기 때문에 [그림 9.2.11]과 같이 가장자리(좌,우측면)에 직각으로 전단력이 작용하는 경우의 파괴강도에 2배를 적용하여 산정한다.
단, 이때 $\psi_{ed,V} = 1.0$

1) 그룹 구분

(1) 제 1그룹 강도 : (1번과 2번 앵커가 좌측연단으로 전단하중을 받는 경우의 강도)×2배

(2) 제 2그룹 강도 : (3번과 4번 앵커가 우측연단으로 전단하중을 받는 경우의 강도)×2배

(3) 대칭이므로 제 1그룹의 콘크리트 파괴강도를 산정해서 2배

2) 강도저항계수 $\phi = 0.7$(선설치 헤드 스터드, 조건B)

3) 제 1그룹의 $\phi V_{cbg} = \dfrac{A_{Vc}}{A_{Vco}} \times \psi_{ec,V} \times \psi_{ed,V} \times \psi_{c,V} \times \psi_{h,V} \times V_b$

(1) $A_{Vc} = (300+200+300) \times 300 = 240{,}000\text{mm}^2$

$A_{Vco} = 4.5 \times C_{a1}^2 = 4.5 \times 200^2 = 180{,}000\text{mm}^2$

(2) $\psi_{ec,V} = 1.0$ (편심없음)

(3) $\psi_{ed,V} = 1.0$

(4) $\psi_{c,v} = 1.4$ (사용하중상태에서 균열 미발생으로 가정)

(5) $\psi_{h,v} = 1.0,\ ha = 400 > 1.5\,C_{a1}$

(6) $V_b = 0.6 \times (\dfrac{l_e}{d_o})^{0.2} \times \sqrt{d_o} \times \sqrt{f_{ck}} \times C_{a1}^{1.5}$

$= 0.6 \times (\dfrac{150}{19})^{0.2} \times \sqrt{19} \times \sqrt{27} \times 200^{1.5} \times 10^{-3} = 58.1\text{kN}$

여기서, $l_e = h_{ef} = 150 \le 8d_o = 152$ O.K

(7) $\phi V_{cbg} = 0.7 \times \dfrac{240{,}000}{180{,}000} \times 1.0 \times 1.0 \times 1.4 \times 1.0 \times 58.1 = 75.9\text{kN}$

제 1그룹의 콘크리트 파괴강도 ϕV_{cbg}의 2배이고, 여기서, 최종 제 1, 2그룹의 콘크리트 파괴강도는 상기 $\phi V_{cbg} \times 4$임. 최종 $\phi V_{cbg} = 75.9 \times 4 = 303.6\text{kN}$

3. 전단을 받는 앵커 그룹 콘크리트 프라이아웃 강도 ϕV_{cpg}

1) 강도저항계수 $\phi = 0.7$(선설치 헤드 스터드, 조건 B)

2) $V_{cpg} = K_{cp} \times N_{cbg}$

(1) $K_{cp} = 2.0\,(h_{ef} = 150\text{mm} > 65\text{mm})$

(2) $N_{cbg} = \dfrac{155.5}{0.7} = 222.1\text{kN}$

(3) $V_{cpg} = 2 \times 222.1 = 311\text{kN}$

3) $\phi V_{cpg} = 0.7 \times 444.2 = 310.9\text{kN}$

4. 전단강도의 산정

1) 강재의 강도 $\phi V_{sa} = 294.7\text{kN}$ (지배강도)

2) 콘크리트 파괴강도 $\phi V_{cbg} = 303.6\text{kN}$

3) 프라이아웃 강도 $\phi V_{cpg} = 310.9\text{kN}$

예제 4 인장력과 전단력을 받는 헤드 스터드 그룹(상기 예제 2, 예제 3)

상기 예제 2, 예제 3에서 소요강도 $N_u = 40\text{kN}$, $V_u = 60\text{kN}$이 작용할 때 인장과 전단의 상관 작용에 대한 안정성을 검토하시오.

$V_{ua} \leq 0.2\phi V_n$이면 앵커는 인장강도로 지배되고,

$N_{ua} \leq 0.2\phi N_n$이면 앵커는 전단강도로 지배된다.

$V_{ua} = 60\text{kN}$

$0.2\phi V_n = 0.2 \times 294.7 = 58.94\text{kN} < 60\text{kN}$

$N_u = 40kN$

$0.2\phi N_n = 0.2 \times 155.5 = 31.1\text{kN} < 40\text{kN}$

계수 인장 및 전단하중(N_{ua}, V_{ua})이 각각 $0.2\phi N_n$ 및 $0.2\phi V_n$을 초과하므로 이 앵커는 인장강도와 전단강도의 상관 값을 검토하여야 한다.

$$\frac{N_{ua}}{\phi N_n} + \frac{V_{ua}}{\phi V_n} \leq 1.2$$

$$\frac{40}{155.5} + \frac{60}{294.7} = 0.46 < 1.2$$ 만족

9.3 기둥의 이음

9.3.1 매입형 합성기둥

통상적으로 강재기둥의 이음은 존재응력이 작은 곳에 설치하는 것이 이상적이지만, 시공현장에서 이음되는 경우는 구조물의 높이가 구매 가능한 기둥단면의 길이를 초과하거나, 해당 층의 기둥단면을 변경하는 것이 경제적으로 유리한 경우 등 제작, 운반, 시공 및 경제성을 고려하여 이음위치는 2~3층을 1 단위(절)로 하여 바닥 마감면을 기준으로 약 1,200mm 전후의 높이에 일정하게 설치하는 것이 일반적이다.

내부에 매입된 강재기둥의 이음은 크게 [그림 9.3.1]과 같이 고장력볼트접합, 고장력볼트와 용접접합의 병용, 전용접접합을 활용한 3종류가 있으며, 시공성과 구조적인 면을 고려하여 적절한 방법을 선택한다. 단, 모든 현장 및 공장의 이음에는 지압접합의 경우 고장력볼트를 사용하는 것으로 가정한다. 그러나 슬롯구멍이나 대형구멍일 경우 또는 두께 6mm를 초과하는 지압되지 않는 끼움판을 사용한 경우 미끄럼한계접합으로 하여야 한다. 또한 설치작업의 편의를 위해, 볼트조임하는 겹침이음에 대한 현장 시공오차는 양측 이음판 각각에 대하여 3mm에서 5mm까지의 범위내에 있어야 한다. 용접이음에 대한 현장 시공오차는 틈새를 막기 위한 용접비용을 줄이기 위하여 2mm 미만으로 제한한다.

[그림 9.3.1] (a) ①은 단면 차이가 거의 없어 직접 이음판을 댄 경우이고, (a) ②는 플랜지두께의 차이를 끼움판(filler plate)으로 줄인 후 이음판을 댄 경우이고, (a) ③은 단면 춤의 차이 때문에 그루브판(butt plate)을 사용한 경우이다. 상부기둥 단면 춤과 하부기둥 단면 춤의 차이가 30mm보다 작을 경우 끼움판(filler plate)을 사용하고, 30mm 이상일 경우에는 그루브판(butt plate)도 사용한다. 끼움판 두께는 식[$((d_l - d_u)/2 -$ (3 또는 5mm)]에 의해 산정하되, 어떤 경우든 3mm의 배수로 한다. 폭은 플랜지 폭과 같게 하고 상부 기둥의 플랜지 폭보다 크지 않게 한다. 여기서, d_l는 하부기둥의 춤, d_u는 상부기둥의 춤이다. 그루브판은 하부기둥과 상부기둥의 공칭치수가 서로 다른 경우의 용접이음에 자주 사용되지만, 볼트접합일 경우 끼움판을 사용해야 하기 때문에 경제적이지 못하다. 박스형 단면에서처럼 실질적인 휨응력을 받는 그루브판의 경우 좀 더 세심하게 검토 및 해석할 필요가 있다. 일반적인 방법 중의 하나는 그루브판을 통하여 45°의 각도로 응력이 전달된다고 가정하고 전단 및 지압 강도를 검토하여 필요한 두께를 산정한다. 그루브판의 번처리 요구사항은 AISC Specification Section M2.8에 따른다.

또한, 설계응력은 시공 시 안전을 고려하여 설치작업 중 바닥시스템이 형성되기 이전에 기둥에 발생할 수 있는 풍하중, 시공하중, 그리고 우발적인 하중에 대하여 기둥이음부는 안전 및 안정성을 확보하여야 한다. 이음판은 플랜지나 웨브 모두 양면 이음판을 사용하고, 그 단면적 분포는 가능한 기둥단면과 일치하도록 한다.

매입 강재의 이음 설계방법은 순수 강구조 기둥이음 설계법에 준하여 수행한다.

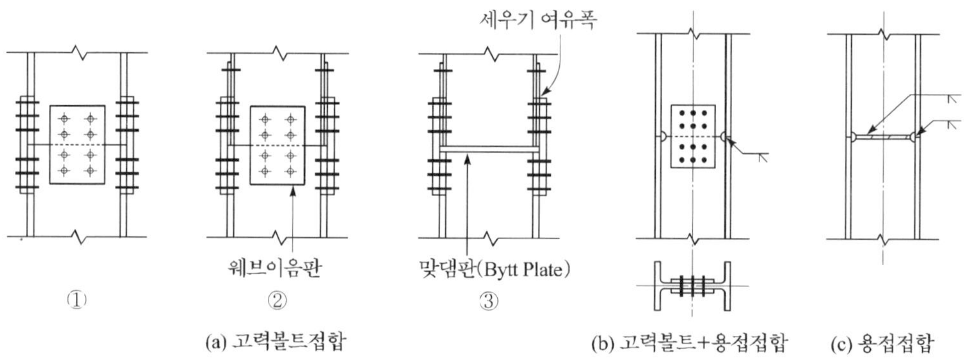

[그림 9.3.1] 매입 강재 기둥 이음

매입형 합성기둥에 적용된 수직철근의 이음은 건축구조기준의 철근 이음 관련 사항을 준수하여 실시하면 된다. 다만, 매입형 합성기둥의 경우 보-기둥 접합부에서 보 부재와의 간섭으로 인하여 수직철근의 연속이 불가한 경우가 있으므로 내력상 필요할 경우 [그림 9.3.2]와 같이 단면의 모서리 부분에 수직철근을 추가로 보강할 필요가 있다.

그리고 초고층 건축물과 같이 수평하중의 영향을 많이 받는 건축물의 경우 이음부위를 기둥재의 변곡점이 발생하는 층고 중간 부분에 설치하게 되면 인장력의 영향이 감소하게 되므로 철근 이음 시 유리할 수 있다.

매입형 합성기둥의 이음 예를 [그림 9.3.3]에 나타내었다.

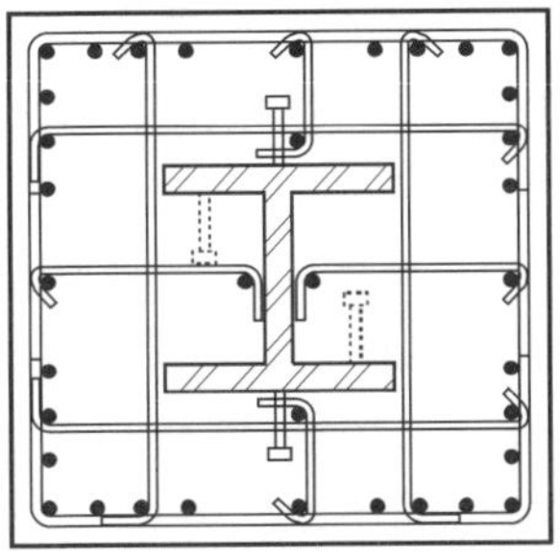

[그림 9.3.2] 매입형 합성기둥의 이음부 수직철근

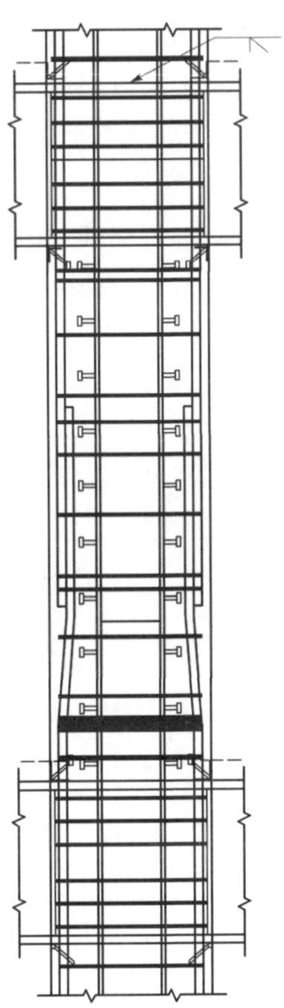

[그림 9.3.3] 매입형 합성기둥의 이음 예

9.3.2 충전형 합성기둥

충전형 합성기둥의 이음은 강관기둥의 이음이 주가 되며, 강관기둥의 이음법은 통상적으로 강관구조에 적용되는 기둥 이음방법(그루브용접에 의한 이음, 엔드 플레이트 용접에 의한 고력볼트 이음)을 적용할 수 있다([그림 9.3.4] 참조).

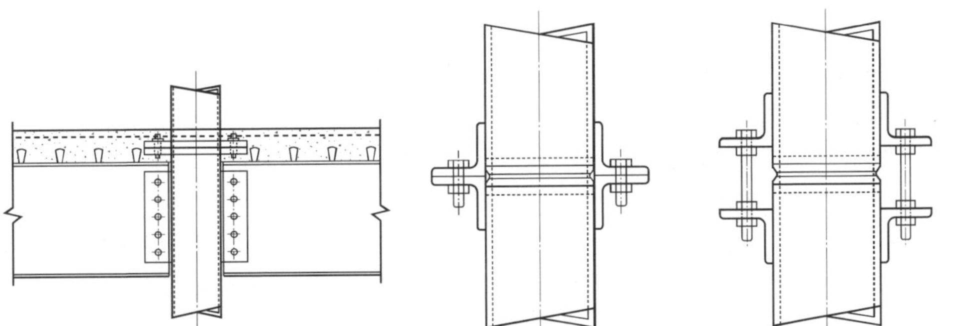

(a) 단부이음 Flange plate connection)　(b) 용접이음 (Welded splice connection)　(c) 용접이음 (Welded splice connection w/long bolt

[그림 9.3.4] 충전형 합성기둥 이음

다만, 충전형 합성기둥의 용접이음 시에는 용접열에 의한 영향을 고려하여 반드시 내부 콘크리트의 충전 전에 용접 시공을 하여야 한다. 이를 위하여, 그루브용접에 의한 기둥 이음 시에는 용접 이음 기둥 상부면을 기준으로 250mm 하부에서 콘크리트 충전을 중지하고 용접 작업을 수행하여야 한다. 그리고, 엔드 플레이트를 이용한 고력볼트 이음의 경우 엔드 플레이트는 콘크리트 충전 이전에 기둥에 용접되어야 하며, 엔드 플레이트에는 콘크리트 충전을 위한 충전구가 확보되어야 한다. 또한 엔드 플레이트 하부에 콘크리트 충전을 확실하게 하기 위하여 충전구의 기둥벽면 돌출길이는 15mm를 넘지 않아야 한다([그림 9.3.5] 상세 1 참조).
또한 화재 시 기둥 내부의 증기압으로 인한 위험을 방지하기 위하여, 기둥벽면에 통기구를 설치할 필요가 있으며, 이러한 통기구는 직경 20mm로서 매 층 상하부의 서로 반대 방향에 2개를 설치하여야 하며 바닥 슬래브나 마감몰탈 밖으로 노출되는 위치여야 한다.

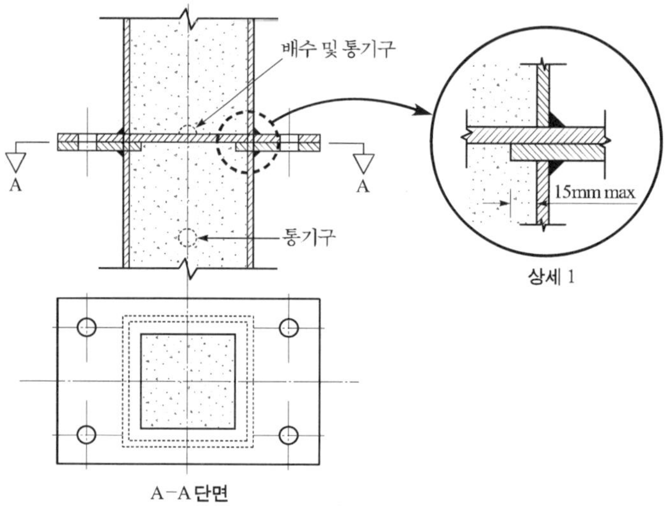

[그림 9.3.5] 충전형 합성기둥의 그루브판을 이용한 고력볼트 이음 상세

9.4 보-기둥 접합부

9.4.1 보-기둥 전단접합

합성보-강재기둥의 전단접합을 [그림 9.4.1]에서 [그림 9.4.3]까지 나타내고 있다. 콘크리트 슬래브가 접합의 끝에 짧게 닿아 있고, 이것은 하중에 대한 영향이 없다. 합성기둥 접합에서, 콘크리트 매입은 보의 회전과 매입된 강재의 국부좌굴을 구속한다. 그러나 현재 이러한 구속은 정량화되어 있지 않다.
합성구조에서의 보-기둥 전단접합은 일반 순수강구조의 보-기둥 전단접합과 동일한 설계기법을 따르면 된다. 따라서 설계방법은 일반 순수강구조 접합설계 매뉴얼을 참조하면 된다. 여기서는 보-기둥 전단접합의 종류에 대하여 간단히 기술한다.

9.4.1.1 쌍ㄱ형강 접합

가장 단순하고 흔한 종류의 보-기둥 접합 중 하나는 쌍ㄱ형강 접합이다. 그것은 흔히 단순전단접합으로 설계된다. 단순전단접합부를 가진 부재의 단부는 하중 재하 시에 회전이 구속되지 않는 것으로 가정한다. 그러나 실제로는 단순전단접합부는 어느 정도 회전에 대하여 구속되어 있다. 이와 같은 작은 회전 구속력은 무시할 수 있으며 접합부가 완전히 유연하다고 이상화할 수 있다. 따라서 단순전단접합부는 지지보 단부의 지점반력이나 부재 전단력만으로 크기가 결정된다. 하지만 단순전단접합부는 지지보의 단부에서 요구되는 회전성능을 만족하기에 충분히 유연하여야 한다. 쌍ㄱ형강 접합의 설계에서 다음 3개의 조건을 준수하여야 한다.

1) 접합과 접합된 부재들은 단순보로서 중력하중을 충분히 지지해야 한다.
2) 접합과 접합된 부재들은 수평하중을 충분히 견뎌야 한다.
3) 연결은 중력·횡하중 조합에서 파스너 또는 용접에 과적되는 것을 방지하기 위해 충분한 비탄성 회전능력을 가져야 한다.

9.4.1.2 단일판 전단접합

단일판 전단접합은 전달되는 계수전단력이 작은 경우 합리적이고 경제적이다. 접합은 일반적으로 공장에서 지지기둥에 용접부착된 후 현장에서 지지보의 웨브에 볼트로 접합한다. [그림 9.4.2]는 단일판 전단접합의 전형적인 적용 사례이다.

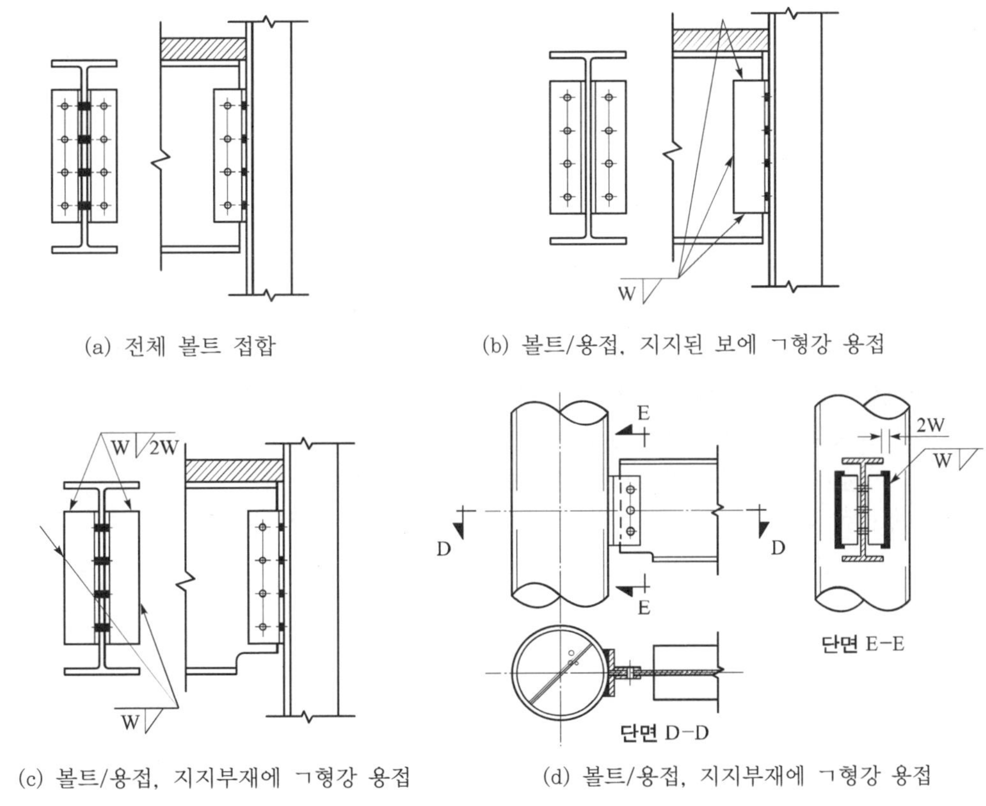

(a) 전체 볼트 접합　(b) 볼트/용접, 지지된 보에 ㄱ형강 용접
(c) 볼트/용접, 지지부재에 ㄱ형강 용접　(d) 볼트/용접, 지지부재에 ㄱ형강 용접

[그림 9.4.1] 쌍ㄱ형강 웨브접합

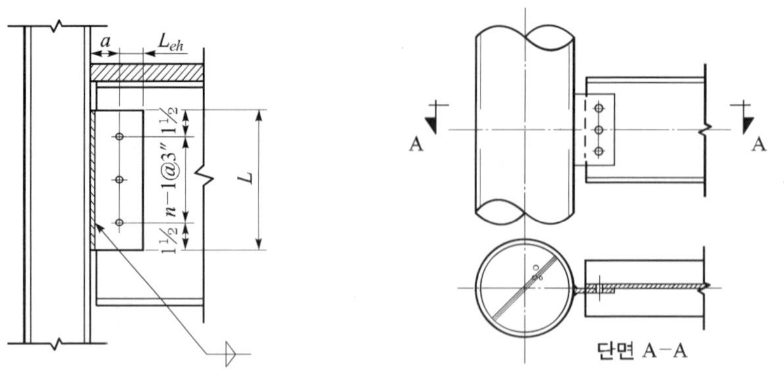

[그림 9.4.2] 단일판 전단접합

단일판 전단접합은 보의 단부 전단작용을 이동시키기 위해서 충분한 강도를 가져야 한다. 또한, 단순 지지된 보의 단부 회전성능을 수용하기 위해서 충분한 회전능력을 가져야 한다. 즉 보 단부 모멘트가 무시될 정도로 충분히 유연해야 한다. 이와 같이, 다른 전단접합처럼, 단일판 전단접합은 전단강도와 회전성능의 기준을 모두를 만족할 수 있게 설계되어야 한다.
단일판 전단접합은 다음의 한계상태에 따라 내력이 정해진다.

1) 볼트의 전단파괴
2) 판의 총면적의 항복
3) 판의 순면적의 균열
4) 용접의 균열
5) 보의 웨브 또는 판의 지압파괴

9.4.1.3 T형강 접합

T형강 접합은 단순접합으로 강구조에 사용된다. T형강 접합의 전형적인 적용은 [그림 9.4.3]에 나타나 있다. T형강 접합의 파스너는 [그림 9.4.4]에서 나타난 바와 같이 용접 또는 볼트로 할 수 있다. Type A가 가장 일반적이고 효율적이며, Type C, D, B 순서로 많이 사용된다.
전단접합에서, T형강 접합은 전단강도와 회전연성의 기준을 모두 만족시켜야 한다. 접합은 보의 내력을 전달시키기 위해 충분한 전단강도를 가져야 한다. 또한, 그것은 단부회전을 허용해야 하므로 충분히 유연하여야 한다. 스팬 중심에서 소성힌지 형태일 때, 0.03 라디안의 상대적으로 회전이 큰 단순지지 보의 단부에서 발생하는 것이 예상되기 때문에, 접합은 큰 회전을 균열 없이 수용하기 위해서 충분한 회전연성을 가져야 한다.

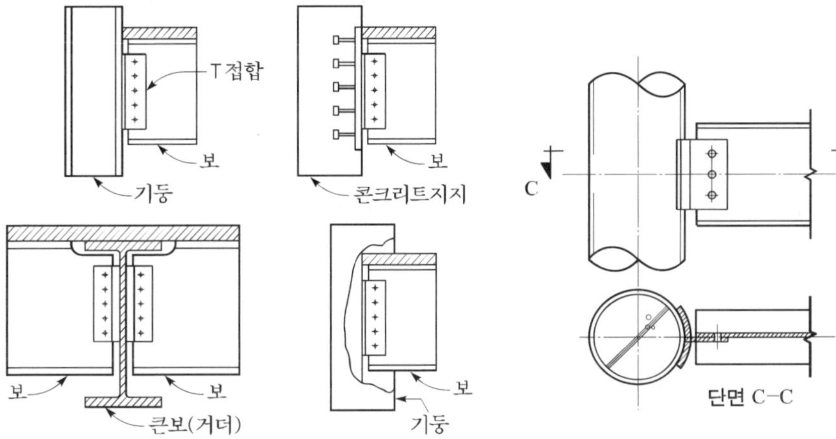

[그림 9.4.3] T형강 접합

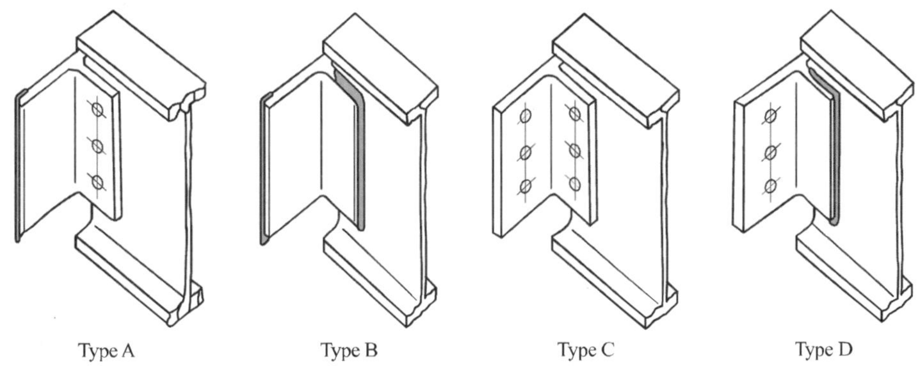

[그림 9.4.4] T형강 접합의 종류

9.4.2 보-기둥 모멘트 접합

9.4.2.1 보-기둥 접합부의 안전성 검토

보-기둥 모멘트 접합부는 소요휨강도가 설계휨강도를 초과하지 않도록 다음 식을 만족하도록 설계하여야 한다.

$$\Sigma R_u \leq \phi R_n$$

1) 합성부재의 전단강도

건축구조기준에 의하면 다음 중 하나의 방법으로 설계전단강도를 구하도록 하고 있다.

(1) 전단력을 받는 부재에 따른 강재단면만의 설계전단강도

(2) 전단과 비틀림에 따른 철근콘크리트만의 전단강도

강도저감계수는 $\phi_v = 0.75$을 사용한다.

단, 무근콘크리트로 채운 충전형 합성부재에서 콘크리트만의 전단강도는 구조용 무근 콘크리트의 관련기준에 따른다.

(3) 전단력을 받는 부재에 따른 강재단면의 공칭전단강도와 전단과 비틀림에 따른 철근의 공칭전단강도의 합으로 한다.
강도저감계수는 $\phi_v = 0.75$을 사용한다.

2) 접합부 응력의 평형

접합부는 인접한 부재에 의해 전달된 응력의 상호작용(휨, 전단, 축하중)에 대해 안전하게 설계되어야 한다. 전형적인 접합부에 대한 응력은 [그림 9.4.5]에 나타낸다. 이 응력들은 다음 모멘트 평형방정식이 성립된다.

$$\Sigma M_c = \Sigma M_b + V_b h - V_c d \qquad \text{식(9.4.1)}$$

여기서, $\Sigma M_b = M_{b1} + M_{b2}$

$V_b = (V_{b1} + V_{b2})/2$

$V_c = (V_{c1} + V_{c2})/2$

$\Sigma M_c = M_{c1} + M_{c2}$

d : 보 춤(mm), h : 휨 면에서의 기둥 폭(mm)

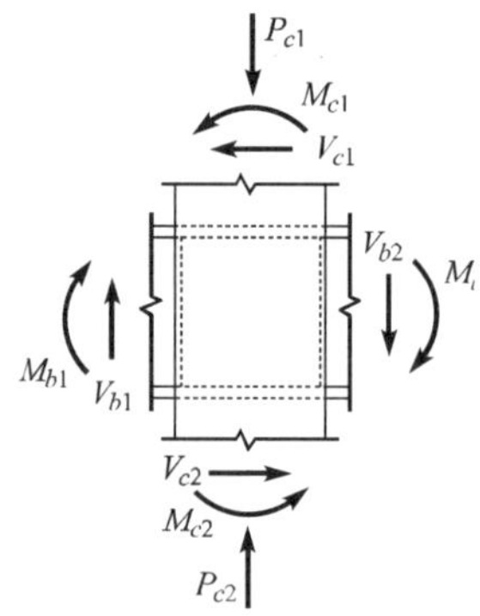

[그림 9.4.5] 접합에 작용하는 부재력

3) 스티프너 및 다이아프램의 설치

접합부 구성요소에 대하여 국부좌굴, 크리플링 등 국부적인 불안정성을 방지하기 위하여 스티프너 또는 다이아프램을 설치해야 한다.

4) 패널존의 안전 검토

전단력과 압축력을 받는 패널존의 설계강도 $\phi R_n(\phi = 0.90)$은 다음과 같이 산정한다.
웨브패널존의 공칭강도 R_n은 다음에 의해 산정한다.

(1) 골조안정성에 대해 패널존변형의 효과를 해석 시 고려하지 않을 때

① $P_r \le 0.4 P_c$일 때,

$$R_n = 0.6 F_y d_c t_w \qquad \text{식(9.4.2)}$$

② $P_r > 0.4 P_c$일 때,

$$R_n = 0.6 F_y d_c t_w \left(1.4 - \frac{P_r}{P_c}\right) \qquad \text{식(9.4.3)}$$

(2) 골조안정성에 대해 소성패널존변형을 포함하여 해석에서 고려할 때

① $P_r \le 0.75P_c$일 때,

$$R_n = 0.6F_y d_c t_w \left(1 + \frac{3b_{cf}t_{cf}^2}{d_b d_c t_w}\right) \qquad \text{식(9.4.4)}$$

② $P_r > 0.75P_c$일 때,

$$R_n = 0.6F_y d_c t_w \left(1 + \frac{3b_{cf}t_{cf}^2}{d_b d_c t_w}\right)\left(1.9 - \frac{1.2P_r}{P_c}\right) \qquad \text{식(9.4.5)}$$

여기서, b_{cf} : 기둥플랜지의 폭(mm)

d_b : 보 춤(mm)

F_y : 기둥웨브의 명시된 최소항복강도(MPa)

P_c : P_y(N)

P_r : 소요강도(N)

P_y : F_yA, 기둥의 축방향 항복강도(N)

t_{cf} : 기둥플랜지의 두께(mm)

t_w : 기둥웨브의 두께(mm)

9.4.2.2 매입합성기둥의 접합부

1) 스티프너의 설치

보 플랜지 연장선상의 기둥의 웨브면에 보 플랜지와 동일한 두께의 스티프너를 설치하여 기둥 플랜지 및 웨브의 국부적인 불안정을 방지한다. 이 경우 건축구조기준에 명시된 국부좌굴, 크리플링 등에 관한 안전을 검토하여 스티프너 두께를 산정할 수도 있다.

2) 예제 1(패널존 전단력 검토 시 강재단면의 설계전단강도만 고려한 경우)

아래의 [그림 9.4.6]과 같은 매입형 보-기둥 접합부에 $V_{b1} = V_{b2} = 150\text{kN}$, $V_{c1} = V_{c2} = 300\text{kN}$, $M_{b1} = M_{b2} = 450\text{kN·m}$, $M_{c1} = M_{c2} = 1200\text{kN·m}$, $P_u = 8{,}200\text{kN}$ 의 하중이 작용할 때, 접합부의 안전성을 검토하시오.

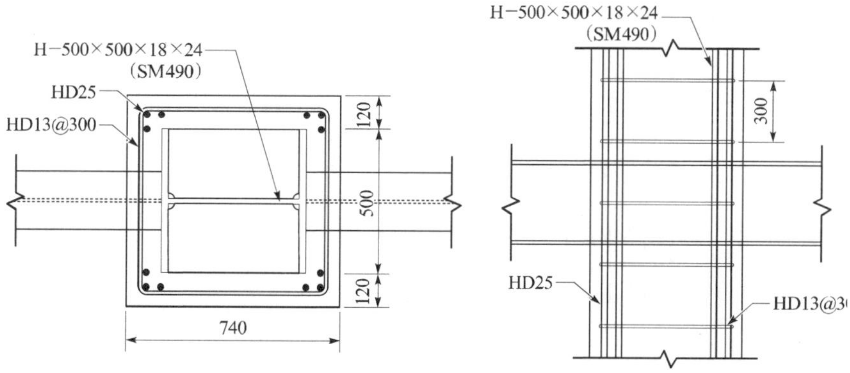

[그림 9.4.6] 매입형 보-기둥 접합부

〈풀이〉

1. 재료성질 및 단면성질

기둥 : H $-500\times500\times18\times24$(SM355), $F_y=345\text{N/mm}^2$, $F_u=490\text{N/mm}^2$

기둥 스티프너 : PL $-452\times241\times13$(SM275), $F_y=275\text{N/mm}^2$, $F_u=400\text{N/mm}^2$

보 : H $-400\times200\times8\times13$(SM275), $F_y=275\text{N/mm}^2$, $F_u=400\text{N/mm}^2$

주 철근 : 12 $-$ HD25(SD400), $F_{yr}=400\text{N/mm}^2$

띠철근 : HD13(SD400)@300, $F_{yr}=400\text{N/mm}^2$

콘크리트 : $f_{ck}=35\text{N/mm}^2$, $E_c=29{,}780\text{N/mm}^2$

H $-500\times500\times18\times24$(SM355) :

$$A_s=32{,}136\text{mm}^2,\ I_s(I_y)=\frac{BH^3}{12}\quad\frac{bh^3}{12}\times2=41.5\times10^8\text{mm}^4$$

주철근(12 $-$ HD25): $A_{sr}=6{,}084\text{mm}^2$

$$I_{sr}=n\frac{\pi d^4}{64}+Ay^2$$

$$=12\frac{\pi25^4}{64}+8\times507\times302.5^2+4\times507\times251.5^2=499\times10^6\text{mm}^4$$

콘크리트 : $A_c=A_{cg}-A_s-A_{sr}=547{,}600-32{,}136-6{,}084=509{,}380\text{mm}^2$

$$I_c=I_{cg}-I_s-I_{sr}=\frac{740\times740^3}{12}-41.5\times10^8-499\times10^6=20.3\times10^9\text{mm}^4$$

2. 패널존 검토

1) 골조안정성에 대한 패널존변형의 효과가 해석에서 고려되지 않을 때

(1) 패널존에 작용하는 전단력

$P_u=8{,}200\text{kN}$, $P_y=F_yA=345\times32{,}136\times10^{-3}=11{,}087\text{kN}$

$0.4P_y=0.4\times11{,}087=4{,}435\text{kN}$

$P_u>0.4P_y$인 경우이므로,

$$\phi_l=0.9,\ R_v=0.6F_{yw}d_ct_w(1.4-\frac{P_u}{P_y})$$

$$\phi_lR_v=0.9\times0.6\times345\times500\times18\times(1.4-\frac{8{,}200}{11{,}087})\times10^{-3}=1{,}107\text{kN}$$

$$V_u=2\times\frac{M_u}{d_b-t_{fb}}-V_c=2\times\frac{450{,}000}{400-13}-300=2{,}026\text{kN}$$

$\phi_lR_v<V_u$이므로 패널존 보강이 필요하다.

(2) 패널존 보강판의 필요두께

$$t_w\geq\frac{(V_u-\phi_lR_v)}{\phi0.6F_{yw}d_c(1.4-P_u/P_y)}=\frac{(2{,}026-1{,}107)\times10^3}{0.9\times0.6\times345\times500(1.4-8{,}200/11{,}087)}$$

$$=15\text{mm}$$

따라서, 패널존 양쪽에 각각 8mm 강판으로 보강한다.

보강 판의 가로 길이 : $500 - 24 \times 2 - 2 \times 7 = 438\text{mm}$

보강 판의 세로 길이 : $400 - 2 \times 13 - 2 \times 7 = 360\text{mm}$

$2PL - 8 \times 438 \times 360$ 용접한다.

2) 골조안정성에 대한 소성패널존변형을 포함하는 것이 해석에서 고려될 때

(1) 패널존에 작용하는 전단력

$P_u = 8{,}200\,\text{kN}$, $P_y = F_y A = 345 \times 32{,}136 \times 10^{-3} = 11{,}087\,\text{kN}$

$0.75P_y = 0.75 \times 11{,}087 = 8{,}315\text{kN}$

$P_u > 0.75P_y$ 인 경우이므로,

$$\phi_l = 0.9, \quad R_v = 0.6 F_{yw} d_c t_w \left(1 + \frac{3b_{cf}t_{cf}^2}{d_b d_c t_w}\right)\left(1.9 - \frac{1.2P_u}{P_y}\right)$$

$$\phi_l R_v = 0.9 \times 0.6 \times 345 \times 500 \times 18 \times \left(1 + \frac{3 \times 500 \times 24^2}{400 \times 500 \times 18}\right) \times \left(1.9 - \frac{1.2 \times 8{,}200}{11{,}087}\right) \times 10^{-3}$$
$$= 2{,}105\text{kN}$$

$$V_u = 2 \times \frac{M_u}{d_b - t_{fb}} - V_c = 2 \times \frac{450{,}000}{400 - 13} - 300 = 2{,}026\text{kN}$$

$\phi_l R_v > V_u$ 이므로 패널존 보강이 필요하지 않다.

3) 예제 2(패널존 전단력 검토 시 강재단면과 띠철근의 설계전단강도를 모두 고려한 경우)

예제 1과 동일한 조건에서 접합부의 안전성을 검토하시오.

〈풀이〉

1. 재료성질 및 단면성질은 예제 1과 동일함.
2. 패널존 검토

1) 골조안정성에 대한 패널존변형의 효과가 해석에서 고려되지 않을 때

(1) 패널존에 작용하는 전단력

$P_u = 8{,}200\,\text{kN}$

$P_y = F_y A_s + F_{yr} A_{sr} = (345 \times 32{,}136 + 400 \times 6{,}084) \times 10^{-3} = 13{,}520\,\text{kN}$

$0.4P_y = 0.4 \times 13{,}520 = 5{,}408\text{kN}$

$P_u > 0.4P_y$ 인 경우이므로,

$$\phi_l = 0.9, \; R_v = 0.6 F_{yw} d_c t_w (1.4 - \frac{P_u}{P_y}) + A_{st} F_{yr} \frac{d}{s}$$

$$\phi_l R_v = 0.9[0.6 \times 345 \times 500 \times 18 \times (1.4 - \frac{8{,}200}{13{,}520}) + 2 \times 127 \times 400 \times \frac{630}{300}] \times 10^{-3}$$
$$= 1{,}522\,\text{kN}$$

$$V_u = 2 \times \frac{M_u}{d_b - t_{fb}} - V_c = 2 \times \frac{450{,}000}{400 - 13} - 300 = 2{,}026\text{kN}$$

$\phi_l R_v < V_u$ 이므로 패널존 보강이 필요하다.

(2) 패널존 보강판의 필요두께

$$T_w \geq \frac{V_u}{\phi 0.6 F_{yw} d_c} = \frac{2,026 \times 10^3}{0.9 \times 0.6 \times 345 \times 400} = 27.2\text{mm}$$

$27.2 - 18 = 9.2\text{mm}$,

따라서 패널존 양쪽에 각각 5mm 강판으로 보강한다.

보강 판의 가로 길이 : $500 - 24 \times 2 - 2 \times 7 = 438\text{mm}$

보강 판의 세로 길이 : $400 - 2 \times 13 - 2 \times 7 = 360\text{mm}$

$2PL - 6 \times 438 \times 360$ 용접한다.

2) 골조안정성에 대한 소성패널존변형을 포함하는 것이 해석에서 고려될 때 패널존에 작용하는 전단력

$P_u = 8,200\text{kN}$,

$P_y = F_y \cdot A_s + F_{yr} \cdot A_{sr} = (345 \times 32,136 + 400 \times 6,080.4) \times 10^{-3} = 13,519\text{kN}$

$0.75 P_y = 0.75 \times 13,519 = 10,139\text{kN}$

$P_u < 0.75 P_y$인 경우이므로,

$$\phi_l = 0.9,\ R_v = 0.6 F_{yw} d_c t_w \left(1 + \frac{3 b_{cf} t_{cf}^2}{d_b d_c t_w}\right) + A_{srh} F_{yr} \frac{d}{s}$$

$$\phi_l R_v = 0.9[0.6 \times 345 \times 500 \times 18 \times \left(1 + \frac{3 \times 500 \times 24^2}{400 \times 500 \times 18}\right) + 2 \times 127 \times 400 \times \frac{630}{300}] \times 10^{-3}$$
$$= 2,271\text{ kN}$$

$$V_u = 2 \times \frac{M_u}{d_b - t_{fb}} - V_c = 2 \times \frac{450,000}{400 - 13} - 300 = 2,026\text{kN}$$

$\phi_l R_v > V_u$이므로 패널존 보강이 필요하지 않다.

9.4.2.3 콘크리트충전 합성기둥의 접합부

1) 다이아프램의 설치

(1) 관통 및 내측 다이아프램의 경우

보 플랜지의 두께와 동일한 또는 그 이상 두께의 다이아프램을 설치하면 접합부가 안전하다.

(2) 외측 다이아프램의 경우

다음 식으로 다이아프램 칫수를 산정할 수 있다. 단, 적용범위를 벗어나는 경우는 실험 및 수치해석으로 안전성을 확인해야 한다.

여기서, H형강보의 플랜지 항복강도 $P = F_y A_f$(A_f : 한쪽 플랜지의 단면적)이라고 하면 $P = F_y A_f = P_a$가 되도록 h_s, t_s를 정하면 된다.

① 각형강관의 경우

[그림 9.4.7]에 나타낸 2가지 접합형식에 대한 다이아프램의 인장강도는 다음과 같다.

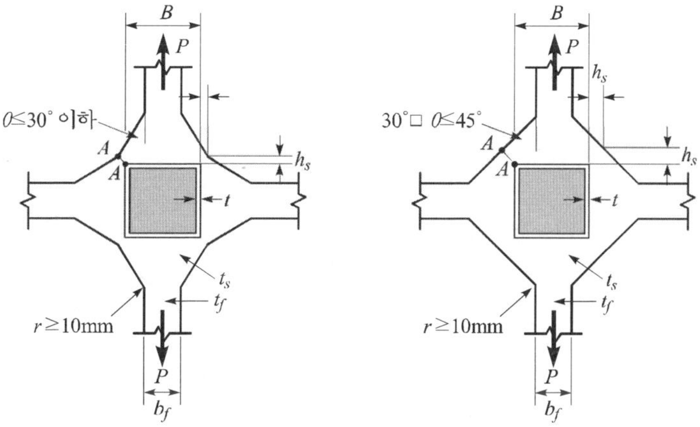

A형식　　　　B형식

[그림 9.4.7] 각형강관의 외측 다이아프램

가) A형식

인장강도 P_a는 아래 두 식의 값 중에서 큰 값으로 한다.

$$P_a = 2.62\left(\frac{t}{B}\right)^{2/3}\left(\frac{t_s}{t+h_s}\right)^{2/3}\left(\frac{t+h_s}{B}\right)B^2\frac{F_{dt}}{Y} \qquad \text{식(9.4.6)}$$

$$P_n = \frac{4}{\sqrt{3}}h_s t_s F_{dt} + 2(4t+t_s)tF_{ct} \text{ 또는 } P_n = 2.31h_s t_s F_{dt} + 2(4t+t_s)tF_{ct} \qquad \text{식(9.4.7)}$$

다만, 적용범위 : $20 \le B/t \le 50$, $0.75 \le t_s/t \le 2.0$, $t_s \ge t_f$, $h_s/B \ge 0.1t_f/t_s$

나) B형식

인장강도 P_a는 식(9.4.7)에 따른다.

다만, 적용범위 : $20 \le B/t \le 50$, $0.75 \le t_s/t \le 2.0$, $t_s \ge t_f$, $h_s/B \ge 0.15t_f/t_s$

여기서 b_f : 보 플랜지의 폭(mm)

B : 각형강관의 외경(mm)

h_s : 다이아프램의 치수(mm)

F_{ct} : 각형강관의 항복강도(MPa) ($F_{ct} \le F_{dt}$)

F_{dt} : 다이아프램의 항복강도(MPa)

P : 보플랜지의 축방향력(kN)

P_a : 다이아프램의 항복강도(kN)

t : 각형강관의 두께(mm)

t_f : 보 플랜지의 두께(mm)

t_s : 다이아프램의 판두께(mm)

Y : 다이아프램의 항복비, SS275와 SM275는 0.58, SM355는 0.64로 한다.

② 원형강관의 경우

[그림 9.4.8]에 나타낸 4가지 접합형식에 대한 인장강도 P_a는 다음과 같이 산정한다.

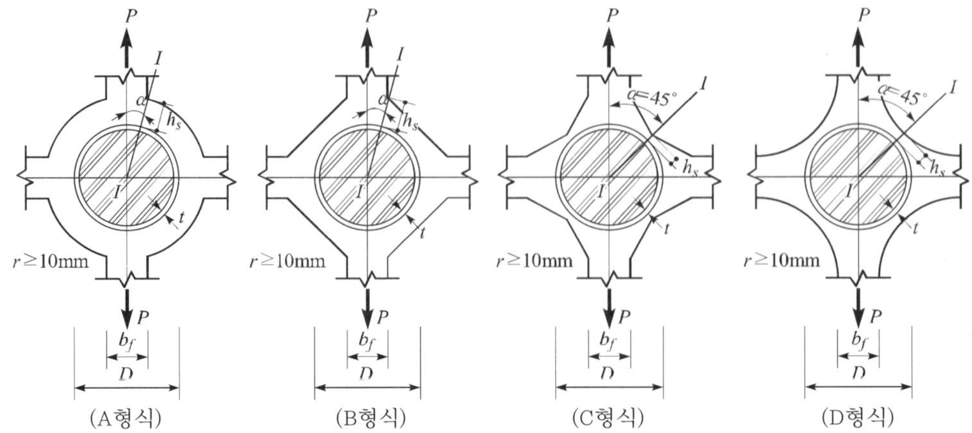

[그림 9.4.8] 원형강관의 외측 다이아프램

가) A형식과 B형식

$$P_a = 1.24 f_1(\alpha) A_1 F_{dt} + 2.16 f_2(\alpha) A_2 F_{ct} \qquad \text{식(9.4.8)}$$

나) C형식과 D형식

$$P_a = 1.77 A_1 F_{dt} + 1.53 A_2 F_{ct} \qquad \text{식(9.4.9)}$$

여기서, $f_1(\alpha) = \sqrt{2\sin^2\alpha + 1}$, $f_2(\alpha) = \sin\alpha$,

$$A_1 = h_s t_s \;, \quad A_2 = \left\{ \left(0.63 + 0.88 \frac{b_f}{D} \right) \sqrt{Dt} + t_s \right\} t$$

다만, 적용범위 $20 \le \dfrac{D}{t} \le 50$, $\dfrac{h_s}{D} \le 0.3$, $0.25 \le \dfrac{b_f}{D} \le 0.75$

b_f : 보 플랜지의 폭(mm)

D : 원형강관기둥의 외경(mm)

h_s : I–I 단면에서 다이아프램의 폭(mm)

t : 원형강관의 두께(mm)

t_s : 다이아프램의 판두께(mm)

F_{dt} : 다이아프램의 항복강도(MPa)

F_{ct} : 강관의 항복강도(MPa)

P : 보 플랜지의 축방향력(kN)

P_a : 다이아프램의 항복강도(kN)

α : 플랜지 재축선과 I–I 단면의 교각

I–I 단면선 : A형식과 B형식에서는 플랜지와 다이아프램의 외주와의 교점과 강관의 도심을 지나며, C형식와 D형식에서는 다이아프램의 최소 단면을 지난다.

2) 충전콘크리트의 전단강도 고려

충전콘크리트 합성기둥-보 접합부에서 콘크리트는 강관 내부에 충전되어 있어서 전단강도에 기여할 것으로 사료되나 이에 관한 실험 및 연구자료가 충분하지 못하여, 건축구조기준에서는 다음 중 하나의 방법으로 설계전단강도를 제안하고 있다.

(1) 전단력을 받는 부재에 따른 강재단면만의 설계전단강도

(2) 전단과 비틀림에 따른 철근콘크리트만의 전단강도

강도저감계수는 $\phi_v = 0.75$을 사용한다.

단, 무근콘크리트로 채운 충전형 합성부재에서 콘크리트만의 전단강도는 구조용 무근 콘크리트의 관련기준에 따른다.

(3) 전단력을 받는 부재에 따른 강재단면의 공칭전단강도와 전단과 비틀림에 따른 철근의 공칭전단강도의 합으로 한다.

강도저감계수는 $\phi_v = 0.75$을 사용한다.

3) 예제 3(패널존 전단력 검토 시 강재단면의 설계전단강도만 고려한 경우)

아래의 [그림 9.4.9]와 같은 콘크리트충전 각형강관에 $V_{b1} = V_{b2} = 250\text{kN}$, $V_{c1} = V_{c2} = 300\text{kN}$, $M_{b1} = M_{b2} = 1{,}000\text{kN·m}$, $M_{c1} = M_{c2} = 1{,}200\text{kN·m}$, $P_u = 8{,}200\text{kN}$의 하중이 작용할 때, 관통다이아프램 보강에 대해 검토하시오.

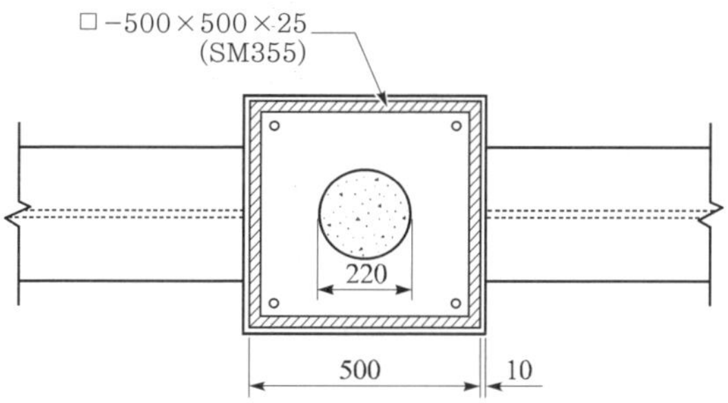

[그림 9.4.9] 콘크리트충전 각형강관 예제

〈풀이〉

1. 설계조건

1) 위치

중간층 부분 기둥-보 접합부

2) 재료성질

강관 및 다이아프램 : $F_y = 345\text{N/mm}^2$(SM355), $E_s = 210{,}000\text{N/mm}^2$

H형강보 : $F_y = 275\text{N/mm}^2$(SS275)

콘크리트 : $f_{ck} = 40\text{N/mm}^2$, $E_c = 30{,}890\ \text{N/mm}^2$

3) 부재단면

각형강관 단면 : □－500×500×25

H형강보 단면 : H－588×300×12×20

2. 관통 다이아프램

보 플랜지와 동일한 두께 20mm로 한다.

3. 패널존 검토

1) 골조안정성에 대한 패널존변형의 효과가 해석에서 고려되지 않을 때

패널존에 작용하는 전단력

$P_u = 8,200\text{kN}$, $P_y = F_y A = 345 \times 47,500 = 16,388\text{kN}$

$0.4P_y = 6,555\text{kN}$

$P_u \geq 0.4P_y$인 경우이므로, $\phi_l = 0.9$

$$\phi_l R_n = \phi_l 0.6 F_{yw} d_c t_w C_v (1.4 - \frac{P_u}{P_y})$$

$$= 0.9 \times 0.6 \times 345 \times 500 \times (2 \times 25) \times 1.0 \times (1.4 - \frac{8,200}{16,388}) \times 10^{-3} = 4,190\ \text{kN}$$

여기서, $c_v = 1.0$

$h / t_w = (500 - 2 \times 25) / 25 = 18 \leq 1.1\sqrt{k_v E_s / F_y} = 62.7$

패널존에 작용하는 소요전단력은

$$V_u = 2 \times \frac{M_u}{d_b - t_{fb}} - V_c = 2 \times \frac{1,000,000}{588 - 20} - 300 = 3,221\ \text{kN} < \phi_l R_n = 4,190\ \text{kN}$$

$\phi_l R_v > V_u$이므로 패널존 보강은 필요없다.

2) 골조안정성에 대한 소성패널존변형을 포함하는 것이 해석에서 고려될 때

패널존에 작용하는 전단력

$P_u = 8,200\text{kN}$, $P_y = F_y A = 345 \times 47,500 = 16,388\text{kN}$

$0.75P_y = 12,291\text{kN}$

$P_u < 0.75P_y$인 경우이므로, $\phi_l = 0.9$

$$R_v = 0.6 F_{yw} d_c t_w C_v \left(1 + \frac{3b_{cf} t_{cf}^2}{d_b d_c t_w}\right)$$

$$\phi_l R_v = 0.9 \times 0.6 \times 345 \times 500 \times (2 \times 25) \times 1.0 \times \left(1 + \frac{3 \times 500 \times 25^2}{300 \times 500 \times 50}\right) \times 10^{-3} = 5,239\,\text{kN}$$

패널존에 작용하는 소요전단력은

$$V_u = 2 \times \frac{M_u}{d_b - t_{fb}} - V_c = 2 \times \frac{1,000,000}{588 - 20} - 300 = 3,221\ \text{kN} < \phi_l R_n = 5,239\ \text{kN}$$

$\phi_l R_v > V_u$이므로 패널존 보강은 필요없다.

9.5 주각부

9.5.1 주각의 개요

주각은 기둥의 하중과 모멘트를 기초를 통하여 지지기반에 전달하고, 기초 콘크리트에 지압응력이 잘 분포되도록 충분한 면적과 두께를 갖는 베이스플레이트를 필요로 한다. 강구조의 주각은 [그림 9.5.1]과 같은 형식들이 있다.

기둥의 축방향력을 기초에 전달하기 위해서는 베이스플레이트와 기초면의 밀착이 중요하다. 그러나 기초 콘크리트면은 일반적으로 평활하지 않으므로 베이스플레이트를 직접 기초 콘크리트면에 밀착시키는 것은 곤란하다. 일반적으로 베이스플레이트를 앵커볼트에 가조립한 후 베이스플레이트 밑면에 무수축 모르타르로 충전시켜 기초 콘크리트와 베이스플레이트를 밀착시킨다. 이러한 모르타르의 충전에 따라 주각의 성능에 크게 영향을 미치기 때문에 시공 시 상당히 주의해야 한다.

주각부의 설계는 주각부의 형태에 따라 달라지나 기본적으로 일반 강구조 주각부 설계와 유사하나, 콘크리트와 강재부 간의 하중분배를 고려한 설계가 필요하며, 매우 큰 수평하중이 작용하는 경우에는 주각부에서 소성힌지가 발생할 수 있으므로 이를 고려한 적절한 주각부 상세를 반영할 필요가 있다.

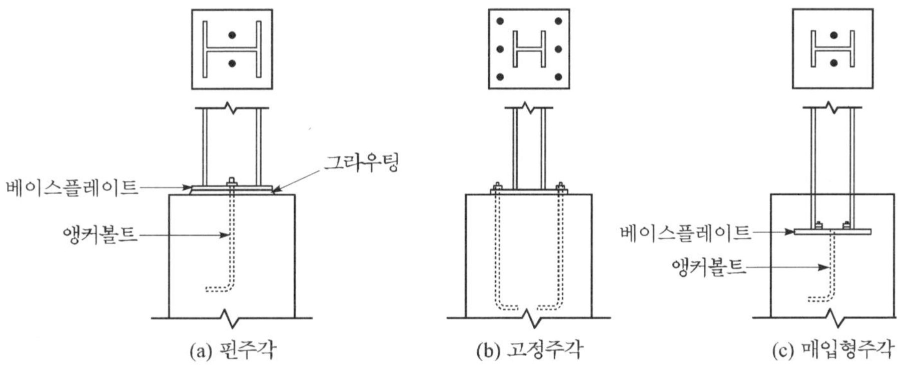

[그림 9.5.1] 주각의 형태

9.5.2 매입형 합성기둥

매입형 합성기둥의 주각부 설계는 H형강 주각부 설계와 유사하나 몇 가지 측면에서 검토가 필요한 사항이 있다. 우선 베이스플레이트를 적용하는 경우 기초와 연결되는 연결철근과 기둥의 수직철근의 연속성 확보를 위하여 베이스플레이트의 면적을 앵커볼트의 설치를 고려하여 최소화해야 한다. 만약 베이스플레이트의 크기 문제로 인하여 베이스플레이트를 통하여 모든 하중을 기초로 전달하기 어려울 경우에는 추가적인 연결철근을 설치하여 매입형 합성기둥의 하중이 기초로 원활하게 전달될 수 있도록 한다([그림 9.5.2] 참조). 그리고 베이스플레이트 설계 시에는 매입 강재기둥과 콘크리트의 하중 분배를 고려하여 설계하며, 하중이 집중적으로 작용하는 유효면적 산정 시 콘크리트의 효과를 고려해야 한다.

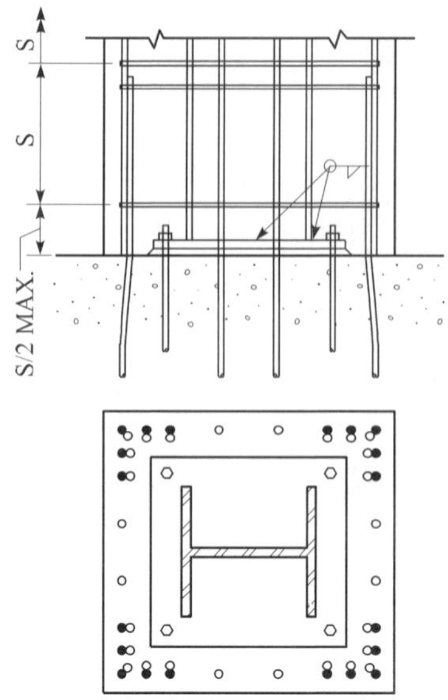

[그림 9.5.2] 매입형 합성기둥의 베이스플레이트

9.5.3 충전형 합성기둥

충전형 합성기둥의 주각부 설계 역시 강관구조 주각부 설계와 유사하다. 다만, 베이스플레이트의 설계시 내부 침입수의 유출과 내부 수증기를 외부로 배출할 수 있는 직경 20mm 통기구의 설치가 필요하게 된다([그림 9.5.3] 참조).

통상적으로 노출형 주각의 경우 강관기둥이 부담하는 하중을 지지하는 베이스플레이트를 강관 주변을 따라 설치하는 방법으로 설계할 수 있으며, 대구경 기둥단면을 사용한 경우에는 최하부 강관 내부에 강재앵커를 설치하고, 연결철근(dowel bar)를 통해 하중을 전달하는 방식을 사용할 수 있다. 그리고 매입형 주각의 경우 기초 콘크리트에 기둥을 충분히 매입하여 일체화하여야 하며, 강관기둥은 콘크리트가 충전되므로 지압력에 의한 강관벽의 국부변형에 대해서는 고려할 필요가 없다.

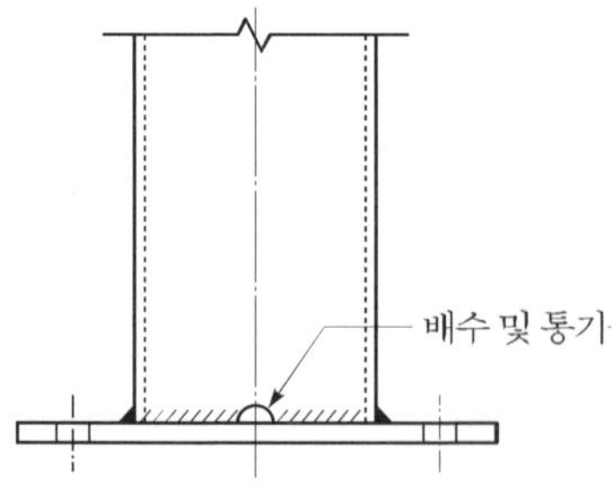

[그림 9.5.3] 충전형 합성기둥의 베이스플레이트와 통기구

9.6 합성 엔드 플레이트모멘트접합

이 절의 비확장 엔드 플레이트와 연속인장철근을 이용한 합성모멘트접합부의 설계모델은 SCI와 BCSA에서 공동으로 출판한 'Joint in Steel Construction–Composite Connections'에 있는 이론적 배경과 기본설계개념을 바탕으로 하여 국내 기준(KBC2016)에 적합하게 작성되었다. 접합부의 각 구성요소의 설계강도는 국내 기준(KBC2016)에 따랐으며 엔드 플레이트와 기둥플랜지의 항복선 양상(항복선의 위치와 유효길이 등)은 유럽의 강구조기준 EC3와 합성구조기준 EC4에 따랐다.

합성접합부를 실무에 적용하기 위해서는 이 절에 있는 본문이나 예제 내용만으로는 부족하므로 유로코드 EC4의 합성접합부와 AISC Steel Design Guide 8 등을 참고하여 보충할 필요가 있다.

9.6.1 개요

재료 사용에 따른 장점들로 인하여 건설시장에서 합성구조의 수요가 증가하고 있으며, 최근에는 골조해석 및 설계 시 접합부의 거동을 이용함으로써 합성구조의 경제성을 보다 향상시키는 것에 관심이 모아지고 있다.

이 장은 강재보가 콘크리트 슬래브와 합성거동하고, 접합부도 합성거동을 하도록 설계된 골조에서의 접합부를 다룬다. 합성보는 콘크리트 슬래브와의 합성작용을 통하여 모멘트강도와 강성을 향상시킴으로써 강재보에 비해 훨씬 경제적인 설계가 가능하며, 또한 바닥 슬래브 자체도 강재 데크와 현장타설 콘크리트의 합성작용을 고려하여 설계하는 경우가 많다. 그러나 합성접합부에 대해서는 적절한 설계지침의 부족으로 인하여 현재 설계되고 있는 대부분의 합성골조에서 보–기둥 접합부는 비합성 단순접합으로 다루어지고 있다.

여기서는 모멘트 저항 합성접합부의 설계절차와 합성접합부를 갖는 반강접 가새골조의 배치와 설계에 대한 지침을 제공하고자 한다. [그림 9.6.1]은 전형적인 합성접합부 상세를 보여준다. 기둥 주위의 철근으로는 직경 16mm 또는 19mm를 사용한다. 합성접합부는 콘크리트 슬래브를 매개로 한 철골부재와 철근 사이의 상호 합성작용에 의하여 인장을 받는 철근과 압축을 받는 강재보 사이의 우력을 통하여 모멘트에 저항한다.

적절한 위치에 합성접합부와 모멘트 저항 비합성접합부를 혼용하여 사용함으로써 비용 측면에서 효율적인 합성구조를 구현할 수 있다. 예를 들면 경제성을 목적으로 설계자는 외곽기둥으로의 상당한 크기의 모멘트의 유입을 방지하기 위해 외곽기둥에 강재만의 단순접합부를 사용할 수 있다.

순수 철골접합부에 대한 설계절차는 여기서 다루지 않으며, 순수 철골상세에 관한 정보는 다른 관련 서적을 참고한다.

제1장 제2장 제3장 제4장 제5장 제6장 제7장 제8장 제9장 제10장

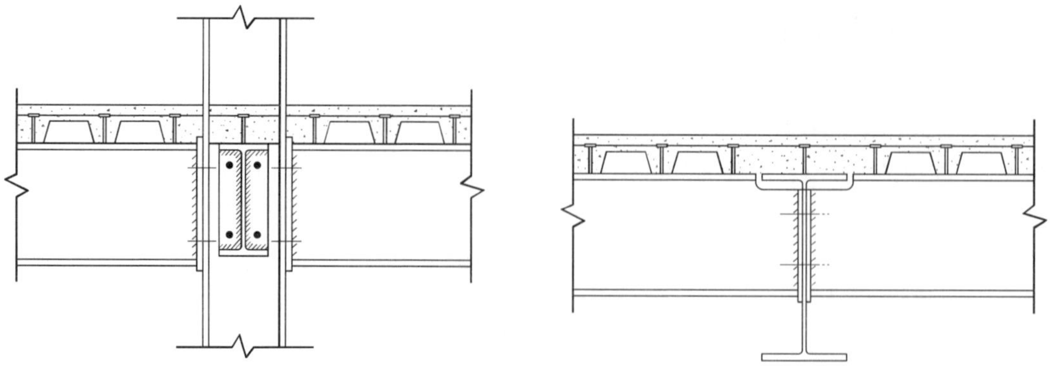

(a) 보-기둥 접합부　　(b) 보-보 접합부

[그림 9.6.1] 전형적인 합성접합부

1) 범위

이 매뉴얼은 다음과 같은 접합부들을 다룬다.

(1) 엔드 플레이트를 사용한 보와 기둥의 합성접합부

(2) 가새골조에서만 사용가능한 접합부, 즉 모든 하중조합에서 보의 하부 플랜지는 항상 압축상태에 있고, 보의 상부 플랜지는 항상 인장상태에 있는 보의 접합부에 사용되어야 한다.

(3) 강접합부

(4) 소성응력블록을 사용하여 모멘트강도를 계산할 수 있는 컴팩트(compact)접합부

(5) 모멘트 재분배가 가능하도록 충분한 회전능력을 갖는 소성(plastic)접합부

이 절은 주로 합성접합부 설계지침을 다루고 있지만 골조의 구성 및 골조설계 절차에 관한 지침도 포함하고 있다.

2) 이점

가새골조에 합성접합부를 사용하면 다음과 같은 이점들이 있다.

(1) 보의 춤을 줄일 수 있어 전체적인 건물의 높이를 줄일 수 있으며 외장재 비용도 줄일 수 있다.

(2) 보의 무게를 줄일 수 있다.

(3) 사용성능을 높일 수 있다.

(4) 부재 사이의 연속성이 개선되므로 구조의 강건성(robustness)을 보다 더 확보할 수 있다.

(5) 보강철근 배근으로 기둥선상에서 발생하는 바닥 슬래브의 균열을 제어할 수 있다.

접합부가 반강접인 합성골조의 경우 개별 보의 무게와 춤은 약 25%까지 절감할 수 있다. 전체적인 골조에 있어서 무게와 춤의 절감은 골조를 어떻게 배치하는가에 따라 상당히 달라질 수 있다.

최대의 경제성을 확보하기 위해서는 단순접합부에 비하여 크게 복잡하지 않은 철골 상세를 갖는 합성접합부로 설계하는 것이 필요하다. 기둥의 인장 스티프너는 제작비를 증가시킬 뿐만 아니라 직교방향으로 연결되는 보의 배치에도 영향을 미치기 때문에 가능한 사용을 피해

야 한다. 기둥의 압축 스티프너 역시 제작비를 증가시키기 때문에 피하는 것이 바람직하나, 직교 보의 춤이 작아 간섭을 피할 수 있다면 큰 문제가 되지는 않는다. 상당한 양의 철근이 사용되는 합성접합부에서는 압축 스티프너가 종종 사용된다. 어떤 경우에는 기둥 크기를 늘리는 것이 국부보강 하는 것 보다 비용절감이 되기도 한다.

3) 골조 배치

골조 배치를 어느 정도로 효율적으로 하느냐가 합성접합부 사용의 경제성에 주요한 영향을 미친다. 여기서는 보 배치 및 기둥의 방향을 계획할 때 고려해야 할 일반적인 원칙들을 다룬다.

(1) 강재보의 선택

강재보 크기는 다음의 요인들에 의해 정해진다.

① 시공 중 강재보의 강도
② 시공 중 강재보의 강성
③ 최종 단계에서 합성보의 강도
④ 최종 단계에서 합성보의 강성

이 중에서 두 번째인 시공 중 강재보의 강성은 고정하중에 의한 처짐이 제한되어야 할 필요가 있는 경우나, 사전에 강재보의 치올림을 할 수 없는 경우에 고려한다. 강성에 대한 고려는 고강도 강재의 보에 등분포하중 또는 다점하중이 작용할 때 결정적일 수 있으며, 처짐과 동적하중에 대한 응답에 영향을 미친다.

(2) 접합부의 선택

강도에 의해 결정되는 보는 정(+)모멘트를 감소시키기 위해 강한 모멘트접합부를 필요로 하며 이는 철골접합부를 갖는 시공 중의 순수 강재보와 합성접합부를 갖는 최종상태의 합성보 모두에 해당된다.

강성에 의해 결정되는 보는 보 단부에서 회전에 대한 구속을 제공하기 위해 강성이 큰 접합부를 필요로 하며, 마찬가지로 시공 중 순수 강재보와 최종상태의 합성보 모두에 해당된다. 강성이 큰 순수 철골접합부를 만들기 어려운 경우에는 시공 중 고정하중에 의한 보의 처짐을 감소시키기 위해 사전에 치올림을 할 수 있다.

접합부를 선택할 때 다음의 사항들도 고려되어야 한다.

① 기둥의 강축과 약축 모두에 합성접합부를 사용할 경우, 슬래브 두께 내에서 철근을 배근하는데 간섭이 생길 수 있다. 따라서 일반적으로 두 축 중 하나의 접합부는 비합성으로 하는 것이 바람직하다.
② 외곽 기둥의 접합부는 철근의 정착이나 배치의 어려움으로 인해 비합성으로 하는 것이 바람직하다.
③ 부분 깊이 엔드 플레이트 상세에 기반 한 보와 보의 접합부는 시공단계에서 충분한 강성을 확보하기 어렵기 때문에, 고정하중에 의한 보의 처짐을 제어하려면 사전에 치올림을 해야 한다.
④ 강재보가 기둥웨브의 양면에 연결되는 합성접합부의 경우에는 기둥의 국부적인 보강을 피할 수 있다.

(3) 전형적인 골조계획

동바리를 사용하지 않으며 위에서 제시된 원칙들을 활용하는 두 가지 골조계획이 [그림 9.6.2]와 [그림 9.6.3]에 제시되어 있다. 접합부 유형이 각 그림에 나타나 있는데, 골조의 여러 위치에서 요구되는 접합부 특성을 예를 들어 비합성과 단순접합, 또는 합성과 모멘트접합 등으로 나타내었다. 제시된 유형이 모든 상황에 적합한 것은 아니다. 예를 들어 보 웨브의 높이가 제한적인 경우에는 전단 연결용 플레이트(shear tab)보다는 유연한 엔드 플레이트가 단순 접합에 사용될 수 있다.

아래의 사항들은 [그림 9.6.2]의 골조계획에 대한 설명이다.

① (강도에 의해 결정되는) 보 C에서 모멘트 저항 합성접합부(유형 2)의 사용은 최종 단계에서 합성보에 요구되는 정(+)모멘트의 크기를 감소시킨다.

② (강성에 의해 결정되는) 보 A에서 모멘트저항 비합성접합부(유형 1)의 사용은 고정하중에 의한 처짐을 감소시켜 사전 치올림의 필요를 막아준다. 또한 이 유형은 내부기둥에서는 수직방향의 합성접합부와의 간섭을 피할 수 있다.

③ 유형 3의 비합성 핀접합부 상세는 시공을 용이하게 하고, 외곽기둥 웨브와의 접합을 비합성 모멘트접합부로 만들 때 생겨나는 상세의 복잡성을 피하기 위해서 보 C의 외곽 측 단부에 사용된다.

④ 보 B의 외곽 측 단부에 사용된 유형 4의 비합성접합부 상세는 시공을 용이하게 하며, 외곽보가 비틀림 모멘트에 대한 저항능력이 없기 때문에 사용된다.

⑤ 유형 5의 합성접합부는 최종 단계에서의 정(+)모멘트와 적재하중 처짐을 줄이기 위해 보 B의 한쪽 단부에서 사용될 수 있다. 시공 중 강성이 큰 순수 보-보 접합부를 확보하는 것이 어려우므로 사전 치올림이 이러한 보의 고정하중에 의한 처짐을 줄이는 유일한 방안이다. 보 B가 거더 C보다 춤이 작지 않으면 유형 5의 합성접합부를 구축하기가 어렵다. 이것은 스팬의 상대적인 크기에 달려 있다. 보 B의 스팬이 증가할수록 사전 치올림이 더욱 확실한 방안이 될 것이다.

[그림 9.6.3]은 또 다른 골조계획의 예를 나타낸 것인데, 이 경우에는 장스팬의 보가 [그림 9.6.2]의 경우보다 더 무겁고 춤도 커지게 된다.

① 합성(유형 3) 또는 비합성(유형 1)의 모멘트 저항 접합부를 사용하여 장스팬의 보 A의 크기를 줄일 수 있다.

② 단스팬의 보인 보 B와 보 C의 춤은 장스팬의 보 A보다 상당히 줄어들게 된다. 그러므로 이러한 보를 비용이 적게 드는 단순접합부로 설계하더라도 철골부재의 전체적인 춤이 증가하지 않는다.

③ 장스팬 보의 춤 내에서 작은 보의 하부로 설비 배관 등을 보낼 수 있다.

이러한 골조계획의 경제성은 큰 보와 작은 보의 상대적 스팬에 좌우되지만, 대체로 [그림 9.6.2]와 같은 유형의 레이아웃보다는 덜 효율적이다.

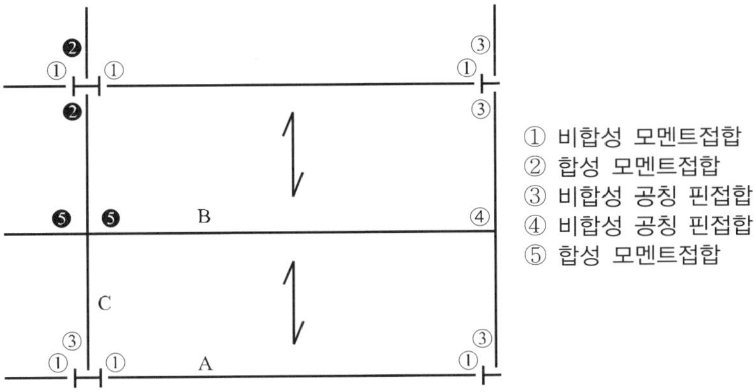

(숫자는 접합부 유형을 나타내고 A, B, C는 보를 나타냄)

[그림 9.6.2] 골조계획 예시 1

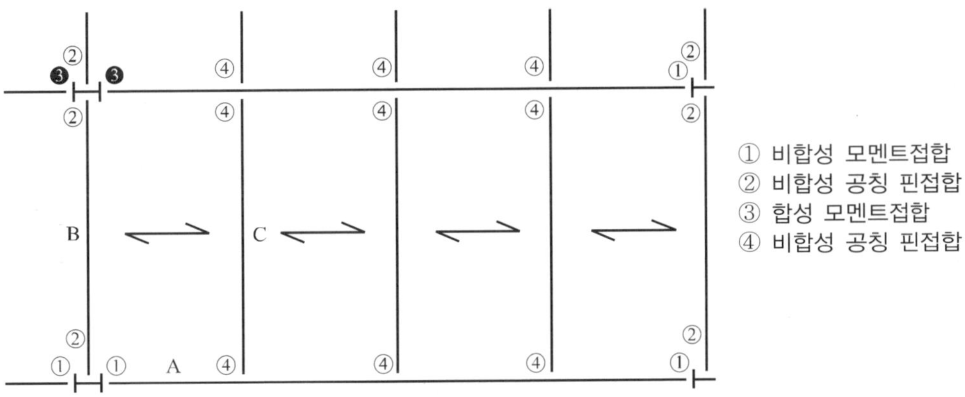

(숫자는 접합부 유형을 나타내고 A, B, C는 보를 나타냄)

[그림 9.6.3] 골조계획 예시 2

4) 골조 설계 방법

접합부의 거동은 골조설계에서 가정한 것과 일치해야 하며 접합부의 특성에 따라 다음과 같이 골조를 구분한다.

- 단순골조 : 작은 크기의 모멘트 저항 성능과 강성을 가지지만, 골조해석에서 이를 무시하고 접합부를 핀으로 가정한다.
- 반강접골조 : 전체 골조에 대한 소성해석 시에는 접합부의 모멘트강도를 고려하고, 탄성해석시에는 접합부의 강성을 고려한다. 탄소성해석시에는 강성과 강도 모두 고려한다.
- 강접골조 : 골조 부재 사이에 완전한 연속성을 제공할 수 있도록, 탄성 또는 소성골조해석에 의해 (탄성해석에서는 강접으로 가정하며 소성해석에서는 전강도로 가정하여) 산정되는 모멘트와 힘에 저항할 수 있도록 접합부를 설계한다. 탄소성해석시는 강접의 전강도(full strength) 거동으로 가정한다.

(1) 전체골조해석 - 강도 한계상태

반강접골조에서 강도 한계상태에서의 모멘트와 힘은 골조전체의 탄성 또는 소성해석에 의해 산정할 수 있다. 해석방법의 선택에 영향을 미치는 요인으로는 사용되는 접합부의 유형과 보 단면의 등급(정모멘트와 부모멘트의 차이에 유의)이 있다.

탄성 골조해석에서는 각각의 부재가 선형탄성으로 거동하는 것으로 가정하여 모델링한다. 또한 적절한 탄성계수를 사용해서 부재강성이 적절히 산정될 수 있도록 해야 한다. 접합부가 반강접일 때는 접합부의 강성이 해석에 고려되어야 한다.

소성해석에서는 부재와 접합부의 강성 대신에 강도를 고려하며, 이렇게 함으로써 접합부의 강성을 계산하지 않아도 된다. 현재의 방법들을 사용하면 접합부의 강성보다는 모멘트강도가 보다 정확하게 구해진다. 소성해석은 소성힌지가 골조내의 특정위치에서 형성된다고 가정한다. 이러한 가정은 접합부를 포함하여 힌지가 형성되는 지점들이 강도의 감소없이 충분한 회전능력을 가지고 있을 때 유효하다.

세 번째 방법은 탄소성해석으로 강성과 강도를 모두 사용하는 것인데 이런 해석을 위해서는 접합부의 특성을 반영할 수 있는 소프트웨어가 필요하다. 이러한 소프트웨어는 실무에 널리 보급되어 있지는 않지만 특정 유형의 구조물을 해석할 때 사용되는 경우가 있다.

충분한 연성능력을 가지고 있는 접합부에 대해서는 수계산으로 소성해석을 수행하는 것이 바람직하다. 왜냐하면 소성힌지가 부분강도의 접합부에서 형성되기 때문에 보 해석을 기둥과 분리하여 수행할 수 있기 때문이다.

(2) 전체골조해석 - 사용성 한계상태

사용하중에 의한 골조의 거동을 구하는 데에는 탄성해석이 사용되어야 한다. 이 매뉴얼에 부합되는 모든 합성접합부는 '강접'으로 가정할 수 있기 때문에, 합성거동이 확보되면 골조의 부재 사이에 강접 절점으로 모델링 할 수 있다.

접합부는 시공 중에는 강성이 확보되지 않을 수 있고 이는 골조의 거동에 영향을 줄 수 있으므로 주의하여야 한다.

5) 접합부 특성

골조해석에 의해 산정된 모멘트, 전단력, 그리고 축력을 어떤 (합성 또는 비합성)접합부가 저항할 수 있다고 해서 그 접합부가 적절하다고 단순히 가정해서는 안된다. 사용된 해석의 유형에 따라 접합부의 회전강성이나 회전능력(연성)을 또한 고려해야 한다.

접합부의 특성은 하중에 따른 회전을 살펴보면 가장 잘 알 수 있다. 여기서 회전은 [그림 9.6.4]와 같이 접합부에서 발생하는 각도(Φ)의 변화를 말한다. 접합부의 세 가지 주요한 특징은 [그림 9.6.5]와 같이 나타낼 수 있는데, 이 세 가지 특징은 다음과 같다.

(1) 모멘트강도

접합부는 전강도이거나, (정모멘트를 받는 합성보의 강도에 비해) 부분강도이거나, (모멘트강도가 무시할 수 있을 정도로 작은) 핀접합일 수 있다.

(2) 회전 강성

접합부는 강접이거나, 반강접이거나, (회전 강성이 무시할 수 있을 정도로 작은) 공칭 핀접합일 수 있다.

(3) 회전 성능

접합부는 연성적일 필요가 있다. 회전성능은 대부분의 설계자에게 강도나 강성에 비해 익숙하지 않을 수 있는데, 접합부가 소성적으로 회전할 필요가 있을 때 요구되는 능력이다. 골조의 소성해석을 수행하려면 접합부의 상당한 연성이 확보되어야 한다.

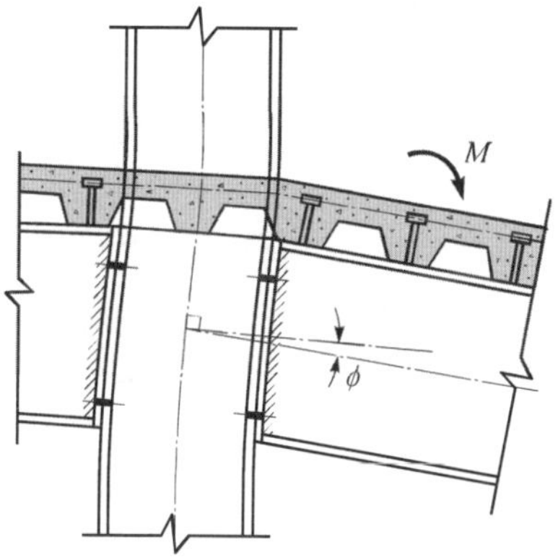

[그림 9.6.4] 합성접합부의 회전

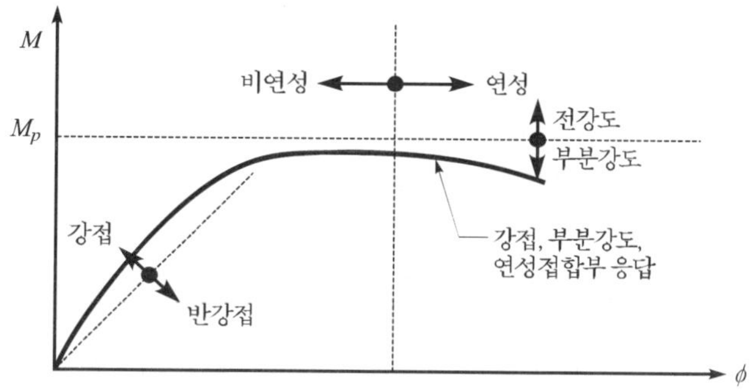

[그림 9.6.5] 접합부의 구분

[그림 9.6.5]는 전형적인 합성접합부의 거동과 함께 강접/반강접, 전강도/부분강도, 연성/비연성 사이의 경계를 나타낸다. 전형적인 곡선은 합성접합부가 일반적으로 연성, 강접, 그리고 부분강도의 특성을 지니고 있음을 보여준다.

합성엔드 플레이트 접합부의 강성 산정은 매우 복잡하다. 접합부의 회전성능의 계산 또한 매우 어려우며, 요구되는 회전의 크기 또한 하중의 배치나 가새골조 여부와 같은 변수에 따라 달라진다.

따라서 여기서는 부적절한 접합부의 사용에 의해 골조설계의 가정과 배치되는 일이 발생하지 않도록 근사적이지만 단순한 지침을 제시하고자 한다. 이 지침을 따를 경우 설계자는 접합부 강성이나 접합부 연성을 명시적으로 고려할 필요가 없게 된다.

이 매뉴얼에 제시된 상세 규칙을 충족시키는 합성접합부는 일단 콘크리트가 경화하면 강접합으로 가정하면 된다. 설계자가 합성접합부 강성의 정확한 값을 결정하지 않고도 최종단계의 골조해석에 탄성방법이 사용될 수 있다.

물론 합성접합부의 회전 성능은 순수 철골접합부의 경우보다는 작을 것이다. 이는 일반적으로 철근이 전형적인 구조용 강재에 비해 연신율이 작기 때문이다. 이 매뉴얼에 있는 상세요건들을 따르면, 연성의 관점에서 모든 합성접합부는 다음과 같은 두 가지 범주 중의 하나로 분류할 수 있다.

① 응력블록모델을 사용하여 모멘트강도를 구할 수 있도록 충분한 연성을 갖는 컴팩트접합부
② 소성힌지로 거동할 수 있도록 충분한 추가 연성을 갖는 소성접합부

최소철근량을 비롯한 상세요건들은 소성접합부에서 더욱 엄격하게 요구된다.

9.6.2 접합부 설계

1) 설계 개념

이 절에 제시된 설계모델은 '요소 접근법'을 따른다. 이 방법에서 접합부의 모멘트강도는 슬래브 철근의 인장력 등과 같은 각 관련 구성요소의 강도를 고려하여 결정된다. 따라서 설계자가 특정 상황에 적합한 형상을 적용할 수 있는 장점이 있다. 예를 들어 이 모델에 의한 엔드 플레이트 접합부는 합성과 비합성 모두에 적용할 수 있다. 비합성접합부의 경우에는 철근과 관련된 사항을 무시하면 된다. 이러한 접근방법은 광범위한 실험을 통하여 타당성이 검증되었다.

접합부는 철근과 상부 볼트의 인장력과 보 하부에 작용하는 압축력이 형성하는 우력에 의해 모멘트를 저항한다. 모멘트강도는 각 요소들 사이의 적절한 모멘트 팔(lever arm)을 고려하여 구한다. [그림 9.6.6]은 하중전달 매커니즘을 보여준다. 합성 엔드 플레이트 접합부를 구성하는 인장요소와 압축요소에 대한 계산방법은 다음 절에서 소개된다.

접합부의 모멘트강도를 응력블록원리를 사용하여 소성해석에 의해 산정하려면 아래의 조건이 만족되어야 한다.

(1) 기둥으로 그리고 기둥을 통해 효율적으로 압축력이 전달되어야 한다.

(2) 철근과 인장볼트의 최대내력이 발휘될 수 있는 접합부 상세를 갖는다. 철근 인장력은 철근의 항복에 의해 결정되는 반면에, 볼트 작용력은 엔드 플레이트와 기둥 플랜지의 항복에 의해 결정된다. 이를 위해 서로 다른 인장요소들이 적절한 수준의 변형능력이 있어야 한다.

(3) 철근이 인장내력을 발휘할 수 있도록 강재보와 슬래브 사이에 충분한 강재앵커가 배치되어야 한다.

(4) 철근은 접합부의 양측에서 충분히 정착되어야 한다.

(5) 예를 들면, 기둥 웨브의 조기 국부좌굴이 발생하지 않아야 한다.

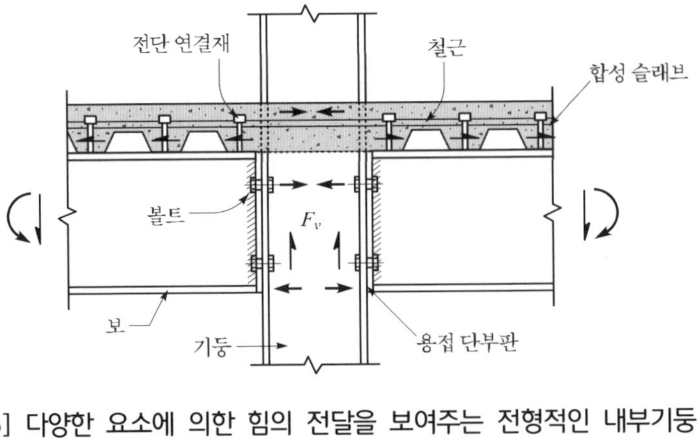

[그림 9.6.6] 다양한 요소에 의한 힘의 전달을 보여주는 전형적인 내부기둥 합성접합부

실험결과 강도한계상태에서 회전중심은 보의 아래 부분에 있는 것으로 나타난다. 보강철근의 양이 상대적으로 적은 경우는 보 하부 플랜지의 중심 위치에 압축력이 집중된다. 보강철근의 양이 많아지면 압축력이 보 플랜지의 강도를 초과하게 되어 압축력은 보 웨브까지 확장되고 이에 따라 회전중심도 변경된다.

2) 인장요소

접합부에 발생하는 인장력은 철근, 상부열의 볼트, 그리고 부(-)모멘트 영역의 강재앵커에 의해 결정된다.

(1) 철근 인장력

철근은 기둥 중심선에서 일정 거리 내에 배근되어야 접합부 거동에 효과적으로 기여할 수 있다. 이 거리는 부모멘트 영역에서 슬래브의 유효폭과 동일하지 않다. 실험과 해석은 철근양이 늘어날수록 접합부의 회전성능이 늘어남을 보여 준다. 컴팩트접합부와 소성접합부의 최소철근량은 다음 절에 제시되어 있다.

접합부의 최대철근량은 다음과 같은 사항들에 의해 결정된다.

① 요구되는 힘을 철근에 전달할 수 있는 부모멘트 영역의 강재앵커 내력
② 보의 압축 저항 능력
③ (스티프너가 있는 경우에는 이를 고려한) 기둥 웨브의 저항 능력
④ 불균형 모멘트 작용 시 기둥에 대한 콘크리트의 지압강도

접합부 모멘트강도는 철근이 항복한다고 가정하여 산정한다. 이 매뉴얼에서 제시된 상세기준을 따르면 철근이 항복하기 전에 철골 부재들이 먼저 파괴되지 않는다. 이로써 접합부 모멘트강도에 상부열의 볼트가 기여할 수 있게 된다. 용접철망은 철근에 비해 파괴 시 인장변형률이 작기 때문에 모멘트강도에 대한 기여는 무시한다.

(2) 볼트 인장력

모멘트 내력의 근사적인 산정을 위해 상부열 볼트의 인장력을 무시할 수 있다 하더라도 최종적인 접합부 설계에서는 이들의 기여를 고려해야만 한다. 볼트의 힘을 무시하는 것은 기둥에 작용하는 압축력을 과소평가함으로써 비연성 압축파괴로 이어질 위험성이 있다. 9.6.4절의 설계 과정은 볼트 인장력을 구하는 방법을 설명한다.

보 압축 플랜지로부터 가장 멀리 있는 볼트열은 아래쪽 볼트들보다 더 많은 인장력을 받는다. 전통적으로 실무에서는 가장 멀리 있는 볼트의 내력을 기준으로 삼각형의 볼트 인장력 분포를 가정하여 왔다. 9.6.4절에서 제시된 방법은 상부 볼트에 더 비중을 두고 있지만 볼트 인장력의 소성 분포를 허용하고 있다. 볼트 인장력은 (삼각형 분포에서처럼) 모멘트 팔에 의해서만 결정되는 것은 아니라 각 볼트열의 강도에 영향을 받는다. 보 플랜지나 스티프너와 같은 보강 위치에 가까이 있는 볼트들은 더 큰 힘을 받는다. 한 열의 볼트에서 발생하는 추가적인 힘은 여력을 가진 인접한 열로 전달될 수 있다. 이 원리는 접합부가 실제로 작동하는 방식과 더 가깝다.

볼트의 인장력은 접합 상세가 적절할 때 최대 능력으로 합성접합부의 인장강도에 기여한다. 주로 철근이 많이 배근된 경우에는 보에 작용하는 압축력이 커지므로 중립축이 위로 올라가게 된다. 이 때에는 중립축에 가까운 볼트열의 위치에서의 엔드 플레이트나 기둥 플랜지의 변형이 (판재의 항복과 관련된) 최대 볼트 인장력을 발생시킬 만큼 충분하지 못할 수 있다.

소성 골조해석이 사용될 때 접합부는 상당한 회전성능을 가져야만 한다. 볼트의 파괴 없이 엔드 플레이트의 상당한 변형이 가능한 철골 상세와 적절한 배근 상세를 갖는 합성접합부는 소성으로 가정할 수 있으며, 소성힌지가 발생하기에 충분한 회전능력을 갖는다. 만약 철골 상세의 변형이 주로 엔드 플레이트나 기둥 플랜지에서 집중되지 않는다면, 실험에 의해 검증되지 않는 한 접합부를 연성으로 가정해서는 안 된다.

(3) 수평전단력

철근의 최대 인장력은 [그림 9.6.7]와 같이 깅재앵커와 콘크리트를 통해 보에서 슬래브로 전달되는 수평전단력에 달려 있다. 부모멘트 영역에서는 완전합성이 되어야 하며, 이는 합성접합부에 대한 실험을 통해 확인되었다. 또한 철근은 해당 스팬의 부모멘트 영역을 넘어 확장되어야 하며, 슬래브의 압축영역 안으로 충분한 거리만큼 정착되어야 한다.

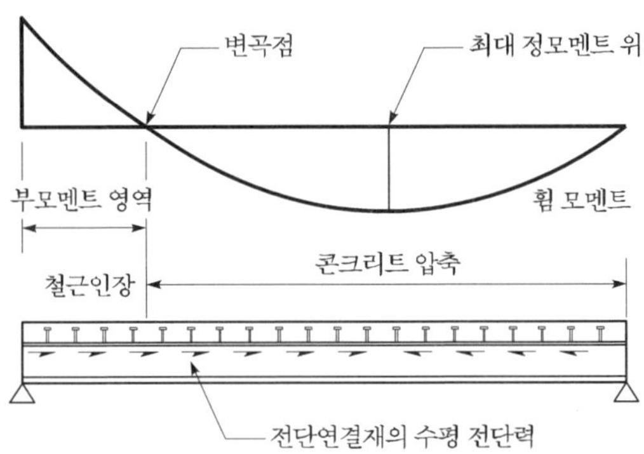

[그림 9.6.7] 합성보의 수평방향 전단력의 전달

3) 압축요소

수용할 수 있는 압축력의 크기는 보 하부 플랜지와 이에 인접한 웨브, 그리고 기둥 웨브라는 두 가지 접합부 구성요소에 의해 결정된다.

(1) 보 하부플랜지와 웨브

접합부를 통한 압축력의 전달은 보 하부 부분의 기둥에 대한 직접 지압에 의한다. 압축을 받는 보의 깊이를 결정하기 위해, 설계자는 우선 작용 압축력을 $1.35F_y$의 설계응력을 가정하여 구한 하부플랜지만의 강도와 비교한다. 계수 1.35는 변형도경화와 웨브 쪽으로의 하중의 분산을 반영한 값이다. 만약 작용 압축력의 크기가 플랜지 강도를 초과하지 않으면 압축의 중심을 플랜지 두께의 중심으로 할 수 있다.

그러나 대부분의 접합부들은 상당한 양의 철근을 가지고 있으며, 요구되는 압축강도는 플랜지 강도를 넘어설 수 있다. 그러한 경우 압축력은 보 웨브로 확장되며, 이때에는 $1.15F_y$를 사용하여 강도를 계산해야 한다. 모멘트강도의 계산 시 압축 중심의 적절한 위치를 선택해야 한다.

소성응력블록 모델을 사용하고 항복응력을 초과하는 응력을 사용하기 때문에, 이 설계과정은 조밀단면의 보에만 적용할 수 있다.

(2) 기둥 웨브

압축을 받는 보 플랜지의 강도와 더불어, 압축에 의한 기둥의 국부 강도에 대한 검토도 이루어져야 한다. 상당한 양의 철근을 가진 합성접합부에서는 기둥 웨브의 좌굴 또는 압괴(지압) 강도에 의해 전달될 수 있는 최대 압축력이 제한될 수 있다.

기둥 웨브의 압괴와 좌굴은 모두 취성파괴이기 때문에 이들이 소성접합부의 강도를 결정하도록 해서는 안 된다. 조기 파괴를 방지를 위해 스티프너로 보강하거나 더 큰 단면의 기둥을 사용하여야 한다.

합성접합부에서는 종종 기둥 웨브에 압축 스티프너가 필요한 경우가 발생하는데, 이는 제작비용이 많이 들고 직교 보를 설치하는데 간섭을 일으킬 수 있다. 보강이 필요 없는 더 큰 기둥 단면을 사용하는 것이 보다 경제적인 대안이 될 수 있다. 직교방향으로 기둥 웨브와 접합되는 보의 엔드 플레이트가 웨브의 좌굴을 방지할 수 있으나, 이 때에도 기둥 웨브의 지압강도는 커지지 않는다. 다른 보와의 간섭을 피할 수 있는 웨브 보강의 대안적인 형태는 웨브 플레이트를 추가로 설치하는 것이다.

4) 기둥 웨브 패널

강축방향 접합부에서 기둥 웨브 패널은 수평 전단력을 지지할 수 있어야 한다. 웨브는 전단력의 합력을 지지할 수 있어야 하므로, 패널 전단을 검토할 때 반대편 기둥 플랜지 쪽의 접합부의 영향도 고려하여야 한다. 일면 접합부에서 웨브 패널 전단력 F_v는 보의 하부의 압축력과 같고, 양측에 동일한 크기의 모멘트를 받는 양면 접합부의 경우에는 전단력은 0이 된다.

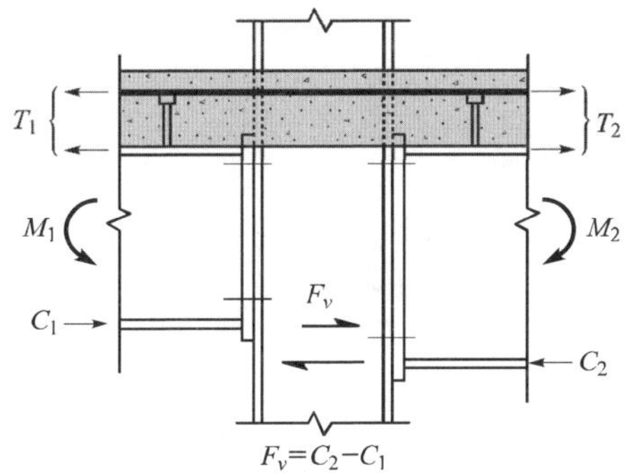

[그림 9.6.8] 기둥 웨브 패널 전단력

5) 수직 전단요소

접합부의 수직 전단강도는 철골 요소들에 의해 결정된다. 슬래브에 발생하는 균열 때문에 콘크리트나 철근의 전단강도는 무시한다. 일반적으로 철골 접합부의 하부 볼트가 모든 전단력을 지지한다고 가정한다. 그러나 인장력이 작용하고 있는 상부 볼트도 설계 전단력의 일부를 지지할 수 있다.

몇몇 연구는 높은 수직 전단력이나 또는 기둥에 작용하는 높은 축 하중이 합성접합부의 모멘트강도를 감소시킬 수 있음을 지적하고 있다. 그러나 이에 관한 추가 정보가 없는 상태에서 전형적인 하중을 받는 전형적인 골조의 합성접합부에 대해 이러한 점들까지 고려하는 것은 적절하지 않다고 판단된다.

9.6.3 골조설계

이 절은 합성 반강접 가새골조의 해석 및 설계 절차에 대해 소개한다. 시공하중을 받는 순수 철골조에 대한 검토는 여기에서 취급하지 않으나 이는 골조설계의 한 부분으로서 반드시 고려되어야 한다.

1) 강도한계상태

다음에 제시되는 골조설계 절차는 소성접합부가 사용될 때에만 적용할 수 있으며, 소성 골조 해석과 설계는 보다 간편하고 경제적인 방법이다.

소성힌지는 보가 아니라 접합부에서 형성되는 것으로 가정하기 때문에, 합성접합부는 부분강도여야 한다. 즉, 부(−)모멘트를 받는 H형강보 부재보다 더 낮은 모멘트강도를 가져야 한다. 또한 힌지는 충분한 회전성능을 갖는 것으로 가정하기 때문에 접합부는 소성이어야 한다. 접합부에서 소성힌지가 형성된다고 가정하지만, 접합부의 교번소성(alternating plasticity)이나 골조의 점진적 붕괴(incremental collapse)는 검토할 필요는 없다.

힌지가 부재들 사이의 접합부에서 형성된다는 가정으로 인해, 보와 기둥을 별도로 분리시켜 고려할 수 있다.

2) 보 α

반강접 가새골조에서는 보 지지부에서 부(−)모멘트가 발생하기 때문에 단순골조 보다 더 낮은 정(+)모멘트에 대해 보를 설계할 수 있으며, 이로 인해 보의 중량과 춤을 절감할 수 있다. 소요 정모멘트에 대한 단부 모멘트의 영향은 [그림 9.6.9]에 나타나 있다.

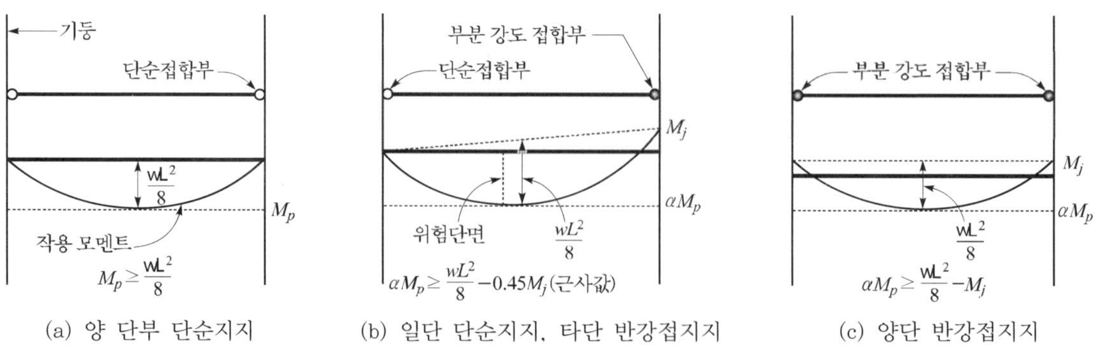

[그림 9.6.9] 단부 지지조건에 따른 작용모멘트와 보의 모멘트강도(UDL, $\alpha = 0.85$)

[그림 9.6.9]은 단순지지의 모멘트($wL^2/8$)가 설계에 있어 보와 접합부의 모멘트강도와 어떻게 관련되는지를 도식적으로 보여준다. 반강접 가새골조에서 보가 지지해야 하는 정모멘트의 크기를 감소시켜주는 반강접 접합부의 이점이 잘 나타나 있다. 감소 계수 α를 고려하여도 모멘트 저항 접합부로 인해 정모멘트가 상당히 감소하는 것을 알 수 있다.

이 매뉴얼에서 제시된 상세기준을 따르는 접합부가 사용된 경우에는 정모멘트를 받는 보의 강도에 감소계수 α를 적용해야 한다. 이 감소계수는 정모멘트를 받는 보에서 발생하는 소성변형의 양을 제한하고, 그렇게 함으로써 접합부 소요 회전량을 제한할 수 있다. 필요한 감소계수는 하중 패턴, 강재의 강도, 시공 중 동바리의 사용 여부에 영향을 받지만, 모든 경우에 안전측으로 0.85의 감소계수를 사용할 수 있다.

감소된 보 모멘트강도를 사용하는 것 외에도, 접합부 소요 회전량을 줄이기 위해 접합부 모멘트강도는 정모멘트를 받는 보 모멘트강도의 30%를 초과해야만 한다. 접합부 강도에 대해 하한치를 두는 것은 접합부의 상대적인 강도가 증가할수록 접합부의 소요 회전량이 감소하기 때문이며, 만일 단부가 완전 강접인 보의 경우 소요 회전량은 0에 근접한다.

접합부 소요 회전량이 과도하지 않도록 하는 세 번째 방법은 보의 스팬과 춤의 비율을 다음의 제한 값을 넘지 않도록 하는 것이다(여기서 D는 철골 보와 슬래브의 높이를 더한 값이다).

$L/D \leq 25$: 등분포하중(UDL), 다점하중, 중앙 집중하중

$L/D \leq 20$: 2점하중(즉, 3등분점 하중)

시공 중 보 상부 플랜지는 교차되는 보나 데크플레이트에 의해 횡방향으로 지지되어 있다고 간주할 수 있다. 반면에 부모멘트 영역의 하부 플랜지는 횡비틀림좌굴이 발생하지 않도록 검토가 이루어져야 한다.

최종 단계에서 보의 횡비틀림좌굴은 정모멘트 영역에서는 슬래브에 의해 구속된다. 한편 부모멘트 영역에서는 보의 횡비틀림좌굴강도가 접합부의 모멘트강도보다 커야 한다. 보 하부 플랜지의 횡방향 이동을 웨브가 휨으로 지지하게 되므로, 보의 춤이 커질수록 횡비틀림좌굴이 발생하기 쉬어진다.

일반적으로 부모멘트 영역에서의 횡비틀림좌굴은 접합부의 강도가 정모멘트 영역의 합성보의 모멘트강도의 80%를 초과할 때 검토할 필요가 있다.

3) 기둥

합성접합부의 모멘트강도는 일반적으로 합성보의 정모멘트강도에 비하여 작다. 이 때문에 동바리를 사용하는 경우, 동바리 제거와 함께 고정하중 하에서 합성접합부가 최대내력에 도달하는 경우가 많다. 따라서 적재하중이 작용할 때 단부 모멘트가 증가하지 않는다. 접합부는 단순히 회전하기 때문에, 패턴하중 하에서의 골조 모멘트는 적재하중이 모든 보에 작용할 때와 동일하다. 그러므로 기둥 검토는 '모든 스팬에 적재하중이 작용하는 경우'에 대해서만 실시하면 된다. 이는 동바리를 설치 할 경우 내부 기둥은 기둥 양면의 접합부 모멘트강도 차이에 해당하는 모멘트에 대해 설계하면 충분하다는 것을 의미한다. 보는 기둥의 중심선에서 지지된 것으로 간주하며 따라서 보의 편심 반력에 의한 모멘트를 접합부 모멘트강도에 더해 줄 필요는 없다.

동바리 없이 시공하는 경우에는 적재하중에 대해서만 합성접합부로 거동한다. 고정하중 하에서는 단지 순수 철골접합부의 모멘트강도만이 발휘된다. 따라서 양측의 접합부 강도가 동일하더라도 적재하중의 부분재하(패턴하중 효과)에 의해 기둥에 불균형 모멘트가 유발될 수 있다.
설계자는 안전측으로 한 쪽 접합부의 합성 모멘트강도와 반대쪽 접합부의 순수 철골 모멘트강도의 차이를 불균형 모멘트로 사용할 수 있다. 이 불균형 모멘트는 절점의 위와 아래의 기둥으로 각 기둥의 강성(I/L)에 비례하여 분배시켜야 한다.
기둥의 유효길이 산정 시에는 보, 기둥의 연속성, 그리고 주각부 상세에 의한 구속의 정도를 고려해야 한다. 이 절의 상세 요건을 만족하는 합성접합부의 강성은 적어도 기존의 강접 철골접합부의 강성만큼은 된다. 그러나 기둥의 회전에 대한 구속은 (비교적 낮은 하중에서 소성힌지가 발생할 수 있으므로) 단순지지 보의 정도에 불과할 수 있다. 약축 접합부는 상대적으로 유연하며, 또한 기둥의 치수가 종종 약축에 대한 좌굴에 의해 결정될 수 있으므로, 설계자는 특히 약축 접합부에 주의를 기울여야 한다.

4) 사용성 한계상태

사용성 하중 하의 골조거동을 검토하는 데에는 탄성해석을 적용해야 한다.
적재하중에 대한 처짐은 접합부의 초기강성에 근거하여 구하는데, 이 매뉴얼의 상세 요건을 만족하는 합성접합부는 가새골조에 사용하는 경우 강접합으로 가정할 수 있다. 이러한 가정은 실험결과에 근거한 것이며 따라서 골조 부재 사이의 완전한 연속성을 가정할 수 있다.

9.6.4 보-기둥 합성접합부

1) 개요

이 절은 부모멘트를 받는 합성접합부의 설계과정을 제시한다. 합성접합부를 갖는 비가새골조에 수평하중이 작용하는 경우 합성접합부가 정모멘트를 받을 수 있다. 정모멘트를 받는 합성접합부는 부모멘트를 받는 경우와 다르게 거동하나, 이에 대한 자료가 불충분한 상태이다. 따라서 이 절의 설계과정은 가새나 전단벽 등에 의해 횡구속된 골조시스템의 합성접합부에만 적용할 수 있다.
이 설계과정은 수계산으로 수행하기에는 번거로움이 따른다. 대표적인 보-기둥 접합상세를 대상으로 이 설계과정을 사용하여 접합부의 모멘트강도를 구한 결과가 부록의 설계표에 정리되어 있다.

2) 보-기둥 접합부

이 절의 설계과정은 비확장 엔드 플레이트를 사용한 보-기둥 접합부에 적용한다. 기둥 플랜지(강축방향)와 연결되는 접합부에 대해서는 모든 검토를 해야 하고, 반면에 기둥 웨브(약축방향)에 연결되는 접합부에 대해서는 다음과 같은 검토단계들은 생략한다.

단계 1B : 기둥 플랜지의 휨
단계 1C : 기둥 웨브의 인장
단계 2A : 기둥 웨브의 압축
단계 3 : 기둥 패널의 전단

기둥 웨브의 양쪽으로 접합되는 보는 기둥 웨브의 존재가 보의 거동에 영향을 미치지 못하는 것으로 간주하여 반강접으로 다루어야 한다. 대부분의 기둥의 웨브는 편심 압축력을 지지할 수 있는 강성과 강도를 갖지 못하므로, 연속성을 확보하기 위해서는 양쪽에 같은 춤의 보를 사용해야 한다. 각 설계단계에서 고려되는 영역들이 [그림 9.6.10]에 나타나 있으며, 설계검토의 순서는 흐름도의 형태로 [그림 9.6.11]에 제시되어 있다.

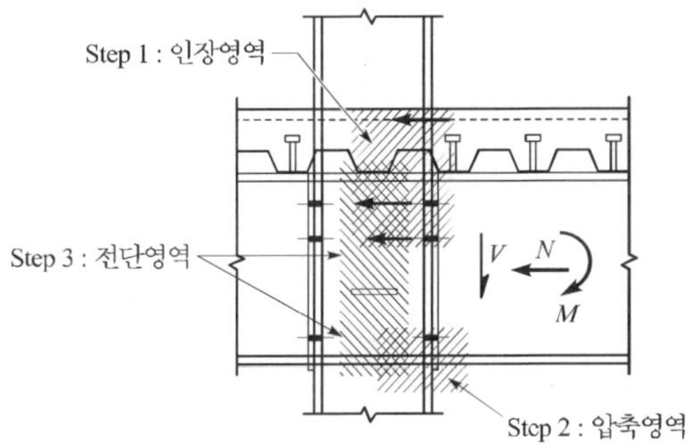

[그림 9.6.10] 엔드 플레이트 보-기둥 접합부의 설계검토 영역

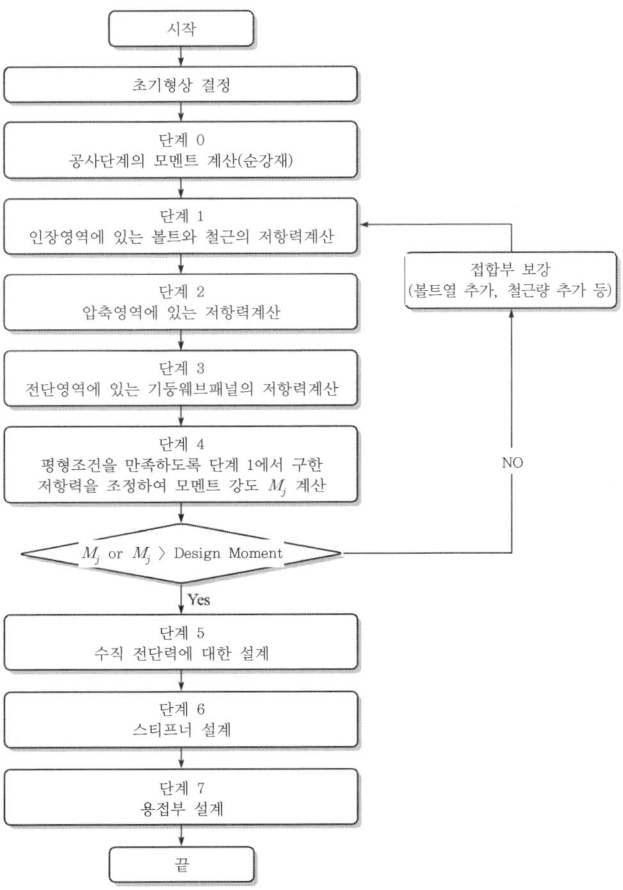

[그림 9.6.11] 설계과정의 흐름도

(1) [단계 0] 시공단계의 접합부에 대한 설계모멘트강도 계산

설계자는 합성보 설계의 한 부분으로서 작업하중 하에서의 순수 철골부재의 거동을 고려하는 것이 중요하다. 만약 시공단계가 고려되지 않았다면 합성보의 설계가 적절하게 이루어졌다고 말할 수 없을 것이다. 시공단계의 검토를 위해 순수 철골접합부의 모멘트강도가 필요한 경우, [그림 9.6.12]과 같은 힘들을 사용하여 계산할 수 있다.

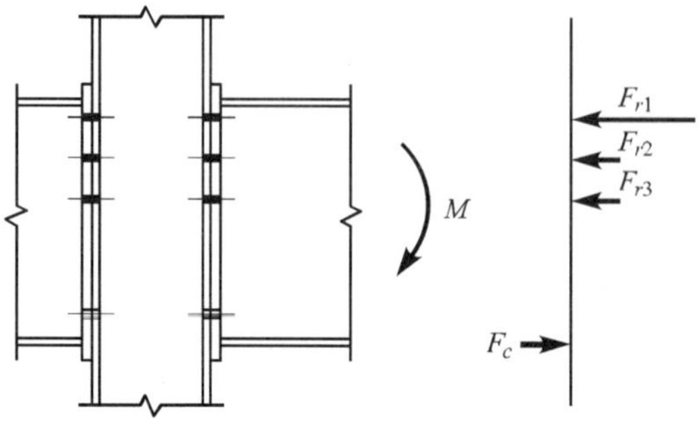

[그림 9.6.12] 순수한 강재접합부의 모멘트강도

(2) [단계 1] 인장영역의 볼트열과 철근의 설계인장강도 계산

단계1에서는 인장요소인 볼트열과 철근의 강도를 산정한다.

철근의 강도는 철근의 항복에 의해 결정되며, 최소 및 최대철근량의 제한값이 적용된다. 자세한 계산방법은 [단계 1A]에서 제시되어 있다.

인장영역에서의 각 볼트열의 강도는 엔드 플레이트 또는 기둥플랜지의 휨, 볼트의 파괴, 보 또는 기둥웨브의 인장파괴에 의해 결정된다. 각 볼트열의 강도는 상부열에서 시작해서 아래로 내려오면서 순차적으로 계산한다. 위쪽에 있는 볼트열에 우선권이 주어지며, 각 계산 단계에서 고려되는 볼트열의 아래쪽에 있는 볼트는 무시한다.

각 볼트열은 먼저 독립적으로 계산하고, 그 다음에 위에 있는 볼트열을 함께 고려하여 계산한다. 예를 들면,

P_{r1} : 1열 볼트만의 강도

P_{r2} : 2열 볼트만의 강도와 1열 볼트와 2열 볼트를 함께 고려한 강도에서 P_{r1}을 뺀 값 중에서 작은 값

P_{r3} : 3열 볼트만의 강도와 2열 볼트와 3열 볼트를 함께 고려한 강도에서 P_{r2}를 뺀 값과 1열 볼트와 2열 볼트 그리고 3열 볼트를 함께 고려한 강도에서 P_{r1}과 P_{r2}를 뺀 값 중에서 가장 작은 값

한 볼트열 또는 여러 볼트열의 강도는 아래의 4가지 단계에서 계산된 값 중에서 가장 최소의 값으로 결정된다.

- 기둥 플랜지의 휨 또는 볼트의 항복(단계 1B)
- 엔드 플레이트의 휨 또는 볼트의 항복(단계 1B)

- 기둥 웨브의 인장(단계 1C)
- 보 웨브의 인장(단계 1C)

[그림 9.6.13]는 철근과 각각의 볼트열에서의 인장강도를 나타낸다. 각 인장력의 합은 보의 하부 플랜지에 작용하는 압축력과 평형을 이루어야 한다.

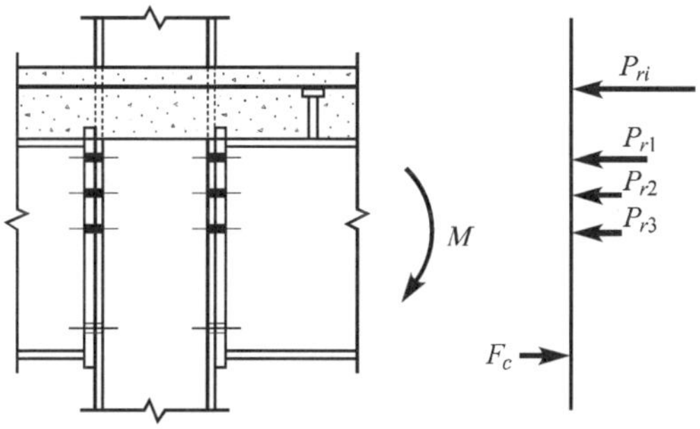

[그림 9.6.13] 철근과 볼트열의 강도

① [단계 1A] 철근의 설계인장강도 계산

철근에서의 인장강도는 다음 식(9.6.1)로 구한다.

$$\phi = 0.9$$

$$P_{r,r} = \phi R_n = \phi F_{yr} A_{sr} \qquad \text{식(9.6.1)}$$

여기서, F_{yr} : 철근의 설계기준항복강도(MPa)

A_{sr} : 접합부 슬래브 유효폭 내에 있는 철근의 단면적(mm^2)

ϕ : 휨인장철근에 대한 강도감소계수(기준 0709.3.2.2)

가) 철근의 최소단면적

일반적으로 철근량이 증가할수록 접합부의 회전능력이 커진다. 따라서 (모멘트강도 모델에서 가정한 대로) 철근이 항복하도록 컴팩트접합부가 충분한 회전을 일으킬 수 있으려면 최소한의 철근량이 필요하다. 컴팩트 또는 소성접합부에 필요한 최소철근량이 〈표 9.6.1〉에 정리되어 있다. 값이 제시되어 있지 않는 경우는 철근량이 너무 많아져 실용적이지 아닌 경우를 나타낸다. 최소철근량의 제한값이 소성접합부에 대해 보다 엄격한 것은, 소성접합부는 철근의 항복뿐 아니라 접합부가 소성힌지로서 거동할 수 있도록 충분한 회전 능력을 가져야 하기 때문이다.

〈표 9.6.1〉에 있는 최소철근한계는 소성접합부에 대해서는 더 번거롭다. 철근의 항복에 대한 필요성 이외에도 접합부는 소성힌지처럼 거동하기 위한 충분한 회전능력을 가져야 하기 때문이다.

〈표 9.6.1〉에 5%로 표시한 최소값이 일반적으로 사용되어야 한다. 이 값들은 KS B 0802의 SD400에 해당하는 철근에 적합하다. 이 등급의 철근은 파단에서 16%의 최소 신장의 필수 요구사항, 그리고 최대 힘에서 5%의 최소비 필수요구사항을 만족해야 한

다. KS B 0802를 준수한 등급 SD400 철근은 유사한 특성을 갖도록 요구된다. 즉 최대 힘에서 5%의 총신장을 달성할 수 있어야 한다. 파단에서의 신장과 최대 힘에서의 총신장이 [그림 9.6.14]에 도시되어 있다.

또한 접합부에서 최대 힘에 대해서 철근의 10% 신장을 성취할 수 있는 최소 철근단면적이 〈표 9.6.1〉에 주어져 있다. 적은 철근의 사용을 허용하기 때문에 어떤 경우에는 증가된 철근연성은 상당한 장점을 제공한다. 10% 신장 철근의 사용을 기반으로 하여 설계하는 경우에는 설계명세서에 이것을 명확하게 나타내어 이에 적합한 철근을 사용하도록 해야 한다.

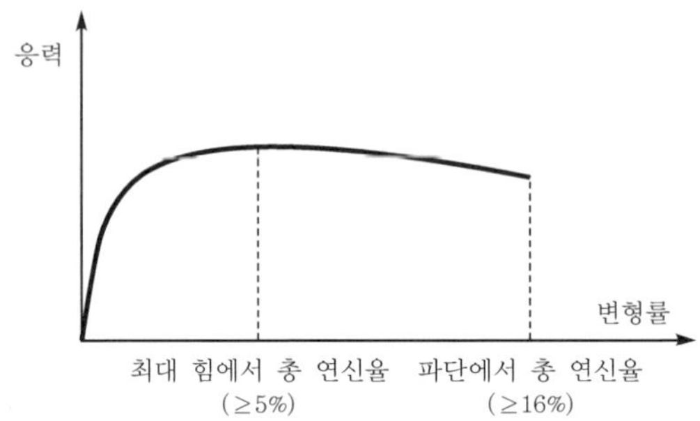

[그림 9.6.14] 철근의 연신율 제한(KS B 0802 SD400)

<표 9.6.1> 최소철근량(mm^2)

접합부 유형	강재	철근 신장한계	보의 춤(mm)							
			200	250	300	350	400	450	500	600
콤팩트	SM275	5%	500	500	500	500	500	600	750	1150
		10%	500	500	500	500	500	550	650	800
	SM355	5%	500	500	500	500	500	600	750	1150
		10%	500	500	500	500	500	550	650	800
소성	SM275	5%	500	500	500	650	1100	1450	1800	3000
		10%	500	500	500	500	500	600	750	1150
	SM355	5%	500	500	600	1400	2100	3100	–	–
		10%	500	500	500	500	650	900	2000	2850

나) 철근의 최대단면적

철근의 단면적은 다음 목적 때문에 최대값도 제한한다.

㉮ 불균형 재하로 인한 콘크리트의 국부적인 압괴파괴 방지

㉯ 강재보의 하반부(H형강 단면의 하부 1/2구간)에 압축영역을 유지

이러한 제한 이유는 다음과 같다.

잠재적인 콘크리트의 압괴파괴를 고려하여 트러스모델은 양쪽에 작용하는 모멘트가 동일하지 않는 경우에 양면 합성접합부가 어떻게 거동하는지를 나타내기 위하여 개발되었다. [그림 9.6.15]는 트러스모델에서의 요소들을 보여주고 있다. 이 트러스모델에서 접합부의 저항은 낮은 모멘트 쪽에 있는 기둥에 지탱하기 위한 콘크리트의 능력에 의존하고 있다는 것을 보여준다. 따라서 철근에 작용하는 순 힘은 지압을 받는 콘크리트

의 강도와 면적에 의해 제한된다. 콘크리트의 지압강도는 구속효과를 고려하여 증가시킨 강도를 사용할 수 있다.
이외 구체적인 설계법은 콘크리트기준에 관련된 스트럿-타이모델을 참조하기 바란다.

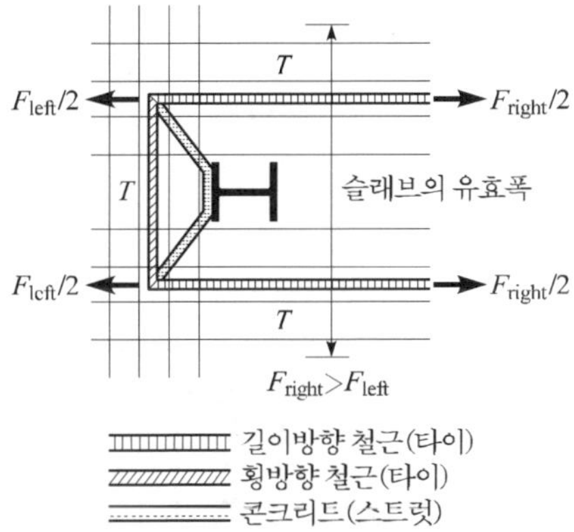

[그림 9.6.15] 불균형 모멘트를 받는 접합부의 거동에 대한 트러스모델(스트럿-타이모델)

② [단계 1B] 엔드 플레이트, 기둥 플랜지 및 볼트의 설계강도 계산
이 계산은 엔드 플레이트와 기둥 플랜지 각각에 대해 수행한다.
볼트열의 파괴모드는 [그림 9.6.16]와 같은 세 가지 파괴모드 중의 하나이며, 볼트열의 설계인장강도 P_r는 다음 식 (9.6.2)와 식 (9.6.3) 그리고 식 (9.6.4)에 의한 값 중에서 가장 작은 값으로 결정한다.

가) 파괴모드 1 : 기둥 플랜지 또는 엔드 플레이트의 휨항복

$\phi_b = 0.9$

$$P_r = \frac{4\phi_b M_p}{m} \qquad \text{식(9.6.2)}$$

나) 파괴모드 2 : 기둥 플랜지/엔드 플레이트의 휨항복과 볼트의 파단

$\phi_b = 0.9,\ \phi = 0.75$

$$P_r = \frac{2\phi_b M_p + n(\Sigma\phi P_t')}{m+n} \qquad \text{식(9.6.3)}$$

다) 파괴모드 3 : 볼트의 파단

$\phi = 0.75$

$$P_r = \Sigma\phi P_t' \qquad \text{식(9.6.4)}$$

여기서, P_r : 볼트열 또는 볼트그룹의 설계인장강도(kN)

$\phi P_t'$: 지레작용을 고려한 볼트의 설계인장강도($=\phi R_n = \phi F_{nt} A_b$)(kN)

$\Sigma\phi P_t'$: 그룹에 속한 볼트들의 설계인장강도의 합

M_p : 기둥 플랜지 또는 엔드 플레이트의 소성모멘트($=\dfrac{F_y L_{eff} t^2}{4}$)(kN·mm)

L_{eff} : 항복선의 유효길이(mm)(〈표 9.6.2〉, 〈표 9.6.3〉 그리고 〈표 9.6.4〉 참조)

t : 기둥 플랜지 또는 엔드 플레이트의 두께(mm)

F_y : 기둥 또는 엔드 플레이트의 설계기준항복강도(MPa)

m : 볼트 중심에서 보/기둥 웨브 쪽 항복선까지 거리(mm)([그림 9.6.17] 참조)

n : 볼트 중심에서 단부까지 거리(mm)([그림 9.6.17], [그림 9.6.16(b)] 참조)

F_{nt} : 기준 〈표 0710.3.1〉에 따른 볼트의 공칭인장강도(MPa)

A_b : 볼트의 공칭단면적

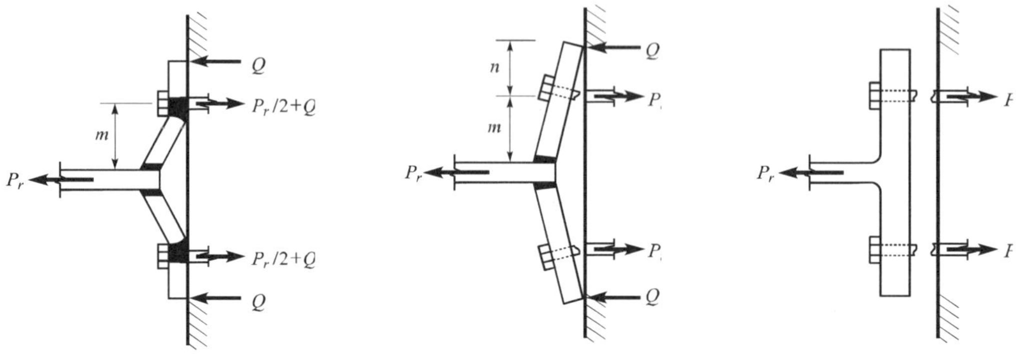

(a) 플레이트의 휨항복 (b) 플레이트의 휨항복과 볼트 파단 (c) 볼트 파단

[그림 9.6.16] 볼트열의 파괴모드

파괴모드 1의 경우 접합부는 항상 연성으로 거동한다. 파괴모드 2의 경우 접합부의 연성은 실험을 통해 검증되어야 하며, 파괴모드 3의 경우 접합부는 항상 비연성적으로 거동한다. 따라서 접합부는 식(9.6.2)의 값이 가장 작도록 설계되어야 한다.

<표 9.6.2> 유효길이의 계산

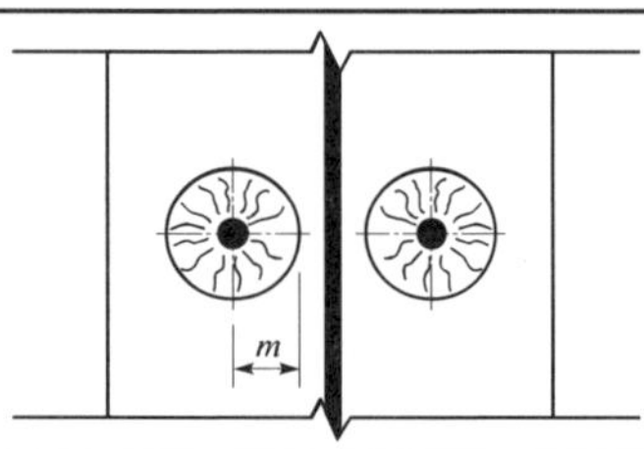	Pattern(i) $L_{eff} = 2\pi m$	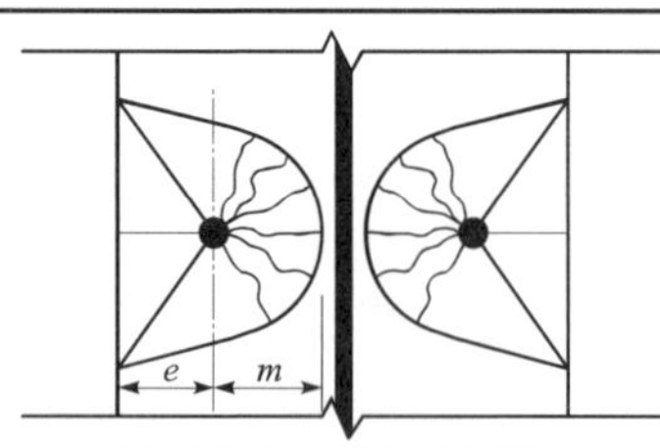	Pattern(ii) $L_{eff} = 4m + 1.25e$
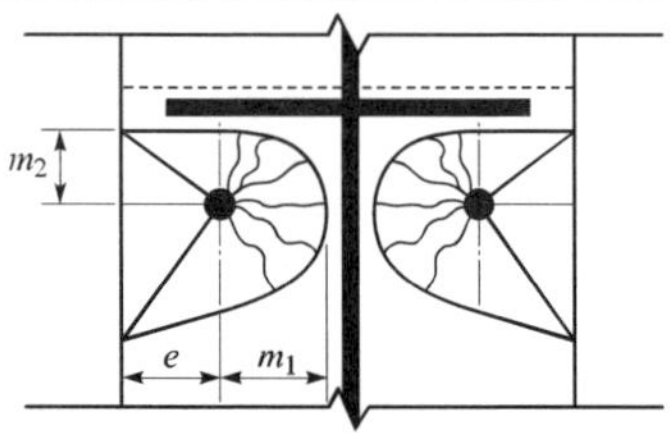	Pattern(iii) $L_{eff} = \alpha m_1$	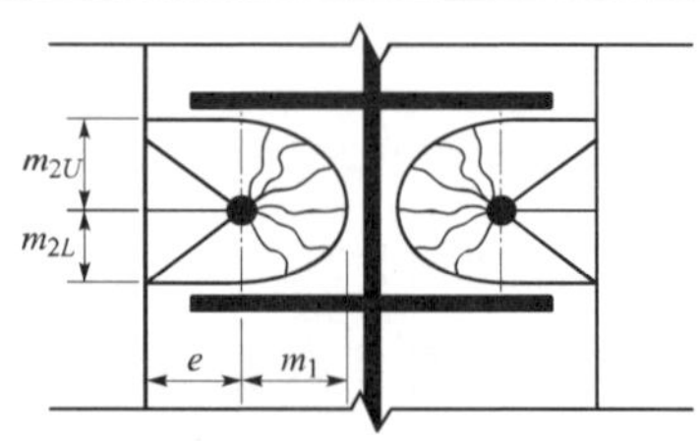	Pattern(iv) $L_{eff} = \alpha m_1 + \alpha' m_1 - (4m_1 + 1.25e)$ α는 m_{2u}를 사용 α'는 m_{2L}을 사용

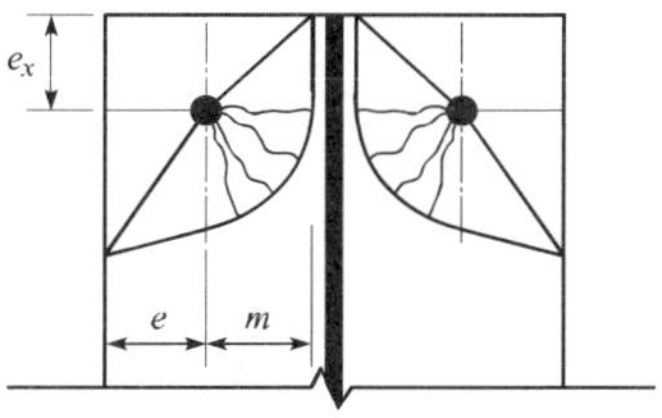	Pattern(v) $L_{eff} = 2m$ $+0.625e + e_x$	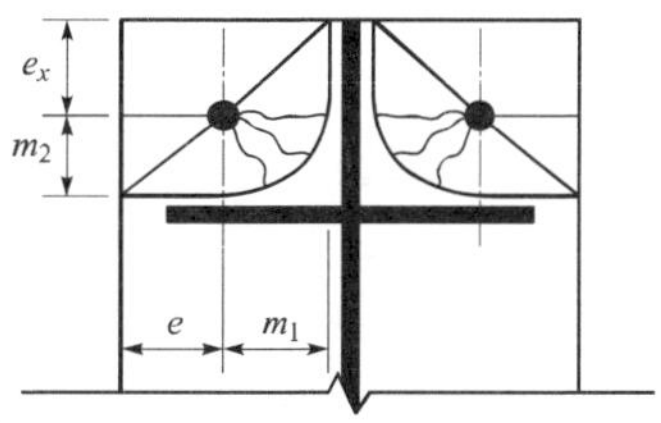	Pattern(vi) $L_{eff} = \alpha m_1 - (2m_1$ $+0.625e) + e_x$

<표 9.6.3> 단일 볼트열의 유효길이

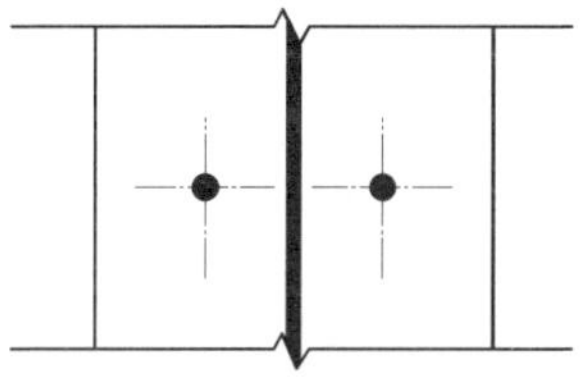	스티프너나 자유단의 영형을 받지 않는 볼트열 Min [i, ii]	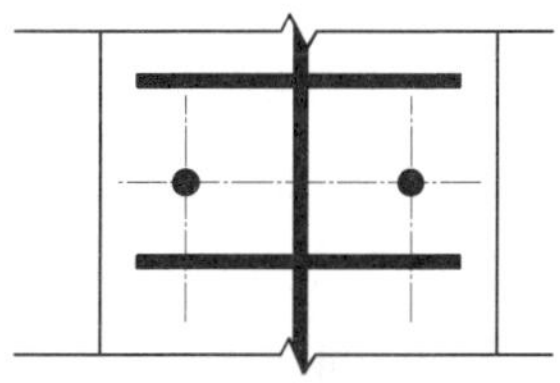	두 스티프너 사이의 볼트열 Min [Max{iv, iii(m_{2u}), iii((m_{2u}와 m_{2L}는 Pattern(iv)와 같다)
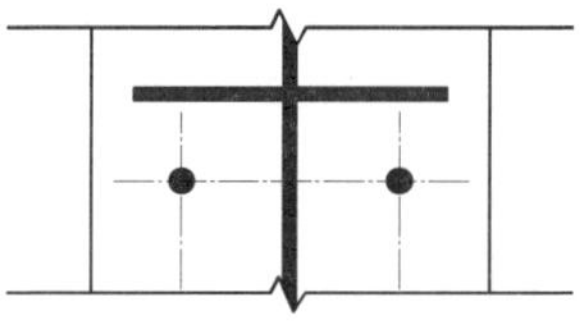	스티프너에 인접한 볼트열 Min [Max{ii, iii}, i]	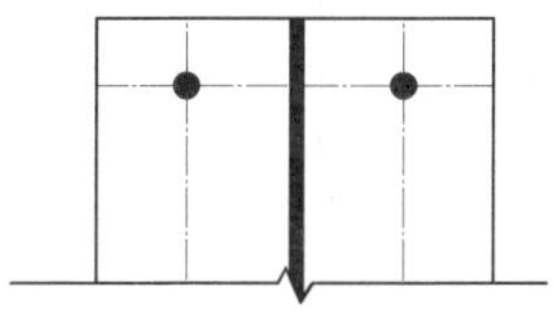	자유단에 인접한 볼트열 Min [v, ii, i]
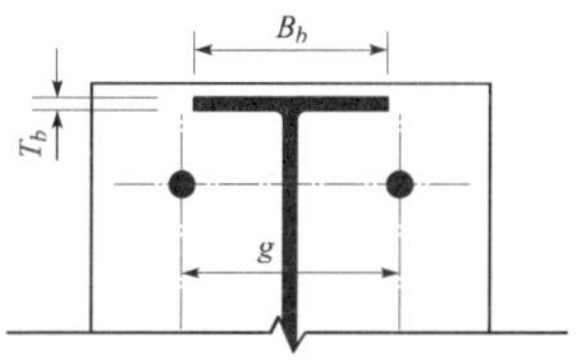	보플랜지 아래의 볼트열 $g > 0.78B_b$이거나 $T_b < 0.8t_p$인 경우 $\text{Min}\left[\text{Max}\left\{\frac{\text{ii}+\text{iii}}{2}, \text{ii}\right\}, \text{i}\right]$ 그 외의 경우 Min [Max{ii, iii}, i]	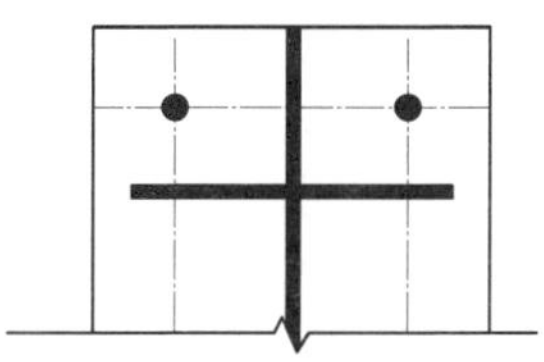	자유단과 스티프너 사이의 볼트열 Min [Max{v, vi}, Max{ii,

〈표 9.6.3〉에서 예를 들어 $\text{Min}\left\{\text{Max}\left\{\left(\frac{\text{ii}+\text{iii}}{2}\right), \text{ii}\right\}, \text{i}\right\}$는 〈표 9.6.2〉의 Pattern (ii)의 L_{eff} 값과 Pattern (iii)의 L_{eff} 값을 더한 값을 2로 나눈 후 그 값과 Pattern (ii)의 L_{eff} 값 중에서 큰 값을 선택한 후, 다시 이 값을 Pattern (i)의 L_{eff} 값과 비교해서 그 중에서 작은 값을 최종적인 L_{eff} 값으로 선택한다는 의미이다.

<표 9.6.4> 2개 또는 3개의 볼트열을 함께 고려하는 경우의 유효길이

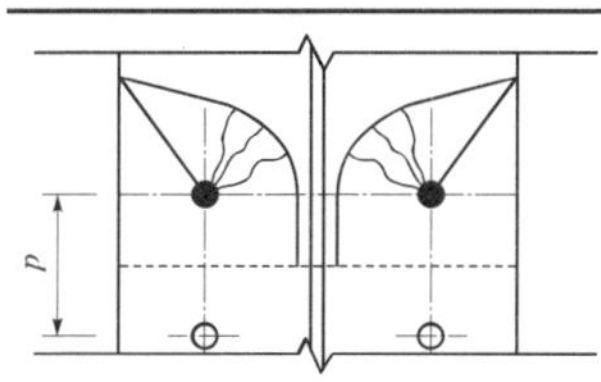	상부 또는 하부 볼트열 $\frac{\text{ii}}{2} + \frac{\text{p}}{2}$	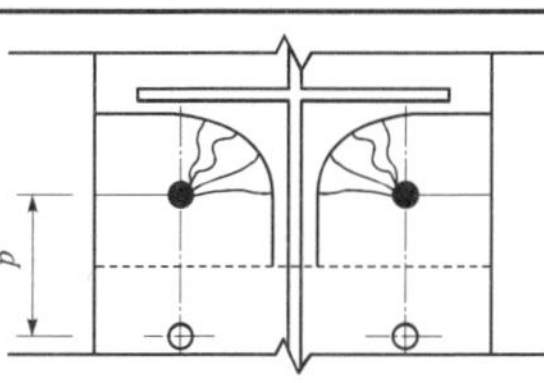	스티프너에 인접한 볼트열 $\text{Max}\left\{\frac{\text{ii}}{2}, \left(\text{iii} - \frac{\text{ii}}{2}\right)\right\} + \frac{\text{p}}{2}$

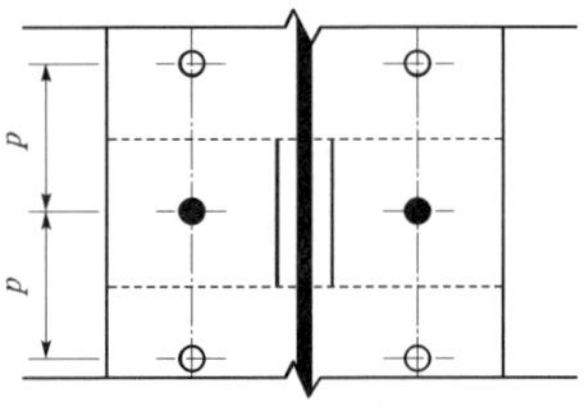	중간 볼트열 P	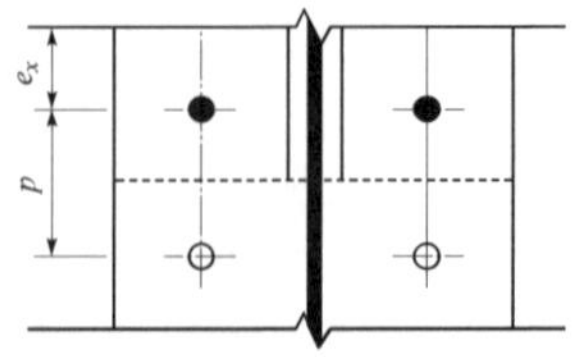	자유단에 인접한 볼트열 $\mathrm{Min}\left\{e_x, \frac{\mathrm{ii}}{2}\right\} + \frac{\mathrm{p}}{2}$
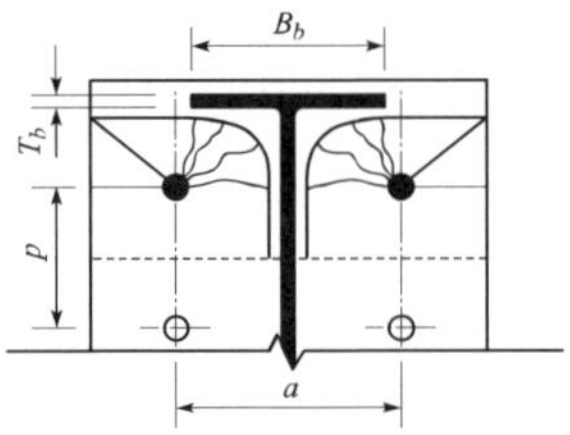	보 플랜지 아래의 볼트열 $g > 0.78B_b$ 이거나 $T_b < 0.8t_p$ 인 경우 $\mathrm{Max}\left\{\frac{\mathrm{ii}}{2}, \frac{\mathrm{iii}}{2}\right\} + \frac{\mathrm{p}}{2}$ 그 외의 경우 $\mathrm{Max}\left\{\frac{\mathrm{ii}}{2}, \left(\mathrm{iii} - \frac{\mathrm{ii}}{2}\right)\right\} + \frac{\mathrm{p}}{2}$		

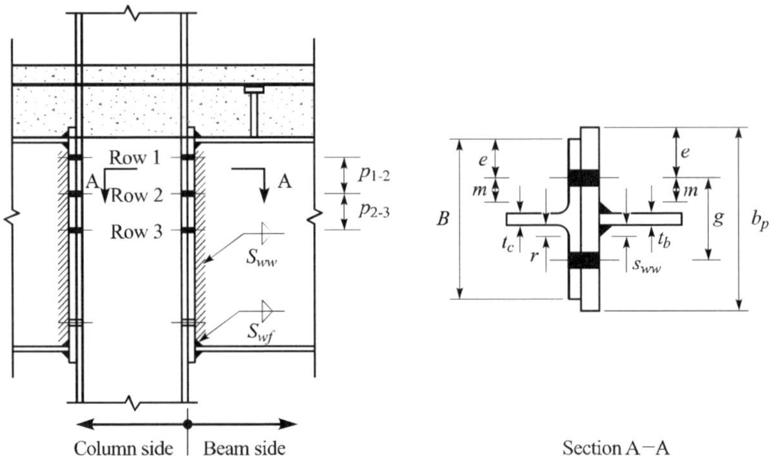

[그림 9.6.17] 접합부의 치수

[그림 9.6.17]에서 m과 e는 다음과 같은 식으로 구한다.

가) 엔드 플레이트의 경우

$$m = \frac{g}{2} - \frac{t_{w,b}}{2} - 0.8\,s_{ww}$$

$$e = \frac{b_p}{2} - \frac{g}{2}$$

나) 기둥 플랜지의 경우

$$m = \frac{g}{2} - \frac{t_{w,c}}{2} - 0.8\,r_c$$

$$e = \frac{b_{f,c}}{2} - \frac{g}{2}$$

여기서, g : 볼트 중심 사이의 수평거리(mm)

b_p : 엔드 플레이트의 폭(mm)

$b_{f,c}$: 기둥 플랜지 폭(mm)

$t_{w,b}$: 보 웨브 두께(mm)

$t_{w,c}$: 기둥 웨브 두께(mm)

s_{ww} : 보 웨브 필릿용접 치수(mm)

s_{wf} : 보 플랜지 필릿용접 치수(mm)

파괴모드 2의 식(9.6.3)에서 n값([그림 9.6.16(b)] 참조)은 엔드 플레이트의 경우에는 엔드 플레이트의 e값과 엔드 플레이트의 1.25m, 그리고 기둥 플랜지의 e값 중에서 가장 작은 값으로 한다. 한편 기둥 플랜지의 n값으로는 기둥 플랜지의 e값과 기둥 플랜지의 1.25m, 그리고 엔드 플레이트의 e값 중에서 가장 작은 값을 사용한다.

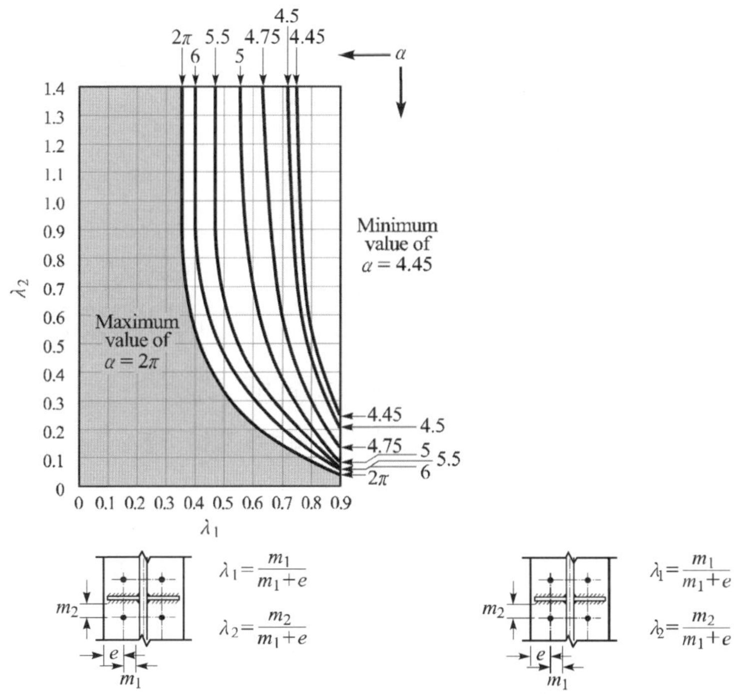

[그림 9.6.18] 스티프너 또는 보 플랜지에 인접한 볼트열의 α값 그래프

③ [단계 1C] 보 또는 기둥 웨브의 설계인장강도 계산

이 강도 계산은 보의 웨브와 기둥의 웨브 각각에 대해 수행한다. 하나의 볼트열 또는 볼트열 그룹에 대한 웨브의 인장강도는 다음 식(9.6.5)로 구한다.

$$\phi_t = 1.0$$

$$P_t = \phi_t R_n = \phi_t F_y L_t t_w \qquad \text{식(9.6.5)}$$

여기서, L_t : 볼트로부터 웨브의 중심까지 45도로 펼쳐 가정한 웨브의 유효인장길이 ([그림 9.6.19] 참조)

t_w : 보 또는 기둥의 웨브 두께

F_y : 보 또는 기둥 강재의 설계기준항복강도

유효인장길이 L_t 내에 스티프너가 있는 경우에는 볼트열의 인장강도는 웨브의 인장강도에 의해 결정되지 않는다.
웨브의 인장파괴는 연성적이지 않기 때문에 웨브의 인장강도가 소성접합부의 모멘트강도를 결정하도록 해서는 안 된다.

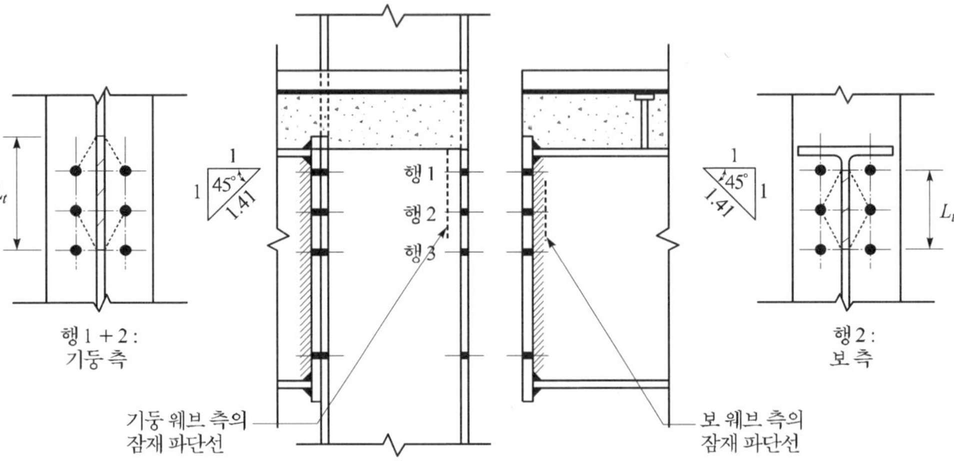

주) 이 그림에는 2가지 웨브인장에 대한 검토 예만 나타내었다. 각 열과 열들의 조합이 고려되어야 한다.

[그림 9.6.19] 전형적인 웨브의 인장 검토

(3) [단계 2] 압축영역의 강도 계산

[그림 9.6.13]에 나타낸 것처럼, 단계 1에서 구한 철근과 볼트열에서의 인장강도를 합한 힘은 보 하부 플랜지에 작용하는 압축력과 평형을 이루어야 한다. 단계 2에서는 압축영역에 있는 기둥의 웨브와 보 하부 플랜지의 압축강도를 산정한다.

① [단계 2A] 압축을 받는 기둥 웨브의 설계강도 계산

기둥 웨브의 압축 강도는 국부항복강도, 좌굴강도 또는 크리플링강도에 의해 결정된다. 단계 2A에서는 이 3경우에 대해 검토한다. 이 3 가지는 모두 비연성적인 파괴 매커니즘이기 때문에 소성접합부의 모멘트강도를 결정하도록 해서는 안된다.

가) 기둥웨브의 국부항복강도

국부항복강도가 발휘하는 기둥 웨브의 면적은 [그림 9.6.20]와 같은 하중 분산 길이를 가정하여 계산하며, 웨브의 국부항복강도는 다음 식(9.6.6a) 또는 식(9.6.6b)로 구한다.

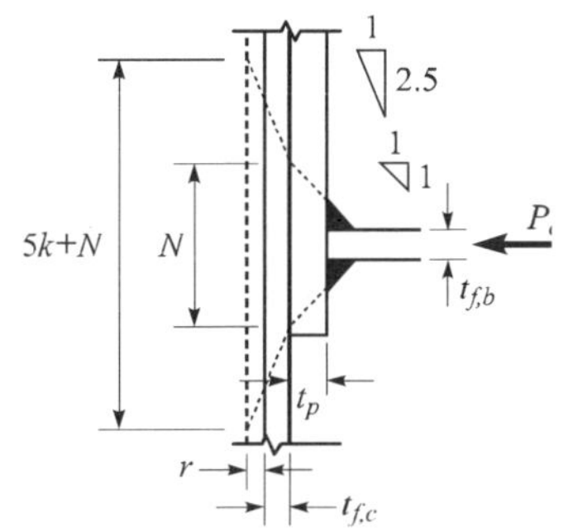

[그림 9.6.20] 웨브 지압에 대한 하중 분산

㉮ 압축 집중하중의 작용점에서 재단까지의 거리가 부재깊이 d_c를 초과할 경우

$\phi = 1.0$

$$P_c = \phi R_n = \phi(5k+N)F_{y,c}t_{w,c} \quad \text{식(9.6.6a)}$$

㉯ 압축 집중하중의 작용점에서 재단까지의 거리가 부재깊이 d_c 이하일 경우

$\phi = 1.0$

$$P_c = \phi R_n = \phi(2.5k+N)F_{y,c}t_{w,c} \quad \text{식(9.6.6b)}$$

여기서, k : $t_{f,c}+r_c$, 기둥의 플랜지 바깥쪽 면으로부터 웨브필렛선단까지의 거리(mm)

$F_{y,c}$: 기둥웨브의 항복응력(N/mm^2)

N : 집중하중이 작용하는 폭(mm)

(다만 보의 단부 반력에 대해서는 k보다 작지 않을 것)

$N = t_{f,b} + 2s_{wf} + 2t_p$,

용접부의 단부로부터 엔드 플레이트를 통해 45도의 분산을 가정한 지압 길이

$t_{f,b}$: 보 플랜지의 두께(mm)

$t_{w,c}$: 기둥 웨브의 두께(mm)

$t_{f,c}$: 기둥 플랜지의 두께(mm)

d_c : 기둥부재의 전체깊이(mm)

s_{wf} : 보 플랜지 용접부 치수(mm) ([그림 9.6.20] 참조)

필요한 경우 수직스티프너 또는 이중플레이트 한 쌍을 설치한다.

나) 기둥웨브의 설계좌굴강도

기둥 웨브의 설계좌굴강도는 다음 식(9.6.7)로 구한다.

압축 집중하중의 작용점에서 재단까지의 거리가 부재깊이 d_c 이하일 경우는

$\phi = 0.9$

$$P_c = \phi R_n = \frac{\phi 24 t_{w,c}^3 \sqrt{E_s F_{y,c}}}{h} \quad \text{식(9.6.7)}$$

여기서, $t_{w,c}$: 기둥의 웨브두께(mm)

$F_{y,c}$: 기둥의 설계기준항복강도(MPa)

E_s : 강재 탄성계수(MPa)

h : $d_c - 2(t_{f,c} + r_c)$, 기둥의 전체 춤에서 플랜지의 두께와 웨브필릿을 뺀 길이 (mm)

다) 기둥웨브의 크리플링강도

웨브국부크리플링에 대한 설계강도 ϕR_n은 다음에 의해 산정한다.

다음 식(9.6.8)은 집중하중이 재단에서 $d/2$ 이상 떨어진 지점에 작용하는 경우만 적용할 수 있다.

$\phi = 0.75$

$$P_c = \phi R_n = \phi 0.80 t_{w,c}^2 \left[1 + 3\left(\frac{N}{d_c}\right)\left(\frac{t_{w,c}}{t_{f,c}}\right)^{1.5}\right]\sqrt{\frac{E_s F_{y,c} t_{f,c}}{t_{w,c}}} \qquad \text{식(9.6.8)}$$

② [단계 2B] 보의 압축 플랜지의 설계지압강도 계산

압축을 받는 보 플랜지의 지압강도는 다음 식(9.6.9)로 구한다.

$\phi = 0.75$

$$P_c = \phi R_n = 0.75(1.8 F_{y,b} A_{f,b}) = 1.35 F_{y,b} b_{f,b} t_{f,b} \qquad \text{식(9.6.9)}$$

여기서, $F_{y,b}$: 보의 설계기준항복강도(MPa)

$b_{f,b}$: 보 플랜지의 폭(mm)([그림 9.6.21])

$t_{f,b}$: 보 플랜지의 두께(mm)([그림 9.6.21])

$A_{f,b}$: 보 플랜지의 단면적(mm^2)

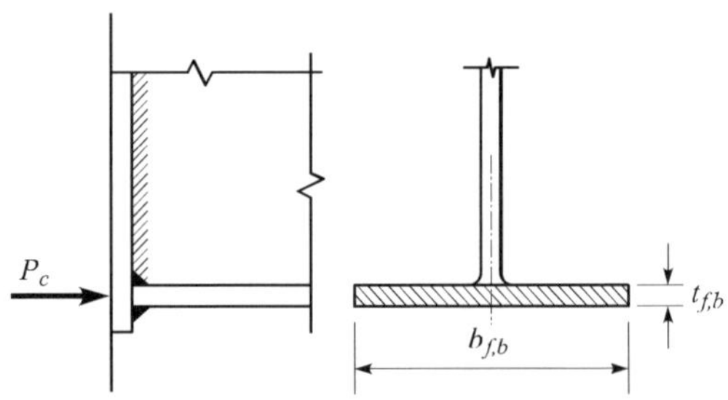

[그림 9.6.21] 보 플랜지에서 작용하는 압축력

(4) [단계 3] 기둥 웨브패널의 설계전단강도 계산

보강을 하지 않은 기둥 웨브패널의 설계전단강도 ϕR_n은 다음과 같이 구한다.

해석에서 골조안정성에 대한 패널존의 변형효과를 고려하지 않는 경우에는 다음 식(9.6.10a) 또는 식(9.6.10b)로 구할 수 있다. 단, 해석에서 골조안정성에 대한 패널존의 소성변형을 고려할 경우에는 기준 0710.10.6(2)에 의해 구한다.

$\phi = 0.90$

① $P_r \le 0.4 P_c$인 경우, $R_n = 0.60 F_{y,c} d_c t_{w,c}$ 식(9.6.10a)

② $P_r > 0.4P_c$인 경우, $R_n = 0.60F_{y,c}d_c t_{w,c}\left(1.4 - \dfrac{P_r}{P_c}\right)$ 식(9.6.10b)

여기서, P_r : 소요압축강도(kN)

P_c : $F_{y,c}A_{s,c}$, 기둥단면의 항복강도(MPa)

$F_{y,c}$: 기둥의 설계기준항복강도(MPa)

$t_{w,c}$: 기둥의 웨브두께(mm)

d_c : 기둥의 단면 춤(mm)

기둥의 양 플랜지에 연결된 접합부로부터 기둥 패널에 작용하는 전단력 V_{pz}는 [그림 9.6.22]과 같이 구해진다. 모멘트가 균형을 이루는 양면 접합부의 경우 패널 전단력은 0이 된다. 그러나 모멘트가 균형을 이루지 않는 경우 보 하부 플랜지에 작용하는 두 압축력의 차이가 기둥 패널에 작용하는 전단력이 된다.

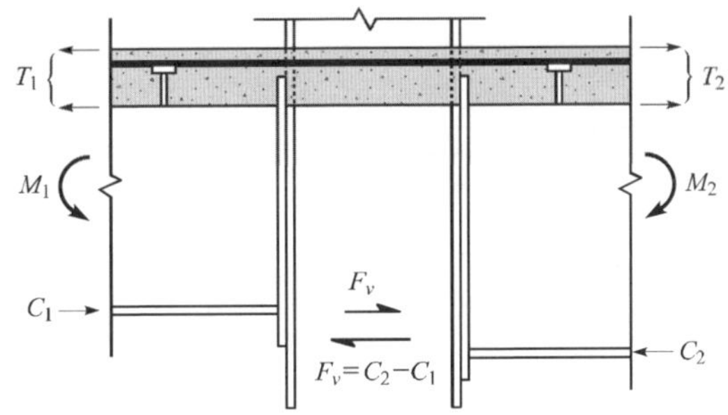

[그림 9.6.22] 전단력을 받는 기둥 웨브 패널

(5) [단계 4] 합성접합부의 설계모멘트강도 계산

① 작용 힘의 분포

[단계 1]에서 계산된 철근과 볼트열의 인장강도는 [단계 2]에서 계산된 압축영역의 강도가 힘의 평형을 이룰 수 있도록 충분히 클 때 사용될 수 있다. [그림 9.6.23]은 계산을 통해 구한 인장영역과 압축영역의 강도(P)와 실제로 작용하는 힘(F)를 나타낸 것이다. 접합부에 실제로 작용하는 힘들 사이에는 다음과 같은 평형조건식이 성립한다.

평형을 유지하기 위해서 인장력의 합은 다음 식(9.6.11)을 만족시켜야 한다.

$$F_{r,r} + \sum F_{ri} = F_c \quad \text{식(9.6.11)}$$

압축영역에 작용하는 힘 F_c는 4가지 강도(기둥 웨브의 ① 국부항복강도, ② 좌굴강도, ③ 크리플링강도 및 보 플랜지의 ④ 지압강도) 중에서 가장 작은 값으로 결정한다.

② 설계모멘트강도

합성접합부의 설계모멘트강도는 접합부에 실제로 작용하는 힘으로부터 다음 식(9.6.12)로 구한다.

$$M_j = F_{r,r}\, h_r + \sum (F_{ri}\, h_i)$$ 식(9.6.12)

여기서, $F_{r,r}$: 철근의 설계인장력(kN)

h_r : 보 하부 플랜지의 중심에서 철근까지의 거리(mm)

F_{ri} : 각 볼트열의 설계인장력(kN)

h_i : 보 하부 플랜지의 중심에서 각 볼트열까지의 거리(mm)

계산된 철근의 설계인장강도($F_{r,r}$)와 볼트열의 설계인장강도(F_{ri})의 합이 압축영역에 작용하는 힘 F_c보다 작으면, 식(9.6.12)의 $F_{r,r}$와 F_{ri}의 값을 $P_{r,r}$와 P_{ri}의 값으로 각각 사용할 수 있다. 계산된 설계인장강도의 합이 F_c보다 큰 경우에는 식(9.6.11)을 만족하도록 감소된 값을 사용해야 한다. 보다 간편한 방법으로는 감소된 값을 구하는 대신에, F_c가 기둥 웨브의 설계강도에 의해 결정되는 경우에는 기둥 웨브에 스티프너를 설치하고, 보 하부 플랜지의 지압강도에 의해 결정되는 경우에는 플랜지의 면적이 더 큰 단면의 보를 선택하는 방법이 있다.

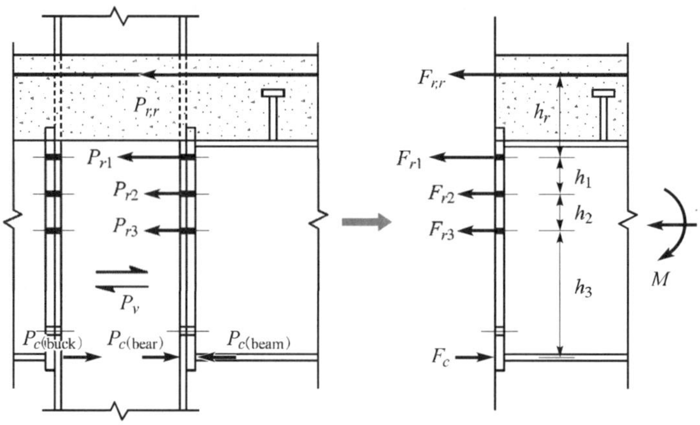

[그림 9.6.23] 계산으로 구한 인장강도와 실제로 작용하는 힘

(6) [단계 5] 접합부의 수직 설계전단력강도 계산

접합부의 수직 전단강도는 인장영역에 있는 볼트의 경우에는 인장력의 영향을 고려하여 감소된 전단강도를, 그리고 모멘트강도의 계산에 사용되지 않는 볼트의 경우에는 감소되지 않은 전단강도를 사용하여 구한다. 슬래브와 철근은 수직 전단강도에 기여하지 않는 것으로 가정한다. 접합부의 수직 설계전단강도 ϕV_n은 다음 식(9.6.13)으로 구한다.

$$\phi V_n = n_v\, \phi P_{nv} + n_{tv}\, \phi P_{ntv}$$ 식(9.6.13)

여기서, n_v : 압축영역에 있는 순전단력만 받는 볼트의 개수

n_{tv} : 인장영역에 있는 인장과 전단의 조합력을 받는 볼트의 개수

ϕP_{nv} : 볼트의 전단강도, 엔드 플레이트의 지압강도, 그리고 기둥 플랜지의 지압강도 중에서 가장 작은 값의 설계강도(kN)

ϕP_{ntv} : 전단과 인장의 조합력을 고려한 볼트의 전단강도, 엔드 플레이트의 지압강도, 그리고 기둥 플랜지의 지압강도 중에서 가장 작은 값의 설계강도(kN)

인장력을 받는 볼트의 설계전단강도

지압접합에서 인장과 전단의 조합력을 받는 볼트 1개의 설계전단강도는 기준 0710.3.4로부터 유도한 인장응력의 효과를 고려한 다음 식(9.6.14)로 구할 수 있다.

$$\phi = 0.75$$

$$\phi P_{ntv} = \left(1.3 - \frac{P_{u,t}}{\phi P_{nt}}\right)\phi P_{nv} \le \phi P_{nv} \quad \text{식(9.6.14)}$$

여기서, ϕP_{ntv} : 인장력 $P_{u,t}$를 받는 볼트 1개의 설계전단강도(kN)

$P_{u,t}$: 볼트에 작용하는 인장력(kN)

ϕP_{nt} : 순 인장력만 받는 볼트 1개의 설계인장강도(kN)

ϕP_{nv} : 순 전단력만 받는 볼트 1개의 설계전단강도(kN)

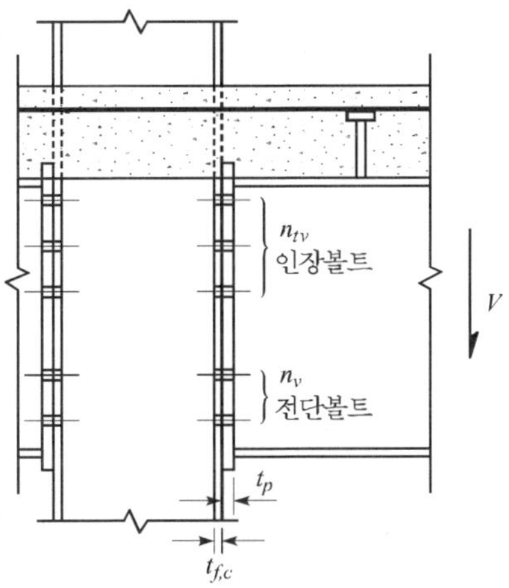

[그림 9.6.24] 전단볼트와 인장볼트

(7) [단계 6] 기둥 웨브의 압축스티프너 설계

기둥에 작용하는 설계하중이 기둥웨브의 국부압축항복, 기둥웨브의 크리플링, 기둥웨브의 좌굴의 한계상태에 대한 강도보다 큰 경우에는 압축 스티프너로 보강하여야 한다.

① 기둥 웨브 수평 스티프너의 단면 설계

기둥웨브의 스티프너에 대한 설계는 기준 0710.10.7에 따라 다음과 같이 설계할 수 있다.

가) 소요 강도와 단면적

$$P_{u,st} = (P_{r,r} + \Sigma P_{ri}) - P_{c(\min)} \quad \text{식(9.6.15)}$$

$$A_{st(req'd)} = \frac{P_{u,st}}{\phi_{st} F_{yst}} \qquad \text{식(9.6.16)}$$

나) 최소폭

$$b_{st} \geq \left(\frac{b_{f,b}}{3} - \frac{t_{w,c}}{2} \right)$$

다) 소요두께

소요두께는 다음 4가지 두께 중에서 가장 큰 두께로 한다.

$$t_{st} \geq \frac{A_{st}}{2b_{st}}$$

$$t_{st} \geq \frac{b_{st}}{0.56\sqrt{E_s/F_{yst}}}$$

$$t_{st} \geq t_{f,b}/2$$

$$t_{st} \geq b_{st}/15$$

② 용접부 설계

압축 스티프너를 기둥의 플랜지와 웨브에 연결하는 용접부는 일반적으로 필릿용접을 사용하며, 기준 0710.2와 0710.10.7을 참고하여 설계한다.

일반적인 경우에서 스티프너가 기둥플랜지의 내부면과 밀착되도록 제작되는 경우에는 플랜지와의 용접은 6mm 필릿용접으로 할 수 있다. 이외의 경우에는 전강도로 설계하여야 한다.

9.6.5 접합부 상세

보-기둥 접합부가 컴팩트접합부나 소성접합부가 되기 위해서는 적절한 접합 상세가 필요하다. 적절한 접합 상세는 다음과 같은 역할을 한다.

가) 인장 볼트와 철근의 조기 파괴를 방지한다.

나) 인장 볼트와 철근이 설계 인장력을 발휘할 수 있도록 충분한 변형을 일으킨다.

다) 불균형 모멘트가 발생할 경우 기둥에 대한 콘크리트의 지압파괴를 방지한다.

이 절의 접합 상세는 컴팩트접합부와 소성접합부에 공통으로 적용되며 소성접합부의 경우 〈표 9.6.1〉와 같이 최소철근량에 대해 보다 엄격한 조건을 적용한다.

1) 철근과 강재앵커

일반적으로 철근의 직경이 작아질수록 연성이 줄어드는 것을 고려하여 철근의 직경은 16mm 이상을 사용한다. 철근은 압축 영역의 콘크리트 안으로 콘크리트설계기준을 적용하여 충분히 정착시킨다.

[그림 9.6.25]는 철근의 배치를 나타낸 것이다. 이러한 철근 배치는 접합부에 불균형 모멘트가 작용하는 경우 종방향 철근과 횡방향 철근 그리고 콘크리트 슬래브가 트러스 작용을 통해 불균형 모멘트에 따른 힘을 기둥에 지압으로 전달할 수 있게 한다.

종방향 철근은 일정한 간격으로 배치하며 기둥에 가장 가까운 철근은 기둥면으로부터 약

20mm에 위치시키고 가장 먼 철근은 기둥 중심선으로부터 기둥 폭의 2배 안에 둔다.

횡방향 철근도 일정한 간격으로 배치하며 기둥에 가장 가까운 철근은 기둥면으로부터 약 20mm에 위치시키고 가장 먼 철근은 기둥 중심선으로부터 기둥 폭의 3배 안에 둔다. 횡방향 철근의 소요 철근량은 불균형 모멘트에 대해 트러스 작용을 고려하여 구할 수 있다. 불균형 모멘트가 작용하지 않는 경우에는 콘크리트설계기준에 따른 최소 철근을 배근한다. 불균형 모멘트가 커질 수 있는 외곽 기둥과의 접합부는 비합성으로 설계하는 것이 보다 경제적일 수 있다.

철근과 데크플레이트 사이에는 약 20mm의 간격을 둔다.

최초의 강재앵커는 기둥면으로부터 적어도 100mm 위치에 설치한다.

2) 철골

접합부의 변형이 주로 엔드 플레이트에 집중되도록 엔드 플레이트와 볼트의 수평간격에 대해 제한을 둔다. 계산 결과 볼트열의 파괴모드가 [그림 9.6.16]의 파괴모드 1에 해당되면 아래의 상세 요건을 따르지 않을 수 있다.

(1) 엔드 플레이트의 두께는 볼트 직경의 60%를 넘지 않도록 한다.

(2) 볼트 사이의 수평간격은 90mm 이상이 되도록 한다.

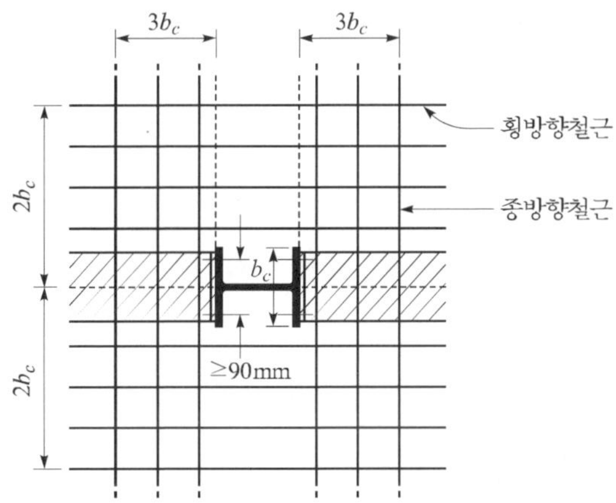

(a) 평면도

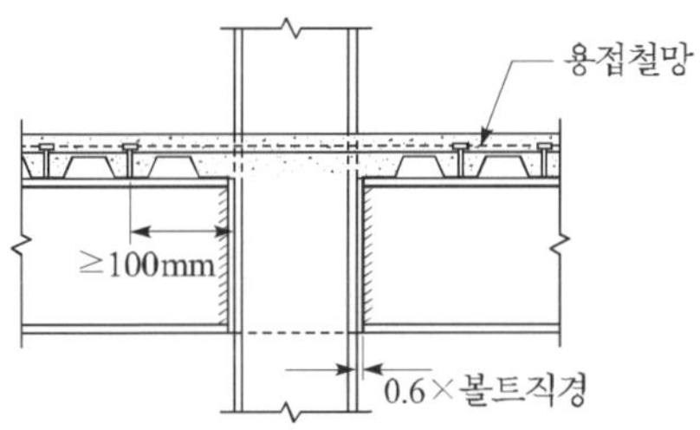

(b) 입면도

[그림 9.6.25] 컴팩트접합부와 소성접합부의 접합 상세

9.6.6 예제 풀이

예제 1 **1열 인장볼트를 사용한 합성 엔드 플레이트 모멘트접합**

다음과 같은 합성 엔드 플레이트 모멘트접합부에 대한 설계모멘트강도와 설계전단강도를 구하시오. 단, 이 예제에서는 양측의 보 단부에 작용하는 모멘트의 크기는 동일하다고 가정한다.

- 슬 래 브 : 총두께 120mm, 골춤 50mm, 콘크리트 설계기준압축강도 $f_{ck}=27\text{MPa}$
- 인장철근 : 6-D16(SD400), 철근의 위치는 보 플랜지로부터 상부 80mm
- 볼 트 : 인장영역볼트 1열 2-M20(F10T), 하부 전단볼트 1열 2-M20(F10T)
- 단 부 판 : 폭 × 두께 = 220×12, SM275
- 보 : H-396×199×7×11($r=16$), SM275
- 기 둥 : H-200×200×8×12($r=13$), SM275

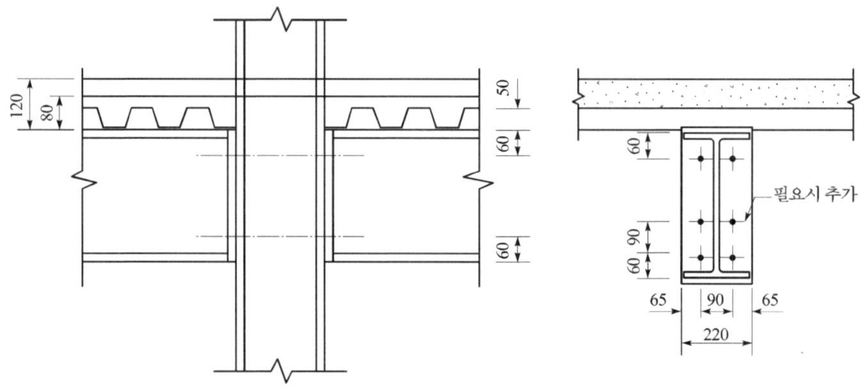

[풀이]

1. 인장영역 : 단계 1

[단계 1A] 철근의 인장강도

철근 6-D16(SD400), $A_{sr}=1{,}190\,\text{mm}^2$

철근의 최소단면적 검토 : 소성접합부 최소철근량 검토(〈표 9.6.1〉의 소성접합부)

$$A_{sr}=1{,}190\,\text{mm}^2 > A_{sr,\min}=1{,}100\,\text{mm}^2$$

$$P_{r,r}=\phi F_{yr}A_{sr}=0.90(400)(1{,}190)\times10^{-3}=428\text{kN}$$ 식(9.6.1)

[단계 1B] 볼트열의 인장강도

1) 독립된 1개 볼트(M20-F10T)의 설계인장강도

$$F_{nt}=750\text{MPa}$$ 기준〈표 0710.3.1〉

$$A_b=\pi d_b^2/4=3.14(20)^2/4=314\text{mm}^2$$

$$\phi P_t'=\phi F_{nt}A_b=0.75(750)(314)\times10^{-3}=177\text{kN}$$ 기준 식(0710.3.1)

2) 기둥 플랜지의 휨

(1) 기둥 플랜지에 대한 준비계산

$$m=\frac{g}{2}-\frac{t_{w,c}}{2}-0.8r_c=\frac{90}{2}-\frac{8}{2}-0.8(13)=30.6\,\text{mm}$$

$1.25m = 1.25 \times 30.6 = 38.3\text{mm}$

$e = e_{cf} = \dfrac{B}{2} - \dfrac{g}{2} = \dfrac{200-90}{2} = 55\text{mm}$

엔드 플레이트의 $e_p = 65\text{mm}$ (엔드 플레이트의 계산 참조)

$n = \min[1.25m,\ e_{cf},\ e_p] = \min[38.3,\ 55,\ 65] = 38.3\text{mm}$

(2) 기둥 플랜지의 항복선 유효길이

Pattern (i) : 〈표 9.6.2〉 참조

$L_{eff} = 2\pi m = 2\pi(30.6) = 192\text{mm}$

Pattern (ii) : 〈표 9.6.2〉 참조

$L_{eff} = 4m + 1.25e = 4(30.6) + 1.25(55) = 191\text{mm}$

$\therefore L_{eff} = \min\{\text{i}, \text{ii}\} = 191\text{mm}$

(3) 기둥 플랜지의 설계휨강도

$\phi M_p = \phi \dfrac{F_{y,c} L_{eff}\, t_{f,c}^2}{4} = 0.90 \dfrac{275(191 \times 12^2)}{4} \times 10^{-3} = 1{,}702\text{kN}\cdot\text{mm}$

(4) 기둥 플랜지에 대한 볼트의 인장강도

모드 1 : $P_r = \dfrac{4\phi M_p}{m} = \dfrac{4(1{,}702)}{30.6} = 222\text{kN}$ 식(9.6.2)

모드 2 : $P_r = \dfrac{2\phi M_p + n(\Sigma \phi P_t')}{m+n} = \dfrac{2(1{,}702) + 38.3(2 \times 177)}{30.6 + 38.3} = 246\text{kN}$ 식(9.6.3)

모드 3 : $P_r = \Sigma \phi P_t' = 1(2 \times 177) = 354\text{kN}$ 식(9.6.4)

$\therefore P_r = 222\text{kN}$

3) 엔드 플레이트의 휨

(1) 엔드 플레이트에 대한 준비계산

$m = \dfrac{g}{2} - \dfrac{t_{w,b}}{2} - 0.8 s_{ww} = \dfrac{90}{2} - \dfrac{7}{2} - 0.8(8) = 35.1\text{mm}$ (용접치수 8mm로 가정)

$1.25m = 1.25(35.1) = 43.9\text{mm}$

$e_p = \dfrac{b_p}{2} - \dfrac{g}{2} = \dfrac{220-90}{2} = 65\text{mm}$

기둥 플랜지의 $e_{cf} = 55\text{mm}$ (기둥플랜지의 계산 참조)

$n = \min[1.25m,\ e_{cf},\ e_p] = \min[43.9,\ 55,\ 65] = 43.9\text{mm}$

(2) 엔드 플레이트의 항복선 유효길이

Pattern (i) : 〈표 9.6.2〉 참조

$L_{eff} = 2\pi m = 2\pi(35.1) = 220\text{mm}$

Pattern (ii) : 〈표 9.6.2〉 참조

$L_{eff} = 4m + 1.25e = 4(35.1) + 1.25(65) = 222\text{mm}$

Pattern (iii) : 〈표 9.6.2〉 참조

$m_1 = m = 35.1\text{mm}$

$m_2 = p_1 - t_{f,b} - 0.8 s_{wf} = 60 - 11 - 0.8(10) = 41\text{mm}$ (용접치수 10mm로 가정)

$\lambda_1 = \dfrac{m_1}{m_1 + e} = \dfrac{35.1}{35.1 + 65} = 0.35$

$$\lambda_2 = \frac{m_2}{m_1+e} = \frac{41}{35.1+65} = 0.41$$

알파(α) 그래프에서 $|\lambda_1 = 0.35,\ \lambda_2 = 0.41|$ 일 때 α값을 읽는다. [그림 9.6.18] 참조

$\alpha \approx 7.0$

$L_{eff} = \alpha m_1 = 7.0(35.1) = 246\text{mm}$

$g = 90 < 0.7\, b_{f,b} = 0.7(200) = 140\text{mm}$ 이므로

$L_{eff} = \text{Min}\{\text{Max}\{\text{ii, iii}\}, \text{i}\} = 220\text{mm}$: 패턴 (i)에 의해 결정되었음 〈표 9.6.3〉 참조

(3) 엔드 플레이트의 휨강도

$$\phi M_p = \phi \frac{F_{y,p} L_{eff}\, t_{f,c}^2}{4} = 0.90 \frac{275(220 \times 12^2)}{4} \times 10^{-3} = 1{,}960\text{kN}\cdot\text{mm}$$

(4) 엔드 플레이트에 대한 볼트의 인장강도

모드 1 : $P_r = \dfrac{4\phi M_p}{m} = \dfrac{4(1{,}960)}{35.1} = 222\text{kN}$ 식(9.6.2)

모드 2 : $P_r = \dfrac{2\phi M_p + n(\Sigma \phi P_t')}{m+n} = \dfrac{2(1{,}960) + 43.9(2\times177)}{35.1+43.9} = 246\text{kN}$ 식(9.6.3)

모드 3 : $P_r = \Sigma \phi P_t' = 1(2\times177) = 354\text{kN}$ 식(9.6.4)

$\therefore P_r = 222\text{kN}$

4) 볼트열의 설계인장강도

기둥 플랜지의 휨과 엔드 플레이트의 휨 중에서 작은 값으로 결정한다.

$P_r = 222\text{kN}$

[단계 1C] : 보 및 기둥 웨브의 인장강도

1) 기둥 웨브의 인장강도

$$L_t = \frac{g}{2}(2\times1.73) = \frac{90}{2}(2\times1.41) = 127\text{mm}$$

$P_t = \phi_t R_n = \phi_t F_y L_t t_w = 1.0(275\times127\times8.0)\times10^{-3} = 279\text{kN}$ 식(9.6.5)

$P_t = 279\text{kN} > P_r = 222\text{kN}$ 적합

2) 보 웨브의 인장강도

볼트의 중심에서 보 플랜지의 밑면까지의 거리

$$p_1 - t_{f,b} = 60 - 11 = 49\text{mm} < \frac{L_t}{2} = \frac{156}{2} = 78\text{mm}$$

여기서, p_1 : 상부 인장볼트 중심에서 보의 상부 플랜지까지 거리

보 웨브의 두께가 기둥 웨브의 두께보다 작으나 보 플랜지가 웨브인장역역 유효길이(78mm) 안에 있으므로 보 플랜지도 인장에 저항한다. 따라서 보 웨브의 인장강도는 검토할 필요가 없다.

2. 압축영역 : 단계 2

[단계 2A] 기둥 웨브 압축강도

1) 기둥 웨브의 국부항복강도

보플랜지의 용접치수(s_{wf})는 10mm로 가정

$k = t_{f,c} + r_c = 12 + 13 = 25\text{mm}$

$N = t_{f,b} + 2s_{wf} + 2t_p = 11 + 2(10) + 2(12) = 55\text{mm}$

$$P_c = \phi(5k+N)F_{y,c}t_{w,c} \qquad \text{식(9.6.6a)}$$
$$= 1.0(5\times 25+55)(275)(8)\times 10^{-3} = 396\text{kN}$$

2) 기둥 웨브의 좌굴강도

$$h = d_c - 2(t_{f,c}+r_c) = 200-2(12+13) = 150\text{mm}$$
$$P_c = \frac{\phi 24 t_{w,c}^3 \sqrt{E_s F_{y,c}}}{h} \qquad \text{식(9.6.7)}$$
$$= 0.9\left[\frac{24(8)^3\sqrt{(210{,}000)(275)}}{150}\right]\times 10^{-3} = 560\text{kN}$$

3) 기둥 웨브의 크리플링

$$P_c = \phi 0.80 t_{w,c}^2\left[1+3\left(\frac{N}{d_c}\right)\left(\frac{t_{w,c}}{t_{f,c}}\right)^{1.5}\right]\sqrt{\frac{E_s F_{y,c} t_{f,c}}{t_{w,c}}} \qquad \text{식(9.6.8)}$$
$$= 0.75(0.80\times 8^2)\left[1+3\left(\frac{55}{200}\right)\left(\frac{8}{12}\right)^{1.5}\right]\sqrt{\frac{(210{,}000)(275)(12)}{8}}\times 10^{-3} = 518\text{kN}$$

4) 기둥 웨브 압축강도

기둥 웨브의 설계압축강도 P_c는 앞에서 구한 3 값 중에서 가장 작은 값이다.

$$P_{c(\min)} = 396\text{kN}$$

구분	기둥웨브 압축강도 P_c(kN)		인장력 합력 $P_{r,r}+\Sigma P_{ri}$(kN)	비고
기둥 웨브의 국부항복강도	396	〈	650	부적합
기둥 웨브의 좌굴강도	560	〈	650	부접합
기둥 웨브의 크리플링	518	〈	650	부적합

위 표와 같이 기둥웨브의 압축강도는 인장강도의 합력보다 작으므로 기둥 웨브는 스티프너로 보강하여야 한다. SM355($F_{yc} = 355\text{MPa}$)의 기둥을 사용해도 부적합하다.

[단계 2B] 보 플랜지의 설계지압강도

$$P_c = \phi(1.8F_{y,b}A_{f,b}) = 1.35F_{y,b}b_{f,b}t_{f,b} \qquad \text{식(9.6.9)}$$
$$= 1.35(275\times 11\times 200)\times 10^{-3} = 817\text{kN} > P_{r,r}+\Sigma P_{ri} = 650\text{kN} \qquad \text{적합}$$

3. 기둥 패널의 전단강도 : 단계 3

이 예제에서는 기둥 양면의 접합부에 균형 모멘트이므로 기둥패널에 작용하는 전단력은 0이다. 따라서 기둥 패널의 전단강도는 검토하지 않는다.

4. 합성접합부의 설계모멘트강도 : 단계 4

기둥의 웨브에 스티프너를 설치하면 접합부의 모멘트강도는 다음과 같이 구해진다.

1) 인장철근의 모멘트저항 팔 길이

$$h_r = d_b + 80 - \frac{t_{f,b}}{2} = 396+80-\frac{11}{2} = 471\text{mm}$$

2) 인장볼트열의 모멘트저항 팔 길이

$$h_1 = d_b - p_1 - \frac{t_{f,b}}{2} = 396-60-\frac{11}{2} = 331\text{mm}$$

3) 합성접합부의 설계휨모멘트강도

$$M_j = F_{r,r}\, h_r + F_{r1}\, h_1 \qquad \text{식(9.6.12)}$$

$$= 428(0.471) + 222(0.331) = 275\text{kN}\cdot\text{m}$$

주의 : 합성접합부의 모멘트강도가 정모멘트 영역의 소성모멘트의 80%를 초과하는 경우에는 부모멘트 영역의 횡비틀림좌굴을 검토해야 한다.

5. 접합부의 수직력에 대한 설계전단강도 : 단계 5

볼트군의 수직 설계전단강도 ϕV_n는 다음 식으로 구한다.

$$\phi = 0.75$$

$$\phi V_n = n_v\, \phi P_{nv} + n_{tv}\, \phi P_{ntv} \qquad \text{식(9.6.13)}$$

여기서, n_v : 순전단력만 받는 볼트의 개수

n_{tv} : 인장과 전단의 조합력을 받는 볼트의 개수

ϕP_{nv} : 순 전단력만 받는 볼트 1개의 설계전단강도(kN)

ϕP_{ntv} : 인장력을 받는 볼트 1개의 설계전단강도(kN)

1) 독립된 볼트의 강도

(1) 볼트 1개의 설계인장강도 :

$$\phi P_{nt} = 177\text{kN/개}$$

(2) 볼트 1개의 설계전단강도 : 전단면 위치가 나사부 외에 위치한 경우, 1면전단강도

$$\phi P_{nv} = 118\text{kN/개}$$

볼트구멍의 지압강도는 기둥플랜지의 두께와 엔드 플레이트의 두께 중에서 가장 얇은 두께를 기준하여 구한다. 볼트구멍의 설계지압강도는

$$\phi P_{nv} = \phi f_{br}\, t_p = 14.4(12) = 173\text{kN}$$

볼트의 전단강도와 볼트구멍의 지압강도 중에서 작은 값을 설계전단강도로 한다.

$$\therefore\ \phi P_{nv} = \min[118,\ 173] = 118\text{kN/개}$$

2) 인장력을 받는 상부 볼트의 설계전단강도

인장볼트열의 설계인장강도는 엔드 플레이트의 휨강도로부터 결정되었으므로 볼트에 작용하는 인장력은 다음과 같이 구한다.

$$P_{u,t} = \frac{P_r}{2} = \frac{222}{2} = 111\text{kN/개}$$

인장력을 고려한 설계전단강도는 다음과 같이 구한다.

$$\phi P_{ntv} = \left(1.3 - \frac{P_{u,t}}{\phi P_{nt}}\right)\phi P_{nv} \qquad \text{식(9.6.14)}$$

$$= \left(1.3 - \frac{111}{177}\right)118 = 79.4\text{kN/개}$$

3) 볼트군의 설계전단강도

하부 전단볼트 2개와 상부 인장볼트 2개에 의한 수직 설계전단강도는 다음과 같이 구한다.

$$\phi V_n = n_s\, \phi P_{nv} + n_t\, \phi P_{ntv} \qquad \text{식(9.6.13)}$$

$$= 2(118) + 2(79.4) = 394.8\text{kN}$$

6. 기둥 웨브 스티프너의 설계 : 단계 6

1) 스티프너의 단면크기

(1) 소요 강도와 단면적

$$P_{u,st} = (P_{r,r} + \Sigma P_{r1}) - P_{c(\min)} = 619 - 338 = 281\text{kN} \qquad \text{식}(9.6.15)$$

$$A_{st(req'd)} = \frac{P_{u,st}}{\phi_{st} F_{yst}} = \frac{281 \times 10^3}{0.90(275)} = 1{,}135\text{mm}^2 \qquad \text{식}(9.6.16)$$

(2) 최소폭

$$b_{st} \geq \left(\frac{b_{f,b}}{3} - \frac{t_{w,c}}{2}\right) = \frac{200}{3} + \frac{8}{2} = 70.7\text{mm} \;\Rightarrow\; b_{st} = (b_{f,b} - t_{w,c})/2 = (200 - 8.0)/2 = 96\text{mm}$$

(3) 소요두께

$$t_{st} = \frac{A_{st}}{2b_{st}} = \frac{1{,}135}{2(96)} = 5.9\text{mm}$$

$$t_{st} \geq \frac{b_{st}}{0.56\sqrt{E_s/F_{yst}}} = \frac{96}{0.56\sqrt{210{,}000/275}} = 6.2\text{mm}$$

$$t_{st} \geq t_{f,b}/2 = 20/2 = 10\text{mm}$$

$$t_{st} \geq b_{st}/15 = 96/15 = 6.4\text{mm}$$

$$t_{st} \geq \max[5.9,\ 6.2,\ 10.0,\ 6.4]\text{mm} = 10\text{mm}$$

(4) 면적 검토

$$A_{st} = 2(t_{st} \times b_{st}) = 2(10 \times 96) = 1{,}920\text{mm}^2 \; > A_{st(req'd)} = 1{,}135\text{mm}^2 \qquad \text{적합}$$

2) 스티프너의 용접설계

이 예제의 스티프너는 인장력에 대한 기둥플랜지의 국부휨강도의 부족이 아니라 압축력에 대한 기둥 웨브의 국부항복, 국부좌굴과 크리플링강도의 부족으로 필요한 것이어서 최소필릿용접 치수를 사용할 수 있다.

최소필릿용접 치수는 기둥 웨브의 두께 $t_{w,c} = 8.0\text{mm}$를 기준하여 결정한다.

$6.0\text{mm} < t_{w,c} \leq 13\text{mm}$ 이므로 필릿용접치수는 $s_{st} \geq 5.0\text{mm}$ 이어야 한다.

지침에 따라 양면 필릿용접($s_{st} = 6.0\text{mm}$)으로 결정

7. 강재앵커(전단연결재) 설계 : 단계 7

부모멘트구간 강재앵커의 소요개수는 기준 0709.3.2.4(2), 0709.8.2.3에 따라 부모멘트가 최대가 되는 위치와 모멘트가 0이 되는 위치 사이의 총수평 전단력은 인장철근의 설계인장강도를 기준하여 다음과 같이 구한다.

1) 인장철근의 설계인장강도

$$P_{r,r} = 428\text{kN} \qquad \text{([단계 1] 참조)}$$

2) $\phi 19$ 스터드앵커 1개의 공칭전단강도 (〈설계도움표 4.3〉 참조)

$$Q_n = 85.1\text{kN/EA}$$

3) 강재앵커(전단연결재)의 소요개수

$$n_{stud} = \frac{P_{r,r}}{Q_n} = \frac{428}{85.1} = 5.03$$

따라서 6개 이상의 스터드앵커($\phi 19$)가 부모멘트구간에 배치되어야 한다. 배치는 강재앵커에 대한 기준 0709.8.2.4 상세요구사항들을 만족시켜야 한다.

예제 2 2열 인장볼트를 사용한 합성 엔드 플레이트 모멘트접합

다음과 같은 합성 엔드 플레이트 모멘트접합부에 대한 설계모멘트강도와 설계전단강도를 구하시오. 단, 이 예제에서는 양측의 보단부에 작용하는 모멘트의 크기는 동일하다고 가정한다.

- 슬 래 브 : 총두께 120mm, 골춤 50mm, 콘크리트 설계기준압축강도 $f_{ck} = 27\text{MPa}$
- 인장철근 : 6-D16(SD400), 철근의 위치는 보 플랜지로부터 상부 80mm
- 볼　　트 : 인장영역볼트 2열 2-M20(F10T), 하부 전단볼트 1열 2-M20(F10T)
- 단 부 판 : 폭×두께 = 220×12, SM275
- 　보　 : H-396×199×7×11($r = 16$), SM275
- 기　　둥 : H-200×200×8×12($r = 13$), SM275

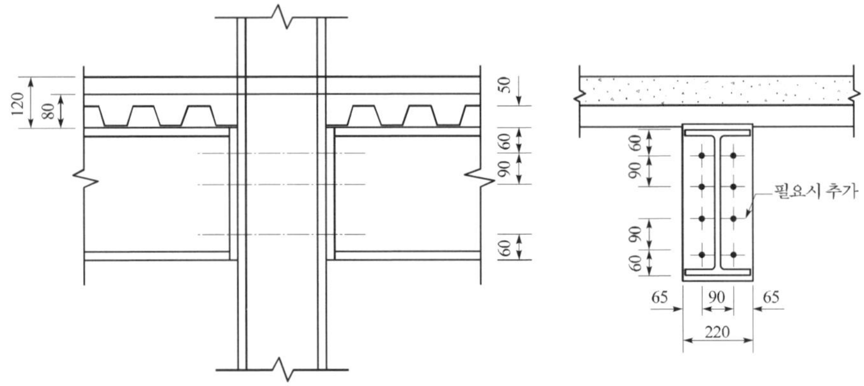

[풀이]

1. 인장영역 : 단계 1

[단계 1A] 철근의 인장강도

철근 6-D16(SD400), $A_{sr} = 1{,}190\,\text{mm}^2$

철근의 최소단면적 검토 : 소성접합부 최소철근량 검토(〈표 9.6.1〉의 소성접합부)

$$A_{sr} = 1{,}190\,\text{mm}^2 > A_{sr,\min} = 1{,}100\,\text{mm}^2$$

$$P_{r,r} = \phi F_{yr} A_{sr} = 0.90(400)(1{,}190) \times 10^{-3} = 428\text{kN}$$ 식(9.6.1)

[단계 1B] 볼트열의 인장강도

1) 독립된 1개 볼트(M20-F10T)의 설계인장강도

$$F_{nt} = 750\text{MPa}$$ 기준〈표 0710.3.1〉

$$A_b = \pi d_b^2/4 = 3.14(20)^2/4 = 314\text{mm}^2$$

$$\phi P_t' = \phi F_{nt} A_b = 0.75(750)(314) \times 10^{-3} = 177\text{kN}$$ 기준 식(0710.3.1)

2) 기둥 플랜지의 휨

(1) 1열 볼트에 대한 휨저항력

① 기둥 플랜지에 대한 준비계산

$$m = \frac{g}{2} - \frac{t_{w,c}}{2} - 0.8r_c = \frac{90}{2} - \frac{8}{2} - 0.8(13) = 30.6\,\text{mm}$$

$1.25m = 1.25 \times 30.6 = 38.3\text{mm}$

$e = e_{cf} = \dfrac{B}{2} - \dfrac{g}{2} = \dfrac{200-90}{2} = 55\text{mm}$

엔드 플레이트의 $e_p = 65\text{mm}$(엔드 플레이트의 계산 참조)

$n = \min[1.25m,\ e_{cf},\ e_p] = \min[38.3,\ 55,\ 65] = 38.3\text{mm}$

② 기둥 플랜지의 항복선 유효길이 (〈표 9.6.2〉 참조)

Pattern (i) : 〈표 9.6.2〉 참조

$L_{eff} = 2\pi m = 2\pi(30.6) = 192\text{mm}$

Pattern (ii) : 〈표 9.6.2〉 참조

$L_{eff} = 4m + 1.25e = 4(30.6) + 1.25(55) = 191\text{mm}$

$\therefore L_{eff} = \text{Min}\{\text{i}, \text{ii}\} = 191\text{mm}$ 〈표 9.6.3〉 참조

③ 기둥 플랜지의 설계휨강도

$\phi M_p = \phi \dfrac{F_{y,c} L_{eff}\, t_{f,c}^2}{4} = 0.90 \dfrac{275(191 \times 12^2)}{4} \times 10^{-3} = 1{,}702\text{kN}\cdot\text{mm}$

④ 기둥 플랜지에 대한 볼트의 인장강도

모드 1 : $P_r = \dfrac{4\phi M_p}{m} = \dfrac{4(1{,}702)}{30.6} = 222\text{kN}$ 식(9.6.2)

모드 2 : $P_r = \dfrac{2\phi M_p + n(\Sigma \phi P_t^{'})}{m+n} = \dfrac{2(1{,}702) + 38.3(2 \times 177)}{30.6 + 38.3} = 246\text{kN}$ 식(9.6.3)

모드 3 : $P_r = \Sigma \phi P_t^{'} = 1(2 \times 177) = 354\text{kN}$ 식(9.6.4)

$\therefore P_{r1} = 222\text{kN}$

(2) 2열 볼트에 대한 휨저항력

1열 볼트와 동일하다.

$\therefore P_r = 222\text{kN}$

(3) 1열과 2열의 볼트를 함께 고려한 휨저항력

〈표 9.6.4〉를 참조

Pattern (ii)의 $L_{eff} = 192\text{mm}$ (앞 절과 동일)

$L_{eff} = 2\left(\dfrac{\text{ii}}{2} + \dfrac{\text{p}}{2}\right) = 2\left(\dfrac{192}{2} + \dfrac{90}{2}\right) = 282\text{mm}$

$\phi M_p = \phi \dfrac{F_{y,c} L_{eff}\, t_{f,c}^2}{4} = 0.90 \dfrac{275(282 \times 12^2)}{4} \times 10^{-3} = 2{,}513\text{kN}\cdot\text{mm}$

모드 1 : $P_r = \dfrac{4\phi M_p}{m} = \dfrac{4(2{,}513)}{30.6} = 328\text{kN}$ 식(9.6.2)

모드 2 : $P_r = \dfrac{2\phi M_p + n(\Sigma \phi P_t^{'})}{m+n} = \dfrac{2(2{,}513) + 38.3(4 \times 177)}{30.6 + 38.3} = 467\text{kN}$ 식(9.6.3)

모드 3 : $P_r = \Sigma \phi P_t^{'} = 2(2 \times 177) = 708\text{kN}$ 식(9.6.4)

$P_{r(1+2)} = 281\text{kN}$

$P_{r2} = P_{r(1+2)} - P_{r1} = 328 - 222 = 106\text{kN} < 222\text{kN}$

$\therefore\ P_{r2} = 106\text{kN}$

3) 엔드 플레이트의 휨

(1) 1 열 볼트에 대한 휨저항력

① 엔드 플레이트에 대한 준비계산

$m = \dfrac{g}{2} - \dfrac{t_{w,b}}{2} - 0.8\,s_{ww} = \dfrac{90}{2} - \dfrac{7}{2} - 0.8\,(8) = 35.1\,\text{mm}$ (용접치수 8mm로 가정)

$1.25\,m = 1.25\,(35.1) = 43.9\,\text{mm}$

$e_p = \dfrac{b_p}{2} - \dfrac{g}{2} = \dfrac{220 - 90}{2} = 65\,\text{mm}$

기둥 플랜지의 $e_{cf} = 55\text{mm}$ (기둥플랜지의 계산 참조)

$n = \min[1.25m,\, e_{cf},\, e_p] = \min[43.9,\, 55,\, 65] = 43.9\text{mm}$

② 엔드 플레이트의 항복선 유효길이

Pattern (i) : 〈표 9.6.2〉 참조

$L_{eff} = 2\pi m = 2\pi(35.1) = 220\,\text{mm}$

Pattern (ii) : 〈표 9.6.2〉 참조

$L_{eff} = 4m + 1.25e = 4\,(35.1) + 1.25\,(65) = 222\,\text{mm}$

Pattern (iii) : 〈표 9.6.2〉 참조

$m_1 = m = 35.1\,\text{mm}$

$m_2 = p_1 - t_{f,b} - 0.8\,s_{wf} = 60 - 11 - 0.8\,(10) = 41\,\text{mm}$ (용접치수 10mm로 가정)

$\lambda_1 = \dfrac{m_1}{m_1 + e} = \dfrac{35.1}{35.1 + 65} = 0.35$

$\lambda_2 = \dfrac{m_2}{m_1 + e} = \dfrac{41}{35.1 + 65} = 0.41$

알파(α) 그래프에서 $|\lambda_1 = 0.35,\ \lambda_2 = 0.41|$ 일 때 α값을 읽는다. [그림 9.6.18] 참조

$\alpha \approx 7.0$

$L_{eff} = \alpha m_1 = 7.0(35.1) = 246\,\text{mm}$

$g = 90 < 0.7\,b_{f,b} = 0.7(200) = 140\,\text{mm}$ 이므로

$L_{eff} = \text{Min}\{\text{Max}\{\text{ii, iii}\}, \text{i}\} = 220\,\text{mm}$: 패턴 (i)에 의해 결정되었음 〈표 9.6.3〉 참조

③ 엔드 플레이트의 휨강도

$$\phi M_p = \phi \frac{F_{y,p}\, L_{eff}\, t_p^2}{4} = 0.90 \frac{275\,(220 \times 12^2)}{4} \times 10^{-3} = 1{,}960\,\text{kN·mm}$$

④ 엔드 플레이트에 대한 볼트의 인장강도

모드 1 : $P_r = \dfrac{4\phi M_p}{m} = \dfrac{4(1{,}960)}{35.1} = 222\,\text{kN}$ 식(9.6.2)

모드 2 : $P_r = \dfrac{2\phi M_p + n(\Sigma\phi P_t')}{m + n} = \dfrac{2(1{,}960) + 43.9(2 \times 177)}{35.1 + 43.9} = 246\,\text{kN}$ 식(9.6.3)

모드 3 : $P_r = \Sigma\phi P_t' = 1(2 \times 177) = 354\,\text{kN}$ 식(9.6.4)

$\therefore P_{r1} = 222\,\text{kN}$

(2) 2열 볼트에 대한 휨저항력

1열 볼트와 동일하다.

$\therefore P_r = 222\,\text{kN}$

(3) 1열과 2열의 볼트를 함께 고려한 휨저항력

〈표 9.6.4〉 참조

1열 볼트의 유효길이

$g = 90 < 0.7\,b_{f,b} = 0.7(200) = 140\,\text{mm}$ 이므로

$$L_{eff} = \text{Max}\left\{\frac{\text{ii}}{2}, \left(\text{iii} - \frac{\text{ii}}{2}\right)\right\} + \frac{\text{p}}{2} = \text{Max}\left\{\frac{222}{2}, \left(246 - \frac{222}{2}\right)\right\} + \frac{90}{2} = 180\,\text{mm}$$

2열 볼트 유효길이

$$L_{eff} = \left(\frac{\text{ii}}{2} + \frac{\text{p}}{2}\right) = \left(\frac{222}{2} + \frac{90}{2}\right) = 156\,\text{mm}$$

전체 볼트열의 유효길이

$$L_{eff} = 180 + 156 = 336\,\text{mm}$$

$$\phi M_p = \phi \frac{F_{y,p}\,L_{eff}\,t_p^2}{4} = 0.90\frac{275(336 \times 12^2)}{4} \times 10^{-3} = 2{,}994\,\text{kN·mm}$$

모드 1 : $P_r = \dfrac{4\phi M_p}{m} = \dfrac{4(2{,}994)}{35.1} = 341\text{kN}$ 식(9.6.2)

모드 2 : $P_r = \dfrac{2\phi M_p + n(\Sigma \phi P_t^{'})}{m+n} = \dfrac{2(2{,}994) + 43.9(4 \times 177)}{35.1 + 43.9} = 469\text{kN}$ 식(9.6.3)

모드 3 : $P_r = \Sigma \phi P_t^{'} = 2(2 \times 177) = 708\text{kN}$ 식(9.6.4)

$$P_{r(1+2)} = 292\,\text{kN}$$

$$P_{r2} = P_{r(1+2)} - P_{r1} = 341 - 222 = 119\text{kN} < 222\text{kN}$$

$$\therefore\ P_{r2} = 119\text{kN}$$

4) 볼트열의 설계인장강도

기둥 플랜지의 휨과 엔드 플레이트의 휨 중에서 작은 값으로 결정한다.

1열 볼트 : $P_{r1} = \min[222, 222] = 222\text{kN}$

2열 볼트 : $P_{r2} = \min[106, 119] = 106\text{kN}$

[단계 1C] 보 및 기둥 웨브의 인장강도 (Case 1C)

1) 기둥 웨브의 인장강도

(1) 2볼트열에 대한 웨브 유효길이

$$L_t = p_b + \frac{g}{2}(2 \times 1.41) = 90 + \frac{90}{2}(2 \times 1.41) = 217\,\text{mm}$$

(2) 기둥 웨브의 인장강도

$P_t = \phi_t R_n = \phi_t F_y L_t t_w = 1.0(275 \times 217 \times 8.0) \times 10^{-3} = 477\text{kN}$ 식(9.6.5)

$P_t = 477\text{kN} > P_{r1} + P_{r2} = 222 + 106 = 328\,\text{kN}$ 적합

2) 보웨브의 인장강도

보 웨브의 두께가 기둥 웨브의 두께보다 작으나 보 플랜지가 웨브인장역역 유효길이 안에 있으므로 보 플랜지도 인장에 저항한다. 따라서 보 웨브의 인장강도는 검토할 필요가 없다.

2. 압축영역 : 단계 2

[단계 2A] 기둥 웨브 압축강도

1) 기둥 웨브의 국부항복강도

보플랜지의 용접치수(s_{wf})는 10mm로 가정

$$k = t_{f,c} + r_c = 12 + 13 = 25\text{mm}$$

$$N = t_{f,b} + 2s_{wf} + 2t_p = 11 + 2(10) + 2(12) = 55\text{mm}$$

$P_c = \phi(5k + N)F_{y,c}t_{w,c}$ 기준식(0710.10.2.) 식(9.6.6a)

$$= 1.0(5 \times 25 + 55)(275)(8) \times 10^{-3} = 396\text{kN}$$

2) 기둥 웨브의 좌굴강도

$$h = d_c - 2(t_{f,c} + r_c) = 200 - 2(12 + 13) = 150\text{mm}$$

$$P_c = \frac{\phi 24 t_{w,c}^3 \sqrt{E_s F_{y,c}}}{h} \qquad 식(9.6.7)$$

$$= 0.9\left[\frac{24(8)^3\sqrt{(210{,}000)(275)}}{150}\right]\times 10^{-3} = 560\,\text{kN}$$

3) 기둥 웨브의 크리플링

$$P_c = \phi 0.80 t_{w,c}^2\left[1+3\left(\frac{N}{d_c}\right)\left(\frac{t_{w,c}}{t_{f,c}}\right)^{1.5}\right]\sqrt{\frac{E_s F_{y,c} t_{f,c}}{t_{w,c}}} \qquad 식(9.6.8)$$

$$=0.75(0.80\times 8^2)\left[1+3\left(\frac{55}{200}\right)\left(\frac{8}{12}\right)^{1.5}\right]\sqrt{\frac{(210{,}000)(275)(12)}{8}}\times 10^{-3} = 488\text{kN}$$

4) 기둥 웨브 압축강도

기둥 웨브의 설계압축강도 P_c는 앞에서 구한 3 값 중에서 가장 작은 값이다.

$P_{c(\min)} = 338\text{kN}$

$P_{r,r} + \Sigma P_{ri} = 428 + (191+90) = 709\text{kN}$

구분	기둥웨브 압축강도 P_c(kN)		인장력 합력 $P_{r,r}+\Sigma P_{ri}$(kN)	비고
기둥 웨브의 국부항복강도	396	〈	756	부적합
기둥 웨브의 좌굴강도	560	〈	756	부접합
기둥 웨브의 크리플링	488	〈	756	부적합

위 표와 같이 기둥웨브의 압축강도는 인장강도의 합력보다 작으므로 기둥 웨브는 스티프너로 보강하여야 한다. SM355($F_{yc} = 355\,\text{MPa}$)의 기둥을 사용해도 부적합하다.

[단계 2B] 보 플랜지의 설계지압강도

$$P_c = \phi(1.8F_{y,b}A_{f,b}) = 1.35F_{y,b}b_{f,b}t_{f,b} \qquad 식(9.6.9)$$

$$= 1.35(275\times 11\times 200)\times 10^{-3} = 817\text{kN} > P_{r,r} + \Sigma P_{ri} = 756\text{kN} \qquad 적합$$

3. 기둥 패널의 전단강도 : 단계 3

이 예제에서는 기둥 양면의 접합부에 균형 모멘트이므로 기둥 패널에 작용하는 전단력은 0이다. 따라서 기둥 패널의 전단강도는 검토하지 않는다.

4. 합성접합부의 설계모멘트강도 : 단계 4

기둥의 웨브에 스티프너를 설치하면 접합부의 모멘트강도는 다음과 같이 구해진다.

1) 인장철근의 모멘트저항 팔 길이

$$h_r = d_b + 80 - \frac{t_{f,b}}{2} = 396 + 80 - \frac{11}{2} = 471\,\text{mm}$$

2) 인장볼트열의 모멘트저항 팔 길이

$$h_1 = d_b - p_1 - \frac{t_{f,b}}{2} = 396 - 60 - \frac{11}{2} = 331\,\text{mm}$$

$$h_2 = d_b - p_1 - \frac{t_{f,b}}{2} = 396 - 60 - 90 - \frac{11}{2} = 241\,\text{mm}$$

3) 합성접합부의 설계휨모멘트강도

$$M_j = F_{r,r}\,h_r + F_{r1}\,h_1 + F_{r2}\,h_2 \qquad \text{식(9.6.12)}$$

$$= 428(0.471) + 222(0.331) + 106(0.241) = 301\text{kN·m}$$

주의 : 합성접합부의 모멘트강도가 정모멘트 영역의 소성모멘트의 80%를 초과하는 경우에는 부모멘트 영역의 횡비틀림좌굴을 검토해야 한다.

5. 접합부의 수직력에 대한 설계전단강도 : 단계 5

볼트군의 수직 설계전단강도 ϕV_n는 다음 식으로 구한다.

$$\phi = 0.75$$

$$\phi V_n = n_v\,\phi P_{nv} + n_{tv}\,\phi P_{ntv} \qquad \text{식(9.6.13)}$$

여기서, n_v : 순전단력만 받는 볼트의 개수

n_{tv} : 인장과 전단의 조합력을 받는 볼트의 개수

ϕP_{nv} : 순전단력만 받는 볼트 1개의 설계전단강도(kN)

ϕP_{ntv} : 인장력을 받는 볼트 1개의 설계전단강도(kN)

1) 독립된 볼트의 강도

(1) 볼트 1개의 설계인장강도

$$\phi P_{nt} = 177\text{kN/개}$$

(2) 볼트 1개의 설계전단강도 : 전단면 위치가 나사부 외에 위치한 경우, 1면전단강도

$$\phi P_{nv} = 118\text{kN/개}$$

볼트구멍의 지압강도는 기둥플랜지의 두께와 엔드 플레이트의 두께 중에서 가장 얇은 두께를 기준하여 구한다. 볼트구멍의 설계지압강도는

$$\phi P_{nv} = \phi f_{br}\,t_p = 14.4(12) = 173\text{kN}$$

볼트의 전단강도와 볼트구멍의 지압강도 중에서 작은 값을 설계전단강도로 한다.

$$\therefore\ \phi P_{nv} = \min[118,\ 173] = 118\text{kN/개}$$

2) 인장력을 받는 상부 볼트의 설계전단강도

인장볼트열의 설계인장강도는 엔드 플레이트의 휨강도로부터 결정되었으므로 볼트에 작용하는 인장력은 다음과 같이 구한다.

$$P_{u,t1} = \frac{P_{r1}}{2} = \frac{222}{2} = 111\text{kN/개}$$

$$P_{u,t2} = \frac{P_{r2}}{2} = \frac{106}{2} = 53\text{kN/개}$$

인장력을 고려한 설계전단강도는 다음과 같이 구한다.

$$\phi P_{ntv1} = \left(1.3 - \frac{P_{u,t1}}{\phi P_{nt}}\right)\phi P_{nv} \qquad \text{식(9.6.14)}$$

$$= \left(1.3 - \frac{111}{177}\right)118 = 79.4\text{kN/개} < \phi P_{nv} = 118\text{kN/개} \Rightarrow \phi P_{ntv2} = 79.4\text{kN/개}$$

$$\phi P_{ntv2} = \left(1.3 - \frac{P_{u,t2}}{\phi P_{nt}}\right)\phi P_{nv} \qquad \text{식(9.6.14)}$$

$$= \left(1.3 - \frac{53}{177}\right)118 = 118.1\text{kN/개} > \phi P_{nv} = 118\text{kN/개} \Rightarrow \phi P_{ntv2} = 118\text{kN/개}$$

3) 볼트군의 설계전단강도

하부 전단볼트 2개와 상부 인장볼트 2개에 의한 수직 설계전단강도는 다음과 같이 구한다.

$$\phi V_n = n_s \phi P_{nv} + n_{t1} \phi P_{ntv1} + n_{t2} \phi P_{ntv2} \qquad \text{식}(9.6.13)$$

$$= 2(118) + 2(79.4) + 2(118) = 631\text{kN}$$

6. 기둥 웨브 스티프너의 설계 : 단계 6

1) 스티프너의 단면크기

(1) 소요 강도와 단면적

$$P_{u,st} = (P_{r,r} + \Sigma P_{ri}) - P_{c(\min)} = 756 - 396 = 360\text{kN} \qquad \text{식}(9.6.15)$$

$$A_{st(req'd)} = \frac{P_{u,st}}{\phi_{st} F_{yst}} = \frac{360 \times 10^3}{0.90(275)} = 1{,}450\text{mm}^2 \qquad \text{식}(9.6.16)$$

(2) 최소폭

$$b_{st} \geq \left(\frac{b_{f,b}}{3} - \frac{t_{w,c}}{2}\right) = \frac{200}{3} + \frac{8}{2} = 70.7\text{mm} \quad \Rightarrow \quad b_{st} = (b_{f,b} - t_{w,c})/2 = (200 - 8.0)/2 = 96\text{mm}$$

(3) 소요두께

$$t_{st} = \frac{A_{st}}{2b_{st}} = \frac{1{,}450}{2(96)} = 7.6\text{mm}$$

$$t_{st} \geq \frac{b_{st}}{0.56\sqrt{E_s/F_{yst}}} = \frac{96}{0.56\sqrt{210{,}000/275}} = 6.2\text{mm}$$

$$t_{st} \geq t_{f,b}/2 = 20/2 = 10\text{mm}$$

$$t_{st} \geq b_{st}/15 = 96/15 = 6.4\text{mm}$$

$$t_{st} \geq \max[7.6,\ 6.2,\ 10.0,\ 6.4]\text{mm} = 10\text{mm}$$

(4) 면적 검토

$$A_{st} = 2(t_{st} \times b_{st}) = 2(10 \times 96) = 1{,}920\text{mm}^2 > A_{st(req'd)} = 1{,}450\text{mm}^2 \qquad \text{적합}$$

2) 스티프너의 용접설계

이 예제의 스티프너는 인장력에 대한 기둥 플랜지의 국부휨강도의 부족이 아니라 압축력에 대한 기둥 웨브의 국부항복, 국부좌굴과 크리플링 강도의 부족으로 필요한 것이어서 최소필릿용접 치수를 사용할 수 있다.

최소필릿용접 치수는 기둥 웨브의 두께 $t_{w,c} = 8.0\text{mm}$를 기준하여 결정한다.

$6.0\text{mm} < t_{w,c} \leq 13\text{mm}$이므로 필릿용접 치수는 $s_{st} \geq 5.0\text{mm}$이어야 한다.

지침에 따라 양면 필릿용접($s_{st} = 6.0\text{mm}$)으로 결정

7. 강재앵커 설계 : 단계 7

부모멘트구간 강재앵커의 소요개수는 기준 0709.3.2.4(2), 0709.8.2.3에 따라 부모멘트가 최대가 되는 위치와 모멘트가 0이 되는 위치 사이의 총수평 전단력은 인장철근의 설계인장강도를 기준하여 다음과 같이 구한다.

1) 인장철근의 설계인장강도

$$P_{r,sr} = 428\text{kN} \qquad ([\text{단계 1}]\ \text{참조})$$

2) ϕ19 스터드앵커 1개의 공칭전단강도 (〈설계도움표 4.3〉 참조)

$$Q_n = 85.1\text{kN}/\text{개}$$

3) 강재앵커(전단연결재)의 소요개수

$$n_{stud} = \frac{P_{r,sr}}{Q_n} = \frac{428}{85.1} = 5.03\text{개} \rightarrow 6\text{개}$$

따라서 6개 이상의 스터드앵커(ϕ19)가 부모멘트구간에 배치되어야 한다. 배치는 강재앵커에 대한 기준 0709.8.2.4 상세요구사항들을 만족시켜야 한다.

9.6.7 건축구조기준(KBC2016)에 있는 접합부설계와 관련된 조항

0710.3 볼트

0710.3.1 고장력볼트

(1) 마찰접합 또는 전인장조임되는 고장력볼트는 너트회전법, 직접인장측정법, 토크관리법, 토크쉬어볼트 등을 사용하여 〈표 0710.3.2〉에 주어진 설계볼트장력 이상으로 조여야 한다.

(2) 마찰접합에서 하중이 접합부의 단부를 향할 때는 적절한 설계지압강도를 갖도록 0710.3.5에 따라 검토되어야 한다.

(3) 다음의 경우에는 밀착조임이 사용될 수 있다.

① 지압접합 또는

② 진동 또는 하중변동에 의한 고장력볼트의 풀림이나 피로가 설계에 고려할 필요가 없는 경우

여기서, 밀착조임이란 임팩트렌치로 수 회 또는 일반렌치로 최대한 조여서 접합판이 견실하게 밀착된 상태를 말한다.

(4) 밀착조임 이외의 상태로 조여야 할 볼트는 설계도면과 제작·설치도면에 명확하게 구분되도록 표기하여야 한다.

(5) 프리텐션 또는 마찰전단 접합으로 사용하도록 설계도면에 명시된 모든 고장력볼트의 조임장력은 〈표 0710.3.2〉에 주어진 설계볼트장력보다 작아서는 안 된다.

0710.3.2 일반볼트

(1) 일반볼트는 영구적인 구조물에는 사용하지 못하고 가체결용으로만 사용한다.

(2) 일반볼트의 인장과 전단강도는 〈표 0710.3.1〉에 따른다.

(3) 일반볼트의 접합에서 인장과 전단의 조합의 경우에는 0710.3.4에 따른다.

(4) 일반볼트구멍의 지압강도는 0710.3.5에 따른다.

0710.3.3 볼트의 인장과 전단강도

(1) 밀착조임 또는 전인장조임된 볼트의 설계인장강도 또는 전단강도 ϕR_n은 인장파단과 전단파단의 한계상태에 대하여 다음과 같이 산정한다.

$\phi = 0.75$

$$R_n = F_n A_b \qquad \text{식(0710.3.1)}$$

여기서, F_n : 〈표 0710.3.1〉에 따른 공칭인장강도 F_{nt} 또는 공칭전단강도 F_{nv}, MPa

A_b : 볼트의 공칭단면적, mm^2

(2) 소요인장강도는 접합부의 변형에 의한 지레작용을 고려한 인장력으로 한다.

<표 0710.3.1> 볼트의 공칭강도(MPa)

강도 \ 강종		고장력볼트			일반볼트
		F8T	F10T	F13T[1)]	SS275, SM275
공칭인장강도, F_{nt}		600	750	975	300
지압접합의 공칭전단강도, F_{nv}	나사부가 전단면에 포함될 경우	320	400	520	160
	나사부가 전단면에 포함되지 않을 경우	400	500	650	

주) 1)은 KS B 1010에 의하여 수소지연파괴민감도에 대하여 합격된 시험성적표가 첨부된 제품에 한하여 사용하여야 한다.

0710.3.4 지압접합에서 인장과 전단의 조합

(1) 지압접합이 인장과 전단의 조합력을 받을 경우 볼트의 설계강도는 다음의 인장과 전단파괴의 한계상태에 따라서 산정한다.

$\phi = 0.75$

$$R_n = F_{nt}{}' A_b \qquad \text{식(0710.3.2)}$$

여기서, $F_{nt}{}'$: 전단응력의 효과를 고려한 공칭인장강도, MPa

$$F_{nt}{}' = 1.3F_{nt} - \frac{F_{nt}}{\phi F_{nv}} f_v \le F_{nt} \qquad \text{식(0710.3.3)}$$

F_{nt} : 〈표 0710.3.1〉에 의한 공칭인장강도, MPa

F_{nv} : 〈표 0710.3.1〉에 의한 공칭전단강도, MPa

f_v : 소요전단응력, N/mm^2

(2) 볼트의 설계전단응력이 단위면적당 전단소요응력 f_v 이상이 되도록 설계한다.

(3) 전단 또는 인장에 의한 소요응력 f가 설계응력의 20% 이하이면 조합응력의 효과를 무시할 수 있다.

0710.3.5 볼트구멍의 지압강도

(1) 지압한계상태에 대한 볼트구멍에서 설계강도 ϕR_n은 다음과 같이 산정한다.

$\phi = 0.75$

① 표준구멍, 대형구멍, 단슬롯구멍의 모든 방향에 대한 지압력 또는 장슬롯구멍이 지압력 방향에 평행일 경우

㈎ 사용하중상태에서 볼트구멍의 변형이 설계에 고려되어야 하는 경우

$$R_n = 1.2L_c t F_u \le 2.4dtF_u \qquad \text{식(0710.3.4a)}$$

㈏ 사용하중상태에서 볼트구멍의 변형이 설계에 고려될 필요가 없는 경우

$$R_n = 1.5L_c t F_u \le 3.0dtF_u \qquad \text{식(0710.3.4.b)}$$

② 장슬롯구멍에 구멍의 방향에 수직방향으로 지압력을 받을 경우

$$R_n = 1.0L_c t F_u \le 2.0dtF_u \qquad \text{식(0710.3.4c)}$$

여기서, d : 볼트 공칭직경, mm

F_u : 피접합재의 인장강도, MPa

L_c : 하중방향 순간격, 구멍의 끝과 피접합재의 끝 또는 인접구멍의 끝까지의 거리, mm

t : 피접합재의 두께, mm

(2) 접합부의 지압강도는 각 볼트마다의 지압강도를 합하여 산정한다.

(3) 지압접합과 사용성한계상태의 마찰접합 모두에 대하여 볼트구멍의 지압강도가 검토되어야 한다.

0710.3.6 고장력볼트의 미끄럼강도

(1) 마찰접합(slip-critical connection)은 미끄럼을 방지하고 지압접합에 의한 한계상태에 대하여도 검토해야 한다.

(2) 마찰접합볼트에 필러를 사용할 경우에는 미끄럼에 관련되는 모든 접촉면에서 미끄럼에 저항할 수 있도록 해야 한다.

(3) 미끄럼 한계상태에 대한 마찰접합의 설계강도는 다음과 같이 산정한다.

$$R_n = \mu h_f T_o N_s \qquad \text{식(0710.3.5)}$$

① 표준구멍 또는 하중방향에 수직인 단슬롯 구멍에 대하여, $\phi = 1.00$

② 대형구멍 또는 하중방향에 평행한 단슬롯구멍에 대하여, $\phi = 0.85$

③ 장슬롯구멍에 대하여, $\phi = 0.70$

여기서, μ ; 0.50, 미끄럼계수(페인트칠 하지 않은 블라스트 청소된 마찰면)

h_f ; 필러계수로서,

$h_f = 1.0$; 필러를 사용하지 않는 경우와 필러 내 하중의 분산을 위하여 볼트를 추가한 경우 또는 필러 내 하중의 분산을 위해 볼트를 추가하지 않은 경우로서 접합되는 재료 사이에 한 개의 필러가 있는 경우

$h_f = 0.85$; 필러 내 하중의 분산을 위해 볼트를 추가하지 않은 경우로서 접합되는 재료 사이에 2개 이상의 필러가 있는 경우

T_o ; 〈표 0710.3.2〉에 따른 설계볼트장력, kN

N_s ; 전단면의 수

<표 0710.3.2> 고장력볼트의 설계볼트장력

볼트의 등급	볼트의 호칭	공칭단면적(mm^2)	설계볼트장력*(T_o) (kN)
F8T	M16	201	84
	M20	314	132
	M22	380	160
	M24	453	190

볼트의 등급	볼트의 호칭	공칭단면적(mm^2)	설계볼트장력*(T_o) (kN)
F10T	M16	201	106
	M20	314	165
	M22	380	200
	M24	453	237
F13T1)	M16	201	137
	M20	314	214
	M22	380	259
	M24	453	308

* 설계볼트장력은 볼트의 인장강도의 0.7배에 볼트의 유효단면적을 곱한 값
볼트의 유효단면적은 공칭단면적의 0.75배

주) 1)은 KS B 1010에 의하여 수소지연파괴민감도에 대하여 합격된 시험성적표가 첨부된 제품에 한하여 사용하여야 한다.

0710.3.7 마찰접합에서 인장과 전단의 조합

마찰접합이 인장하중을 받아 장력이 감소할 경우 0710.3.6에서 산정된 설계미끄럼강도에 다음 계수를 사용하여 감소한 후 산정한다.

$$k_s = 1 - \frac{T_u}{T_o N_b} \qquad \text{식(0710.3.6)}$$

여기서, N_b : 인장력을 받는 볼트의 수

T_o : 〈표 0710.3.2〉에 따른 설계볼트장력, kN

T_u : 소요인장력, kN

0710.3.8 핀접합

(1) 휨모멘트를 받는 핀의 설계강도 ϕM_n은 다음과 같이 산정한다.

$$\phi = 0.90$$

$$M_n = 1.00 F_y Z \qquad \text{식(0710.3.7)}$$

여기서, F_y : 핀의 항복강도, MPa

Z : 핀의 소성단면계수, mm^3

(2) 휨모멘트를 받는 핀의 설계전단강도 ϕV_n은 다음과 같이 산정한다.

$$\phi = 0.9$$

$$V_n = 0.6 F_y A_p \qquad \text{식(0710.3.8)}$$

여기서, A_p : 핀의 단면적, mm^2

0710.4 접합부재의 설계강도

0710.4.1 설계인장강도

접합부재의 설계인장강도 ϕR_n은 인장항복과 인장파단의 한계상태에 따라 다음 중 작은 값으로 산정한다.

(1) 접합부재의 인장항복에 대하여

$\phi = 0.90$

$R_n = F_y A_g$ 식(0710.4.1)

(2) 접합부재의 인장파단에 대하여

$\phi = 0.75$

$R_n = F_u A_e$ 식(0710.4.2)

여기서, A_e : 유효단면적, mm^2

볼트접합부의 경우에는 $A_e = A_n \leqq 0.85 A_g$

0710.4.2 설계전단강도

접합부재의 설계전단강도 ϕR_n은 전단항복과 전단파단의 한계상태에 따라 다음 중 작은 값으로 산정한다.

(1) 접합부재의 전단항복에 대하여

$\phi = 1.00$

$R_n = 0.60 F_y A_g$ 식(0710.4.3)

(2) 접합부재의 전단파단에 대하여

$\phi = 0.75$

$R_n = 0.6 F_u A_{nv}$ 식(0710.4.4)

여기서, A_{nv} : 유효전단단단면적, mm^2

0710.4.3 블록전단강도

블록전단파단의 한계상태에 대한 설계강도는 전단저항과 인장저항의 합으로 산정한다. 보 단부 이음부의 상단플랜지 없는 이음부 및 거셋플레이트 등은 블록전단강도를 검토해야 한다. 설계블록전단강도 R_n은 다음과 같이 산정한다.

$\phi = 0.75$

$R_n = 0.6 F_u A_{nv} + U_{bs} F_u A_{nt} \leq 0.6 F_y A_{gv} + U_{bs} F_u A_{nt}$ 식(0710.4.5)

여기서, A_{gv} : 전단저항 총단면적, mm^2

A_{nv} : 전단저항 순단면적, mm^2

A_{nt} : 인장저항 순단면적, mm^2

인장응력이 일정한 경우 U_{bs} =1.0이고,

인장응력이 일정하지 않은 경우에는 $U_{bs} = 0.5$이다.

0710.4.4 설계압축강도

접합부재의 압축강도는 다음과 같이 산정한다.

(1) $KL/r \leqq 25$인 경우

$\phi = 0.90$

$$P_n = F_y A_g \qquad \text{식(0710.4.6)}$$

(2) $KL/r > 25$인 경우, 0705의 설계사항을 적용한다.

0710.5 끼움재

(1) 용접구조에서 두께 6mm 이상의 끼움재는 이음판의 연단 밖으로 돌출해야 하며 끼움재의 표면에 작용하는 하중을 이음판에 전달하는데 충분하도록 용접되어야 한다.

(2) 두께가 6mm 이하인 끼움재의 단부는 이음판의 단부와 일치되게 용접해야 한다. 이음두께에 끼움재 두께를 더한 크기의 하중을 전달할 수 있도록 용접해야 한다.

(3) 볼트접합에서 끼움재의 두께가 6mm 이하이면 전단강도는 감소하지 않는다고 가정한다.

(4) 볼트접합에서 끼움재의 두께가 6mm 초과하고 19mm 이하일 때 다음의 감소계수 [1−0.0154(t−6)]를 곱한다. 여기서 t는 끼움재의 전체두께이다.

0710.6 이음

(1) 플레이트거더 또는 보의 그루브용접이음은 작은쪽 이음단면의 전강도로 설계해야 한다.

(2) 플레이트거더 또는 보의 단면 내에서 다른 형태의 이음은 이음점에서의 소요강도에 충분하도록 설계해야 한다.

0710.7 지압강도

설계지압강도 ϕR_n은 국부압축항복의 한계상태를 가정하여 다음과 같이 산정한다.

$$\phi = 0.75$$

공칭지압강도 R_n은 지압형태에 따라 다음과 같이 산정한다.

0710.7.1 공장가공면, 핀의 구멍, 지압스티프너 등의 지압

$$R_n = 1.8 F_y A_{pb} \qquad \text{식(0710.7.1)}$$

여기서, F_y : 항복강도, MPa

A_{pb} : 투영된 지압면적, mm^2

0710.7.2 확장롤러 및 확장록커

(1) $d \leq 635$mm인 경우

$$R_n = 1.2(F_y - 90)\, l d / 20 \qquad \text{식(0710.7.2)}$$

(2) $d > 635$mm인 경우

$$R_n = 30.2(F_y - 90)\, l \sqrt{d} / 20 \qquad \text{식(0710.7.3)}$$

여기서, d : 직경, mm

l : 지압길이, mm

0710.8 주각부 및 콘크리트의 지압

주각부는 기둥의 하중과 모멘트를 기초에 전달할 수 있도록 설계되어야 한다. 콘크리트의 설계지압강도 $\phi_c P_p$는 콘크리트압괴의 한계상태에 대하여 다음과 같이 산정한다.

$\phi_c = 0.65$(단, 무근콘크리트인 경우 $\phi_c = 0.55$)

(1) 콘크리트 총단면이 지압을 받는 경우

$$P_p = 0.85 f_{ck} A_1 \qquad \text{식(0710.8.1)}$$

(2) 콘크리트 단면의 일부분이 지압을 받는 경우

$$P_p = 0.85 f_{ck} A_1 \sqrt{A_2/A_1} \le 1.7 f_{ck} A_1 \qquad \text{식(0710.8.2)}$$

여기서, A_1 : 베이스플레이트의 면적, mm^2

A_2 : 베이스플레이트와 닮은꼴의 콘크리트 지지부분의 최대면적, mm^2

0710.9 앵커볼트

(1) 앵커볼트는 주각부의 베이스플레이트가 부담해야 할 휨모멘트, 전단력, 인장력 등 모든 설계조건에 대해 저항할 수 있도록 설계하여야 한다.

(2) 기타 사항은 5장에 따른다.

0710.10 집중하중을 받는 플랜지와 웨브

H형 단면부재에서 플랜지에 수직이며 웨브에 대하여 대칭인 단일 또는 이중집중하중을 받는 경우에 적용한다.

(1) 한쪽의 플랜지에 집중하중을 받는 경우에는 플랜지국부휨, 웨브국부항복, 웨브크리플링 및 웨브횡좌굴에 대하여 0710. 10.1, 0710.10.2, 0710.10.3 및 0710.10.4에 의해 각각 설계한다.

(2) 양측의 플랜지로부터 집중하중을 받는 경우에는 웨브국부항복, 웨브압축좌굴에 대하여 0710.10.2, 0710.10.5에 의해 각각 설계한다.

(3) 큰 전단력을 받는 웨브 패널존은 0710.10.6에 의해 설계한다.

(4) 소요강도가 한계상태의 설계강도를 초과하는 경우에는 소요강도와 설계강도의 차이만큼 스티프너 또는 2중 플레이트를 설치하여야 한다.

(5) 추가되는 스티프너, 2중 플레이트에 대하여는 0710.10.7, 0710. 10.8에 의해 각각 설계한다.

0710.10.1 플랜지국부 휨강도

플랜지에 수직으로 용접된 판에 작용된 인장력에 의해 국부휨을 받는 플랜지의 설계강도 ϕR_n은 다음과 같이 산정한다.

$$R_n = 6.25 t_f^2 F_{yf} \qquad \text{식(0710.10.1)}$$

여기서, $\phi = 0.90$

F_{yf} : 플랜지의 항복강도, N/mm^2

t_f : 하중을 받는 플랜지의 두께, mm

플랜지 부재에 걸쳐 작용하는 하중구간의 길이가 $0.15b_f$보다 작으면 (여기서, b_f는 플랜지 부재의 폭), 식(0710.10.1)의 검토는 필요하지 않다. 다만, 부재 단부로부터 집중하중에 저항하는 거리가 $10t_f$보다 작은 경우 R_n의 50%를 저감한다.

0710.10.2 웨브국부 항복강도

단일집중하중과 이중집중하중의 인장 · 압축 2요소에 모두 적용된다. 집중하중이 작용하는 지점에서 웨브필릿 선단부의 설계강도 ϕR_n은 다음에 의해 산정한다.

$$\phi = 1.00$$

웨브 국부공칭강도 R_n은 다음에 의해서 산정한다.

(1) 인장 또는 압축 집중하중의 작용점에서 재단까지의 거리가 부재깊이 d를 초과할 경우

$$R_n = (5k + N)F_{yw}t_w \qquad \text{식(0710.10.2)}$$

(2) 상기의 집중하중의 작용점에서 재단까지의 거리가 부재깊이 d 이하일 경우

$$R_n = (2.5k + N)F_{yw}t_w \qquad \text{식(0710.10.3)}$$

여기서, k : 플랜지의 바깥쪽 면으로부터 웨브 필렛선단까지의 거리, mm

F_{yw} : 웨브의 항복응력, N/mm^2

N : 집중하중이 작용하는 폭

(다만 보의 단부 반력에 대해서는 k보다 작지 않을 것), mm

t_w : 웨브두께, mm

d : 부재의 전체깊이, mm

필요한 경우 수직스티프너 또는 이중플레이트 한 쌍을 설치한다.

0710.10.3 웨브크리플링 강도

이 조항은 압축 단일집중하중과 2중집중하중의 압축요소에 적용된다. 웨브국부크리플링에 대한 설계강도 ϕR_n은 다음에 의해 산정한다.

$$\phi = 0.75$$

웨브크리플링 공칭강도 R_n은 다음에 의해서 산정한다.

(1) 집중하중이 재단에서 $d/2$ 이상 떨어진 지점에 작용할 때

$$R_n = 0.80t_w^2\left[1 + 3\left(\frac{N}{d}\right)\left(\frac{t_w}{t_f}\right)^{1.5}\right]\sqrt{\frac{EF_{yw}t_f}{t_w}} \qquad \text{식(0710.10.4)}$$

(2) 집중하중이 재단에서 $d/2$ 미만 떨어진 지점에 작용할 때

① $N/d \le 0.2$인 경우

$$R_n = 0.40t_w^2\left[1 + 3\left(\frac{N}{d}\right)\left(\frac{t_w}{t_f}\right)^{1.5}\right]\sqrt{\frac{EF_{yw}t_f}{t_w}} \qquad \text{식(0710.10.5a)}$$

② $N/d > 0.2$인 경우

$$R_n = 0.40t_w^2\left[1 + \left(\frac{4N}{d} - 0.2\right)\left(\frac{t_w}{t_f}\right)^{1.5}\right]\sqrt{\frac{EF_{yw}t_f}{t_w}} \qquad \text{식(0710.10.5b)}$$

여기서, t_f : 플랜지두께, mm

강도가 부족할 경우, 한 개의 수직스티프너 또는 한 쌍의 수직스티프너 또는 최소한 웨브깊이의 절반을 덮는 2중플레이트를 설치한다.

0710.10.4 웨브 횡좌굴강도

집중압축하중을 받는 휨부재의 하중작용점에서의 압축플랜지와 인장플랜지의 상대적 횡방향 이동이 구속되어 있지 않은 경우에 적용된다. 웨브의 횡좌굴에 대한 설계강도 ϕR_n 은 다음에 의해 산정한다.

$\phi = 0.85$

웨브횡좌굴 공칭강도 R_n은 다음에 의해 산정한다.

(1) 압축플랜지가 회전에 대해서 구속될 때,

① $(h/t_w)/(l/b_f) \le 2.3$일 때,

$$R_n = \frac{C_r t_w^3 t_f}{h^2}\left[1+0.4\left(\frac{h/t_w}{l/b_f}\right)^3\right] \qquad \text{식(0710.10.6)}$$

② $(h/t_w)/(l/b_f) > 2.3$일 때, 웨브횡좌굴의 한계상태에 대한 검토는 필요하지 않다.

웨브의 소요강도가 설계강도를 초과할 때, 국부가로방향 가새를 인장플랜지에 설치하거나 또는 한 쌍의 수직스티프너 또는 2중플레이트를 설치한다.

(2) 압축플랜지가 회전에 대해서 구속되지 않을 때,

① $(h/t_w)/(l/b_f) \le 1.7$일 때,

$$R_n = \frac{C_r t_w^3 t_f}{h^2}\left[0.4\left(\frac{h/t_w}{l/b_f}\right)^3\right] \qquad \text{식(0710.10.7)}$$

② $(h/t_w)/(l/b_f) > 1.7$일 때, 웨브횡좌굴의 한계상태에 대한 검토는 필요하지 않다.

웨브의 소요강도가 설계강도를 초과할 때, 국부횡가새를 집중하중에 작용하는 지점의 양측 플랜지에 설치한다. 식(0710.10.6), 식(0710.10.7)은 다음의 정의를 따른다.

b_f : 플랜지폭, mm

C_r : 하중작용지점에서 $M_u < M_y$일 때, 6.62×106, N/mm^2

: 하중작용지점에서 $M_u \ge M_y$일 때, 3.31×106, N/mm^2

h : 플랜지 사이의 순거리, mm

(압연형강은 필릿을 제외한 거리, 용접형강은 플랜지 안쪽 사이의 거리로 함)

l : 하중점에서 각 플랜지의 횡방향 비지지길이, mm

t_f : 플랜지두께, mm

t_w : 웨브두께, mm

0710.10.5. 웨브 압축좌굴강도

양쪽플랜지에 집중압축력이 작용할 때 무보강웨브의 공칭강도 ϕR_n은 다음에 의해 산정한다.

$$R_n = \frac{24 t_w^3 \sqrt{EF_{yw}}}{h} \qquad \text{식(0710.10.8)}$$

여기서, $\phi = 0.90$

부재단부로부터 한 쌍의 집중하중에 저항하는 거리가 $d/2$보다 작을 경우, R_n의 50%를 저감한다. 필요한 경우에 단일 수직스티프너와 한 쌍의 수직스티프너 또는 웨브의 전체깊이를 덮는 2중플레이트를 설치한다.

0710.10.6 웨브 패널존 전단강도

전단력과 압축력을 받는 패널존의 설계강도 ϕR_n은 다음에 의해 산정한다.

$$\phi = 0.90$$

웨브 패널존 공칭강도 R_n은 다음에 의해 산정한다.

(1) 골조안정성에 대한 패널존 변형의 효과가 해석에서 고려되지 않을 때

① $P_r \leq 0.4P_c$일 때,

$$R_n = 0.60F_y d_c t_w \qquad \text{식(0710.10.9a)}$$

② $P_r > 0.4P_c$일 때,

$$R_n = 0.60F_y d_c t_w \left(1.4 - \frac{P_r}{P_c}\right) \qquad \text{식(0710.10.9b)}$$

(2) 골조안정성에 대한 소성 패널존변형을 포함하는 것이 해석에서 고려될 때

① $P_r \leq 0.75P_c$일 때,

$$R_n = 0.60F_y d_c t_w \left(1 + \frac{3b_{cf}t_{cf}^2}{d_b d_c t_w}\right) \qquad \text{식(0710.10.10a)}$$

② $P_r > 0.75P_c$일 때,

$$R_n = 0.60F_y d_c t_w \left(1 + \frac{3b_{cf}t_{cf}^2}{d_b d_c t_w}\right)\left(1.9 - \frac{1.2P_r}{P_c}\right) \qquad \text{식(0710.10.10b)}$$

식(0710.10.9), 식(0710.10.10)은 다음의 정의를 따른다.

A : 기둥횡단면적, mm^2

b_{cf} : 기둥플랜지의 폭, mm

d_b : 보깊이, mm

F_y : 기둥웨브의 명시된 최소항복응력, $\mathrm{N/mm}^2$

P_c : P_y, N

P_r : 소요강도, N

P_y : $F_y A$, 기둥의 축방향항복강도, N

t_{cf} : 기둥플랜지의 두께, mm

t_w : 기둥웨브의 두께, mm

필요한 경우 2중플레이트 또는 1쌍의 대각스티프너를 강접합경계 내에 설치해야 한다.

0710.10.7 집중하중에 대한 추가 스티프너 요구사항

(1) 인장집중하중에 저항하기 위해 요구되는 부재는 0704에 따라 설계하고 스티프너가 필요한 경우, 소요강도와 한계상태강도의 차이만큼 설계한다. 스티프너를 웨브에 용접하는 경우, 스티프너 단부에 작용하는 인장력의 차이만큼을 웨브에 전달할 수 있도록 설계한다.

(2) 압축집중하중에 저항하기 위해 요구되는 스티프너는 0705.6.2과 0710.4.4에 의해 설계한다. 스티프너를 플랜지에 용접하는 경우, 소요강도와 설계강도의 차이만큼 용접설계한다. 스티프너를 웨브에 용접하는 경우, 스티프너 단부에 작용한 압축력의 차이만큼을 웨브에 전달할 수 있도록 설계한다.

(3) 압축력에 저항하는 전체깊이에 걸친 수직스티프너는 0705.6.2과 0710.4.4에 따라 축방향 압축력을 받는 부재로 설계되어야 한다. 부재의 성능은 유효좌굴길이를 $0.75h$로 하고 유효단면은 2개의 스티프너와 부재 안쪽으로 폭 $25t_w$, 부재단부쪽으로 폭 $12t_w$를 가지는 웨브의 스트립으로 구성되는 십자형 단면을 사용하여 결정한다.

(4) 수직, 그리고 대각스티프너는 다음의 추가적인 기준을 만족하여야 한다.

① 집중하중을 받는 스티프너 설계 시, 기둥웨브 두께의 1/2에 스티프너 한쪽의 폭을 더한 길이는 플랜지 또는 모멘트접합 플레이트 폭의 1/3보다 작아서는 안된다.

② 집중하중을 받는 스티프너 설계 시, 스티프너의 두께는 t_f의 1/2, 그리고 b_f의 1/15 이상으로 한다.

③ 수직스티프너의 길이는 0710.10.5에서 요구하는 사항을 제외하고 부재깊이의 최소 1/2 이상으로 한다.

0710.10.8 집중하중에 대한 추가 2중플레이트 요구사항

2중플레이트는 압축강도에 대해서 0705의 요구사항을, 인장강도에 대해서 0704의 요구사항을 따른다. 전단강도(0710.10.6 참고)에 대해서는 0707을 따른다.

9.7 설계도움표(접합부의 전체 설계도움표는 CD 참조)

9.7.1 앵커설계용 도움표

2×2 앵커 그룹 설계

1. 앵커 강도저항계수 결정

- 다음 표에서 앵커 강도저항계수를 결정한다.

강재요소의 강도에 의해 지배되는 강도저항계수	
- 연성강재요소의 강도가 지배하는 앵커	전단하중 --- 0.65 인장하중 --- 0.75
- 취성강재요소의 강도가 지배하는 앵커	전단하중 --- 0.60 인장하중 --- 0.65

콘크리트파괴, 측면파열, 앵커뽑힘 또는 프라이아웃에 의해 지배되는 앵커의 강도저항계수		
	조건 A	조건 B
−전단하중	0.75	0.70
−인장하중		
선설치 헤드스터드, 헤드볼트, 갈고리 볼트	0.75	0.70
후설치앵커 범주1 (낮은 설치 민감도와 높은 신뢰도)	0.75	0.65
후설치앵커 범주2 (중간 설치 민감도와 중간 신뢰도)	0.65	0.55
후설치앵커 범주3 (높은 설치 민감도와 낮은 신뢰도)	0.55	0.45

2. 인장을 받는 앵커 강재 강도 결정
   - 강재의 종류와 앵커 볼트의 직경을 결정한다.
   - 도움표 1. 2×2 그룹 - 인장을 받는 앵커 강재강도를 사용하여 강도를 결정한다.
3. 인장을 받는 콘크리트 파괴 강도 결정(그림 1, 그림 2)
   - 사용하중 하에서 균열 발생 유무를 판단한다.
   - 선설치, 후설치를 결정한다.
   - 볼트의 유효묻힘깊이와 콘크리트 강도를 결정한다.
   - 도움표 2. 2×2 그룹 - 인장을 받는 콘크리트 파괴강도를 사용하여 강도를 결정한다.
4. 인장을 받는 앵커 뽑힘 강도 결정
   - 앵커의 종류를 결정한다.(갈고리 볼트, 헤드스터드, 헤드볼트)
   - 볼트의 직경과 콘크리트 강도를 결정한다.
   - 도움표 3. 2×2 그룹 - 인장을 받는 앵커 뽑힘강도를 사용하여 강도를 결정한다.
5. 인장을 받는 콘크리트 측면 파열 강도 결정
   - 도움표 4. 2×2 그룹 - 인장을 받는 앵커의 콘크리트 측면파열강도를 사용하여 강도를 결정한다.
6. 설계인장강도 결정
   - 2에서 5번의 과정을 통해 얻어진 각 강도의 최소 값을 설계인장강도로 결정한다.
7. 전단을 받는 앵커의 강재강도 결정
   - 강재의 종류와 앵커볼트의 직경을 결정 한다.
   - 도움표 5. 2×2 그룹 - 전단을 받는 앵커 강재강도를 사용하여 강도를 결정한다.
8. 전단을 받는 콘크리트의 파괴 강도 결정
   - 볼트의 직경, 유효묻힘깊이, 콘크리트 강도를 결정한다.
     (그림 1, 2의 경우에 대하여 하중방향으로 연단거리가 없으므로 그림 3의 경우에 대한 강도값의 2배 적용)
   - 도움표 6. 2×2 그룹 - 전단을 받는 콘크리트의 파괴강도를 사용하여 강도를 결정한다.
9. 전단을 받는 앵커의 콘크리트 프라이아웃 강도 결정
   - 유효묻힘깊이, 콘크리트 강도를 결정한다.
   - 도움표 7. 2×2 그룹 - 전단을 받는 앵커의 콘크리트 프라이아웃 강도를 사용하여 강도를 결정한다.
10. 설계 전단강도 결정
    - 7에서 9번의 과정을 통해 얻어진 각 강도의 최소값을 설계 전단강도로 결정한다.

도움표 1.2×2 그룹 인장을 받는 앵커 강재 강도 $øN_{sa}$ (KN)

$$øN_{sa} = ø \times n \times A_{se} \times f_{uta}$$

	볼트 직경(mm)			
강 재	**13**	**16**	**19**	**22**
SS400	159.2	241.15	340.07	455.93

인장을 받는 앵커의 강재 강도($øN_{sa}$) = 테이블 값

* ϕ = 0.75 적용

* 취성강재요소의 강도가 지배하는 경우 인장을 받는 앵커의 강재 강도 = 테이블 값 X (0.65/0.75)

* 테이블 값은 2 X 2 앵커의 개수 n = 4가 고려된 값임

도움표 2.2×2 그룹

인장을 받는 콘크리트 파괴 강도 ϕN_{cbg} (KN)

(ϕN_{cbg} = $\phi \times A_{Nc}/A_{Nco} \times \Psi_{ec,N} \times \Psi_{ed,N} \times \Psi_{c,N} \times \Psi_{cp,N} \times N_b$)

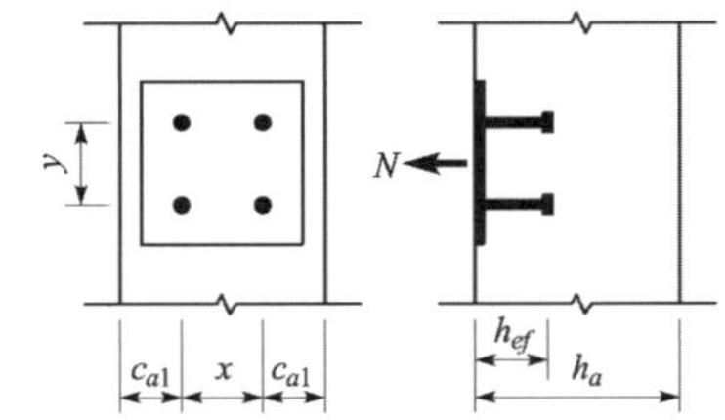

그림 1 정면　　그림 2 단면

hef	Ca1	50		100		150		200		250		300	
	x \ y	150	200	150	200	150	200	150	200	150	200	150	200
50	150	36.37	43.65	48.5	48.5	48.5	48.5	48.5	48.5	48.5	48.5	48.5	48.5
	200	43.65	43.65	48.5	48.5	48.5	48.5	48.5	48.5	48.5	48.5	48.5	48.5
80	150	34.26	41.12	55.24	63.13	64.79	73.09	64.79	73.09	64.79	73.09	64.79	73.09
	200	38.66	46.39	62.32	71.22	73.09	82.46	73.09	82.46	73.09	82.46	73.09	82.46
100	150	34.29	41.15	54.01	61.73	77.16	85.73	77.16	85.73	77.16	85.73	77.16	85.73
	200	38.1	45.72	60.01	68.59	85.73	95.26	85.73	95.26	85.73	95.26	85.73	95.26
120	150	34.73	41.67	53.83	61.52	75.84	84.26	90.47	99.34	90.47	99.34	90.47	99.34
	200	38.13	45.76	59.11	67.55	83.27	92.53	99.34	109.08	99.34	109.08	99.34	109.08
150	150	35.79	42.95	54.42	62.2	75.6	84	99.28	108.3	112	121.33	112	121.33
	200	38.78	46.53	58.96	67.38	81.9	91	107.55	117.33	121.33	131.44	121.33	131.44
170	150	36.6	43.92	55.22	63.11	76.03	84.48	99.19	108.21	124.62	134.21	127.3	136.95
	200	39.37	47.25	59.41	67.89	81.79	90.88	106.7	116.4	134.06	144.37	136.95	147.32
200	150	37.89	45.46	56.58	64.66	77.29	85.88	100.02	109.12	124.78	134.37	151.55	161.65
	200	40.41	48.5	60.35	68.97	82.44	91.6	106.69	116.39	133.09	143.33	161.65	172.43

인장을 받는 콘크리트 파괴 강도(ϕN_{cbg}) = 테이블 값

* 위 표의 값은 사용하중 하에서 균열이 발생하는 경우로 가정 ($\Psi_{c,N}$ = 1.0)
  (사용하중 하에서 균열이 발생하지 않는 경우 - 선설치 앵커 ($\Psi_{c,N}$ = 1.25), 후설치 앵커 ($\Psi_{c,N}$ = 1.40)를 적용하여 테이블 값에 $\Psi_{c,N}$를 곱할 것)
* 위 표의 값은 선설치앵커 기준 ($\Psi_{cp,N}$ = 1.0)
* f_{ck} = 24Mpa를 기준으로 했으며 다른 강도의 적용은 해당 테이블 값에 (F_{ck} / 24)^0.5를 곱할 것
* 파괴면과 교차되도록 보조철근을 설치할 경우 Φ=0.75 적용하므로 해당 테이블 값에 0.75/0.7를 곱할 것
* Φ=0.7 (보조철근 무시), f_{ck} = 24MPa 기준 h_{ef} = 앵커의 유효 묻힘 깊이(mm)

Chapter

10

직접해석법에 따른 합성구조의 설계 예제

Chapter 10

직접해석법에 따른 합성구조의 설계 예제

이 예제에서는 매입형 합성기둥과 H형강보로 이루어진 합성구조 골조의 소요강도를 직접해석법으로 구하여, 매입형 합성기둥의 강도를 도움표를 이용하여 검토하는 과정을 보여 준다. 예제의 목적상 직접해석법의 구조해석 과정을 명료하게 보여주기 위하여 다음 사항의 적용을 생략하였다.

가) 풍하중에 대한 해석
나) 기준층의 외벽 하중
다) 활하중의 저감
라) 계단실 및 바닥 개구부
마) 부재 단부의 강역(rigid zone)
바) 부재 설계의 최적화

10.1 설계 개요

10.1.1 건물 개요

1) 위치 : 서울특별시
2) 용도 : 사무소
3) 층수 : 지상 10층
4) 층고 : 4.0 m

10.1.2 구조시스템

1) 중력하중저항시스템
   (1) 슬래브 : 합성데크슬래브
   (2) 단순보 : H형강합성보
   (3) 연속보 : H형강보
   (4) 기　둥 : 매입형 합성기둥
2) 지진력저항시스템
   (1) X방향 : 합성 보통모멘트골조
   (2) Y방향 : 합성 보통중심가새골조

10.1.3 구조재료의 강도

1) 매입형합성기둥
   (1) H형강 : SM355
   (2) 콘크리트 : $f_{ck} = 30\text{MPa}$
   (3) 철근 : SD500
2) H형강보 : SM275
3) 각형강관 가새 : SNRT275A

10.1.4 구조설계 방침

1) 적용기준 : 건축구조기준
2) 적용하중
   (1) 고정하중(D)
   (2) 활하중(L)
   (3) 고정하중에 대한 가상하중(N_{DX}, N_{DY})
   (4) 활하중에 대한 가상하중(N_{LX}, N_{LY})
   (5) 지진하중(E_X, E_Y)
3) 하중조합
   (1) $1.2(D+N_{DX})+1.6(L+N_{LX})$
   (2) $1.2(D+N_{DX})+0.5(L+N_{LX})+1.0E_X$
   (3) $0.9(D+N_{DX})+1.0E_X$
   (4) $1.2(D+N_{DY})+1.6(L+N_{LY})$
   (5) $1.2(D+N_{DY})+0.5(L+N_{LY})+1.0E_Y$
   (6) $0.9(D+N_{DY})+1.0E_Y$
4) 지진하중의 해석 : 등가정적해석
5) 안정설계 : 직접해석법
6) 2차 해석 : 일반 2차 탄성해석($P-\Delta$ 해석)

10.2 구조평면도 및 부재 단면

10.2.1 구조평면도

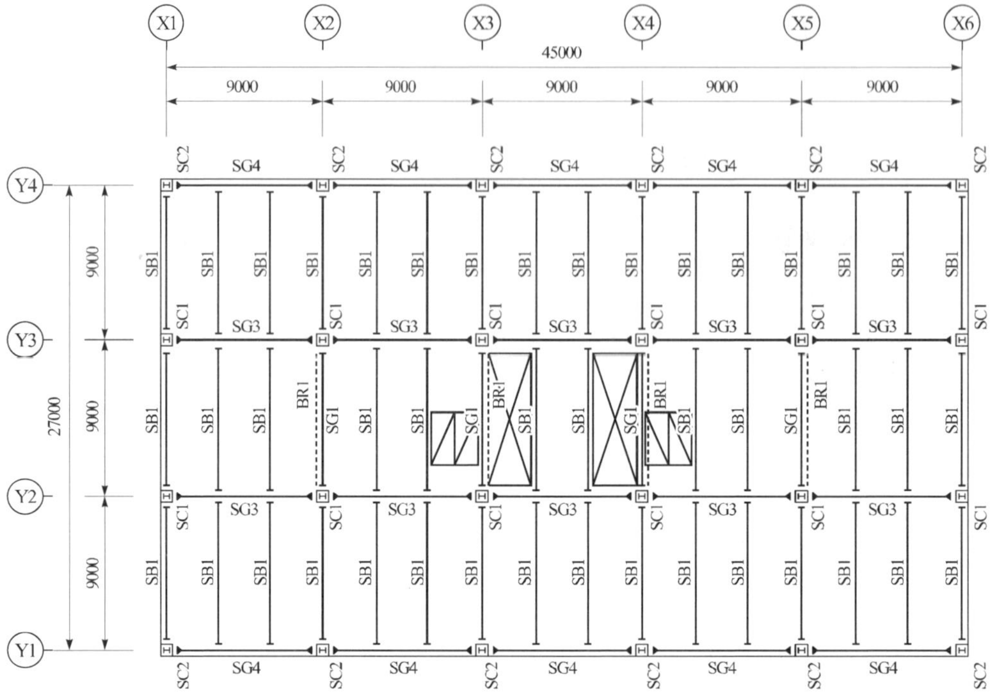

[그림 10.2.1] 구조평면도

10.2.2 부재 단면

1) H형강보

(1) SB1 : H－400×200×8×13

(2) SG1, SG2 : H－500×200×10×16

(3) SG3, SG4 : H－588×300×12×20

2) 합성기둥

(1) SC1 : 700×700mm(H－394×398×11×18, 4-D29)

(2) SC2 : 600×600mm(H－300×305×15×15, 4-D29)

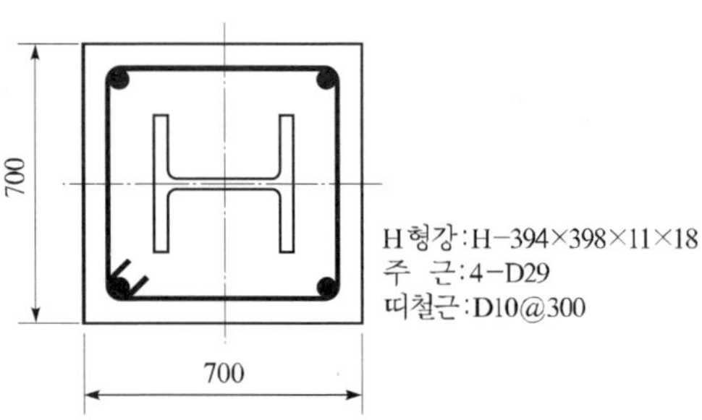

SC 1

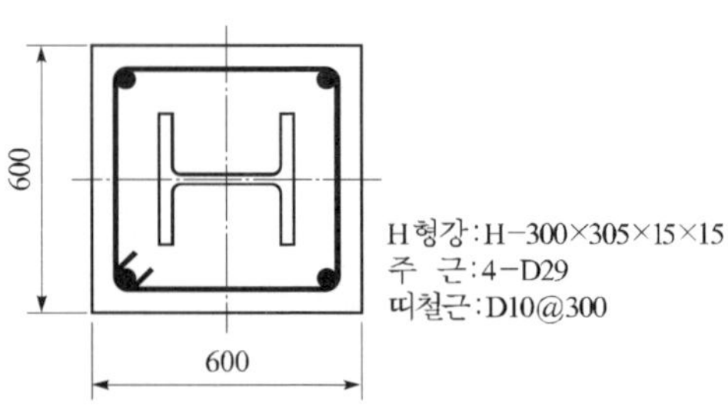

SC 2

3) 가새

BR1 : □ − 200 × 200 × 8

10.3 설계하중

10.3.1 고정하중(D)

1) 지붕층

바닥 마감	2.6
합성데크슬래브 : 데크(75mm) + 콘크리트(75mm)	3.3
천정	0.3
바닥 보 자중	0.6
	6.8kN/m^2

2) 기준층

바닥 마감	0.4
합성데크슬래브 : 데크(75mm) + 콘크리트(75mm)	3.3
천정	0.3
바닥 보 자중	0.6
	4.6kN/m^2

3) 합성기둥의 자중

SC1 : 700 × 700mm (H − 394 × 398 × 11 × 18)	13.2kN/m
SC2 : 600 × 600mm (H − 300 × 305 × 15 × 15)	9.7kN/m

10.3.2 활하중(L)

1) 지붕층(산책로 용도)	3.0kN/m^2
2) 기준층(사무실 용도, 경량칸막이 1.0kN/m^2 포함)	3.5kN/m^2

주) : 건축구조기준(2016)에서는 사무실 복도의 활하중을 4.0kN/m^{2}으로 규정하고 있지만 예제를 단순화하기 위하여 기준층 전 바닥에 3.5kN/m^{2}의 활하중을 적용하기로 한다.

10.3.3 가상하중(N)

각 층의 고정하중과 활하중에 대한 횡방향 가상하중 N_i는 다음과 같이 산정하여 X, Y 방향으로 각각 적용한다.

$$N_i = 0.002\,Y_i$$

1) 고정하중에 대한 가상하중(N_{DX}, N_{DY})

– 지붕층

바닥 고정하중 : 6.8×45.0×27.0		8,262
기둥 자중(하부 층고의 1/2)	SC1 : (13.2×4.0/2)×12	317
	SC2 : (9.7×4.0/2)×12	233
지붕층 고정하중 : Y_i		8,812kN
지붕층 가상하중 : $N_{DX} = N_{DY} = N_i = 8,812 \times 0.002$		17.6kN

– 기준층

바닥 고정하중 : 4.6×45.0×27.0		5,589
기둥 자중(상하부 층고의 1/2)	SC1 : (13.2×4.0/2)×12	634
	SC2 : (9.7×4.0/2)×12	466
기준층 고정하중 : Y_i		6,689kN
기준층 가상하중 : $N_{DX} = N_{DY} = N_i = 6,689 \times 0.002$		13.4kN

2) 활하중에 대한 가상하중(N_{LX}, N_{LY})

– 지붕층

바닥 활하중 :	$Y_i = 3.0 \times 45.0 \times 27.0$	3,645kN
지붕층 가상하중 :	$N_{LX} = N_{LY} = N_i = 6,645 \times 0.002$	7.3kN

– 기준층

바닥 활하중 :	$Y_i = 3.5 \times 45.0 \times 27.0$	4,253kN
기준층 가상하중 :	$N_{DX} = N_{DY} = N_i = 4,253 \times 0.002$	8.5kN

10.3.4 지진하중(E_X, E_Y)

1) 지진하중계수

(1) 지진구역계수 : $S = 0.22$(지진구역 1)

(2) 중요도계수 : $I_E = 1.0$(중요도(2), 내진등급 : Ⅱ)

(3) 지반종류 : S_B(보통암 지반)

(4) 반응수정계수

X방향 : $R = 3$(모멘트저항골조 시스템의 합성 보통모멘트골조)

Y방향 : $R = 3$(건물골조 시스템의 합성 보통중심가새골조)

2) 지반증폭계수(지반종류 : S_B)

(1) 단주기 지반증폭계수 : $F_a = 1.00$

(2) 1초주기 지반증폭계수 : $F_v = 1.00$

3) 설계스펙트럼 가속도

(1) 단주기 설계스펙트럼 가속도 : $S_{DS} = S \times 2.5 \times F_a \times 2/3 = 0.22 \times 2.5 \times 1.00 \times 2/3 = 0.367$

(2) 1초주기 설계스펙트럼 가속도 : $S_{D1} = S \times F_v \times 2/3 = 0.22 \times 1.00 \times 2/3 = 0.147$

4) 내진설계범주

(1) $0.33 \le S_{DS} = 0.367 \le 0.50$(내진등급 Ⅱ) → 내진설계범주 C

(2) $0.14 \le S_{D1} = 0.147 \le 0.20$(내진등급 Ⅱ) → 내진설계범주 C

5) 밑면전단력 V

(1) 고유주기 T

① 근사고유주기 T_a

$$T_a = C_t h_n^{3/4}$$

여기서, $C_t = 0.049$(합성 보통모멘트골조, 합성 보통중심가새골조)

$h_n = 40.0\text{m}$ (전체높이)

$T_a = 0.049 \times 40^{3/4} = 0.779\text{sec}$

고유주기는 X방향과 Y방향이 동일하게 산정됨.

② 주기상한계수 C_u

$S_{D1} = 0.147 \rightarrow C_u = 1.6$

③ 고유주기 T

$T = C_u T_a = 1,6(0.779) = 1.246\text{ sec}$

단, 고유치해석으로 구한 고유주기가 $C_u T_a = 1.246\text{ sec}$ 이상임을 확인하여야 한다.

(2) 지진응답계수 C_S

$$C_S = \frac{S_{D1}}{R/I_E \times T} = \frac{0.147}{(3/1.0) \times 1.246} = 0.0393$$

$$C_S = \frac{S_{DS}}{R/I_E} = \frac{0.367}{3/1.0} = 0.122 \text{ (최대)}$$

$$C_S = 0.01 \text{ (최소)}$$

$$\therefore C_s = 0.0393$$

(3) 유효 건물중량 W

- 지붕층

항목	계산	중량
바닥 고정하중 : 6.8×45.0×27.0		8,262
기둥 자중(하부 층고의 1/2)	SC1 : (13.2×4.0/2)×12	317
	SC2 : (9.7×4.0/2)×12	233
지붕층 유효중량		8,812kN

- 기준층(칸막이벽 하중 0.5kN/m^2 포함)

항목	계산	중량
바닥 고정하중 : 4.6×45.0×27.0		5,589
칸막이벽 하중 : 0.5×45.0×27.0		608
기둥 자중(상하부 층고의 1/2)	SC1 : (13.2×4.0)×12	634
	SC2 : (9.7×4.0)×12	466
기준층 유효중량		7,297kN

- 유효 건물중량 $W = 8,812 + 9 \times 7,297 = 74,485\text{kN}$

(4) 밑면전단력 V

$$V = C_S W = 0.0393 \times 74,485 = 2,927\text{kN}$$

6) 지진하중의 연직분포

$$F_x = C_{vx} V,\ C_{vx} = \frac{w_x h_x^k}{\sum_{i=1}^{n} w_i h_i^k},\ k = 1 + \frac{(1.246-0.5)(2-1)}{(2.5-0.5)} = 1.373,\ T = 1.246\ \text{sec}$$

지진하중의 연직분포

층	h_x, h_i(m)	w_i(kN)	$w_i h_i^k$	C_{vx}	층지진하중 F_x(kN)
지붕층	40	8,812	1,395,413	0.245	717
10층	36	7,297	999,880	0.175	514
9층	32	7,297	850,580	0.149	437
8층	28	7,297	708,096	0.124	364
7층	24	7,297	573,026	0.101	294
6층	20	7,297	446,127	0.078	229
5층	16	7,297	328,398	0.058	169
4층	12	7,297	221,238	0.039	114
3층	8	7,297	126,791	0.022	65
2층	4	7,297	48,952	0.009	25
합 계	–	74,485	5,698,502	1.000	2,927

7) 지진하중의 우발편심

다음과 같이 해석방향에 직각방향으로 평면치수의 5%에 해당하는 우발편심을 고려한다.

X 방향 지진하중(E_X) : $e_y = 0.05 \times 27.0 = 1.35\text{m}$

Y 방향 지진하중(E_Y) : $e_x = 0.05 \times 45.0 = 2.25\text{m}$

10.4 구조해석

10.4.1 해석모델

구조해석은 다음 그림과 같은 3차원 해석모델에 직접해석법의 규정에 따른 저감된 부재의 강성과 가상하중을 적용하고, 2차 해석은 일반 2차 탄성해석($P-\Delta$ 해석)을 이용한다.

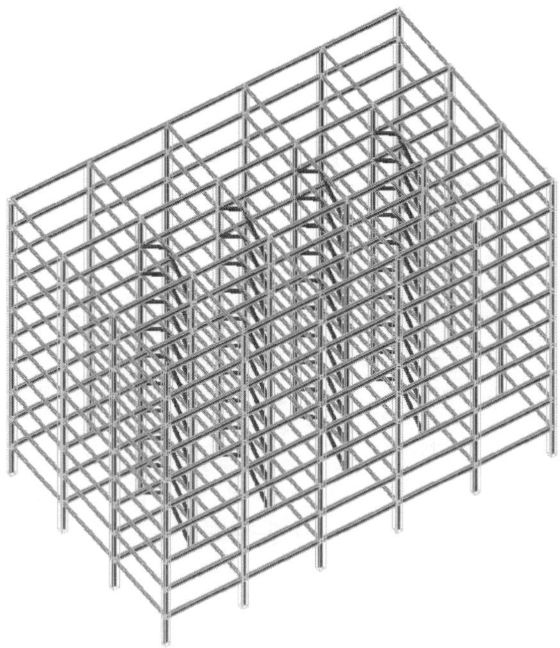

[그림 10.4.1] 구조해석 모델

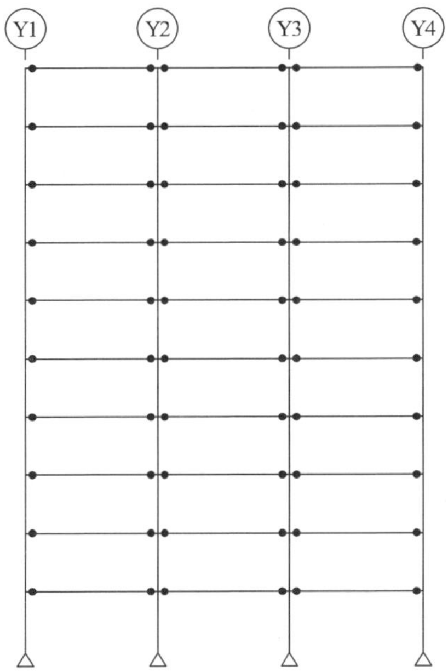

[그림 10.4.2] X1, X6열 골조
(보와 가새 양단 핀 접합)

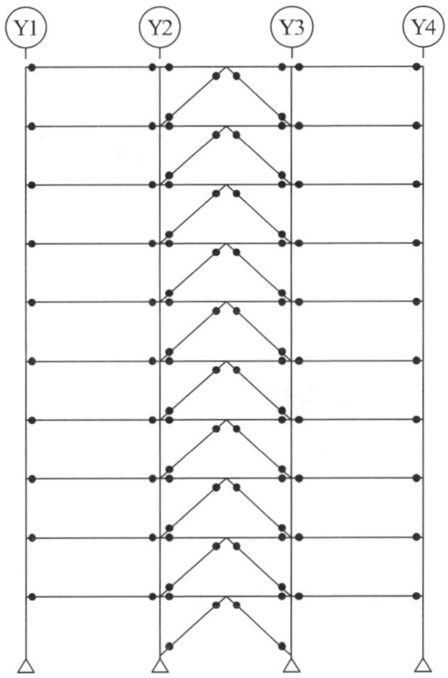

[그림 10.4.3] X2~X5열 골조
(보와 가새 양단 핀 접합)

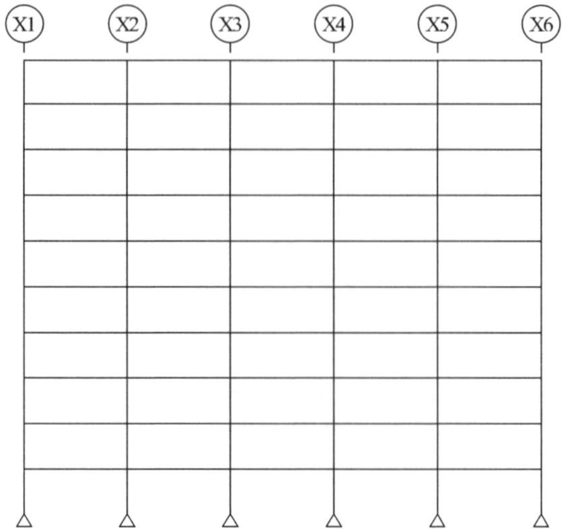

[그림 10.4.4] Y1~Y4 골조(보 양단 강접합)

10.4.2 부재의 강성

횡안정에 기여하는 모든 부재는 다음과 같이 저감된 휨강성 EI^*, 저감된 축강성 EA^*, 저감된 전단강성 GA_v^*를 적용하여야 한다.

$EI^* = 0.8\tau_b EI$

여기서, τ_b : $1.0(P_r/P_{no} \le 0.5$인 경우$)$

$4(P_r/P_{no})[1-(P_r/P_{no})]$ $(P_r/P_{no} > 0.5$인 경우$)$

P_r : 소요압축강도(N)

P_{no} : 부재의 항복압축강도$(= F_y A_s + F_{yr} A_{sr} + 0.85 f_{ck} A_c)$(N)

$EA^* = 0.8EA$

$GA_v^* = 0.8GA_v$

1) H형강보의 강성

(1) H형강보의 휨강성

보의 휨강성은 저감된 휨강성 $EI^*(= 0.8\tau_b EI)$를 사용하여야 한다. 강체격막으로 가정하면 바닥보의 소요압축강도는 없으므로$(P_r \approx 0)$ $\tau_b = 1.0$이다. 따라서 강재보의 단면 2차 모멘트 I_s를 다음과 같이 저감하여 사용한다.

① SG1, SG2 $(H - 500 \times 200 \times 10 \times 16)$

$I = 478 \times 10^6\ \mathrm{mm}^4$

$I^* = 0.8\tau_b I_s = 0.8(1.0)(478 \times 10^6) = 382 \times 10^6 \mathrm{mm}^4$

② SG3, SG4 $(H - 588 \times 300 \times 12 \times 20)$

$I = 1.18 \times 10^9\ \mathrm{mm}^4$

$I^* = 0.8\tau_b I_s = 0.8(1.0)(1.18 \times 10^9) = 944 \times 10^6 \mathrm{mm}^4$

(2) H형강보의 축강성

바닥을 강체격막으로 볼 수 있으므로 이를 고려한 해석 모델을 사용한다.

(3) H형강보의 전단강성

보의 전단강성은 저감된 전단강성 $GA_v^*(=0.8GA_v)$를 사용하여야 한다. 강재보의 전단면적 A_v는 웨브의 단면적 A_w이므로 다음과 같이 이를 저감하여 사용한다.

① SG1, SG2 (H − 500 × 200 × 10 × 16)

$$A^*_v = 0.8A_w = 0.8(500)(10) = 4{,}000\text{mm}^2$$

② SG3, SG4 (H − 588 × 300 × 12 × 20)

$$A^*_v = 0.8A_w = 0.8(588)(12) = 5{,}645\text{mm}^2$$

2) 합성기둥의 강성

(1) 합성기둥의 휨강성

이 예제의 골조에서는 합성기둥의 약축 휨강성이 횡안정에 기여하지 않으므로 강축 휨강성만 고려한다. 합성기둥의 휨강성은 저감된 휨강성 $EI^*(=0.8\tau_b EI)$를 사용하여야 한다. 합성기둥의 휨강성 EI는 건축구조기준 0709.2의 합성유효휨강성 EI_{eff}를 사용할 수 있으므로, 다음과 같이 EI_{eff}를 산정하여 저감한다. 휨강성의 저감은 $P_r/P_y < 0.5$로 가정하여 $\tau_b = 1.0$을 사용한다. 이 조건은 직접해석법으로 P_r 값을 구한 후 확인하여야 한다.

$$EI_{eff} = E_sI_s + 0.5E_sI_{sr} + C_1E_cI_c$$

$$C_1 = 0.1 + 2\left(\frac{A_s}{A_c + A_s}\right) \le 0.3$$

$$E_s = 210{,}000\text{MPa}\ \text{(강재)}$$

$$E_{sr} = 200{,}000\text{MPa}\ \text{(철근)}$$

$$E_c = 8{,}500\sqrt[3]{30+4} = 27{,}500\text{MPa}$$

① SC1 강축 휨강성 : 700 × 700mm (H − 394 × 398 × 11 × 18, 4-D29)

$$I_s = 561 \times 10^6\text{mm}^4\ \ (\text{H} - 394 \times 398 \times 11 \times 18)$$

$$I_{sr} = 4(642)\left(\frac{700 - 2(40 + 10 + 29/2)}{2}\right)^2 = 209 \times 10^6\text{mm}^4\ \ (4\text{-D29})$$

$$A_s = 18.7 \times 10^3\text{mm}^2\ \ (\text{H} - 394 \times 398 \times 11 \times 18)$$

$$A_{sr} = 4(642) = 2{,}568\text{mm}^2$$

$$A_c = A_g - A_s - A_{sr} = 700^2 - 18.7 \times 10^3 - 2{,}568 = 469 \times 10^3\text{mm}^2$$

$$C_1 = 0.1 + 2\left(\frac{18.7}{469 + 18.7}\right) = 0.177$$

$$I_c = I_g - I_s - I_{sr} = \frac{700^4}{12} - 561 \times 10^6 - 209 \times 10^6 = 19{,}200 \times 10^6\text{mm}^4$$

$$EI_{eff} = [210{,}000(561) + 0.5(200{,}000)(209) + (0.177)(27{,}500)(19{,}200)] \times 10^6$$
$$= 232 \times 10^{12}\text{N}\cdot\text{mm}^2$$
$$EI^* = 0.8\tau_b EI = 0.8\tau_b EI_{eff} = 0.8(1.0)(232 \times 10^{12}) = 186 \times 10^{12}\text{N}\cdot\text{mm}^2$$
$$E = 210{,}000\text{MPa}$$
$$I = EI^*/E = 186 \times 10^{12}/210{,}000 = 886 \times 10^6\text{mm}^4$$

② SC2 강축 휨강성 : 600×600mm (H－300×305×15×15, 4－D29)

$$I_s = 215 \times 10^6\text{mm}^4 \ \ (\text{H} - 300 \times 305 \times 15 \times 15)$$
$$I_{sr} = 4(642)\left(\frac{600 - 2(40 + 10 + 29/2)}{2}\right)^2 = 142 \times 10^6\text{mm}^4 \quad (4\text{−D29})$$
$$A_s = 13.5 \times 10^3\text{mm}^2 \ \ (\text{H} - 300 \times 305 \times 15 \times 15)$$
$$A_{sr} = 4(642) = 2{,}568\text{mm}^2$$
$$A_c = A_g - A_s - A_{sr} = 600^2 - 13.5 \times 10^3 - 2{,}568 = 344 \times 10^3\text{mm}^2$$
$$C_1 = 0.1 + 2\left(\frac{13.5}{344 + 13.5}\right) = 0.176$$
$$I_c = I_g - I_s - I_{sr} = \frac{600^4}{12} - 215 \times 10^6 - 142 \times 10^6 = 10{,}443 \times 10^6\text{mm}^4$$
$$EI_{eff} = [210{,}000(215) + 0.5(200{,}000)(145) + (0.176)(27{,}500)(10{,}443)] \times 10^6$$
$$= 110 \times 10^{12}\text{N}\cdot\text{mm}^2$$
$$EI^* = 0.8\tau_b EI = 0.8\tau_b EI_{eff} = 0.8(1.0)(110 \times 10^{12}) = 88.2 \times 10^{12}\text{N}\cdot\text{mm}^2$$
$$E = 210{,}000\text{MPa}$$
$$I = EI^*/E = 88.2 \times 10^{12}/210{,}000 = 420 \times 10^6\text{mm}^4$$

(2) 합성기둥의 축강성

합성기둥의 축강성은 저감된 축강성 $EA^*(=0.8EA)$를 사용하여야 한다. 탄성축강성 EA를 다음과 같이 산정하여 저감한다.

① SC1 : 700×700mm (H－394×398×11×18, 4－D29)

$$A_s = 18.7 \times 10^3\text{mm}^2 \ \ (\text{H} - 394 \times 398 \times 11 \times 18)$$
$$A_{sr} = 4(642) = 2{,}568\text{mm}^2$$
$$A_c = A_g - A_s - A_{sr} = 700^2 - 18.7 \times 10^3 - 2{,}568 = 469 \times 10^3\text{mm}^2$$
$$EA = E_s A_s + E_{sr} A_{sr} + E_c A_c$$
$$= 210{,}000(18.7 \times 10^3) + 200{,}000(2{,}568) + 27{,}500(469 \times 10^3)$$
$$= 17.3 \times 10^9\text{N}$$
$$EA^* = 0.8EA = 0.8(17.3 \times 10^9) = 13.9 \times 10^9\text{N}$$
$$E = 210{,}000\text{MPa}$$
$$A^* = EA^*/E = 13.9 \times 10^9/210{,}000 = 66{,}200\text{mm}^2$$

② SC2 : 600×600mm (H−300×305×15×15, 4−D29)

$A_s = 13.5\times10^3\text{mm}^2$ (H−300×305×15×15)

$A_{sr} = 4(642) = 2{,}568\text{mm}^2$

$A_c = A_g - A_s - A_{sr} = 600^2 - 13.5\times10^3 - 2{,}568 = 344\times10^3\text{mm}^2$

$$EA = E_sA_s + E_{sr}A_{sr} + E_cA_c$$
$$= 210{,}000(13.5\times10^3) + 200{,}000(2{,}568) + 27{,}500(344\times10^3)$$
$$= 12.8\times10^9\text{N}$$

$EA^* = 0.8EA = 0.8(12.8\times10^9) = 10.2\times10^9\text{N}$

$E = 210{,}000\text{MPa}$

$A^* = EA^*/E = 10.2\times10^9/210{,}000 = 48{,}600\text{mm}^2$

(3) 합성기둥의 전단강성

합성기둥의 전단강성은 저감된 전단강성 $GA_v^*(=0.8GA_v)$를 사용하여야 한다. 합성기둥의 전단강성 GA_v는 강재단면과 콘크리트단면 중 하나의 단면에 대한 전단강성을 사용할 수 있다. 여기서는 콘크리트단면을 사용하여 다음과 같이 전단강성을 산정하여 저감한다.

콘크리트의 전단탄성계수 : $G_c = \dfrac{E_c}{2(1+\nu)} = \dfrac{27{,}500}{2(1+0.2)} = 11{,}500\text{MPa}$

① SC1 : 700×700mm (H−394×398×11×18, 4−D29)

콘크리트의 전단면적 : $A_{vc} = 700\times700/1.2 = 408\times10^3\text{mm}^2$

$GA_v = G_cA_{vc} = (11{,}500)(408\times10^3) = 4.69\times10^9\text{N}$

$GA_v^* = 0.8GA_v = 0.8(4.69\times10^9) = 3.75\times10^9\text{N}$

$G = 81{,}000\text{MPa}$

$A^*_v = 3.75\times10^9/81{,}000 = 46{,}300\text{mm}^2$

② SC2 : 600×600mm (H−300×305×15×15, 4−D29)

콘크리트의 전단면적 : $A_{vc} = 600\times600/1.2 = 300\times10^3\text{mm}^2$

$GA_v = G_cA_{vc} = (11{,}500)(300\times10^3) = 3.45\times10^9\text{N}$

$GA_v^* = 0.8GA_v = 0.8(3.45\times10^9) = 2.76\times10^9\text{N}$

$G = 81{,}000\text{MPa}$

$A^*_v = 2.76\times10^9/81{,}000 = 34{,}000\text{mm}^2$

3) 가새의 축강성

가새는 축강성만으로 횡력을 지지하므로, 축강성만 저감하여 저감된 축강성 $EA^*(=0.8EA)$를 사용한다.

BR1 : □−200×200×8

$A_s = 5{,}979\text{mm}^2$

$E = 210{,}000\text{MPa}$

$A^* = 0.8(5.979 \times 10^3) = 4{,}783\text{mm}^2$

10.4.3 골조의 연직하중

1) 고정하중(D)

(1) X1, X6열 골조

① 지붕층 보 : $\omega_D = 6.8 \times 3.0/2 = 10.2\text{kN/m}$

② 기준층 보 : $\omega_D = 4.6 \times 3.0/2 = 6.9\text{kN/m}$

(2) X2~X5열 골조

① 지붕층 보 : $\omega_D = 6.8 \times 3.0 = 20.4\text{kN/m}$

② 기준층 보 : $\omega_D - 4.6 \times 3.0 - 13.8\text{kN/m}$

(3) Y1, Y4열 골조

① 지붕층 보 : $P_D = 6.8 \times 3.0 \times 9.0/2 = 91.8\text{kN}$

② 기준층 보 : $P_D = 4.6 \times 3.0 \times 9.0/2 = 62.1\text{kN}$

(4) Y2, Y3열 골조

① 지붕층 보 : $P_D = 6.8 \times 3.0 \times 9.0 = 183.6\text{kN}$

② 기준층 보 : $P_D = 4.6 \times 3.0 \times 9.0 = 124.2\text{kN}$

(5) 기둥 자중(10.3.1에서 구한 값)

① Y1, Y4열 기둥 : $w_D = 9.7\text{kN/m}$

② Y2, Y3열 기둥 : $w_D = 13.2\text{kN/m}$

2) 활하중(L)

(1) X1, X6열 골조

① 지붕층 보 : $\omega_L = 3.0 \times 3.0/2 = 4.5\text{kN/m}$

② 기준층 보 : $\omega_L = 3.5 \times 3.0/2 = 5.25\text{kN/m}$

(2) X2~X5열 골조

① 지붕층 보 : $\omega_L = 3.0 \times 3.0 = 9.0\text{kN/m}$

② 기준층 보 : $\omega_L = 3.5 \times 3.0 = 10.5\text{kN/m}$

(3) Y1, Y4열 골조

① 지붕층 보 : $P_L = 3.0 \times 3.0 \times 9.0/2 = 40.5\text{kN}$

② 기준층 보 : $P_L = 3.5 \times 3.0 \times 9.0/2 = 47.25\text{kN}$

(4) Y2, Y3열 골조

① 지붕층 보 : $P_L = 3.0 \times 3.0 \times 9.0 = 81.0\text{kN}$

② 기준층 보 : $P_L = 3.5 \times 3.0 \times 9.0 = 94.5\text{kN}$

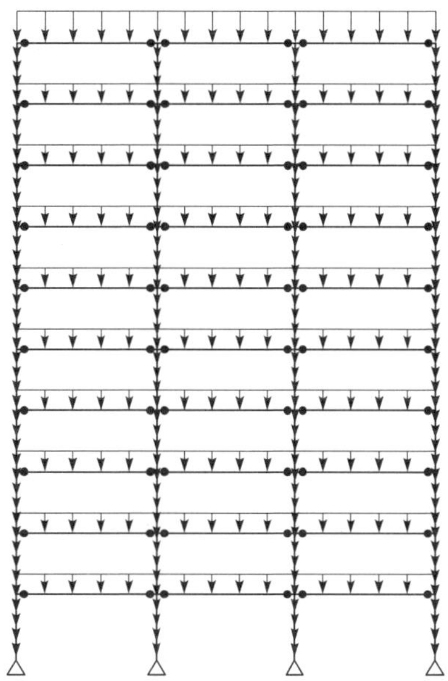

[그림 10.4.5] X1, X6열 하중도

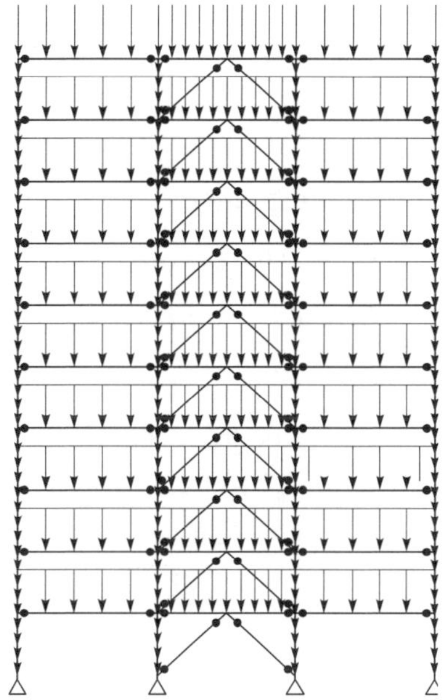

[그림 10.4.6] X2~X5열 하중도

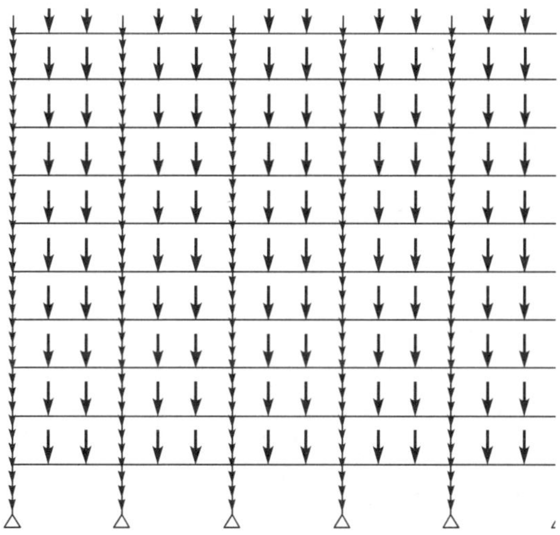

[그림 10.4.7] Y1~Y4 하중도

10.5 해석결과

10.5.1 합성기둥과 H형강보의 소요강도

직접해석법을 적용하여 일반2차탄성해석($P-\Delta$해석)으로 구한, Y2열 골조의 합성기둥(X2열)과 H형강보(X1~X2열), X2열 골조의 합성기둥(Y3열)과 가새의 소요강도를 다음과 같이 정리하였다.

여기서, 기둥과 같은 압축재는 증폭계수 B_1을 구하여 휨모멘트를 증폭하여야 한다. 소요축강도 P_r이 가장 큰 하중조합 $1.2(D+N_{DX})+1.6(L+N_{LX})$에 대한 1층 기둥의 B_1계수를 산정하면 다음과 같다.

$$P_r = 9{,}714\text{kN}\,,\quad M_1 = 0\text{kN·m}\,,\quad M_2 = -139\text{kN·m}$$

$$C_m = 0.6 - 0.4(M_1/M_2) = 0.6 - 0.4[0/(-139)] = 0.6$$

$$EI = EI^* = 0.8EI_{eff} = 186\times10^{12}\text{N·mm}^2$$ (앞에서 구한 저감된 휨강성)

$$K_1 = 1.0$$

$$P_{e1} = \frac{\pi^2 EI}{(K_1 L)^2} = \frac{\pi^2(186\times10^{12})}{(1.0\times4{,}000)^2} = 114{,}734\times10^3\text{N} = 114{,}734\text{kN}$$

$$B_1 = \frac{C_m}{1-P_r/P_{e1}} = \frac{0.6}{1-9{,}714/114{,}734} = 0.655 < 1.0 \qquad \therefore B_1 = 1.0$$

소요축강도 P_r이 가장 큰 기둥의 B_1계수가 1.0이므로, 다른 모든 기둥의 B_1계수를 1.0으로 할 수 있다.

1) 하중조합 $1.2(D+N_{DX})+1.6(L+N_{LX})$

(1) Y2열 합성기둥(X2열)의 소요강도

층	위치	P_r(kN)	V_r(kN)	M_{rx}(kN·m)
10층	상단	−958	0	−12
	하단	−1021	0	−10
9층	상단	−1926	−7	16
	하단	−1990	−7	−12
8층	상단	−2886	−1	0
	하단	−2949	−1	−3
7층	상단	−3845	1	−4
	하단	−3908	1	3
6층	상단	−4806	5	−13
	하단	−4869	5	11
5층	상단	−5769	9	−21
	하단	−5832	9	20
4층	상단	−6734	13	−31
	하단	−6797	13	30
3층	상단	−7702	16	−42
	하단	−7765	16	36
2층	상단	−8671	27	−69
	하단	−8734	27	60
1층	상단	−9651	20	−139
	하단	−9714	20	0

(2) Y2열 H형강보(X1~X2열)의 소요강도

층	V_r(kN)			M_{rx}(kN·m)		
	좌단	중앙	우단	좌단	중앙	우단
지붕층	−337	13	363	−583	428	−700
10층	−307	−7	293	−617	326	−553
9층	−302	−2	298	−584	328	−568
8층	−301	−1	299	−582	323	−574
7층	−299	1	302	−571	326	−583
6층	−296	4	304	−560	329	−594
5층	−294	7	307	−547	334	−607
4층	−290	10	310	−531	339	−622
3층	−287	14	314	−517	342	−640
2층	−272	28	329	−438	378	−693

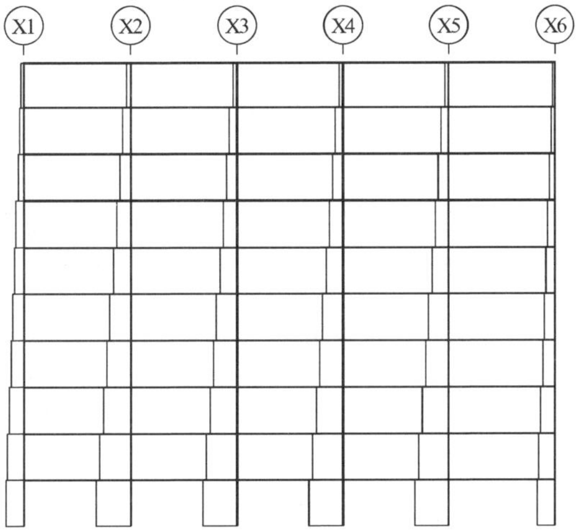

[그림 10.5.1] Y2열 축력도

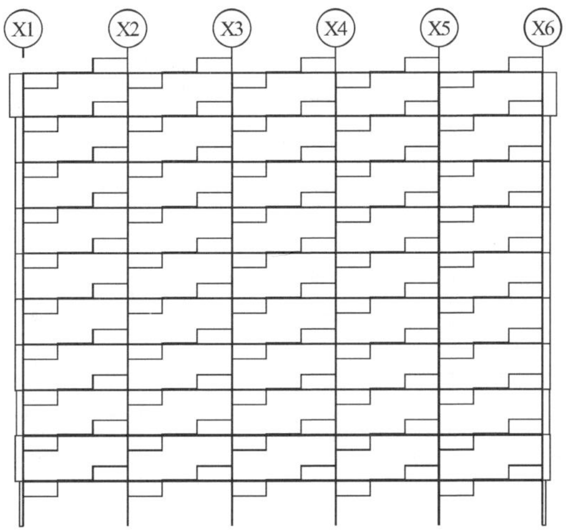

[그림 10.5.2] Y2열 전단력도

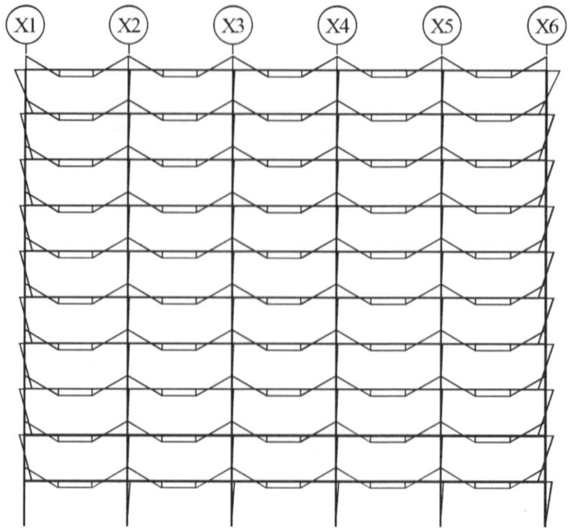

[그림 10.5.3] Y2열 휨모멘트도

2) 하중조합 $1.2(D+N_{DX})+0.5(L+N_{LX})+1.0E_X$

(1) Y2열 합성기둥(X2열)의 소요강도

층	위치	P_r(kN)	V_r(kN)	M_{rx}(kN·m)
10층	상단	−716	50	−131
	하단	−779	50	73
9층	상단	−1380	76	−172
	하단	−1443	76	141
8층	상단	−2032	110	−247
	하단	−2095	110	213
7층	상단	−2686	136	−301
	하단	−2749	136	274
6층	상단	−3343	158	−350
	하단	−3406	158	327
5층	상단	−4003	176	−391
	하단	−4066	176	372
4층	상단	−4666	191	−428
	하단	−4729	191	413
3층	상단	−5332	198	−463
	하단	−5396	198	425
2층	상단	−6000	233	−594
	하단	−6064	233	475
1층	상단	−6689	190	−1101
	하단	−6752	190	0

(2) Y2열 H형강보(X1~X2열)의 소요강도

층	V_r(kN)			M_{rx}(kN·m)		
	좌단	중앙	우단	좌단	중앙	우단
지붕층	−239	22	282	−376	342	−571
10층	−179	17	214	−302	235	−457
9층	−163	33	230	−219	270	−519
8층	−152	45	241	−168	287	−569
7층	−141	55	251	−118	305	−614
6층	−132	64	261	−75	321	−655
5층	−124	73	269	−37	334	−690
4층	−115	81	277	2	349	−725
3층	−104	93	289	51	362	−782
2층	−43	153	349	356	486	−1020

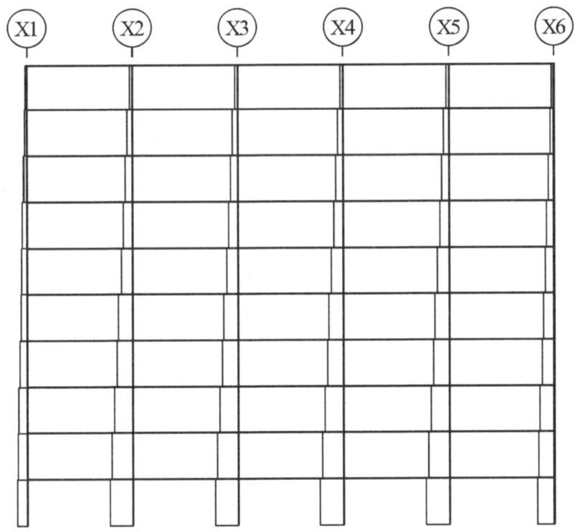

[그림 10.5.4] Y2열 축력도

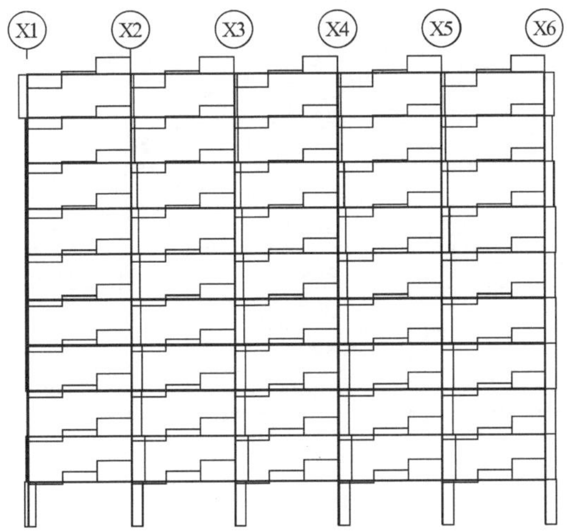

[그림 10.5.5] Y2열 전단력도

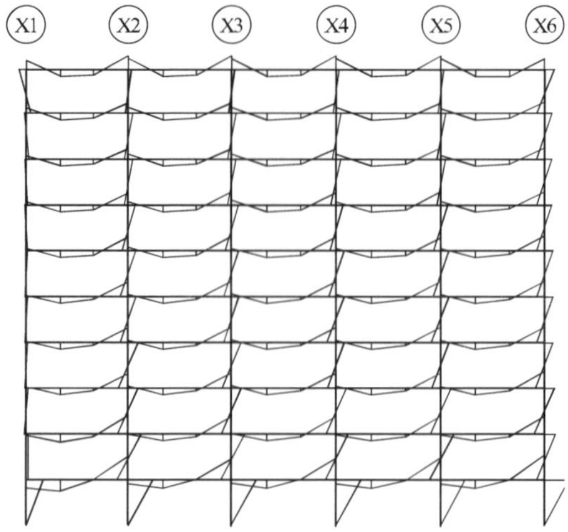

[그림 10.5.6] Y2열 휨모멘트도

3) 하중조합 $0.9(D+N_{DX})+1.0E_X$

(1) Y2열 합성기둥(X2열)의 소요강도

층	위치	P_r(kN)	V_r(kN)	M_{rx}(kN·m)
10층	상단	−454	50	−128
	하단	−502	50	76
9층	상단	−849	78	−175
	하단	−896	78	144
8층	상단	−1232	110	−244
	하단	−1280	111	212
7층	상단	−1618	135	−296
	하단	−1666	135	270
6층	상단	−2007	157	−342
	하단	−2054	157	320
5층	상단	−2398	173	−379
	하단	−2445	173	361
4층	상단	−2791	187	−411
	하단	−2838	187	397
3층	상단	−3187	194	−440
	하단	−3234	194	407
2층	상단	−3584	223	−550
	하단	−3631	224	445
1층	상단	−3997	186	−987
	하단	−4045	186	0

(2) Y2열 H형강보(X1~X2열)의 소요강도

층	V_r(kN)			M_{rx}(kN·m)		
	좌단	중앙	우단	좌단	중앙	우단
지붕층	−147	18	183	−216	225	−380
10층	−93	19	131	−129	149	−300
9층	−78	34	145	−55	179	−358
8층	−67	44	156	−6	196	−405
7층	−58	54	166	39	212	−447
6층	−49	62	174	78	226	−483
5층	−42	69	181	111	238	−514
4층	−36	76	188	143	250	−543
3층	−26	86	198	184	262	−589
2층	25	137	248	439	365	−790

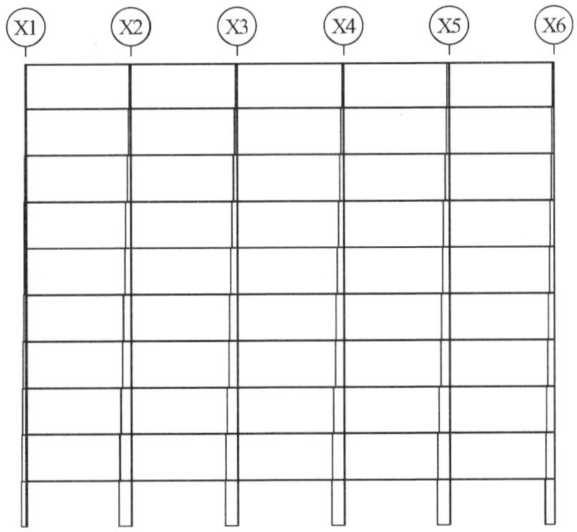

[그림 10.5.7] Y2열 축력도

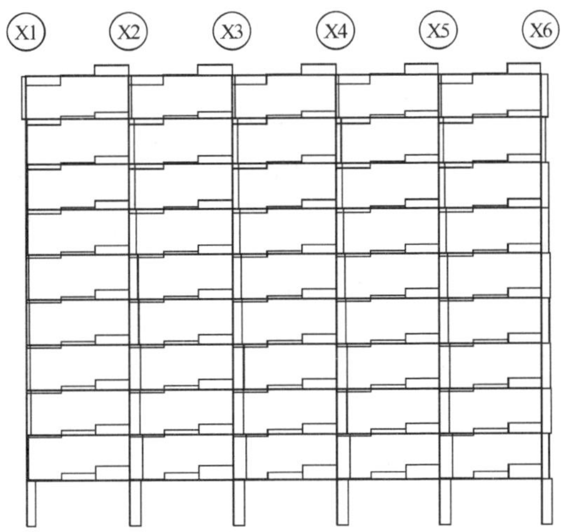

[그림 10.5.8] Y2열 전단력도

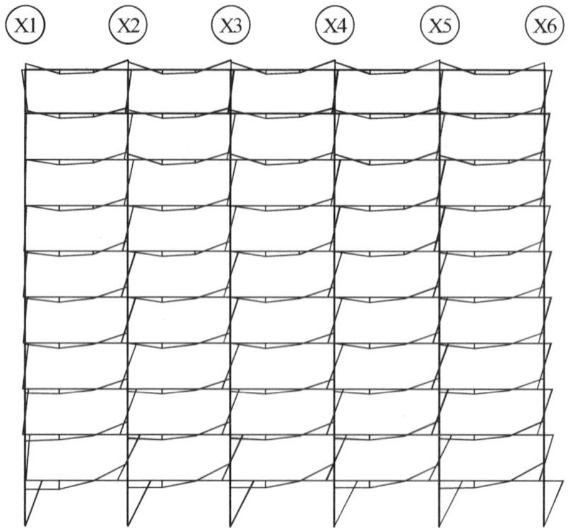

[그림 10.5.9] Y2열 휨모멘트도

4) 하중조합 $1.2(D+N_{DY})+1.6(L+N_{LY})$

(1) X2열 합성기둥(Y3열)의 소요강도

층	위치	P_r(kN)	V_r(kN)	M_{rx}(kN·m)
10층	상단	−957	−2	−6
	하단	−1021	−2	−14
9층	상단	−1930	−11	26
	하단	−1993	−11	−19
8층	상단	−2895	−7	14
	하단	−2959	−7	−15
7층	상단	−3865	−7	14
	하단	−3928	−7	−13
6층	상단	−4839	−5	11
	하단	−4903	−5	−10
5층	상단	−5819	−3	7
	하단	−5882	−3	−6
4층	상단	−6804	−1	3
	하단	−6867	−1	−1
3층	상단	−7796	1	−1
	하단	−7859	1	1
2층	상단	−8792	6	−9
	하단	−8856	6	17
1층	상단	−9801	3	−12
	하단	−9864	3	0

(2) X2열 가새(Y2~Y3열)의 소요강도

층	Y2열 쪽 가새			Y3열 쪽 가새		
	P_r(kN)	V_r(kN)	M_r(kN·m)	P_r(kN)	V_r(kN)	M_r(kN·m)
10층	−153	−	−	−165	−	−
9층	−127	−	−	−149	−	−
8층	−123	−	−	−155	−	−
7층	−118	−	−	−161	−	−
6층	−114	−	−	−167	−	−
5층	−110	−	−	−173	−	−
4층	−106	−	−	−180	−	−
3층	−101	−	−	−186	−	−
2층	−97	−	−	−192	−	−
1층	−93	−	−	−199	−	−

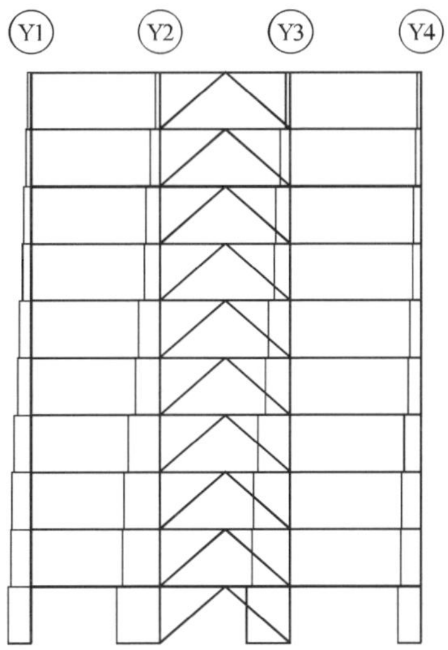

[그림 10.5.10] X2열 기둥 축력도

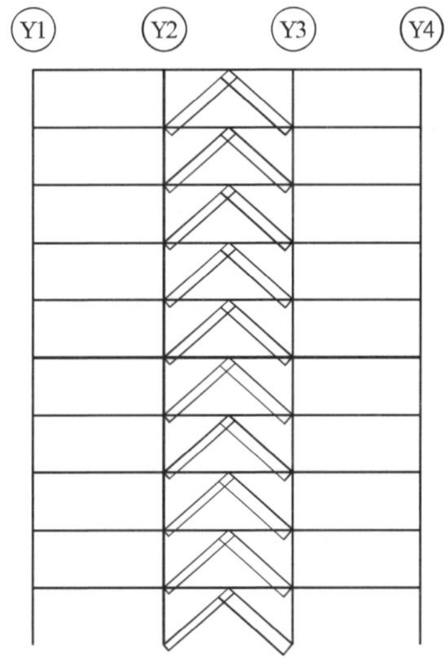

[그림 10.5.11] X2열 가새 축력도

5) 하중조합 $1.2(D+N_{DY})+0.5(L+N_{LY})+1.0E_Y$

(1) X2열 합성기둥(Y3열)의 소요강도

층	위치	P_r(kN)	V_r(kN)	M_{rx}(kN·m)
10층	상단	−708	−2	−9
	하단	−771	−2	−8
9층	상단	−1453	0	19
	하단	−1516	0	−13
8층	상단	−2241	−1	8
	하단	−2304	−1	−9
7층	상단	−3084	−1	8
	하단	−3147	−1	−7

층	위치	P_r(kN)	V_r(kN)	M_{rx}(kN·m)
6층	상단	−3974	−2	6
	하단	−4037	−2	−5
5층	상단	−4903	−3	3
	하단	−4966	−3	−2
4층	상단	−5865	−4	0
	하단	−5928	−4	1
3층	상단	−6852	−4	−3
	하단	−6916	−4	3
2층	상단	−7859	−5	−8
	하단	−7923	−4	13
1층	상단	−8883	−8	−9
	하단	−8947	−8	0

(2) X2열 가새(Y2~Y3열)의 소요강도

층	Y2열 쪽 가새			Y3열 쪽 가새		
	P_r(kN)	V_r(kN)	M_r(kN·m)	P_r(kN)	V_r(kN)	M_r(kN·m)
10층	15	−	−	−252	−	−
9층	131	−	−	−311	−	−
8층	212	−	−	−394	−	−
7층	280	−	−	−463	−	−
6층	337	−	−	−521	−	−
5층	382	−	−	−567	−	−
4층	416	−	−	−603	−	−
3층	440	−	−	−629	−	−
2층	455	−	−	−645	−	−
1층	471	−	−	−662	−	−

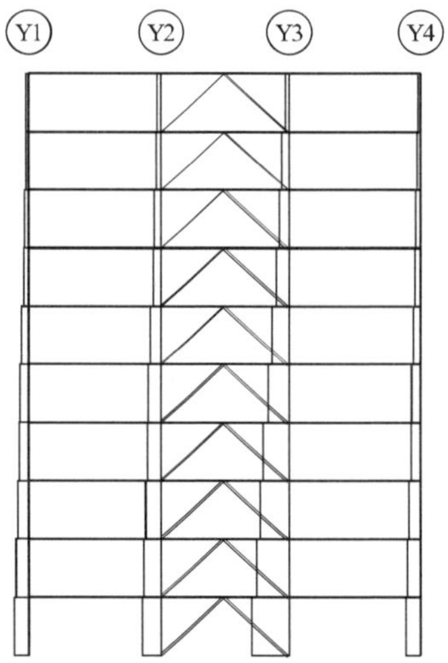

[그림 10.5.12] X2열 기둥 축력도

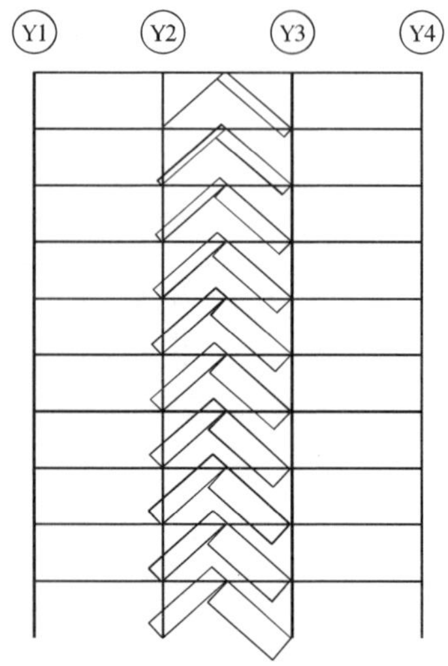

[그림 10.5.13] X2열 가새 축력도

6) 하중조합 $0.9(D+N_{DY})+1.0E_Y$

(1) X2열 합성기둥(Y3열)의 소요강도

층	위치	P_r(kN)	V_r(kN)	M_{rx}(kN·m)
10층	상단	−447	−1	−7
	하단	−494	−1	−4
9층	상단	−921	1	11
	하단	−968	1	−8
8층	상단	−1438	0	4
	하단	−1485	0	−5
7층	상단	−2008	0	4
	하단	−2056	0	−4
6층	상단	−2623	0	3
	하단	−2671	0	−2
5층	상단	−3276	−1	1
	하단	−3323	−1	−1
4층	상단	−3958	−1	−1
	하단	−4006	−1	2
3층	상단	−4665	−1	−3
	하단	−4712	−1	3
2층	상단	−5388	−1	−6
	하단	−5436	−1	9
1층	상단	−6126	−5	−6
	하단	−6173	−5	0

(2) X2열 가새(Y2~Y3열)의 소요강도

층	Y2열 쪽 가새			Y3열 쪽 가새		
	P_r(kN)	V_r(kN)	M_r(kN·m)	P_r(kN)	V_r(kN)	M_r(kN·m)
10층	56	−	−	−206	−	−
9층	165	−	−	−268	−	−
8층	244	−	−	−348	−	−
7층	310	−	−	−415	−	−
6층	364	−	−	−469	−	−
5층	407	−	−	−513	−	−
4층	439	−	−	−546	−	−
3층	462	−	−	−569	−	−
2층	475	−	−	−583	−	−
1층	489	−	−	−599	−	−

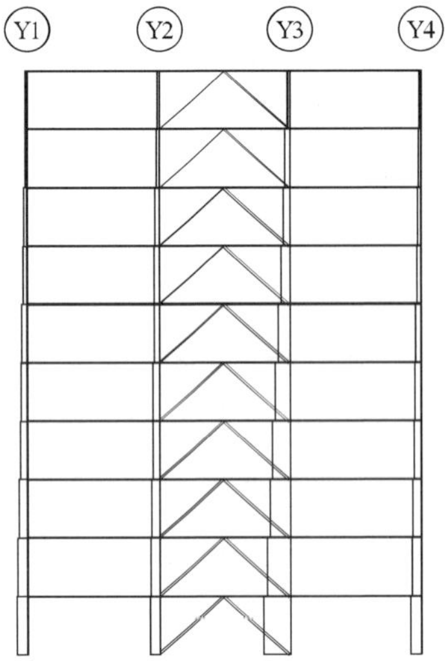

[그림 10.5.14] X2열 기둥 축력도

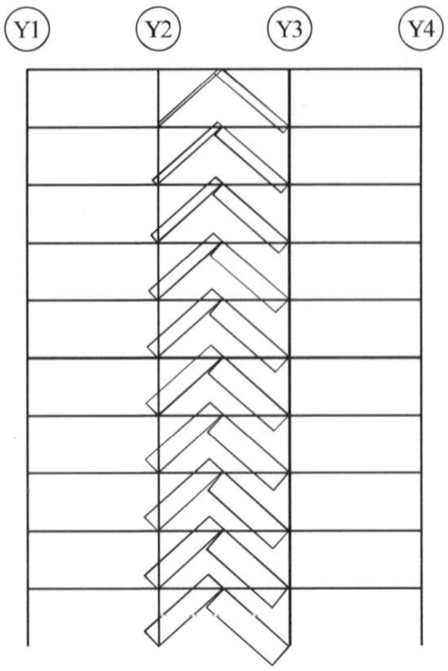

[그림 10.5.15] X2열 가새 축력도

10.5.2 구조해석의 적정성 확인

1) 고유주기의 적정성

앞에서 고유주기를 산정할 때 주기상한값 $C_u T_a = 1.246\,\text{sec}$를 사용하였으므로, 고유치해석으로 구한 양방향의 고유주기가 각각 1.246sec 이상임을 다음과 같이 확인하여야 한다.

X방향 고유치해석으로 구한 고유주기 : 3.131sec > 1.246sec 적정
Y방향 고유치해석으로 구한 고유주기 : 1.580sec > 1.246sec 적정

2) 합성기둥의 휨강성 저감의 적정성

앞에서 합성기둥의 휨강성을 저감산정할 때 $P_r/P_y < 0.5$로 가정하여 $\tau_b = 1.0$을 사용하였으므로 합성기둥의 P_r 값이 $P_r/P_y < 0.5$ 조건을 만족하는지를 다음과 같이 확인하여야 한다. 매입형 합성기둥의 항복압축강도 P_y는 기준 식(0709.2.4)의 P_0를 사용한다.

$$P_0 = A_s F_y + A_{sr} F_{yr} + 0.85 A_c f_{ck}$$
$$= (18.7 \times 10^3)(345) + (2{,}568)(400) + 0.85(469 \times 10^3)(30)$$
$$= 19{,}438 \times 10^3 \text{N} = 19{,}438 \text{kN}$$
$$P_y = P_0 = 19{,}438 \text{kN}$$
$$0.5P_y = 0.5(19{,}438) = 9{,}719 \text{kN}$$

이 조건을 P_r이 가장 큰 1층 기둥의 하중조합 $1.2(D+N_{DX}) + 1.6(L+N_{LX})$대하여 검토하면,

$P_r = 9{,}714\text{kN} < 0.5P_y = 9{,}719\text{kN}$ 부적합 적합

따라서, τ_b를 다음과 같이 산정하여 필요하면 다시 해석하여야 한다.

$$\tau_b = 4(P_r/P_y)[1-(P_r/P_y)]$$
$$= 4(9{,}714/19{,}625)[1-(9{,}714/19{,}625)]$$
$$= 0.999$$

τ_b가 거의 1.0이므로 다시 해석할 필요가 없다.

3) 1차해석과 2차해석의 층간변위비

직접해석법을 사용하는 경우에는 1차해석과 2차해석의 층간변위비를 검토할 필요가 없지만, 골조의 2차효과($P-\Delta$효과)를 참고하기 위하여 정리하면 다음과 같다. 여기서는 X방향 층간변위가 Y방향보다 크므로 X방향만 정리한다.

(1) 가상하중($N_{DX}+N_{LX}$)에 의한 층간변위, Δ_H(mm)

2차해석에 적용한 중력하중조합 : $1.2D+1.6L$

층	층간변위, Δ_H(mm)		2차해석/1차해석
	1차해석	2차해석	
지붕층	0.140	0.144	1.029
10층	0.248	0.260	1.048
9층	0.356	0.384	1.079
8층	0.468	0.512	1.094
7층	0.580	0.648	1.117
6층	0.692	0.792	1.145
5층	0.808	0.948	1.173
4층	0.936	1.160	1.239
3층	1.212	1.720	1.419
2층	2.524	4.348	1.723

(2) 지진하중(E_X)에 의한 X방향 층간변위, Δ_H(mm)

2차해석에 적용한 중력하중조합 : $1.2D+0.5L$

층	층간변위, Δ_H(mm)		2차해석/1차해석
	1차해석	2차해석	
지붕층	3.81	3.90	1.024
10층	6.37	6.59	1.035
9층	8.61	9.02	1.048
8층	10.48	11.12	1.061
7층	11.99	12.90	1.076
6층	13.16	14.37	1.092
5층	14.06	15.61	1.110
4층	14.90	17.03	1.143
3층	17.44	21.62	1.240
2층	33.97	47.94	1.411

여기서, 가상하중($N_{DX}+N_{LX}$)은 2차 해석에 중력하중조합 $1.2D+1.6L$을, 지진하중(E_X)은 2차 해석에 중력하중조합 $1.2D+0.5L$을 적용하였으므로 2차 해석/1차 해석 비가 가상하중($N_{DX}+N_{LX}$)이 더 크게 됨을 알 수 있다.

4) 지진하중에 대한 층간변위 검토

X방향 층간변위가 Y방향보다 크므로 X방향 지진하중(E_X)에 대한 층간변위만 검토한다. 일반 2차 탄성해석으로 층간변위를 구하였으므로 지진하중 기준에서 규정한 증폭계수 $a_d = 1.0/(1-\theta)$를 적용하지 않고 변위증폭계수 C_d와 중요도계수 I_E만 적용하여 다음과 같이 검토한다.

$C_d/I_E = 2.5/1.0 = 2.5$, $h_{sx} = 4{,}000$ mm, **허용층간변위**($\Delta_a = 0.020h_{sx}$)

층	2차해석 Δ_H(mm)	$(C_d/I_E)\Delta_H$(mm)	Δ_H	판정
지붕층	3.90	9.76	$0.0024h_{sx}$	적합
10층	6.59	16.47	$0.0041h_{sx}$	적합
9층	9.02	22.54	$0.0056h_{sx}$	적합
8층	11.12	27.80	$0.0070h_{sx}$	적합
7층	12.90	32.24	$0.0081h_{sx}$	적합
6층	14.37	35.92	$0.0090h_{sx}$	적합
5층	15.61	39.02	$0.0098h_{sx}$	적합
4층	17.03	42.58	$0.0106h_{sx}$	적합
3층	21.62	54.04	$0.0135h_{sx}$	적합
2층	47.94	119.86	$0.0300h_{sx}$	부적합

여기서, 2층의 층간변위가 부적합한 것으로 판정되었으나, 기준 0306.5.7.1에 따르면 변위해석만을 목적으로 할 경우에는 고유주기 T를 산정할 때 주기상한값을 적용할 필요가 없다. 고유치해석으로 구한 X방향 고유주기는 3.131sec이고, 등가정적해석법에 사용한 지진하중은 주기상한값 $C_u T_a = 1.246$ sec를 사용하였으므로, 고유주기 T를 3.131sec로 하여 지진하중을 산정하면 밑면전단력은 $1.246/3.131 = 0.398$배로 감소하여, 층간변위는 약 $(0.398)(0.030)h_{sx} = 0.012h_{sx}$가 되어 $\Delta_a = 0.020h_{sx}$ 이하이므로 적합한 것으로 판정할 수 있다.

10.6 합성기둥의 강도 검토

SC1 합성기둥에 대해 강도를 검토한다.

H 형 강 : $F_y = 345$ MPa
콘크리트 : $f_{ck} = 30$ MPa
철 근 : $f_y = 500$ MPa

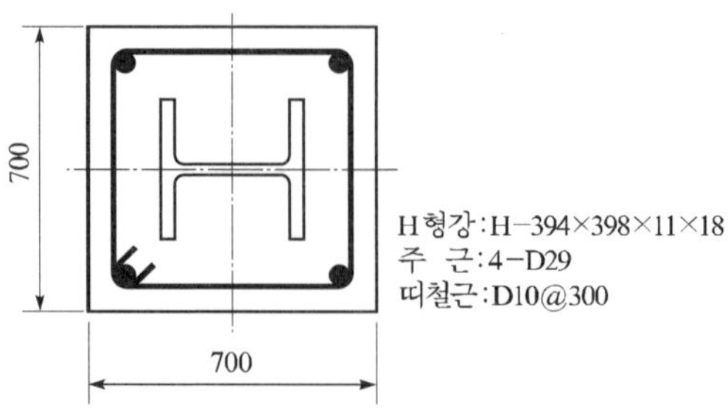

SC 1

10.6.1 설계압축강도

1) 강축유효좌굴길이계수 K_x

직접해석법으로 소요강도를 구하였으므로 강축유효좌굴길이계수 K_x는 1.0을 사용한다.

2) 약축유효좌굴길이계수 K_y

약축방향으로는 가새골조로 횡이동이 구속된 단순골조이므로 유효좌굴길이계수 K_y는 1.0이다.

3) 설계압축강도

〈도움표 7.1〉에서, $KL = 1.0(4.0) = 4.0\text{m}$ 일 때, $\phi_c P_n = 13{,}670\text{kN}$ 을 읽어서,

$$P_c = \phi_c P_n = 13{,}670\text{kN}$$

10.6.2 강축 설계휨강도

〈도움표 7.2〉에서, $\phi M_{Bx} = 1{,}670\text{kN·m}$ 을 읽어서.

$$M_{cx} = \phi M_{Bx} = 1{,}670\text{kN·m}$$

10.6.3 압축과 휨의 조합강도 검토

압축과 휨의 조합강도는 다음 식으로 검토한다.

식(1) $\dfrac{P_r}{P_c} \ge 0.2$ 일 때, $\dfrac{P_r}{P_c} + \dfrac{8}{9}\left(\dfrac{M_{rx}}{M_{cx}}\right) \le 1.0$

식(2) $\dfrac{P_r}{P_c} < 0.2$ 일 때, $\dfrac{P_r}{2P_c} + \left(\dfrac{M_{rx}}{M_{cx}}\right) \le 1.0$

1) 하중조합 : $1.2(D + N_{DX}) + 1.6(L + N_{LX})$

층	위치	압축강도(kN)		강축휨모멘트강도(kN·m)		조합강도	
		P_r	P_r/P_c	M_{rx}	M_{rx}/M_{cx}	검토식	강도비
10층	상단	958	0.070	12	0.007	식(2)	0.042
	하단	1021	0.075	10	0.006	식(2)	0.043
9층	상단	1926	0.141	16	0.010	식(2)	0.080
	하단	1990	0.146	12	0.007	식(2)	0.080
8층	상단	2886	0.211	0	0.000	식(1)	0.211
	하단	2949	0.216	3	0.002	식(1)	0.217
7층	상단	3845	0.281	4	0.002	식(1)	0.283
	하단	3908	0.286	3	0.002	식(1)	0.287
6층	상단	4806	0.352	13	0.008	식(1)	0.358
	하단	4869	0.356	11	0.007	식(1)	0.362
5층	상단	5769	0.422	21	0.013	식(1)	0.433
	하단	5832	0.427	20	0.012	식(1)	0.437
4층	상단	6734	0.493	31	0.019	식(1)	0.509
	하단	6797	0.497	30	0.018	식(1)	0.513

층	위치	압축강도(kN)		강축휨모멘트강도(kN·m)		조합강도	
		P_r	P_r/P_c	M_{rx}	M_{rx}/M_{cx}	검토식	강도비
3층	상단	7702	0.563	42	0.025	식(1)	0.586
	하단	7765	0.568	36	0.022	식(1)	0.587
2층	상단	8671	0.634	69	0.041	식(1)	0.671
	하단	8734	0.639	60	0.036	식(1)	0.671
1층	상단	9651	0.706	139	0.083	식(1)	0.780
	하단	9714	0.711	0	0.000	식(1)	0.711

2) 하중조합 : $1.2(D+N_{DX})+0.5(L+N_{LX})+1.0E_X$

층	위치	압축강도(kN)		강축휨모멘트강도(kN·m)		조합강도	
		P_r	P_r/P_c	M_{rx}	M_{rx}/M_{cx}	검토식	강도비
10층	상단	716	0.052	131	0.078	식(2)	0.105
	하단	779	0.057	73	0.044	식(2)	0.072
9층	상단	1380	0.101	172	0.103	식(2)	0.153
	하단	1443	0.106	141	0.084	식(2)	0.137
8층	상단	2032	0.149	247	0.148	식(2)	0.222
	하단	2095	0.153	213	0.128	식(2)	0.204
7층	상단	2686	0.196	301	0.180	식(2)	0.278
	하단	2749	0.201	274	0.164	식(1)	0.347
6층	상단	3343	0.245	350	0.210	식(1)	0.431
	하단	3406	0.249	327	0.196	식(1)	0.423
5층	상단	4003	0.293	391	0.234	식(1)	0.501
	하단	4066	0.297	372	0.223	식(1)	0.495
4층	상단	4666	0.341	428	0.256	식(1)	0.569
	하단	4729	0.346	413	0.247	식(1)	0.566
3층	상단	5332	0.390	463	0.277	식(1)	0.636
	하단	5396	0.395	425	0.254	식(1)	0.621
2층	상단	6000	0.439	594	0.356	식(1)	0.755
	하단	6064	0.444	475	0.284	식(1)	0.696
1층	상단	6689	0.489	1101	0.659	식(1)	1.075
	하단	6752	0.494	0	0.000	식(1)	0.494

3) 하중조합 : $0.9(D+N_{DX})+1.0E_X$

층	위치	압축강도(kN)		강축휨모멘트강도(kN·m)		조합강도	
		P_r	P_r/P_c	M_{rx}	M_{rx}/M_{cx}	검토식	강도비
10층	상단	454	0.033	128	0.077	식(2)	0.093
	하단	502	0.037	76	0.046	식(2)	0.064
9층	상단	849	0.062	175	0.105	식(2)	0.136
	하단	896	0.066	144	0.086	식(2)	0.119

층	위치	압축강도(kN)		강축휨모멘트강도(kN·m)		조합강도	
		P_r	P_r/P_c	M_{rx}	M_{rx}/M_{cx}	검토식	강도비
8층	상단	1232	0.090	244	0.146	식(2)	0.191
	하단	1280	0.094	212	0.127	식(2)	0.174
7층	상단	1618	0.118	296	0.177	식(2)	0.236
	하단	1666	0.122	270	0.162	식(2)	0.223
6층	상단	2007	0.147	342	0.205	식(2)	0.278
	하단	2054	0.150	320	0.192	식(2)	0.267
5층	상단	2398	0.175	379	0.227	식(2)	0.315
	하단	2445	0.179	361	0.216	식(2)	0.306
4층	상단	2791	0.204	411	0.246	식(1)	0.423
	하단	2838	0.208	397	0.238	식(1)	0.419
3층	상단	3187	0.233	440	0.263	식(1)	0.467
	하단	3234	0.237	407	0.244	식(1)	0.453
2층	상단	3584	0.262	550	0.329	식(1)	0.555
	하단	3631	0.266	445	0.266	식(1)	0.502
1층	상단	3997	0.292	987	0.591	식(1)	0.818
	하단	4045	0.296	0	0.000	식(1)	0.296

4) 하중조합 : $1.2(D+N_{DY})+1.6(L+N_{LY})$

층	위치	압축강도(kN)		강축휨모멘트강도(kN·m)		조합강도	
		P_r	P_r/P_c	M_{rx}	M_{rx}/M_{cx}	검토식	강도비
10층	상단	957	0.070	6	0.004	식(2)	0.039
	하단	1021	0.075	14	0.008	식(2)	0.046
9층	상단	1930	0.141	26	0.016	식(2)	0.086
	하단	1993	0.146	19	0.011	식(2)	0.084
8층	상단	2895	0.212	14	0.008	식(1)	0.219
	하단	2959	0.216	15	0.009	식(1)	0.224
7층	상단	3865	0.283	14	0.008	식(1)	0.290
	하단	3928	0.287	13	0.008	식(1)	0.294
6층	상단	4839	0.354	11	0.007	식(1)	0.360
	하단	4903	0.359	10	0.006	식(1)	0.364
5층	상단	5819	0.426	7	0.004	식(1)	0.429
	하단	5882	0.430	6	0.004	식(1)	0.433
4층	상단	6804	0.498	3	0.002	식(1)	0.499
	하단	6867	0.502	1	0.001	식(1)	0.503
3층	상단	7796	0.570	1	0.001	식(1)	0.571
	하단	7859	0.575	1	0.001	식(1)	0.575
2층	상단	8792	0.643	9	0.005	식(1)	0.648
	하단	8856	0.648	17	0.010	식(1)	0.657
1층	상단	9801	0.717	12	0.007	식(1)	0.723
	하단	9864	0.722	0	0.000	식(1)	0.722

5) 하중조합 : $1.2(D+N_{DY})+0.5(L+N_{LY})+1.0E_Y$

층	위치	압축강도(kN)		강축휨모멘트강도(kN·m)		조합강도	
		P_r	P_r/P_c	M_{rx}	M_{rx}/M_{cx}	검토식	강도비
10층	상단	708	0.052	9	0.005	식(2)	0.031
	하단	771	0.056	8	0.005	식(2)	0.033
9층	상단	1453	0.106	19	0.011	식(2)	0.065
	하단	1516	0.111	13	0.008	식(2)	0.063
8층	상단	2241	0.164	8	0.005	식(2)	0.087
	하단	2304	0.169	9	0.005	식(2)	0.090
7층	상단	3084	0.226	8	0.005	식(1)	0.230
	하단	3147	0.230	7	0.004	식(1)	0.234
6층	상단	3974	0.291	6	0.004	식(1)	0.294
	하단	4037	0.295	5	0.003	식(1)	0.298
5층	상단	4903	0.359	3	0.002	식(1)	0.360
	하단	4966	0.363	2	0.001	식(1)	0.364
4층	상단	5865	0.429	0	0.000	식(1)	0.429
	하단	5928	0.434	1	0.001	식(1)	0.434
3층	상단	6852	0.501	3	0.002	식(1)	0.503
	하단	6916	0.506	3	0.002	식(1)	0.508
2층	상단	7859	0.575	8	0.005	식(1)	0.579
	하단	7923	0.580	13	0.008	식(1)	0.587
1층	상단	8883	0.650	9	0.005	식(1)	0.655
	하단	8947	0.654	0	0.000	식(1)	0.654

6) 하중조합 : $0.9(D+N_{DY})+1.0E_Y$

층	위치	압축강도(kN)		강축휨모멘트강도(kN·m)		조합강도	
		P_r	P_r/P_c	M_{rx}	M_{rx}/M_{cx}	검토식	강도비
10층	상단	447	0.033	7	0.004	식(2)	0.021
	하단	494	0.036	4	0.002	식(2)	0.020
9층	상단	921	0.067	11	0.007	식(2)	0.040
	하단	968	0.071	8	0.005	식(2)	0.040
8층	상단	1438	0.105	4	0.002	식(2)	0.055
	하단	1485	0.109	5	0.003	식(2)	0.057
7층	상단	2008	0.147	4	0.002	식(2)	0.076
	하단	2056	0.150	4	0.002	식(2)	0.078
6층	상단	2623	0.192	3	0.002	식(2)	0.098
	하단	2671	0.195	2	0.001	식(2)	0.099
5층	상단	3276	0.240	1	0.001	식(1)	0.240
	하단	3323	0.243	1	0.001	식(1)	0.244
4층	상단	3958	0.290	1	0.001	식(1)	0.290
	하단	4006	0.293	2	0.001	식(1)	0.294

층	위치	압축강도(kN)		강축휨모멘트강도(kN·m)		조합강도	
		P_r	P_r/P_c	M_{rx}	M_{rx}/M_{cx}	검토식	강도비
3층	상단	4665	0.341	3	0.002	식(1)	0.343
	하단	4712	0.345	3	0.002	식(1)	0.346
2층	상단	5388	0.394	6	0.004	식(1)	0.397
	하단	5436	0.398	9	0.005	식(1)	0.402
1층	상단	6126	0.448	6	0.004	식(1)	0.451
	하단	6173	0.452	0	0.000	식(1)	0.452

기호

A : 부재의 총단면적, mm^2

A_B : 콘크리트의 재하면적, mm^2

A_b : 볼트 공칭단면적, mm^2

A_c : 콘크리트 단면적, mm^2

A_c : 유효폭 안에 있는 콘크리트슬래브의 면적, mm^2

A_e : 유효순단면적, mm^2

A_f : 강재의 플랜지단면적=$b \times t_f$, mm^2

$A_{f,b}$: 보 플랜지의 단면적, mm^2

A_g : 부재의 총단면적, mm^2

A_g : 합성부재의 총단면적, mm^2

A_{gt} : 하현재의 인장저항 총단면적, mm^2

A_{gv} : 전단저항 총단면적, mm^2

A_n : 부재의 순단면적, mm^2

A_{Nc} : 인장강도 산정을 위한 단일앵커 또는 앵커그룹의 콘크리트 파괴면 투영면적, mm^2

A_{Nco} : 연단거리 또는 간격에 제한을 받지 않는 경우 인장강도 산정을 위한 단일앵커의 콘크리트 파괴면 투영면적, mm^2

A_{nt} : 하현재의 인장저항 순단면적, mm^2

A_{nv} : 전단저항 순단면적, mm^2

A_p : 핀의 단면적, mm^2

A_{pb} : 투영된 지압면적, mm^2

A_r : 슬래브의 유효폭 안에 있고 적절하게 정착된 강재보에 평행한 슬래브 철근의 단면적, mm^2

A_s : 강재의 단면적, mm^2

A_s : 슬래브 단위길이당 강재데크의 단면적, mm^2

A_s : 강재 코아의 단면적, mm^2

A_{sa} : 강재앵커의 단면적, mm^2

A_{se} : 강재앵커의 유효단면적, mm^2

A_{sf} : 강재플랜지의 단면적, mm^2

A_{sh} : 띠철근의 최소단면적, mm^2

A_{sp} : 보강된 강판의 수평단면적, mm^2

A_{sr} : 연속길이방향철근의 단면적, mm^2

A_{sw} : 강재웨브의 단면적, mm^2

$A_{s\_req'd}$: 온도 및 건축수축을 고려한 최소철근단면적, mm^2

A_w : 웨브의 단면적, 부재전체춤 d와 웨브의 두께 t_w의 곱(dt_w), mm^2

A_1 : 베이스플레이트의 면적, mm^2

A_2 : 베이스플레이트와 닮은꼴의 콘크리트지지부분의 최대면적, mm^2

B : 접합평면과 90°를 이루는 각형강관의 폭, mm

B_1 : $P-\delta$효과를 고려하기 위한 증폭계수

B_2 : $P-\Delta$효과를 고려하기 위한 증폭계수

$C_{a,\max}$: 앵커 샤프트 중심으로부터 콘크리트 단부까지 최대 연단거리, mm

C_e : 콘크리트 플랜지의 유효압축력, N

C_h : 웨브세장비계수

C_k : 웨브세장비계수

C_r : 하중작용지점에서 $M_u < M_y$일 때, 6.62×10^6, N/mm^2

: 하중작용지점에서 $M_u \geq M_y$일 때, 3.31×10^6, N/mm^2

C_R : 내부굽힘반지름계수

C_S : 데크리브의 골간격, mm

C_N : 지압길이계수

$C.G.S$: 강재데크의 전단면 중립축, mm

D : 고정하중

D : 원형강관의 외경, mm

D_p : 데크플레이트의 골깊이, mm

D_s : 슬래브의 리브를 포함한 전체 춤, mm

D/t : 강관의 지름두께비

E : 지진하중

E, E_s : 강재의 탄성계수, MPa

E_c : 콘크리트의 탄성계수, MPa

E_{sr} : 철근의 탄성계수, MPa

EI_{eff}: 합성단면의 유효강성, $N \cdot mm^2$

F : 수압

F_{ct} : 각형강관의 항복강도, MPa

F_{dt} : 다이아프램의 항복강도, MPa

F_{in} : 공칭부착응력, MPa

F_{nt} : 〈표 0710.3.1〉에 의한 공칭인장응력, MPa

F_{nt}' : 전단응력의 효과를 고려한 공칭인장응력, MPa

F_{nv} : 〈표 0710.3.1〉에 의한 공칭전단응력, MPa

$F_{r,i}$: 각 볼트열의 설계인장력, N

$F_{r,r}$: 철근의 설계인장력, N

F_u : 강재의 인장강도, MPa

F_u : 강재앵커(전단연결재)의 설계기준인장강도, MPa

F_v : 공칭전단응력, MPa

F_y : 강재, 강관의 항복강도, MPa

F_y : 강재 코아의 항복강도, MPa

$F_{y,b}$: 보의 설계기준항복강도, MPa

$F_{y,c}$: 기둥의 설계기준항복강도, MPa

F_{yh} : 띠철근의 공칭항복강도, MPa

F_{yf} : 플랜지의 항복응력, MPa

F_{yr} : 슬래브 철근의 설계기준항복강도, MPa

G : 강재의 전단탄성계수, MPa

H : 토압

I_{av} : 환산단면해석법에 의한 합성슬래브 단면2차모멘트, mm^4

I_c : 콘크리트단면의 단면2차모멘트, mm^4

I_{LB} : 단면2차모멘트의 하한값, mm^4

I_s : 강재단면의 단면2차모멘트, mm^4

I_{sr} : 철근단면의 단면2차모멘트, mm^4

I_w : 주축에 대한 단면2차모멘트, mm^4

I_x : x축에 대한 단면2차모멘트, mm^4

I_y : y축에 대한 단면2차모멘트, mm^4

I_z : 약축에 대한 단면2차모멘트, mm^4

J : 비틀림상수, mm^4

K : 부재의 유효좌굴길이계수

K_z : 비틀림좌굴에 대한 유효좌굴길이계수

K_1 : 횡방향으로 구속된 골조에 대한 유효좌굴길이계수로 해석에 의해 더 작은 값의 사용이 확인되지 않은 경우 1.0 적용

L : 적재하중

L : 부재의 비지지길이, mm

L : 부재의 길이, mm

L : 층고, mm

L : 횡지지길이, mm

L : 지지부재 중심에서 측정한 데크 스팬 길이, mm

L_c : 하중방향 순간격, 구멍의 끝과 피접합재의 끝 또는 인접구멍의 끝까지의 거리, mm

L_{eff} : 항복선의 유효길이, mm

L_{in} : 하중도입부의 길이, mm

L_r : 지붕의 적재하중

L_t : 볼트로부터 웨브의 중심까지 45도로 펼쳐 가정한 웨브의 유효인장길이, mm

M_A : 비지지구간에서 1/4지점의 모멘트

M_B : 비지지구간에서 중앙부의 단부모멘트

M_b : 하현재의 소성모멘트 성능

M_C : 비지지구간에서 3/4지점의 모멘트

M_c : 기준 0706에 따라 정해지는 설계휨강도, N · mm

M_{cv} : 상현재의 합성거동에 의한 모멘트 성능

M_{lt} : 골조의 횡변위에 의해 유발된 1차 휨모멘트, N · mm

M_n : 합성트러스의 공칭휨강도, N · mm

M_{nt} : 골조의 횡변위가 구속되었을 때의 1차 휨모멘트, N · mm

M_p : 기둥 플랜지 또는 엔드 플레이트의 소성휨모멘트, N · mm

M_r : 소요 2차 휨강도, N · mm

M_t : 상현재의 소성모멘트 성능

M_{wa} : 단위 폭당 데크 리브 직각의 약축 휨모멘트, N · mm/mm

M_y : 항복휨모멘트, N · mm

N : 지압길이(최소 19N · mm 통상 50mm 적용)

N : 집중하중이 작용하는 폭(다만 보의 단부 반력에 대해서는 k보다 작지 않아야 한다), mm

N : 정모멘트가 최대가 되는 위치와 모멘트가 0이 되는 위치 사이 안에 있는 강재앵커(스터드) 개수

N : 집중하중이 작용하는 폭(다만 보의 단부 반력에 대해서는 걍보다 작지 않을 것), mm

N_i : i층에 적용된 가상하중, N

N_s : 전단면의 수

$N.A.$: 환산합성단면의 중립축

P : 집중하중의 크기, N

P : 보 플랜지의 축방향력, N

P_a : 다이아프램의 항복강도, kN

P_c : 기준 0705에 따라 정해지는 설계압축강도(0705 참조), N

P_c : 기준 0705에 따라 정해지는 설계축방향압축강도, N

P_e : 탄성좌굴하중

P_{e1} : 횡방향으로 구속된 부재의 휨평면에 대한 탄성좌굴저항

P_{lt} : 골조의 횡변위에 의해 유발된 1차 축강도, N
P_{mf} : 모멘트 골조에 해당하는 기둥재에 작용하는 해당 층의 모든 수직하중의 합, N
P_n : 공칭인장강도, N
P_n : 합성기둥의 공칭압축강도, N
P_{no} : 부재의 항복압축강도, N
P_{nt} : 골조의 횡변위가 구속되었을 때의 1차 축강도, N
P_r : 소요압축강도(0708.1.1 참조), N
P_s : 세장효과를 고려하지 않은 공칭압축강도, N
$P_{u,t}$: 볼트에 작용하는 인장력, N
P_y : 부재의 항복강도, N
P_{yc} : 재단면의 압축강도 ; $P_{yc} = F_y A_s$, N
Q_n : 강재앵커(전단연결재) 1개의 공칭강도, N
Q_a : 세장한 구속판요소의 저감계수$= \dfrac{A_{eff}}{A}$
Q_s : 세장한 비구속판요소의 저감계수
R : 빗물하중
R : 내부굽힘반지름, mm
R_b : 하현재의 인장내력, N
R_L : 횡의존기둥(leaning column)의 축력합 / 모든 기둥의 축력합
R_n : 강관의 전 둘레길이와 하중도입부의 길이에 해당하는 공칭부착강도, N
R_q : 개구부 상부에 있는 강재앵커(전단연결재)로부터 전달되는 수평전단력($\le R_t$)
R_t : 상현재의 압축 저항성능
S : 적설하중
S_c : 휨축에 대한 다리 압축부분의 탄성단면계수, mm^3
S_e : 압축 또는 인장연단에서의 유효단면의 탄성단면2차모멘트, mm^3
S_{xc} : 압축플랜지의 탄성단면계수, mm^3
T : 초기변형에 의한 하중
T : 강재의 전체단면이 인장항복할 때의 인장력, N
T : 하현재의 인장력, N
T : 시공 단계에서의 현재의 인장력
T_o : 〈표 0710.3.2〉에 따른 설계볼트장력, N
T_u : 소요인장강도, N
U_{in} : 강관의 둘레길이, mm
$V_{c,\min}$: 인장웨브재 부재의 최소 계수압축설계전단력, kN
V_{ns} : 강판의 공칭전단강도, N

V_r : 슬래브 단위폭에 대한 계수 전단부착저항, N · mm

V_t : 슬래브 단위폭에 대한 전단부착력 실험값(SDI-T-CD에 따라 결정)

W : 풍하중

W : 데크 리브에 평평한 집중하중의 유효길이, mm

W : 바닥의 유효중량

W_r : 데크리브의 평균폭, mm

Y : 다이아프램의 항복비

Y_i : i층에 적용된 하중조합에 의한 중력하중, N

Y_{con} : 강재보의 상단에서 콘크리트의 상단까지의 거리, mm

Y_{ENA} : $=[(A_s d_3 + (\Sigma Q_n / F_y)(2d_3 + d_1))/(A_s + (\Sigma Q_n / F_y))]$, 기준식(해 0709.3.2)

Z : 소성단면계수, mm^3

a : 콘크리트슬래브의 등가직사각형 응력블록의 깊이 $\Sigma Q_n/(0.85 f_{ck} b)$, mm

a : 접합재 사이의 거리, mm

b : 비구속압축요소의 폭, mm

b : 압축을 받는 다리부분의 외측

b : 가장 긴 ㄱ형강다리의 폭, mm

b : 강관의 가로 폭, mm

b : 슬래브 단위폭(=1,000mm)

b_{cf} : 기둥 플랜지의 폭, mm

b_e : 트러스 상부에 있는 콘크리트슬래브의 유효폭, mm

b_{eff} : 콘크리트 플랜지 유효폭, mm

b_f : 플랜지의 폭, mm

$b_{f,b}$: 보 플랜지의 폭, mm

$b_{f,c}$: r기둥 플랜지의 폭, mm

b_m : 데크 상단에서 측정한 데크 리브에 직각인 집중하중의 투영 폭, mm

b_p : 엔드 플레이트의 폭, mm

b_2 : 데크 리브에 직각인 지압 폭, mm

b_3 : 데크 리브에 직각인 지압 길이, mm

d : 콘크리트 상단에서 강재데크의 중심까지의 거리

d : T형강의 깊이, mm

d_b : 강재보의 높이, mm

d_c : 기둥의 깊이, mm

d_d : 데크의 춤, mm

d_e : 하현재의 단면중심에서 콘크리트슬래브 압축응력블록의 중심까지 거리, mm

d_j : 강재트러스의 전체 춤, mm

d_1 : 콘크리트의 압축력 C의 중심으로부터 강재단면의 상단까지 거리, mm

d_2 : 강재단면의 압축력 중심으로부터 강재단면의 상단까지 거리, mm
강재단면에 압축력이 없는 경우에는 d_2=0

d_3 : P_{yc}로부터 강재단면의 상단까지 거리, mm

e_{mid-ht} : 강재앵커(스터드) 몸체의 바깥면으로부터 데크플레이트 웨브(데크골의 중간 높이)까지의 거리이며, 강재앵커(스터드)의 하중저항방향, 즉 단순보에서 최대모멘트의 방향으로의 거리, mm

f_{ck} : 콘크리트의 설계기준압축강도, MPa

f_n : 바닥구조의 기본진동주기

f_{uta} : 앵커강재와 설계기준 인장강도, N

f_{ya} : 앵커강재의 설계기준 항복강도, N

f_v : 소요전단응력, MPa

g : 볼트 중심 사이의 수평거리, mm

h : 최고 타설 높이, mm

h : 강관의 세로폭, mm

h : 웨브평면에 따라 측정한 웨브 부분의 춤, mm

h : 좌굴의 부재축에 수직인 각 요소의 중심 간의 거리, mm

h : 전체 슬래브 춤, *mm*

h : 강재데크 하단에서 콘크리트 상단까지 측정한 합성데크슬래브의 춤, mm

h_c : 강재데크 상부의 콘크리트 깊이, mm

h_{cc} : 띠철근의 중심 간 거리로 측정된 구속코아의 단면치수, mm

h_f : 필러계수로서,

h_f=1.0 ; 필러를 사용하지 않는 경우와 필러 내 하중의 분산을 위하여 볼트를 추가한 경우 또는 필러 내 하중의 분산을 위해 볼트를 추가하지 않은 경우로서 접합되는 재료 사이에 한 개의 필러가 있는 경우

h_f=0.85 ; 필러 내 하중의 분산을 위해 볼트를 추가하지 않은 경우로서 접합되는 재료 사이에 2개 이상의 필러가 있는 경우

h_i : 보 하부 플랜지의 중심에서 각 볼트열까지의 거리, mm

h_r : 강재데크플레이트의 공칭 골깊이, mm

h_r : 보 하부 플랜지의 중심에서 철근까지의 거리, mm

h_s : 다이아프램의 치수, mm

k : 필렛의 높이와 플랜지두께를 합한 높이 $k=r+k_f$, mm

k_v : 전단좌굴계수, 비보강(transverse stiffener)웨브의 경우, k_v=5.34

k_w : 필렛부분의 등가폭, mm

l : 지압길이, mm

m : 데크의 단위 폭 당의 합성슬래브의 부휨모멘트

m : 볼트 중심에서 보/기둥 웨브 쪽 항복선까지 거리, mm

n : 탄성계수의 비$(=\dfrac{E_s}{E_c})$

n : 볼트 중심에서 단부까지 거리, mm

n_{tv} : 인장영역에 있는 인장과 전단의 조합력을 받는 볼트의 개수

n_v : 압축영역에 있는 순전단력만 받는 볼트의 개수

r : 좌굴축에 대한 단면2차반경, mm

r : 필렛의 높이, mm

r_i : 각 개재의 최소 단면2차반경, mm

r_{ib} : 좌굴의 부재축에 평행한 중심축에 대한 각 요소의 단면2차반경, mm

r_y : y축에 대한 단면2차반경, mm

r_z : 약축에 대한 단면2차반경, mm

$\overline{r_0}$: 전단중심에 대한 극2차반경, mm

s : 구조부재의 길이방향으로 측정된 횡방향철근의 간격, mm

s_{ww} : 보 웨브 필릿용접 치수, mm

s_{wf} : 보 플랜지 필릿용접 치수, mm

t : ㄱ형강 다리의 두께, mm

t : 강관의 두께, mm

t : 부재의 두께, mm

t_c : 구조용 콘크리트 상부 토핑 두께, mm

t_c : 데크 골위에 있는 콘크리트슬래브 두께, mm

t_{cf} : 기둥 플랜지의 두께, mm

t_f : 보 플랜지의 두께, mm

$t_{f,\,b}$: 보 플랜지의 두께, mm

t_s : 다이아프램의 판두께, mm

t_w : 기둥 웨브의 두께, mm

$t_{w,\,b}$: 보 웨브 두께, mm

$t_{w,\,c}$: 기둥 웨브 두께, mm

w_c : 콘크리트의 단위체적당 무게$(1{,}500 \le w_c \le 2{,}500\text{kg/m}^3)$

w_r : 콘크리트리브 또는 헌치의 평균폭, mm

x : 강축을 나타내는 아래첨자

x : 집중하중 중심에서 가장 근접한 지지부재까지의 거리, mm

x_t : 상현재의 최상부면으로부터 상하현재의 단면중심축까지의 거리, mm

x_0, y_0 : 중심에 대한 전단중심의 좌표, mm

y : 약축을 나타내는 아래첨자

y_{bc} : 하현재의 최하부면으로부터 하현재의 단면 중심축까지의 거리, mm

y_c : C의 위치로부터 강재의 소성압축력 중심까지 거리, mm

y_t : P_y의 위치로부터 강재의 소성압축력 중심까지 거리, mm

z : 주축휨을 나타내는 아래첨자(0708.2 참조)

z_0 : 단면중심에서 z축의 전단중심까지의 거리, mm

Δ : 설계하중조합에 의한 1차 해석 층간변위, mm

Δ_H : 횡하중에 의한 1차 층간변위, mm

Σ_H : Δ_H를 계산하는데 사용되는 횡하중에 의한 층전단력

ΣP_{e2}: 횡방향으로 구속되지 않은 골조의 좌굴해석에 의한 부재의 휨면 내 탄성좌굴저항에 의해 산정한 해당층의 탄성좌굴강도의 합

ΣP_{nt}: 횡력저항요소가 아닌 기둥재의 하중을 포함한 해당 층의 모든 중력하중의 합

ΣQ_n : 부모멘트가 최대가 되는 위치와 모멘트가 0인 위치 사이에 있는 둥근머리강재앵커(스터드)의 공칭강도의 합, N

α : 타설조건에 따른 저감계수 (1.0~0.8)

α : 플랜지 재축선과 I-I 단면의 교각

α : 분리비율(separation ratio)($= h/2r_{ib}$)

β : 감쇄비

μ : 미끄럼계수(페인트칠하지 않은 블라스트 청소된 마찰면)(=0.50)

γ : 콘크리트의 단위용적중량, N/mm^2

θ : 웨브 평면과 지압 평면 사이의 각도($45° < \theta \leq 90°$)

λ : 판폭두께비

λ_{rw} : 비콤팩트웨브의 한계세장비

ν : 푸아송비

ρ_{sr} : 길이방향철근의 최소철근비

ϕ : 강도감소계수

ϕ_b : 휨저항계수(=0.90)

ϕ_c : 압축저항계수(=0.90)

ϕ_v : 전단저항계수

참고문헌

- 건축구조기준(KBC2016), 국토교통부, 2016
- 하중저항계수설계법에 의한 강구조설계기준, 국토교통부, 2014
- 건축구조기준(KBC2009), 국토해양부, 2009
- 콘크리트표준시방서, 한국콘크리트학회, 2009
- 냉간성형강 구조설계기준, 국토교통부, 1998
- 가설공사표준시방서, 국토교통부, 2014
- 건축강구조 표준접합상세지침, 한국강구조학회, 2010
- 강구조설계, 한국강구조학회, 구미서관, 2018
- 콘크리충전강관구조 설계 및 시공매뉴얼, 대한건축학회, 2004
- 요설 콘크리트충전 강관구조, 대한건축학회, 2004
- AISC (2005), Specification for Structural Steel Buildings, ANSI/AISC 360-05, March 9, American Institute of Steel
- AISC Manual of Steel Construction(LRFD 2nd Edition), American Institute of Steel Construction, Inc.
- AISC 'Steel Design Gide 3-Serviceability Design Considerations for Steel Buildings', Second Edition(West and Fisher, 2003), American Institute of Steel Construction, Inc.
- AISC 'STEEL DESIGN GUIDE 11-Floor Vibrations Due to Human Activity', American Institute of Steel Construction, Inc.
- ASCE/SEI 37-02 Design Loads on Structures During Construction(ASCE, 2002), American Society of Civil Engineers
- AISI S100-2012, North American Specification for the Design of Cold-Formed
- ANSI /AISC 360-10, Specification for Structural Steel Buildings
- ANSI/SDI, C-2011 Standard for Composite Steel Floor Deck-Slabs, 2012
- Arcelor, "Steel-Concrete Composite construction using rolled sections", Arcelor, 2005
- Bradford, M.A., Wright, H.D. and Uy, B. (1998), "Local Buckling of the Steel Skin in Light-weight Composites Induced by Creep and Shrinkage," Advances in Structural Engineering, Vol. 2, No. 1, pp. 25-4.
- Bradford, M.A., Loh, H.Y. and Uy, B. (2002), "Slenderness Limits for Filled Circular Steel Tubes," Journal of Constructional Steel Research, Vol. 58, No. 2, pp. 243-252.
- COMMENTARY on the Specification for Structural Steel Buildings, AISC, 2010
- C.P.Yan, "Design of composite steel concrete structures", Lloyd
- Composite construction design for buildings, ASCE, 1997
- Design Guide 28: Stability Design of Steel Buildings, AISC, 2013
- Design guide for SHS concrete filled columns, CORUS, 2002 Steel Structural Members

- DESIGN EXAMPLES Version 14.1, AISC, 2013
- Eurocode 4(2005), "Design of Steel and Concrete Structures", European Committee for Standardization
- International Building Code(IBC2015), International Code Council, 2015
- I.M.Viest, .P.Colaco, R.W.Furlong, L.G.Griffis, R.T.Leon, L.A.Wyllie, Jr., "Composite construction design for buildings", ASCE, 1997
- Jason Ericksen, "A how to approach to notional loads" Modernsteel construction, 2011
- Load and resistance factor design of w-shapes encased in concrete, AISC, 1992
- P.Silwood, "Joints in Steel Construction composite connections", SCI, 1998
- M.D.Denavit, "CHARACTERIZATION OF BEHAVIOR OF STEEL-CONCRETE COMPOSITE MEMBERS AND FRAMES WITH APPLICATIONS FOR DESIGN", Illinois University, 2012
- Steel Construction Manual, 14th Ed., AISC
- Steel Design Guide 6(2005), "Load and Resistence Factor Design of W-Shapes Encased in Concrete", AISC
- S.Neal, R.Johnson, R.M.Lawson, D.L.Mullett, "Design of composite truss", SCI, 1992
- Varma, A.H. and Zhang, K. (2009), "Slenderness Limits for Noncompact/Slender Filled Members," Bowen Laboratory Report No. 2009-01, School of Civil Engineering, Purdue University, West Lafayette, IN, August.
- W.I.Simms, A.F.Gughes, "Composite design of steel framed buildings", SCI, 2011
- Ziemian, R.D. (ed.) (2010), Guide to Stability Design Criteria for Metal Structures, 6th Ed., John Wiley & Sons, Inc., Hoboken, NJ.

집필진

집필위원장	이 명 재 교수(중앙대학교)
집필부위원장	최 준 식 대표((주)단이엔씨)
집 필 간 사	김 철 환 교수(경북대학교)
	김 희 동 교수(인하공업전문대학)
	홍 승 현 대표((주)한주ST)
집 필 위 원	김 병 선 대표((주)명석구조기술사사무소)
	김 승 원 대표(뉴테크구조기술사사무소)
	김 영 길 대표(동양구조기술사사무소)
	김 주 우 교수(세명대학교)
	박 대 영 대표((주)옥타곤엔지니어링)
	오 봉 환 대표((주)티섹)
	이 강 민 교수(충남대학교)
	이 경 구 교수(단국대학교)
	정 석 재 대표((주)쓰리디엔지니어링)
	최 성 모 교수(서울시립대학교)
	허 종 완 교수(인천대학교)
	황 인 규 대표(한국구조공학아이티연구소) 〈가나다 순〉
검 토 위 원	한국건축구조기술사회(채흥석 회장)
	최 문 식 명예교수(단국대학교)
	이 동 우 대표((주)아니스트)
	이 현 석 소장((주)한국건설안전)

합성구조 설계매뉴얼

2019년 5월 20일 개정판 인쇄
2019년 5월 31일 개정판 발행

저 자 (사)한국강구조학회
발행인 한 인 환
발행처 도서출판 기문사
등 록 1978년 8월 9일 No.6-0637호
주 소 서울시 동대문구 안암로 50-1(용두동) 홍신빌딩 3층
전 화 02) 2265-7214/922-8662~3
팩 스 02) 922-8772

http://www.kimoonsa.co.kr
e-mail : book@kimoonsa.co.kr

ISBN 978-89-7723-829-9(93540)

정가 40,000원